世纪数学教育信息化精品教材

大学数学立体化教材

实用高等数学

微积分与线性代数

（综合类·应用型本科版）

⊙ 吴赣昌 主编

中国人民大学出版社
·北京·

内容简介

本书根据高等院校应用型本科专业数学基础课程的最新教学大纲编写而成。本书涵盖微积分和线性代数两大部分，具体包含一元微积分、多元微积分、微分方程、无穷级数、行列式、矩阵、线性方程组等内容模块，并特别加强了数学建模与数学实验教学环节。

本“书”远非传统意义上的书，作为立体化教材，它包含线下的“书”和线上的“服务”两部分。其中线上的“服务”用以下两种形式提供：一是书中各处的二维码，用户通过手机或平板电脑等移动端扫码即可使用；二是在本书封面上提供的网络账号，用户通过它即可登录与本书配套建设的网络学习空间。

网络学习空间中包含与本书配套的在线学习系统，该系统在内容结构上包含教材中每节的教学内容及相关知识扩展、教学例题及综合进阶典型题详解、数学实验及其详解、习题及其详解等，并为每章增加了综合训练，其中包含每章的总结、题型分析及其详解等。该系统采用交互式多媒体化建设，并支持用户间在线求助与答疑，为用户自主式高效率地学习奠定基础。

本书可作为高等院校应用型本科专业的数学基础教材，并可作为上述各专业领域读者的教学参考书。

前　言

大学数学是自然科学的基本语言，是应用模式探索现实世界物质运动机理的主要手段. 对于大学非数学专业的学生而言，大学数学的教育，其意义则远不仅仅是学习一种专业的工具而已. 中外大量的教育实践事实充分显示了：优秀的数学教育，乃是一种人的理性的思维品格和思辨能力的培育，是聪明智慧的启迪，是潜在的能动性与创造力的开发，其价值是远非一般的专业技术教育所能相提并论的.

随着我国高等教育自1999年开始迅速扩大招生规模，至2009年的短短十年间，我国高等教育实现了从精英教育到大众化教育的过渡，走完了其他国家需要三五十年甚至更长时间才能走完的道路. 教育规模的迅速扩张，给我国的高等教育带来了一系列的变化、问题与挑战. 大学数学的教育问题首当其冲受到影响. 大学数学教育过去是面向少数精英的教育，由于学科的特点，数学教育呈现几十年甚至上百年一贯制，仍处于经典状态. 当前大学数学课程的教学效果不尽如人意，概括起来主要表现在以下两方面：一是教材建设仍然停留在传统模式上，未能适应新的社会需求. 传统的大学数学教材过分追求逻辑的严密性和理论体系的完整性，重理论而轻实践，剥离了概念、原理和范例的几何背景与现实意义，导致教学内容过于抽象，也不利于与后续课程教学的衔接，进而造成了学生“学不会，用不了”的尴尬局面. 二是在信息技术及其终端产品迅猛发展的今天，在大学数学教育领域，信息技术的应用远没有在其他领域活跃，其主要原因是：在教材和教学建设中没能把信息技术及其终端产品与大学数学教学的内容特点有效地整合起来.

作者主编的“大学数学立体化教材”，最初脱胎于作者在2000—2004年研发的“大学数学多媒体教学系统”. 2006年，作者与中国人民大学出版社达成合作，出版了该系列教材的第一版，合作期间，该系列教材经历多次改版，并于2011年出版了第四版，具体包括：面向普通本科理工类、经管类与纯文科类的完整版系列教材；面向普通本科部分专业和三本院校理工类与经管类的简明版系列教材；面向高职高专院校理工类与经管类的高职高专版系列教材. 在上述第四版及相关系列教材中，作者加强了对大学数学相关教学内容中重要概念的引入、重要数学方法的应用、典型数学模型的建立、著名数学家及其贡献等方面的介绍，丰富了教材内涵，初步形成了该系列教材的特色. 令人感到欣慰的是，自2006年以来，“大学数学立体化教材”已先后被国内数百所高等院校广泛采用，并对大学数学的教育改革起到了积极的推动作用.

2017年，距2011年的改版又过去了6年. 而在这6年时间里，随着移动无线通信技术 (如3G、4G等)、宽带无线接入技术(如Wi-Fi等)和移动终端设备(如智能手机、平板电脑等)的飞速发展，那些以往必须在电脑上安装运行的计算软件，如今在普通的智能手机和平板电脑上通过移动互联网接入即可流畅运行，这为各类教育信息化产品的服务向前延伸奠定了基础.

作者本次启动的"大学数学立体化教材"(第五版)的改版工作，旨在充分利用移动互联网、移动终端设备与相关信息技术软件为教材用户提供更优质的学习内容、实验案例与交互环境. 顺利实现这一宗旨，还得益于作者主持的数苑团队的另一项工作成果：公式图形可视化在线编辑计算软件. 该软件于2010年研发成功时，仅支持在Win系统电脑中通过IE类浏览器运行. 2014年10月底，万维网联盟(W3C)组织正式发布并推荐了跨系统与跨浏览器的HTML5.0标准. 为此，数苑团队通过最近几年的努力，也实现了相关技术突破. 如今，数苑团队研发的公式图形可视化在线编辑计算软件已支持在各类操作系统的电脑和移动终端(包括智能手机、平板电脑等)上运行于不同的浏览器中，这为我们接下来的教材改版工作奠定了基础.

作者本次"大学数学立体化教材"(第五版)的改版具体包括：面向普通本科院校的"理工类·第五版""经管类·第五版"与"纯文科类·第四版"；面向普通本科少学时或三本院校的"理工类·简明版·第五版""经管类·简明版·第五版"与"综合类·应用型本科版"合订本；面向高职高专院校的"理工类·高职高专版·第四版""经管类·高职高专版·第四版"与"综合类·高职高专版·第三版".

本次改版的指导思想是：为帮助教材用户更好地理解教材中的重要概念、定理、方法及其应用，设计了大量相应的数学实验. 实验内容包括：数值计算实验、函数计算实验、符号计算实验、2D函数图形实验、3D函数图形实验、矩阵运算实验、随机数生成实验、统计分布实验、线性回归实验、数学建模实验等. 相比教材正文所举示例，这些实验设计的复杂程度更高、数据规模更大、实用意义也更大. 本系列教材于2017年改版修订的各个版本均包含了针对相应课程内容的数学实验，其中的大部分都在教材内容页面上提供了对应的二维码，用户通过微信扫码功能扫描指定的二维码，即可进行相应的数学实验，而完整的数学实验内容则呈现在教材配套的网络学习空间中.

大学数学按课程模块分为高等数学(微积分)、线性代数、概率论与数理统计三大模块，各课程的改版情况简介如下：

高等数学课程：函数是高等数学的主要研究对象，函数的表示法包括解析法、图像法与表格法. 以往受计算分析工具的限制，人们对函数的解析表示、图像表示与数表表示之间的关系往往难以把握，大大影响了学习者对函数概念的理解. 为了弥补这方面的缺失，欧美发达国家的大学数学教材一般都补充了大量流程分析式的图像说明，因而其教材的厚度与内涵也远较国内的厚重. 有鉴于此，在高等数学课程的数学实验中，我们首先就函数计算与函数图形计算方面设计了一系列的数学实验，包括函数值计算实验、不同坐标系下2D函数的图形计算实验和3D函数的图形计算实验等，实验中的函数模型较教材正文中的示例更复杂，但借助微信扫码功能可即时实现重复实验与修改实验. 其次，针对定积分、重积分与级数的教学内容设计了一系列求和、多重求和、级数展开与逼近的数学实验. 此外, 还根据相应教学内容的需求, 设计了一系列数值计算实验、符号计算实验与数学建模实验. 这些数学实验有助于用户加深对高等数学中基本概念、定理与思想方法的理解, 让他们通过对量变到质变过程的观察, 更深刻地理解数学中近似与精确、量变与质变之间的辩证关系.

线性代数课程: 矩阵实质上就是一张长方形数表, 它是研究线性变换、向量组线性相关性、线性方程组的解、二次型以及线性空间的不可替代的工具. 因此, 在线性代数课程的数学实验设计中, 首先就矩阵基于行 (列) 向量组的初等变换运算设计了一系列数学实验, 其中矩阵的规模大多为6~10阶的, 有助于帮助用户更好地理解矩阵与其行阶梯形、行最简形和标准形矩阵间的关系. 进而为矩阵的秩、向量组线性相关性、线性方程组及其应用、矩阵的特征值及其应用、二次型等教学内容分别设计了一系列相应的数学实验. 此外, 还根据教学的需要设计了部分数值计算实验和符号计算实验, 加强用户对线性代数核心内容的理解, 拓展用户解决相关实际应用问题的能力.

概率论与数理统计课程: 本课程是从数量化的角度来研究现实世界中的随机现象及其统计规律性的一门学科. 因此, 在概率论与数理统计课程的数学实验中, 我们首先设计了一系列服从均匀分布、正态分布、0−1 分布与二项分布的随机试验, 让用户通过软件的仿真模拟试验更好地理解随机现象及其统计规律性. 其次, 基于计算软件设计了常用统计分布表查表实验, 包括泊松分布查表、标准正态分布函数查表、标准正态分布查表、t 分布查表、F 分布查表与卡方分布查表等. 再次, 还设计了针对数组的排序、分组、直方图与经验分布图的一系列数学实验. 最后, 针对经验数据的散点图与线性回归设计了一系列数学实验. 这些数学实验将会在帮助用户加深对概率论与数理统计课程核心内容的理解、拓展解决相关实际应用问题的能力上起到积极作用.

致用户

作者主编的“大学数学立体化教材”(第五版)及 2017 年改版的每本教材, 均包含了与相应教材配套的网络学习空间服务. 用户通过教材封面下方提供的网络学习空间的网址、账号和密码, 即可登录相应的网络学习空间. 网络学习空间提供了远较纸质教材更为丰富的教学内容、教学动画以及教学内容间的交互链接, 提供了教材中所有习题的解答过程. 在所有内容与习题页面的下方, 均提供了用户间的在线交互讨论功能, 作者主持的数苑团队也将在该网络学习空间中为你服务. 使用微信扫码功能扫描教材封面提供的二维码, 绑定微信号, 你即可通过扫描教材内容页面提供的二维码进行相关的数学实验.

在你进入高校后即将学习的所有大学课程中, 就提高你的学习基础、提升你的学习能力、培养你的科学素质和创新能力而言, 大学数学是最有用且最值得你努力的课程. 事实上, 像微积分、线性代数、概率论与数理统计这些大学数学基础课程,你无论怎样评价其重要性都不为过，而学好这些大学数学基础课程，你将终生受益.

主动把握好从“学数学”到“做数学”的转变，这一点在大学数学的学习中尤为重要，不要以为你在课堂教学过程中听懂了就等于学到了，事实上，你需要在课后花更多的时间去主动学习、训练与实验，才能真正掌握所学知识.

致教师

使用本系列教材的教师，请登录数苑网“大学数学立体化教材”栏目：

http://www.sciyard.com/dxsx

作者主持的数苑团队在那里为你免费提供与本系列教材配套的教学课件系统及相关的备课资源，它们是作者团队十余年积累与提升的成果. 与本系列教材配套建设的信息化系统平台包括在线学习平台、试题库系统、在线考试及其预约管理系统等，感兴趣和有需要的用户可进一步通过数苑网的在线客服联系咨询.

正如美国《托马斯微积分》的作者 G.B.Thomas 教授指出的，“一套教材不能构成一门课；教师和学生在一起才能构成一门课”，教材只是支持这门课程的信息资源. 教材是死的，课程是活的. 课程是教师和学生共同组成的一个相互作用的整体，只有真正做到以学生为中心，处处为学生着想，并充分发挥教师的核心指导作用，才能使之成为富有成效的课程. 而本系列教材及其配套的信息化建设将为教学双方在教、学、考各方面提供充分的支持，帮助教师在教学过程中发挥其才华，帮助学生富有成效地学习.

作　者

2017 年 3 月 28 日

目　录

第11章 线性方程组

*第12章 相似矩阵与二次型

附 录

习题答案

绪 言

> 考虑到数学有无穷多的主题内容，数学，甚至是现代数学也是处于婴儿时期的一门科学. 如果文明继续发展，那么在今后两千年，人类思维中压倒一切的新特点就是数学悟性要占统治地位.
>
> —— A.N. 怀海德

一、为什么学数学

大学数学（包括高等数学、线性代数、概率论与数理统计）是高等院校理工类、经管类、农林类与医药类等各专业的公共基础课程. 如今，即使以往一般不学数学的纯文科类专业也普遍开设了大学数学课程. 为什么现在对它的学习受到如此大的重视？具体来说，大致有以下两方面的原因：

首先是因为当代数学及其应用的发展. 进入20世纪以后，数学向更加抽象的方向发展，各个学科更加系统化和结构化，数学的各个分支学科之间交叉渗透，彼此的界限已经逐渐模糊. 时至今日，数学学科的所有分支都或多或少地联系在一起，形成了一个复杂的、相互关联的网络. 纯粹数学和应用数学一度存在的分歧在更高的层面上趋于缓和，并走向协调发展. 总而言之，数学科学日益走向综合，现在已经形成了一个包含上百个分支学科、各学科相互交融渗透的庞大的科学体系，这充分显示了数学科学的统一性.

数学与其他学科之间的交叉、渗透与相互作用，既使得数学领域在深度和广度上进一步扩大，又促进了众多新兴的交叉学科与边缘学科的蓬勃发展，如金融数学、生物数学、控制数学、定量社会学、数理语言学、计量史学、军事运筹学，等等. 这种交融大大促进了各相关学科的发展，使得数学的应用无处不在. 20世纪下半叶，数学与计算机技术的结合产生了数学技术. 数学技术的迅速兴起，使得数学对社会进步所起的作用从幕后走向台前. 计算机的迅速发展和普及，不仅为数学提供了强大的技术手段，也极大地改变了数学的研究方法和思维模式. 所谓数学技术，就是数学的思想方法与当代计算机技术相结合而成的一种高级的、可实现的技术. 数学的思想方法是数学技术的灵魂，拿掉它，数学技术就只剩下一个空壳. 数学技术对于人类社会的现代化起着极大的推动作用. 正是在这个意义上，联合国教科文组织把21世纪的第一年定为“世界数学年”，并指出“纯粹数学与应用数学是理解世界及其发展的一把主要钥匙”.

其次是因为数学能够很好地培养人的理性思维. 数学除了是科学的基础和工具外, 还是一种十分重要的思维方式与文化精神. 美国国家研究委员会在一份题为《人人关心数学教育的未来》的研究报告中指出:“除了定理和理论外, 数学提供了有特色的思考方式, 包括建立模型、抽象化、最优化、逻辑分析、由数据进行推断以及符号运算等. 它们是普遍适用的、强有力的思考方式. 应用这些数学思考方式的经验构成了数学能力 —— 在当今这个技术时代里日益重要的一种智力. 它使人们能批判地阅读, 能识别谬误, 能探索偏见, 能估计风险, 能提出变通办法. 数学能使我们更好地了解我们生活在其中的充满信息的世界.”数学在形成人类的理性思维方面起着核心作用, 而我国的传统文化教育在这方面恰恰是不足的. 一位西方数学史家曾说过:“我们讲授数学不只是要教涉及量的推理, 不只是把它作为科学的语言来讲授 —— 虽然这些都很重要 —— 而且要让人们知道, 如果不从数学在西方思想史上所起的重要作用方面来了解它, 就不可能完全理解人文科学、自然科学、人的所有创造和人类世界.”

二、数学是什么

《数学是什么》是20世纪著名数学家柯朗 (R. Courant) 的名著. 每一个受过教育的人都不会认为自己不知道数学是什么, 但是每个读过这本书的人都受益匪浅. 人们了解数学是通过阅读有关算术、代数、几何与微积分等方面的教材和著作, 知道数学的一些内容. 但这只是数学极小的一部分. 柯朗认为, 数学教育应该使人了解数学在人类认识自己和认识自然中所起的作用, 而不只是一些数学理论和公式.

凡是学过数学的人都能领略到它的特点——理论抽象、逻辑严密, 从而显示出一种其他学科无法比拟的精确和可靠. 但人们更需要了解的是数学对整个人类文明的重要影响. 回顾人类的文明史, 2 500 年来, 人们一直在利用数学追求真理, 而且成就辉煌. 数学使人类充满自信, 因为由此能够俯视世界、探索宇宙. 人类改变世界和自身所依赖的是科学, 而科学之所以能实现人的意志是因为**科学的数学化**. 马克思曾说过:“一门科学, 只有当它成功地运用数学时, 才能达到真正完善的地步.”一百多年前, 成功地由数学完善其理论的不过是力学、天文学和某些物理学的分支, 化学很少用到数学, 生物学与数学毫无关系. 而现在就完全不同了, 几乎所有科学, 不仅是自然科学, 而且包括社会科学和人文科学的各个领域, 都正在大量应用数学理论. 这正是20 世纪人类社会和自然面貌迅速改变的原因. 我们还可以回顾一下, 在人类进入近代文明之前, 对于现实世界的认识和描述大多是定性的, 诸如“日月星辰绕地球旋转”“重的物体比轻的物体下落得快”, 等等. 而现在的科学则要求定量地知道, 一个物体以什么速度沿什么轨道运行, 怎样准确无误地把人送到月球上指定的地点, 等等. 一个科学理论必须经得起反复的观察验证, 而且可以精确地预言即将出现的事物和现象, 只有这样才能按照人的意志改造客观世界. 不论是验证还是预言, 都需要有定量的标准, 这就要求科学数学化. 现在, 数学化了的科学已经渗透到社会所有领域的各个层面，人类可以在大范围内预报中长期的气象，可以预测一个地区、一个国家甚至全世界的经济前景．这是因为现在对于这些看似纷乱的现象已经可以建立数学模型，然后经过演算和推理就能得出人们想知道的结论．金融、保险、教育、人口、资源、遗传，甚至语言、历史、文学都不同程度地采用数学方法，许多领域的科学论文都以它所使用的数学工具作为重要的评估标准之一．电视、通信、摄影技术正在数字化，其目的在于通过计算机技术更准确细微地反映图像、声音．甚至计算歌星与球队的排名都有许多方法．因此有人说："一个国家的科学水平可以用它消耗的数学来度量．"

20世纪初期，科学的深刻变化促使人们从哲学高度进行反思，从整个文明发展进程的角度来加以总结，并认识到：数学是一种语言，它精确地描述着自然界和人类自身；数学是一种工具，它普遍地适用于所有科学领域；数学是一种精神，它理性地促使人类的思维日臻完善；数学是一种文化，它决定性地影响着人类的物质文明和精神文明的各个方面．

三、数学科学的形成与发展

当人类试图按照自己的意志来支配和改造自然界时，就需要用数学的方法来构想、描述和落实，因此，在人类文明之初就诞生了数学．古代的巴比伦、埃及、中国、希腊和印度在数学上都有重要的创新，不过从现代意义上说，数学形成于古希腊．著名的欧几里得几何学是第一个成熟的数学分支．相比于欧几里得几何学，其他文明中的数学并未形成一个独立的体系，也没有形成一套方法，而是表现为一系列相互无关的、用于解决日常问题的规则，诸如历法推算和用于农业与商业的数学法则等．这些法则如同人类的其他知识一样是源于经验归纳，因此往往只是近似正确的．例如，有许多像"径一周三"这样以三表示圆周率的命题．欧几里得几何学则完全不同，它是一个逻辑严密的庞大体系，仅从10条公理出发，就推导出487个命题，采用的是与归纳思维法相反的演绎推理法．归纳法是由特殊现象归纳出一般规律的思维方法，而演绎法则正好相反，它从已有的一般结论推导出特殊命题．例如，假定有"一个运用数学的学科是成熟的学科"这样一个公认正确的一般结论，即所谓的大前提；"物理学运用了数学"是一个特殊的命题，即所谓的小前提；由以上两点可以得出结论："物理学是成熟的学科"．这就是常说的"三段论"逻辑．演绎法就运用了这样的逻辑，其主要特征是在前提正确的情况下，结论一定正确．意识到逻辑推理的作用是古希腊文明对人类的一项巨大贡献．

在希腊被罗马帝国统治之后，希腊的数学研究中断了将近2 000年．在与罗马的历史平行的1 100年间，希腊没有出现过一位数学家．他们夸耀自己讲究实际，兴建过许多庞大的工程．但是过于务实的文化不能产生深刻的数学．在那之后统治欧洲的基督教提倡为心灵作好准备，以便死后去天国，对于现实的物理世界缺乏兴趣．这一时期，数学在中国、印度和阿拉伯地区继续发展，也有许多重要的创新．但是这些古代文明不像希腊文明那样追求绝对可靠的真理，因此没有形成大规模的理论结构体系. 例如, 著名的数学家祖冲之提出的圆周密率领先欧洲1 000多年, 但是他没有给出推导密率的理论依据.

被罗马帝国和基督教逐出的希腊文明, 在1 000多年后重返欧洲. 当时, 教会仍然主宰一切, 真理只存在于《圣经》之中. 饱受压抑而善于思索的学者们看清了希腊文明远比教会高明, 于是他们立即接受了这份遗产, 特别是"世界按数学设计"的信念. 哥白尼经过多年的观察和计算, 创立了日心说, 认定太阳才是宇宙的中心, 而不是地球. 日心说不仅改变了那个时代人类对宇宙的认识, 而且动摇了宗教的基本教义: 上帝把最珍爱的创造物 —— 人类安置在宇宙的中心 —— 地球. 日心说是近代科学的开端, 而科学正是现代社会的标志. 科学使处于低水平的西欧文明迅速崛起, 短短两三百年后领先于全世界.

在这之后, 科学发展具有决定性意义的一步是由伽利略 (G. Galileo) 迈出、由牛顿完成的, 这就是**科学的数学化**. 伽利略认为, 基本原理必须源于经验和实验, 而不是智慧的大脑. 这是革命性的关键的一步, **它开辟了近代实验科学的新纪元**. 人脑可以提供假设, 但假设和猜想必须通过检验. 哥白尼的日心说如此, 牛顿的万有引力定律如此, 爱因斯坦的相对论也是如此. 为了使科学理论得以反复验证, 伽利略认为科学必须数学化, 他要求人们不要用定性的模糊的命题来解释现象, 而要追求定量的数学描述, 因为数量是可以反复验证和精确测定的. **追求数学描述而不顾物理原因是现代科学的特征**.

17世纪60年代, 牛顿用这种新的方法论取得了辉煌的成功, 以至几乎所有科学家都立即接受了这种方法, 并取得了丰硕的成果. 这种方法称为西欧工业革命的科学基础. 牛顿决心找出宇宙的一般法则, 他提出了著名的力学三定律和万有引力定律. 然后用他发明的微积分方法, 经过复杂的计算和演绎, 既导出了地球上物体的运动规律, 也导出了太空中物体的运动规律, 统一了宇宙中的各种运动, 而这些都是由数学推导完成的, 从而引起了巨大的轰动. 17世纪的伟大学者们发现了一个量化了的世界, 这就是繁荣至今的科学数学化的开始.

牛顿的广泛的研究方向, 以及他和莱布尼茨 (G. W. Leibniz) 共同创造的微积分, 成为从那以后的100多年间科学家研究的课题. 由于追求量化的结论, 当时的科学家都是数学家, 而伟大的数学家也毫无例外地都是科学家. 科学家寻求一个量化的世界的努力一直延续至今, 他们的主要目标不再是解释自然, 而是为了作出预测, 以便实现各种理想和愿望. 在这个过程中, 以几何为基础的数学, 重心转移到了代数、微积分及其各种数量关系的后续分支上.

代数成为一门学科可以认为开始于韦达 (F. Viète) 的研究. 在此之前, 代数是用文字表示的一些应用问题, 只不过是一些实用的方法和计算的"艺术", 没有自己的理论. 韦达的功绩是用一整套符号表示代数中的已知量、未知量和运算. 这使得代数问题可以抽象归结为符号算式, 这样就脱离了它的具体背景, 然后根据一整套规定的法则作恒等变形, 直至求出答案. 后来, 笛卡儿 (R. Descartes) 用坐标方法把点表示为坐标，把曲线表示为方程，实现了几何对象的代数化. 传统的几何问题都可以量化为代数方程来求解.

代数方法是机械的，思路明确简单，不像几何问题那样需要机智巧妙的处理. 那个时期，笛卡儿实际上已经洞察到了代数将使数学机械化，使得数学创造变成一项几乎自动化的工作. 等到牛顿，尤其是莱布尼茨把微积分也像代数一样形式化并解决了大量科学问题之后，符号化的定量数学终于取代了几何学，成为数学的基础. 20 世纪中叶计算机出现以后，数学机械化的思想得以广泛应用于解决各个领域的实际问题，而借助于计算机工具，数学也越来越深入社会生活的各个领域.

四、结语

古往今来对数学做了开创性工作的大数学家，其创造动机都不是追求物质，而是追求一种理想，或是为了揭开自然的奥秘，或是出于某种哲学信念. 数学是一种理想，为理想而奋斗才有力量. 数学是人类智慧的杰出结晶，是人脑最富创造性的产物. 与文学、艺术、音乐等创造有共同之处的是，指引数学创造的是数学家的一种审美直觉. 数学是介于自然科学与人文科学之间的一种特殊学科，是影响人类文化全局的一种文化现象. 每一个时代的总的特征与这个时代的数学活动密切相关. 著名的数学史家克莱因(M. Klein)曾以抒情的笔调写道:“音乐能激起或平静人的心灵，绘画能愉悦人的视觉，诗歌能激发人的感情，哲学能使思想得到满足，工程技术能改善人的物质生活，而数学则能做到所有这一切.”

第一部分　微积分

第1章　函数、极限与连续

函数是现代数学的基本概念之一，是微积分的主要研究对象．极限概念是微积分的理论基础，极限方法是微积分的基本分析方法，因此，掌握、运用好极限方法是学好微积分的关键．连续是函数的一个重要性态．本章将介绍函数、极限与连续的基本知识和有关的基本方法，为今后的学习打下必要的基础．

§1.1　函　数

在现实世界中，一切事物都在一定的空间中运动着．17世纪初，数学首先从对运动(如天文、航海等问题)的研究中引出了函数这个基本概念．在那以后的200多年里，这个概念几乎在所有科学研究工作中占据了中心位置．

本节将介绍函数的概念、函数关系的构建与函数的特性．

一、实数与区间

公元前3 000年以前，人类的祖先最先认识的数是自然数1, 2, 3, ⋯. 从那以后，伴随着人类文明的发展，数的范围不断扩展．这种扩展一方面与社会实践的需要有关，另一方面与数的运算需要有关．这里我们仅就数的运算需要做些解释，例如，在自然数的范围内，对于加法和乘法运算是封闭的，即两个自然数的和与积仍是自然数．然而，两个自然数的差就不一定是自然数了．为使自然数对于减法运算封闭，就引入了负数和零，这样，人类对数的认识就从自然数扩展到了整数．在整数范围内，加法运算、乘法运算与减法运算都是封闭的，但两个整数的商又不一定是整数了．探索使整数对于除法运算也封闭的数的集合，导致了整数集向有理数集的扩展．

任意一个有理数均可表示成 $\dfrac{p}{q}$ (其中 p, q 为整数，且 $q \neq 0$)，与整数相比较，有理数具有整数所没有的良好性质．例如，任意两个有理数之间都包含着无穷多个有理数，此即所谓的有理数集的**稠密性**；又如，任一有理数均可在数轴上找到唯一的对应点(称其为**有理点**)，而在数轴上有理点是从左到右按大小次序排列的，此即所谓的有理数集的**有序性**.

虽然有理点在数轴上是稠密的，但它并没有充满整个数轴. 例如，对于边长为1的正方形，假设其对角线长为x(见图1-1-1)，则由勾股定理，有$x^2=2$，解此方程，得$x=\sqrt{2}$，虽然这个点确定地落在数轴上，但在数轴上却找不到一个有理点与它相对应，这说明在数轴上除了有理点外还有许多空隙，同时也说明了有理数尽管很稠密，但是并不具有连续性.

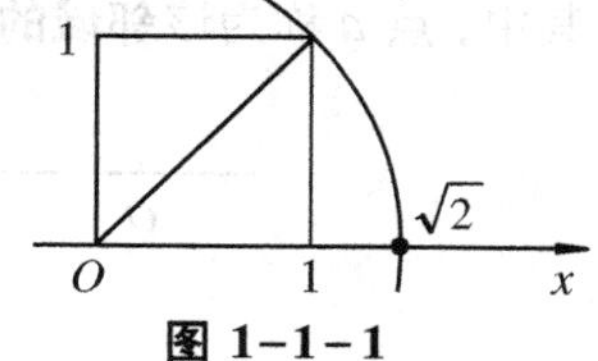

图 1-1-1

我们把这些空隙处的点称为**无理点**，把无理点对应的数称为**无理数**. 无理数是无限不循环的小数，如$\sqrt{2}$，π，等等.

有理数与无理数的全体称为**实数**，这样就把有理数集扩展到了实数集. 实数集不仅对于四则运算是封闭的，而且对于开立方运算也是封闭的. 可以证明，实数点能铺满整个数轴，而不会留下任何空隙，此即所谓的实数的**连续性**. 数学家完全弄清实数及其相关理论，已是19世纪的事情了.

由于任给一个实数，在数轴上就有唯一的点与它相对应；反之，数轴上任意的一个点也对应着唯一的实数，可见实数集等价于整个数轴上的点集，因此，在本书今后的讨论中，对实数与数轴上的点就不加区分. 今后如无特别说明，本课程中提到的数均为实数，用到的集合主要是实数集. 此外，为后面的叙述方便，我们重申中学学过的几个特殊实数集的记号: 自然数集记为$\mathbf{N}$，整数集记为$\mathbf{Z}$，有理数集记为$\mathbf{Q}$，实数集记为$\mathbf{R}$，这些数集间的关系如下:

$$\mathbf{N}\subset\mathbf{Z}\subset\mathbf{Q}\subset\mathbf{R}.$$

区间是微积分中常用的实数集，分为**有限区间**和**无限区间**两类.

有限区间

设a,b为两个实数，且$a<b$，数集$\{x\mid a<x<b\}$称为开区间，记为(a,b)，即

$$(a,b)=\{x\mid a<x<b\}.$$

类似地，有闭区间和半开半闭区间:

$$[a,b]=\{x\mid a\le x\le b\},\ [a,b)=\{x\mid a\le x<b\},\ (a,b]=\{x\mid a<x\le b\}.$$

无限区间

引入记号$+\infty$(读作"正无穷大")及$-\infty$(读作"负无穷大")，则可类似地表示无限区间. 例如

$$[a,+\infty)=\{x\mid a\le x\},\ (-\infty,b)=\{x\mid x<b\}.$$

特别地，全体实数的集合$\mathbf{R}$也可表示为无限区间$(-\infty,+\infty)$.

注: 在本教程中，当不需要特别辨明区间是否包含端点、是有限还是无限时，常将其简称为"区间"，并常用I表示.

二、邻域

定义1 设a与δ是两个实数，且$\delta>0$，数集$\{x\mid a-\delta<x<a+\delta\}$称为点$a$

的 δ **邻域**，记为

$$U(a,\delta)=\{x\mid a-\delta<x<a+\delta\}.$$

其中，点 a 称为该**邻域的中心**，δ 称为该**邻域的半径**（见图1–1–2).

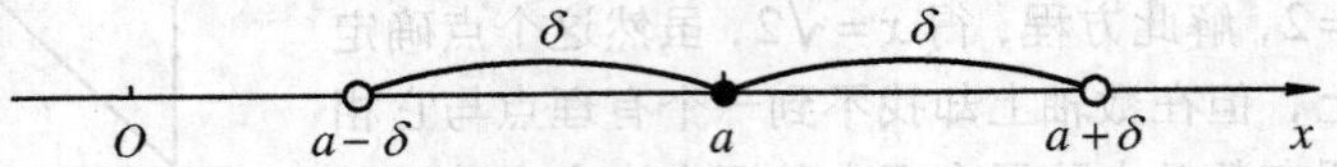

δ δ

O $a-\delta$ a $a+\delta$ x

$U(a,\delta)=\{x\mid a-\delta<x<a+\delta\}$

图1–1–2

由于 $a-\delta<x<a+\delta$ 相当于 $|x-a|<\delta$，因此

$$U(a,\delta)=\{x\mid |x-a|<\delta\}.$$

若把邻域 $U(a,\delta)$ 的中心去掉，所得到的邻域称为点 a 的**去心**的 δ 邻域，记为 $\mathring{U}(a,\delta)$，即

$$\mathring{U}(a,\delta)=\{x\mid 0<|x-a|<\delta\}.$$

更一般地，以 a 为中心的任何开区间均是点 a 的邻域，当不需要特别辨明邻域的半径时，可简记为 $U(a)$.

在实际应用中，有时还会用到左邻域与右邻域，此处一并引入如下：

记点 a 的左邻域：$U_-(a,\delta)=\{x\mid a-\delta<x\leq a\}$;

记点 a 的右邻域：$U_+(a,\delta)=\{x\mid a\leq x<a+\delta\}$.

三、函数的概念

函数是描述变量间相互依赖关系的一种数学模型.

在某一自然现象或社会现象中，往往同时存在多个不断变化的量(即变量)，这些变量并不是孤立变化的，而是相互联系并遵循一定的规律．函数就是描述这种联系的一个法则．本节我们讨论两个变量的情形.

例如，在自由落体运动中，设物体下落的时间为 t，落下的距离为 s．假定开始下落的时刻为 $t=0$，则变量 s 与 t 之间的相依关系由数学模型

$$s=\frac{1}{2}gt^2$$

给定，其中 g 是重力加速度.

定义2 设 x 和 y 是两个变量，D 是一个给定的非空实数集．如果对于每个数 $x\in D$，按照一定法则 f，总有确定的数值与变量 y 对应，则称 y 是 x 的**函数**，记作

$$y=f(x),\ x\in D,$$

其中，x 称为**自变量**，y 称为**因变量**，数集 D 称为这个函数的**定义域**，也记为 D_f，即 $D_f=D$.

对于 $x_0\in D$，按照对应法则 f，总有确定的值 y_0（记为 $f(x_0)$）与之对应，称 $f(x_0)$

为函数在点 x_0 处的**函数值**. 因变量与自变量的这种相依关系通常称为**函数关系**.

当自变量 x 遍取 D 的所有数值时，对应的函数值 $f(x)$ 的全体构成的集合称为函数 f 的**值域**, 记为 R_f 或 $f(D)$, 即

$$R_f = f(D) = \{y \mid y = f(x), x \in D\}.$$

注: 函数的定义域与对应法则称为函数的两个要素. 两个函数相等的充分必要条件是它们的定义域和对应法则均相同.

函数的定义域在实际问题中应根据问题的实际意义具体确定. 如果讨论的是纯数学问题，则往往取使函数的表达式有意义的一切实数所构成的集合作为该函数的定义域，这种定义域又称为函数的**自然定义域**.

例如，函数 $y=\dfrac{1}{\sqrt{1-x^2}}$ 的(自然)定义域即为开区间 $(-1,1)$.

函数的图形

对于函数 $y=f(x)\,(x\in D)$, 若取自变量 x 为横坐标，因变量 y 为纵坐标，则在平面直角坐标系 xOy 中就确定了一个点 (x, y). 当 x 遍取定义域 D 中的每一个数值时，平面上的点集

$$C=\{(x, y) \mid y=f(x), x\in D\}$$

称为函数 $y=f(x)$ 的**图形** (见图1–1–3).

若自变量在定义域内任取一个数值，对应的函数值总是只有一个，这种函数称为**单值函数**. 从几何上看，即任意一条垂直于 x 轴的直线与函数的图形最多相交于一点 (见图1–1–4).

例如，方程 $x^2+y^2=a^2$ 在闭区间 $[-a,a]$ 上确定了一个以 x 为自变量、y 为因变量的函数，在几何上即为圆心在原点且半径为 a 的圆. 易见，对每一个 $x\in(-a, a)$, 都有两个 y 值 $(\pm\sqrt{a^2-x^2})$ 与之对应 (见图1–1–5), 因而 y 不是单值函数. 但在附加条件 $y\geq 0$ 或 $y\leq 0$ 后，可分别得到单值函数

$$y=\sqrt{a^2-x^2} \quad \text{或} \quad y=-\sqrt{a^2-x^2}.$$

但上述圆方程在极坐标系下的形式为

$$r=a \ (0\leq\theta\leq 2\pi),$$

故在极坐标系下其显然是单值函数.

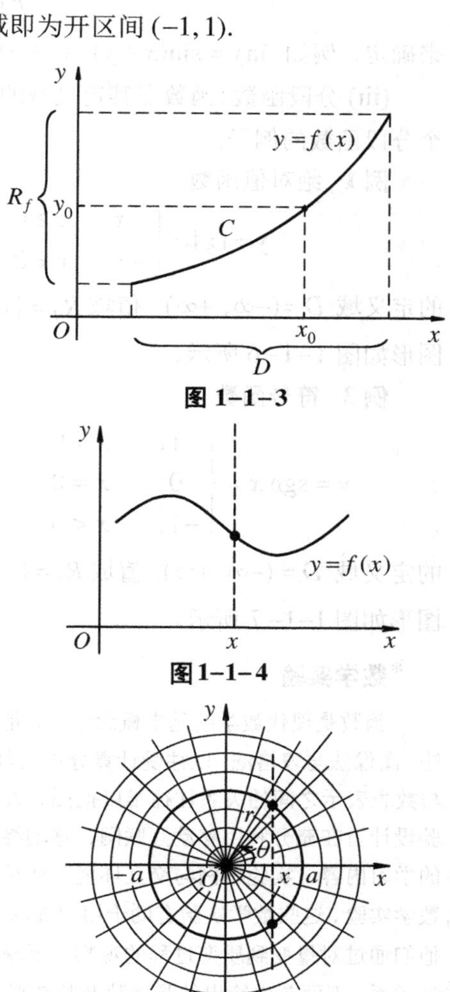

图 1–1–3

图1–1–4

图1–1–5

注: 今后，若无特别声明，函数均指单值函数.

函数的常用表示法

(1) **表格法** 将自变量的值与对应的函数值列成表格的方法.

(2) **图像法** 在坐标系中用图形来表示函数关系的方法.

(3) **公式法(解析法)** 将自变量和因变量之间的关系用数学表达式(又称为解析表达式)来表示的方法. 根据函数的解析表达式的形式不同，函数也可分为**显函数**、**隐函数**和**分段函数**三种:

(i) 显函数: 函数 y 由 x 的解析表达式直接表示. 例如，$y=x^2+1$.

(ii) 隐函数: 函数的自变量 x 与因变量 y 的对应关系由方程

$$F(x,y)=0$$

来确定. 例如, $\ln y=\sin(x+y)$, $x^3+y^3=1$, 但后者的显函数表示为 $y=\sqrt[3]{1-x^3}$.

(iii) 分段函数: 函数在其定义域的不同范围内具有不同的解析表达式. 以下是几个分段函数的例子.

例 1 绝对值函数

$$y=|x|=\begin{cases} x, & x\geq 0 \\ -x, & x<0 \end{cases}$$

的定义域 $D=(-\infty,+\infty)$, 值域 $R_f=[0,+\infty)$, 图形如图 1–1–6 所示. ■

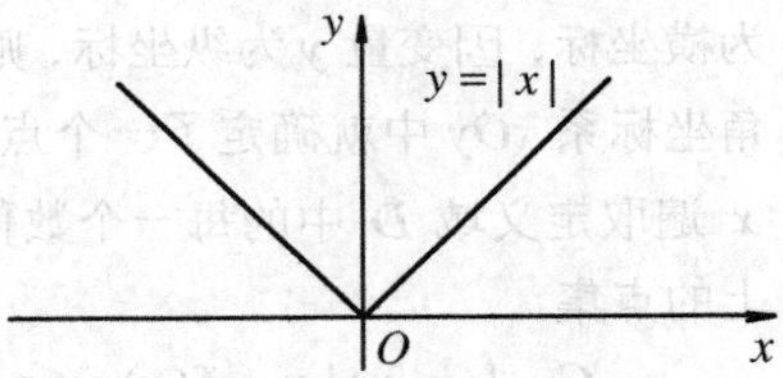

y=|x|

图 1–1–6

例 2 符号函数

$$y=\operatorname{sgn} x=\begin{cases} 1, & x>0 \\ 0, & x=0 \\ -1, & x<0 \end{cases}$$

的定义域 $D=(-\infty,+\infty)$, 值域 $R_f=\{-1,0,1\}$, 图形如图 1–1–7 所示. ■

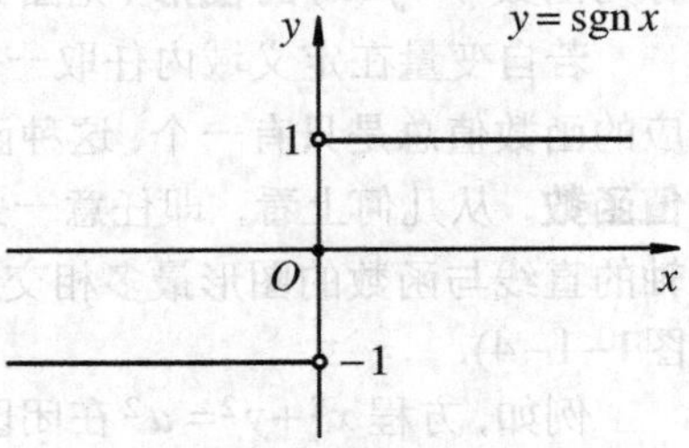

y = sgn x

图 1–1–7

*数学实验

函数是现代数学的基本概念之一，是大学数学的主要研究对象，函数的表示法包括解析法、图像法与表格法. 以往受计算分析工具便利性的限制，人们对函数的解析表示、图像表示与数表表示之间的关系往往难以把握，大大影响了学习者对函数概念的理解与掌握. 数学实验设计旨在充分利用移动互联网、移动终端设备与相关信息技术软件为教材用户提供更优质的学习内容、实验案例与交互环境. 针对本课程，作者为各章节相关教学内容设计了一系列数学实验，这些数学实验有助于用户加深对高等数学中基本概念、定理与思想方法的理解，让他们通过对量变到质变过程的观察，更深刻地理解数学中近似与精确、量变与质变之间的辩证关系. 下面首先给出的是函数及其图形计算方面的数学实验.

实验 1.1 试用计算软件求下列函数值:

(1) $f(x)=x^{20}-3x^{10}+2x\sqrt{x}$, $f(0.5)$, $f(0.8)$, $f(1.1)$, $f(1.3)$;

(2) $f(x)=x^2\cos(xe^{2x})$, 在 $x=1,2,\cdots,10$ 处的函数值;

(3) $f(x)=\dfrac{5+x^2+x^3+x^4}{5+5x+5x^2}$, 在区间 $[-4,4]$ 上每间隔 0.2 的函数值.

函数计算实验

微信扫描右侧的二维码，即可进行重复或修改实验(详见教材配套的网络学习空间).

实验 1.2 试用计算软件绘制下列函数的图形:

(1) $f(x)=\dfrac{5+x^2+x^3+x^4}{5+5x+5x^2}$;

(2) $f(x)=\begin{cases}\cos x, & x\le 0\\ e^x, & x>0\end{cases}$;

(3) $x^3+y^3-3xy=0$;

(4) $x^{2/3}+y^{2/3}=2^{2/3}$;

(5) $f(x)=2e^{-\frac{1}{2}x^2}\cos(12x^2)$.

函数图形绘制

微信扫描右侧的二维码，即可进行重复或修改实验(详见教材配套的网络学习空间).

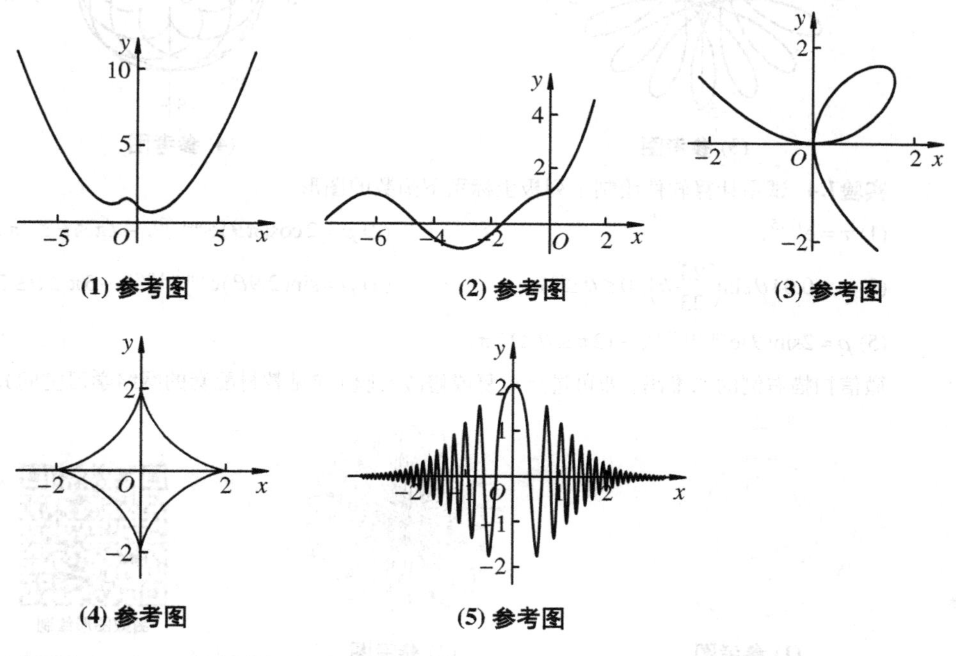

(1) 参考图　(2) 参考图　(3) 参考图

(4) 参考图　(5) 参考图

实验 1.3 试用计算软件绘制下列参数方程的图形:

(1) $\begin{cases}x=0.2t\\ y=0.04t\cos 3t\end{cases}(t>0)$;

(2) $\begin{cases}x(t)=(1+\sin t-2\cos 4t)\cos t\\ y(t)=(1+\sin t-2\cos 4t)\sin t\end{cases}$;

(3) $\begin{cases}x(t)=2\cos\left(-\dfrac{11}{5}t\right)+2.8\cos t\\ y(t)=2\sin\left(-\dfrac{11}{5}t\right)+2.8\sin t\end{cases}$;

(4) $\begin{cases}x=2.6\cos t-\cos\left(\dfrac{13}{5}t\right)\\ y=2.6\sin t-\sin\left(\dfrac{13}{5}t\right)\end{cases}$.

函数图形绘制

微信扫描右侧的二维码，即可进行重复或修改实验(详见教材配套的网络学习空间).

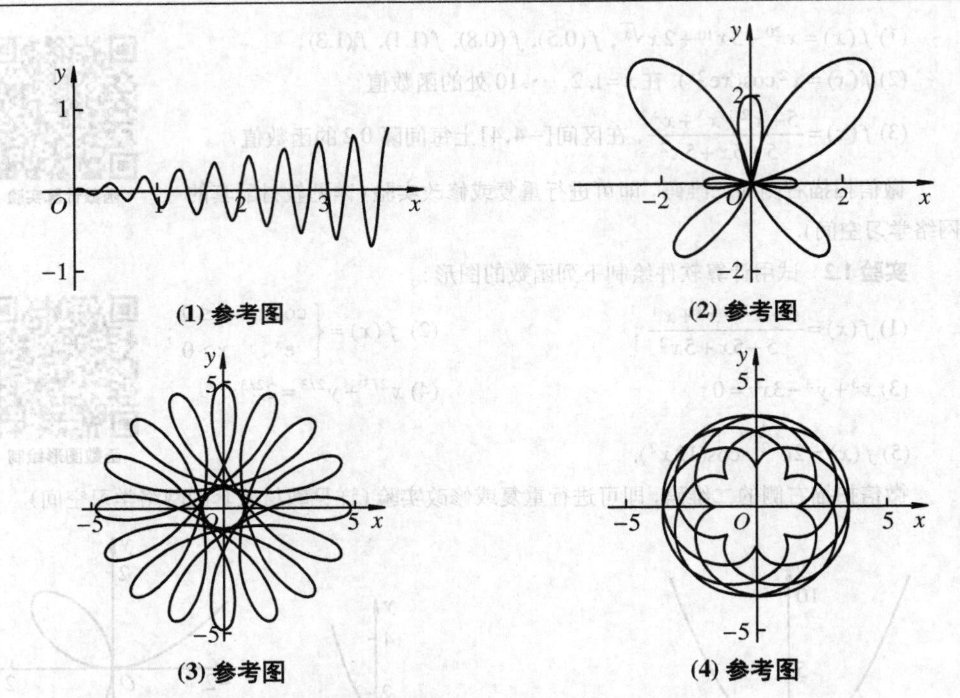

(1) 参考图　　(2) 参考图

(3) 参考图　　(4) 参考图

实验1.4　试用计算软件绘制下列极坐标系下函数的图形：

(1) $r=\mathrm{e}^{t/15}$；　　(2) $\rho=2\cos(\pi\theta)\mathrm{e}^{\sin(\pi\theta)}$, $-7\pi\le\theta\le7\pi$；

(3) $\rho=0.04\theta\sin\left(\dfrac{25}{23}\theta\right)$, $0\le\theta\le81$；　　(4) $\rho=\sin(2.9\theta)\mathrm{e}^{\sin^4(4.9\theta)}$, $-5\pi\le\theta\le5\pi$；

(5) $\rho=2\sin(\theta)\mathrm{e}^{\sin^3(1.9\theta)}$, $-12\pi\le\theta\le12\pi$.

微信扫描右侧的二维码，即可进行重复或修改实验(详见教材配套的网络学习空间).

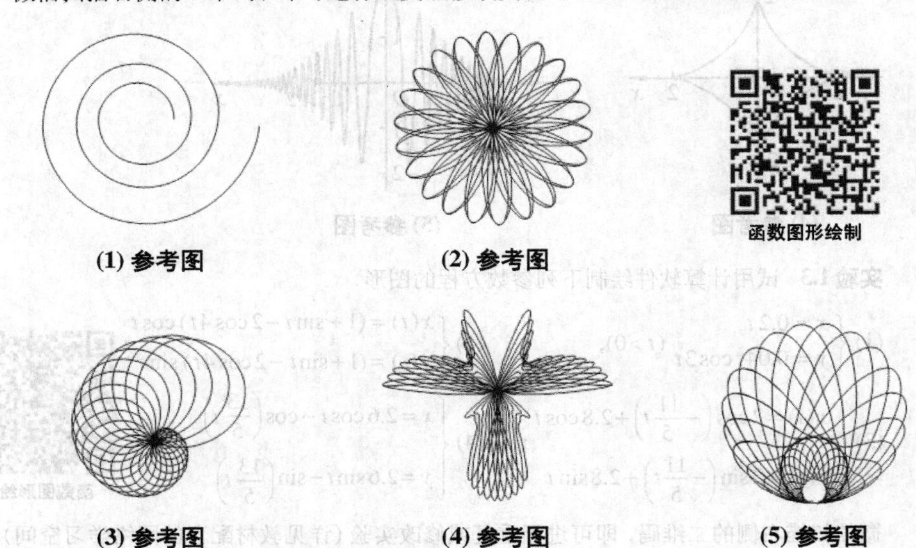

(1) 参考图　　(2) 参考图

(3) 参考图　　(4) 参考图　　(5) 参考图

四、函数特性

1. 函数的有界性

设函数 $f(x)$ 的定义域为 D，数集 $X\subset D$，若存在一个正数 M，使得对一切 $x\in X$，恒有

$$|f(x)|\leq M,$$

则称函数 $f(x)$ 在 X 上**有界**，或称 $f(x)$ 是 X 上的**有界函数**，否则称 $f(x)$ 在 X 上**无界**，或称 $f(x)$ 是 X 上的**无界函数**.

如果存在常数 M，使得对一切 $x\in X$，恒有

$$f(x)\leq M\ (\text{或者}\ f(x)\geq M),$$

则称函数在 X 上有**上界**(或**下界**).

易知，函数 $f(x)$ 在 X 上有界的充要条件是函数 $f(x)$ 在 X 上既有上界又有下界.

例如，函数 $y=\sin x$ 在 $(-\infty,+\infty)$ 内有界，因为对任何实数 x，恒有 $|\sin x|\leq 1$. 函数 $y=\dfrac{1}{x}$ 在区间 $(0,+\infty)$ 内有下界 0，无上界，是无界函数.

2. 函数的单调性

设函数 $f(x)$ 的定义域为 D，区间 $I\subset D$. 如果对于区间 I 上任意两点 x_1 及 x_2，当 $x_1<x_2$ 时，恒有

$$f(x_1)<f(x_2),$$

则称函数 $f(x)$ 在区间 I 上是**单调增加函数**；如果对于区间 I 上任意两点 x_1 及 x_2，当 $x_1<x_2$ 时，恒有

$$f(x_1)>f(x_2),$$

则称函数 $f(x)$ 在区间 I 上是**单调减少函数**. 单调增加函数和单调减少函数统称为**单调函数**.

例如，$y=x^2$ 在 $[0,+\infty)$ 内单调增加，在 $(-\infty,0]$ 内单调减少，但在 $(-\infty,+\infty)$ 内不是单调函数(见图1–1–8). 而 $y=x^3$ 在 $(-\infty,+\infty)$ 内是单调增加函数(见图1–1–9).

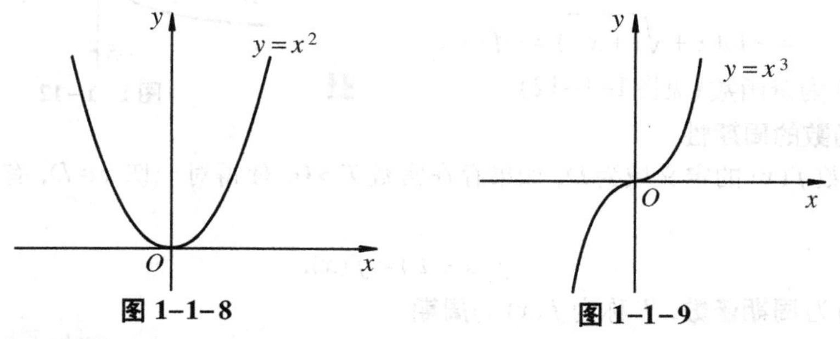

图 1–1–8　　图 1–1–9

3. 函数的奇偶性

设函数 $f(x)$ 的定义域 D 关于原点对称. 若 $\forall x\in D$，恒有

$$f(-x)=f(x),$$

则称 $f(x)$ 为**偶函数**；若 $\forall x\in D$, 恒有

$$f(-x)=-f(x),$$

则称 $f(x)$ 为**奇函数**.

偶函数的图形关于 y 轴是对称的(见图1–1–10). 奇函数的图形关于原点是对称的(见图1–1–11).

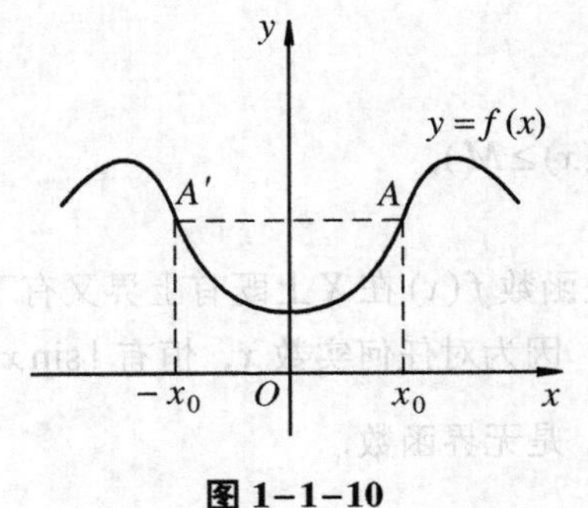

图 1–1–10

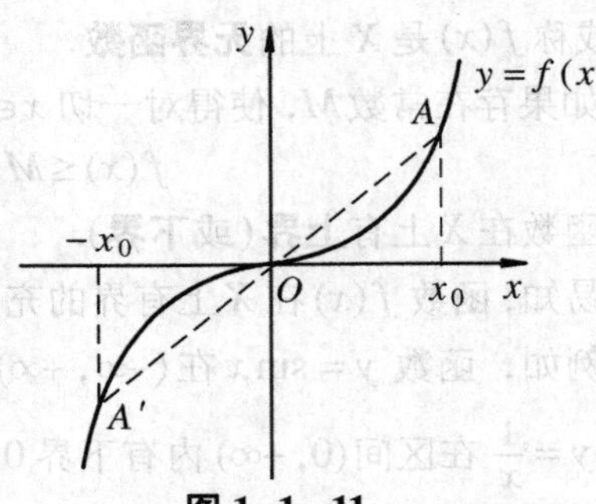

图 1–1–11

例如,函数 $y=\dfrac{1}{x}$, $y=x^3$, $y=\sin x$ 是奇函数, $y=x^2$, $y=\cos x$ 是偶函数.

例 3　判断函数 $y=\ln(x+\sqrt{1+x^2})$ 的奇偶性.

解　因为函数的定义域为 $(-\infty,+\infty)$, 且

$$\begin{aligned}f(-x)&=\ln(-x+\sqrt{1+(-x)^2}\,)\\&=\ln(-x+\sqrt{1+x^2}\,)\\&=\ln\frac{(-x+\sqrt{1+x^2}\,)(x+\sqrt{1+x^2}\,)}{x+\sqrt{1+x^2}}\\&=\ln\frac{1}{x+\sqrt{1+x^2}}\\&=-\ln(x+\sqrt{1+x^2}\,)=-f(x).\end{aligned}$$

所以 $f(x)$ 为奇函数(见图1–1–12). ■

图 1–1–12

4. 函数的周期性

设函数 $f(x)$ 的定义域为 D, 如果存在常数 $T>0$, 使得对一切 $x\in D$, 有 $(x\pm T)\in D$, 且

$$f(x+T)=f(x),$$

则称 $f(x)$ 为**周期函数**, T 称为 $f(x)$ 的**周期**.

例如, $\sin x$, $\cos x$ 都是以 2π 为周期的周期函数. 函数 $\tan x$ 是以 π 为周期的周期函数.

通常周期函数的周期是指其**最小正周期**. 但并非每个周期函数都有最小正周期.

周期函数的应用是广泛的，因为我们在科学与工程技术中研究的许多现象都呈现出明显的周期性特征，如家用的电压和电流是周期的，用于加热食物的微波炉中的电磁场是周期的，季节和气候是周期的，月相和行星的运动是周期的，等等.

五、数学建模——函数关系的建立

数学，作为一门研究现实世界数量关系和空间形式的科学，在它产生和发展的历史长河中，一直是和人们生活的实际需要密切相关的. 作为用数学方法解决实际问题的第一步，数学建模自然有着与数学同样悠久的历史. 牛顿的万有引力定律与爱因斯坦的质能转换公式都是科学发展史上数学建模的成功范例. 马克思说过："一门科学，只有当它成功地运用数学时，才能达到真正完善的地步." 在高新技术领域，数学已不再仅仅作为一门科学，而是许多技术的基础，从这个意义上说，高新技术本质上就是一种数学技术. 20 世纪下半叶以来，由于计算机软硬件的飞速发展，数学正以空前的广度和深度向一切领域渗透，而数学建模作为应用数学方法研究各领域中定量关系的关键与基础也越来越受到人们的重视.

在应用数学解决实际题的过程中，先要将该问题量化，然后要分析哪些是常量，哪些是变量，确定选取哪个量作为自变量，哪个量作为因变量，最后要把实际问题中变量之间的函数关系正确地抽象出来，根据题意建立起它们之间的**数学模型**. 数学模型的建立有助于我们利用已知的数学工具来探索隐藏在其中的内在规律，帮助我们把握现状、预测和规划未来，从这个意义上说，我们可以把数学建模设想为旨在研究人们感兴趣的特定的系统或行为的一种数学构想 (见图1–1–13).

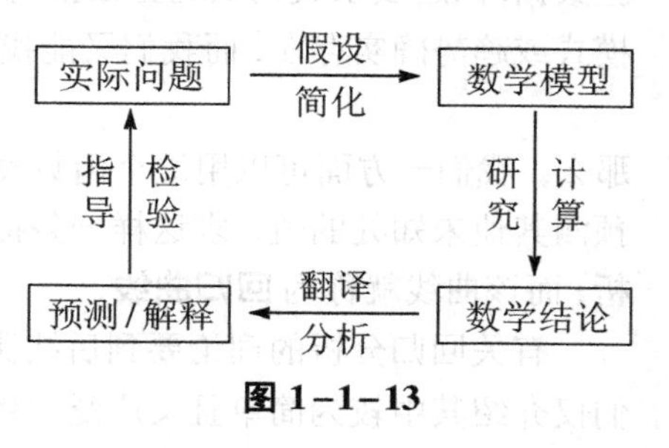

图 1–1–13

在上述过程中，数学模型的建立是数学建模中最核心和最困难之处. 在本课程的学习中，我们将结合所学内容逐步深入地探讨不同的数学建模问题.

1. 依题意建立函数关系

例 4　某工厂生产某型号车床，年产量为 a 台，分若干批进行生产，每批生产准备费为 b 元. 设产品均匀投入市场，且上一批用完后立即生产下一批，即平均库存量为批量的一半. 设每年每台库存费为 c 元. 显然，生产批量大，则库存费高；生产批量小，则批数增多，因而生产准备费高. 为了选择最优批量，试求出一年中库存费与生产准备费之和与批量的函数关系.

解　设批量为 x，库存费与生产准备费之和为 $f(x)$. 因年产量为 a，所以每年生产的批数为 $\dfrac{a}{x}$ (设其为整数). 于是，生产准备费为 $b\cdot\dfrac{a}{x}$，因库存量为 $\dfrac{x}{2}$，故库存费

为$c\cdot\frac{x}{2}$. 由此可得

$$f(x)=b\cdot\frac{a}{x}+c\cdot\frac{x}{2}=\frac{ab}{x}+\frac{cx}{2}.$$

$f(x)$ 的定义域为 $(0,a]$，注意到本题中的 x 为车床的台数，批数 $\frac{a}{x}$ 为整数，所以 x 只取 $(0,a]$ 中 a 的正整数因子. ■

在有些情况下，我们需要用到分段函数来建立相应的数学模型.

例5 某运输公司规定货物的吨公里运价为：在 a 公里以内，每公里 k 元，超过部分为每公里 $\frac{4}{5}k$ 元. 求运价 m 和里程 s 之间的函数关系.

解 根据题意，可列出函数关系如下：

$$m=\begin{cases} ks, & 0<s\le a \\ ka+\frac{4}{5}k(s-a), & a<s \end{cases},$$

这里运价 m 和里程 s 的函数关系是用分段函数来表示的，定义域为 $(0,+\infty)$. ■

***2. 依据经验数据建立近似函数关系**

在许多实际问题中，人们往往只能通过观测或试验获取反映变量特征的部分经验数据，问题要求我们从这些数据出发来探求隐藏其中的某种模式或趋势. 如果这种模式或趋势确实存在，而我们又能找到近似表达这种模式或趋势的曲线

$$y=f(x),$$

那么，我们一方面可以用这个函数表达式来概括这些数据，另一方面还能够以此来预测其他未知处的值. 求这样一条拟合指定数据的特殊曲线类型的过程称为**回归分析**，而该曲线就称为**回归曲线**.

有关回归分析的理论要到后续课程(如概率论与数理统计)中才会涉及，这里，我们仅介绍其中较为简单且又广泛应用的**线性回归问题**：

设有 n 组经验数据 $(x_i, y_i)\,(i=1,2,3,\cdots,n)$，在 xOy 平面上作出其散点图(见图1–1–14)，如果这些数据之间大致为线性关系，则可大致确定其线性回归方程为

$$y=ax+b,$$

其中，a,b 是与上述经验数据有关的待定系数：

$$a=\frac{n(\sum_{i=1}^{n}x_iy_i)-(\sum_{i=1}^{n}x_i)(\sum_{i=1}^{n}y_i)}{n\sum_{i=1}^{n}x_i^2-(\sum_{i=1}^{n}x_i)^2},$$

$$b=\frac{(\sum_{i=1}^{n}y_i)(\sum_{i=1}^{n}x_i^2)-(\sum_{i=1}^{n}x_iy_i)(\sum_{i=1}^{n}x_i)}{n\sum_{i=1}^{n}x_i^2-(\sum_{i=1}^{n}x_i)^2}.$$

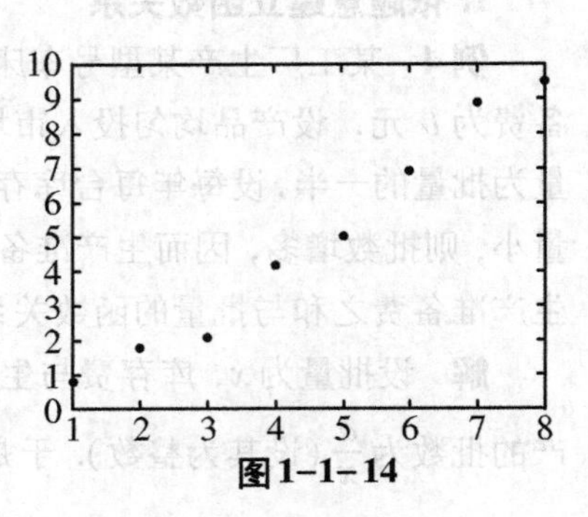

图1–1–14

注：作者主持的数苑团队推出的“统计图表工具”中提供了“散点图与线性回归”功能菜单，支持用户在线输入指定经验数据后生成散点图并作线性回归．教材用户既可登录与教材配套的网络学习空间在相应内容处调用，也可通过微信扫码功能扫描教材相应内容页面上的二维码调用，调用的内容还包括了相应案例的原始数据，为用户重复或修改案例的实验提供了便利．

例6　为研究某国标准普通信件（重量不超过50克）的邮资与时间的关系，得到如下数据：

年份	1983	1986	1989	1990	1992	1996	2000	2002	2006	2010	2013
邮资（分）	6	8	10	13	15	20	22	25	29	32	33

试构建一个邮资作为时间的函数的数学模型，在检验了这个模型是“合理的”之后，用这个模型来预测一下 2017 年的邮资．

解　(1) 先将实际问题量化，确定自变量 x 和因变量 y．用 x 表示时间，为方便计算，设起始年1983 年为0，用 y（单位：分）表示相应年份的信件的邮资，得到下表：

x	0	3	6	7	9	13	17	19	23	27	30
y	6	8	10	13	15	20	22	25	29	32	33

计算实验

(2) 用统计图表工具作出散点图（见图1–1–15）．由此图可见邮资与时间大致为线性关系，故可设 y 与 x 的函数关系为

$$y=a+bx，其中 a,b 为待定常数．$$

(3) 利用线性回归系数公式计算，得

$$a=5.897\,8，b=0.961\,8．$$

从而得到回归直线为

$$y=5.897\,8+0.961\,8x．$$

(4) 在散点图中添加上述回归直线，可见该线性模型与散点图拟合得相当好，说明线性模型是合理的．

(5) 预测2017 年的邮资，即 $x=34$ 时 y 的取值．将 $x=34$ 代入上述回归直线方程可得 $y\approx39$．即可预测 2017 年的邮资约为39分．

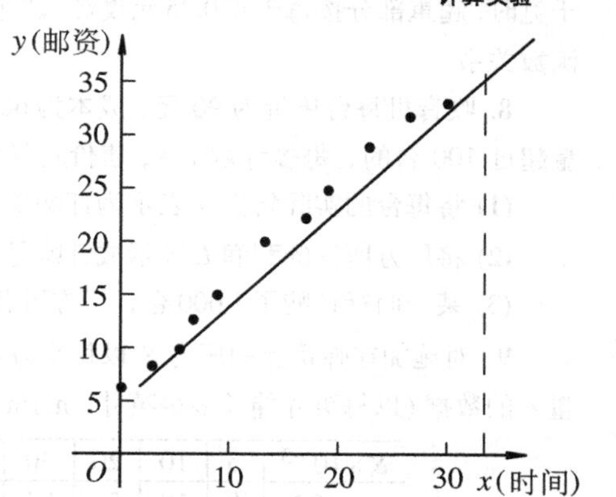

图 1–1–15

■

注：微信扫描右侧二维码即可对本例进行验算．

在例 6 中，问题所给邮资与时间的数据对之间大致为线性关系，由回归分析知直线为较理想的回归曲线，此类回归问题又称为**线性回归问题**，它是最简单的回归分析问题，但具有广泛的实际应用价值．此外，许多更加复杂的非线性回归问题，如幂函数、指数函数与对数函数回归等都可以通过适当的变量替换化为线性回归问题来研究．

散点图与线性回归

习题 1-1

1. 求下列函数的自然定义域:

(1) $y=\frac{1}{x}-\sqrt{1-x^{2}}$; (2) $y=\arcsin\frac{x-1}{2}$; (3) $y=\sqrt{3-x}+\arctan\frac{1}{x}$.

2. 下列各题中, 函数是否相同? 为什么?

(1) $f(x)=\lg x^{2}$ 与 $g(x)=2\lg x$; (2) $y=2x+1$ 与 $x=2y+1$.

3. 设 $y=\pi(x)(x\geq 0)$ 表示不超过 x 的素数的数量. 对于自变量 $0\leq x\leq 20$ 的值, 作出这个函数的图形.

4. 讨论函数 $y=2x+\ln x$ 在区间 $(0,+\infty)$ 内的单调性.

5. 下列函数中哪些是偶函数, 哪些是奇函数, 哪些既非奇函数又非偶函数?

(1) $y=\tan x-\sec x+1$; (2) $y=\frac{\mathrm{e}^{x}+\mathrm{e}^{-x}}{2}$;

(3) $y=|x\cos x|\mathrm{e}^{\cos x}$; (4) $y=x(x-2)(x+2)$.

6. 下列各函数中哪些是周期函数? 对于周期函数, 指出其周期:

(1) $y=\cos(x-1)$; (2) $y=x\tan x$; (3) $y=\sin^{2}x$.

7. 火车站行李收费规定如下: 当行李不超过50千克时, 按每千克0.15元收费, 当超出50千克时, 超重部分按每千克0.25元收费, 试建立行李收费 $f(x)$(元)与行李重量 x(千克) 之间的函数关系.

8. 收音机每台售价为90元, 成本为60元. 厂方为鼓励销售商大量采购, 决定凡是订购量超过100台的, 每多订购1台, 售价就降低1分, 但最低价为每台75元.

(1) 将每台的实际售价 p 表示为订购量 x 的函数;

(2) 将厂方所获的利润 L 表示成订购量 x 的函数;

(3) 某一商行订购了1 000台, 厂方可获多少利润?

*9. 对施加在弹簧上的压力 S 以每平方英寸磅 (lb/in.^{2}) 来度量, 下表给出了弹簧的伸长量 e 的数据 (以每英寸伸长多少英寸 (in. /in.) 计).

$S\times 10^{-3}$	5	10	20	30	40	50	60	70	80	90	100
$e\times 10^{5}$	0	19	57	94	134	173	216	256	297	343	390

(1) 试构建弹簧的伸长量和压力之间的模型.

(2) 预测压力为 200×10^{-3} lb/in.^{2} 时弹簧的伸长量.

*10. 为了估计山上积雪融化后对下游灌溉的影响, 在山上建立了一个观察站, 测量了最大积雪深度 (x) 与当年灌溉面积 (y), 得到连续10年的数据, 见下表.

x	15.2	10.4	21.2	18.6	26.4	23.4	13.5	16.7	24.0	19.1
y	28.6	19.3	40.5	35.6	48.9	45.0	29.2	34.1	46.7	37.4

(1) 试确定最大积雪深度与当年灌溉面积间的关系模型;

(2) 试预测当年积雪的最大深度为27.5时的灌溉面积.

§1.2 初等函数

一、反函数

函数关系的实质就是从定量分析的角度来描述运动过程中变量之间的相互依赖关系. 但在研究过程中, 哪个量作为自变量, 哪个量作为因变量(函数)是由具体问题决定的.

设函数 $y=f(x)$ 的定义域为D, 值域为W. 对于值域 W 中的任一数值 y, 在定义域 D 上至少可以确定一个数值 x 与 y 对应, 且满足关系式

$$f(x)=y.$$

如果把 y 作为自变量, x 作为函数, 则由上述关系式可确定一个新函数

$$x=\varphi(y)\ \text{(或 }x=f^{-1}(y)\text{)},$$

这个新函数称为函数 $y=f(x)$ 的**反函数**. 反函数的定义域为W, 值域为D. 相对于反函数, 函数 $y=f(x)$ 称为**直接函数**.

注: (1) 习惯上, 总是用 x 表示自变量, y 表示因变量, 因此, $y=f(x)$ 的反函数 $x=\varphi(y)$ 常改写为

$$y=\varphi(x)\ \text{(或 }y=f^{-1}(x)\text{)}.$$

(2) 在同一个坐标平面内, 直接函数 $y=f(x)$ 和反函数 $y=\varphi(x)$ 的图形关于直线 $y=x$ 是对称的.

例 1 求函数 $y=\dfrac{x}{1+x}$ 的反函数.

解 由 $y=\dfrac{x}{1+x}$, 解得 $x=\dfrac{y}{1-y}$, 改变变量的记号, 即得到所求反函数为

$$y=\frac{x}{1-x}.$$ ■

二、基本初等函数

幂函数、指数函数、对数函数、三角函数和反三角函数是五类基本初等函数. 由于在中学数学中我们已经深入学习过这些函数, 这里只作简要复习.

1. 幂函数

幂函数 $y=x^{\alpha}$ (α 是任意实数), 其定义域要依 α 具体是什么数而定. 当 $\alpha=1, 2, 3, \dfrac{1}{2}, -1$ 时是最常用的幂函数(见图1-2-1).

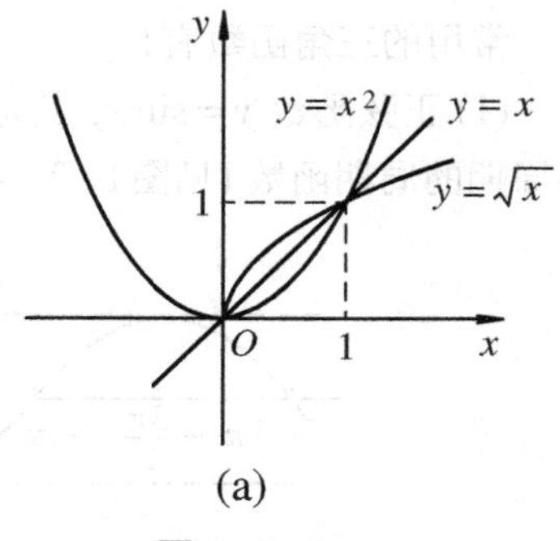

图 1-2-1

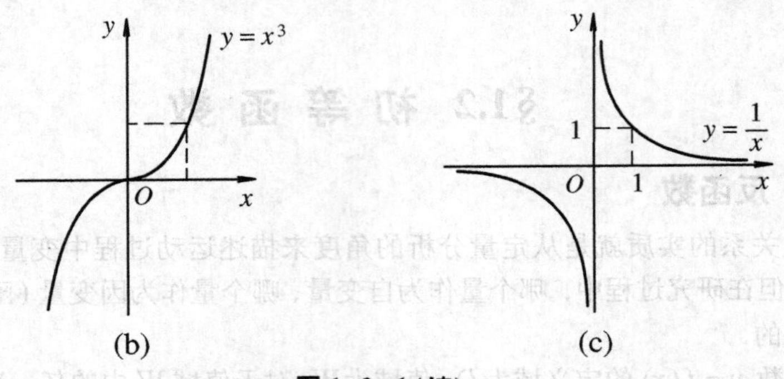

图 1–2–1（续）

2. 指数函数

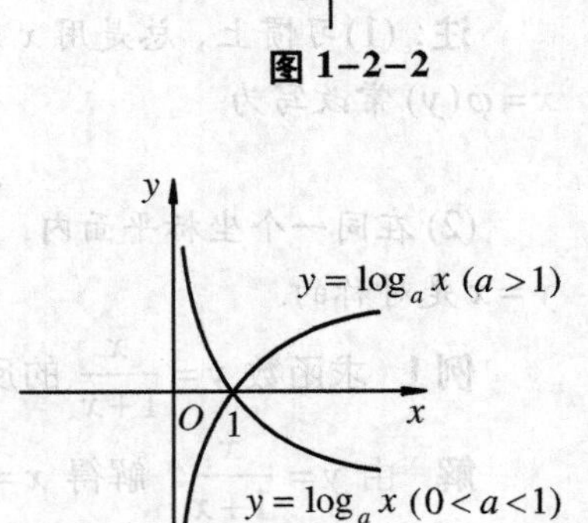

图 1–2–2

指数函数 $y=a^x$（a 为常数，且 $a>0,\ a\neq 1$），其定义域为 $(-\infty,+\infty)$. 当 $a>1$ 时，指数函数 $y=a^x$ 单调增加；当 $0<a<1$ 时，指数函数 $y=a^x$ 单调减少. $y=a^{-x}$ 与 $y=a^x$ 的图形关于 y 轴对称（见图 1–2–2）. 其中最为常用的是以 e = 2.718 281 8 … 为底数的指数函数

$$y=\mathrm{e}^x.$$

3. 对数函数

指数函数 $y=a^x$ 的反函数称为对数函数，记为

$$y=\log_a x \ (a\text{ 为常数, 且 } a>0,\ a\neq 1).$$

其定义域为 $(0,+\infty)$. 当 $a>1$ 时，对数函数 $y=\log_a x$ 单调增加；当 $0<a<1$ 时，对数函数 $y=\log_a x$ 单调减少（见图 1–2–3）.

图 1–2–3

其中以 e 为底的对数函数称为**自然对数函数**，记为 $y=\ln x$. 以 10 为底的对数函数称为**常用对数函数**，记为 $y=\lg x$.

4. 三角函数

常用的三角函数有：

(1) 正弦函数 $y=\sin x$，其定义域为 $(-\infty,+\infty)$，值域为 $[-1,1]$，是奇函数及以 2π 为周期的周期函数（见图 1–2–4）.

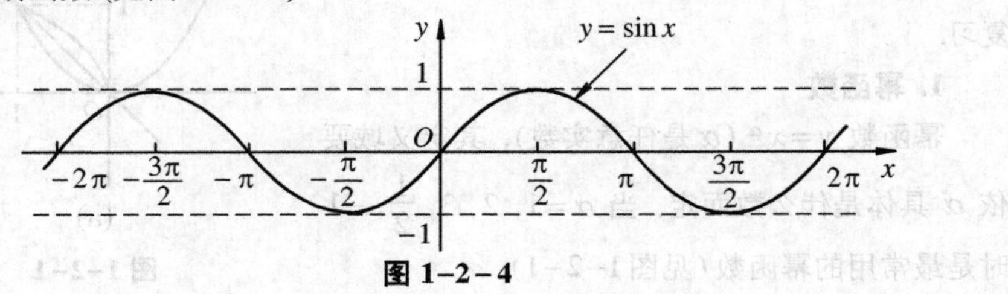

图 1–2–4

(2) 余弦函数 $y=\cos x$，其定义域为$(-\infty,+\infty)$，值域为$[-1,1]$，是偶函数及以2π为周期的周期函数(见图1–2–5)．

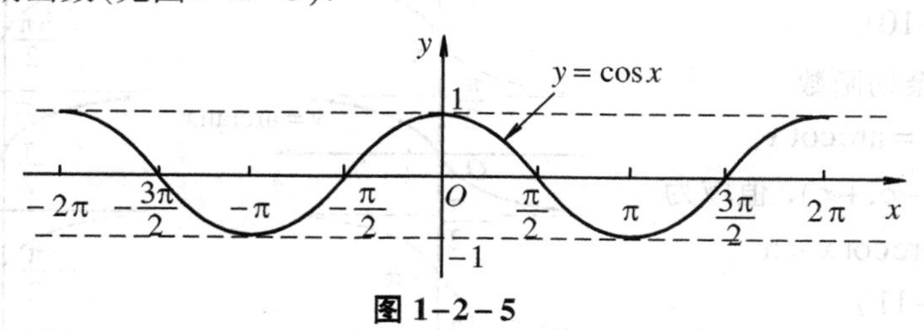

图 1–2–5

(3) 正切函数 $y=\tan x$，其定义域为$\{x\,|\,x\neq k\pi+\pi/2,\ k\in\mathbf{Z}\}$，值域为$(-\infty,+\infty)$，是奇函数及以$\pi$为周期的周期函数(见图1–2–6)．

(4) 余切函数 $y=\cot x$，其定义域为$\{x\,|\,x\neq k\pi,\ k\in\mathbf{Z}\}$，值域为$(-\infty,+\infty)$，是奇函数及以$\pi$为周期的周期函数(见图1–2–7)．

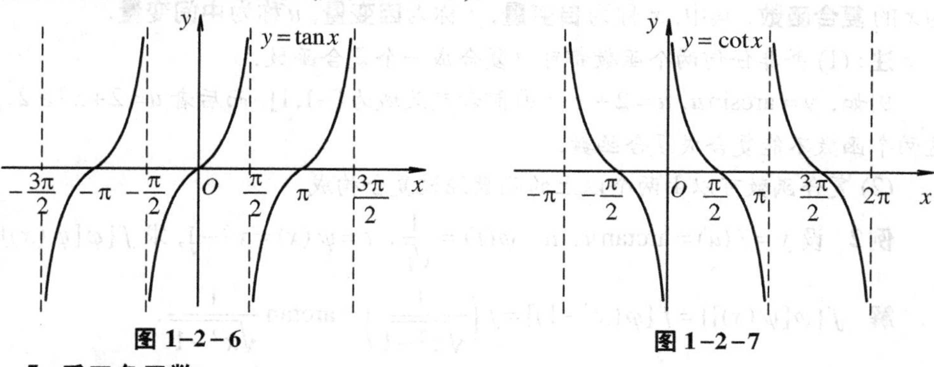

图 1–2–6 图 1–2–7

5. 反三角函数

三角函数的反函数称为反三角函数，由于三角函数 $y=\sin x$，$y=\cos x$，$y=\tan x$，$y=\cot x$ 不是单调的，因而，为了得到它们的反函数，对这些函数限定在某个单调区间内来讨论．一般地，取反三角函数的“主值”．

常用的反三角函数有：

(1) 反正弦函数 $y=\arcsin x$，定义域为$[-1,1]$，值域为

$$\left|\arcsin x\right|\leq\frac{\pi}{2}$$

(见图1–2–8)．

(2) 反余弦函数 $y=\arccos x$，定义域为$[-1,1]$，值域为

$$0\leq\arccos x\leq\pi$$

(见图1–2–9)．

(3) 反正切函数 $y=\arctan x$，定义域为$(-\infty,+\infty)$，值域为

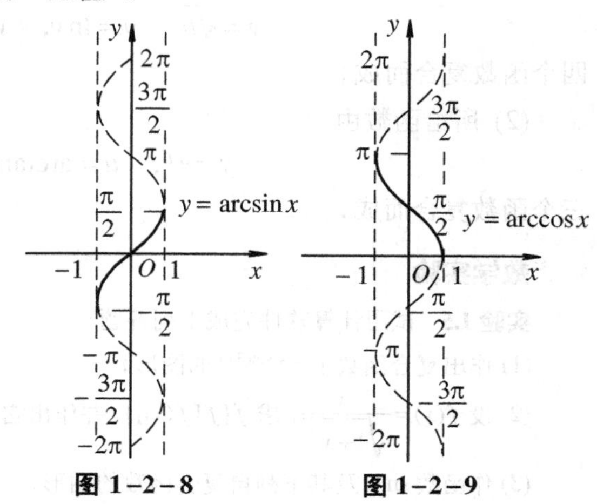

图 1–2–8 图 1–2–9

$$\left|\arctan x\right| < \frac{\pi}{2}$$

(见图1–2–10).

(4) 反余切函数

$$y = \operatorname{arccot} x,$$

定义域为 $(-\infty, +\infty)$, 值域为

$$0 < \operatorname{arccot} x < \pi$$

(见图1–2–11).

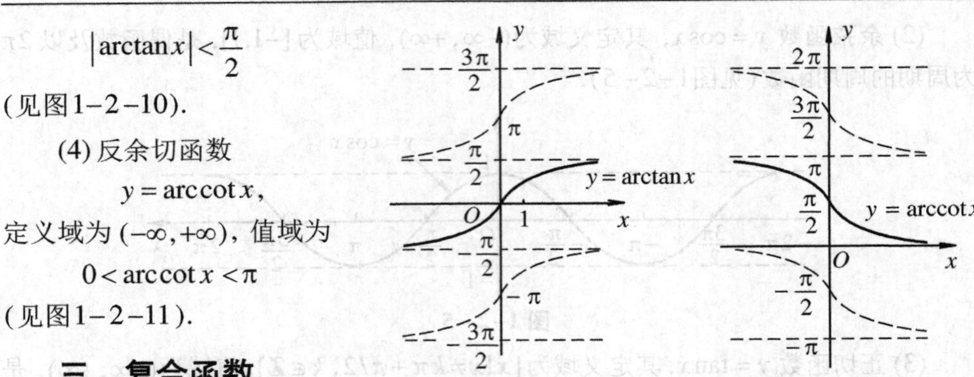

图 1–2–10　　图 1–2–11

三、复合函数

定义1　设函数 $y=f(u)$ 的定义域为 D_f, 而函数 $u=\varphi(x)$ 的值域为 R_φ, 若 $D_f \cap R_\varphi \neq \varnothing$, 则称函数 $y=f[\varphi(x)]$ 为 x 的**复合函数**. 其中, x 称为**自变量**, y 称为**因变量**, u 称为**中间变量**.

注: (1) 并非任何两个函数都可以复合成一个复合函数.

例如, $y=\arcsin u$, $u=2+x^2$; 因前者定义域为 $[-1,1]$, 而后者 $u=2+x^2 \geq 2$, 故这两个函数不能复合成复合函数.

(2) 复合函数可以由两个以上的函数经过复合构成.

例2　设 $y=f(u)=\arctan u$, $u=\varphi(t)=\dfrac{1}{\sqrt{t}}$, $t=\psi(x)=x^2-1$, 求 $f\{\varphi[\psi(x)]\}$.

解　$f\{\varphi[\psi(x)]\}=f[\varphi(x^2-1)]=f\left(\dfrac{1}{\sqrt{x^2-1}}\right)=\arctan\dfrac{1}{\sqrt{x^2-1}}$. ■

例3　将下列函数分解成基本初等函数的复合.

(1) $y=\sqrt{\ln\sin^2 x}$;　　(2) $y=\mathrm{e}^{\arctan x^2}$.

解　(1) 所给函数由

$$y=\sqrt{u}, \quad u=\ln v, \quad v=w^2, \quad w=\sin x$$

四个函数复合而成;

(2) 所给函数由

$$y=\mathrm{e}^u, \quad u=\arctan v, \quad v=x^2$$

三个函数复合而成. ■

*数学实验

实验1.5　试用计算软件完成下列各题:

(1) 作出复合函数 $y=\mathrm{e}^{\sin(3x)}$ 的图形;

(2) 设 $f(x)=\dfrac{x}{\sqrt{1+x^2}}$, 求 $f\{f[f(x)]\}$, 并作出它们的图形;

(3) 作函数 $\sin x$ 及其下列自复合函数的图形:

计算实验

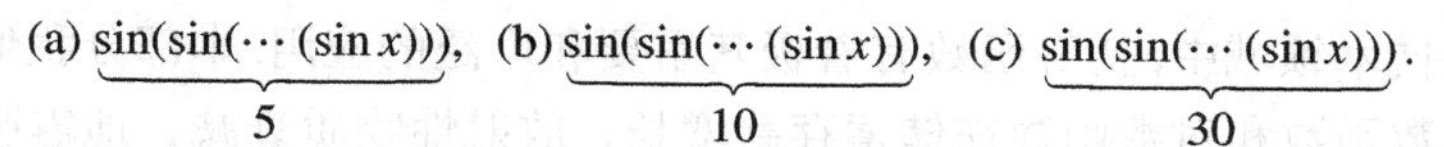

微信扫描上页右侧的二维码即可进行计算实验(详见教材配套的网络学习空间).

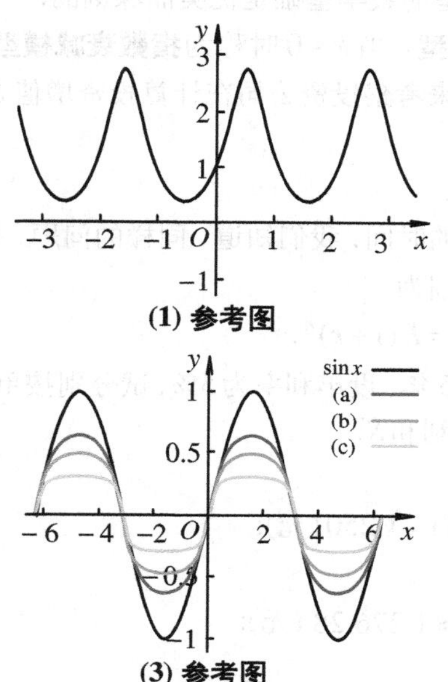

(1) 参考图

(3) 参考图

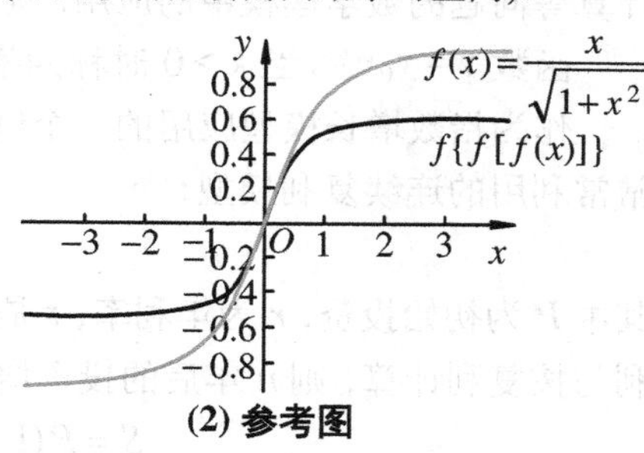

(2) 参考图

四、初等函数

由常数和基本初等函数经过有限次四则运算和有限次函数复合步骤所构成并可用一个式子表示的函数，称为**初等函数**.

初等函数的基本特征：在函数有定义的区间内，初等函数的图形是不间断的. 如上一节引入的符号函数 $y=\operatorname{sgn}x$ 等分段函数均不是初等函数.

*数学实验

实验1.6 试用计算软件完成下列各题：

(1) 作出函数 $y=x$，$y=2\sin x$ 和 $y=x+2\sin x$ 的图形，观察函数的叠加；

(2) 作出函数 $y=\mathrm{e}^x$，$y=-1/2x^2$ 和 $y=\mathrm{e}^{(-1/2x^2)}$ 的图形，观察函数的复合；

(3) 作出函数 $f(x)=x^2\sin(cx)$ 的图形动画，观察参数 c 对函数图形的影响.

计算实验

微信扫描右侧的二维码即可进行计算实验(详见教材配套的网络学习空间).

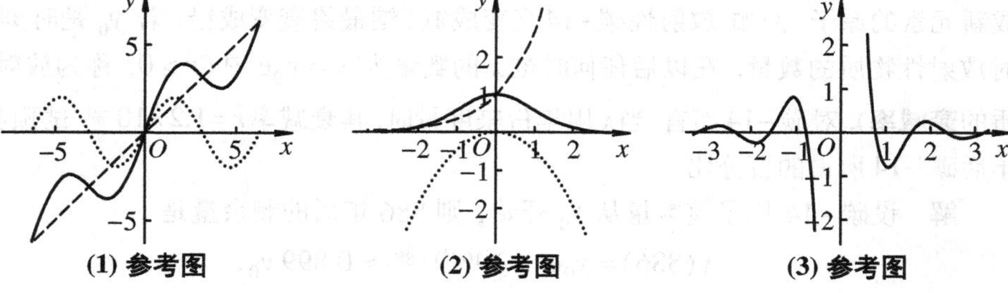
(1) 参考图　(2) 参考图　(3) 参考图

在科学和工程技术领域中，初等函数有着极其重要和广泛的应用. 本部分我们将通过实例来考察指数函数和对数函数在储蓄存款增长、放射性物质衰减、地震强度计算等问题的数学建模中的应用. 构成这些模型的数学基础是优美而深刻的.

函数 $y=y_0e^{kx}$，当 $k>0$ 时称为**指数增长模型**，当 $k<0$ 时称为**指数衰减模型**.

作为指数增长模型应用的一个例子，我们来考察投资公司在计算投资增值 S 时常常利用的连续复利模型：

$$S=Pe^{rt},$$

其中 P 为初始投资，r 为年利率，t 是按年计算的时间. 我们知道，同样的问题，按单利与按复利计算，则 n 年后的投资增值情况分别为

$$S=P(1+nr) \text{ 与 } S=P(1+r)^n.$$

例 4　某人在 2008 年初欲用 1 000 元投资 5 年，设年利率为 5%，试分别按单利、复利和连续复利计算到第 5 年末该人应得的本利和 S.

解　按单利计算

$$S=1\,000(1+0.05\times 5)=1\,250(\text{元});$$

按复利计算

$$S=1\,000(1+0.05)^5\approx 1\,276.28\ (\text{元});$$

按连续复利计算

$$S=1\,000\,e^{5\times 0.05}\approx 1\,284.03\ (\text{元}).$$

■

表 1-2-1 中我们比较了 2008 年到 2012 年分别按单利、复利和连续复利计算利息的本利和. 我们看到，当按连续复利计算时，投资者赚钱最多；当按单利计算时，投资者赚钱最少.

表 1-2-1

年份	总额(元)		
	按单利计	按复利计	按连续复利计
2008	1 050.00	1 050.00	1 051.27
2009	1 100.00	1 102.50	1 105.17
2010	1 150.00	1 157.63	1 161.83
2011	1 200.00	1 215.51	1 221.40
2012	1 250.00	1 276.28	1 284.03

银行为了吸引顾客，可以用额外多出来的钱做广告——我们按连续复利计算.

例 5　具有放射性的原子核在放射出粒子及能量后可变得较为稳定，这个过程称为**衰变**. 实验表明某些原子以辐射的方式发射其部分质量，该原子用其剩余物重新组成新元素的原子. 例如，放射性碳 -14 衰变成氮；镭最终衰变成铅. 若 y_0 是时刻 $x=0$ 时放射性物质的数量，在以后任何时刻 x 的数量为 $y=y_0e^{-rx}$ ($r>0$，称为放射性物质的**衰减率**). 对碳 -14 而言，当 x 用年份来度量时，其衰减率 $r=1.2\times 10^{-4}$. 试预测 886 年后碳 -14 所占的百分比.

解　设碳 -14 原子核数量从 y_0 开始，则 886 年后的剩余量是

$$y(886)=y_0e^{(-1.2\times 10^{-4})\times 886}\approx 0.899\,y_0,$$

即 886 年后碳 -14 中约有 89.9% 的留存，约有 10.1% 衰减掉了. ■

例 6 在物理学中，我们称放射性物质从最初的质量到衰变为自身质量的一半所花费的时间为**半衰期**. 试证明半衰期是一个常数，它只依赖于放射性物质本身，而不依赖于其初始质量.

证明 设 y_0 是时刻 $t=0$ 时放射性物质的质量，在以后任何时刻 t 的质量为

$$y=y_0\mathrm{e}^{-kt}.$$

我们求出 t 使得此时的放射性物质的质量等于初始质量的一半，即

$$y_0\mathrm{e}^{-kt}=\frac{1}{2}y_0 \Rightarrow t=\frac{\ln 2}{k},$$

t 的值就是该元素的半衰期，它只依赖于 k 的值，而与 y_0 无关. ■

例如，钋 -210 的衰减率 $k=5\times10^{-3}$，所以该元素的半衰期为

$$t=\frac{\ln 2}{k}=\frac{\ln 2}{5\times10^{-3}}\approx 139(\text{天}).$$

不同物质的半衰期差别极大，如铀的普通同位素 (^{238}U) 的半衰期约为50亿年；通常镭 (^{226}Ra) 的半衰期为 1 600 年，而镭的另一同位素 ^{230}Ra 的半衰期仅为 1 小时.

放射性物质的半衰期反映了该物质的一种重要特征，1 克 ^{226}Ra 衰变成半克所需要的时间与 1 吨 ^{226}Ra 衰变成半吨所需要的时间都是 1 600 年，正是这种事实才构成了确定考古发现日期时使用的著名的碳 -14 测验的基础.

例 7 地震的里氏震级用常用对数来刻画. 以下是它的公式：

$$\text{里氏震级}\ R=\lg\left(\frac{a}{T}\right)+B,$$

其中 a 是监听站以微米计的地面运动的幅度，T 是地震波以秒计的周期，而 B 是当离震中的距离增大时地震波减弱所允许的一个经验因子. 对发生在距监听站 10 000 千米处的地震来说，$B=6.8$. 如果记录的垂直地面运动为 $a=10\mu\text{m}$，而周期 $T=1\text{s}$，那么震级为

$$R=\lg\left(\frac{a}{T}\right)+B=\lg\left(\frac{10}{1}\right)+6.8=7.8,$$

这种强度的地震在其震中附近会造成极大的破坏. ■

习题 1-2

1. 求函数 $y=\dfrac{1-x}{1+x}$ 的反函数.

2. 设函数 $f(x)=x^3-x$, $\varphi(x)=\sin 2x$, 求 $f\left[\varphi\left(\frac{\pi}{12}\right)\right]$, $f\{f[f(1)]\}$.

3. 设 $f(x)=\dfrac{x}{1-x}$，求 $f[f(x)]$ 和 $f\{f[f(x)]\}$.

4. 已知 $f[\varphi(x)]=1+\cos x$，$\varphi(x)=\sin\dfrac{x}{2}$，求 $f(x)$.

5. $f(x)=\sin x$，$f[\varphi(x)]=1-x^2$，求 $\varphi(x)$ 及其定义域.

6. x 小时后在某细菌培养溶液中的细菌数为 $B=100\,\mathrm{e}^{0.693x}$.

(1) 一开始的细菌数是多少？

(2) 6 小时后有多少细菌？

(3) 近似计算一下什么时候细菌数为200？

7. 磷 – 32 的半衰期约为 14 天，一开始有 6.6 克.

(1) 写出磷 – 32 的残余量关于时间 x 的函数.

(2) 什么时候只剩下 1 克磷 – 32？

§1.3 常用经济函数

用数学方法解决实际问题，首先要构建该问题的数学模型，即找出该问题的函数关系. 本节将介绍几种常用的经济函数.

一、单利与复利

利息是指借款者向贷款者支付的报酬，它是根据本金的数额按一定比例计算出来的. 利息又有存款利息、贷款利息、债券利息、贴现利息等几种主要形式.

单利计算公式

设初始本金为 p（元），银行年利率为 r，则

第 1 年末本利和为 $s_1=p+rp=p(1+r)$；

第 2 年末本利和为 $s_2=p(1+r)+rp=p(1+2r)$；

…… ……

第 n 年末本利和为 $s_n=p(1+nr)$.

复利计算公式

设初始本金为 p（元），银行年利率为 r，则

第 1 年末本利和为 $s_1=p+rp=p(1+r)$；

第 2 年末本利和为 $s_2=p(1+r)+rp(1+r)=p(1+r)^2$；

…… ……

第 n 年末本利和为 $s_n=p(1+r)^n$.

例 1 现有初始本金 100 元，若银行年储蓄利率为 7%，问：

(1) 按单利计算，第 3 年末的本利和为多少？

(2) 按复利计算，第 3 年末的本利和为多少？

(3) 按复利计算，需多少年才能使本利和超过初始本金一倍？

解 (1) 已知 $p=100$，$r=0.07$，由单利计算公式得

$$s_3=p(1+3r)=100\times(1+3\times0.07)=121\ (\text{元}),$$

即第 3 年末的本利和为121元.

(2) 由复利计算公式得

$$s_3=p(1+r)^3=100\times(1+0.07)^3\approx122.5\ (\text{元}),$$

即第 3 年末的本利和约为122.5元.

(3) 若 n 年后的本利和超过初始本金一倍，即要

$$s_n=p(1+r)^n>2p,\quad (1.07)^n>2,\quad n\ln1.07>\ln2,$$

从而

$$n>\ln2/\ln1.07\approx10.2,$$

即需11年本利和可超过初始本金一倍. ■

二、多次付息

前面是针对确定的年利率及假定每年支付一次利息的情形讨论的. 下面再讨论每年多次付息的情况.

单利付息情形

因每次的利息都不计入本金，故若一年分 n 次付息，则年末的本利和为

$$s=p\left(1+n\frac{r}{n}\right)=p(1+r),$$

即年末的本利和与支付利息的次数无关.

复利付息情形

因每次支付的利息都计入本金，故年末的本利和与支付利息的次数是有关系的.

设初始本金为 p(元)，年利率为 r，若一年分 m 次付息，则第1年末的本利和为

$$s=p\left(1+\frac{r}{m}\right)^m,$$

易见本利和是随付息次数 m 的增大而增加的.

而第 n 年末的本利和为

$$s_n=p\left(1+\frac{r}{m}\right)^{mn}.$$

三、贴现

为在票据到期以前获得资金，票据的持有人从票面金额中扣除未到期期间的利息后，得到的剩余金额的现金称为**贴现**.

钱存在银行里可以获得利息，如果不考虑贬值因素，那么若干年后的本利和就高于本金. 如果考虑贬值因素，则在若干年后使用的**未来值**(相当于本利和) 就有一个较低的**现值**.

例如，若银行年利率为7%，则一年后的107 元未来值的现值就是100 元.

考虑更一般的问题：确定第 n 年后 R 元价值的现值．假设在这 n 年之间复利年利率 r 不变．

利用复利计算公式有 $R=p(1+r)^n$，得到第 n 年后 R 元价值的现值为

$$p=\frac{R}{(1+r)^n},$$

式中 R 表示第 n 年后到期的**票据金额**，r 表示**贴现率**，而 p 表示现在进行票据转让时银行付给的**贴现金额**．

若票据持有者手中持有若干张不同期限及不同面额的票据，且每张票据的贴现率都是相同的，则一次性向银行转让票据而得到的现金为

$$p=R_0+\frac{R_1}{1+r}+\frac{R_2}{(1+r)^2}+\cdots+\frac{R_n}{(1+r)^n},$$

式中 R_0 为已到期的票据金额，R_n 为 n 年后到期的票据金额．$\frac{1}{(1+r)^n}$ 称为**贴现因子**，它表示在贴现率 r 下 n 年后到期的 1 元的**贴现值**．由它可给出不同年限及不同贴现率下的贴现因子表．

例 2　某人手中有三张票据，其中一年后到期的票据金额是 500 元，两年后到期的是 800 元，五年后到期的是 2 000 元．已知银行的贴现率为 6%，现在将三张票据向银行做一次性转让，银行的贴现金额是多少？

解　由贴现计算公式，贴现金额为

$$p=\frac{R_1}{1+r}+\frac{R_2}{(1+r)^2}+\frac{R_5}{(1+r)^5},$$

其中，$R_1=500$，$R_2=800$，$R_5=2\ 000$，$r=0.06$．故

$$p=\frac{500}{1+0.06}+\frac{800}{(1+0.06)^2}+\frac{2\ 000}{(1+0.06)^5}\approx 2\ 678.21(\text{元}).$$

即银行的贴现金额约为 2 678.21 元．■

四、需求函数

需求函数是指在某一特定时期内，市场上某种商品的各种可能的购买量和决定这些购买量的诸因素之间的数量关系．

假定其他因素（如消费者的货币收入、偏好和相关商品的价格等）不变，则决定某种商品需求量的因素就是这种商品的价格．此时，需求函数表示的就是商品需求量和价格这两个经济变量之间的数量关系

$$Q=f(P),$$

其中，Q 表示需求量，P 表示价格．需求函数的反函数 $P=f^{-1}(Q)$ 称为**价格函数**，习惯上将价格函数也统称为需求函数．

一般地，商品的需求量随价格的下降而增加，随价格的上涨而减少，因此，需求

函数是单调减少函数.

例如，函数 $Q_d = aP + b\ (a<0,\ b>0)$ 称为线性需求函数（见图1–3–1）.

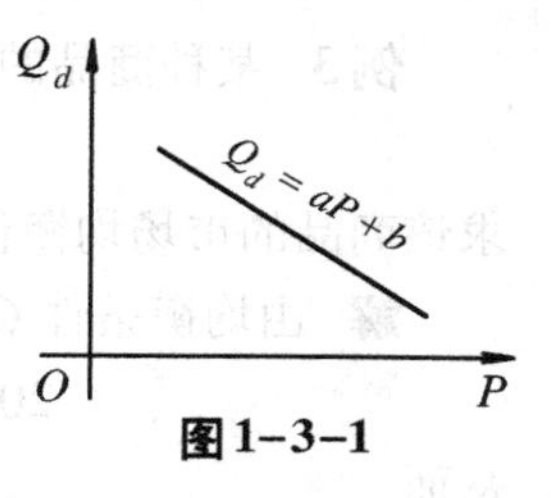

图1–3–1

五、供给函数

供给函数是指在某一特定时期内，市场上某种商品的各种可能的供给量和决定这些供给量的诸因素之间的数量关系.

假定生产技术水平、生产成本等其他因素不变，则决定某种商品供给量的因素就是这种商品的价格．此时，供给函数表示的就是商品的供给量和价格这两个经济变量之间的数量关系

$$S = f(P),$$

其中，S 表示供给量，P 表示价格．供给函数以列表方式给出时称为**供给表**，而供给函数的图形称为**供给曲线**.

一般地，商品的供给量随价格的上涨而增加，随价格的下降而减少，因此，供给函数是单调增加函数.

例如，函数 $Q_s = cP + d\ (c>0)$ 称为线性供给函数（见图1–3–2）.

六、市场均衡

对一种商品而言，如果需求量等于供给量，则这种商品就达到了**市场均衡**．以线性需求函数和线性供给函数为例，令

$$Q_d = Q_s,\ aP + b = cP + d,\ P = \frac{d-b}{a-c} \equiv P_0,$$

这个价格 P_0 称为该商品的**市场均衡价格**（见图1–3–3）.

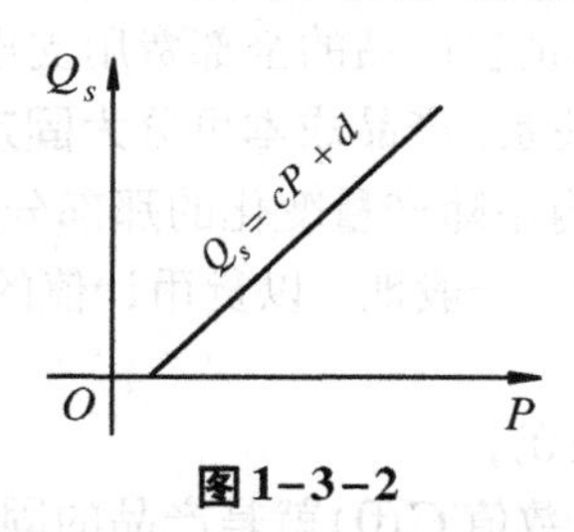

图1–3–2

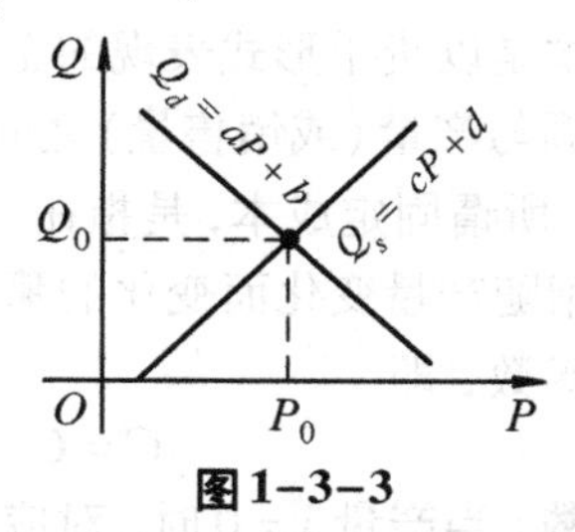

图1–3–3

市场均衡价格就是需求函数和供给函数这两条直线的交点的横坐标．当市场价格高于均衡价格时，将出现**供过于求**的现象；而当市场价格低于均衡价格时，将出现**供不应求**的现象．当市场均衡时，有

$$Q_d = Q_s = Q_0,$$

称 Q_0 为**市场均衡数量**.

根据市场的不同情况，需求函数与供给函数还可以是二次函数、多项式函数与指数函数等．但其基本规律是相同的，都可找到相应的**市场均衡点** (P_0, Q_0).

例3　某种商品的供给函数和需求函数分别为

$$Q_s = 25P - 10,\ Q_d = 200 - 5P,$$

求该商品的市场均衡价格和市场均衡数量.

解　由均衡条件 $Q_d = Q_s$ 得

$$200 - 5P = 25P - 10,\ \ 30P = 210, \text{得}\ P = P_0 = 7,$$

从而

$$Q_0 = 25P_0 - 10 = 165.$$

即市场均衡价格为7，市场均衡数量为165. ■

例4　某批发商每次以160元/台的价格将500台电扇批发给零售商，在这个基础上零售商每次多进100台电扇，则批发价相应降低2元，批发商的最大批发量为每次1 000台，试将电扇批发价格表示为批发量的函数，并求零售商每次进800台电扇时的批发价格.

解　由题意可看出，所求函数的定义域为[500, 1 000]. 已知每次多进100台，价格减少2元，设每次进电扇 x 台，则每次批发价减少 $\frac{2}{100}(x-500)$ 元/台，即所求函数为

$$P = 160 - \frac{2}{100}(x-500) = 160 - \frac{2x - 1\,000}{100} = 170 - \frac{x}{50}.$$

当 $x = 800$ 时，

$$P = 170 - \frac{800}{50} = 154\ (\text{元/台}),$$

即每次进800台电扇时的批发价格为154元/台. ■

七、成本函数

产品成本是以货币形式表现的企业生产和销售产品的全部费用支出，成本函数表示费用总额与产量(或销售量)之间的依赖关系. 产品成本可分为**固定成本**和**变动成本**两部分. 所谓固定成本，是指在一定时期内不随产量变化的那部分成本；所谓变动成本，是指随产量变化而变化的那部分成本. 一般地，以货币计值的(总)成本 C 是产量 x 的函数，即

$$C = C(x) \quad (x \geq 0),$$

称为**成本函数**. 当产量 $x = 0$ 时，对应的成本函数值 $C(0)$ 就是产品的固定成本值，

$$\overline{C}(x) = \frac{C(x)}{x} \quad (x > 0),$$

称为**单位成本函数**或**平均成本函数**.

成本函数是单调增加函数，其图形称为**成本曲线**.

例5　某工厂生产某产品，每日最多生产200单位. 它的日固定成本为150元，生产一个单位产品的可变成本为16元. 求该厂日总成本函数及平均成本函数.

解　据 $C(x) = C_{\text{固}} + C_{\text{变}}$，可得总成本

$$C(x)=150+16x,\quad x\in[0,200],$$

平均成本

$$\overline{C}(x)=\frac{C(x)}{x}=16+\frac{150}{x}.$$

■

例 6　某服装有限公司每年的固定成本为10 000元．要生产某个式样的服装x套，除固定成本外，每套服装要花费40元．即生产x套这种服装的变动成本为$40x$元．

(1) 求一年生产x套服装的总成本函数．

(2) 画出变动成本、固定成本和总成本的函数图形．

(3) 生产100套服装的总成本是多少？400套呢？并计算生产400套服装比生产100套服装多支出多少成本．

解　(1) 因$C(x)=C_{固}+C_{变}$，所以总成本

$$C(x)=10\,000+40x,\ x\in[0,+\infty).$$

(2) 变动成本函数和固定成本函数如图1–3–4所示，总成本函数如图1–3–5所示．从实际情况来看，这些函数的定义域是非负整数0, 1, 2, 3等，因为服装的套数既不能取分数，也不能取负数．通常的做法是把这些图形的定义域描述成好像是由非负实数组成的整个集合．

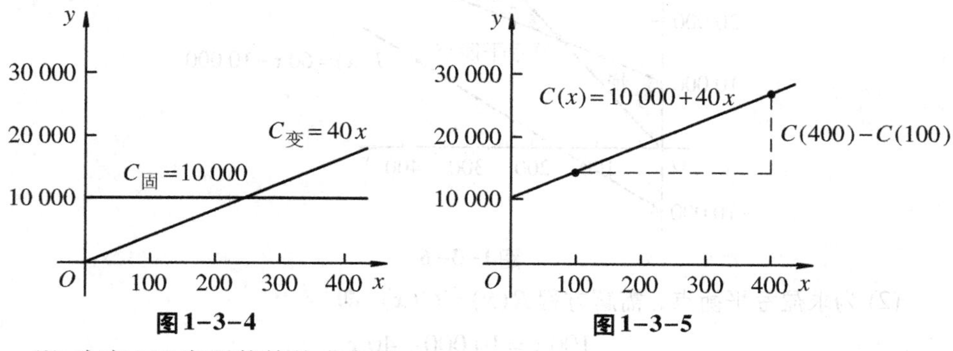

图1–3–4　　**图1–3–5**

(3) 生产100套服装的总成本是

$$C(100)=10\,000+40\times100=14\,000\,(元).$$

生产400套服装的总成本是

$$C(400)=10\,000+40\times400=26\,000\,(元).$$

生产400套服装比生产100套服装多支出的成本是

$$C(400)-C(100)=26\,000-14\,000=12\,000\,(元).$$

■

八、收入函数与利润函数

销售某产品的收入R等于产品的单位价格P乘以销售量x，即$R=P\cdot x$，称为**收入函数**．而销售利润L等于收入R减去成本C，即$L=R-C$，称为**利润函数**．

当$L=R-C>0$时，生产者盈利；当$L=R-C<0$时，生产者亏损；当$L=R-C=0$时，生产者盈亏平衡．使$L(x)=0$的点x_0称为**盈亏平衡点**（又称为**保本点**）．

一般地，利润并不总是随销售量的增加而增加(如例7)，因此，如何确定生产规模以获取最大的利润对生产者来说是一个不断追求的目标.

例7 参看例6. 该有限公司决定，销售x套服装所获得的总收入按每套100元计算，即收入函数$R(x)=100x$.

(1) 用同一坐标系画出$R(x)$、$C(x)$和利润函数$L(x)$的图形.

(2) 求盈亏平衡点.

解 (1) $R(x)=100x$和$C(x)=10\,000+40x$的图形如图1-3-6所示.

当$R(x)$在$C(x)$下方时，将出现亏损.

当$R(x)$在$C(x)$上方时，将有盈利.

利润函数

$$L(x)=R(x)-C(x)=100x-(10\,000+40x)=60x-10\,000,$$

$L(x)$的图形用虚线表示. x轴下方的虚线表示亏损，x轴上方的虚线表示盈利.

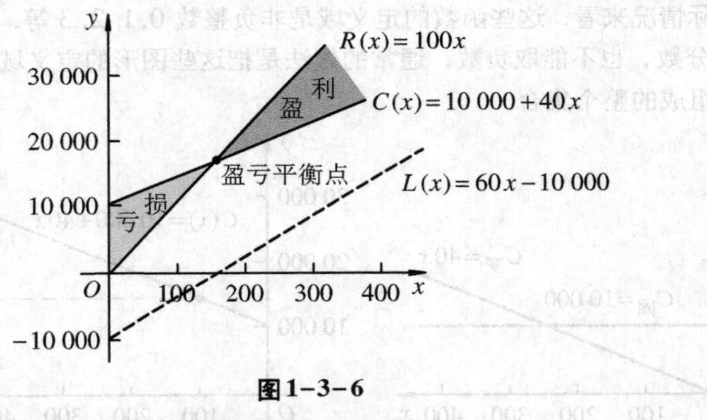

图1-3-6

(2) 为求盈亏平衡点，需解方程$R(x)=C(x)$，即

$$100x=10\,000+40x,$$

解之得$x=166\dfrac{2}{3}$.

所以盈亏平衡点约为167. 预测盈亏平衡点通常要进行充分考虑，因为公司为了获利最大，必须有效经营. ■

例8 某电器厂生产一种新产品，在定价时不单是根据生产成本而定，还要请各消费单位来出价，即它们愿意以什么价格购买. 根据调查得出需求函数为

$$x=-900P+45\,000.$$

该厂生产该产品的固定成本是270 000元，而单位产品的变动成本为10元. 为获得最大利润，出厂价格应为多少？

解 以x表示产量，C表示成本，P为价格，则有

$$C(x)=10x+270\,000.$$

而需求函数为

$$x=-900P+45\,000,$$

代入 $C(x)$ 中得

$$C(P)=-9\,000P+720\,000,$$

收入函数为

$$R(P)=P\cdot(-900P+45\,000)=-900P^2+45\,000P,$$

利润函数为

$$\begin{aligned}L(P)=R(P)-C(P)&=-900(P^2-60P+800)\\&=-900(P-30)^2+90\,000.\end{aligned}$$

由于利润是一个二次函数，容易求得，当价格 $P=30$ 元时，利润 $L=90\,000$ 元为最大利润. 在此价格下，销售量为

$$x=-900\times 30+45\,000=18\,000(\text{单位}).$$ ■

习题 1-3

1. 某人手中持有一年到期的面额为300元和5年到期的面额为700元的两张票据，银行贴现率为7%，若去银行进行一次性票据转让，银行所付的贴现金额是多少？

2. 某商品的成本函数是线性函数，并已知产量为零时成本为100元，产量为100时成本为400元，试求：

(1) 成本函数和固定成本；

(2) 产量为200时的总成本和平均成本.

3. 设某商品的需求函数为 $q=1\,000-5p$，试求该商品的收入函数 $R(q)$，并求销量为200件时的总收入.

4. 某厂生产电冰箱，每台售价1 200元，生产1 000台以内可全部售出，超过1 000台时经广告宣传后又可多售出520台. 假定支付广告费2 500元，试将电冰箱的销售收入表示为销售量的函数.

5. 设某商品的需求量 Q 是价格 P 的线性函数 $Q=a+bP$，已知该商品的最大需求量为40 000件（价格为零时的需求量），最高价格为40元/件（需求量为零时的价格）. 求该商品的需求函数与收益函数.

6. 收音机每台售价为90元，成本为60元. 厂方为鼓励销售商大量采购，决定凡是订购量超过100台的，每多订购1台，售价就降低1分，但最低价为每台75元.

(1) 将每台的实际售价 p 表示为订购量 x 的函数；

(2) 将厂方所获的利润 L 表示成订购量 x 的函数；

(3) 某一商行订购了1 000台，厂方可获利润多少？

7. 设某商品的成本函数和收入函数分别为

$$C(q)=7+2q+q^2,\ R(q)=10q,$$

(1) 求该商品的利润函数;

(2) 求销量为4时的总利润及平均利润;

(3) 销量为10时是盈利还是亏损?

§1.4　极限的概念

极限的思想是由于求某些实际问题的精确解而产生的. 例如, 数学家刘徽① 利用圆内接正多边形来推算圆面积的方法 —— 割圆术, 就是极限思想在几何学上的应用. 图1-4-1给出了用单位圆内接正12 边形 (面积为3) 近似圆面积的示例, 其动画演示见教材配套的网络学习空间.

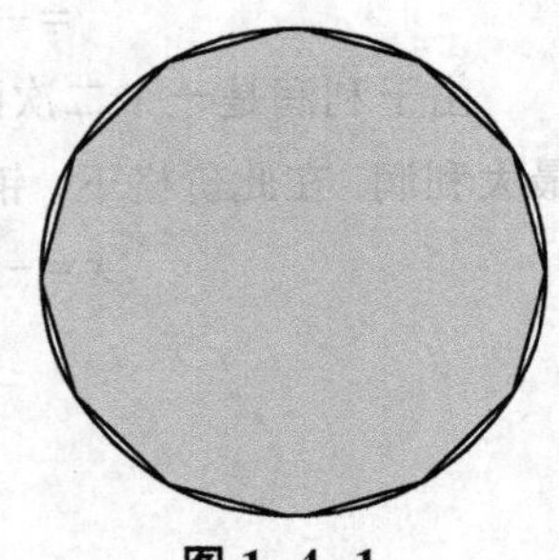

图 1-4-1

又如, 春秋战国时期的哲学家庄子(公元前4世纪)在《庄子·天下篇》中对“截丈问题”有一段名言:“一尺之棰, 日取其半, 万世不竭”, 其中也隐含了深刻的极限思想.

极限是研究变量的变化趋势的基本工具, 微积分中的许多基本概念, 例如连续、导数、定积分、无穷级数等都是建立在极限的基础上. 极限方法也是研究函数的一种最基本的方法. 本节将首先给出数列极限的定义.

一、数列的定义

定义1　按一定次序排列的无穷多个数 $x_1, x_2, \cdots, x_n, \cdots$ 称为无穷数列, 简称**数列**, 可简记为$\{x_n\}$. 其中的每个数称为数列的项, x_n称为**通项**(一般项), n 称为x_n的**下标**.

数列既可看作数轴上的一个动点, 它在数轴上依次取值 $x_1, x_2, \cdots, x_n, \cdots$ (见图1-4-2), 也可看作自变量为正整数 n 的函数:

$$x_n=f(n),$$

其定义域是全体正整数, 当自变量n依次取1, 2, 3, … 时, 对应的函数值就排成数列$\{x_n\}$ (见图1-4-3).

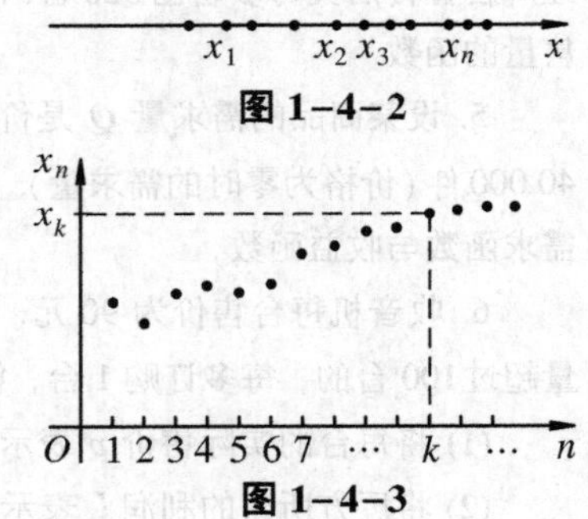

图 1-4-2

图 1-4-3

① 刘徽 (公元3世纪), 中国数学家.

二、数列的极限

极限的概念最初是在运动观点的基础上凭借几何直观产生的直觉用自然语言来定性描述的.

定义 2 设有数列 $\{x_n\}$ 与常数 a，如果当 n 无限增大时，x_n 无限接近于 a，则称常数 a 为**数列 $\{x_n\}$ 的极限**，或称**数列 $\{x_n\}$ 收敛于 a**，记为

$$\lim_{n\to\infty} x_n = a \quad \text{或} \quad x_n \to a \ (n\to\infty).$$

如果一个数列没有极限，就称该数列是**发散**的.

注：记号 $x_n \to a\ (n\to\infty)$ 常读作：当 n 趋于无穷大时，x_n 趋于 a.

例 1 下列各数列是否收敛？若收敛，试指出其收敛于何值.

(1) $\{2^n\}$； (2) $\left\{\dfrac{1}{n}\right\}$； (3) $\{(-1)^{n+1}\}$； (4) $\left\{\dfrac{n-1}{n}\right\}$.

解 (1) 数列 $\{2^n\}$ 即为

$$2, 4, 8, \cdots, 2^n, \cdots,$$

易见，当 n 无限增大时，2^n 也无限增大，故该数列是发散的.

(2) 数列 $\left\{\dfrac{1}{n}\right\}$ 即为

$$1, \frac{1}{2}, \frac{1}{3}, \cdots, \frac{1}{n}, \cdots,$$

易见，当 n 无限增大时，$\dfrac{1}{n}$ 无限接近于 0，故该数列收敛于 0.

(3) 数列 $\{(-1)^{n+1}\}$ 即为

$$1, -1, 1, -1, \cdots, (-1)^{n+1}, \cdots,$$

易见，当 n 无限增大时，$(-1)^{n+1}$ 无休止地反复取 1、−1 两个数，而不会无限接近于任何一个确定的常数，故该数列是发散的.

(4) 数列 $\left\{\dfrac{n-1}{n}\right\}$ 即为

$$0, \frac{1}{2}, \frac{2}{3}, \frac{3}{4}, \cdots, \frac{n-1}{n}, \cdots.$$

易见，当 n 无限增大时，$\dfrac{n-1}{n}$ 无限接近于 1，故该数列收敛于 1. ■

*数学实验

实验 1.7 (1) 观察数列 $\sqrt[n]{n}$ 的前 100 项的变化趋势，并绘出其散点图.

利用计算软件易绘出该数列前 100 项的散点图（见下图），从该散点图看，这个数列似乎收敛于1.

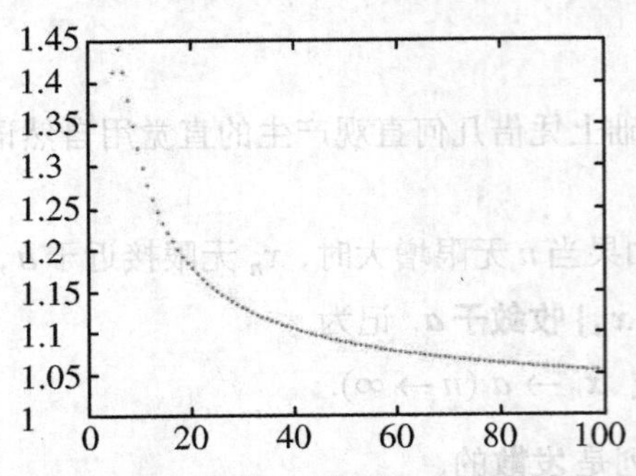

n	$\sqrt[n]{n}$	$\sqrt[n]{n}-1$
500	1.012 507	0.012 507
1 000	1.006 932	0.006 932
5 000	1.001 705	0.001 705
10 000	1.000 921	0.000 921
100 000	1.000 115	0.000 115
…	…	…

进一步计算，得到上表数据，从该表结果观察，可以初步判断该数列收敛于 1，即

$$\lim_{n\to\infty}\sqrt[n]{n}=1.$$

计算实验

(2) 观察数列 $x_n=\dfrac{2n^3+1}{5n^3+1}$ 当 $n\to+\infty$ 时的变化趋势.

利用计算软件，得

n	x_n	$x_n-0.4$	n	x_n	$x_n-0.4$
1	0.500 000	0.100 000	9	0.400 165	0.000 165
2	0.414 634	0.014 634	10	0.400 120	0.000 120
3	0.404 412	0.004 412	11	0.400 090	0.000 090
4	0.401 869	0.001 869	12	0.400 069	0.000 069
5	0.400 958	0.000 958	13	0.400 055	0.000 055
6	0.400 555	0.000 555	14	0.400 044	0.000 044
7	0.400 350	0.000 350	15	0.400 036	0.000 036
8	0.400 234	0.000 234	…	…	…

计算实验

从上表结果可见，随着 n 的增大，x_n 越来越接近于 0.4. 由此可以初步判断该数列收敛于 0.4. 事实上，在本教材 §1.4 例 3 中对这个判断给出了肯定的回答.

微信扫描右侧的二维码，即可进行重复或修改实验（详见教材配套的网络学习空间）.

从定义 2 给出的数列极限概念的定性描述可见，下标 n 的变化过程与数列 $\{x_n\}$ 的变化趋势均借助了“无限”这样一个明显具有直观模糊性的形容词. 从文学的角度来看，不可不谓尽善尽美，并且能激起人们诗一般的想象. 几何直观在数学的发展和创造中扮演着充满活力的积极的角色，但在数学中仅凭直观是不可靠的，必须将凭直观产生的定性描述转化为用数学语言表达的超越现实原型的定量描述.

观察数列

$$\{x_n\}=\left\{\frac{n+(-1)^{n-1}}{n}\right\}$$

当 n 无限增大时的变化趋势（见图 1-4-4），易见其当 n 无限增大时无限接近于 1，事

实上，由

$$\left|x_n-1\right|=\left|\frac{(-1)^{n-1}}{n}\right|=\frac{1}{n}$$

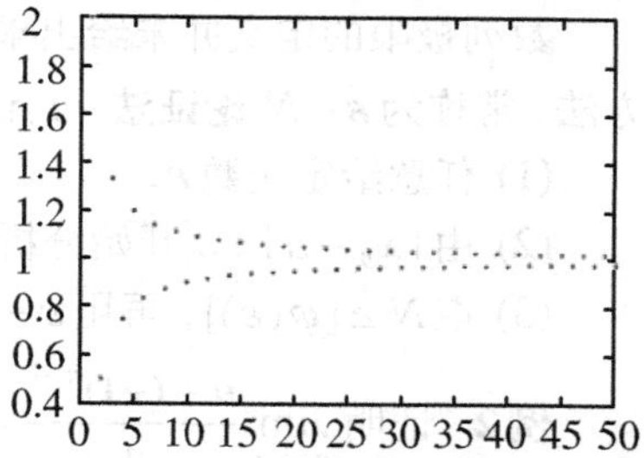

可见，当n无限增大时，x_n与1的距离无限接近于0，若以确定的数学语言来描述这种趋势，即有：对于任意给定的正数ε（不论它多么小），总可以找到正整数N，使得当$n>N$时，恒有

$$\left|x_n-1\right|=\frac{1}{n}<\varepsilon.$$

图 1－4－4

受此启发，我们可以给出用数学语言表达的数列极限的定量描述．

图形动画实验

定义3　设有数列$\{x_n\}$与常数a，若对于任意给定的正数ε（不论它多么小），总存在正整数N，使得对于$n>N$时的一切x_n，不等式

$$|x_n-a|<\varepsilon$$

都成立，则称常数a是**数列$\{x_n\}$的极限**，或称**数列$\{x_n\}$收敛于a**，记为

$$\lim_{n\to\infty}x_n=a,$$

或

$$x_n\to a\ (n\to\infty).$$

如果一个数列没有极限，就称该数列是**发散**的．

注：定义中“对于任意给定的正数$\varepsilon\cdots\cdots\left|x_n-a\right|<\varepsilon$”实际上表达了$x_n$无限接近于$a$的意思．此外，定义中的$N$与任意给定的正数$\varepsilon$有关．

在微积分于17世纪诞生后的近200年间，虽然微积分的理论和应用有了巨大的发展，但整个微积分的理论却建立在直观的、模糊不清的极限概念上，没有一个牢固的基础．直到19世纪，法国数学家柯西①和德国数学家魏尔斯特拉斯②建立了严密的极限理论后，微积分才完全建立在严格的极限理论基础之上．

$\lim\limits_{n\to\infty}x_n=a$的几何解释：

将常数a及数列$x_1,x_2,\cdots,x_n,\cdots$表示在数轴上，并在数轴上作邻域$U(a,\varepsilon)$（见图1－4－5）．

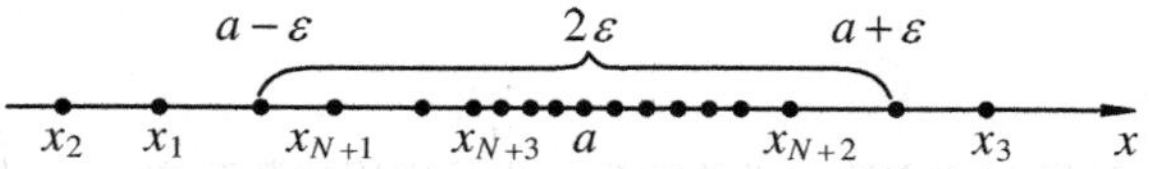

图 1－4－5

注意到不等式$|x_n-a|<\varepsilon$等价于$a-\varepsilon<x_n<a+\varepsilon$，所以数列$\{x_n\}$的极限为$a$在几何上即表示：当$n>N$时，所有的点$x_n$都落在开区间$(a-\varepsilon,a+\varepsilon)$内，而落在这个区间之外的点至多只有$N$个．

① 柯西（A. L. Cauchy，1789－1857），法国数学家．

② 魏尔斯特拉斯（K. T. W. Weierstrass，1815－1897），德国数学家．

数列极限的定义并未给出求极限的方法，只给出了论证数列 $\{x_n\}$ 的极限为 a 的方法，常称为 **$\varepsilon-N$ 论证法**，其论证步骤为：

(1) 任意给定正数 ε；

(2) 由 $|x_n-a|<\varepsilon$ 开始分析倒推，推出 $n>\varphi(\varepsilon)$；

(3) 取 $N\geq[\varphi(\varepsilon)]$，再用 $\varepsilon-N$ 语言顺述结论.

例2 证明 $\lim\limits_{n\to\infty}\dfrac{n+(-1)^{n-1}}{n}=1$.

证明 由

$$|x_n-1|=\left|\frac{n+(-1)^{n-1}}{n}-1\right|=\frac{1}{n}$$

易见，对于任意给定的 $\varepsilon>0$，要使 $|x_n-1|<\varepsilon$，只需 $\dfrac{1}{n}<\varepsilon$，即 $n>\dfrac{1}{\varepsilon}$，取 $N=\left[\dfrac{1}{\varepsilon}\right]$，则对于任意给定的 $\varepsilon>0$，当 $n>N$ 时，就有

$$\left|\frac{n+(-1)^{n-1}}{n}-1\right|<\varepsilon,\quad \text{即}\quad \lim_{n\to\infty}\frac{n+(-1)^{n-1}}{n}=1.$$ ■

例3 证明 $\lim\limits_{n\to\infty}\dfrac{2n^3+1}{5n^3+1}=\dfrac{2}{5}$.

证明 由

$$\left|x_n-\frac{2}{5}\right|=\left|\frac{2n^3+1}{5n^3+1}-\frac{2}{5}\right|=\frac{3}{5(5n^3+1)}<\frac{3}{25n^3}<\frac{1}{n^3}<\frac{1}{n}\ (n>1)$$

易见，对于任意给定的 $\varepsilon>0$，要使 $\left|x_n-\dfrac{2}{5}\right|<\varepsilon$，只需 $\dfrac{1}{n}<\varepsilon$，即 $n>\dfrac{1}{\varepsilon}$，取 $N=\left[\dfrac{1}{\varepsilon}\right]$，则对于任意给定的 $\varepsilon>0$，当 $n>N$ 时，就有

$$\left|\frac{2n^3+1}{5n^3+1}-\frac{2}{5}\right|<\varepsilon,$$

即 $\lim\limits_{n\to\infty}\dfrac{2n^3+1}{5n^3+1}=\dfrac{2}{5}$. ■

*数学实验

递归数列是一种用归纳方法定义的数列，也是常用的数列定义方法之一，实验1.8 中介绍的数列是递归数列.

实验1.8 观察斐波那契 (Fibonacci) 数列的变化趋势：

$$F_0=1,\ F_1=1,\ F_n=F_{n-1}+F_{n-2}.$$

斐波那契(1175 — 1250) 是意大利数学家，是西方研究斐波那契数列的第一人. 斐波那契数列是数学家斐波那契以兔子繁殖为例而引入的，故又称为**“兔子数列”**. 它在现代物理、准晶体结构、化

学等领域都有直接的应用，为此，美国数学学会从1963年起出版了以《斐波那契数列季刊》为名的一份数学杂志，专门用于刊载这方面的研究成果.

利用计算软件，易得到斐波那契数列的前24项：

1, 1, 2, 3, 5, 8, 13, 21, 34, 55, 89, 144,
233, 377, 610, 987, 1 597, 2 584, 4 181,
6 765, 10 946, 17 711, 28 657, 46 368, …,

其散点图如右图所示.

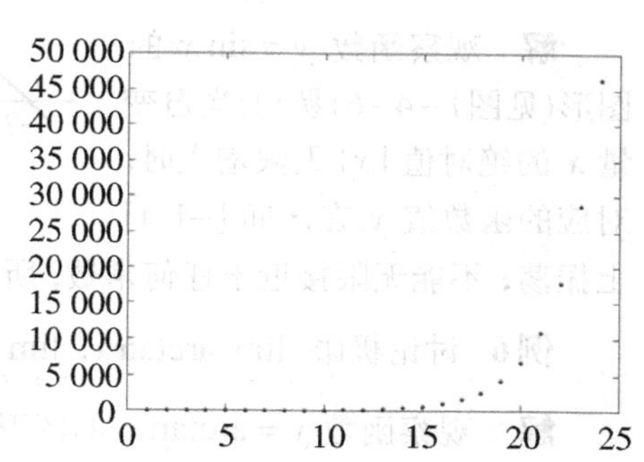

有趣的是，这样一个完全是自然数的数列，通项公式却是用无理数来表达的，即

$$F_n=\frac{1}{\sqrt{5}}\left[\left(\frac{1+\sqrt{5}}{2}\right)^n-\left(\frac{1-\sqrt{5}}{2}\right)^n\right].$$

斐波那契数列又称为黄金分割数列，当 n 趋向于无穷大时，该数列的前一项与后一项的比值越来越逼近**黄金分割**比值 0.618 (详见教材配套的网络学习空间).

三、函数的极限

数列可看作自变量为正整数 n 的函数：$x_n=f(n)$，数列 $\{x_n\}$ 的极限为 a，即当自变量 n 取正整数且无限增大 $(n\to\infty)$ 时，对应的函数值 $f(n)$ 无限接近于数 a. 若将数列极限概念中自变量 n 和函数值 $f(n)$ 的特殊性撇开，可以由此引出函数极限的一般概念：在自变量 x 的某个变化过程中，如果对应的函数值 $f(x)$ 无限接近于某个确定的数 A，则 A 就称为 x 在该变化过程中函数 $f(x)$ 的极限. 显然，极限 A 是与自变量 x 的变化过程紧密相关的，下面将分类进行讨论.

1. 自变量趋向无穷大时函数的极限

定义 4 如果当 x 的绝对值无限增大时，函数 $f(x)$ 无限接近于常数 A，则称常数 A 为**函数 $f(x)$ 当 $x\to\infty$ 时的极限**，记作

$$\lim_{x\to\infty}f(x)=A \quad 或 \quad f(x)\to A\ (x\to\infty).$$

如果在上述定义中，限制 x 只取正值或者只取负值，即有

$$\lim_{x\to+\infty}f(x)=A \quad 或 \quad \lim_{x\to-\infty}f(x)=A,$$

则称常数 A 为**函数 $f(x)$ 当 $x\to+\infty$ 或 $x\to-\infty$ 时的极限**.

注意到 $x\to\infty$ 意味着同时考虑 $x\to+\infty$ 与 $x\to-\infty$，可以得到下面的定理：

定理 1 极限 $\lim\limits_{x\to\infty}f(x)=A$ 的充分必要条件是 $\lim\limits_{x\to+\infty}f(x)=\lim\limits_{x\to-\infty}f(x)=A$.

例 4 求极限 $\lim\limits_{x\to\infty}\left(1+\dfrac{1}{x}\right)$.

解 因为当 x 的绝对值无限增大时，$\dfrac{1}{x}$ 无限接近于 0，即函数 $1+\dfrac{1}{x}$ 无限接近于常数 1，所以

$$\lim_{x\to\infty}\left(1+\frac{1}{x}\right)=1.$$ ■

例5 讨论极限 $\lim\limits_{x\to\infty}\sin x$.

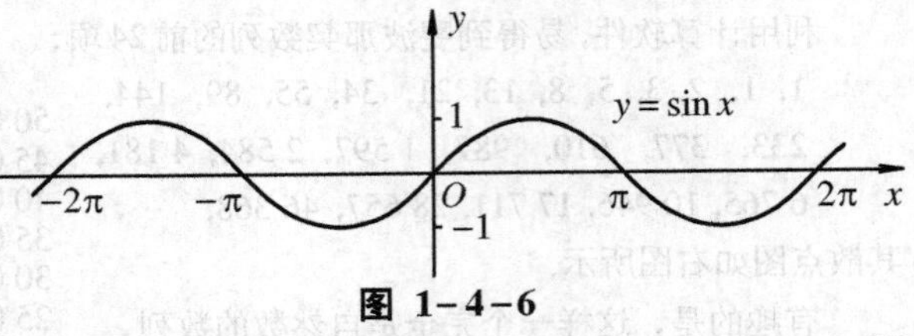

图 1−4−6

解 观察函数 $y=\sin x$ 的图形(见图1−4−6)易知:当自变量 x 的绝对值 $|x|$ 无限增大时,对应的函数值 y 在区间 $[-1,1]$ 上振荡,不能无限接近于任何常数,所以极限 $\lim\limits_{x\to\infty}\sin x$ 不存在. ■

例6 讨论极限 $\lim\limits_{x\to-\infty}\arctan x$, $\lim\limits_{x\to+\infty}\arctan x$ 及 $\lim\limits_{x\to\infty}\arctan x$.

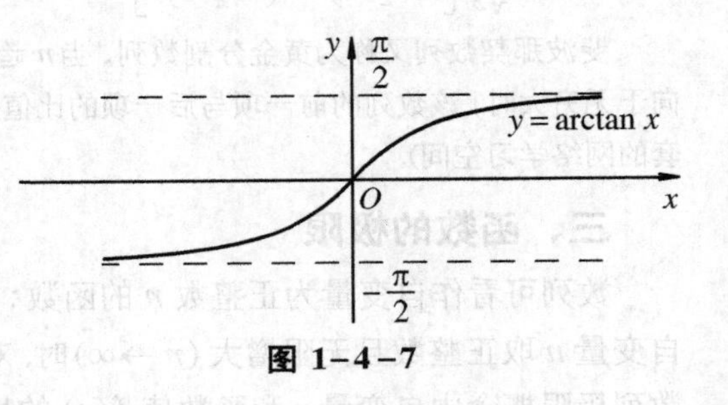

图 1−4−7

解 观察函数 $y=\arctan x$ 的图形(见图1−4−7)易知:当 $x\to-\infty$ 时,曲线 $y=\arctan x$ 无限接近于直线 $y=-\dfrac{\pi}{2}$,即对应的函数值 y 无限接近于常数 $-\dfrac{\pi}{2}$;当 $x\to+\infty$ 时,曲线 $y=\arctan x$ 无限接近于直线 $y=\dfrac{\pi}{2}$,即对应的函数值 y 无限接近于常数 $\dfrac{\pi}{2}$. 所以极限

$$\lim_{x\to-\infty}\arctan x=-\frac{\pi}{2},\quad \lim_{x\to+\infty}\arctan x=\frac{\pi}{2}.$$

由于 $\lim\limits_{x\to-\infty}\arctan x\neq\lim\limits_{x\to+\infty}\arctan x$,所以极限 $\lim\limits_{x\to\infty}\arctan x$ 不存在. ■

***数学实验**

实验1.9 试用计算软件研究函数 $f(x)=\dfrac{1}{x^2}\sin x$ 当 $x\to+\infty$ 时的变化趋势.

利用计算软件,先在一个较小的区间[1, 20]作出函数 $f(x)$ 的图形(见右图),从图中可以看出随着 x 的增大,$f(x)$ 的图形逐渐趋于0,逐次取更大的区间作出 $f(x)$ 的图形,可以更有力地说明这一趋势. 事实上,可利用极限的定义证明:

$$\lim_{x\to\infty}\frac{1}{x^2}\sin x=0.$$

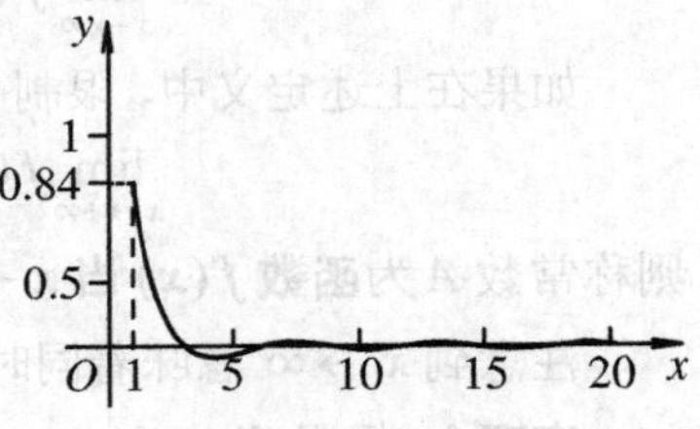

2. 自变量趋向有限值时函数的极限

现在研究自变量 x 无限接近于有限值 x_0 (即 $x\to x_0$)时,函数 $f(x)$ 的变化趋势.

定义5 设函数 $f(x)$ 在点 x_0 的某一去心邻域内有定义. 如果当 $x\to x_0$ ($x\neq x_0$)时,函数 $f(x)$ 无限接近于常数 A,则称常数 A 为**函数 $f(x)$ 当 $x\to x_0$ 时的极限**. 记作

$$\lim_{x\to x_0} f(x)=A \text{ 或 } f(x)\to A\ (x\to x_0).$$

例7 试根据定义说明下列结论：

(1) $\lim\limits_{x\to x_0} x = x_0$； (2) $\lim\limits_{x\to x_0} C = C$（$C$ 为常数）.

解 (1) 当自变量 x 趋于 x_0 时，显然，函数 $y=x$ 也趋于 x_0，故 $\lim\limits_{x\to x_0} x = x_0$；

(2) 当自变量 x 趋于 x_0 时，函数 $y=C$ 始终取相同的值 C，故 $\lim\limits_{x\to x_0} C = C$. ■

当自变量 x 从 x_0 的左侧（或右侧）趋于 x_0 时，函数 $f(x)$ 趋于常数 A，则称 A 为 $f(x)$ 在点 x_0 处的**左极限**（或**右极限**），记为

$$\lim_{x\to x_0^-} f(x)=A \ \left(\text{或} \lim_{x\to x_0^+} f(x)=A\right).$$

图1–4–8 和图1–4–9 中给出了左极限和右极限的示意图.

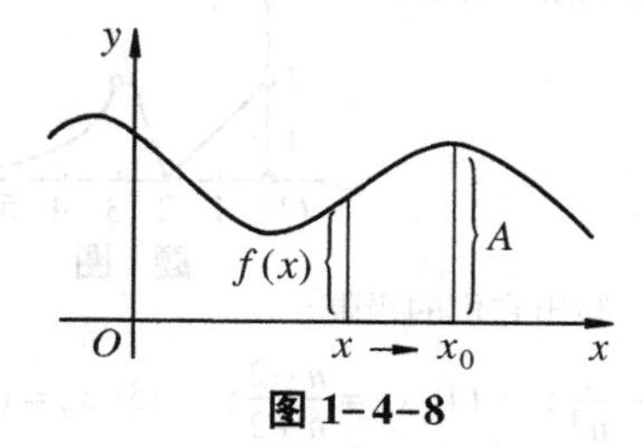

图1–4–8　　图1–4–9

注意到 $x\to x_0$ 意味着同时考虑 $x\to x_0^+$ 与 $x\to x_0^-$，可以得到下面的定理：

定理2 极限 $\lim\limits_{x\to x_0} f(x)=A$ 的充分必要条件为 $\lim\limits_{x\to x_0^-} f(x)=\lim\limits_{x\to x_0^+} f(x)=A$.

例8 设 $f(x)=\begin{cases} x, & x\geq 0 \\ -x+1, & x<0 \end{cases}$，求 $\lim\limits_{x\to 0} f(x)$.

解 因为

$$\lim_{x\to 0^-} f(x)=\lim_{x\to 0^-}(-x+1)=1,$$

$$\lim_{x\to 0^+} f(x)=\lim_{x\to 0^+} x=0.$$

即有
$$\lim_{x\to 0^-} f(x)\neq \lim_{x\to 0^+} f(x),$$

所以 $\lim\limits_{x\to 0} f(x)$ 不存在（见图1–4–10）. ■

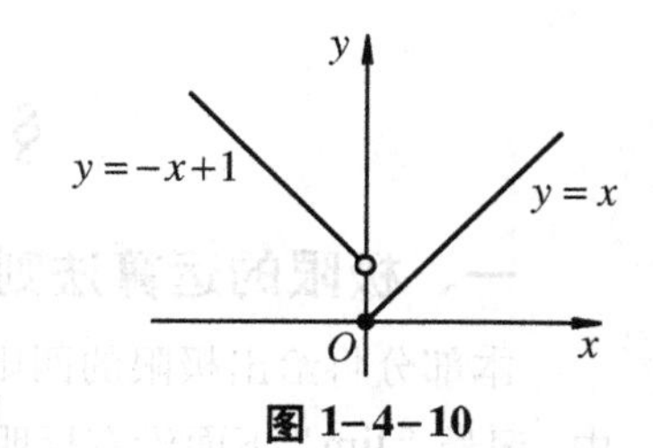

图1–4–10

四、极限的性质

利用函数极限的定义，可以得到函数极限的一些重要性质. 下面仅以 $x\to x_0$ 的极限形式为代表不加证明地给出这些性质，至于其他形式的极限的性质，只需作些修改即可得到.

性质1（唯一性） 若极限 $\lim\limits_{x\to x_0} f(x)$ 存在，则其极限是唯一的.

性质2(有界性)　若极限 $\lim\limits_{x \to x_0} f(x)$ 存在，则函数 $f(x)$ 必在 x_0 的某个去心邻域内有界.

性质3(保号性)　若 $\lim\limits_{x \to x_0} f(x) = A$，且 $A > 0$ (或 $A < 0$)，则在 x_0 的某个去心邻域内恒有 $f(x) > 0$ (或 $f(x) < 0$).

推论1　若 $\lim\limits_{x \to x_0} f(x) = A$，且在 x_0 的某去心邻域内恒有 $f(x) \geq 0$ (或 $f(x) \leq 0$)，则 $A \geq 0$ (或 $A \leq 0$).

习题 1-4

1. 观察如题1图所示的函数，求下列极限，如果极限不存在，说明理由.

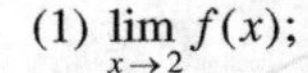
(1) $\lim\limits_{x \to 2} f(x)$;　　(2) $\lim\limits_{x \to 0^+} f(x)$;

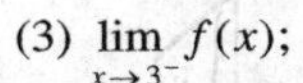
(3) $\lim\limits_{x \to 3^-} f(x)$;
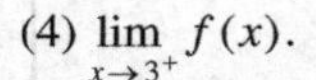
(4) $\lim\limits_{x \to 3^+} f(x)$.

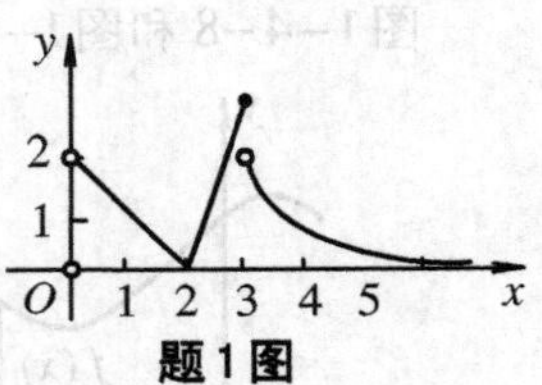

题1图

2. 观察一般项 x_n 如下的数列 $\{x_n\}$ 的变化趋势，写出它们的极限：

(1) $x_n = \dfrac{1}{3^n}$;　(2) $x_n = (-1)^n \dfrac{1}{n}$;　(3) $x_n = 2 + \dfrac{1}{n^3}$;　(4) $x_n = \dfrac{n-2}{n+2}$;　(5) $x_n = (-1)^n n$.

3. 求下列函数的极限:

(1) $\lim\limits_{x \to 2} (5x+2)$;　(2) $\lim\limits_{x \to 2} \dfrac{1}{x-1}$;　(3) $\lim\limits_{x \to \infty} \dfrac{2x+3}{3x}$.

4. 讨论函数 $f(x) = \dfrac{|x|}{x}$ 当 $x \to 0$ 时的极限.

§1.5　极限的运算

一、极限的运算法则

本部分将给出极限的四则运算法则和复合函数的极限运算法则. 在下面的讨论中，记号 "lim" 下面没有标明自变量的变化过程，是指对 $x \to x_0$ 和 $x \to \infty$ 以及单侧极限均成立.

定理1　设 $\lim f(x) = A$，$\lim g(x) = B$，则

(1) $\lim[f(x) \pm g(x)] = A \pm B = \lim f(x) \pm \lim g(x)$;

(2) $\lim[f(x) \cdot g(x)] = A \cdot B = \lim f(x) \cdot \lim g(x)$;

(3) $\lim \dfrac{f(x)}{g(x)} = \dfrac{A}{B} = \dfrac{\lim f(x)}{\lim g(x)}$ $(B \neq 0)$.

注: 法则 (1)、(2) 均可推广到有限个函数的情形. 例如, 若 $\lim f(x)$, $\lim g(x)$, $\lim h(x)$ 都存在, 则有

$$\lim[f(x)+g(x)-h(x)]=\lim f(x)+\lim g(x)-\lim h(x);$$

$$\lim[f(x)g(x)h(x)]=\lim f(x)\cdot\lim g(x)\cdot\lim h(x).$$

推论 1 如果 $\lim f(x)$ 存在, 而 C 为常数, 则

$$\lim[Cf(x)]=C\lim f(x),$$

即常数因子可以移到极限符号外面.

推论 2 如果 $\lim f(x)$ 存在, 而 n 是正整数, 则

$$\lim[f(x)]^n=[\lim f(x)]^n.$$

注: 上述定理给求极限带来了很大方便, 但应注意, 运用该定理的前提是被运算的各个变量的极限必须存在, 并且, 在除法运算中, 还要求分母的极限不为零.

例 1 求 $\lim\limits_{x\to 2}(x^2-3x+5)$.

解
$$\lim_{x\to 2}(x^2-3x+5)=\lim_{x\to 2}x^2-\lim_{x\to 2}3x+\lim_{x\to 2}5$$
$$=(\lim_{x\to 2}x)^2-3\lim_{x\to 2}x+\lim_{x\to 2}5=2^2-3\cdot 2+5=3.$$ ■

例 2 求 $\lim\limits_{x\to 3}\dfrac{2x^2-9}{5x^2-7x-2}$.

解 因为 $\lim\limits_{x\to 3}(5x^2-7x-2)=22\neq 0$, 所以

$$\lim_{x\to 3}\frac{2x^2-9}{5x^2-7x-2}=\frac{\lim\limits_{x\to 3}(2x^2-9)}{\lim\limits_{x\to 3}(5x^2-7x-2)}=\frac{2\cdot 3^2-9}{5\cdot 3^2-7\cdot 3-2}=\frac{9}{22}.$$ ■

例 3 求 $\lim\limits_{x\to 1}\dfrac{x^2-1}{x^2+2x-3}$.

解 当 $x\to 1$ 时, 分子和分母的极限都是零. 此时应先约去趋于零但不为零的因子 $(x-1)$ 后再求极限.

$$\lim_{x\to 1}\frac{x^2-1}{x^2+2x-3}=\lim_{x\to 1}\frac{(x+1)(x-1)}{(x+3)(x-1)}=\lim_{x\to 1}\frac{x+1}{x+3}=\frac{1}{2}.$$ ■

例 4 计算 $\lim\limits_{x\to 4}\dfrac{x-4}{\sqrt{x+5}-3}$.

解 当 $x\to 4$ 时,

$$(\sqrt{x+5}-3)\to 0,$$

不能直接使用商的极限运算法则. 但可采用分母有理化消去分母中趋向于零的因子.

$$\lim_{x\to 4}\frac{x-4}{\sqrt{x+5}-3}=\lim_{x\to 4}\frac{(x-4)(\sqrt{x+5}+3)}{(\sqrt{x+5}-3)(\sqrt{x+5}+3)}=\lim_{x\to 4}\frac{(x-4)(\sqrt{x+5}+3)}{x-4}$$

$$=\lim_{x\to 4}(\sqrt{x+5}+3)=\lim_{x\to 4}\sqrt{x+5}+3=6.$$ ■

定理 2（复合函数的极限运算法则） 设函数 $y=f[g(x)]$ 由函数 $y=f(u)$ 与函数 $u=g(x)$ 复合而成，若

$$\lim_{x\to x_0} g(x)=u_0,\ \lim_{u\to u_0} f(u)=A,$$

且在 x_0 的某去心邻域内有 $g(x)\neq u_0$，则

$$\lim_{x\to x_0} f[g(x)]=\lim_{u\to u_0} f(u)=A.$$

注: 定理 2 表明: 若函数 $f(u)$ 和 $g(x)$ 满足该定理的条件，则作代换 $u=g(x)$，可把求 $\lim\limits_{x\to x_0} f[g(x)]$ 化为求 $\lim\limits_{u\to u_0} f(u)$，其中 $u_0=\lim\limits_{x\to x_0} g(x)$.

例 5 计算 $\lim\limits_{x\to 0}\sin 2x$.

解 令 $u=2x$，则函数 $y=\sin 2x$ 可视为由 $y=\sin u$，$u=2x$ 构成的复合函数.

因为 $x\to 0$，$u=2x\to 0$，且 $u\to 0$ 时 $\sin u\to 0$，所以

$$\lim_{x\to 0}\sin 2x=\lim_{u\to 0}\sin u=0.$$ ■

例 6 计算 $\lim\limits_{x\to\infty} 2^{\frac{1}{x}}$.

解 令 $u=\dfrac{1}{x}$，则 $\lim\limits_{x\to\infty}\dfrac{1}{x}=0$，且 $\lim\limits_{u\to 0} 2^u=1$，所以

$$\lim_{x\to\infty} 2^{\frac{1}{x}}=\lim_{u\to 0} 2^u=1.$$ ■

*数学实验

实验 1.10 试用计算软件求下列极限:

(1) $\lim\limits_{x\to 0}\dfrac{(1+x)^5-(1+5x)}{x^2+x^5}$;　(2) $\lim\limits_{x\to 0^+}\dfrac{\ln\cot x}{\ln x}$;

(3) $\lim\limits_{x\to a}\dfrac{(x^n-a^n)-na^{n-1}(x-a)}{(x-a)^2}\ (n\in\mathbf{N})$;　(4) $\lim\limits_{x\to 0^+} x^2\ln x$;

(5) $\lim\limits_{x\to 0}\dfrac{e^x-e^{-x}-2x}{x-\sin x}$;　(6) $\lim\limits_{x\to 0}\left(\dfrac{\sin x}{x}\right)^{\frac{1}{1-\cos x}}$.

计算实验

微信扫描右侧的二维码，即可进行计算实验（详见教材配套的网络学习空间）.

二、极限存在准则

为了导出后面即将介绍的两个重要极限，本部分先介绍两个判定极限存在的准则.

准则 I（夹逼准则） 如果函数 $f(x)$，$g(x)$，$h(x)$ 在同一变化过程中满足

$$g(x)\le f(x)\le h(x),$$

且 $\lim g(x)=A$, $\lim h(x)=A$, 那么, 极限 $\lim f(x)$ 存在且等于 A.

准则Ⅱ(单调有界准则) 单调有界数列必有极限.

图1-5-1可以帮助我们理解为什么一个单调增加且有界的数列$\{x_n\}$必有极限, 因为数列单调增加又不能大于M, 故某个时刻以后, 数列的项必然集中在某数$a(a\leq M)$的附近.

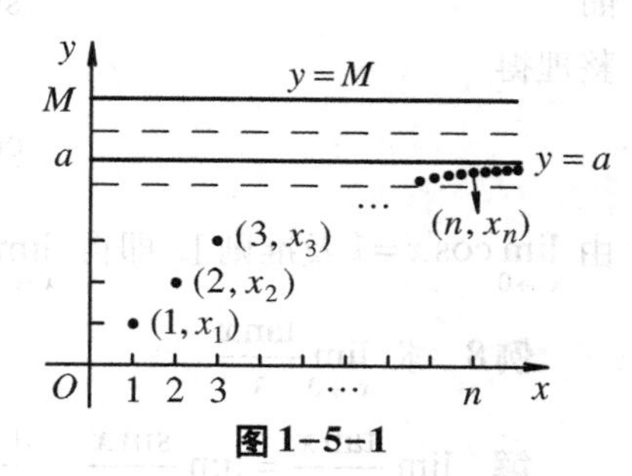

图1-5-1

例7 求极限 $\lim\limits_{x\to 0}\cos x$.

解 因为

$$0<1-\cos x=2\sin^2\frac{x}{2}<2\cdot\left(\frac{x}{2}\right)^2<\frac{x^2}{2},$$

故由准则Ⅰ, 得

$$\lim_{x\to 0}(1-\cos x)=0,\quad \text{即}\quad \lim_{x\to 0}\cos x=1. \quad ■$$

***数学实验**

实验1.11 研究下列数列的极限:

(1) $x_0=1,\ x_n=\dfrac{1}{2}\left(x_{n-1}+\dfrac{3}{x_{n-1}}\right)$;

(2) $x_1=1,\ y_1=2,\ x_{n+1}=\sqrt{x_n y_n},\ y_{n+1}=\dfrac{x_n+y_n}{2}$.

详见教材配套的网络学习空间.

三、两个重要极限

数学中常常会对一些重要且有典型意义的问题进行研究并加以总结, 以期通过对该问题的解决带动一类相关问题的解决. 本部分介绍的重要极限就体现了这种思路, 利用它们并通过函数的恒等变形与极限的运算法则就可以使两类常用极限的计算问题得到解决.

1. $\lim\limits_{x\to 0}\dfrac{\sin x}{x}=1$

证明 由于 $\dfrac{\sin x}{x}$ 是偶函数, 故只需讨论 $x\to 0^+$ 的情况.

作单位圆(见图1-5-2), 设$\angle AOB=x\,(0<x<\pi/2)$, 点$A$处的切线与$OB$的延长线相交于$D$, 作$BC\perp OA$, 故

$$\sin x=CB,\quad x=\widehat{AB},\quad \tan x=AD,$$

易见, 三角形AOB的面积<扇形AOB的面积<三角形AOD的面积, 所以

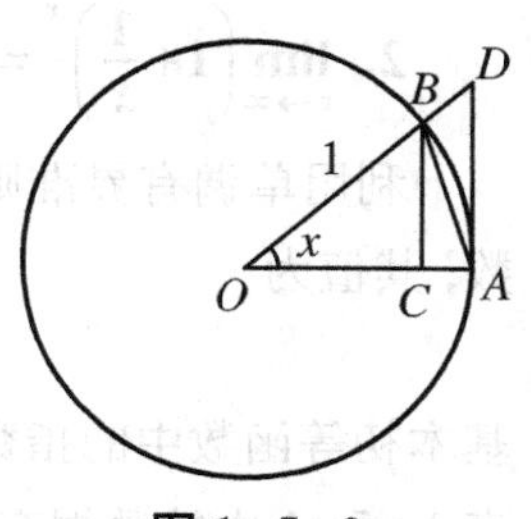

图1-5-2

$$\frac{1}{2}\sin x<\frac{1}{2}x<\frac{1}{2}\tan x,$$

即

$$\sin x<x<\tan x,$$

整理得

$$\cos x<\frac{\sin x}{x}<1,$$

由 $\lim\limits_{x\to 0}\cos x=1$ 及准则Ⅰ，即得 $\lim\limits_{x\to 0}\frac{\sin x}{x}=1$. ■

例8 求 $\lim\limits_{x\to 0}\frac{\tan x}{x}$.

解 $\lim\limits_{x\to 0}\frac{\tan x}{x}=\lim\limits_{x\to 0}\frac{\sin x}{x}\cdot\frac{1}{\cos x}=\lim\limits_{x\to 0}\frac{\sin x}{x}\cdot\lim\limits_{x\to 0}\frac{1}{\cos x}=1$. ■

例9 求 $\lim\limits_{x\to 0}\frac{\sin 3x}{x}$.

解 $\lim\limits_{x\to 0}\frac{\sin 3x}{x}=\lim\limits_{x\to 0}3\cdot\frac{\sin 3x}{3x}\xlongequal{令3x=t}3\lim\limits_{t\to 0}\frac{\sin t}{t}=3$. ■

例10 求 $\lim\limits_{x\to 0}\frac{1-\cos x}{x^2}$.

解 $$\lim_{x\to 0}\frac{1-\cos x}{x^2}=\lim_{x\to 0}\frac{2\sin^2\frac{x}{2}}{x^2}=\frac{1}{2}\lim_{x\to 0}\frac{\sin^2\frac{x}{2}}{\left(\frac{x}{2}\right)^2}=\frac{1}{2}\lim_{x\to 0}\left(\frac{\sin\frac{x}{2}}{\frac{x}{2}}\right)^2$$

$$=\frac{1}{2}\cdot 1^2=\frac{1}{2}.$$ ■

例11 求 $\lim\limits_{x\to 0}\frac{x-\sin 2x}{x+\sin 2x}$.

解 $$\lim_{x\to 0}\frac{x-\sin 2x}{x+\sin 2x}=\lim_{x\to 0}\frac{1-\frac{\sin 2x}{x}}{1+\frac{\sin 2x}{x}}=\lim_{x\to 0}\frac{1-2\frac{\sin 2x}{2x}}{1+2\frac{\sin 2x}{2x}}$$

$$=\frac{1-2}{1+2}=-\frac{1}{3}.$$ ■

2. $\lim\limits_{x\to\infty}\left(1+\frac{1}{x}\right)^x=\mathrm{e}$

利用单调有界准则可以证明这个等式．等式右端的数 e 是数学中的一个重要常数，其值为

$$\mathrm{e}=2.718\ 281\ 828\ 459\ 045\cdots,$$

基本初等函数中的指数函数 $y=\mathrm{e}^x$ 以及自然对数 $y=\ln x$ 中的底数 e 就是这个常数．表 1-5-1 中的数据有助于读者理解这个极限．

表 1-5-1

x	10	50	100	1 000	10 000	100 000	1 000 000	…
$\left(1+\frac{1}{x}\right)^x$	2.59	2.69	2.70	2.717	2.718 1	2.718 268	2.718 280	…
x	−10	−50	−100	−1 000	−10 000	−100 000	−1 000 000	…
$\left(1+\frac{1}{x}\right)^x$	2.87	2.75	2.73	2.720	2.718 4	2.718 295	2.718 283	…

注：在实际应用中，利用复合函数的极限运算法则，可将这个极限变形，例如，若 $u(x)\to\infty$，则

$$\lim_{u(x)\to\infty}\left(1+\frac{1}{u(x)}\right)^{u(x)}=\mathrm{e}.$$

函数计算实验

例12　求 $\lim\limits_{x\to\infty}\left(1+\frac{1}{x}\right)^{x+3}$.

解　$\lim\limits_{x\to\infty}\left(1+\frac{1}{x}\right)^{x+3}=\lim\limits_{x\to\infty}\left[\left(1+\frac{1}{x}\right)^{x}\cdot\left(1+\frac{1}{x}\right)^{3}\right]=\lim\limits_{x\to\infty}\left(1+\frac{1}{x}\right)^{x}\cdot\lim\limits_{x\to\infty}\left(1+\frac{1}{x}\right)^{3}$

$=\mathrm{e}\cdot1=\mathrm{e}.$ ■

例13　求 $\lim\limits_{x\to\infty}\left(1-\frac{1}{x}\right)^{x}$.

解　$\lim\limits_{x\to\infty}\left(1-\frac{1}{x}\right)^{x}=\lim\limits_{x\to\infty}\left(1+\frac{1}{-x}\right)^{x}=\lim\limits_{x\to\infty}\left[\left(1+\frac{1}{-x}\right)^{-x}\right]^{-1}=\mathrm{e}^{-1}=\frac{1}{\mathrm{e}}.$ ■

例14　求 $\lim\limits_{y\to0}(1+y)^{\frac{1}{y}}$.

解　令 $y=\frac{1}{x}$，则 $y\to0$ 时，$x\to\infty$，于是

$$\lim_{y\to0}(1+y)^{\frac{1}{y}}=\lim_{x\to\infty}\left(1+\frac{1}{x}\right)^{x}=\mathrm{e}.$$ ■

注：本例的结果 $\lim\limits_{y\to0}(1+y)^{\frac{1}{y}}=\mathrm{e}$，今后常作为公式使用.

例15　求 $\lim\limits_{x\to0}(1-2x)^{\frac{1}{x}}$.

解　$\lim\limits_{x\to0}(1-2x)^{\frac{1}{x}}=\lim\limits_{x\to0}\left[(1-2x)^{-\frac{1}{2x}}\right]^{-2}=\left[\lim\limits_{x\to0}(1-2x)^{-\frac{1}{2x}}\right]^{-2}=\mathrm{e}^{-2}.$ ■

例16　求 $\lim\limits_{x\to\infty}\left(\frac{3+x}{2+x}\right)^{2x}$.

解　$\lim\limits_{x\to\infty}\left(\frac{3+x}{2+x}\right)^{2x}=\lim\limits_{x\to\infty}\left[\left(1+\frac{1}{x+2}\right)^{x}\right]^{2}=\lim\limits_{x\to\infty}\left[\left(1+\frac{1}{x+2}\right)^{x+2}\right]^{2}\cdot\left(1+\frac{1}{x+2}\right)^{-4}$

$$=\left[\lim_{x\to\infty}\left(1+\frac{1}{x+2}\right)^{x+2}\right]^2\cdot\lim_{x\to\infty}\left(1+\frac{1}{x+2}\right)^{-4}=\mathrm{e}^2.$$ ■

四、连续复利

设初始本金为 P，年利率为 r，按复利付息，若一年分 m 次付息，则第 t 年末的本利和为

$$S_t=P\left(1+\frac{r}{m}\right)^{mt}.$$

利用二项展开式 $(1+x)^m=1+mx+\frac{m(m-1)}{2}x^2+\cdots+x^m$，有

$$\left(1+\frac{r}{m}\right)^m>1+r,$$

因而

$$P\left(1+\frac{r}{m}\right)^{mt}>P(1+r)^t\quad(t>0).$$

这就是说一年计算 m 次复利的本利和比一年计算一次复利的本利和要大，且复利计算次数越多，计算所得的本利和数额就越大，但是也不会无限增大，因为

$$\lim_{m\to\infty}P\left(1+\frac{r}{m}\right)^{mt}=P\lim_{m\to\infty}\left(1+\frac{r}{m}\right)^{\frac{m}{r}\cdot rt}=P\mathrm{e}^{rt},$$

所以，本金为 P，按名义年利率 r 不断计算复利，则 t 年后的本利和为

$$S=P\mathrm{e}^{rt}.$$

上述极限称为**连续复利公式**，式中的 t 可视为连续变量．上述公式仅是一个理论公式，在实际应用中并不使用它，仅作为存期较长情况下的一种近似估计.

例 17　小孩出生之后，父母拿出 P 元作为初始投资，希望到孩子 20 岁生日时增长到100 000元，如果投资按 8% 的连续复利计算，则初始投资应该是多少？

解　利用公式 $S=P\mathrm{e}^{rt}$，求 P.

现有方程

$$100\ 000=P\mathrm{e}^{0.08\times 20},$$

由此得到

$$P=100\ 000\mathrm{e}^{-1.6}\approx 20\ 189.65.$$

于是，父母现在必须存储 20 189.65 元，到孩子 20 岁生日时才能增长到 100 000 元(见图1-5-3).　■

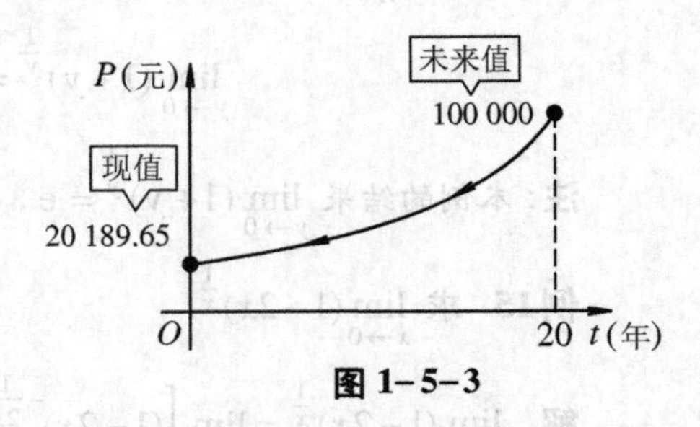

图 1-5-3

经济学家把 20 189.65元称为按 8% 的连续复利计算 20 年后到期的100 000元的**现值**．计算现值的过程称为**贴现**．这个问题的另一种表达式是“按 8% 的连续复利计算，现在必须投资多少元才能在 20 年后结余 100 000 元”，答案是 20 189.65 元，这就是100 000 元的现值.

现值的计算可以理解成从未来值返回到现值的指数衰退.

一般地，t 年后金额 S 的现值 P 可以通过解下列关于 P 的方程得到：

$$S=Pe^{kt},\ P=\frac{S}{e^{kt}}=Se^{-kt}.$$

习题 1-5

1. 计算下列极限：

(1) $\lim\limits_{x\to 1}\frac{x^2-2x+1}{x^2-1}$； (2) $\lim\limits_{x\to\infty}\left(2-\frac{1}{x}+\frac{1}{x^2}\right)$； (3) $\lim\limits_{x\to 4}\frac{x^2-6x+8}{x^2-5x+4}$；

(4) $\lim\limits_{x\to 0}\frac{4x^3-2x^2+x}{3x^2+2x}$； (5) $\lim\limits_{h\to 0}\frac{(x+h)^2-x^2}{h}$； (6) $\lim\limits_{x\to\infty}\left(1+\frac{1}{x}\right)\left(2-\frac{1}{x^2}\right)$；

(7) $\lim\limits_{x\to+\infty}\frac{\cos x}{e^x+e^{-x}}$； (8) $\lim\limits_{x\to\infty}\frac{\arctan x}{x}$.

2. 计算下列极限：

(1) $\lim\limits_{x\to 0}\frac{\tan 5x}{x}$； (2) $\lim\limits_{x\to 0}x\cot x$； (3) $\lim\limits_{x\to 0}\frac{\tan x-\sin x}{x}$；

(4) $\lim\limits_{x\to 0}\frac{1-\cos 2x}{x\sin x}$； (5) $\lim\limits_{x\to\pi}\frac{\sin x}{\pi-x}$； (6) $\lim\limits_{x\to 0}\frac{x-\sin x}{x+\sin x}$.

3. 计算下列极限：

(1) $\lim\limits_{x\to 0}(1-x)^{1/x}$； (2) $\lim\limits_{x\to 0}(1+2x)^{1/x}$； (3) $\lim\limits_{x\to\infty}\left(\frac{1+x}{x}\right)^{3x}$；

(4) $\lim\limits_{x\to\infty}\left(1-\frac{1}{x}\right)^{5x}$； (5) $\lim\limits_{x\to\infty}\left(\frac{x}{x+1}\right)^{x+3}$； (6) $\lim\limits_{x\to\infty}\left(\frac{x+a}{x-a}\right)^{x}$.

4. 小孩出生之后，父母拿出 P 元作为初始投资，希望到孩子 20 岁生日时增长到 50 000 元，如果投资按 6% 的连续复利计算，则初始投资应该是多少？

§1.6 无穷小与无穷大

没有任何问题可以像无穷那样深深地触动人的情感，很少有别的观念能像无穷那样激励理智产生富有成果的思想，然而也没有任何其他概念能像无穷那样需要加以阐明.

—— **希尔伯特**[①]

一、无穷小

1. 无穷小的概念

对无穷小的认识问题可以追溯到古希腊，那时，阿基米德[②] 就曾用无限小量方

① 希尔伯特 (D. Hilbert, 1862—1943)，德国数学家.

② 阿基米德 (Archimedes, 公元前 287—公元前 212)，古希腊数学家.

法得到许多重要的数学结果，但他认为无限小量方法存在着不合理的地方. 直到1821年，柯西在他的《分析教程》中才对无限小(即这里所说的无穷小)这一概念给出了明确的回答. 而有关无穷小的理论就是在柯西的理论基础上发展起来的.

定义1 极限为零的变量(函数)称为**无穷小**.

例如，

(1) $\lim\limits_{x\to 0}\sin x=0$，所以函数 $\sin x$ 是当 $x\to 0$ 时的无穷小；

(2) $\lim\limits_{x\to\infty}\dfrac{1}{x}=0$，所以函数 $\dfrac{1}{x}$ 是当 $x\to\infty$ 时的无穷小；

(3) $\lim\limits_{n\to\infty}\dfrac{(-1)^n}{n}=0$，所以函数 $\dfrac{(-1)^n}{n}$ 是当 $n\to\infty$ 时的无穷小.

注：(1) 根据定义，无穷小本质上是一个变量(函数)，不能将它与很小的数(如千万分之一)混淆. 但零是可以作为无穷小的唯一常数.

(2) 无穷小是相对于 x 的某个变化过程而言的，例如，当 $x\to\infty$ 时，$\dfrac{1}{x}$ 是无穷小；当 $x\to 2$ 时，$\dfrac{1}{x}$ 就不是无穷小.

2. 无穷小的运算性质

性质1 有限个无穷小的代数和仍是无穷小.

性质2 有界函数与无穷小的乘积是无穷小.

性质3 常数与无穷小的乘积是无穷小.

性质4 有限个无穷小的乘积也是无穷小.

例1 求 $\lim\limits_{x\to\infty}\dfrac{\sin x}{x}$.

解 因为

$$\lim_{x\to\infty}\frac{\sin x}{x}=\lim_{x\to\infty}\frac{1}{x}\cdot\sin x,$$

当 $x\to\infty$ 时，$\dfrac{1}{x}$ 是无穷小，$\sin x$ 是有界量 $(|\sin x|\le 1)$，故

$$\lim_{x\to\infty}\frac{\sin x}{x}=0.$$ ■

3. 函数极限与无穷小的关系

定理1 $\lim f(x)=A$ 的充分必要条件是 $f(x)=A+\alpha$，其中 $\lim\alpha=0$.

证明 以 $x\to x_0$ 为例，对于 $x\to\infty$ 的情形，可以类似地证明.

必要性 设 $\lim\limits_{x\to x_0}f(x)=A$，令 $\alpha=f(x)-A$，则

$$f(x)=A+\alpha，且\ \lim_{x\to x_0}\alpha=\lim_{x\to x_0}[f(x)-A]=0;$$

充分性 设 $f(x)=A+\alpha$，$\lim\limits_{x\to x_0}\alpha=0$，则 $\lim\limits_{x\to x_0}f(x)=\lim\limits_{x\to x_0}(A+\alpha)=A$. ■

注:定理1的结论在今后的学习中有重要的应用,尤其是在理论推导或证明中.它将函数的极限运算问题转化为常数与无穷小的代数运算问题.

二、无穷大

1. 无穷大的概念

定义2 如果在 $x\to x_0$(或 $x\to\infty$)时,函数 $f(x)$ 的绝对值无限增大,则称函数 $f(x)$ 为当 $x\to x_0$(或 $x\to\infty$)时的**无穷大**.

当 $x\to x_0$(或 $x\to\infty$)时为无穷大的函数 $f(x)$,按通常的意义来说,极限是不存在的.但为了叙述函数这一性态的方便,我们也说"函数的极限是无穷大",并记作

$$\lim_{x\to x_0} f(x)=\infty \ (\text{或} \lim_{x\to\infty} f(x)=\infty).$$

如果在定义2中将"函数 $f(x)$ 的绝对值无限增大"改为"函数 $f(x)$ 取正值无限增大(或取负值无限减小)",就称函数 $f(x)$ 当 $x\to x_0$(或 $x\to\infty$)时为**正无穷大**(或**负无穷大**),分别记为 $\lim\limits_{\substack{x\to x_0\\(x\to\infty)}} f(x)=+\infty$ (或 $\lim\limits_{\substack{x\to x_0\\(x\to\infty)}} f(x)=-\infty$).

例如,当 $x\to 0$ 时,$\left|\frac{1}{x}\right|$ 无限增大,故 $\frac{1}{x}$ 是当 $x\to 0$ 时的无穷大,即 $\lim\limits_{x\to 0}\frac{1}{x}=\infty$.

当 $x\to 0^+$ 时,$\ln x$ 取负值无限减小,故 $\ln x$ 是当 $x\to 0^+$ 时的负无穷大,即

$$\lim_{x\to 0^+}\ln x=-\infty.$$

当 $x\to 0^+$ 时,$e^{\frac{1}{x}}$ 取正值无限增大,故 $e^{\frac{1}{x}}$ 当 $x\to 0^+$ 时是正无穷大,即

$$\lim_{x\to 0^+} e^{\frac{1}{x}}=+\infty.$$

2. 无穷小与无穷大的关系

无穷大与无穷小之间有着密切的关系.例如,当 $x\to 0$ 时,函数 $\frac{1}{x}$ 是无穷大,但其倒数 x 则是同一变化过程中的无穷小;又如,当 $x\to\infty$ 时,函数 $\frac{1}{x^2}$ 是无穷小,但其倒数 x^2 则是同一变化过程中的无穷大.一般地,可以证明下列定理.

定理2 在自变量的同一变化过程中,无穷大的倒数为无穷小;恒不为零的无穷小的倒数为无穷大.

根据这个定理,我们可将无穷大的讨论归结为关于无穷小的讨论.

例2 求 $\lim\limits_{x\to 1}\frac{4x-1}{x^2+2x-3}$.

解 因 $\lim\limits_{x\to 1}(x^2+2x-3)=0$,又 $\lim\limits_{x\to 1}(4x-1)=3\neq 0$,故

$$\lim_{x\to 1}\frac{x^2+2x-3}{4x-1}=\frac{0}{3}=0,$$

由无穷小与无穷大的关系，得

$$\lim_{x\to 1}\frac{4x-1}{x^2+2x-3}=\infty.$$ ■

例3　求 $\lim\limits_{x\to\infty}\dfrac{2x^3+3x^2+5}{7x^3+4x^2-1}$.

解　当 $x\to\infty$ 时，分子和分母的极限都是无穷大，此时可采用所谓的**无穷小因子分出法**，即以分母中自变量的最高次幂除分子和分母，以分出无穷小，然后再用求极限的方法．对本例，先用 x^3 去除分子和分母，分出无穷小，再求极限．

$$\lim_{x\to\infty}\frac{2x^3+3x^2+5}{7x^3+4x^2-1}=\lim_{x\to\infty}\frac{2+\dfrac{3}{x}+\dfrac{5}{x^3}}{7+\dfrac{4}{x}-\dfrac{1}{x^3}}=\frac{\lim\limits_{x\to\infty}\left(2+\dfrac{3}{x}+\dfrac{5}{x^3}\right)}{\lim\limits_{x\to\infty}\left(7+\dfrac{4}{x}-\dfrac{1}{x^3}\right)}=\frac{2}{7}.$$ ■

例4　求 $\lim\limits_{x\to\infty}\dfrac{x^4}{x^3+5}$.

解　因为

$$\lim_{x\to\infty}\frac{x^3+5}{x^4}=\lim_{x\to\infty}\left(\frac{1}{x}+\frac{5}{x^4}\right)=0,$$

于是，根据无穷小与无穷大的关系有

$$\lim_{x\to\infty}\frac{x^4}{x^3+5}=\infty.$$ ■

三、无穷小的比较

1. 无穷小比较的概念

根据无穷小的运算性质，两个无穷小的和、差、积仍是无穷小．但两个无穷小的商却会出现不同情况，例如，当 $x\to 0$ 时，$x, x^2, \sin x$ 都是无穷小，而

$$\lim_{x\to 0}\frac{x^2}{x}=0,\quad \lim_{x\to 0}\frac{x}{x^2}=\infty,\quad \lim_{x\to 0}\frac{\sin x}{x}=1.$$

从中可看出各无穷小趋于零的快慢程度：x^2 比 x 快些，x 比 x^2 慢些，$\sin x$ 与 x 大致相同．即无穷小之比的极限不同反映了无穷小趋向于零的**快慢**程度不同．

定义3　设 α, β 是同一过程中的两个无穷小，且 $\alpha\neq 0$.

(1) 如果 $\lim\dfrac{\beta}{\alpha}=0$，则称 β 是比 α **高阶的无穷小**，记作 $\beta=o(\alpha)$，此时，也称 α 是比 β **低阶的无穷小**．

(2) 如果 $\lim\dfrac{\beta}{\alpha}=C\ (C\neq 0)$，则称 β 与 α 是**同阶无穷小**；特别地，如果

$$\lim\frac{\beta}{\alpha}=1,$$

则称β与α是**等价无穷小**，记作$\alpha \sim \beta$.

例如，就前述三个无穷小x, x^2, $\sin x\ (x\to 0)$而言，根据定义3可知，x^2是比x高阶的无穷小，x是比x^2低阶的无穷小，而$\sin x$与x是等价无穷小.

2. 等价无穷小及其应用

根据等价无穷小的定义，可以证明，当$x\to 0$时，有下列常用等价无穷小关系：

$$\sin x \sim x \qquad 1-\cos x \sim \frac{1}{2}x^2 \qquad \tan x \sim x \qquad \arcsin x \sim x$$

$$\arctan x \sim x \qquad \ln(1+x)\sim x \qquad \mathrm{e}^x-1\sim x \qquad a^x-1\sim x\ln a\ (a>0)$$

$$(1+x)^{\alpha}-1\sim \alpha x\ (\alpha\neq 0\text{且为常数})$$

例5 证明：$\mathrm{e}^x-1\sim x\ (x\to 0)$.

证明 令$y=\mathrm{e}^x-1$，则$x=\ln(1+y)$，且$x\to 0$时，$y\to 0$，因此

$$\lim_{x\to 0}\frac{\mathrm{e}^x-1}{x}=\lim_{y\to 0}\frac{y}{\ln(1+y)}=\lim_{y\to 0}\frac{1}{\ln(1+y)^{1/y}}=\frac{1}{\ln \mathrm{e}}=1.$$

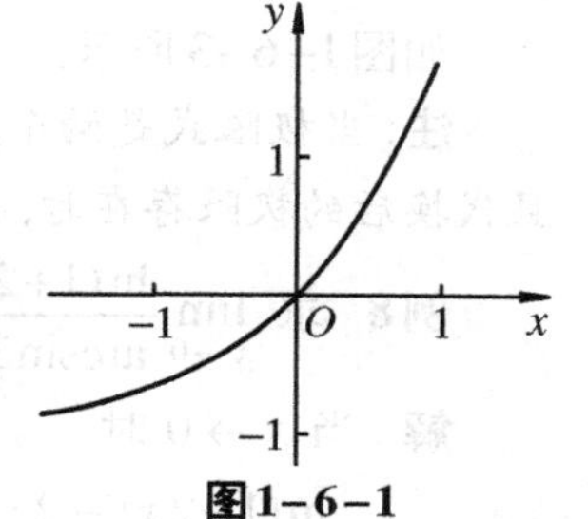

图1–6–1

即有等价关系$\mathrm{e}^x-1\sim x\ (x\to 0)$. 见图1–6–1. ■

上述证明同时也给出了等价关系：$\ln(1+x)\sim x\ (x\to 0)$.

注：在常用等价无穷小关系中，可用任意一个无穷小$\beta(x)$代替其中的无穷小x. 例如，$x\to 1$时，有$(x-1)^2\to 0$，从而

$$\sin(x-1)^2\sim (x-1)^2 \quad (x\to 1).$$

定理3 设$\alpha,\alpha',\beta,\beta'$是同一过程中的无穷小，且$\alpha\sim\alpha'$, $\beta\sim\beta'$, $\lim\dfrac{\beta'}{\alpha'}$存在，则

$$\lim\frac{\beta}{\alpha}=\lim\frac{\beta'}{\alpha'}.$$

证明 $\lim\dfrac{\beta}{\alpha}=\lim\left(\dfrac{\beta}{\beta'}\cdot\dfrac{\beta'}{\alpha'}\cdot\dfrac{\alpha'}{\alpha}\right)=\lim\dfrac{\beta}{\beta'}\cdot\lim\dfrac{\beta'}{\alpha'}\cdot\lim\dfrac{\alpha'}{\alpha}=\lim\dfrac{\beta'}{\alpha'}.$ ■

这个定理表明，在求两个无穷小之比的极限时，分子及分母都可以用等价无穷小替换. 因此，如果无穷小的替换运用得当，则可化简极限的计算.

例6 求$\lim\limits_{x\to 0}\dfrac{\tan 2x}{\sin 5x}$.

解 当$x\to 0$时，

$$\tan 2x\sim 2x,\ \sin 5x\sim 5x.$$

故
$$\lim_{x\to 0}\frac{\tan 2x}{\sin 5x}=\lim_{x\to 0}\frac{2x}{5x}=\frac{2}{5}.$$

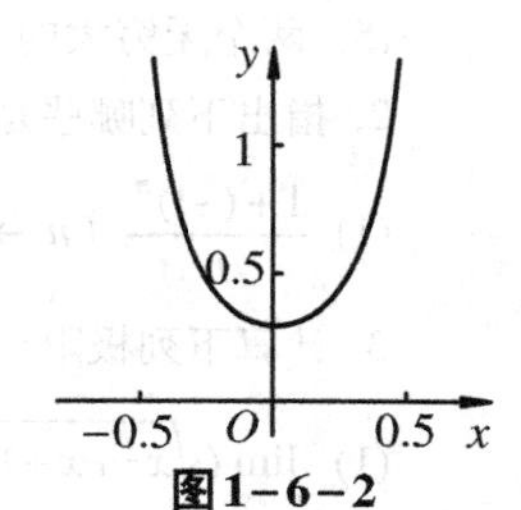

图1–6–2

见图1–6–2. ■

例7 求 $\lim\limits_{x\to 0}\dfrac{\tan x-\sin x}{\sin^3 2x}$.

错解 当 $x\to 0$ 时, $\tan x\sim x$, $\sin x\sim x$, 所以

$$\lim_{x\to 0}\frac{\tan x-\sin x}{\sin^3 2x}=\lim_{x\to 0}\frac{x-x}{(2x)^3}=0.$$

解 当 $x\to 0$ 时, $\sin 2x\sim 2x$,

$$\tan x-\sin x=\tan x\,(1-\cos x)\sim\frac{1}{2}x^3,$$

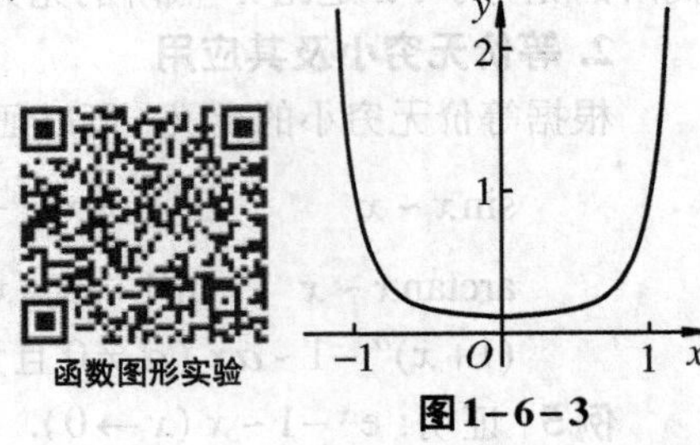

图1-6-3

故 $$\lim_{x\to 0}\frac{\tan x-\sin x}{\sin^3 2x}=\lim_{x\to 0}\frac{\frac{1}{2}x^3}{(2x)^3}=\frac{1}{16}.$$

如图1-6-3所示.

注: 当极限式是两个无穷小量之比的形式或无穷小量作为极限式中的乘积因子且代换后的极限存在时, 才可使用等价无穷小量代换.

例8 求 $\lim\limits_{x\to 0}\dfrac{\ln(1+2x)}{\arcsin 3x}$.

解 当 $x\to 0$ 时,

$$\ln(1+2x)\sim 2x,\ \arcsin 3x\sim 3x,$$

故 $$\lim_{x\to 0}\frac{\ln(1+2x)}{\arcsin 3x}=\lim_{x\to 0}\frac{2x}{3x}=\frac{2}{3}.$$

如图1-6-4所示. ■

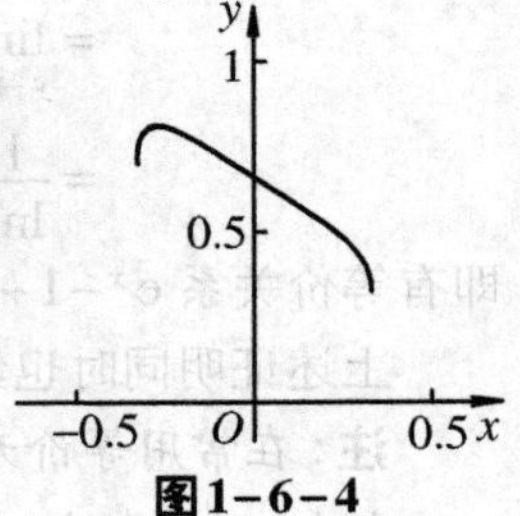

图1-6-4

习题 1-6

1. 判断题:

(1) 非常小的数是无穷小; ( )

(2) 零是无穷小; ( )

(3) 无穷小是一个函数; ( )

(4) 两个无穷小的商是无穷小; ( )

(5) 两个无穷大的和一定是无穷大. ( )

2. 指出下列哪些是无穷小, 哪些是无穷大.

(1) $\dfrac{1+(-1)^n}{n}$ $(n\to\infty)$; (2) $\dfrac{\sin x}{1+\cos x}$ $(x\to 0)$; (3) $\dfrac{x+1}{x^2-4}$ $(x\to 2)$.

3. 计算下列极限:

(1) $\lim\limits_{x\to\infty}(\sqrt{x^2+x+1}-\sqrt{x^2-x+1})$; (2) $\lim\limits_{x\to\infty}\dfrac{(2x-1)^{30}(3x-2)^{20}}{(2x+1)^{50}}$;

(3) $\lim\limits_{n\to\infty}\dfrac{1+2+3+\cdots+(n-1)}{n^2}$；　(4) $\lim\limits_{n\to\infty}\dfrac{(n+1)(n+2)(n+3)}{5n^3}$.

4. 当 $x\to 0$ 时，$x-x^2$ 与 x^2-x^3 相比，哪一个是高阶无穷小？

5. 利用等价无穷小性质求下列极限：

(1) $\lim\limits_{x\to 0}\dfrac{\arctan 3x}{5x}$；　(2) $\lim\limits_{x\to 0}\dfrac{\sqrt{1+x\sin x}-1}{x\arctan x}$；　(3) $\lim\limits_{x\to 0}\dfrac{e^{5x}-1}{x}$；

(4) $\lim\limits_{x\to 0}\dfrac{1-\cos ax}{\sin^2 x}$ (a为常数)；　(5) $\lim\limits_{x\to 0}\dfrac{\ln(1-x)}{e^x-1}$.

6. 判断 $\lim\limits_{x\to\infty} e^{1/x}$ 是否存在. 若将极限过程改为 $x\to 0$ 呢？

§1.7　函数的连续性

一、连续函数的概念

客观世界的许多现象和事物不仅是运动变化的，而且其运动变化的过程往往是连续不断的，比如日月行空、岁月流逝、植物生长、物种变化等. 这些连续不断发展变化的事物在量的方面的反映就是函数的连续性. 本节将要引入的连续函数就是刻画变量连续变化的数学模型.

16—17 世纪微积分的酝酿和产生直接肇始于对物体的连续运动的研究. 例如，伽利略所研究的自由落体运动等都是连续变化的量.

依赖直觉来理解函数的连续性是不够的. 早在20世纪20年代，物理学家就已发现，我们直觉上认为是连续运动的光实际上是由离散的光粒子组成的，而且受热的原子是以离散的频率发射光线的(见图1-7-1)，因此，光既有波动性又具有粒子性(光的“波粒二象性”)，但它是不连续的. 20 世纪以来由于诸如此类的发现以及间断函数在计算机科学、统计学和数学建模中的大量应用，连续性问题就成为在实践中和理论上均有重大意义的问题之一.

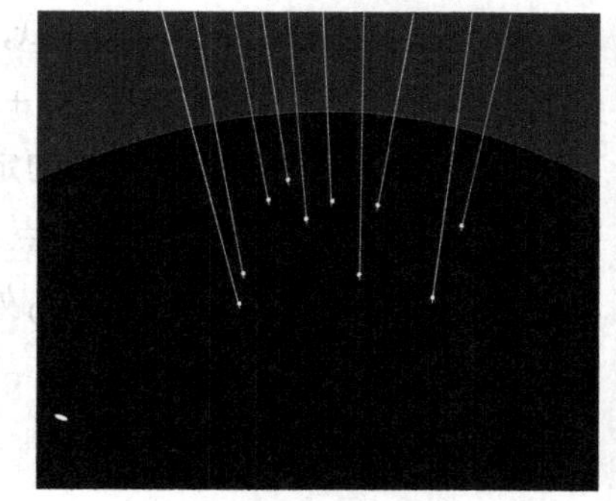

图 1-7-1

连续函数不仅是微积分的研究对象，而且微积分中的主要概念、定理、公式与法则等往往都要求函数具有连续性.

为描述函数的连续性，我们先引入函数增量的概念.

设变量 u 从它的一个初值 u_1 变到终值 u_2，则称终值 u_2 与初值 u_1 的差 u_2-u_1 为变量 u 的**增量**(**改变量**)，记作 Δu，即

$$\Delta u=u_2-u_1.$$

增量 Δu 可以是正的，也可以是负的．当 Δu 为正时，变量 u 的终值 $u_2=u_1+\Delta u$ 大于初值 u_1；当 Δu 为负时，u_2 小于初值 u_1．

注：记号 Δu 不是 Δ 与 u 的积，而是一个不可分割的记号．

定义 1　设函数 $y=f(x)$ 在点 x_0 的某一邻域内有定义．当自变量 x 在 x_0 处取得增量 Δx（即 x 在这个邻域内从 x_0 变到 $x_0+\Delta x$）时，相应地，函数 $y=f(x)$ 从 $f(x_0)$ 变到 $f(x_0+\Delta x)$，则称

$$\Delta y=f(x_0+\Delta x)-f(x_0)$$

为函数 $y=f(x)$ 的对应**增量**（见图 1-7-2）．

图 1-7-2

借助于函数增量的概念，我们再引入函数连续的概念．

定义 2　设函数 $y=f(x)$ 在点 x_0 的某一邻域内有定义．如果当自变量在点 x_0 的增量 Δx 趋于零时，函数 $y=f(x)$ 对应的增量 Δy 也趋于零，即

$$\lim_{\Delta x\to 0}\Delta y=0 \quad 或 \quad \lim_{\Delta x\to 0}[f(x_0+\Delta x)-f(x_0)]=0,$$

则称函数 $f(x)$ 在点 x_0 处**连续**，x_0 称为 $f(x)$ 的**连续点**．

注：该定义表明，函数在一点连续的本质特征是：自变量变化很小时，对应的函数值的变化也很小．

例如，函数 $y=x^2$ 在点 $x_0=2$ 处是连续的，因为

$$\lim_{\Delta x\to 0}\Delta y=\lim_{\Delta x\to 0}[f(2+\Delta x)-f(2)]$$
$$=\lim_{\Delta x\to 0}[(2+\Delta x)^2-2^2]=\lim_{\Delta x\to 0}[4\Delta x+(\Delta x)^2]=0.$$

在定义 2 中，若令 $x=x_0+\Delta x$，即 $\Delta x=x-x_0$，则当 $\Delta x\to 0$ 时，即当 $x\to x_0$ 时，有

$$\Delta y=f(x_0+\Delta x)-f(x_0)=f(x)-f(x_0).$$

因而，函数在点 x_0 处连续的定义又可叙述如下：

定义 3　设函数 $y=f(x)$ 在点 x_0 的某一邻域内有定义．如果函数 $f(x)$ 当 $x\to x_0$ 时的极限存在，且等于它在点 x_0 处的函数值 $f(x_0)$，即

$$\lim_{x\to x_0}f(x)=f(x_0),$$

则称函数 $f(x)$ 在点 x_0 处**连续**．

例 1　试证函数

$$f(x)=\begin{cases} x\sin\dfrac{1}{x}, & x\neq 0 \\ 0, & x=0 \end{cases}$$

在 $x=0$ 处连续．

函数图形实验

证明　因为

$$\lim_{x \to 0} x \sin \frac{1}{x} = 0,$$

且 $f(0)=0$, 故有

$$\lim_{x \to 0} f(x) = f(0),$$

由定义 3 知，函数 $f(x)$ 在 $x=0$ 处连续.

如图1–7–3所示. ■

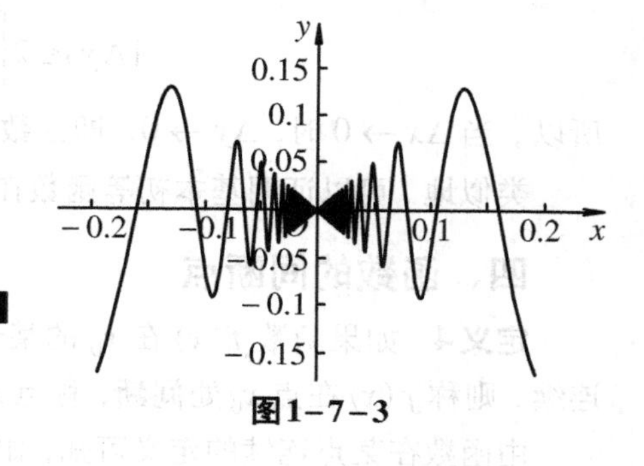

图1–7–3

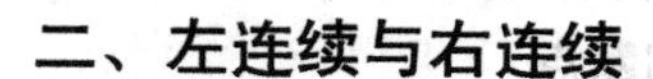

二、左连续与右连续

若函数 $f(x)$ 在 $(a, x_0]$ 内有定义，且

$$\lim_{x \to x_0^-} f(x) = f(x_0),$$

则称 $f(x)$ 在点 x_0 处**左连续**；若函数 $f(x)$ 在 $[x_0, b)$ 内有定义，且

$$\lim_{x \to x_0^+} f(x) = f(x_0),$$

则称 $f(x)$ 在点 x_0 处**右连续**.

定理 1 函数 $f(x)$ 在点 x_0 处连续的充分必要条件是函数 $f(x)$ 在点 x_0 处既左连续又右连续.

例 2 已知函数 $f(x)=\begin{cases} x^2+1, & x<0 \\ 2x-b, & x \geq 0 \end{cases}$ 在点 $x=0$ 处连续，求 b 的值.

解 $\lim\limits_{x \to 0^-} f(x) = \lim\limits_{x \to 0^-} (x^2+1) = 1, \quad \lim\limits_{x \to 0^+} f(x) = \lim\limits_{x \to 0^+} (2x-b) = -b,$

因为 $f(x)$ 在点 $x=0$ 处连续，故

$$\lim_{x \to 0^-} f(x) = \lim_{x \to 0^+} f(x),$$

即 $b=-1$. ■

三、连续函数与连续区间

在区间内每一点都连续的函数，称为该区间内的连续函数，或者说函数在该**区间内连续**.

如果函数在开区间 (a, b) 内连续，并且在左端点 $x=a$ 处右连续，在右端点 $x=b$ 处左连续，则称函数 $f(x)$ **在闭区间 $[a, b]$ 上连续**.

连续函数的图形是一条连续而不间断的曲线.

例 3 证明函数 $y=\sin x$ 在区间 $(-\infty, +\infty)$ 内连续.

证明 任取 $x \in (-\infty, +\infty)$，则

$$\Delta y = \sin(x+\Delta x) - \sin x = 2\sin\frac{\Delta x}{2} \cdot \cos\left(x + \frac{\Delta x}{2}\right),$$

由 $\left|\cos\left(x+\dfrac{\Delta x}{2}\right)\right| \leq 1$，得

$$|\Delta y| \le 2\left|\sin\frac{\Delta x}{2}\right| < |\Delta x|,$$

所以，当 $\Delta x \to 0$ 时，$\Delta y \to 0$．即函数 $y=\sin x$ 对任意 $x\in(-\infty,+\infty)$ 都是连续的．■

类似地，可以证明基本初等函数在其定义域内是连续的．

四、函数的间断点

定义 4　如果函数 $f(x)$ 在 x_0 的某一个去心邻域内有定义，且 $f(x)$ 在点 x_0 处不连续，则称 $f(x)$ 在点 x_0 处**间断**，称点 x_0 为 $f(x)$ 的**间断点**.

由函数在某点连续的定义可知，如果 $f(x)$ 在点 x_0 处满足下列三个条件之一，则点 x_0 为 $f(x)$ 的间断点：

(1) $f(x)$ 在点 x_0 处没有定义；

(2) $\lim\limits_{x\to x_0} f(x)$ 不存在；

(3) 在点 x_0 处 $f(x)$ 有定义，且 $\lim\limits_{x\to x_0} f(x)$ 存在，但是 $\lim\limits_{x\to x_0} f(x)\ne f(x_0)$.

函数的间断点常分为下面两类：

设点 x_0 为 $f(x)$ 的间断点，如果函数 $f(x)$ 在点 x_0 的左、右极限都存在，则称点 x_0 为 $f(x)$ 的**第一类间断点**. 否则称点 x_0 为函数 $f(x)$ 的**第二类间断点**.

例 4　讨论

$$f(x)=\begin{cases} x+2, & x\ge 0 \\ x-2, & x<0 \end{cases}$$

在 $x=0$ 处的连续性.

解　因为

$$\lim_{x\to 0^+} f(x)=\lim_{x\to 0^+}(x+2)=2,$$

$$\lim_{x\to 0^-} f(x)=\lim_{x\to 0^-}(x-2)=-2,$$

即 $f(x)$ 在点 $x=0$ 的左、右极限存在但不相等，所以，函数 $f(x)$ 在点 $x=0$ 处不连续，且 $x=0$ 是函数 $f(x)$ 的第一类间断点(见图1–7–4). ■

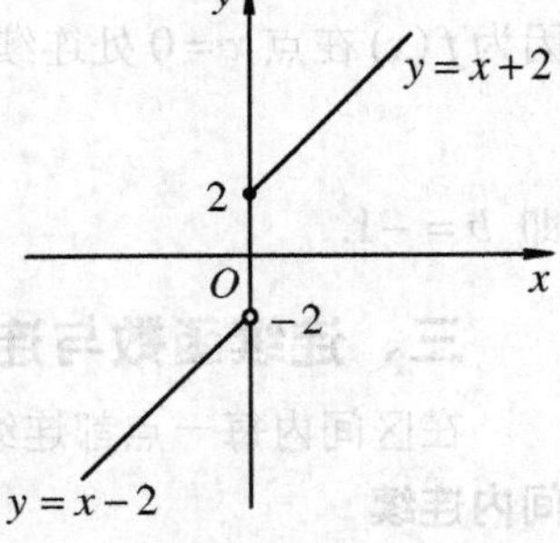

图 1–7–4

例 5　讨论函数

$$f(x)=\begin{cases} 1/x, & x>0 \\ x, & x\le 0 \end{cases}$$

在点 $x=0$ 处的连续性.

解　因为

$$\lim_{x\to 0^-} f(x)=0,\quad \lim_{x\to 0^+} f(x)=+\infty,$$

即 $f(x)$ 在点 $x=0$ 的右极限不存在，所以点 $x=0$ 为函数的第二类间断点(见图1–7–5). ■

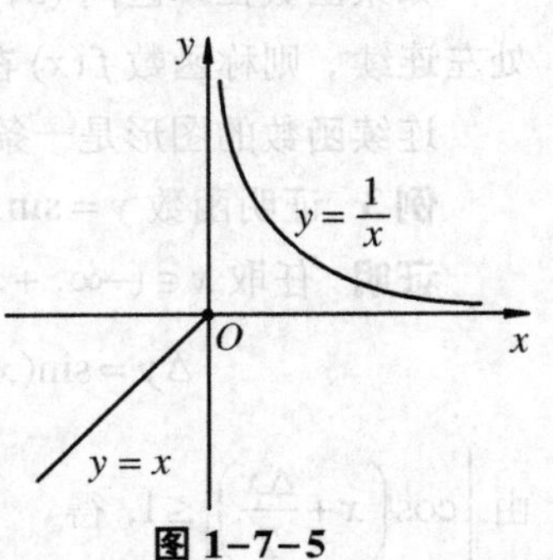

图 1–7–5

例6 讨论函数

$$f(x)=\sin\frac{1}{x}$$

在点 $x=0$ 处的连续性.

解 因为 $f(x)$ 在点 $x=0$ 处没有定义，且 $\lim\limits_{x\to0}\sin\frac{1}{x}$ 不存在. 所以点 $x=0$ 为函数 $f(x)$ 的第二类间断点 (见图1-7-6). ■

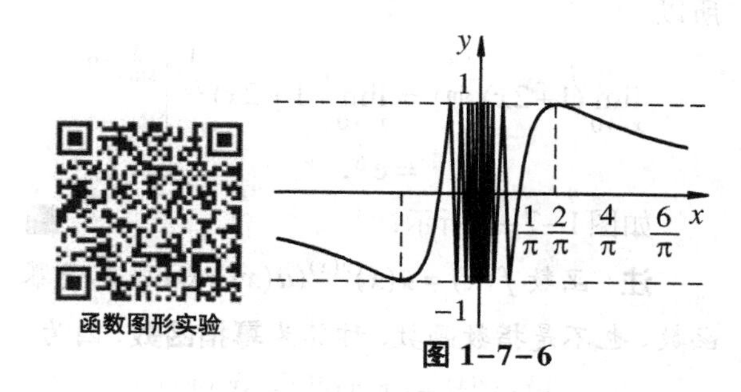

图 1-7-6

五、初等函数的连续性

根据连续函数的定义，利用极限的四则运算法则，可得到本部分的几个定理.

定理2 若函数 $f(x)$, $g(x)$ 在点 x_0 处连续，则

$$Cf(x)\,(C\text{为常数}),\quad f(x)\pm g(x),\quad f(x)\cdot g(x),\quad \frac{f(x)}{g(x)}\ (g(x_0)\neq0)$$

在点 x_0 处也连续.

例如，$\sin x$，$\cos x$ 在 $(-\infty,+\infty)$ 内连续，故

$$\tan x=\frac{\sin x}{\cos x},\quad \cot x=\frac{\cos x}{\sin x},\quad \sec x=\frac{1}{\cos x},\quad \csc x=\frac{1}{\sin x}$$

在其定义域内连续.

定理3 设函数 $u=\varphi(x)$ 在点 x_0 处连续，且 $\varphi(x_0)=u_0$, 而函数 $y=f(u)$ 在点 $u=u_0$ 处连续，则复合函数 $f[\varphi(x)]$ 在点 x_0 处也连续.

例如，函数 $u=\frac{1}{x}$ 在 $(-\infty,0)\cup(0,+\infty)$ 内连续. 函数 $y=\sin u$ 在 $(-\infty,+\infty)$ 内连续，所以 $y=\sin\frac{1}{x}$ 在 $(-\infty,0)\cup(0,+\infty)$ 内连续.

根据这个定理，求复合函数 $f[\varphi(x)]$ 的极限时，极限符号与函数符号 f 可以交换次序，即

$$\lim_{x\to x_0}f[\varphi(x)]=f[\lim_{x\to x_0}\varphi(x)].$$

例7 求 $\lim\limits_{x\to0}\frac{\ln(1+x)}{x}$.

解 $\lim\limits_{x\to0}\frac{\ln(1+x)}{x}=\lim\limits_{x\to0}\ln(1+x)^{\frac{1}{x}}=\ln\left[\lim\limits_{x\to0}(1+x)^{\frac{1}{x}}\right]=\ln\mathrm{e}=1.$ ■

例8 求 $\lim\limits_{x\to0}(1+2x)^{\frac{3}{\sin x}}$.

解 因为

$$(1+2x)^{\frac{3}{\sin x}}=(1+2x)^{\frac{1}{2x}\cdot\frac{x}{\sin x}\cdot6},$$

所以

$$\lim_{x\to 0}(1+2x)^{\frac{3}{\sin x}}=\lim_{x\to 0}\left[(1+2x)^{\frac{1}{2x}}\right]^{\frac{x}{\sin x}\cdot 6}$$
$$=\mathrm{e}^6.$$

如图1−7−7所示. ■

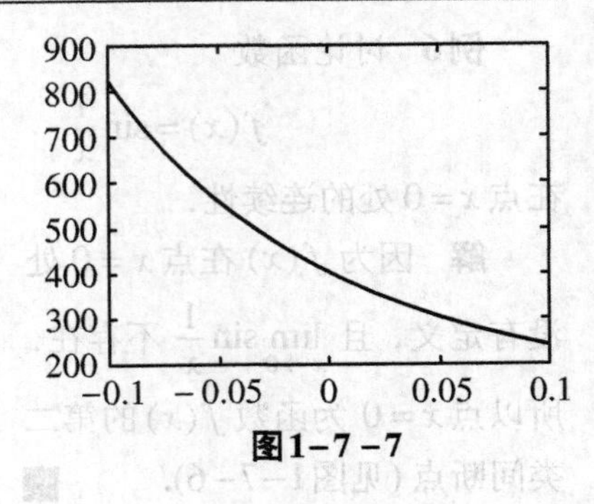

图1−7−7

注：函数 $f(x)=u(x)^{v(x)}(u(x)>0)$ 既不是幂函数，也不是指数函数，称其为**幂指函数**. 因为

$$u(x)^{v(x)}=\mathrm{e}^{\ln u(x)^{v(x)}}=\mathrm{e}^{v(x)\ln u(x)},$$

故幂指函数可化为复合函数.

定理 4　一切初等函数在其定义区间内都是连续的.

定理 4 的结论非常重要，因为微积分的研究对象主要是连续或分段连续的函数. 而一般应用中所遇到的函数基本上是初等函数，其连续性的条件总是满足的，从而使微积分具有强大的生命力和广阔的应用前景. 此外，根据定理 4，求初等函数在其定义区间内某点的极限时，只需求初等函数在该点的函数值，即

$$\lim_{x\to x_0}f(x)=f(x_0)\ (x_0\in 定义区间).$$

例9　求 $\lim\limits_{x\to 2}\dfrac{\mathrm{e}^x}{2x+1}$.

解　因为 $f(x)=\dfrac{\mathrm{e}^x}{2x+1}$ 是初等函数，且 $x_0=2$ 是其定义区间内的点，所以 $f(x)=\dfrac{\mathrm{e}^x}{2x+1}$ 在点 $x_0=2$ 处连续，于是

$$\lim_{x\to 2}\frac{\mathrm{e}^x}{2x+1}=\frac{\mathrm{e}^2}{2\times 2+1}=\frac{\mathrm{e}^2}{5}.$$ ■

六、闭区间上连续函数的性质

下面介绍闭区间上连续函数的几个基本性质，由于它们的证明涉及严密的实数理论，故略去其严格证明，但我们可以借助于几何直观地来理解.

先说明最大值和最小值的概念. 对于在区间 I 上有定义的函数 $f(x)$，如果存在 $x_0\in I$，使得对于任一 $x\in I$ 都有

$$f(x)\le f(x_0)\quad (f(x)\ge f(x_0)),$$

则称 $f(x_0)$ 是函数 $f(x)$ 在区间 I 上的**最大值**(**最小值**).

例如，函数 $y=1+\sin x$ 在区间 $[0,2\pi]$ 上有最大值 2 和最小值 0. 函数 $y=\operatorname{sgn}x$ 在 $(-\infty,+\infty)$ 内有最大值 1 和最小值 −1.

定理 5(**最大最小值定理**)　在闭区间上连续的函数一定有最大值和最小值.

定理 5 表明：若函数 $f(x)$ 在闭区间 $[a, b]$ 上连续，则至少存在一点 $\xi_1 \in [a, b]$，使 $f(\xi_1)$ 是 $f(x)$ 在闭区间 $[a,b]$ 上的最小值；又至少存在一点 $\xi_2 \in [a,b]$，使 $f(\xi_2)$ 是 $f(x)$ 在闭区间 $[a,b]$ 上的最大值（见图1–7–8）.

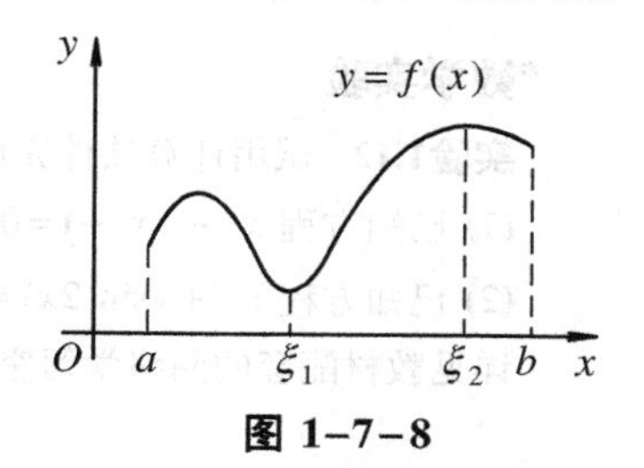

图 1–7–8

由定理 5 易得到下面的结论：

定理 6（有界性定理） 在闭区间上连续的函数一定在该区间上有界.

如果 x_0 使 $f(x_0)=0$，则称 x_0 为函数 $f(x)$ 的**零点**.

定理 7（零点定理） 设函数 $f(x)$ 在闭区间 $[a,b]$ 上连续，且 $f(a)$ 与 $f(b)$ 异号（即 $f(a)\cdot f(b)<0$），则在开区间 (a,b) 内至少有函数 $f(x)$ 的一个零点，即至少存在一点 $\xi\,(a<\xi<b)$，使 $f(\xi)=0$.

注：如图1–7–9所示，在闭区间 $[a, b]$ 上连续的曲线 $y=f(x)$ 满足 $f(a)<0$，$f(b)>0$，且与 x 轴相交于 ξ 处，即有 $f(\xi)=0$.

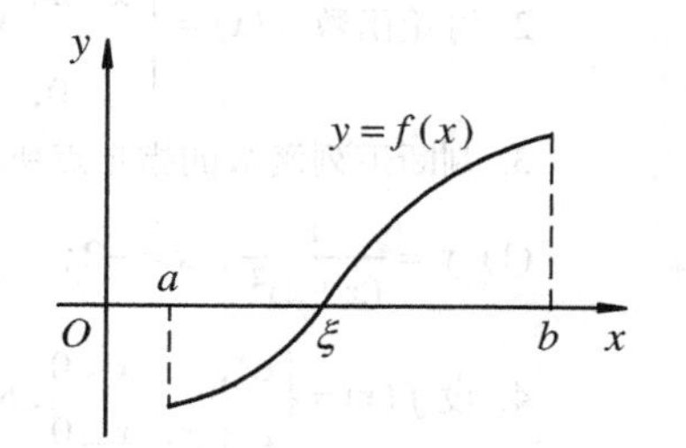

图 1–7–9

定理 8（介值定理） 设函数 $f(x)$ 在闭区间 $[a,b]$ 上连续，且在该区间的端点有不同的函数值 $f(a)=A$ 及 $f(b)=B$，那么，对于 A 与 B 之间的任意一个数 C，在开区间 (a,b) 内至少有一点 ξ，使得

$$f(\xi)=C\ (a<\xi<b).$$

注：如图1–7–10所示，在闭区间 $[a, b]$ 上连续的曲线 $y=f(x)$ 与直线 $y=C$ 有三个交点 ξ_1，ξ_2，ξ_3，即

$$f(\xi_1)=f(\xi_2)=f(\xi_3)$$
$$=C\ (a<\xi_1, \xi_2, \xi_3<b).$$

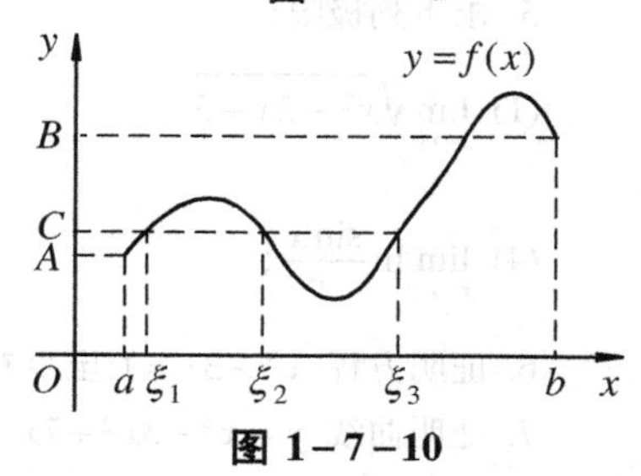

图 1–7–10

推论 在闭区间上连续的函数必取得介于最大值 M 与最小值 m 之间的任何值.

例 10 证明方程 $x^3-4x^2+1=0$ 在区间 $(0, 1)$ 内至少有一个实根.

证明 令 $f(x)=x^3-4x^2+1$，则 $f(x)$ 在 $[0, 1]$ 上连续. 又

$$f(0)=1>0,\ f(1)=-2<0,$$

由零点定理，$\exists\,\xi\in(0,1)$，使

$$f(\xi)=0,$$

即 $$\xi^3-4\xi^2+1=0,$$

所以方程 $x^3-4x^2+1=0$ 在 $(0, 1)$ 内至少有一个实根 ξ（见图1–7–11）. ■

函数图形实验

图1–7–11

*数学实验

实验1.12　试用计算软件完成下列各题：

(1) 已知方程 $x^5-4x^2+1=0$ 在区间 $[0,1]$ 内有一实根，求其近似值(精确到10^{-2}).

(2) 已知方程 $3^{-x}+x\sin(2x)=0$ 在区间 $[2,4]$ 内有一实根，求其近似值(精确到10^{-2}).

详见教材配套的网络学习空间.

习题 1-7

1. 讨论函数 $f(x)=\begin{cases}x^2, & 0\le x\le 1\\ 2-x, & 1<x\le 2\end{cases}$ 的连续性，并画出函数的图形.

2. 讨论函数 $f(x)=\begin{cases}x^2\sin\dfrac{1}{x}, & x\ne 0\\ 0, & x=0\end{cases}$ 在 $x=0$ 处的连续性.

3. 判断下列函数的指定点所属的间断点类型.

(1) $y=\dfrac{1}{(x+2)^2}$, $x=-2$;　(2) $y=\dfrac{x^2-1}{x^2-3x+2}$, $x=1$;　(3) $y=\cos^2\dfrac{1}{x}$, $x=0$.

4. 设 $f(x)=\begin{cases}e^x, & x<0\\ a+x, & x\ge 0\end{cases}$，应当如何选择数 a，才能使 $f(x)$ 成为 $(-\infty,+\infty)$ 内的连续函数?

5. 求下列极限:

(1) $\lim\limits_{x\to 0}\sqrt{x^2-2x+5}$;　(2) $\lim\limits_{x\to \frac{\pi}{6}}\ln(2\cos 2x)$;　(3) $\lim\limits_{x\to 0}\dfrac{\sqrt{x+1}-1}{x}$;

(4) $\lim\limits_{x\to 0}\ln\dfrac{\sin x}{x}$;　(5) $\lim\limits_{x\to 0}\dfrac{\ln(1+x^2)}{\sin(1+x^2)}$.

6. 证明方程 $x^5-3x=1$ 至少有一个根介于 1 和 2 之间.

7. 证明曲线 $y=x^4-3x^2+7x-10$ 在 $x=1$ 与 $x=2$ 之间至少与 x 轴有一个交点.

数学家简介 [1]

阿基米德

—— 数学之神

阿基米德 (Archimedes, 公元前 287 — 公元前 212) 生于西西里岛 (Sicilia, 今属意大利) 的叙拉古. 阿基米德从小热爱学习，善于思考，喜欢辩论. 当他刚满 11 岁时，借助于与王室的关系，有机会到埃及的亚历山大求学. 他向当时著名的科学家欧几里得的学生柯农学习哲学、数学、天文学、物理学等知识，最后博古通今，掌握了丰富的希腊文化遗产. 回到叙拉古后，他坚持和亚历山大的学者们保持联系，交流科学研究成果．他继承了欧几里得证明定理时的严谨性，但他的才智和成就却远远高于欧几里得．他把数学研究和力学、机械学紧密结合起来，用数学研究力学和其他实际问题．

阿基米德

阿基米德的主要成就是在纯几何方面，他善于继承和创造．他运用穷竭法解决了几何图形的面积、体积、曲线弧长等的大量计算问题，这些方法是微积分的先导，其结果也与微积分的结果相一致．阿基米德在数学上的成就在当时达到了登峰造极的地步，对后世影响的深远程度也是其他任何一位数学家无与伦比的．阿基米德被后世的数学家尊称为“数学之神”．任何一张列出人类有史以来三位最伟大的数学家的名单中必定会包含阿基米德．

最引人入胜也使阿基米德最为人称道的是他从智破金冠案中发现了一个基本科学原理．国王让金匠做一顶新的纯金王冠，金匠如期完成了任务，理应得到奖赏，但这时有人告密说金匠从金冠中偷去了一部分金子，以等重的银子掺入．可是，做好的金冠无论从重量、外形上都看不出问题．国王把这个难题交给了阿基米德．

阿基米德日思夜想．一天，他去澡堂洗澡，当他慢慢坐进澡盆时，水从盆边溢了出来，他望着溢出来的水，突然大叫一声：“我知道了！”然后，他竟然一丝不挂地跑回家中．原来他想出办法了．阿基米德把金王冠放进一个装满水的缸中，一些水溢出来了．他取出金王冠，把水装满，再将一块同金王冠一样重的金子放进水里，又有一些水溢出来．他把两次溢出来的水加以比较，发现第一次溢出来的水多于第二次，于是，断定金冠中掺了银子．经过一番试验，他算出了银子的重量．当他宣布他的发现时，金匠目瞪口呆．

这次试验的意义远远大过查出金匠欺骗国王．阿基米德从中发现了一条原理：物体在液体中减轻的重量等于它所排出的液体的重量．后人把这条原理以阿基米德的名字命名．一直到现代，人们还在利用这个原理测定船舶载重量等．

公元前215年，罗马将领马塞拉斯率领大军乘坐战舰来到了历史名城叙拉古城下，马塞拉斯以为小小的叙拉古城会不攻自破，听到罗马大军的显赫名声，城里的人就会开城投降．然而，回答罗马军队的是一阵阵密集可怕的镖、箭和石头．罗马人的小盾牌抵挡不住数不清的大大小小的石头，他们被打得丧魂落魄，争相逃命．突然，从城墙上伸出了无数巨大的起重机式的机械巨手，它们分别抓住罗马人的战船，把船吊在半空中摇来晃去，最后甩在海边的岩石上，或是把船重重地摔进海里，船毁人亡．马塞拉斯侥幸没有受伤，但惊恐万分，完全失去了刚来时的骄傲和狂妄，变得不知所措．最后他只好下令撤退，把船开到安全地带．罗马军队死伤无数，被叙拉古人打得晕头转向．可是，敌人在哪里呢？他们连影子也找不到．马塞拉斯最后感慨万千地对身边的士兵说：“怎么样？在这位几何学‘百手巨人’面前，我们只得放弃作战．他拿我们的战船当玩具扔着玩．在刹那间，他向我们投射了这么多镖、箭和石头，他难道不比神话里的‘百手巨人’还厉害吗？”

传说阿基米德还曾利用抛物镜面的聚光作用，把集中的阳光照射到入侵叙拉古的罗马战船上，让它们自己燃烧起来．罗马人的许多船只都被烧毁了，但罗马人却找不到失火的原因．900 多年后，有位科学家据史书介绍的阿基米德的方法制造了一面凹面镜，成功地点着了距离镜子 45 米远的木头，而且烧化了距离镜子 42 米远的铝．所以，许多科技史家通常都把阿基米德看成是人类利用太阳能的始祖．

马塞拉斯进攻叙拉古时屡受袭击，在万般无奈下，他带着舰队，远远离开了叙拉古附近的海面．他们采取了围而不攻的办法，断绝城内和外界的联系．3 年以后，叙拉古城终因粮绝和内讧而陷落了．马塞拉斯十分敬佩阿基米德的聪明才智，下令不许伤害他，还派一名士兵去请他．此时阿基米德不知城门已破，还在凝视着木板上的几何图形沉思呢．当士兵的利剑指向他时，他却用身子护住木板，大叫："不要动我的图形！"他要求把原理证明完再走，但激怒了那个鲁莽无知的士兵，他竟将利剑刺入阿基米德的胸膛．就这样，一位彪炳千秋的科学巨人惨死在了野蛮的罗马士兵手下．阿基米德之死标志着古希腊灿烂文化毁灭的开始．

第2章 导数与微分

数学中研究导数、微分及其应用的部分称为**微分学**，研究不定积分、定积分及其应用的部分称为**积分学**. 微分学与积分学统称为**微积分学**.

微积分学是高等数学最基本、最重要的组成部分，是现代数学许多分支的基础，是人类认识客观世界、探索宇宙奥秘乃至人类自身的典型数学模型之一.

恩格斯[①] 曾指出："在一切理论成就中，未必再有什么像17世纪下半叶微积分的发明那样被看作人类精神的最高胜利了." 微积分的发展历史曲折跌宕，撼人心灵，是培养人们正确的世界观、科学的方法论，以及对人们进行文化熏陶的极好素材(本部分内容详见教材配套的网络学习空间).

积分的雏形可追溯到古希腊和我国魏晋时期，但微分概念直至16世纪才应运而生. 本章及下一章将介绍一元函数微分学及其应用.

§2.1 导数概念

从15世纪初文艺复兴时期起，欧洲的工业、农业、航海事业与商贾贸易得到了大规模的发展，形成了一个新的经济时代. 而16世纪的欧洲正处在资本主义萌芽时期，生产力得到了很大的发展. 生产实践的发展对自然科学提出了新的课题，迫切要求力学、天文学等基础学科向前发展，而这些学科都是深刻依赖于数学的，因而也推动了数学的发展. 在各类学科对数学提出的种种要求中，下列三类问题导致了微分学的产生：

(1) 求变速运动的瞬时速度；

(2) 求曲线上某点处的切线；

(3) 求最大值和最小值.

这三类实际问题的现实原型在数学上都可归结为函数相对于自变量变化而变化的快慢程度，即所谓的**函数的变化率**问题. 牛顿[②]从第一个问题出发，莱布尼茨[③]从第二个问题出发，分别给出了导数的概念.

① 恩格斯 (F. Engels, 1820—1895)，德国哲学家，马克思主义创始人之一.

② 牛顿 (I. Newton, 1643—1727)，英国数学家.

③ 莱布尼茨 (G. W. Leibniz, 1646—1716)，德国数学家.

一、引例

引例1　变速直线运动的瞬时速度

假设一物体作变速直线运动，在 $[0,t]$ 这段时间内所经过的路程为 s，则 s 是时间 t 的函数 $s=s(t)$. 求该物体在时刻 $t_0\in[0,t]$ 的瞬时速度 $v(t_0)$.

首先考虑物体在时刻 t_0 附近很短一段时间内的运动. 设物体从 t_0 到 $t_0+\Delta t$ 这段时间间隔内路程从 $s(t_0)$ 变到 $s(t_0+\Delta t)$，其改变量为

$$\Delta s=s(t_0+\Delta t)-s(t_0),$$

在这段时间间隔内的平均速度为

$$\bar{v}=\frac{\Delta s}{\Delta t}=\frac{s(t_0+\Delta t)-s(t_0)}{\Delta t}.$$

当时间间隔很小时，可以认为物体在时间 $[t_0,t_0+\Delta t]$ 内近似地做匀速运动. 因此，可以用 $\bar{v}$ 作为 $v(t_0)$ 的近似值，且 Δt 越小，其近似程度越高. 当时间间隔 $\Delta t\to 0$ 时，我们把平均速度 $\bar{v}$ 的极限称为时刻 t_0 的瞬时速度，即

$$v(t_0)=\lim_{\Delta t\to 0}\frac{\Delta s}{\Delta t}=\lim_{\Delta t\to 0}\frac{s(t_0+\Delta t)-s(t_0)}{\Delta t}.$$

引例2　平面曲线的切线

设曲线 C 是函数 $y=f(x)$ 的图形，求曲线 C 在点 $M(x_0,y_0)$ 处的切线的斜率.

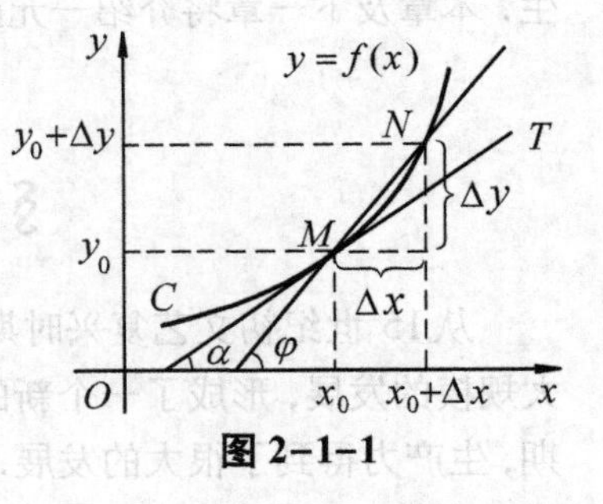

图 2-1-1

如图2-1-1所示，设点 $N(x_0+\Delta x,y_0+\Delta y)(\Delta x\neq 0)$ 为曲线 C 上的另一点，连接点 M 和点 N 的直线 MN 称为曲线 C 的割线. 设割线 MN 的倾角为 φ，其斜率为

$$\tan\varphi=\frac{\Delta y}{\Delta x}=\frac{f(x_0+\Delta x)-f(x_0)}{\Delta x},$$

所以当点 N 沿曲线 C 趋近于点 M 时，割线 MN 的倾角 φ 趋近于切线 MT 的倾角 α，故割线 MN 的斜率 $\tan\varphi$ 趋近于切线 MT 的斜率 $\tan\alpha$. 因此，曲线 C 在点 $M(x_0,y_0)$ 处的切线斜率为

$$\tan\alpha=\lim_{\Delta x\to 0}\tan\varphi=\lim_{\Delta x\to 0}\frac{\Delta y}{\Delta x}=\lim_{\Delta x\to 0}\frac{f(x_0+\Delta x)-f(x_0)}{\Delta x}.$$

引例3　产品总成本的变化率

设某产品的总成本 C 是产量 x 的函数，即 $C=f(x)$. 当产量由 x_0 变到 $x_0+\Delta x$ 时，总成本相应的改变量为

$$\Delta C=f(x_0+\Delta x)-f(x_0),$$

当产量由 x_0 变到 $x_0+\Delta x$ 时，总成本的平均变化率为

$$\frac{\Delta C}{\Delta x}=\frac{f(x_0+\Delta x)-f(x_0)}{\Delta x},$$

当$\Delta x\to 0$时，如果极限

$$\lim_{\Delta x\to 0}\frac{\Delta C}{\Delta x}=\lim_{\Delta x\to 0}\frac{f(x_0+\Delta x)-f(x_0)}{\Delta x}$$

存在，则称此极限是产量为x_0时总成本的变化率.

上面三例的实际意义完全不同，但从抽象的数量关系来看，其实质都是函数的改变量与自变量的改变量之比在自变量的改变量趋于零时的极限．我们把这种特定的极限称为函数的导数.

二、导数的定义

定义1 设函数$y=f(x)$在点x_0的某个邻域内有定义，当自变量x在点x_0处取得增量Δx（点$x_0+\Delta x$仍在该邻域内）时，相应地，函数y取得增量

$$\Delta y=f(x_0+\Delta x)-f(x_0),$$

如果当$\Delta x\to 0$时，极限

$$\lim_{\Delta x\to 0}\frac{\Delta y}{\Delta x}=\lim_{\Delta x\to 0}\frac{f(x_0+\Delta x)-f(x_0)}{\Delta x} \tag{1.1}$$

存在，则称此极限值为函数$y=f(x)$在点x_0处的**导数**，并称函数$y=f(x)$在点x_0处**可导**，记为

$$f'(x_0),\ y'|_{x=x_0},\ \left.\frac{\mathrm{d}y}{\mathrm{d}x}\right|_{x=x_0}\ \text{或}\ \left.\frac{\mathrm{d}f(x)}{\mathrm{d}x}\right|_{x=x_0}.$$

函数$f(x)$在点x_0处可导有时也称为函数$f(x)$在点x_0处**具有导数**或**导数存在**.

导数的定义也可采取不同的表达形式.

例如，在式(1.1)中，令$h=\Delta x$，则

$$f'(x_0)=\lim_{h\to 0}\frac{f(x_0+h)-f(x_0)}{h}. \tag{1.2}$$

令$x=x_0+\Delta x$，则

$$f'(x_0)=\lim_{x\to x_0}\frac{f(x)-f(x_0)}{x-x_0}. \tag{1.3}$$

如果极限式(1.1)不存在，则称函数$y=f(x)$在点x_0处**不可导**，称x_0为$y=f(x)$的**不可导点**．如果不可导的原因是式(1.1)的极限为∞，为方便起见，有时也称函数$y=f(x)$在点x_0处的**导数为无穷大**.

如果函数$y=f(x)$在开区间I内的每点处都可导，则称函数$f(x)$在**开区间I内可导**.

设函数$y=f(x)$在开区间I内可导，则对I内每一点x，都有一个导数值$f'(x)$与之对应，因此，$f'(x)$也是x的函数，称为$f(x)$的**导函数**．记作

$$y',\ f'(x),\ \frac{\mathrm{d}y}{\mathrm{d}x}\ \text{或}\ \frac{\mathrm{d}f(x)}{\mathrm{d}x}.$$

根据导数的定义求导，一般包含以下三个步骤：

(1) 求函数的增量：$\Delta y = f(x+\Delta x) - f(x)$;

(2) 求两增量的比值：$\dfrac{\Delta y}{\Delta x} = \dfrac{f(x+\Delta x) - f(x)}{\Delta x}$;

(3) 求极限：$y' = \lim\limits_{\Delta x \to 0} \dfrac{\Delta y}{\Delta x} = \lim\limits_{\Delta x \to 0} \dfrac{f(x+\Delta x) - f(x)}{\Delta x}$.

例1 求函数 $f(x) = x^2$ 在 $x=1$ 处的导数 $f'(1)$.

解 当 x 由 1 变到 $1+\Delta x$ 时，函数相应的增量为

$$\Delta y = (1+\Delta x)^2 - 1^2 = 2\Delta x + (\Delta x)^2,$$

$$\frac{\Delta y}{\Delta x} = 2 + \Delta x,$$

所以
$$f'(1) = \lim_{\Delta x \to 0} \frac{\Delta y}{\Delta x} = \lim_{\Delta x \to 0} (2+\Delta x) = 2.$$
■

注：函数 $f(x)$ 在点 x_0 处的导数 $f'(x_0)$ 就是其导函数 $f'(x)$ 在点 x_0 处的函数值，即

$$f'(x_0) = f'(x)\big|_{x=x_0}.$$

三、左、右导数

求函数 $y=f(x)$ 在点 x_0 处的导数时，$x \to x_0$ 的方式是任意的. 如果 x 仅从 x_0 的左侧趋于 x_0 (记为 $\Delta x \to 0^-$ 或 $x \to x_0^-$) 时，极限

$$\lim_{\Delta x \to 0^-} \frac{\Delta y}{\Delta x} = \lim_{\Delta x \to 0^-} \frac{f(x_0+\Delta x) - f(x_0)}{\Delta x}$$

存在，则称该极限值为函数 $y=f(x)$ 在点 x_0 处的**左导数**，记为 $f'_-(x_0)$，即

$$f'_-(x_0) = \lim_{\Delta x \to 0^-} \frac{\Delta y}{\Delta x} = \lim_{\Delta x \to 0^-} \frac{f(x_0+\Delta x) - f(x_0)}{\Delta x}.$$

类似地，可定义函数 $y=f(x)$ 在点 x_0 处的**右导数**：

$$f'_+(x_0) = \lim_{\Delta x \to 0^+} \frac{\Delta y}{\Delta x} = \lim_{\Delta x \to 0^+} \frac{f(x_0+\Delta x) - f(x_0)}{\Delta x}.$$

函数在一点处的左导数、右导数与函数在该点处的导数间有如下关系：

定理1 函数 $y=f(x)$ 在点 x_0 处可导的充分必要条件是：函数 $y=f(x)$ 在点 x_0 处的左、右导数均存在且相等.

注：本定理常用于判定分段函数在分段点处是否可导.

四、用定义计算导数

下面我们根据导数的定义来求部分初等函数的导数.

例2 求函数 $f(x)=C$ (C 为常数) 的导数.

解 $f'(x) = \lim\limits_{h \to 0} \dfrac{f(x+h) - f(x)}{h} = \lim\limits_{h \to 0} \dfrac{C-C}{h} = 0.$

即
$$(C)'=0.$$
■

例3 设函数 $f(x)=\sin x$，求 $(\sin x)'$ 及 $(\sin x)'|_{x=\pi/4}$.

解 $$(\sin x)'=\lim_{h\to 0}\frac{\sin(x+h)-\sin x}{h}=\lim_{h\to 0}\cos\left(x+\frac{h}{2}\right)\cdot\frac{\sin\frac{h}{2}}{\frac{h}{2}}=\cos x.$$

所以 $$(\sin x)'=\cos x.\quad (\sin x)'|_{x=\pi/4}=\cos x|_{x=\pi/4}=\frac{\sqrt{2}}{2}.$$
■

注：同理可得 $(\cos x)'=-\sin x$.

例4 求函数 $y=x^n$（n为正整数）的导数.

解 $$(x^n)'=\lim_{h\to 0}\frac{(x+h)^n-x^n}{h}=\lim_{h\to 0}\left[nx^{n-1}+\frac{n(n-1)}{2!}x^{n-2}h+\cdots+h^{n-1}\right]=nx^{n-1},$$

即
$$(x^n)'=nx^{n-1}.$$

更一般地，
$$(x^{\mu})'=\mu x^{\mu-1}\ (\mu\in\mathbf{R}).$$
■

例如，
$$(\sqrt{x})'=\frac{1}{2}x^{\frac{1}{2}-1}=\frac{1}{2\sqrt{x}},$$
$$\left(\frac{1}{x}\right)'=(x^{-1})'=(-1)x^{-1-1}=-\frac{1}{x^2}.$$

例5 求函数 $f(x)=a^x\ (a>0,\ a\neq 1)$ 的导数.

解 $$(a^x)'=\lim_{h\to 0}\frac{a^{x+h}-a^x}{h}=a^x\lim_{h\to 0}\frac{a^h-1}{h}=a^x\lim_{h\to 0}\frac{h\ln a}{h}=a^x\ln a.$$

即
$$(a^x)'=a^x\ln a.$$

特别地，当 $a=\mathrm{e}$ 时，$(\mathrm{e}^x)'=\mathrm{e}^x$. ■

五、导数的几何意义

根据引例 2 的讨论可知，如果函数 $y=f(x)$ 在点 x_0 处可导，则 $f'(x_0)$ 就是曲线 $y=f(x)$ 在点 $M(x_0,y_0)$ 处的切线的斜率，即
$$k=\tan\alpha=f'(x_0),$$
其中 α 是曲线 $y=f(x)$ 在点 M 处的切线的倾角（见图2–1–2）.

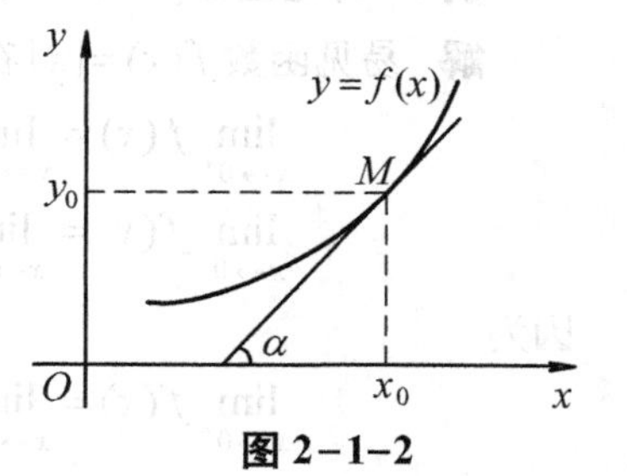

图 2–1–2

于是，由直线的点斜式方程，曲线 $y=f(x)$ 在点 $M(x_0,y_0)$ 处的切线方程为
$$y-y_0=f'(x_0)(x-x_0).\tag{1.4}$$

法线方程为
$$y-y_0=-\frac{1}{f'(x_0)}(x-x_0).\tag{1.5}$$

如果 $f'(x_0)=0$, 则切线方程为 $y=y_0$, 即切线平行于 x 轴.

如果 $f'(x_0)$ 为无穷大, 则切线方程为 $x=x_0$, 即切线垂直于 x 轴.

例6 求曲线 $y=\sqrt{x}$ 在点 $(1,1)$ 的切线方程和法线方程.

解 因为

$$y'=(\sqrt{x})'=\frac{1}{2\sqrt{x}},\ y'\Big|_{x=1}=\frac{1}{2\sqrt{1}}=\frac{1}{2},$$

故所求切线方程为

$$y-1=\frac{1}{2}(x-1),$$

即
$$x-2y+1=0.$$

所求法线方程为

$$y-1=-2(x-1),$$

即
$$2x+y-3=0.$$

如图2–1–3 所示. ■

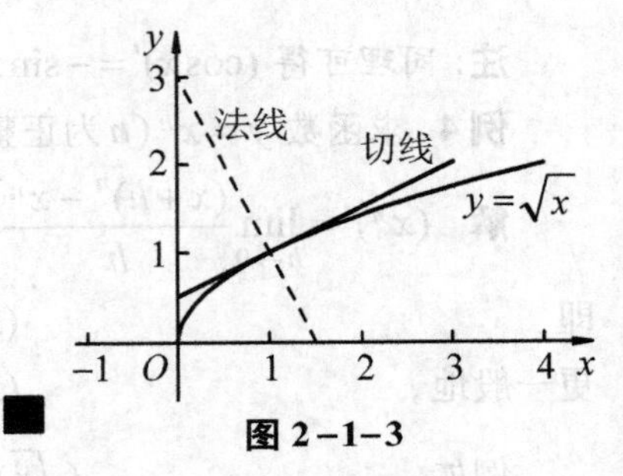

图 2–1–3

六、函数的可导性与连续性的关系

我们知道, 初等函数在其有定义的区间上都是连续的, 那么函数的连续性与可导性之间有什么联系呢? 下面的定理从一方面回答了这个问题.

定理2 如果函数 $y=f(x)$ 在点 x_0 处可导, 则它在 x_0 处连续.

证明 因为函数 $y=f(x)$ 在 x_0 处可导, 故有

$$\lim_{\Delta x\to 0}\frac{\Delta y}{\Delta x}=f'(x_0),$$

$$\lim_{\Delta x\to 0}\Delta y=\lim_{\Delta x\to 0}\frac{\Delta y}{\Delta x}\cdot\Delta x=\lim_{\Delta x\to 0}\frac{\Delta y}{\Delta x}\cdot\lim_{\Delta x\to 0}\Delta x=f'(x_0)\cdot 0=0,$$

所以, 函数 $f(x)$ 在点 x_0 处连续. ■

注: 该定理的逆命题不成立. 即函数在某点连续, 但在该点不一定可导.

例7 讨论函数 $f(x)=|x|$ 在 $x=0$ 处的连续性与可导性(见图2–1–4).

解 易见函数 $f(x)=|x|$ 在 $x=0$ 处是连续的, 事实上,

$$\lim_{x\to 0^+}f(x)=\lim_{x\to 0^+}|x|=\lim_{x\to 0^+}x=0,$$

$$\lim_{x\to 0^-}f(x)=\lim_{x\to 0^-}|x|=\lim_{x\to 0^-}(-x)=0,$$

因为

$$\lim_{x\to 0^+}f(x)=\lim_{x\to 0^-}f(x)=0=f(0),$$

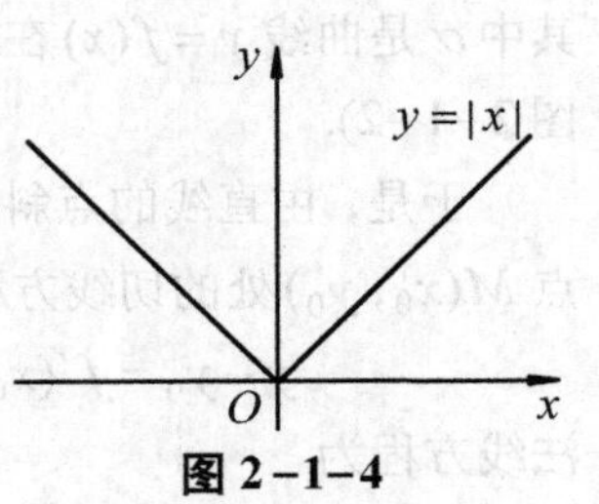

图 2–1–4

所以函数 $f(x)=|x|$ 在 $x=0$ 处是连续的.

给 $x=0$ 一个增量 Δx, 则函数增量与自变量增量的比值为

$$\frac{\Delta y}{\Delta x}=\frac{f(0+\Delta x)-f(0)}{\Delta x}=\frac{|\Delta x|}{\Delta x},$$

于是

$$f_+'(0)=\lim_{\Delta x\to 0^+}\frac{\Delta y}{\Delta x}=\lim_{\Delta x\to 0^+}\frac{|\Delta x|}{\Delta x}=\lim_{\Delta x\to 0^+}\frac{\Delta x}{\Delta x}=1,$$

$$f_-'(0)=\lim_{\Delta x\to 0^-}\frac{\Delta y}{\Delta x}=\lim_{\Delta x\to 0^-}\frac{|\Delta x|}{\Delta x}=\lim_{\Delta x\to 0^-}\frac{-\Delta x}{\Delta x}=-1,$$

因为$f_+'(0)\neq f_-'(0)$, 所以函数 $f(x)=|x|$ 在 $x=0$ 处不可导. ■

一般地, 如果曲线 $y=f(x)$ 的图形在点 x_0 处出现“尖点”(见图2–1–5), 则它在该点不可导. 因此, 如果函数在一个区间内可导, 则其图形不会出现“尖点”, 或者说其图形是一条连续的光滑曲线.

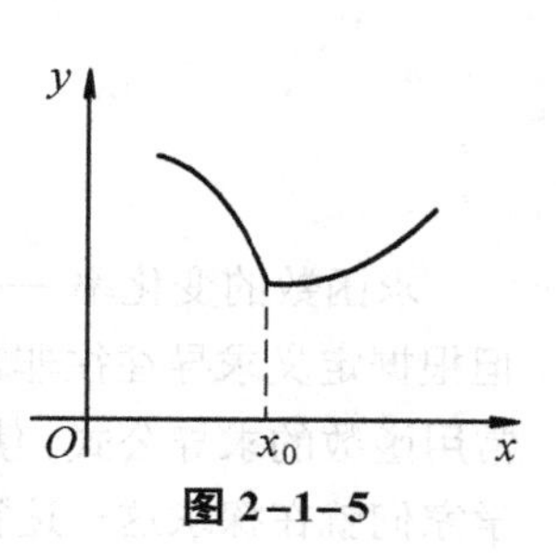

图 2–1–5

*数学实验

实验2.1 试用计算软件完成下列各题:

(1) 利用导数的定义求函数 $f(x)=x^3-3x^2+x+1$ 的导函数, 并在同一坐标系内作出该函数及其导函数的图形.

(2) 利用导数的定义求函数 $f(x)=2x^3+3x^2-12x+7$ 在 $x=-1$ 处的导数, 并求出该点处的切线方程.

详见教材配套的网络学习空间.

函数图形实验

习题 2–1

1. 设 $f(x)=10x^2$, 试按定义求 $f'(-1)$.

2. 设 $f'(x_0)$ 存在, 试利用导数的定义求下列极限:

(1) $\lim\limits_{\Delta x\to 0}\dfrac{f(x_0-\Delta x)-f(x_0)}{\Delta x}$; (2) $\lim\limits_{h\to 0}\dfrac{f(x_0+h)-f(x_0-h)}{h}$.

3. 设 $f(x)$ 在 $x=2$ 处连续, 且 $\lim\limits_{x\to 2}\dfrac{f(x)}{x-2}=2$, 求 $f'(2)$.

4. 给定抛物线 $y=x^2-x+2$, 求过点 $(1,2)$ 的切线方程与法线方程.

5. 求曲线 $y=\mathrm{e}^x$ 在点 $(0,1)$ 处的切线方程和法线方程.

6. 试讨论函数 $y=\begin{cases}x^2\sin\dfrac{1}{x}, & x\neq 0\\ 0, & x=0\end{cases}$ 在 $x=0$ 处的连续性与可导性.

7. 设 $\varphi(x)$ 在 $x=a$ 处连续, $f(x)=(x^2-a^2)\varphi(x)$, 求 $f'(a)$.

8. 当物体的温度高于周围介质的温度时, 物体就不断冷却. 若物体的温度 T 与时间 t 的函数关系为 $T=T(t)$, 应怎样确定该物体在时刻 t 的冷却速度?

§2.2　函数的求导法则

要发明，就要挑选恰当的符号，要做到这一点，就要用含义简明的少量符号来表达和比较忠实地描绘事物的内在本质，从而最大限度地减少人的思维活动.

——G.W. 莱布尼茨

求函数的变化率——导数，是理论研究和实践应用中经常遇到的一个普遍问题. 但根据定义求导往往非常烦琐，有时甚至是不可行的. 能否找到求导的一般法则或常用函数的求导公式，使求导的运算变得更为简单易行呢？从微积分诞生之日起，数学家们就在探求这一途径. 牛顿和莱布尼茨都做了大量工作. 特别是博学多才的数学符号大师莱布尼茨对此作出了不朽的贡献. 今天我们所学的微积分学中的法则、公式，特别是所采用的符号，大体上是由莱布尼茨完成的.

一、导数的四则运算法则

定理 1　若函数 $u(x)$, $v(x)$ 在点 x 处可导，则它们的和、差、积、商(分母不为零)在点 x 处也可导，且

(1)　$[u(x)\pm v(x)]'=u'(x)\pm v'(x)$;

(2)　$[u(x)\cdot v(x)]'=u'(x)v(x)+u(x)v'(x)$;

(3)　$\left[\dfrac{u(x)}{v(x)}\right]'=\dfrac{u'(x)v(x)-u(x)v'(x)}{v^2(x)}\quad (v(x)\neq 0)$.

注: 法则 (1)、(2) 均可推广到有限多个函数运算的情形. 例如，设 $u=u(x)$, $v=v(x)$, $w=w(x)$ 均可导，则有

$$(u-v+w)'=u'-v'+w',$$

$$(uvw)'=[(uv)w]'=(uv)'w+(uv)w'=(u'v+uv')w+uvw',$$

即

$$(uvw)'=u'vw+uv'w+uvw'.$$

若在法则 (2) 中令 $v(x)=C$ (C 为常数)，则有

$$[Cu(x)]'=Cu'(x).$$

例 1　求 $y=x^3-2x^2+\sin x$ 的导数.

解　$y'=(x^3)'-(2x^2)'+(\sin x)'=3x^2-4x+\cos x$. ■

例 2　求 $y=2\sqrt{x}\sin x$ 的导数.

解　$y'=(2\sqrt{x}\sin x)'=2(\sqrt{x}\sin x)'=2[(\sqrt{x})'\sin x+\sqrt{x}(\sin x)']$

$$=2\left(\frac{1}{2\sqrt{x}}\sin x+\sqrt{x}\cos x\right)=\frac{1}{\sqrt{x}}\sin x+2\sqrt{x}\cos x.$$ ■

例 3 求 $y=\tan x$ 的导数.

解 $$y'=\left(\frac{\sin x}{\cos x}\right)'=\frac{(\sin x)'\cos x-\sin x(\cos x)'}{\cos^2 x}=\frac{\cos x\cos x-\sin x(-\sin x)}{\cos^2 x}$$
$$=\frac{\cos^2 x+\sin^2 x}{\cos^2 x}=\frac{1}{\cos^2 x}=\sec^2 x,$$

即
$$(\tan x)'=\sec^2 x.$$ ■

同理可得
$$(\cot x)'=-\csc^2 x,\quad (\sec x)'=\sec x\tan x,\quad (\csc x)'=-\csc x\cot x.$$

例 4 人体对一定剂量药物的反应有时可用方程 $R=M^2\left(\frac{C}{2}-\frac{M}{3}\right)$ 来刻画, 其中, C 为一正常数, M 表示血液中吸收的药物量. 反应 R 可以有不同的衡量方式: 若用血压的变化衡量, 则单位是毫米水银柱; 若用温度的变化衡量, 则单位是摄氏度. 求反应 R 关于血液中吸收的药物量 M 的导数 $\frac{\mathrm{d}R}{\mathrm{d}M}$, 这个导数称为人体对药物的**敏感性**.

解 $$\frac{\mathrm{d}R}{\mathrm{d}M}=2M\left(\frac{C}{2}-\frac{M}{3}\right)+M^2\left(-\frac{1}{3}\right)=MC-M^2.$$ ■

二、反函数的导数

定理 2 设函数 $x=\varphi(y)$ 在某区间 I_y 内单调、可导且 $\varphi'(y)\neq 0$, 则其反函数 $y=f(x)$ 在对应区间 I_x 内也可导, 且
$$f'(x)=\frac{1}{\varphi'(y)}\quad 或\quad \frac{\mathrm{d}y}{\mathrm{d}x}=\frac{1}{\frac{\mathrm{d}x}{\mathrm{d}y}}.$$

即**反函数的导数等于直接函数导数的倒数**.

例 5 求函数 $y=\arcsin x$ 的导数.

解 因为 $y=\arcsin x$ 的反函数 $x=\sin y$ 在 $I_y=\left(-\frac{\pi}{2},\frac{\pi}{2}\right)$ 内单调、可导, 且
$$(\sin y)'=\cos y>0,$$
所以在对应区间 $I_x=(-1,1)$ 内, 有
$$(\arcsin x)'=\frac{1}{(\sin y)'}=\frac{1}{\cos y}=\frac{1}{\sqrt{1-\sin^2 y}}=\frac{1}{\sqrt{1-x^2}}.$$

即
$$(\arcsin x)'=\frac{1}{\sqrt{1-x^2}}.$$ ■

同理可得
$$(\arccos x)'=-\frac{1}{\sqrt{1-x^2}},\quad (\arctan x)'=\frac{1}{1+x^2},\quad (\operatorname{arccot} x)'=-\frac{1}{1+x^2}.$$

例6　求函数 $y=\log_a x\,(a>0$ 且 $a\neq 1)$ 的导数.

解　因为 $y=\log_a x$ 的反函数 $x=a^y$ 在 $I_y=(-\infty,+\infty)$ 内单调、可导, 且

$$(a^y)'=a^y\ln a\neq 0,$$

所以在对应区间 $I_x=(0,+\infty)$ 内, 有

$$(\log_a x)'=\frac{1}{(a^y)'}=\frac{1}{a^y\ln a}=\frac{1}{x\ln a},\quad 即\ (\log_a x)'=\frac{1}{x\ln a}.$$

特别地, 当 $a=\mathrm{e}$ 时, $(\ln x)'=\dfrac{1}{x}$. ■

三、复合函数的求导法则

定理3　若函数 $u=g(x)$ 在点 x 处可导, 而 $y=f(u)$ 在点 $u=g(x)$ 处可导, 则复合函数 $y=f[g(x)]$ 在点 x 处可导, 且其导数为

$$\frac{\mathrm{d}y}{\mathrm{d}x}=f'(u)\cdot g'(x)\quad 或\quad \frac{\mathrm{d}y}{\mathrm{d}x}=\frac{\mathrm{d}y}{\mathrm{d}u}\cdot\frac{\mathrm{d}u}{\mathrm{d}x}.$$

注: 复合函数的求导法则可叙述为: **复合函数的导数等于函数对中间变量的导数乘以中间变量对自变量的导数**. 这一法则又称为**链式法则**.

复合函数的求导法则可推广到多个中间变量的情形. 例如, 设

$$y=f(u),\ u=\varphi(v),\ v=\psi(x),$$

则复合函数 $y=f\{\varphi[\psi(x)]\}$ 的导数为

$$\frac{\mathrm{d}y}{\mathrm{d}x}=\frac{\mathrm{d}y}{\mathrm{d}u}\cdot\frac{\mathrm{d}u}{\mathrm{d}v}\cdot\frac{\mathrm{d}v}{\mathrm{d}x}.$$

例7　求函数 $y=\ln\sin x$ 的导数.

解　设 $y=\ln u$, $u=\sin x$, 则

$$\frac{\mathrm{d}y}{\mathrm{d}x}=\frac{\mathrm{d}y}{\mathrm{d}u}\cdot\frac{\mathrm{d}u}{\mathrm{d}x}=\frac{1}{u}\cdot\cos x=\frac{\cos x}{\sin x}=\cot x.$$ ■

例8　求函数 $y=(x^2+1)^{10}$ 的导数.

解　设 $y=u^{10}$, $u=x^2+1$, 则

$$\frac{\mathrm{d}y}{\mathrm{d}x}=\frac{\mathrm{d}y}{\mathrm{d}u}\cdot\frac{\mathrm{d}u}{\mathrm{d}x}=10u^9\cdot 2x=10(x^2+1)^9\cdot 2x=20x(x^2+1)^9.$$ ■

注: 复合函数求导既是重点又是难点. 在求复合函数的导数时, 首先要分清函数的复合层次, 然后从外向里逐层推进求导, 不要遗漏, 也不要重复. 在求导的过程中, 始终要明确所求的导数是哪个函数对哪个变量(不管是自变量还是中间变量)的导数. 在开始时可以先设中间变量, 一步一步去做. 熟练之后, 中间变量可以省略不写, 只把中间变量看在眼里、记在心上, 直接把表示中间变量的部分写出来, 整个过程一气呵成.

比如, 例7 可以这样做:

$$y'=(\ln\sin x)'=\frac{1}{\sin x}\cdot(\sin x)'=\frac{\cos x}{\sin x}=\cot x.$$

例 8 可以这样做：

$$y'=[(x^2+1)^{10}]'=10(x^2+1)^9\cdot(x^2+1)'=20x(x^2+1)^9.$$

例 9 求函数 $y=\ln\frac{\sqrt{x^2+1}}{\sqrt[3]{x-2}}\ (x>2)$ 的导数.

解 因为 $y=\frac{1}{2}\ln(x^2+1)-\frac{1}{3}\ln(x-2)$，所以

$$\begin{aligned}y'&=\frac{1}{2}\cdot\frac{1}{x^2+1}\cdot(x^2+1)'-\frac{1}{3}\cdot\frac{1}{x-2}\cdot(x-2)'\\&=\frac{1}{2}\cdot\frac{1}{x^2+1}\cdot 2x-\frac{1}{3(x-2)}=\frac{x}{x^2+1}-\frac{1}{3(x-2)}.\end{aligned}$$

例 10 求函数 $y=(x+\sin^2 x)^3$ 的导数.

解 $$\begin{aligned}y'&=[(x+\sin^2 x)^3]'=3(x+\sin^2 x)^2(x+\sin^2 x)'\\&=3(x+\sin^2 x)^2[1+2\sin x\cdot(\sin x)']=3(x+\sin^2 x)^2(1+\sin 2x).\end{aligned}$$

四、初等函数的求导法则

为方便查阅，我们把导数基本公式和导数运算法则汇集如下：

1. 基本求导公式

(1) $(C)'=0$；　(2) $(x^\mu)'=\mu x^{\mu-1}$；

(3) $(\sin x)'=\cos x$；　(4) $(\cos x)'=-\sin x$；

(5) $(\tan x)'=\sec^2 x$；　(6) $(\cot x)'=-\csc^2 x$；

(7) $(\sec x)'=\sec x\tan x$；　(8) $(\csc x)'=-\csc x\cot x$；

(9) $(a^x)'=a^x\ln a$；　(10) $(\mathrm{e}^x)'=\mathrm{e}^x$；

(11) $(\log_a x)'=\frac{1}{x\ln a}$；　(12) $(\ln x)'=\frac{1}{x}$；

(13) $(\arcsin x)'=\frac{1}{\sqrt{1-x^2}}$；　(14) $(\arccos x)'=-\frac{1}{\sqrt{1-x^2}}$；

(15) $(\arctan x)'=\frac{1}{1+x^2}$；　(16) $(\operatorname{arccot} x)'=-\frac{1}{1+x^2}$.

2. 函数的和、差、积、商的求导法则

设 $u=u(x)$, $v=v(x)$ 可导，则

(1) $(u\pm v)'=u'\pm v'$，　(2) $(Cu)'=Cu'$ (C 是常数)，

(3) $(uv)'=u'v+uv'$，　(4) $\left(\frac{u}{v}\right)'=\frac{u'v-uv'}{v^2}\ (v\neq 0)$.

3. 反函数的求导法则

若函数 $x=\varphi(y)$ 在某区间 I_y 内单调、可导且 $\varphi'(y)\neq 0$, 则它的反函数 $y=f(x)$ 在对应区间 I_x 内也可导, 且

$$f'(x)=\frac{1}{\varphi'(y)} \quad 或 \quad \frac{\mathrm{d}y}{\mathrm{d}x}=\frac{1}{\dfrac{\mathrm{d}x}{\mathrm{d}y}}.$$

4. 复合函数的求导法则

设 $y=f(u)$, 而 $u=g(x)$, 则 $y=f[g(x)]$ 的导数为

$$\frac{\mathrm{d}y}{\mathrm{d}x}=\frac{\mathrm{d}y}{\mathrm{d}u}\cdot\frac{\mathrm{d}u}{\mathrm{d}x} \quad 或 \quad y'(x)=f'(u)\cdot g'(x).$$

***数学实验**

实验2.2 试用计算软件完成下列各题:

(1) 求函数 $y=x^3-2x+1$ 的单调区间;

(2) 作函数 $f(x)=2x^3+3x^2-12x+7$ 的图形和在点 $x=-1$ 处的切线;

(3) 求函数 $y=\ln\left[\tan\left(\dfrac{x}{2}+\dfrac{\pi}{4}\right)\right]$ 的导数;

(4) 求函数 $y=x\arcsin\sqrt{\dfrac{x}{1+x}}+\arctan\sqrt{x}-\sqrt{x}$ 的导数;

计算实验

(5) 求函数 $y=\dfrac{1}{6}\ln\dfrac{(x+1)^2}{x^2-x+1}+\dfrac{1}{\sqrt{3}}\arctan\dfrac{2x-1}{\sqrt{3}}$ 的导数;

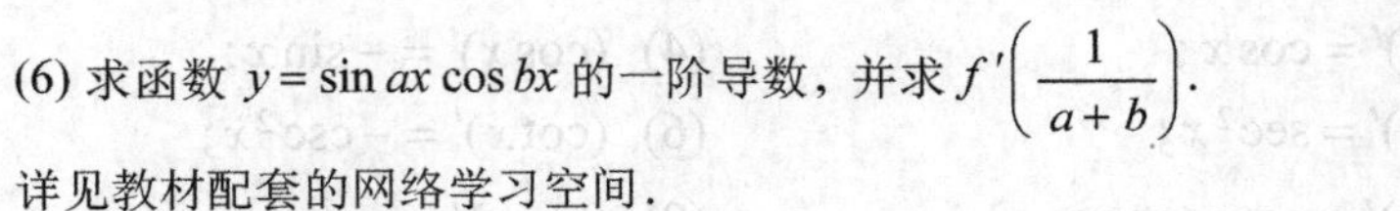

(6) 求函数 $y=\sin ax\cos bx$ 的一阶导数, 并求 $f'\left(\dfrac{1}{a+b}\right)$.

详见教材配套的网络学习空间.

五、隐函数的导数

假设由方程 $F(x,y)=0$ 所确定的函数为 $y=y(x)$, 则把它代回方程 $F(x,y)=0$ 中, 得到恒等式

$$F(x,f(x))\equiv 0.$$

利用复合函数求导法则, 在上式两边同时对自变量 x 求导, 再解出所求导数 $\dfrac{\mathrm{d}y}{\mathrm{d}x}$, 这就是**隐函数求导法**.

例11 求由方程 $xy+\ln y=1$ 所确定的函数 $y=f(x)$ 的导数.

解 在题设方程两边同时对自变量 x 求导, 得

$$y+xy'+\frac{1}{y}y'=0,$$

所以

$$y'=-\frac{y^2}{xy+1}.$$ ■

例 12 求由下列方程所确定的函数的导数:

$$y\sin x-\cos(x-y)=0.$$

解 在题设方程两边同时对自变量 x 求导, 得

$$y\cos x+\sin x\cdot\frac{\mathrm{d}y}{\mathrm{d}x}+\sin(x-y)\cdot\left(1-\frac{\mathrm{d}y}{\mathrm{d}x}\right)=0,$$

整理得

$$[\sin(x-y)-\sin x]\frac{\mathrm{d}y}{\mathrm{d}x}=\sin(x-y)+y\cos x,$$

解得

$$\frac{\mathrm{d}y}{\mathrm{d}x}=\frac{\sin(x-y)+y\cos x}{\sin(x-y)-\sin x}.$$ ■

***数学实验**

实验 2.3 试用计算软件完成下列各题:

(1) $\arctan\frac{y}{x}=\ln\sqrt{x^2+y^2}$, 求$\frac{\mathrm{d}y}{\mathrm{d}x}$.

(2) $\ln(ax)+b\mathrm{e}^{\frac{cy}{x}}=\mathrm{e}$, 求 $\frac{\mathrm{d}y}{\mathrm{d}x}$;

(3) $2x^2-2xy+y^2+x+2y+1=0$, 求 $\frac{\mathrm{d}y}{\mathrm{d}x}$.

计算实验

详见教材配套的网络学习空间.

六、对数求导法

对**幂指函数** $y=u(x)^{v(x)}$, 直接利用前面介绍的求导法则不能求出其导数. 对于这类函数, 可以先在函数两边取对数, 然后在等式两边同时对自变量 x 求导, 最后解出所求导数. 我们把这种方法称为**对数求导法**.

例 13 设 $y=x^{\sin x}(x>0)$, 求 y'.

解 在题设等式两边取对数, 得

$$\ln y=\sin x\cdot\ln x,$$

等式两边对 x 求导, 得

$$\frac{1}{y}y'=\cos x\cdot\ln x+\sin x\cdot\frac{1}{x},$$

所以 $$y'=y\left(\cos x\cdot\ln x+\sin x\cdot\frac{1}{x}\right)=x^{\sin x}\left(\cos x\cdot\ln x+\frac{\sin x}{x}\right).$$ ■

例 14 设 $(\cos y)^x=(\sin x)^y$, 求 y'.

解　在题设等式两边取对数，得

$$x\ln\cos y = y\ln\sin x,$$

等式两边对 x 求导，得

$$\ln\cos y - x\frac{\sin y}{\cos y}\cdot y' = y'\ln\sin x + y\cdot\frac{\cos x}{\sin x}.$$

所以
$$y' = \frac{\ln\cos y - y\cot x}{x\tan y + \ln\sin x}.$$ ■

注：对数求导法还常用于求多个函数乘积的导数.

例 15　设 $y=\dfrac{(x+1)\sqrt[3]{x-1}}{(x+4)^2 e^x}\ (x>1)$，求 y'.

解　在题设等式两边取对数，得

$$\ln y = \ln(x+1) + \frac{1}{3}\ln(x-1) - 2\ln(x+4) - x,$$

上式两边对 x 求导，得

$$\frac{y'}{y} = \frac{1}{x+1} + \frac{1}{3(x-1)} - \frac{2}{x+4} - 1.$$

所以

$$y' = \frac{(x+1)\sqrt[3]{x-1}}{(x+4)^2 e^x}\left[\frac{1}{x+1} + \frac{1}{3(x-1)} - \frac{2}{x+4} - 1\right].$$ ■

***数学实验**

实验 2.4　试用计算软件求下列函数的导数：

(1) 设 $y=(ax^n+b)^{\sin cx}$，求 y' 和 y''；

(2) 设 $y=\left(\sqrt{x}+\dfrac{\pi}{x}\right)^{2+\ln x}$，求 $y^{(5)}(2017)$；

(3) 设 $y=x+x^x+x^{x^x}$，求 y'.

详见教材配套的网络学习空间.

计算实验

七、参数方程表示的函数的导数

若由参数方程

$$\begin{cases} x=\varphi(t) \\ y=\psi(t) \end{cases} \tag{2.1}$$

确定 y 与 x 之间的函数关系，则称此函数关系所表示的函数为**参数方程表示的函数**.

在实际问题中，有时要计算由参数方程 (2.1) 所表示的函数的导数. 但要从方程 (2.1) 中消去参数 t 有时会有困难. 因此，希望有一种能直接由参数方程出发计算出它所表示的函数的导数的方法.

假定函数 $x=\varphi(t)$, $y=\psi(t)$ 都可导，且 $\varphi'(t)\neq 0$，则由复合函数与反函数的求导法

则，就有

$$\frac{\mathrm{d}y}{\mathrm{d}x}=\frac{\mathrm{d}y}{\mathrm{d}t}\frac{\mathrm{d}t}{\mathrm{d}x}=\frac{\mathrm{d}y}{\mathrm{d}t}\frac{1}{\frac{\mathrm{d}x}{\mathrm{d}t}}=\frac{\psi'(t)}{\varphi'(t)},$$

即

$$\frac{\mathrm{d}y}{\mathrm{d}x}=\frac{\psi'(t)}{\varphi'(t)} \quad 或 \quad \frac{\mathrm{d}y}{\mathrm{d}x}=\frac{\frac{\mathrm{d}y}{\mathrm{d}t}}{\frac{\mathrm{d}x}{\mathrm{d}t}}. \tag{2.2}$$

例 16 求由参数方程 $\begin{cases} x=\arctan t \\ y=\ln(1+t^2) \end{cases}$ 所表示的函数 $y=y(x)$ 的导数.

解 $\dfrac{\mathrm{d}y}{\mathrm{d}x}=\dfrac{\frac{\mathrm{d}y}{\mathrm{d}t}}{\frac{\mathrm{d}x}{\mathrm{d}t}}=\dfrac{\frac{2t}{1+t^2}}{\frac{1}{1+t^2}}=2t.$ ■

***数学实验**

实验 2.5 试用计算软件完成下列各题:

(1) 求由参数方程 $\begin{cases} x=\dfrac{6t}{1+t^3} \\ y=\dfrac{6t^2}{1+t^3} \end{cases}$ 表示的函数的导数;

(2) 求由参数方程 $\begin{cases} x=\mathrm{e}^{2t}\cos^5(t) \\ y=\mathrm{e}^{2t}\sin^5(t) \end{cases}$ 表示的函数的导数;

(3) 已知 $\begin{cases} x=a(t-\sin t) \\ y=b(1-\cos t) \end{cases}$，求 $y_x''', y_x'''\left(\dfrac{\pi}{2}\right)$.

计算实验

详见教材配套的网络学习空间.

八、高阶导数

根据 §2.1 的引例 1 知道，物体作变速直线运动的瞬时速度 $v(t)$ 就是路程函数 $s=s(t)$ 对时间 t 的导数，即

$$v(t)=s'(t).$$

根据物理学知识，速度函数 $v(t)$ 对时间 t 的导数就是加速度 $a(t)$，即加速度 $a(t)$ 就是路程函数 $s(t)$ 对时间 t 的导数的导数，称为 $s(t)$ 对 t 的**二阶导数**，记为

$$a(t)=s''(t).$$

一般地，如果函数 $y=f(x)$ 的导函数 $f'(x)$ 仍可导，则称 $f'(x)$ 的导数 $[f'(x)]'$ 为函数 $y=f(x)$ 的**二阶导数**，记为

$$f''(x),\ \ y'',\ \ \frac{\mathrm{d}^2y}{\mathrm{d}x^2} \ \ 或 \ \ \frac{\mathrm{d}^2f(x)}{\mathrm{d}x^2}.$$

类似地，二阶导数的导数称为**三阶导数**，记为

$$f'''(x),\quad y''',\quad \frac{d^3y}{dx^3} \text{ 或 } \frac{d^3f(x)}{dx^3}.$$

一般地，$f(x)$的$n-1$阶导数的导数称为$f(x)$的$\boldsymbol{n}$**阶导数**，记为

$$f^{(n)}(x),\ y^{(n)},\ \frac{d^ny}{dx^n} \text{ 或 } \frac{d^nf(x)}{dx^n}.$$

注：二阶和二阶以上的导数统称为**高阶导数**. 相应地，$f(x)$称为**零阶导数**；$f'(x)$称为**一阶导数**.

由此可见，求函数的高阶导数，就是利用基本求导公式及导数的运算法则，对函数逐阶求导.

例17 设$y=2x^3-3x^2+5$，求y''.

解 $y'=6x^2-6x$，$y''=12x-6$. ■

例18 设$y=x^2\ln x$，求$f'''(2)$.

解 $y'=(x^2\ln x)'=(x^2)'\ln x+x^2(\ln x)'=2x\ln x+x$,

$$y''=2\ln x+3,\quad y'''=\frac{2}{x},$$

所以

$$f'''(2)=\left.\frac{2}{x}\right|_{x=2}=1.$$ ■

例19 求指数函数$y=e^x$的n阶导数.

解 $y'=e^x,\qquad y''=e^x,\qquad y'''=e^x,\qquad y^{(4)}=e^x$,

一般地，可得$y^{(n)}=e^x$，即有

$$(e^x)^{(n)}=e^x.$$ ■

例20 求$y=\sin x$的n阶导数.

解 $y'=\cos x=\sin\left(x+\frac{\pi}{2}\right)$,

$$y''=\cos\left(x+\frac{\pi}{2}\right)=\sin\left(x+\frac{\pi}{2}+\frac{\pi}{2}\right)=\sin\left(x+2\cdot\frac{\pi}{2}\right),$$

$$y'''=\cos\left(x+2\cdot\frac{\pi}{2}\right)=\sin\left(x+3\cdot\frac{\pi}{2}\right),$$

一般地，可得

$$(\sin x)^{(n)}=\sin\left(x+n\cdot\frac{\pi}{2}\right).$$ ■

同理可得

$$(\cos x)^{(n)}=\cos\left(x+n\cdot\frac{\pi}{2}\right).$$

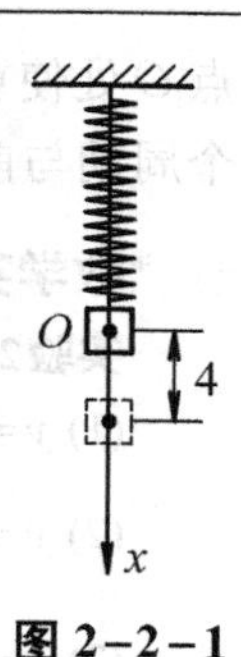

图 2-2-1

例21(弹簧的无阻尼振动) 设有一弹簧，它的一端固定，另一端系有一重物，然后从静止位置 O (记作原点) 沿 x 轴向下 (记为正方向) 通过重物把弹簧拉长4个单位，之后松开(见图2-2-1). 若运动过程中忽略阻尼介质 (如空气、水、油等) 的阻力作用，则重物的位置 x 与时间 t 的关系式为 $x=4\cos t$. 试求 t 时刻的速度和加速度，并尝试分析弹簧在整个运动过程中的详细情况：

(1) 物体会在某个时刻停止下来还是会做永不停止的周期运动？

(2) 何时离点 O 最远，何时最近？

(3) 何时速度最快，何时最慢？

(4) 何时速度变化最快，何时变化最慢？

(5) 据前面的问题再加以分析，对无阻尼振动的运动性态作一详细阐述.

解 位移: $x=4\cos t$; 速度: $v=\dfrac{\mathrm{d}x}{\mathrm{d}t}=-4\sin t$; 加速度: $a=\dfrac{\mathrm{d}^2x}{\mathrm{d}t^2}=-4\cos t$.

(1) 弹簧和重物构成的系统在整个运动过程中可认为不存在能量的损耗，而只是势能 (弹性势能和重力势能) 与动能的互相转化，所以物体的运动会永不停止，并据其位移、速度、加速度公式分析知重物作 $T=2\pi$ 的周期运动.

(2) 由 $x=4\cos t$ 易知:

当 $t=k\pi\geq 0$ (k 为非负整数，本题中的 k 同此说明) 时，质点达到离原点 O 的最远位置 $x=\pm 4$ 处，正负表示运动的方向 (以下同)，且正值表示与初始位移方向一致，负值表示与初始位移方向相反.

当 $t=\pi/2+k\pi\geq 0$ 时，质点达到离原点 O 的最近位置 $x=\pm 0$ 处.

(3) 由速度公式 $v=\dfrac{\mathrm{d}s}{\mathrm{d}t}=-4\sin t$, 知:

当 $t=\pi/2+k\pi\geq 0$ 时，达到最大绝对速度 $v=\pm 4$;

当 $t=k\pi\geq 0$ 时，达到最小绝对速度 $v=\pm 0$.

(4) 由加速度公式 $a=\dfrac{\mathrm{d}^2s}{\mathrm{d}t^2}=-4\cos t$, 知:

当 $t=k\pi\geq 0$ 时，达到最大绝对加速度 $a=\pm 4$;

当 $t=\pi/2+k\pi\geq 0$ 时，达到最小绝对加速度 $a=\pm 0$.

(5) 根据上面的计算再加以分析我们知道：当重物在原点 O 时，其速度达到最大值，加速度为0, 再往上或往下继续振动时，速度减慢，且减慢的程度越来越快，这表示加速度的方向与瞬时速度的方向相反且其值越来越大，当到达最大绝对位移处时，加速度达到最大值，同时其速度减为0，这之前的过程可视为四分之一个周期 $T/4=\pi/2$ 紧接着瞬时速度的方向即将发生改变，但注意此时加速度的方向不发生改变，即与瞬时速度的方向一致，也就是说，此时加速度反方向给重物加速，直到再回到原

点 O 处使重物获得瞬时最大绝对速度，这期间的过程又可视为 $T/4=\pi/2$．剩下的半个周期与前半个周期相仿，故不再重述．■

*数学实验

实验2.6 试用计算软件求下列函数的高阶导数：

(1) $y=\sin^2 x\ln x$，求 $y^{(6)}$；

(2) $y=\dfrac{1-nx}{\sqrt{1+x}}$，求 $y^{(20)}$；

(3) $y=x^3\operatorname{sh}(ax+b)$，求 $y^{(2017)}$；

(4) $y=\sin ax\cos bx$，求 $y^{(5)}$，$f^{(5)}\left(\dfrac{ab}{a+b}\right)$．

详见教材配套的网络学习空间．

计算实验

习题 2-2

1. 求下列函数的导数：

(1) $y=3x+5\sqrt{x}$；
(2) $y=5x^3-2^x+3\mathrm{e}^x$；
(3) $y=2\tan x+\sec x-1$；
(4) $y=\sin x\cdot\cos x$；
(5) $y=x^3\ln x$；
(6) $y=\mathrm{e}^x\cos x$；
(7) $y=\dfrac{\ln x}{x}$；
(8) $s=\dfrac{1+\sin t}{1+\cos t}$．

2. 求下列函数的导数：

(1) $y=\cos(4-3x)$；
(2) $y=\mathrm{e}^{-3x^2}$；
(3) $y=\sqrt{a^2-x^2}$；
(4) $y=\tan(x^2)$；
(5) $y=\arctan(\mathrm{e}^x)$；
(6) $y=\arcsin(1-2x)$；
(7) $y=\arccos\dfrac{1}{x}$；
(8) $y=\ln\ln x$．

3. 假设飞机在起飞前沿跑道滑行的距离由公式 $s=\dfrac{10}{9}t^2$ 给出，其中 s 是从起点算起的以米计的距离，而 t 是从刹闸放开算起以秒计的时间．已知当飞机速度达到200公里/小时时，飞机就离地升空．试问要使飞机处于起飞状态需要多长时间？并计算这个过程中飞机滑行的距离．

4. 沿坐标直线运动的质点在时刻 $t\geq 0$ 的位置为

$$s=10\cos\left(t+\frac{\pi}{4}\right).$$

(1) 质点的起始 $(t=0)$ 位置在何处？
(2) 质点的最大位移是多少？
(3) 质点在达到最大位移时的速度和加速度是多少？
(4) 何时质点第一次达到原点及此刻对应的速度和加速度是多少？

5. 若保持某柱体中的气体恒温，其压力 P 和体积 V 之间的变化关系可用式子

$$P=\frac{nRT}{V-nb}-\frac{an^2}{V^2}$$

来刻画，其中 a, b, n, R 均为常数，求压力 P 关于体积 V 的变化率．

6. 求下列方程所确定的隐函数 y 的导数 $\dfrac{\mathrm{d}y}{\mathrm{d}x}$：

(1) $xy=\mathrm{e}^{x+y}$； (2) $xy-\sin(\pi y^2)=0$； (3) $\mathrm{e}^{xy}+y^3-5x=0$；

(4) $y=1+x\mathrm{e}^y$； (5) $\arctan\dfrac{y}{x}=\ln\sqrt{x^2+y^2}$．

7. 用对数求导法则求下列函数的导数：

(1) $y=(1+x^2)^{\tan x}$； (2) $y=\dfrac{\sqrt[5]{x-3}\sqrt[3]{3x-2}}{\sqrt{x+2}}$； (3) $y=\dfrac{\sqrt{x+2}(3-x)^4}{(x+1)^5}$．

8. 求下列参数方程所确定的函数的导数 $\dfrac{\mathrm{d}y}{\mathrm{d}x}$：

(1) $\begin{cases} x=at^2 \\ y=bt^3 \end{cases}$； (2) $\begin{cases} x=\mathrm{e}^t\sin t \\ y=\mathrm{e}^t\cos t \end{cases}$； (3) $\begin{cases} x=\cos^2 t \\ y=\sin^2 t \end{cases}$．

9. 求下列函数的二阶导数：

(1) $y=x^5+4x^3+2x$； (2) $y=\mathrm{e}^{3x-2}$； (3) $y=x\sin x$；

(4) $y=\tan x$； (5) $y=\sqrt{1-x^2}$； (6) $y=x\mathrm{e}^{x^2}$．

10. 设 $f(x)=(3x+1)^{10}$，求 $f'''(0)$．

11. 某物体的运动轨迹可以用其位移和时间的关系式 $s=s(t)=t^3-6t^2+7t, 0\le t\le 4$ 来刻画，其中 s 以米计，t 以秒计，以起始方向为位移的正方向．

试回答以下关于物体的运动性态的问题：

(1) 物体何时处于静止状态？

(2) 何时运动方向为正或为负，何时改变运动方向？

(3) 何时运动加快、何时变慢？

(4) 何时运动最快、何时最慢？

(5) 何时离起始位置最远？

§2.3 应用举例——作为变化率的导数

本节我们通过应用实例来看看作为变化率的导数在几何、物理，尤其是在经济学中的应用．

一、瞬时变化率

例1 圆面积 A 和其直径 D 的关系为 $A=\dfrac{\pi}{4}D^2$，当 $D=10$ 米时，面积关于直径的变化率是多大？

解 圆面积关于直径的变化率为

$$\frac{\mathrm{d}A}{\mathrm{d}D}=\frac{\pi}{4}\times 2D=\frac{\pi D}{2},$$

当 $D=10$ 米时，圆面积的变化率为

$$\frac{\pi}{2}\times 10=5\pi\ (\text{米}^2/\text{米}),$$

即当直径 D 由10 米增加1米变为11米后，圆面积约增加了5π平方米．■

二、质点的垂直运动模型

例2 一质点以每秒50米的发射速度垂直射向空中，t秒后达到的高度为$s=50t-5t^2$ (米) (见图2-3-1)．假设在此运动过程中重力为唯一的作用力，试问：

(1) 该质点能达到的最大高度是多少？

(2) 该质点离地面120米时的速度是多少？

(3) 该质点何时重新落回地面？

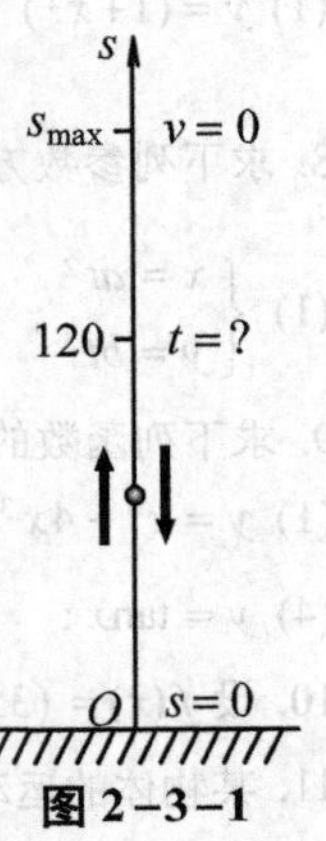

图 2-3-1

解 依题设及§2.1 引例1的讨论，易知时刻 t 的速度为

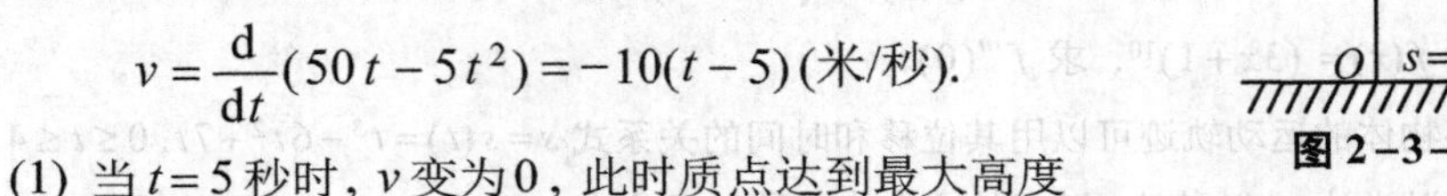

$$v=\frac{\mathrm{d}}{\mathrm{d}t}(50t-5t^2)=-10(t-5)\ (\text{米/秒}).$$

(1) 当 $t=5$ 秒时，v 变为0，此时质点达到最大高度

$$s=50\times 5-5\times 5^2=125\ (\text{米}).$$

(2) 令 $s=50t-5t^2=120$，解得 $t=4$ 或 6，故

$$v=10\ (\text{米/秒})\ \text{或}\ v=-10\ (\text{米/秒}).$$

(3) 令 $s=50t-5t^2=0$，解得 $t=10$ (秒)，即该质点10秒后重新落回地面．■

三、经济学中的导数

1. 边际分析

在经济学中，习惯上用平均和边际这两个概念来描述一个经济变量 y 相对于另一个经济变量 x 的变化．平均概念表示 x 在某一范围内取值时 y 的变化．边际概念表示当 x 的改变量 Δx 趋于0时，y 的相应改变量 Δy 与 Δx 的比值的变化，即当 x 在某一给定值附近有微小变化时，y 的瞬时变化．

设函数 $y=f(x)$ 可导，函数值的增量与自变量增量的比值

$$\frac{\Delta y}{\Delta x}=\frac{f(x_0+\Delta x)-f(x_0)}{\Delta x}$$

表示 $f(x)$ 在 $(x_0,\ x_0+\Delta x)$ 或 $(x_0+\Delta x,\ x_0)$ 内的**平均变化率(速度)**．

根据导数的定义，导数 $f'(x_0)$ 表示 $f(x)$ 在点 $x=x_0$ 处的**变化率**，在经济学中，称其为 $f(x)$ 在点 $x=x_0$ 处的**边际函数值**．

当函数的自变量x在x_0处改变一个单位(即$\Delta x=1$)时，函数的增量为$f(x_0+1)-f(x_0)$，但当x改变的“单位”很小时，或x的“一个单位”与x_0值相比很小时，则有近似式

$$\Delta f=f(x_0+1)-f(x_0)\approx f'(x_0).$$

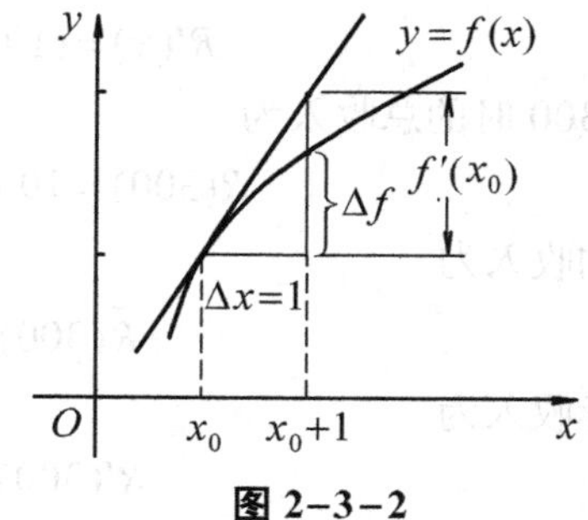

图 2-3-2

它表明：当自变量在x_0处产生一个单位的改变时，函数$f(x)$的改变量可近似地用$f'(x_0)$来表示．在经济学中，解释边际函数值的具体意义时，通常略去“近似”二字，显然，如果$f(x)$的图形(见图2-3-2)的斜率$f'(x_0)$在x_0附近的变化不是很快，这种近似就是可以接受的．

例如，设函数$y=x^2$，则$y'=2x$．$y=x^2$在点$x=10$处的边际函数值为$y'(10)=20$，它表示当$x=10$时，x改变一个单位，y(近似)改变20个单位．

若将边际的概念具体应用于不同的经济函数，则成本函数$C(x)$、收入函数$R(x)$与利润函数$L(x)$关于生产水平x的导数分别称为**边际成本**、**边际收入**与**边际利润**，它们分别表示在一定的生产水平下再多生产一件产品而产生的成本、多售出一件产品而产生的收入与利润．

例 3 某产品在生产8～20件的情况下，生产x件的成本与销售x件的收入分别为

$$C(x)=x^3-2x^2+12x\,(\text{元})\text{与}R(x)=x^3-3x^2+10x\,(\text{元}),$$

某工厂目前每天生产10件，试问每天多生产一件产品的成本为多少？每天多销售一件产品而获得的收入为多少？

解 在每天生产10件的基础上再多生产一件的成本大约为$C'(10)$：

$$C'(x)=\frac{\mathrm{d}}{\mathrm{d}x}(x^3-2x^2+12x)=3x^2-4x+12,\quad C'(10)=272(\text{元}),$$

即多生产一件的附加成本为272元．边际收入为

$$R'(x)=\frac{\mathrm{d}}{\mathrm{d}x}(x^3-3x^2+10x)=3x^2-6x+10,\quad R'(10)=250(\text{元}),$$

即多销售一件产品所增加的收入为250元． ■

例 4 设某种产品的需求函数为$x=1\,000-100P$，求需求量$x=300$时的总收入、平均收入和边际收入．

解 销售x件价格为P的产品收入为$R(x)=P\cdot x$，将需求函数$x=1\,000-100P$，即$P=10-0.01x$代入，得总收入函数

$$R(x)=(10-0.01x)\cdot x=10x-0.01x^2.$$

平均收入函数为

$$\overline{R}(x)=\frac{R(x)}{x}=10-0.01x.$$

边际收入函数为

$$R'(x)=(10x-0.01x^2)'=10-0.02x.$$

$x=300$ 时的总收入为

$$R(300)=10\times 300-0.01\times 300^2=2\ 100,$$

平均收入为

$$\overline{R}(300)=10-0.01\times 300=7,$$

边际收入为

$$R'(300)=10-0.02\times 300=4.$$ ■

例 5 设某产品的需求函数为 $P=80-0.1x$ (P 是价格, x 是需求量), 成本函数为

$$C=5\ 000+20x\ (\text{元}).$$

试求边际利润函数 $L'(x)$, 并分别求 $x=150$ 和 $x=400$ 时的边际利润.

解 已知 $P(x)=80-0.1x$, $C(x)=5\ 000+20x$, 则有

$$R(x)=P\cdot x=(80-0.1x)x=80x-0.1x^2(\text{元}),$$

$$L(x)=R(x)-C(x)=(80x-0.1x^2)-(5\ 000+20x)$$

$$=-0.1x^2+60x-5\ 000(\text{元}),$$

边际利润函数为

$$L'(x)=(-0.1x^2+60x-5\ 000)'=-0.2x+60(\text{元}),$$

当 $x=150$ 时, 边际利润为

$$L'(150)=-0.2\times 150+60=30(\text{元}),$$

当 $x=400$ 时, 边际利润为

$$L'(400)=-0.2\times 400+60=-20(\text{元}).$$

可见, 销售第151件产品, 利润会增加30元, 而销售第401件产品, 利润将会减少20元. ■

2. 弹性分析

边际分析所研究的是函数的绝对改变量与绝对变化率, 经济学中常需研究一个变量对另一个变量的相对变化情况, 为此引入下面的定义.

定义 1 设函数 $y=f(x)$ 可导, 函数的相对改变量

$$\frac{\Delta y}{y}=\frac{f(x+\Delta x)-f(x)}{f(x)}$$

与自变量的相对改变量 $\dfrac{\Delta x}{x}$ 之比 $\dfrac{\Delta y/y}{\Delta x/x}$, 称为函数 $f(x)$ 在 x 与 $x+\Delta x$ **两点间的弹性**(或相对变化率). 而极限 $\lim\limits_{\Delta x\to 0}\dfrac{\Delta y/y}{\Delta x/x}$ 称为函数 $f(x)$ 在点 x 处的**弹性**(或相对变化率), 记为

$$\frac{\mathrm{E}}{\mathrm{E}x}f(x)=\frac{\mathrm{E}y}{\mathrm{E}x}=\lim_{\Delta x\to 0}\frac{\Delta y/y}{\Delta x/x}=\lim_{\Delta x\to 0}\frac{\Delta y}{\Delta x}\cdot\frac{x}{y}=y'\frac{x}{y}.$$

注: 函数 $f(x)$ 在点 x 处的弹性 $\frac{\mathrm{E}y}{\mathrm{E}x}$ 反映随 x 的变化 $f(x)$ 变化幅度的大小，即 $f(x)$ 对 x 变化反应的强烈程度或**灵敏度**. 在数值上，$\frac{\mathrm{E}}{\mathrm{E}x}f(x)$ 表示 $f(x)$ 在点 x 处，当 x 发生 1% 的改变时，函数 $f(x)$ 近似地改变 $\frac{\mathrm{E}}{\mathrm{E}x}f(x)\%$, 在应用问题中解释弹性的具体意义时，通常略去“近似”二字.

例如，求函数 $y=3+2x$ 在 $x=3$ 处的弹性. 由 $y'=2$, 得

$$\frac{\mathrm{E}y}{\mathrm{E}x}=y'\frac{x}{y}=\frac{2x}{3+2x},\quad \left.\frac{\mathrm{E}y}{\mathrm{E}x}\right|_{x=3}=\frac{2\times 3}{3+2\times 3}=\frac{6}{9}=\frac{2}{3}\approx 0.67.$$

设需求函数 $Q=f(P)$, 这里 P 表示产品的价格. 于是，可具体定义该产品在价格为 P 时的**需求弹性**如下:

$$\eta=\eta(P)=\lim_{\Delta P\to 0}\frac{\Delta Q/Q}{\Delta P/P}=\lim_{\Delta P\to 0}\frac{\Delta Q}{\Delta P}\cdot\frac{P}{Q}=P\cdot\frac{f'(P)}{f(P)}.$$

当 ΔP 很小时，有

$$\eta=P\cdot\frac{f'(P)}{f(P)}\approx\frac{P}{f(P)}\cdot\frac{\Delta Q}{\Delta P},$$

故需求弹性 η 近似地表示价格为 P 时，价格变动 1%, 需求量将变化 $\eta\%$.

注: 一般地，需求函数是单调减少函数，需求量随价格的上涨而减少 (当 $\Delta P>0$ 时，$\Delta Q<0$), 故需求弹性一般是负值，它反映产品需求量对价格变动反应的强烈程度 (**灵敏度**).

例 6 设某种商品的需求量 Q 与价格 P 的关系为

$$Q(P)=1\,600\left(\frac{1}{4}\right)^{P}.$$

(1) 求需求弹性 $\eta(P)$;

(2) 当商品的价格 $P=10$(元) 时，再上涨 1%, 求该商品需求量的变化情况.

解 (1) 需求弹性为

$$\eta(P)=P\cdot\frac{Q'(P)}{Q(P)}=P\frac{\left[1\,600\left(\frac{1}{4}\right)^{P}\right]'}{1\,600\left(\frac{1}{4}\right)^{P}}=P\cdot\frac{1\,600\left(\frac{1}{4}\right)^{P}\ln\frac{1}{4}}{1\,600\left(\frac{1}{4}\right)^{P}}$$

$$=P\cdot\ln\frac{1}{4}=(-2\ln 2)P\approx -1.39P.$$

需求弹性为负，说明商品价格 P 上涨 1% 时，商品需求量 Q 将减少 $1.39P\%$.

(2) 当商品价格 $P=10$(元) 时,

$$\eta(10) \approx -1.39 \times 10 = -13.9,$$

这表示价格P=10(元)时，价格上涨1%，商品的需求量将减少13.9%. 若价格降低1%，商品的需求量将增加13.9%. ■

习题 2-3

1. 现给一气球充气，在充气膨胀的过程中，我们均近似认为它为球形：

(1) 当气球半径为10 cm时，其体积以什么变化率在膨胀？

(2) 试估算当气球半径由10 cm膨胀到11cm时气球增长的体积数．

2. 某物体的运动轨迹可以用其位移和时间的关系式 $s=s(t)$ 来刻画，其中s以米计，t以秒计. 下面是其两个不同的运动轨迹：

$$s_1=t^2-3t+2,\ 0\le t\le 2, \qquad s_2=-t^3+3t^2-3t,\ 0\le t\le 3.$$

试分别计算：

(1) 物体在给定时间区间内的平均速率；

(2) 物体在区间端点的速度；

(3) 物体在给定的时间区间内运动方向是否发生了变化？若是，在何时发生改变？

3. 现给一水箱放水，阀门打开 t 小时后水箱的深度 h 可近似认为由公式 $h=5\left(1-\frac{t}{10}\right)^2$ 给出．

(1) 求在时间t处水深下降的快慢程度$\frac{\mathrm{d}h}{\mathrm{d}t}$．

(2) 何时水位下降最快？何时最慢？并求出此时对应的水深下降率 $\frac{\mathrm{d}h}{\mathrm{d}t}$．

4. 某型号电视机的生产成本(元)与生产量(台)的关系函数为

$$C(x)=6\,000+900x-0.8x^2.$$

(1) 求生产前100台的平均成本．

(2) 求当第100台生产出来时的边际成本．

5. 某型号电视机的月销售收入(元)与月售出数量(台)的函数为$Y(x)=100\,000\left(1-\frac{1}{2x}\right)$.

(1) 求销售出第100台电视机时的边际收入．

(2) 从边际收入函数得出什么有意义的结论？并解释当 $x\to\infty$时，$Y'(x)$ 的极限值表示什么．

6. 某煤炭公司每天生产煤 x 吨的总成本函数为 $C(x)=2\,000+450x+0.02x^2$. 如果每吨煤的销售价为490元，求：

(1) 边际成本函数 $C'(x)$;　　(2) 利润函数 $L(x)$及边际利润函数$L'(x)$;

(3) 边际利润为0时的产量．

7. 设产品的总成本函数为$C(x)=400+3x+0.5x^2$，而需求函数为$P=100/\sqrt{x}$，其中x为产量(假设等于需求量)，P为价格，试求边际成本、边际收入和边际利润．

8. 设某商品的需求函数为$Q=400-100P$，求$P=1,2,3$时的需求弹性.

9. 某地对服装的需求函数可以表示为$Q=aP^{-0.66}$，试求需求量对价格的弹性，并说明其经济意义.

10. 某产品滞销，现准备以降价扩大销路. 如果该产品的需求弹性在1.5和2之间，试问当降价10%时，销售量可增加多少？

§2.4　函数的微分

在理论研究和实际应用中，常常会遇到这样的问题：当自变量x有微小变化时，求函数$y=f(x)$的微小改变量

$$\Delta y=f(x+\Delta x)-f(x).$$

这个问题初看起来似乎只要做减法运算就可以了，然而，对于较复杂的函数$f(x)$，差值$f(x+\Delta x)-f(x)$却是一个更复杂的表达式，不易求出其值. 一个想法是：我们设法将Δy表示成Δx的线性函数，即**线性化**，从而把复杂问题化为简单问题. 微分就是实现这种线性化的一种数学模型.

一、微分的定义

先分析一个具体问题. 设有一块边长为x_0的正方形金属薄片，由于受到温度变化的影响，边长从x_0变到$x_0+\Delta x$，问此薄片的面积改变了多少？

如图2-4-1所示，此薄片原面积$A=x_0^2$. 薄片受到温度变化的影响后，面积变为$(x_0+\Delta x)^2$，故面积A的改变量为

$$\Delta A=(x_0+\Delta x)^2-x_0^2=2x_0\Delta x+(\Delta x)^2.$$

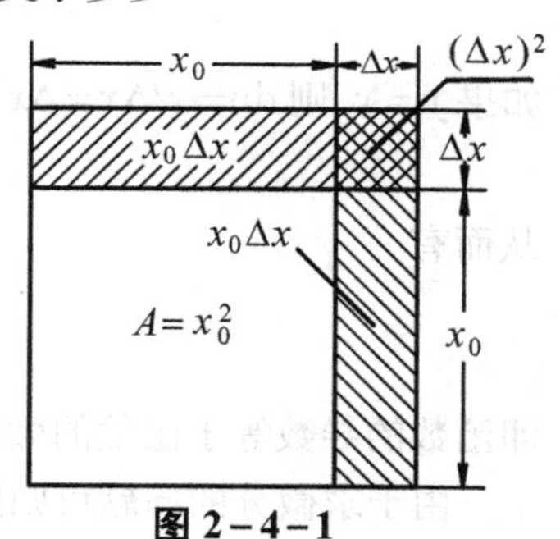

图 2-4-1

上式包含两部分，第一部分$2x_0\Delta x$是Δx的线性函数，即图2-4-1中带有斜线的两个矩形面积之和；第二部分$(\Delta x)^2$是图中带有交叉斜线的小正方形的面积. 当$\Delta x\to 0$时，$(\Delta x)^2$是比Δx高阶的无穷小，即$(\Delta x)^2=o(\Delta x)(\Delta x\to 0)$. 由此可见，当边长有微小改变(即$|\Delta x|$很小)时，我们可以将第二部分$(\Delta x)^2$这个高阶无穷小忽略，而用第一部分$2x_0\Delta x$近似地表示$\Delta A$，即$\Delta A\approx 2x_0\Delta x$. 我们把$2x_0\Delta x$称为$A=x^2$在点$x_0$处的微分.

是否所有函数的改变量都能在一定的条件下表示为一个线性函数(改变量的主要部分)与一个高阶无穷小的和呢？这个线性部分是什么？如何求？本节我们将具体讨论这些问题.

定义1 设函数 $y=f(x)$ 在某区间内有定义，x_0 及 $x_0+\Delta x$ 在该区间内，如果函数的改变量(增量) $\Delta y=f(x_0+\Delta x)-f(x_0)$ 可表示为

$$\Delta y=A\cdot\Delta x+o(\Delta x), \tag{4.1}$$

其中 A 是与 Δx 无关的常数，则称函数 $y=f(x)$ 在点 x_0 处**可微**，并且称 $A\cdot\Delta x$ 为函数 $y=f(x)$ 在点 x_0 处对应于自变量的改变量 Δx 的**微分**，记作 $\mathrm{d}y$，即

$$\mathrm{d}y=A\cdot\Delta x. \tag{4.2}$$

注：由定义可见：如果函数 $y=f(x)$ 在点 x_0 处可微，则

(1) 函数 $y=f(x)$ 在点 x_0 处的微分 $\mathrm{d}y$ 是自变量的改变量 Δx 的线性函数；

(2) 由式 (4.1)，得

$$\Delta y=\mathrm{d}y+o(\Delta x), \tag{4.3}$$

我们称 $\mathrm{d}y$ 是 Δy 的**线性主部**. 式(4.3)还表明，以微分 $\mathrm{d}y$ 近似代替函数增量 Δy 时，其误差为 $o(\Delta x)$，因此，当 $|\Delta x|$ 很小时，有近似等式

$$\Delta y\approx\mathrm{d}y. \tag{4.4}$$

二、函数可微的条件

定理1 函数 $y=f(x)$ 在点 x_0 处可微的充分必要条件是函数 $y=f(x)$ 在点 x_0 处可导，并且函数的微分等于函数的导数与自变量的改变量的乘积，即

$$\mathrm{d}y=f'(x_0)\Delta x.$$

函数 $y=f(x)$ 在任意点 x 处的微分，称为**函数的微分**，记为 $\mathrm{d}y$ 或 $\mathrm{d}f(x)$，即有

$$\mathrm{d}y=f'(x)\Delta x. \tag{4.5}$$

如果 $y=x$，则 $\mathrm{d}x=x'\Delta x=\Delta x$ (即自变量的微分等于自变量的改变量)，所以

$$\mathrm{d}y=f'(x)\,\mathrm{d}x, \tag{4.6}$$

从而有

$$\frac{\mathrm{d}y}{\mathrm{d}x}=f'(x), \tag{4.7}$$

即函数的导数等于函数的微分与自变量的微分的商. 因此，导数又称为“**微商**”.

由于求微分的问题可归结为求导数的问题，因此，求导数与求微分的方法统称为**微分法**.

例1 求函数 $y=x^2$ 当 x 由1改变到1.01时的微分.

解 因为 $\mathrm{d}y=f'(x)\,\mathrm{d}x=2x\mathrm{d}x$，由题设条件知

$$x=1,\ \mathrm{d}x=\Delta x=1.01-1=0.01,$$

所以

$$\mathrm{d}y=2\times1\times0.01=0.02.$$ ■

例2 求函数 $y=x^3$ 在 $x=2$ 处的微分.

解 函数 $y=x^3$ 在 $x=2$ 处的微分为

$$\mathrm{d}y=(x^3)'\big|_{x=2}\,\mathrm{d}x=(3x^2)\big|_{x=2}\,\mathrm{d}x=12\,\mathrm{d}x.$$ ■

三、基本初等函数的微分公式与微分运算法则

根据函数微分的表达式

$$dy=f'(x)dx, \tag{4.8}$$

函数的微分等于函数的导数乘以自变量的微分(改变量). 由此可以得到基本初等函数的微分公式和微分运算法则.

1. 基本初等函数的微分公式

(1) $d(C)=0$ (C为常数);

(2) $d(x^{\mu})=\mu x^{\mu-1}dx$;

(3) $d(\sin x)=\cos x dx$;

(4) $d(\cos x)=-\sin x dx$;

(5) $d(\tan x)=\sec^2 x dx$;

(6) $d(\cot x)=-\csc^2 x dx$;

(7) $d(\sec x)=\sec x\tan x dx$;

(8) $d(\csc x)=-\csc x\cot x dx$;

(9) $d(a^x)=a^x\ln a dx$;

(10) $d(e^x)=e^x dx$;

(11) $d(\log_a x)=\dfrac{1}{x\ln a}dx$;

(12) $d(\ln x)=\dfrac{1}{x}dx$;

(13) $d(\arcsin x)=\dfrac{1}{\sqrt{1-x^2}}dx$;

(14) $d(\arccos x)=-\dfrac{1}{\sqrt{1-x^2}}dx$;

(15) $d(\arctan x)=\dfrac{1}{1+x^2}dx$;

(16) $d(\operatorname{arccot} x)=-\dfrac{1}{1+x^2}dx$.

2. 微分的四则运算法则

(1) $d(Cu)=Cdu$;

(2) $d(u\pm v)=du\pm dv$;

(3) $d(uv)=vdu+udv$;

(4) $d\left(\dfrac{u}{v}\right)=\dfrac{vdu-udv}{v^2}$.

例3 求函数 $y=x^3e^{2x}$ 的微分.

解 因为

$$y'=3x^2e^{2x}+2x^3e^{2x}=x^2e^{2x}(3+2x),$$

所以

$$dy=y'dx=x^2e^{2x}(3+2x)dx.$$

■

例4 求函数 $y=\dfrac{\sin x}{x}$ 的微分.

解 因为

$$y'=\left(\frac{\sin x}{x}\right)'=\frac{x\cos x-\sin x}{x^2},$$

所以

$$dy=y'dx=\frac{x\cos x-\sin x}{x^2}dx.$$

■

3. 微分形式不变性

设 $y=f(u)$, $u=\varphi(x)$, 现在我们进一步推导复合函数

$$y=f[\varphi(x)]$$

的微分法则.

如果 $y=f(u)$ 及 $u=\varphi(x)$ 都可导，则 $y=f[\varphi(x)]$ 的微分为

$$\mathrm{d}y=y_x'\,\mathrm{d}x=f'(u)\varphi'(x)\mathrm{d}x.$$

由于 $\varphi'(x)\,\mathrm{d}x=\mathrm{d}u$，故 $y=f[\varphi(x)]$ 的微分公式也可写成

$$\mathrm{d}y=f'(u)\,\mathrm{d}u \quad \text{或} \quad \mathrm{d}y=y_u'\,\mathrm{d}u.$$

由此可见，无论 u 是自变量还是复合函数的中间变量，函数 $y=f(u)$ 的微分形式总是可以按公式 (4.6) 的形式来写，即有

$$\mathrm{d}y=f'(u)\,\mathrm{d}u.$$

这一性质称为**微分形式不变性**. 利用这一特性，可以简化微分的有关运算.

例 5 设 $y=\sin(2x+3)$，求 $\mathrm{d}y$.

解 设 $y=\sin u$, $u=2x+3$，则

$$\begin{aligned}\mathrm{d}y&=\mathrm{d}(\sin u)=\cos u\mathrm{d}u=\cos(2x+3)\mathrm{d}(2x+3)\\&=\cos(2x+3)\cdot 2\mathrm{d}x=2\cos(2x+3)\mathrm{d}x.\end{aligned}$$ ■

注：与复合函数求导类似，求复合函数的微分也可不写出中间变量，这样更加直接和方便.

例 6 设 $y=\mathrm{e}^{\sin^2 x}$，求 $\mathrm{d}y$.

解 应用微分形式不变性，有

$$\begin{aligned}\mathrm{d}y&=\mathrm{e}^{\sin^2 x}\mathrm{d}(\sin^2 x)=\mathrm{e}^{\sin^2 x}\cdot 2\sin x\mathrm{d}(\sin x)\\&=\mathrm{e}^{\sin^2 x}\cdot 2\sin x\cos x\mathrm{d}x=\sin 2x\mathrm{e}^{\sin^2 x}\,\mathrm{d}x.\end{aligned}$$ ■

例 7 已知 $y=\dfrac{\mathrm{e}^{2x}}{x^2}$，求 $\mathrm{d}y$.

解

$$\begin{aligned}\mathrm{d}y&=\mathrm{d}\left(\frac{\mathrm{e}^{2x}}{x^2}\right)=\frac{x^2\mathrm{d}(\mathrm{e}^{2x})-\mathrm{e}^{2x}\mathrm{d}(x^2)}{(x^2)^2}\\&=\frac{x^2\mathrm{e}^{2x}\cdot 2\mathrm{d}x-\mathrm{e}^{2x}\cdot 2x\mathrm{d}x}{x^4}=\frac{2\mathrm{e}^{2x}(x-1)}{x^3}\,\mathrm{d}x.\end{aligned}$$ ■

例 8 在等式 $\mathrm{d}(\quad)=\cos\omega t\mathrm{d}t$ 的括号中填入适当的函数，使等式成立.

解 因为 $\mathrm{d}(\sin\omega t)=\omega\cos\omega t\mathrm{d}t$，所以

$$\cos\omega t\mathrm{d}t=\frac{1}{\omega}\mathrm{d}(\sin\omega t)=\mathrm{d}\left(\frac{1}{\omega}\sin\omega t\right),$$

一般地，有

$$\mathrm{d}\left(\frac{1}{\omega}\sin\omega t+C\right)=\cos\omega t\mathrm{d}t,$$

故应填 $\dfrac{1}{\omega}\sin\omega t+C$. ■

*数学实验

实验2.7 试用计算软件求下列函数的微分:

(1) $y=\ln(x+\sqrt{x^2+a^2})$; (2) $y=2^{-\frac{1}{\cos x}}$;

(3) $y=\dfrac{\sin x}{2\cos^2 x}+\dfrac{1}{2}\ln\left|\tan\left(\dfrac{x}{2}+\dfrac{\pi}{4}\right)\right|$;

(4) $x^3+y^3=\mathrm{e}^x+xy$;

(5) $y=\mathrm{e}^{ax}\left(bx-\dfrac{c}{\ln x}\right)$.

计算实验

详见教材配套的网络学习空间.

四、微分的几何意义

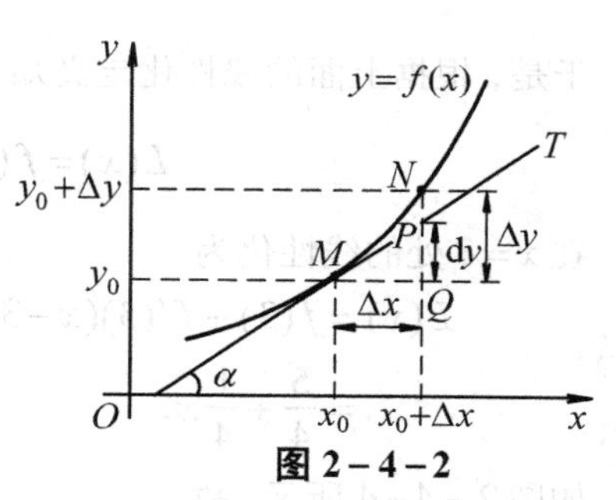

图 2-4-2

函数的微分有明显的几何意义. 在直角坐标系中, 函数 $y=f(x)$ 的图形是一条曲线. 设 $M(x_0,y_0)$ 是该曲线上的一个定点, 当自变量 x 在点 x_0 处取改变量 Δx 时, 就得到曲线上另一个点 $N(x_0+\Delta x, y_0+\Delta y)$. 由图 2-4-2 可见: $MQ=\Delta x$, $QN=\Delta y$. 过点 M 作曲线的切线 MT, 它的倾角为 α, 则

$$QP=MQ\cdot\tan\alpha=\Delta x\cdot f'(x_0),$$

即

$$\mathrm{d}y=QP=f'(x_0)\,\mathrm{d}x.$$

由此可知, 当 Δy 是曲线 $y=f(x)$ 上点的纵坐标的增量时, $\mathrm{d}y$ 就是曲线的切线上点的纵坐标的增量.

五、函数的线性化

从前面的讨论已知, 当函数 $y=f(x)$ 在点 x_0 处的导数 $f'(x_0)\neq 0$ 且 $|\Delta x|$ 很小时 (在下面的讨论中我们假定这两个条件均得到满足), 有

$$\Delta y\approx \mathrm{d}y, \tag{4.9}$$

即 $f(x_0+\Delta x)-f(x_0)\approx f'(x_0)\Delta x$,

令 $x=x_0+\Delta x$, 则 $\Delta x=x-x_0$, 从而

$$f(x)-f(x_0)\approx f'(x_0)(x-x_0),$$

即 $$f(x)\approx f(x_0)+f'(x_0)(x-x_0). \tag{4.10}$$

若记上式右端的线性函数为

$$L(x)=f(x_0)+f'(x_0)(x-x_0),$$

图 2-4-3

它的图形 (见图2-4-3) 就是曲线 $y=f(x)$ 过点 $(x_0, f(x_0))$ 的切线.

式(4.10)表明：当$|\Delta x|$很小时，线性函数$L(x)$给出了函数$f(x)$的很好的近似.

定义2 如果$f(x)$在点x_0处可微，那么线性函数

$$L(x)=f(x_0)+f'(x_0)(x-x_0)$$

就称为$f(x)$在点x_0处的**线性化**. 近似式$f(x)\approx L(x)$称为$f(x)$在点x_0处的**标准线性近似**，点x_0称为该近似的**中心**.

例9 求$f(x)=\sqrt{1+x}$在$x=0$与$x=3$处的线性化.

解 首先不难求得$f'(x)=\dfrac{1}{2\sqrt{1+x}}$，则

$$f(0)=1,\quad f(3)=2,\quad f'(0)=\frac{1}{2},\quad f'(3)=\frac{1}{4},$$

于是，根据上面的线性化定义知$f(x)$在$x=0$处的线性化为

$$L(x)=f(0)+f'(0)(x-0)=1+\frac{1}{2}x,$$

在$x=3$处的线性化为

$$L(x)=f(3)+f'(3)(x-3)=\frac{5}{4}+\frac{1}{4}x,$$

如图2-4-4所示，故

$$\sqrt{1+x}\approx 1+\frac{1}{2}x\ (\text{在 } x=0 \text{ 处}),$$

$$\sqrt{1+x}\approx \frac{5}{4}+\frac{1}{4}x\ (\text{在 } x=3 \text{ 处}).$$ ■

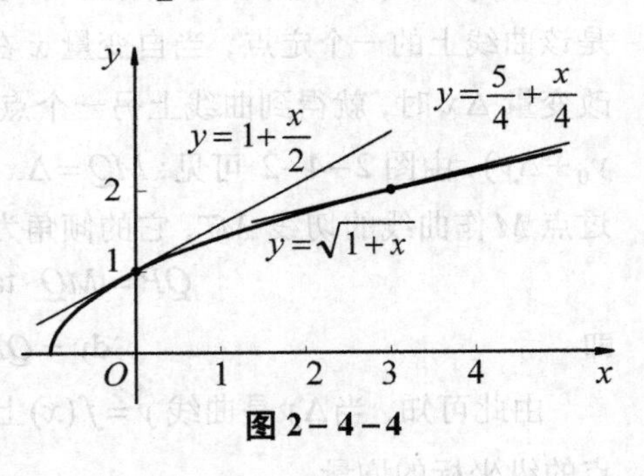

图2-4-4

注：下面列举了一些常用函数在$x=0$处的标准线性近似公式：

(1) $\sqrt[n]{1+x}\approx 1+\dfrac{1}{n}x$； (4.11)

(2) $\sin x\approx x$（x为弧度）； (4.12)

(3) $\tan x\approx x$（x为弧度）； (4.13)

(4) $e^x\approx 1+x$； (4.14)

(5) $\ln(1+x)\approx x$. (4.15)

例10 半径10cm的金属圆片加热后，半径伸长了0.05cm，问面积增大了多少？

解 圆面积$A=\pi r^2$（r为半径），令$r=10$，$\Delta r=0.05$. 因为Δr相对于r较小，所以可用微分dA近似代替ΔA. 由

$$\Delta A\approx dA=(\pi r^2)'\cdot dr=2\pi r\cdot dr,$$

当$dr=\Delta r=0.05$时，得

$$\Delta A\approx 2\pi\times 10\times 0.05=\pi\,(\text{cm}^2).$$ ■

例11 计算 $\sqrt[3]{998.5}$ 的近似值.

解 $\sqrt[3]{998.5}=10\sqrt[3]{1-0.001\,5}$, 利用公式(4.11)进行计算, 这里, 取 $x=-0.001\,5$, 其值相对很小, 故有

$$\sqrt[3]{998.5}=10\sqrt[3]{1-0.001\,5}\approx 10\left(1-\frac{1}{3}\times 0.001\,5\right)=9.995.$$

■

例12 我们来看一个线性近似在质能转换关系中的应用. 我们知道, 牛顿第二运动定律 $F=ma$ (a 为加速度) 中的质量 m 被假定为常数, 但严格说来这是不对的, 因为物体的质量随其速度的增长而增长. 在爱因斯坦修正后的公式中, 质量为 $m=\dfrac{m_0}{\sqrt{1-v^2/c^2}}$, 当 v 和 c 相比很小时, v^2/c^2 接近于零, 从而有

$$m=\frac{m_0}{\sqrt{1-v^2/c^2}}\approx m_0\left[1+\frac{1}{2}\left(\frac{v^2}{c^2}\right)\right]=m_0+\frac{1}{2}m_0v^2\left(\frac{1}{c^2}\right),$$

即

$$m\approx m_0+\frac{1}{2}m_0v^2\left(\frac{1}{c^2}\right),$$

注意到上式中 $\frac{1}{2}m_0v^2=K$ 是物体的动能, 整理得

$$(m-m_0)c^2\approx\frac{1}{2}m_0v^2=\frac{1}{2}m_0v^2-\frac{1}{2}m_0 0^2=\Delta K,$$

或

$$(\Delta m)c^2\approx\Delta K. \tag{4.16}$$

换言之, 物体从速度0到速度 v 的动能的变化 ΔK 近似等于 $(\Delta m)c^2$.

因为 $c=3\times 10^8$ 米/秒, 代入式(4.16), 得

$$\Delta K\approx 90\,000\,000\,000\,000\,000\,\Delta m\text{(焦耳)}.$$

由此可知, 小的质量变化可以创造出大的能量变化. 例如, 1克质量转换成的能量就相当于一颗2万吨级的原子弹爆炸释放的能量. ■

习题 2-4

1. 已知 $y=x^3-1$, 在点 $x=2$ 处计算当 Δx 分别为1, 0.1, 0.01时的 Δy 及 $\mathrm{d}y$ 之值.

2. 将适当的函数填入下列括号内, 使等式成立:

(1) $\mathrm{d}(\quad)=5x\mathrm{d}x$; (2) $\mathrm{d}(\quad)=\sin\omega x\mathrm{d}x$; (3) $\mathrm{d}(\quad)=\dfrac{1}{2+x}\mathrm{d}x$;

(4) $\mathrm{d}(\quad)=\mathrm{e}^{-2x}\mathrm{d}x$; (5) $\mathrm{d}(\quad)=\dfrac{1}{\sqrt{x}}\mathrm{d}x$; (6) $\mathrm{d}(\quad)=\sec^2 2x\mathrm{d}x$.

3. 求下列函数的微分:

(1) $y=\ln x+2\sqrt{x}$; (2) $y=x\sin 2x$; (3) $y=x^2\mathrm{e}^{2x}$;

(4) $y=\ln\sqrt{1-x^3}$；　　　　(5) $y=(e^x+e^{-x})^2$.

4. 当 $|x|$ 较小时，证明下列近似公式：

(1) $\sin x\approx x$；　　　　(2) $e^x\approx 1+x$；　　　　(3) $\sqrt[n]{1+x}\approx 1+\dfrac{x}{n}$.

5. 选择合适的中心给出下列函数的线性化，然后估算在给定点的函数值.

(1) $f(x)=\sqrt[3]{1+x}$, $x_0=6.5$；　　　　(2) $f(x)=\dfrac{x}{1+x}$, $x_0=1.1$.

6. 计算下列各式的近似值：

(1) $\sqrt[100]{1.002}$；　　　　(2) $\cos 29^\circ$.

数学家简介 [2]

柯　西

—— 业绩永存的数学大师

柯西(Cauchy, 1789—1857)，法国数学家、物理学家. 19 世纪初期，微积分已发展成一个庞大的分支，内容丰富，应用非常广泛，与此同时，它的薄弱之处也逐渐暴露出来，微积分的理论基础并不严密. 为解决新问题并厘清微积分概念，数学家们展开了数学分析严谨化的工作，在分析基础的奠基工作中，作出卓越贡献的要首推伟大的数学家柯西.

柯　西

柯西 1789 年 8 月 21 日出生于巴黎. 他的父亲是一位精通古典文学的律师，与当时法国的大数学家拉格朗日和拉普拉斯交往密切. 柯西少年时代的数学才华颇受这两位数学家的赞赏，并预言柯西日后必成大器. 拉格朗日向其父建议“赶快给柯西一种坚实的文学教育”，以便他的爱好不至于把他引入歧途. 父亲因此加强了对柯西的文学教养，使他在诗歌方面也表现出很高的才华.

1807—1810 年，柯西在工学院学习. 他曾当过交通道路工程师，由于身体欠佳，他接受了拉格朗日和拉普拉斯的劝告，放弃工程师而致力于纯数学的研究. 柯西在数学上的最大贡献是在微积分中引入了极限概念，并以极限为基础建立了逻辑清晰的分析体系. 这是微积分发展史上的精华，也是柯西对人类科学发展所作的巨大贡献.

1821 年，柯西提出了极限定义的 ε 方法，把极限过程用不等式来刻画，后经魏尔斯特拉斯改进，成为现在所说的柯西极限定义或叫 $\varepsilon-\delta$ 定义. 当今所有微积分的教科书都还(至少是在本质上) 沿用着柯西等人关于极限、连续、导数、收敛等概念的定义. 他对微积分的解释被后人普遍采用. 柯西对定积分作了最系统的开创性工作，他把定积分定义为和的“极限”. 在定积分运算之前，强调必须确立积分的存在性. 他利用中值定理首先严格证明了微积分基本定理. 通过柯西以及后来魏尔斯特拉斯的艰苦工作，数学分析的基本概念得到了严格的论述，从而结束了 200 年来微积分思想上的混乱局面，把微积分及其推广从对几何概念、运动和直观了解的完全依赖中解放出来，并使微积分发展成现代数学最基础、最庞大的学科.

数学分析严谨化的工作一开始就产生了很大的影响. 在一次学术会议上, 柯西提出了级数收敛性理论. 会后, 拉普拉斯急忙赶回家中, 根据柯西的严谨判别法, 逐一检查其巨著《天体力学》中所用到的级数是否都收敛.

柯西在其他方面的研究成果也很丰富. 复变函数的微积分理论就是由他创立的. 在代数、理论物理、光学、弹性理论等方面, 柯西也有突出贡献. 柯西的数学成就不仅辉煌, 而且数量惊人.《柯西全集》有27卷, 其论著有800多篇. 他在数学史上是仅次于欧拉的多产数学家. 他的名字与许多定理、准则一起被记录在当今许多教材中, 得以铭记.

作为一位学者, 他思路敏捷, 功绩卓著. 由柯西卷帙浩繁的论著和成果, 人们不难想象他一生是怎样孜孜不倦地勤奋工作的. 但柯西却是个具有复杂性格的人. 他是忠诚的保王党人、热心的天主教徒、落落寡合的学者. 尤其作为久负盛名的科学泰斗, 他常常忽视青年学者的创造. 例如, 柯西"失落"了才华出众的年轻数学家阿贝尔与伽罗华开创性的论文手稿, 造成群论晚问世约半个世纪.

1857年5月23日, 柯西在巴黎病逝. 他临终前的一句名言"人总是要死的, 但是, 他们的业绩永存"长久地叩击着一代又一代学子的心扉.

第3章 导数的应用

只有将数学应用于社会科学的研究之后，才能使得
文明社会的发展成为可控制的现实.

—— 怀海德[①]

从 § 2.1 中我们已经知道，导致微分学产生的第三类问题是“求最大值和最小值”. 此类问题在当时的生产实践中具有深刻的应用背景，例如，求炮弹从炮筒里射出后运行的水平距离 (即射程)，其依赖于炮筒对地面的倾斜角 (即发射角). 又如，在天文学中，求行星离开太阳的最远距离和最近距离等. 一直以来，导数作为函数的变化率，在研究函数变化的性态时有着十分重要的意义，因而在自然科学、工程技术以及社会科学等领域得到了广泛的应用.

在第 2 章中，我们介绍了微分学的两个基本概念 —— 导数与微分及其计算方法. 本章以微分学基本定理 —— 微分中值定理为基础，进一步介绍利用导数研究函数的性态，例如，判断函数的单调性和凹凸性，求函数的极限、极值、最大(小)值以及描绘函数图形的方法.

§3.1 中 值 定 理

中值定理揭示了函数在某区间上的整体性质与函数在该区间内某一点的导数之间的关系. 中值定理既是用微分学知识解决应用问题的理论基础，又是解决微分学自身发展的一种理论性模型，因而称为微分中值定理.

一、罗尔[②] 定理

观察图 3–1–1，设函数 $y=f(x)$ 在区间 $[a,b]$ 上的图形是一条连续光滑的曲线弧，这条曲线在区间 (a, b) 内每一点都存在不垂直于 x 轴的切线，且区间 $[a, b]$ 两个端点的函数值相等，即 $f(a)=f(b)$，则可以发现在曲

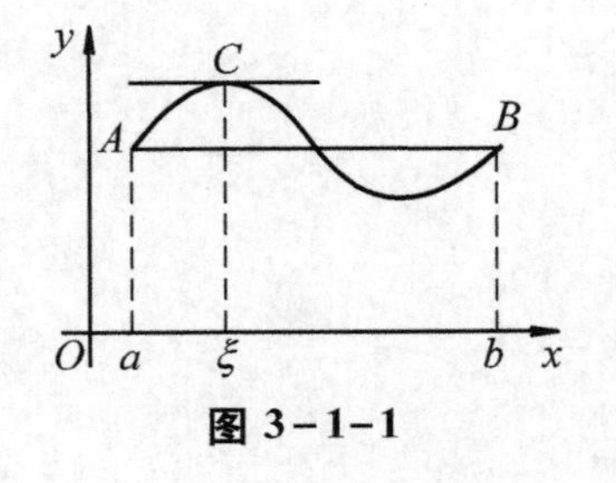

图 3–1–1

① 怀海德 (Whitehead, 1861—1947)，英国数学家.

② 罗尔 (M. Rolle, 1652 —1719)，法国数学家.

线弧上的最高点或最低点处，曲线有水平切线，即有 $f'(\xi)=0$. 如果用数学分析的语言把这种几何现象描述出来，就可得到下面的罗尔定理.

定理 1（罗尔定理） 如果函数 $y=f(x)$ 满足：(1) 在闭区间 $[a,b]$ 上连续，(2) 在开区间 (a,b) 内可导，(3) 在区间端点的函数值相等，即 $f(a)=f(b)$，则在 (a,b) 内至少存在一点 $\xi\,(a<\xi<b)$，使得 $f'(\xi)=0$.

罗尔定理的假设并不要求 $f(x)$ 在 a 和 b 处可导，只要满足在 a 和 b 处的连续性就可以了.

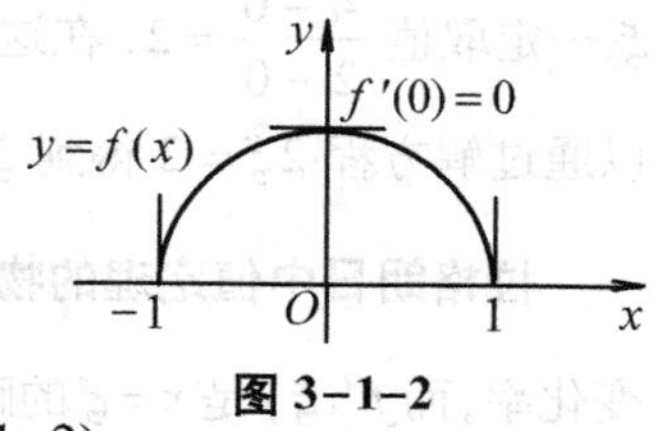

图 3–1–2

例如，函数 $f(x)=\sqrt{1-x^2}$ 在 $[-1,1]$ 上满足罗尔定理的假设(和结论)，即使 $f(x)$ 在 $x=-1$ 和 $x=1$ 处不可导. 若取 $\xi=0\in(-1,1)$，则有 $f'(\xi)=0$（见图 3–1–2）.

但要注意，在一般情形下，罗尔定理只给出了结论中导函数的零点的存在性，通常这样的零点是不易具体求出的.

例 1 对函数 $f(x)=\sin^2 x$ 在区间 $[0,\pi]$ 上验证罗尔定理的正确性.

解 显然 $f(x)$ 在 $[0,\pi]$ 上连续，在 $(0,\pi)$ 内可导，且 $f(0)=f(\pi)=0$，而在 $(0,\pi)$ 内确实存在一点 $\xi=\dfrac{\pi}{2}$ 使

$$f'\left(\frac{\pi}{2}\right)=(2\sin x\cos x)\big|_{x=\pi/2}=0.$$

■

二、拉格朗日[①] 中值定理

在罗尔定理中，$f(a)=f(b)$ 这个条件是相当特殊的，它使罗尔定理的应用受到了限制. 拉格朗日在罗尔定理的基础上作了进一步的研究，取消了罗尔定理中这个条件的限制，但仍保留了其余两个条件，得到了在微分学中具有重要地位的拉格朗日中值定理.

定理 2（拉格朗日中值定理） 如果函数 $y=f(x)$ 满足：(1) 在闭区间 $[a,b]$ 上连续，(2) 在开区间 (a,b) 内可导，则在 (a,b) 内至少存在一点 $\xi\,(a<\xi<b)$，使得

$$f(b)-f(a)=f'(\xi)(b-a). \tag{1.1}$$

下面我们讨论拉格朗日中值定理的几何意义. 式(1.1)可改写为

$$\frac{f(b)-f(a)}{b-a}=f'(\xi), \tag{1.2}$$

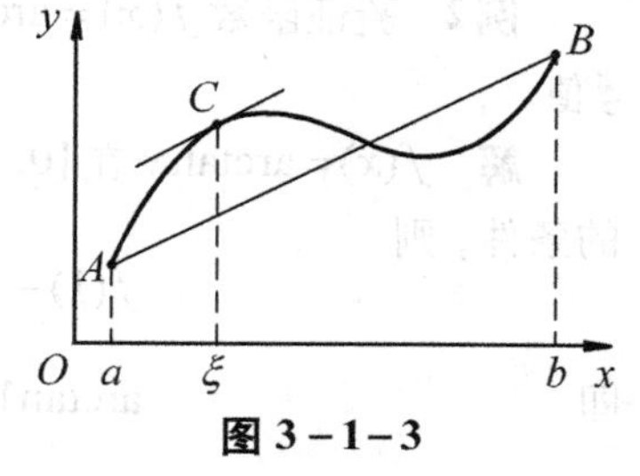

图 3 – 1 – 3

由图 3 – 1 – 3 可见，$\dfrac{f(b)-f(a)}{b-a}$ 为弦 AB 的斜率，而 $f'(\xi)$ 为曲线在点 C 处的切线的斜率. 拉格朗日中值定理表明，在满足定理条件的情况下，曲线 $y=f(x)$ 上至少有一点 C，

① 拉格朗日 (J. L. Lagrange, 1736—1813)，法国数学家.

使曲线在点 C 处的切线平行于弦 AB.

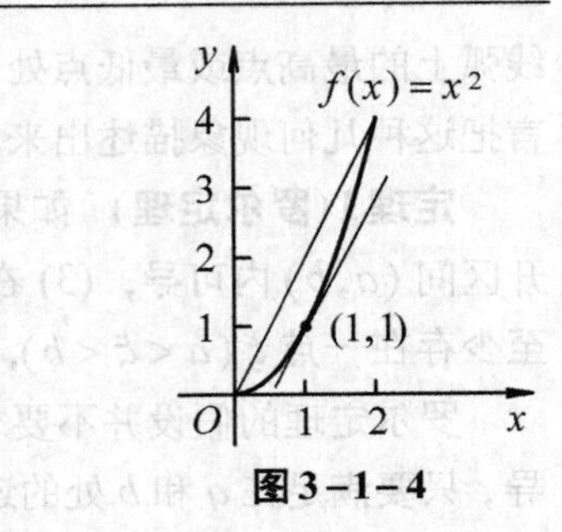

图 3-1-4

例如, 函数 $f(x)=x^2$ 在 $[0,2]$ 上连续且在 $(0,2)$ 内可导, 如图 3-1-4 所示. 因为 $f(0)=0$ 和 $f(2)=4$, 拉格朗日中值定理中的导函数 $f'(x)=2x$ 在区间中的某点 ξ 一定取值 $\dfrac{4-0}{2-0}=2$. 在这个(特殊的)情形中, 我们可以通过解方程 $2\xi=2$ 得到 $\xi=1$, 从而具体确定 ξ.

拉格朗日中值定理的物理解释: 把数 $\dfrac{f(b)-f(a)}{b-a}$ 设想为 f 在 $[a,b]$ 上的平均变化率,而 $f'(\xi)$ 是 $x=\xi$ 的瞬时变化率. 拉格朗日中值定理是说, 整个区间上的平均变化率一定等于某个内点处的瞬时变化率.

我们知道, 常数的导数等于零; 但反过来, 导数为零的函数是否为常数呢? 回答是肯定的, 现在就用拉格朗日中值定理来证明其正确性.

推论 1 如果函数 $f(x)$ 在区间 I 上的导数恒为零, 那么 $f(x)$ 在区间 I 上是一个常数.

证明 在区间 I 上任取两点 x_1, x_2 $(x_1<x_2)$, 在区间 $[x_1, x_2]$ 上应用拉格朗日中值定理, 由式 (1.1) 得

$$f(x_1)-f(x_2)=f'(\xi)(x_1-x_2) \quad (x_1<\xi<x_2).$$

由假设 $f'(\xi)=0$, 于是

$$f(x_1)=f(x_2),$$

再由 x_1, x_2 的任意性知, $f(x)$ 在区间 I 上任意点处的函数值都相等, 即 $f(x)$ 在区间 I 上是一个常数. ■

注: 推论1表明: 导数为零的函数就是常数函数. 这一结论在后面的积分学中将会用到. 由推论1立即可得下面的推论2.

推论 2 如果函数 $f(x)$ 与 $g(x)$ 在区间 I 上恒有 $f'(x)=g'(x)$, 则在区间 I 上

$$f(x)=g(x)+C \ \ (C\text{为常数}).$$

例 2 验证函数 $f(x)=\arctan x$ 在 $[0,1]$ 上满足拉格朗日中值定理, 并由结论求 ξ 值.

解 $f(x)=\arctan x$ 在 $[0,1]$ 上连续, 在 $(0,1)$ 内可导, 故满足拉格朗日中值定理的条件, 则

$$f(1)-f(0)=f'(\xi)(1-0) \qquad (0<\xi<1),$$

即
$$\arctan 1-\arctan 0=\left.\frac{1}{1+x^2}\right|_{x=\xi}=\frac{1}{1+\xi^2}.$$

故
$$\frac{1}{1+\xi^2}=\frac{\pi}{4} \Rightarrow \xi=\sqrt{\frac{4-\pi}{\pi}} \quad (0<\xi<1).$$ ■

例 3 证明：当 $x>0$ 时，$\dfrac{x}{1+x}<\ln(1+x)<x$.

证明 设 $f(x)=\ln(1+x)$，显然，$f(x)$ 在 $[0,x]$ 上满足拉格朗日中值定理的条件，由式 (1.1)，有

$$f(x)-f(0)=f'(\xi)(x-0)\quad(0<\xi<x).$$

因为 $f(0)=0$，$f'(x)=\dfrac{1}{1+x}$，故上式即为

$$\ln(1+x)=\frac{x}{1+\xi}\quad(0<\xi<x).$$

由于 $0<\xi<x$，所以 $\dfrac{x}{1+x}<\dfrac{x}{1+\xi}<x$，即

$$\frac{x}{1+x}<\ln(1+x)<x.$$ ■

三、柯西中值定理

拉格朗日中值定理表明：如果连续曲线弧 $\overset{\frown}{AB}$ 上除端点外处处具有不垂直于横轴的切线，则这段弧上至少有一点 C，使曲线在点 C 处的切线平行于弦 AB. 设弧 $\overset{\frown}{AB}$ 的参数方程为 $\begin{cases}X=g(t)\\Y=f(t)\end{cases}(a\le t\le b)$ (见图 3-1-5)，其中 t 是参数.

那么曲线上点 (X,Y) 处切线的斜率为

$$\frac{\mathrm{d}Y}{\mathrm{d}X}=\frac{f'(t)}{g'(t)},$$

弦 AB 的斜率为 $\dfrac{f(b)-f(a)}{g(b)-g(a)}$.

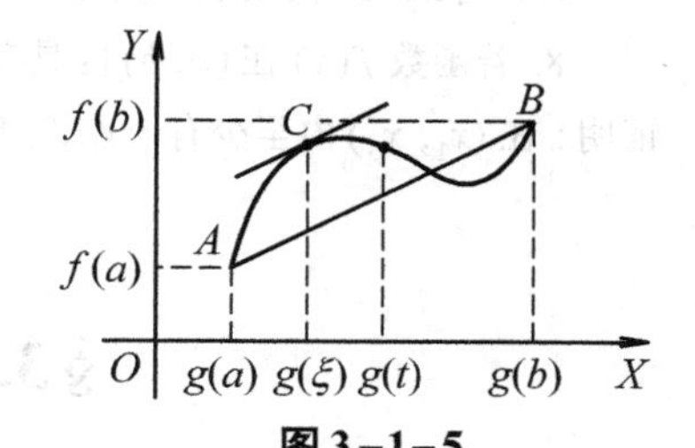

图 3-1-5

假设点 C 对应于参数 $t=\xi$，那么曲线上点 C 处的切线平行于弦 AB，即

$$\frac{f(b)-f(a)}{g(b)-g(a)}=\frac{f'(\xi)}{g'(\xi)}.$$

与这一事实对应的是下述定理 3.

定理 3（柯西中值定理） 如果函数 $f(x)$ 及 $g(x)$ 满足：(1) 在闭区间 $[a,b]$ 上连续，(2) 在开区间 (a,b) 内可导，(3) 在 (a,b) 内每一点处 $g'(x)\neq 0$，则在 (a,b) 内至少存在一点 $\xi\,(a<\xi<b)$，使得

$$\frac{f(b)-f(a)}{g(b)-g(a)}=\frac{f'(\xi)}{g'(\xi)}.$$

注：若在这个定理中取 $g(x)=x$，则 $g(b)-g(a)=b-a$，$g'(x)=1$，因而，柯西中值定理就变成拉格朗日中值定理（微分中值定理）了. 所以柯西中值定理又称为**广义中值定理**.

习题 3-1

1. 验证函数 $f(x)=x\sqrt{3-x}$ 在区间 $[0, 3]$ 上满足罗尔定理的条件，并求出满足罗尔定理的 ξ 值.

2. 验证拉格朗日中值定理对于函数 $y=4x^3-5x^2+x-2$ 在区间$[0,1]$上的正确性.

3. 已知函数 $f(x)=x^4$ 在区间$[1,2]$上满足拉格朗日中值定理的条件，试求满足定理的ξ.

4. 试证明对函数 $y=px^2+qx+r$ 应用拉格朗日中值定理时所求得的点 ξ 总是位于区间的正中间.

5. 一位货车司机在收费亭处拿到一张罚款单，说他在限速为65公里/小时的收费道路上在2小时内行驶了159公里. 罚款单列出的违章理由为该司机超速行驶. 为什么？

6. 15世纪郑和下西洋时最大的宝船能在12小时内一次航行110海里. 试解释为什么在航行过程中的某时刻宝船的速度一定超过9海里/小时.

7. 证明下列不等式：

(1) 当 $x>1$ 时，$e^x>e\cdot x$；

(2) 当 $x>0$ 时，$\ln(1+x)<x$.

8. 若函数 $f(x)$ 在 (a, b) 内具有二阶导函数，且 $f(x_1)=f(x_2)=f(x_3)$ $(a<x_1<x_2<x_3<b)$，证明：在 (x_1, x_3) 内至少有一点 ξ，使得 $f''(\xi)=0$.

§3.2　洛必达[①]法则

如果当 $x\to a$（或 $x\to\infty$）时，两个函数 $f(x)$ 与 $g(x)$ 都趋于零或都趋于无穷大，则极限 $\lim\limits_{x\to a}\dfrac{f(x)}{g(x)}$ $\left(\text{或}\lim\limits_{x\to\infty}\dfrac{f(x)}{g(x)}\right)$ 可能存在，也可能不存在，通常把这种极限称为**未定式**，并分别记为 $\dfrac{0}{0}$ 或 $\dfrac{\infty}{\infty}$.

例如，$\lim\limits_{x\to 0}\dfrac{\sin x}{x}$，$\lim\limits_{x\to 0}\dfrac{1-\cos x}{x^2}$，$\lim\limits_{x\to+\infty}\dfrac{x^3}{e^x}$ 等都是未定式.

在第1章中，我们曾计算过两个无穷小之比以及两个无穷大之比的未定式的极限. 其中，计算未定式的极限往往需要经过适当的变形，转化成可利用极限运算法则或重要极限的形式进行计算. 这种变形没有一般方法，需视具体问题而定，属于特定的方法. 本节将以导数作为工具，给出计算未定式极限的一般方法，即**洛必达法则**.

① 洛必达（L' Hôpital，1661—1704），法国数学家.

一、$\dfrac{0}{0}$ 型与 $\dfrac{\infty}{\infty}$ 型未定式

下面，我们以 $x\to a$ 时的未定式 $\dfrac{0}{0}$ 的情形为例进行讨论.

定理1 设

(1) 当 $x\to a$ 时，函数 $f(x)$ 及 $g(x)$ 都趋于零，

(2) 在点 a 的某去心邻域内，$f'(x)$ 及 $g'(x)$ 都存在且 $g'(x)\neq 0$，

(3) $\lim\limits_{x\to a}\dfrac{f'(x)}{g'(x)}$ 存在(或为无穷大)，

则
$$\lim_{x\to a}\frac{f(x)}{g(x)}=\lim_{x\to a}\frac{f'(x)}{g'(x)}.$$

上述定理给出的这种在一定条件下通过对分子和分母分别先求导、再求极限来确定未定式的值的方法称为**洛必达法则**.

例1 求 $\lim\limits_{x\to 0}\dfrac{\sin kx}{x}\ (k\neq 0)$.

解 这是 $\dfrac{0}{0}$ 型未定式，由洛必达法则，可得
$$\lim_{x\to 0}\frac{\sin kx}{x}=\lim_{x\to 0}\frac{(\sin kx)'}{(x)'}=\lim_{x\to 0}\frac{k\cos kx}{1}=k.$$ ■

例2 求 $\lim\limits_{x\to 1}\dfrac{x^3-3x+2}{x^3-x^2-x+1}$.

解 这是 $\dfrac{0}{0}$ 型未定式，连续应用洛必达法则两次，可得
$$\lim_{x\to 1}\frac{x^3-3x+2}{x^3-x^2-x+1}=\lim_{x\to 1}\frac{3x^2-3}{3x^2-2x-1}=\lim_{x\to 1}\frac{6x}{6x-2}=\frac{3}{2}.$$ ■

注：上式中的 $\lim\limits_{x\to 1}\dfrac{6x}{6x-2}$ 已经不是未定式，不能再对它应用洛必达法则，否则会导致错误.

例3 求 $\lim\limits_{x\to 0}\dfrac{e^x-e^{-x}-2x}{x-\sin x}$.

解 $$\lim_{x\to 0}\frac{e^x-e^{-x}-2x}{x-\sin x}=\lim_{x\to 0}\frac{e^x+e^{-x}-2}{1-\cos x}=\lim_{x\to 0}\frac{e^x-e^{-x}}{\sin x}=\lim_{x\to 0}\frac{e^x+e^{-x}}{\cos x}=2.$$ ■

注：我们指出，对于 $x\to\infty$ 时的未定式 $\dfrac{0}{0}$，以及 $x\to a$ 或 $x\to\infty$ 时的未定式 $\dfrac{\infty}{\infty}$，也有相应的洛必达法则. 例如，对于 $x\to\infty$ 时的未定式 $\dfrac{0}{0}$，有下面的定理2.

定理2 设

(1) 当$x\to\infty$时，函数$f(x)$及$g(x)$都趋于零，

(2) 对于充分大的$|x|$，$f'(x)$及$g'(x)$都存在且$g'(x)\neq 0$，

(3) $\lim\limits_{x\to\infty}\dfrac{f'(x)}{g'(x)}$存在 (或为无穷大)，

则
$$\lim_{x\to\infty}\frac{f(x)}{g(x)}=\lim_{x\to\infty}\frac{f'(x)}{g'(x)}.$$

例 4 求 $\lim\limits_{x\to+\infty}\dfrac{\dfrac{\pi}{2}-\arctan x}{\dfrac{1}{x}}$.

解 $$\lim_{x\to+\infty}\frac{\dfrac{\pi}{2}-\arctan x}{\dfrac{1}{x}}=\lim_{x\to+\infty}\frac{-\dfrac{1}{1+x^2}}{-\dfrac{1}{x^2}}=\lim_{x\to+\infty}\frac{x^2}{1+x^2}=1.$$ ■

例 5 求 $\lim\limits_{x\to0^+}\dfrac{\ln\cot x}{\ln x}$.

解 $$\lim_{x\to0^+}\frac{\ln\cot x}{\ln x}=\lim_{x\to0^+}\frac{(\ln\cot x)'}{(\ln x)'}=\lim_{x\to0^+}\frac{\dfrac{1}{\cot x}\left(-\dfrac{1}{\sin^2 x}\right)}{\dfrac{1}{x}}$$

$$=-\lim_{x\to0^+}\frac{x}{\sin x\cos x}=-\lim_{x\to0^+}\frac{x}{\sin x}\lim_{x\to0^+}\frac{1}{\cos x}=-1.$$ ■

例 6 求 $\lim\limits_{x\to+\infty}\dfrac{\ln x}{x^n}\ (n>0)$.

解 $$\lim_{x\to+\infty}\frac{\ln x}{x^n}=\lim_{x\to+\infty}\frac{\dfrac{1}{x}}{nx^{n-1}}=\lim_{x\to+\infty}\frac{1}{nx^n}=0.$$ ■

例 7 求 $\lim\limits_{x\to+\infty}\dfrac{x^n}{\mathrm{e}^{\lambda x}}$ (n为正整数，$\lambda>0$).

解 反复应用洛必达法则n次，得

$$\lim_{x\to+\infty}\frac{x^n}{\mathrm{e}^{\lambda x}}=\lim_{x\to+\infty}\frac{nx^{n-1}}{\lambda\mathrm{e}^{\lambda x}}=\lim_{x\to+\infty}\frac{n(n-1)x^{n-2}}{\lambda^2\mathrm{e}^{\lambda x}}=\cdots=\lim_{x\to+\infty}\frac{n!}{\lambda^n\mathrm{e}^{\lambda x}}=0.$$ ■

注：对数函数$\ln x$、幂函数x^n、指数函数$\mathrm{e}^{\lambda x}(\lambda>0)$均为$x\to+\infty$时的无穷大，但它们增大的速度很不一样，幂函数增大的速度远比对数函数快，而指数函数增大的速度又远比幂函数快.

虽然洛必达法则是求未定式的一种有效方法，但若能与其他求极限的方法结合使用，效果会更好. 例如，能化简时应尽可能先化简，可以应用等价无穷小替换或重要极限时应尽量应用，以使运算尽可能简捷.

例 8 求 $\lim\limits_{x\to 0}\dfrac{3x-\sin 3x}{\tan^2 x\ln(1+x)}$.

解 当 $x\to 0$ 时，$\tan x\sim x$，$\ln(1+x)\sim x$，所以

$$\lim_{x\to 0}\frac{3x-\sin 3x}{\tan^2 x\ln(1+x)}=\lim_{x\to 0}\frac{3x-\sin 3x}{x^3}=\lim_{x\to 0}\frac{3-3\cos 3x}{3x^2}=\lim_{x\to 0}\frac{3\sin 3x}{2x}=\frac{9}{2}.$$

■

注：应用洛必达法则求极限 $\lim\dfrac{f(x)}{g(x)}$ 时，如果 $\lim\dfrac{f'(x)}{g'(x)}$ 不存在且不等于 ∞，只表明洛必达法则失效，并不意味着 $\lim\dfrac{f(x)}{g(x)}$ 不存在，此时应改用其他方法求解.

例 9 求 $\lim\limits_{x\to 0}\dfrac{x^2\sin\frac{1}{x}}{\sin x}$.

解 此极限属于 $\dfrac{0}{0}$ 型未定式，但对分子和分母分别求导数后将变为

$$\lim_{x\to 0}\frac{2x\sin\frac{1}{x}-\cos\frac{1}{x}}{\cos x},$$

此极限式的极限不存在 (振荡)，故洛必达法则失效．但原极限是存在的，可用如下方法求得：

$$\lim_{x\to 0}\frac{x^2\sin\frac{1}{x}}{\sin x}=\lim_{x\to 0}\left(\frac{x}{\sin x}\cdot x\sin\frac{1}{x}\right)=\frac{\lim\limits_{x\to 0}x\sin\frac{1}{x}}{\lim\limits_{x\to 0}\frac{\sin x}{x}}=\frac{0}{1}=0.$$

■

二、其他类型的未定式 ($0\cdot\infty$, $\infty-\infty$, 0^0, 1^∞, ∞^0)

(1) 对于 $0\cdot\infty$ 型，可将乘积化为除的形式，即化为 $\dfrac{0}{0}$ 或 $\dfrac{\infty}{\infty}$ 型未定式进行计算.

例 10 求 $\lim\limits_{x\to+\infty}x^{-2}\mathrm{e}^x$.

解 $\lim\limits_{x\to+\infty}x^{-2}\mathrm{e}^x=\lim\limits_{x\to+\infty}\dfrac{\mathrm{e}^x}{x^2}=\lim\limits_{x\to+\infty}\dfrac{\mathrm{e}^x}{2x}=\lim\limits_{x\to+\infty}\dfrac{\mathrm{e}^x}{2}=+\infty.$ ■

(2) 对于 $\infty-\infty$ 型，可利用通分化为 $\dfrac{0}{0}$ 型未定式来计算.

例 11 求 $\lim\limits_{x\to\frac{\pi}{2}}(\sec x-\tan x)$.

解　$$\lim_{x\to\frac{\pi}{2}}(\sec x-\tan x)=\lim_{x\to\frac{\pi}{2}}\left(\frac{1}{\cos x}-\frac{\sin x}{\cos x}\right)$$

$$=\lim_{x\to\frac{\pi}{2}}\frac{1-\sin x}{\cos x}=\lim_{x\to\frac{\pi}{2}}\frac{-\cos x}{-\sin x}=\frac{0}{1}=0.$$ ■

(3) 对于 $0^0,1^\infty,\infty^0$ 型，可以先化为以 e 为底的指数函数的极限，再利用指数函数的连续性，化为直接求指数的极限，一般地，我们有

$$\lim_{x\to a}\ln f(x)=A\Rightarrow\lim_{x\to a}f(x)=\lim_{x\to a}\mathrm{e}^{\ln f(x)}=\mathrm{e}^{\lim\limits_{x\to a}\ln f(x)}=\mathrm{e}^A,$$

其中a是有限数或无穷．

下面我们用洛必达法则来重新求§1.5 中的第二个重要极限．

例12　求 $\lim\limits_{x\to\infty}\left(1+\frac{1}{x}\right)^x$．

解　这是1^∞型未定式，将它变形为

$$\ln\left(1+\frac{1}{x}\right)^x=\frac{\ln\left(1+\frac{1}{x}\right)}{\frac{1}{x}},$$

由于

$$\lim_{x\to\infty}\ln\left(1+\frac{1}{x}\right)^x=\lim_{x\to\infty}\frac{\ln\left(1+\frac{1}{x}\right)}{\frac{1}{x}}=\lim_{x\to\infty}\frac{\left(1+\frac{1}{x}\right)^{-1}\left(-\frac{1}{x^2}\right)}{-\frac{1}{x^2}}=\lim_{x\to\infty}\left(1+\frac{1}{x}\right)^{-1}=1,$$

故　$$\lim_{x\to\infty}\left(1+\frac{1}{x}\right)^x=\mathrm{e}.$$ ■

例13　求 $\lim\limits_{x\to0^+}x^{\tan x}$．

解　这是0^0型未定式，将它变形为 $\lim\limits_{x\to0^+}x^{\tan x}=\mathrm{e}^{\lim\limits_{x\to0^+}\tan x\ln x}$，由于

$$\lim_{x\to0^+}\tan x\ln x=\lim_{x\to0^+}\frac{\ln x}{\cot x}=\lim_{x\to0^+}\frac{\frac{1}{x}}{-\csc^2x}$$

$$=\lim_{x\to0^+}\frac{-\sin^2x}{x}=\lim_{x\to0^+}\frac{-2\sin x\cos x}{1}=0,$$

故　$\lim\limits_{x\to0^+}x^{\tan x}=\mathrm{e}^0=1.$ ■

例14　求 $\lim\limits_{x\to0^+}(\cot x)^{\frac{1}{\ln x}}$．

解　这是∞^0型未定式，类似于例13，有

$$\lim_{x\to0^+}(\cot x)^{\frac{1}{\ln x}}=\lim_{x\to0^+}\mathrm{e}^{\frac{\ln\cot x}{\ln x}}=\mathrm{e}^{\lim\limits_{x\to0^+}\frac{\ln\cot x}{\ln x}}$$

$$=\mathrm{e}^{\lim\limits_{x\to0^+}\frac{-\tan x\cdot\csc^2 x}{1/x}}=\mathrm{e}^{\lim\limits_{x\to0^+}\left(-\frac{1}{\cos x}\cdot\frac{x}{\sin x}\right)}=\mathrm{e}^{-1}.\quad\blacksquare$$

习题 3-2

1. 用洛必达法则求下列极限：

(1) $\lim\limits_{x\to0}\dfrac{\mathrm{e}^x-\mathrm{e}^{-x}}{\sin x}$；　(2) $\lim\limits_{x\to a}\dfrac{\sin x-\sin a}{x-a}$；　(3) $\lim\limits_{x\to0}\dfrac{\tan x-x}{x-\sin x}$；

(4) $\lim\limits_{x\to1}\dfrac{x^3-1+\ln x}{\mathrm{e}^x-\mathrm{e}}$；　(5) $\lim\limits_{x\to0}x\cot 2x$；　(6) $\lim\limits_{x\to0}x^2\mathrm{e}^{1/x^2}$；

(7) $\lim\limits_{x\to\infty}x(\mathrm{e}^{\frac{1}{x}}-1)$；　(8) $\lim\limits_{x\to0}\left(\dfrac{1}{x}-\dfrac{1}{\mathrm{e}^x-1}\right)$；　(9) $\lim\limits_{x\to1}\left(\dfrac{x}{x-1}-\dfrac{1}{\ln x}\right)$；

(10) $\lim\limits_{x\to0^+}x^{\sin x}$；　(11) $\lim\limits_{x\to0^+}\left(\dfrac{1}{x}\right)^{\tan x}$；　(12) $\lim\limits_{x\to0}(1+\sin x)^{\frac{1}{x}}$.

2. 验证极限 $\lim\limits_{x\to\infty}\dfrac{x+\sin x}{x}$ 存在，但不能用洛必达法则求出 .

§3.3 函数的单调性、凹凸性与极值

我们已经会用初等数学的方法研究一些函数的单调性和某些简单函数的性质，但这些方法使用范围较小，并且有些需要借助于某些特殊的技巧，因而不具有一般性 . 本节将以导数为工具，介绍判断函数单调性和凹凸性的简便且具有一般性的方法 .

一、函数的单调性

定理 1 设函数 $y=f(x)$ 在 $[a,b]$ 上连续，在 (a,b) 内可导 .

(1) 若在 (a,b) 内 $f'(x)>0$，则函数 $y=f(x)$ 在 $[a,b]$ 上单调增加；

(2) 若在 (a,b) 内 $f'(x)<0$，则函数 $y=f(x)$ 在 $[a,b]$ 上单调减少 .

证明 任取两点 $x_1,x_2\in(a,b)$，设 $x_1<x_2$，由拉格朗日中值定理知，存在 $\xi(x_1<\xi<x_2)$，使得

$$f(x_2)-f(x_1)=f'(\xi)(x_2-x_1),$$

(1) 若在 (a,b) 内，$f'(x)>0$，则 $f'(\xi)>0$，所以

$$f(x_2)>f(x_1),$$

即 $y=f(x)$ 在 $[a,b]$ 上单调增加；

(2) 若在 (a,b) 内，$f'(x)<0$，则 $f'(\xi)<0$，所以

$$f(x_2)<f(x_1),$$

即 $y=f(x)$ 在 $[a, b]$ 上单调减少. ■

注: 将此定理中的闭区间换成其他各种区间(包括无穷区间), 结论仍成立.

函数的单调性是一个区间上的性质, 要用导数在这一区间上的符号来判定, 而不能用导数在某一点处的符号来判别. 区间内个别点导数为零并不影响函数在该区间上的单调性.

例如, 函数 $y=x^3$ 在其定义域 $(-\infty, +\infty)$ 内是单调增加的 (见图 3-3-1), 但其导数 $y'=3x^2$ 在 $x=0$ 处为零.

图 3-3-1

如果函数在其定义域的某个区间内是单调的, 则称该区间为函数的**单调区间**.

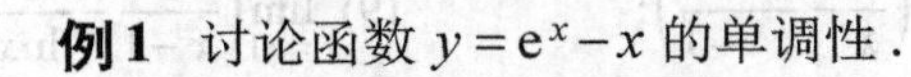

例 1 讨论函数 $y=\mathrm{e}^x-x$ 的单调性.

解 题设函数的定义域为 $(-\infty, +\infty)$, 又

$$y'=\mathrm{e}^x-1.$$

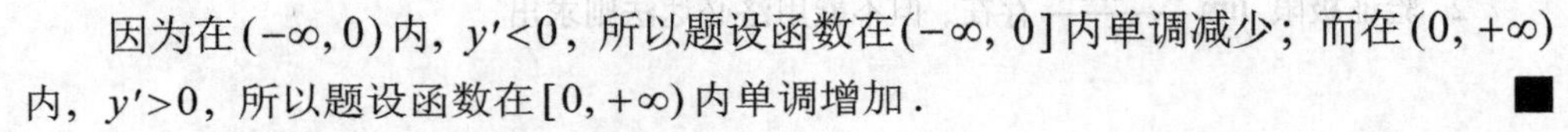

因为在 $(-\infty, 0)$ 内, $y'<0$, 所以题设函数在 $(-\infty, 0]$ 内单调减少; 而在 $(0, +\infty)$ 内, $y'>0$, 所以题设函数在 $[0, +\infty)$ 内单调增加. ■

例 2 讨论函数 $y=\sqrt[3]{x^2}$ 的单调区间.

解 题设函数的定义域为 $(-\infty, +\infty)$, 又

$$y'=\frac{2}{3\sqrt[3]{x}} \quad (x\neq 0),$$

显然, 当 $x=0$ 时, 题设函数的导数不存在.

因为在 $(-\infty, 0)$ 时, $y'<0$, 所以题设函数在 $(-\infty, 0]$ 内单调减少; 而在 $(0, +\infty)$ 内, $y'>0$, 所以题设函数在 $[0, +\infty)$ 内单调增加 (见图 3-3-2). ■

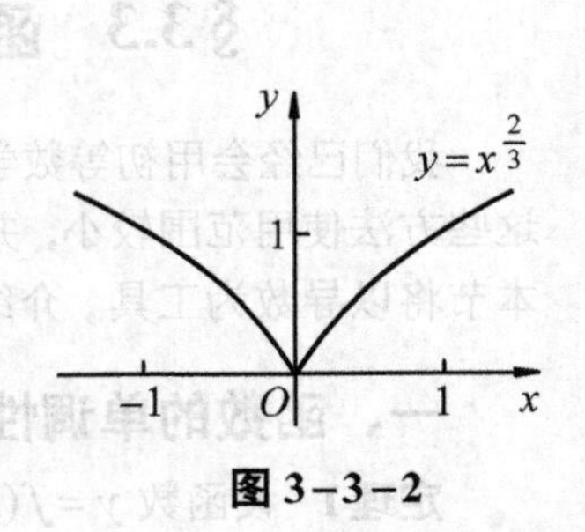

图 3-3-2

注: 从上述两例可见, 对函数 $y=f(x)$ 单调性的讨论, 应先求出使导数等于零的点或使导数不存在的点, 并用这些点将函数的定义域划分为若干个子区间, 然后逐个判断函数的导数 $f'(x)$ 在各子区间的符号, 从而确定出函数 $y=f(x)$ 在各子区间上的单调性, 每个使得 $f'(x)$ 的符号保持不变的子区间都是函数 $y=f(x)$ 的单调区间.

例 3 确定函数 $f(x)=\dfrac{x^3}{3}+\dfrac{x^2}{2}-2x-1$ 的单调区间.

解 题设函数的定义域为 $(-\infty, +\infty)$, 又

$$f'(x)=x^2+x-2=(x-1)(x+2),$$

解方程 $f'(x)=0$, 得 $x_1=-2$, $x_2=1$.

函数图形实验

当 $-\infty<x<-2$ 时，$f'(x)>0$，所以 $f(x)$ 在 $(-\infty,-2]$ 上单调增加；

当 $-2<x<1$ 时，$f'(x)<0$，所以 $f(x)$ 在 $[-2,1]$ 上单调减少；

当 $1<x<+\infty$ 时，$f'(x)>0$，所以 $f(x)$ 在 $[1,+\infty)$ 上单调增加.

于是，$f(x)$ 的单调区间为 $(-\infty,-2]$，$[-2,1]$，$[1,+\infty)$（见图 3-3-3）. ■

图3-3-3

例4 试证明：当 $x>0$ 时，$\ln(1+x)>x-\frac{1}{2}x^2$.

证明 作辅助函数

$$f(x)=\ln(1+x)-x+\frac{1}{2}x^2,$$

因为 $f(x)$ 在 $[0,+\infty)$ 上连续，在 $(0,+\infty)$ 内可导，且

$$f'(x)=\frac{1}{1+x}-1+x=\frac{x^2}{1+x},$$

当 $x>0$ 时，$f'(x)>0$，又 $f(0)=0$. 故当 $x>0$ 时，$f(x)>f(0)=0$，所以

$$\ln(1+x)>x-\frac{1}{2}x^2.$$

■

二、曲线的凹凸性

函数的单调性反映在图形上就是曲线的上升或下降，但如何上升，如何下降？如图 3-3-4 所示的两条曲线弧，虽然都是单调上升的，图形却有明显的不同. ACB 是向上凸的，ADB 则是向上凹的，即它们的凹凸性是不同的. 下面我们就来研究曲线的凹凸性及其判定方法.

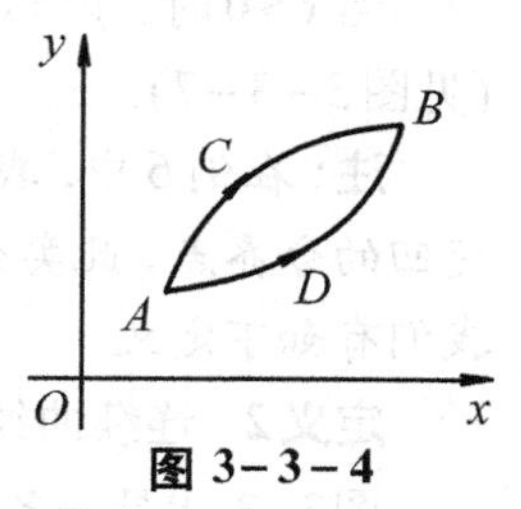

图 3-3-4

定义1 设 $f(x)$ 在区间 I 上连续，如果对于 I 上任意两点 x_1，x_2，恒有

$$f\left(\frac{x_1+x_2}{2}\right)<\frac{f(x_1)+f(x_2)}{2},$$

则称 $f(x)$ 在 I 上的图形是**(向上)凹的**(或**凹弧**)；如果恒有

$$f\left(\frac{x_1+x_2}{2}\right)>\frac{f(x_1)+f(x_2)}{2},$$

则称 $f(x)$ 在 I 上的图形是**(向上)凸的**(或**凸弧**).

曲线的凹凸具有明显的几何意义，对于凹曲线，当 x 逐渐增加时，其上每一点处切线的斜率是逐渐增大的，即导函数 $f'(x)$ 是单调增加函数（见图3-3-5）；而对于凸曲线，其上每一点处切线的斜率是逐渐减小的，即导函数 $f'(x)$ 是单调减少函数（见图3-3-6）. 于是有下述判断曲线凹凸性的定理.

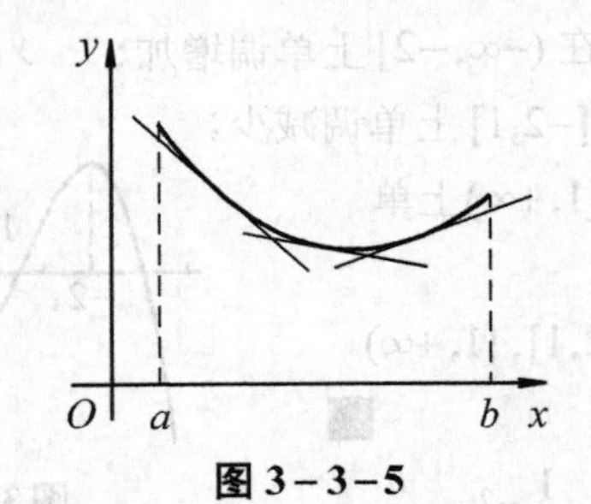

图 3-3-5

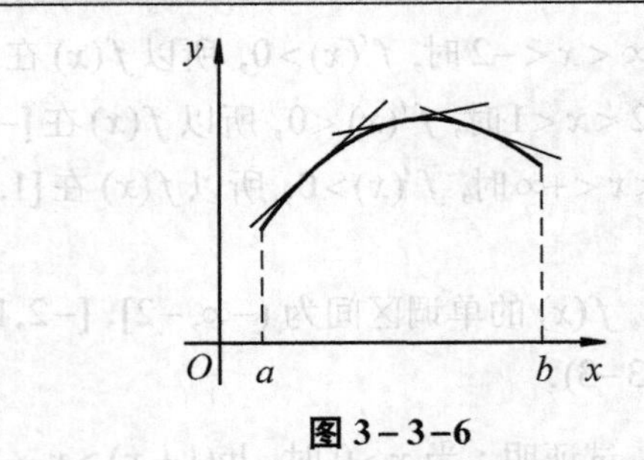

图 3-3-6

定理2 设 $f(x)$ 在 $[a, b]$ 上连续，在 (a, b) 内具有一阶和二阶导数，则

(1) 若在 (a, b) 内，$f''(x)>0$，则 $f(x)$ 在 $[a, b]$ 上的图形是凹的；

(2) 若在 (a, b) 内，$f''(x)<0$，则 $f(x)$ 在 $[a, b]$ 上的图形是凸的.

例5 判定 $y=x-\ln(1+x)$ 的凹凸性.

解 因为 $y'=1-\dfrac{1}{1+x}$，$y''=\dfrac{1}{(1+x)^2}>0$，所以，题设函数在其定义域 $(-1,+\infty)$ 内是凹的. ■

例6 判断曲线 $y=x^3$ 的凹凸性.

解 $y'=3x^2$，$y''=6x$.

当 $x<0$ 时，$y''<0$，所以曲线在 $(-\infty, 0]$ 内为凸的；

当 $x>0$ 时，$y''>0$，所以曲线在 $[0,+\infty)$ 内为凹的（见图3-3-7）. ■

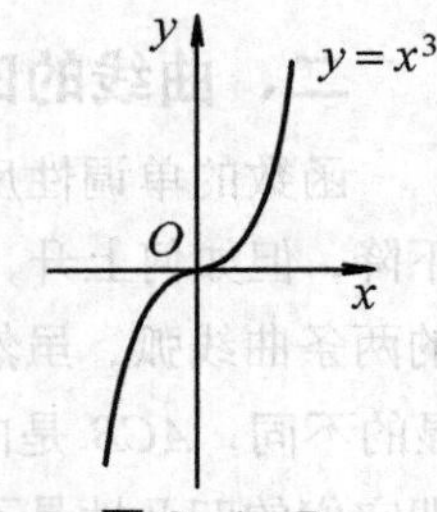

图 3-3-7

注：在例6中，我们注意到点 $(0, 0)$ 是使曲线由凸变凹的分界点. 此类分界点称为曲线的拐点. 一般地，我们有如下定义.

定义2 连续曲线上凹弧与凸弧的分界点称为曲线的**拐点**.

图3-3-8是一条假设的上海证券交易所股票价格综合指数（简称上证指数）曲线. 上证指数是一种能反映具有局部下跌和上涨的股票市场总体增长的股票指数. 投资股票市场的目标无疑是低买（在局部最低处买进）高卖（在局部最高处卖出）. 但是，这种对股票时机的把握是难以捉摸的，因为我们不可能准确预测股市的趋势. 当投资人刚意识到股市确实在上涨（或下跌）时，局部最低点（或局部最高点）早已过去了.

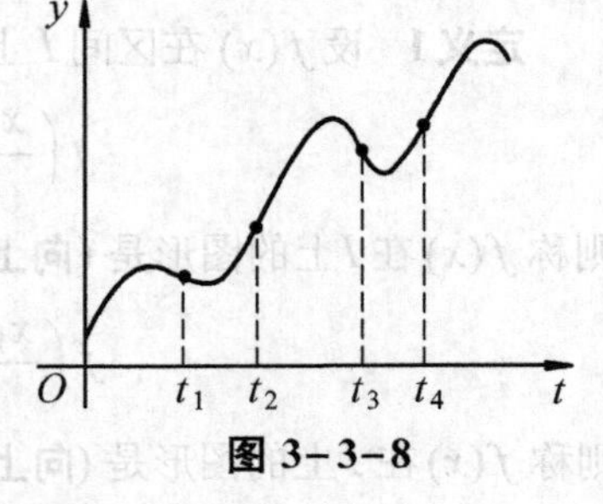

图 3-3-8

拐点为投资者提供了在逆转趋势发生之前预测它的方法，因为拐点标志着函数增长率的根本改变. 以拐点（或接近拐点）处的价格购进股票能使投资者待在较长期的上扬趋势中（拐点预警了趋势的改变），降低了因股市的波动给投资者带来的风险，

这种方法使投资者能在长时间内抓住股指上扬的趋势.

如何寻找曲线 $y=f(x)$ 的拐点呢？

根据定理 2，二阶导数 $f''(x)$ 的符号是判断曲线凹凸性的依据. 因此，若 $f''(x)$ 在点 x_0 的左、右两侧邻近处异号，则点 $(x_0, f(x_0))$ 就是曲线的一个拐点，所以，要寻找拐点，只要找出使 $f''(x)$ 的符号发生变化的分界点即可. 如果函数 $f(x)$ 在区间 (a, b) 内具有二阶连续导数，则在这样的分界点处必有 $f''(x)=0$；此外，使 $f(x)$ 的二阶导数不存在的点也可能是使 $f''(x)$ 的符号发生变化的分界点.

综上所述，判定曲线的凹凸性与求曲线的拐点的一般步骤为:

(1) 求函数的二阶导数 $f''(x)$；

(2) 令 $f''(x)=0$，解出全部实根，并求出所有使二阶导数不存在的点；

(3) 对步骤 (2) 中求出的每一个点，检查其左、右两侧邻近处 $f''(x)$ 的符号，确定曲线的凹凸区间和拐点.

例 7　求曲线 $y=x^4-2x^3+x+3$ 的拐点及凹凸区间.

解　曲线函数的定义域为 $(-\infty, +\infty)$，由

$$y'=4x^3-6x^2+1,\ y''=12x^2-12x=12x(x-1),$$

令 $y''=0$，解得 $x_1=0$，$x_2=1$. 列表讨论如下:

x	$(-\infty, 0)$	0	$(0,1)$	1	$(1,+\infty)$
$f''(x)$	+	0	−	0	+
$f(x)$	凹的	拐点 $(0,3)$	凸的	拐点 $(1,3)$	凹的

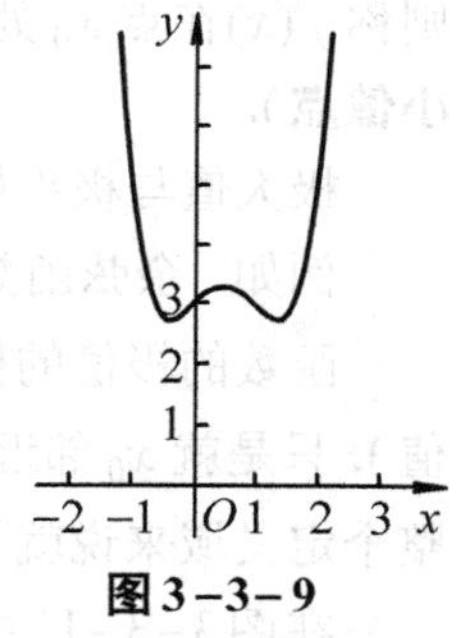

图 3−3−9

函数图形实验

所以，曲线的凹区间为 $(-\infty, 0]$，$[1, +\infty)$，凸区间为 $[0, 1]$，拐点为 $(0, 3)$ 和 $(1, 3)$（见图3−3−9）. ■

例 8　求曲线 $y=2+(x-4)^{\frac{1}{3}}$ 的凹凸区间与拐点.

解　$y'=\dfrac{1}{3}(x-4)^{-\frac{2}{3}}$，$y''=-\dfrac{2}{9}(x-4)^{-\frac{5}{3}}$.

y'' 在 $(-\infty, +\infty)$ 内恒不为零，但 $x=4$ 时，y'' 不存在. $f(x)$ 在 $x=4$ 处连续，且 $f(4)=2$，因此需要判断点 $(4,2)$ 是否为拐点.

x 在 4 的左侧邻近处时，$y''>0$；在 4 的右侧邻近处时，$y''<0$. 即 y'' 在 $x=4$ 两侧异号，所以 $(4, 2)$ 是曲线的拐点. ■

实际上，从图 3−3−10 不难看到，$(4, 2)$ 确实是曲线的拐点，只不过该点处的切线为铅垂方向的，故一阶导数、二阶导数都不存在.

图 3−3−10

三、函数的极值

在讨论函数的单调性时，曾遇到这样的情形，函数先单调增加(或减少)，到达某一点后又变为单调减少(或增加)，这一类点实际上就是使函数单调性发生变化的分界点. 如在本节例3的图3－3－3中，点 $x=-2$ 和点 $x=1$ 就是具有这种性质的点，易见，对于 $x=-2$ 的某个邻域内的任一点 $x\,(x\neq -2)$，恒有 $f(x)<f(-2)$，即曲线在点 $(-2, f(-2))$ 处达到"峰顶"；同样，对于 $x=1$ 的某个邻域内的任一点 $x\,(x\neq 1)$，恒有 $f(x)>f(1)$，即曲线在点 $(1, f(1))$ 处达到"谷底". 具有这种性质的点在实际应用中有着重要的意义. 由此我们引入函数极值的概念.

定义3　设函数 $f(x)$ 在点 x_0 的某邻域内有定义，若对该邻域内任意一点 $x\,(x\neq x_0)$，恒有

$$f(x)<f(x_0)\ \ (\text{或}\ f(x)>f(x_0)),$$

则称 $f(x)$ 在点 x_0 处取得 **极大值**(或**极小值**)，而 x_0 称为函数 $f(x)$ 的**极大值点**(或**极小值点**).

极大值与极小值统称为函数的**极值**，极大值点与极小值点统称为函数的**极值点**.

例如，余弦函数 $y=\cos x$ 在点 $x=0$ 处取得极大值1，在 $x=\pi$ 处取得极小值-1.

函数的极值的概念是局部性的. 如果 $f(x_0)$ 是函数 $f(x)$ 的一个极大值(或极小值)，只是就 x_0 邻近的一个局部范围内，$f(x_0)$ 是最大的(或最小的)，对函数 $f(x)$ 的整个定义域来说就不一定是最大的(或最小的)了.

在图3－3－11中，函数 $f(x)$ 有两个极大值 $f(x_2)$、$f(x_5)$，三个极小值 $f(x_1)$、$f(x_4)$、$f(x_6)$，其中极大值 $f(x_2)$ 比极小值 $f(x_6)$ 还小. 就整个区间 $[a, b]$ 而言，只有一个极小值 $f(x_1)$ 同时也是最小值，而没有一个极大值是最大值.

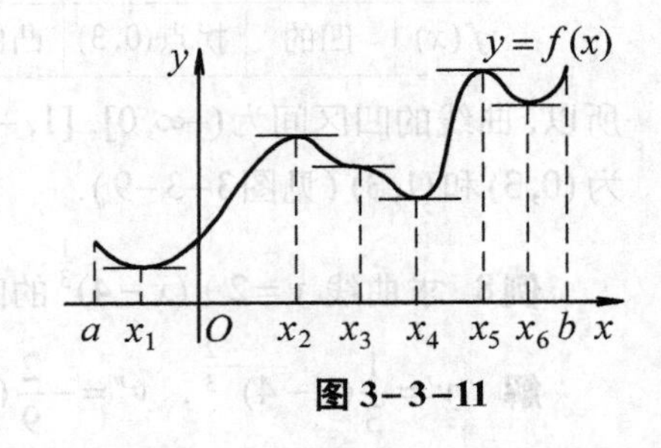

图 3－3－11

从图3－3－11中还可看到，在函数取得极值处，曲线的切线是水平的，即函数在极值点处的导数等于零. 但在曲线上有水平切线的地方(如 $x=x_3$ 处)，函数却不一定取得极值.

定理3(必要条件)　如果 $f(x)$ 在点 x_0 处可导且在点 x_0 处取得极值，则 $f'(x_0)=0$.

证明　不妨设 x_0 是 $f(x)$ 的极小值点，由定义可知，$f(x)$ 在点 x_0 的某个邻域内有定义，且当 $|\Delta x|$ 很小时，恒有

$$\Delta y=f(x_0+\Delta x)-f(x_0)\geq 0,$$

于是
$$f'_-(x_0)=\lim_{\Delta x\to 0^-}\frac{\Delta y}{\Delta x}\leq 0,\quad f'_+(x_0)=\lim_{\Delta x\to 0^+}\frac{\Delta y}{\Delta x}\geq 0.$$

因为$f(x)$在点x_0处可导，所以

$$f'(x_0)=f'_-(x_0)=f'_+(x_0),$$

从而 $f'(x_0)=0$. ■

使 $f'(x)=0$的点，称为函数$f(x)$的**驻点**. 根据定理3, 可导函数$f(x)$的极值点必定是它的驻点，但函数的驻点却不一定是极值点. 例如, $y=x^3$在点$x=0$处的导数等于零，但显然$x=0$不是$y=x^3$的极值点.

此外，函数在它的导数不存在的点处也可能取得极值. 例如，函数$f(x)=|x|$在点$x=0$处不可导，但函数在该点取得极小值.

当我们求出函数的驻点或不可导点后，还要从这些点中判断哪些是极值点，以及进一步判断极值点是极大值点还是极小值点. 由函数极值的定义和函数单调性的判定法易知，函数在其极值点的邻近两侧单调性改变(即函数一阶导数的符号改变)，由此可导出关于函数极值点判定的一个充分条件.

定理4(第一充分条件) 设函数$f(x)$在点x_0的某个邻域内连续并且可导(导数$f'(x_0)$也可以不存在)，并且在其去心邻域内可导.

(1) 如果在点x_0的左邻域内，$f'(x)>0$，在点x_0的右邻域内，$f'(x)<0$，则$f(x)$在x_0处取得极大值$f(x_0)$.

(2) 如果在点x_0的左邻域内，$f'(x)<0$，在点x_0的右邻域内，$f'(x)>0$，则$f(x)$在x_0处取得极小值$f(x_0)$.

证明 (1)由题设条件，函数$f(x)$在点x_0的左邻域内单调增加，在点x_0的右邻域内单调减少，且$f(x)$在点x_0处连续，故由定义可知$f(x)$在x_0处取得极大值$f(x_0)$(见图3-3-12(a)).

同理可证(2)(见图3-3-12(b)). ■

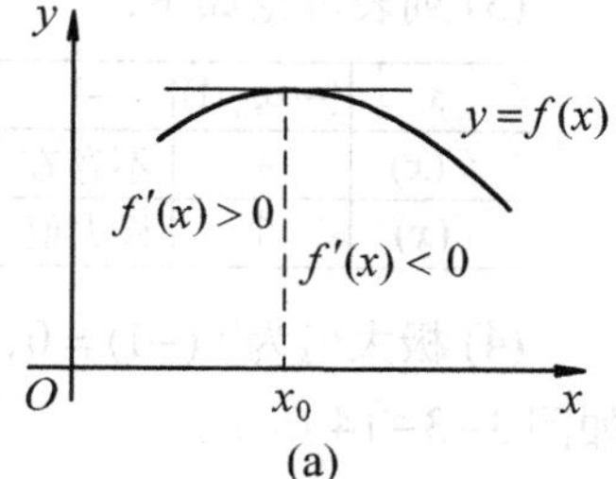

(a)

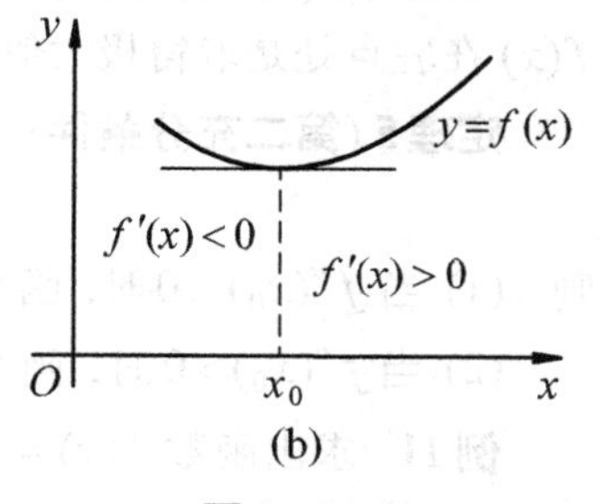

(b)

图3-3-12

注：如果在点x_0的去心邻域内，$f'(x)$不变号，则$f(x)$在x_0处没有极值.

根据定理3和定理4，如果函数$f(x)$在所讨论的区间内连续，除个别点外处处可导，则可按下列步骤求函数的极值点和极值.

(1) 确定函数$f(x)$的定义域，并求其导数$f'(x)$;

(2) 解方程 $f'(x)=0$，求出$f(x)$的全部驻点与不可导点;

(3) 讨论$f'(x)$在邻近驻点和不可导点左、右两侧符号变化的情况，确定函数的极值点;

(4) 求出各极值点的函数值，就得到函数 $f(x)$ 的全部极值.

例9 求出函数 $f(x)=x^3-3x^2-9x+5$ 的极值.

解 (1) 函数 $f(x)$ 在 $(-\infty,+\infty)$ 内连续，且

$$f'(x)=3x^2-6x-9=3(x+1)(x-3).$$

(2) 令 $f'(x)=0$，得驻点 $x_1=-1$，$x_2=3$.

(3) 列表讨论如下：

x	$(-\infty,-1)$	-1	$(-1,3)$	3	$(3,+\infty)$
$f'(x)$	+	0	−	0	+
$f(x)$	↑	极大值	↓	极小值	↑

(4) 极大值为 $f(-1)=10$，极小值为 $f(3)=-22$.

如图3-3-13所示. ■

图3-3-13

函数图形实验

例10 求函数 $f(x)=(x-4)\sqrt[3]{(x+1)^2}$ 的极值.

解 (1) 函数 $f(x)$ 在 $(-\infty,+\infty)$ 内连续，除 $x=-1$ 外处处可导，且

$$f'(x)=\frac{5(x-1)}{3\sqrt[3]{x+1}};$$

(2) 令 $f'(x)=0$，得驻点 $x=1$，而 $x=-1$ 为 $f(x)$ 的不可导点；

(3) 列表讨论如下：

x	$(-\infty,-1)$	-1	$(-1,1)$	1	$(1,+\infty)$
$f'(x)$	+	不存在	−	0	+
$f(x)$	↑	极大值	↓	极小值	↑

(4) 极大值为 $f(-1)=0$，极小值为 $f(1)=-3\sqrt[3]{4}$.

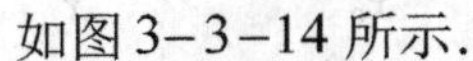

如图3-3-14所示. ■

函数图形实验

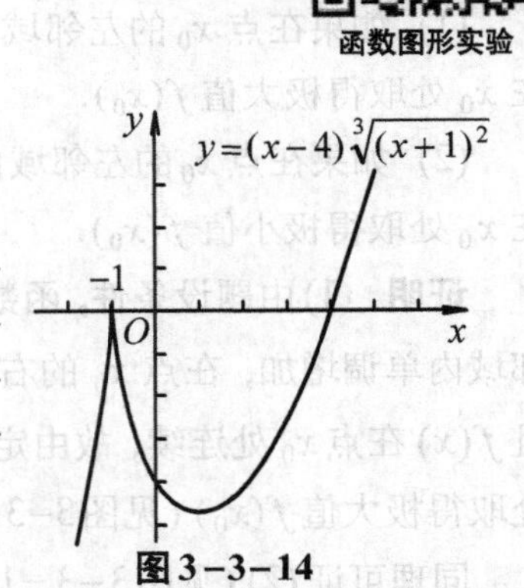

图3-3-14

当函数 $f(x)$ 在驻点处的二阶导数存在且不为零时，也可以利用下述定理来判定 $f(x)$ 在驻点处是取得极大值还是极小值.

定理5（第二充分条件） 设 $f(x)$ 在 x_0 处具有二阶导数，且

$$f'(x_0)=0,\ f''(x_0)\neq 0,$$

则 (1) 当 $f''(x_0)<0$ 时，函数 $f(x)$ 在 x_0 处取得极大值；

(2) 当 $f''(x_0)>0$ 时，函数 $f(x)$ 在 x_0 处取得极小值.

例11 求出函数 $f(x)=x^3+3x^2-24x-20$ 的极值.

解 函数 $f(x)$ 在 $(-\infty,+\infty)$ 内连续，且

$$f'(x)=3x^2+6x-24=3(x+4)(x-2).$$

令 $f'(x)=0$，得驻点 $x_1=-4$，$x_2=2$. 又 $f''(x)=6x+6$，因为

$$f''(-4)=-18<0,\ f''(2)=18>0,$$

所以，极大值 $f(-4)=60$，极小值 $f(2)=-48$. 如图 3–3–15 所示. ■

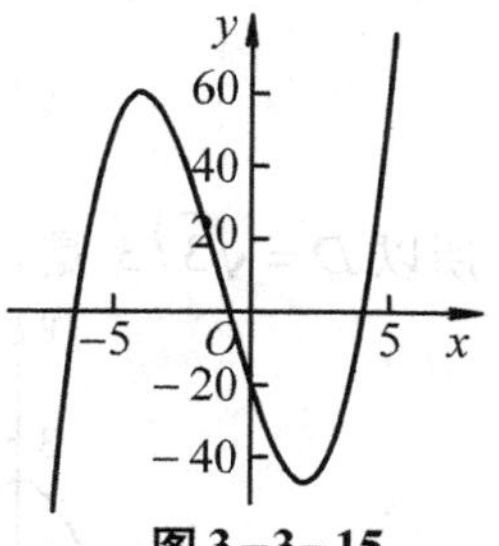

图 3–3–15

函数图形实验

注：当 $f''(x_0)=0$ 时，$f(x)$ 在点 x_0 处不一定取极值，仍用第一充分条件进行判断.

例 12　求函数 $f(x)=x^3(x-2)+1$ 的极值.

解　$f'(x)=4x^2\left(x-\dfrac{3}{2}\right)$. 令 $f'(x)=0$，求得驻点

$$x_1=0,\ x_2=\frac{3}{2}.$$

又

$$f''(x)=12x(x-1).$$

因为 $f''\left(\dfrac{3}{2}\right)=9>0$，所以 $f(x)$ 在 $x=\dfrac{3}{2}$ 处取得极小值，极小值为 $f\left(\dfrac{3}{2}\right)=-\dfrac{11}{16}$. 而 $f''(0)=0$，故用定理 5 无法判别. 考察一阶导数 $f'(x)$ 在驻点 $x_1=0$ 左右邻近处的符号：

当 x 取 0 的左侧邻近处的值时，$f'(x)<0$；

当 x 取 0 的右侧邻近处的值时，$f'(x)<0$.

因为 $f'(x)$ 的符号没有改变，所以 $f(x)$ 在 $x=0$ 处没有极值(见图 3–3–16). ■

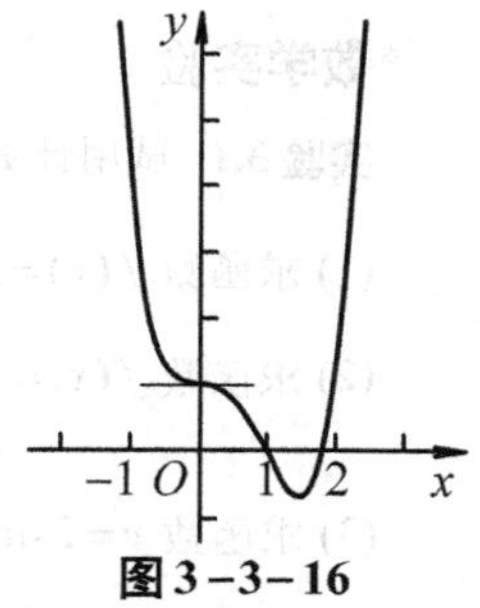

图 3–3–16

例 13　血液由血细胞和血浆构成，血细胞的比重高于血浆. 血液在血管中迅速流动时，血细胞有集中于血管中轴附近的倾向，而在靠近血管内膜的边缘部位则主要是一层血浆. 边缘部位由于血管壁的摩擦力而流速较慢，越靠近中轴，流动越快，此现象在流速相当高的小血管中最为显著，称为**轴流**. 轴流理论认为：血细胞速度与血浆速度的相对值 v 依赖于血细胞的直径与它通过的小血管直径之比 D，且有如下关系式：

$$v=3.33\,(1+D^2)^{-1}-0.67,$$

其中 $0<D=\dfrac{\text{血细胞直径}}{\text{小血管直径}}<1$，$v=\dfrac{\text{血细胞速度}}{\text{血浆速度}}$，试求 v 关于 D 的一阶导数的极值.

解　由题意知，要求导函数

$$v'(D)=\frac{-6.66D}{(1+D^2)^2}$$

的极值. 因为

$$v''=6.66\times\frac{3D^2-1}{(1+D^2)^3},$$

解方程 $v''=0$，得 $D_1=\sqrt{3}/3$，$D_2=-\sqrt{3}/3$ (舍去). 又

$$v''' = 79.92 \times \frac{D - D^3}{(1+D^2)^4} \Rightarrow v'''\left(\frac{\sqrt{3}}{3}\right) > 0,$$

所以 $D = \sqrt{3}/3$ 是 $v'(D)$ 的极小值 (见图3−3−17). ■

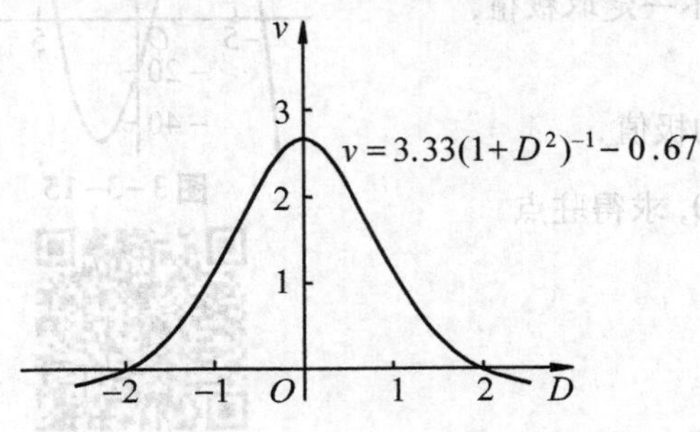

$v' = \dfrac{-6.66D}{(1+D^2)^2}$

图 3−3−17

*数学实验

实验 3.1 试用计算软件完成下列各题:

计算实验

(1) 求函数 $f(x) = x^2 e^{-\frac{1}{2}x}$ 的单调区间;

(2) 求函数 $f(x) = \dfrac{2+7x}{\sqrt{3+5x+3x^2}}$ 的极值;

(3) 求函数 $y = 2\sin^2(2x) + \dfrac{5}{2}x\cos^2\left(\dfrac{x}{2}\right)$ 位于区间 $(0, \pi)$ 内的极值的近似值;

(4) 作函数 $y = \dfrac{x^2 - x + 4}{x-1}$ 及其导函数的图形, 并求函数的单调区间和极值;

(5) 作函数 $y = (x-3)(x-8)^{\frac{2}{3}}$ 及其导函数的图形, 并求函数的单调区间和极值;

(6) 求函数 $f(x) = x + x^{\frac{5}{3}}$ 的拐点及凹凸区间;

(7) 作函数 $y = x^4 + 2x^3 - 72x^2 + 70x + 24$ 及其二阶导函数的图形, 并求函数的凹凸区间和拐点;

(8) 设 $h(x) = x^3 + 8x^2 + 19x - 12$, $k(x) = \dfrac{1}{2}x^2 - x - \dfrac{1}{8}$, 求方程 $h(x) = k(x)$ 的近似根;

(9) 设 $f(x) = e^{-\frac{x^2}{16}}\cos\left(\dfrac{x}{\pi}\right)$, $g(x) = \sin\sqrt{x^3 + \dfrac{5}{4}}$, 作出两个函数在区间 $[0, \pi]$ 上的图形, 并求方程 $f(x) = g(x)$ 在该区间的近似根.

详见教材配套的网络学习空间.

习题 3−3

1. 证明函数 $y = x - \ln(1+x^2)$ 单调增加.

2. 判定函数 $f(x)=x+\sin x\ (0\le x\le 2\pi)$ 的单调性.

3. 求下列函数的单调区间:

(1) $y=\frac{1}{3}x^3-x^2-3x+1$; (2) $y=2x+\frac{8}{x}\ (x>0)$; (3) $y=\frac{2}{3}x-\sqrt[3]{x^2}$;

(4) $y=\ln(x+\sqrt{1+x^2})$; (5) $y=(1+\sqrt{x})x$; (6) $y=2x^2-\ln x$.

4. 证明下列不等式:

(1) 当 $x>0$ 时, $1+\frac{1}{2}x>\sqrt{1+x}$;

(2) 当 $x\ge 0$ 时, $(1+x)\ln(1+x)\ge\arctan x$.

5. 求下列函数图形的拐点及凹凸区间:

(1) $y=x+\frac{1}{x}(x>0)$; (2) $y=x+\frac{x}{x^2-1}$; (3) $y=x\arctan x$;

(4) $y=\ln(x^2+1)$; (5) $y=e^{\arctan x}$.

6. a 及 b 为何值时, 点 $(1,3)$ 为曲线 $y=ax^3+bx^2$ 的拐点?

7. 试确定曲线 $y=ax^3+bx^2+cx+d$ 中的 a、b、c、d, 使得在 $x=-2$ 处曲线有水平切线, $(1,-10)$ 为拐点, 且点 $(-2,44)$ 在曲线上.

8. 求下列函数的极值:

(1) $f(x)=\frac{1}{3}x^3-x^2-3x$; (2) $y=x-\ln(1+x)$; (3) $y=\frac{\ln^2 x}{x}$;

(4) $y=x+\sqrt{1-x}$; (5) $y=e^x\cos x$; (6) $f(x)=(x^2-1)^3+1$.

9. 试问 a 为何值时, 函数

$$f(x)=a\sin x+\frac{1}{3}\sin 3x$$

在 $x=\frac{\pi}{3}$ 处取得极值? 求此极值.

§3.4 数学建模——最优化

一、函数的最大值与最小值

在实际应用中, 常常会遇到求最大值和最小值的问题, 如用料最省、容量最大、花钱最少、效率最高、利润最大等. 此类问题在数学上往往可归结为求某一函数(通常称为**目标函数**)的最大值或最小值问题.

假定函数 $f(x)$ 在闭区间 $[a,b]$ 上连续, 则函数在该区间上必取得最大值和最小值. 函数的最大(小)值与函数的极值是有区别的, 前者是指在整个闭区间 $[a,b]$ 上的所有函数值中最大(小)的, 因而最大(小)值是全局性的概念. 但是, 如果函数的最大(小)值在 (a,b) 内达到, 则最大(小)值同时也是极大(小)值. 此外, 函数的最大(小)值也可能在区间的端点处达到.

综上所述，求函数在 $[a, b]$ 上的最大(小)值的步骤如下：

(1) 计算函数 $f(x)$ 一切可能极值点上的函数值，并将它们与 $f(a)$、$f(b)$ 相比较，这些值中最大的就是最大值，最小的就是最小值.

(2) 对于闭区间 $[a, b]$ 上的连续函数 $f(x)$，如果在这个区间内只有一个可能的极值点，并且函数在该点确有极值，则该点就是函数在所给区间上的最大值(或最小值)点. 图3-4-1给出了极大(小)值与最大(小)值分布的一种典型情况.

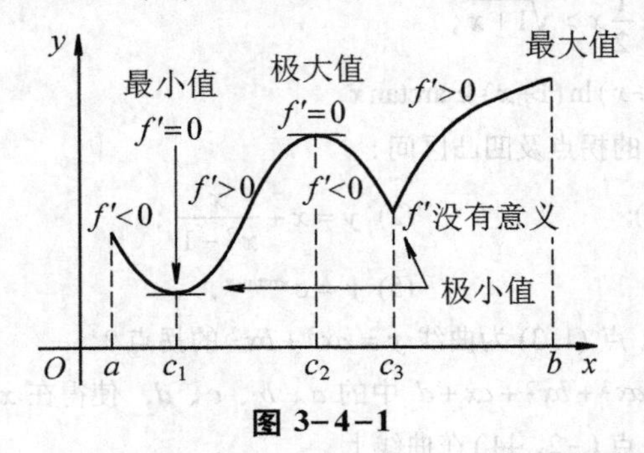

图 3-4-1

例1 求 $y=f(x)=2x^3+3x^2-12x+14$ 在 $[-3, 4]$ 上的最大值与最小值.

解 因为 $f'(x)=6(x+2)(x-1)$，解方程

$$f'(x)=0,$$

得 $x_1=-2,\ x_2=1.$

计算

$$f(-3)=23;\quad f(-2)=34;$$
$$f(1)=7;\quad f(4)=142.$$

函数图形计算

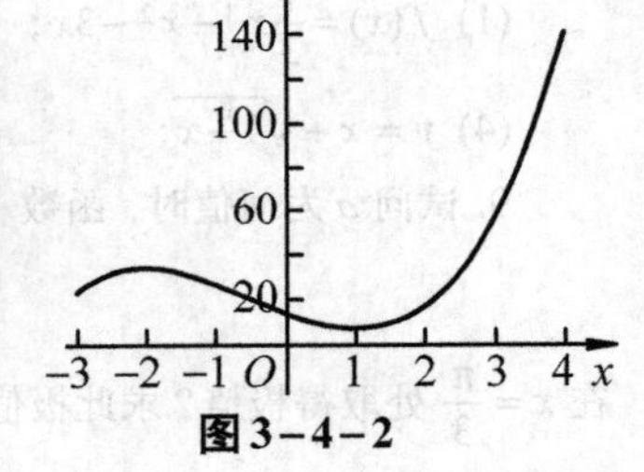

图 3-4-2

比较得：最大值 $f(4)=142$，最小值 $f(1)=7$.

如图 3-4-2 所示. ■

例2 设工厂 A 到铁路线的垂直距离为20千米，垂足为 B. 铁路线上距离 B 100千米处有一原料供应站 C，如图3-4-3所示. 现在要在铁路 BC 段上的 D 处修建一个原料中转车站，再由车站 D 向工厂修一条公路. 如果已知每千米的铁路运费与公路运费之比为3∶5，那么，D 应选在何处，才能使从原料供应站 C 运货到工厂 A 所需运费最省？

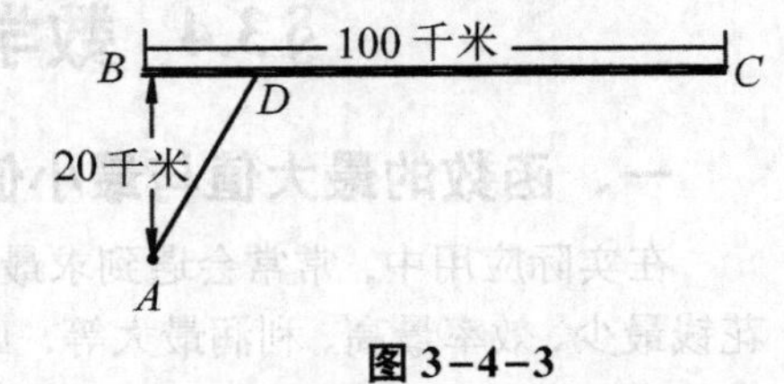

图 3-4-3

解 设 B 和 D 之间的距离为 x(单位：千米)，则 A, D 之间的距离和 C, D 之间的距离分别为

$$|AD|=\sqrt{x^2+20^2},\ |CD|=100-x.$$

如果每千米公路运费为 a 元，则每千米铁路运费为 $\frac{3}{5}a$ 元，故从原料供应站 C 途经中

转站 D 到工厂 A 所需总运费 y (**目标函数**) 为

$$y=\frac{3}{5}a|CD|+a|AD|=\frac{3}{5}a(100-x)+a\sqrt{x^2+400}\quad(0\le x\le 100).$$

由 $$y'=-\frac{3}{5}a+\frac{ax}{\sqrt{x^2+400}}=\frac{a(5x-3\sqrt{x^2+400})}{5\sqrt{x^2+400}},\ y''=\frac{400a}{(x^2+400)^{3/2}},$$

解方程 $y'=0$, 即 $25x^2=9(x^2+400)$, 得驻点 $x_1=15$, $x_2=-15$(舍去), 因而 $x_1=15$ 是函数 y 在定义域内的唯一驻点. 又 $y''(15)>0$, 由此知 $x_1=15$ 是函数 y 的极小值点, 且是函数 y 的最小值点.

综上所述, 车站 D 建于 B, C 之间且与 B 相距15千米处时, 运费最省. ■

例3 某房地产公司有50套公寓要出租, 当租金定为每月180元时, 公寓可全部租出去. 当租金每月增加10元时, 就有一套公寓租不出去, 而租出去的公寓每月需花费20元来整修维护. 试问房租定为多少可获得最大收入?

解 设租金为每月 x 元, 则租出去的公寓为 $\left(50-\frac{x-180}{10}\right)$ 套, 每月的总收入为

$$R(x)=(x-20)\left(50-\frac{x-180}{10}\right)=(x-20)\left(68-\frac{x}{10}\right),$$

由 $$R'(x)=\left(68-\frac{x}{10}\right)+(x-20)\left(-\frac{1}{10}\right)=70-\frac{x}{5},$$

解方程 $R'(x)=0$, 得唯一驻点 $x=350$. 又 $R''(x)=-1/5$, $R''(350)<0$, 因此 $R(350)$ 是极大值, 也是最大值. 所以每月每套租金为350元时收入最大, 最大收入为

$$R(350)=10\,890\,(\text{元}).$$ ■

二、对抛射体运动建模

我们将要为理想抛射体运动建模. 假定抛射体的行为像一个在竖直坐标平面内运动的质点, 不计空气阻力, 抛射体在(靠近地球表面)飞行过程中作用在它上面的唯一的力是总指向正下方的重力.

假设抛射体在时刻 $t=0$ 以初速度 v 被发射到第一象限(见图3-4-4), 若 v 和水平线成角 α(即抛射角), 则抛射体的运动轨迹由参数方程

$$x(t)=(v\cos\alpha)t,\ y(t)=(v\sin\alpha)t-\frac{1}{2}gt^2$$

给出, 其中 g 是重力加速度(9.8米/秒^2). 上面第一个方程描述了抛射体在时刻 $t\ge 0$ 的水平位置, 而第二个方程描述了抛射体在时刻 $t\ge 0$ 的竖直位置.

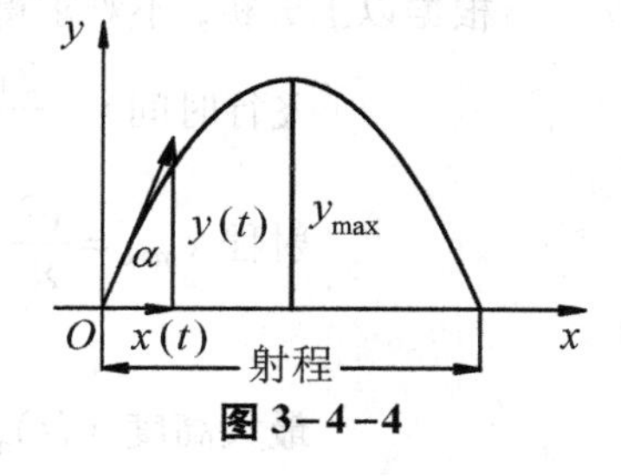

图3-4-4

例4 在地面上以400米/秒的初速度和 $\pi/3$ 的抛射角发射一个抛射体. 求发射10秒后抛射体的位置.

解 由 $v=400$ 米/秒, $\alpha=\pi/3$, $t=10$, 则

$$x(10)=\left(400\cos\frac{\pi}{3}\right)\times 10=2\,000,$$

$$y(10)=\left(400\sin\frac{\pi}{3}\right)\times 10-\frac{1}{2}\times 9.8\times 10^{2}\approx 2\,974,$$

即发射10秒后抛射体离开发射点的水平距离为2 000米, 在空中的高度为2 974米. ■

虽然由参数方程确定的运动轨迹能够解决理想抛射体的大部分问题，但是有时我们还需要知道它的飞行时间、射程(即从发射点到水平地面的碰撞点的距离)和最大高度.

由抛射体在时刻 $t\geq 0$ 的竖直位置解出 t:

$$t\left(v\sin\alpha-\frac{1}{2}gt\right)=0\Rightarrow t=0\text{ 或 }t=\frac{2v\sin\alpha}{g}.$$

因为抛射体在时刻 $t=0$ 发射，故 $t=\dfrac{2v\sin\alpha}{g}$ 必然是抛射体碰到地面的时刻. 此时抛射体的水平距离，即射程为

$$x(t)\Big|_{t=\frac{2v\sin\alpha}{g}}=(v\cos\alpha)t\Big|_{t=\frac{2v\sin\alpha}{g}}=\frac{v^{2}}{g}\sin 2\alpha,$$

当 $\sin 2\alpha=1$ 时, 即 $\alpha=\dfrac{\pi}{4}$ 时射程最大.

抛射体在它的竖直速度为零时，有

$$y'(t)=v\sin\alpha-gt=0,$$

从而 $t=\dfrac{v\sin\alpha}{g}$, 故最大高度为

$$y(t)\Big|_{t=\frac{v\sin\alpha}{g}}=(v\sin\alpha)\left(\frac{v\sin\alpha}{g}\right)-\frac{1}{2}g\left(\frac{v\sin\alpha}{g}\right)^{2}=\frac{(v\sin\alpha)^{2}}{2g}.$$

根据以上分析, 不难求得例 4 中抛射体的飞行时间、射程和最大高度:

$$\text{飞行时间 } t=\frac{2v\sin\alpha}{g}=\frac{2\times 400}{9.8}\sin\frac{\pi}{3}\approx 70.70\,(\text{秒}),$$

$$\text{射程 } x_{\max}=\frac{v^{2}}{g}\sin 2\alpha=\frac{400^{2}}{9.8}\sin\frac{2\pi}{3}\approx 14\,139\,(\text{米}),$$

$$\text{最大高度 } y(t)_{\max}=\frac{(v\sin\alpha)^{2}}{2g}=\frac{\left(400\sin\frac{\pi}{3}\right)^{2}}{2\times 9.8}\approx 6\,122\,(\text{米}).$$ ■

下面我们再来看一个实例.

例5 1992 年巴塞罗那夏季奥运会开幕式上的奥运火炬是由残奥会射箭铜牌获得者安东尼奥·雷波罗用一支燃烧的箭点燃的(见图3-4-5(a)). 奥运火炬位于高约

21米的火炬台顶端的圆盘中，假定雷波罗在地面以上2米距火炬台顶端圆盘约70米处的位置射出火箭，若火箭恰好在达到其最大飞行高度1秒后落入火炬圆盘中，试确定火箭的发射角α和初速度v_0.（假定火箭射出后在空中的运动过程中受到的阻力为零，且$g=10$米/秒^2，$\arctan\frac{21.91}{21.11}\approx 46.06^\circ$，$\sin 46.06^\circ\approx 0.72$，要求精确到小数点后2位.）

解 建立如图3-4-5(b)所示的坐标系，设火箭被射向空中的初速度为v_0米/秒，即$\boldsymbol{v}_0=(v_0\cos\alpha, v_0\sin\alpha)$，则火箭在空中运动$t$秒后的位移方程为

$$\boldsymbol{s}(t)=(x(t), y(t))=(v_0 t\cos\alpha,\ 2+v_0 t\sin\alpha-5t^2).$$

(a)

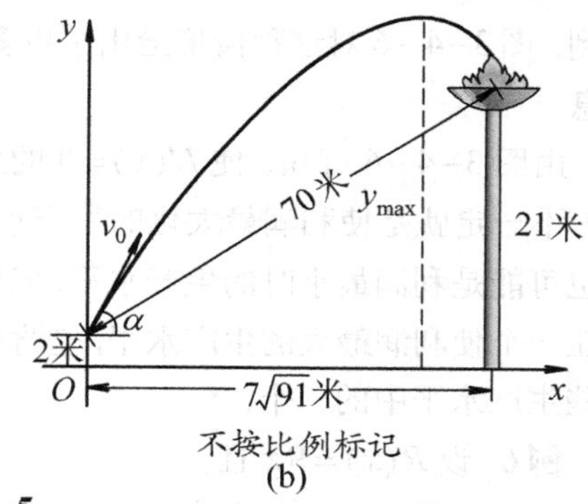

(b)

图3-4-5

火箭在其速度的竖直分量为零时达到最高点，故有

$$\frac{\mathrm{d}y(t)}{\mathrm{d}t}=(2+v_0 t\sin\alpha-5t^2)'=v_0\sin\alpha-10t=0\Rightarrow t=\frac{v_0}{10}\sin\alpha,$$

于是可得出当火箭达到最高点1秒后的时刻其水平位移和竖直位移分别为

$$x(t)\Big|_{t=\frac{v_0\sin\alpha}{10}+1}=v_0\cos\alpha\left(\frac{v_0}{10}\sin\alpha+1\right)=\sqrt{70^2-19^2},$$

$$y(t)\Big|_{t=\frac{v_0\sin\alpha}{10}+1}=\frac{v_0^2\sin^2\alpha}{20}-3=21,$$

解得：$v_0\sin\alpha\approx 21.91$，$v_0\cos\alpha\approx 21.11$，从而

$$\tan\alpha=\frac{21.91}{21.11}\Rightarrow\alpha\approx 46.06^\circ,$$

又 $$v_0\sin\alpha\approx 21.91,\ \alpha\approx 46.06^\circ\Rightarrow v_0\approx 30.43(\text{米/秒}),$$

所以，火箭的发射角α和初速度v_0分别约为46.06°和30.43米/秒. ■

三、最优化在经济学中的应用

下面我们介绍最大值和最小值方法在经济学中的应用.

最大利润问题：假设生产x件产品的成本为$C(x)$，销售x件产品的收入为$R(x)$，则销售x件产品产生的利润为

$$L(x)=R(x)-C(x).$$

在这个生产水平(x 件产品)上的边际利润即为$L'(x)$.

我们假定成本函数 $C(x)$ 和收入函数$R(x)$ 对一切$x\ (x>0)$可微，则如果利润函数$L(x)$ 有最大值，那么它一定在使 $L'(x)=0$ 的生产水平处达到. 因

$$L'(x)=R'(x)-C'(x),$$

所以 $L'(x)=0$ 蕴含着

$$R'(x)-C'(x)=0 \text{ 或 } R'(x)=C'(x).$$

这个等式给出了如下结论：最大利润在使边际收入等于边际成本的生产水平处达到. 图3-4-6对这种情形给出了更多信息.

由图 3-4-6 可知，使 $L'(x)=0$ 的生产水平不一定就是使利润最大化的生产水平，它也可能是利润最小时的生产水平. 但如果存在一个使利润最大的生产水平，它肯定是这些生产水平中的一个.

y(元)
成本函数$C(x)$
盈亏平衡点
收入函数$R(x)$
最大利润$R'(x)=C'(x)$
B
损失最大值(最小利润)
O
x(生产产品的件数)

图 3-4-6

例 6 设 $R(x)=9x$ 且

$$C(x)=x^3-6x^2+15x,$$

其中 x 表示千件产品. 是否存在一个能最大化利润的生产水平？如果存在，它是多少？

解 注意到 $R'(x)=9$ 且

$$C'(x)=3x^2-12x+15,$$

令 $3x^2-12x+15=9$，解之得

$$x_1=2+\sqrt{2}\approx 3.414 \text{ 及 } x_2=2-\sqrt{2}\approx 0.586.$$

可能使利润最大的产品的生产水平为$x_1\approx 3.414$(千件)或 $x_2\approx 0.586$(千件). 图3-4-7 的图形表明在 $x=3.414$ 附近(在该处收入超过成本)实现最大利润，而最大亏损发生在大约 $x=0.586$ 的生产水平上. ■

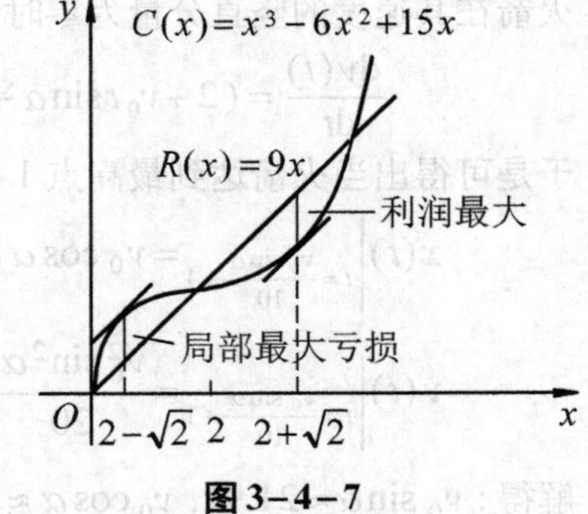

图 3-4-7

例 7 某人利用原材料每天要制作5个贮藏橱. 假设外来木材的运送成本为6 000元，而贮存每个单位材料的成本为每天 8 元. 为使他在两次运送期间的制作周期内平均每天的成本最小，每次他应该订多少原材料以及多长时间订一次货？

解 设每 x 天订一次货，那么在运送周期内必须订 $5x$ 单位材料. 而平均贮存量大约为运送数量的一半，即$5x/2$. 因此

$$\text{每个周期的成本}=\text{运送成本}+\text{贮存成本}=6\,000+\frac{5x}{2}\cdot x\cdot 8,$$

$$\text{平均成本}\ \overline{C}(x)=\frac{\text{每个周期的成本}}{x}=\frac{6\,000}{x}+20x,\ x>0.$$

由 $\overline{C}'(x)=-\dfrac{6\,000}{x^2}+20$ 解方程 $\overline{C}'(x)=0$, 得驻点

$$x_1=10\sqrt{3}\approx 17.32,\quad x_2=-10\sqrt{3}\approx -17.32\ (\text{舍去}).$$

因 $\overline{C}''(x)=\dfrac{12\,000}{x^3}$, 则 $\overline{C}''(x_1)>0$, 所以在 $x_1=10\sqrt{3}\approx 17.32$ 天处取得最小值.

因此，贮藏橱制作者应该安排每隔 17 天运送 $5\times 17=85$ 单位外来木材. ■

四、最优化在生态学中的应用

在生态学中, 最优化有广泛的应用, 下面将介绍有关的几个例子.

例 8 一条鱼相对于水以常速逆流而上, 鱼要达到距离为 s 的上游一点, 所需的能量取决于水中的摩擦力以及到达目的地所用的时间, 实验已证实这个能量是 cv^kt, 其中 $c>0, k>2$ 是常数 (k 依赖于鱼的形状). 若已知水流速度为 v_1, 那么鱼游动的速度 v 为多少时可使能量达到最小?(见图 3-4-8.)

解 由题意可知, 鱼相对于地面的速度为 $v-v_1$, 该速度等于 s/t, 即

$$v-v_1=\frac{s}{t},$$

则 $t=\dfrac{s}{v-v_1}$.

消耗的能量为

$$z=c\cdot v^k\cdot\frac{s}{v-v_1}.$$

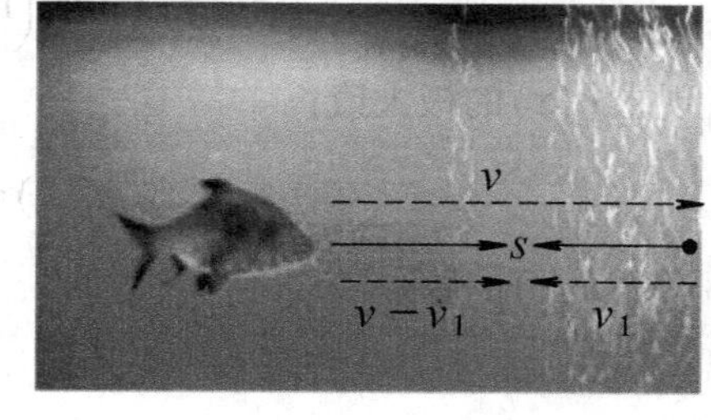

图 3-4-8

因为 c 和 k 是常数且 s 和 v_1 是给定值, 则 z 是 v 的函数. 根据定义 $v>v_1$, 为了得到最小的能量消耗 z, 对 v 求导数得

$$\frac{dz}{dv}=cs\,\frac{v^{k-1}[(k-1)v-kv_1]}{(v-v_1)^2},$$

令 $\dfrac{dz}{dv}=0$, 得

$$v=v_0=\frac{k}{k-1}v_1,$$

此时 z 达到最小值. 如果取 $k=3$, 则此时鱼的速度应该保持在水相对于地面的速度的 $\dfrac{3}{2}$ 倍. ■

鱼群是一种可再生的资源. 若目前鱼群的总数为 x 千克, 经过一年的成长与繁殖, 第二年鱼群的总数变为 y 千克, 反映 x 与 y 之间的相互关系的曲线称为**再生产曲线**, 记为 $y=f(x)$.

例9 设鱼群的再生产曲线为$y=rx\left(1-\frac{x}{N}\right)(r>1)$, 为保证鱼群的数量维持稳定, 在捕鱼时必须注意适度捕捞. 问鱼群的数量控制在多大时, 才能使我们获取最大的持续捕获量?

解 首先, 我们对再生产曲线 $y=rx\left(1-\frac{x}{N}\right)$ 的实际意义作简略解释, r 是鱼群的自然增长率, 一般可以认为 $y=rx$. 但是, 由于自然资源的限制, 当鱼群的数量过大时, 其生长环境就会恶化, 导致鱼群的增长率降低. 为此, 我们乘上一个修正因子 $\left(1-\frac{x}{N}\right)$, 其中 N 是自然环境中所能负荷的最大鱼群数量, 于是

$$y=rx\left(1-\frac{x}{N}\right).$$

设每年的捕获量为$h(x)$, 则第二年的鱼群总量为

$$y=rx\left(1-\frac{x}{N}\right)-h(x),$$

故

$$h(x)=rx\left(1-\frac{x}{N}\right)-x=(r-1)x-\frac{r}{N}x^2,$$

现求$h(x)$的极大值:

$$h'(x)=(r-1)-\frac{2r}{N}x=0,$$

解得$h(x)$的驻点

$$x_0=\frac{(r-1)N}{2r},$$

由于 $h''(x_0)=-\frac{2r}{N}<0$, 所以 $x_0=\frac{(r-1)N}{2r}$ 是 $h(x)$ 的极大值点.

因此, 鱼群规模控制在 $x_0=\frac{(r-1)N}{2r}$ 时, 可以使我们获得最大的持续捕获量:

$$h(x_0)=\frac{(r-1)^2N}{4r}.$$ ■

五、最优化在医药学中的应用

在医药学中, 最优化有广泛的应用, 下面将介绍有关的几个例子.

人在睡眠时, 如果我们假定靠近气管壁的气流是很慢的以及管壁具有完全弹性, 则可以得知气管中的气流何时流速最大.

例10 设 D_0 表示一个人休息(而不是睡着)时的气管半径(单位:厘米), D 表示睡眠时的气管半径 $(D<D_0)$, 而v表示从 D_0 收缩到 D 时气管中空气的平均流速. 可以用方程

$$v=\alpha(D_0-D)D^2\ (\text{厘米/秒})$$

来模拟睡眠中的气流速度，其中 α 是一个正常数，它依赖于气管壁的厚度. 现在假设一个人开始睡熟，他的气管以使呼出的气流的速度最大的方式收缩. 求证：当气管半径收缩 $\frac{1}{3}$（即 $D=\frac{2}{3}D_0$）时 v 达到最大.

证明 这是一个极值问题.

由 $\frac{dv}{dD}=\alpha D(2D_0-3D)$，解方程 $\frac{dv}{dD}=0$，得驻点 $D=\frac{2}{3}D_0$ 或 $D=0$（舍去）. 又

$$\frac{d^2v}{dD^2}=2\alpha(D_0-3D)\Rightarrow\left.\frac{d^2v}{dD^2}\right|_{D=\frac{2}{3}D_0}<0.$$

所以 $D=\frac{2}{3}D_0$ 是 v 的最大值点，即当气管半径收缩 $\frac{1}{3}$ 时 v 达到最大. ■

这个事实已基本上被用X光拍摄的睡眠时的照片所证实.

例11 肺内压力的增加可以引起咳嗽，而肺内压力的增加伴随着气管半径 r 的缩小，我们把气管理想化为一个圆柱形的管子，单位时间流过管子的流体的体积为

$$V=k(r_0-r)r^4\ \left(\frac{r_0}{2}\le r\le r_0\right),$$

其中 k 为常数，r_0 为正常状态下（或无压力时）气管的半径，那么减小半径（即咳嗽时收缩气管）是促进了还是阻碍了空气在气管里的流动？

解 现在从两方面来回答这个问题.

(1) 求当 r 为多大时 V 最大. 由

$$V'(r)=kr^3(4r_0-5r)=0\Rightarrow r=\frac{4}{5}r_0\ \text{或}\ r=0\ (\text{舍去}).$$

当 $r\in\left(\frac{r_0}{2},\frac{4}{5}r_0\right)$ 时，$V'(r)>0$；当 $r\in\left(\frac{4}{5}r_0,r_0\right)$ 时，$V'(r)<0$，可见当 $r=\frac{4}{5}r_0$ 时单位时间内流过气管的气体体积最大.

(2) 如果用 v 来表示空气在气管中流动的速率，显然 $V=v\pi r^2$，则

$$v=\frac{V}{\pi r^2}=\frac{k}{\pi}(r_0-r)r^2,$$

由
$$v'(r)=\frac{k}{\pi}(2r_0-3r)r=0\Rightarrow r=\frac{2r_0}{3}\in\left[\frac{r_0}{2},r_0\right]\ \text{或}\ r=0\ (\text{舍去}).$$

同样可知 $r=\frac{2r_0}{3}$ 时，速度 v 可取得最大值.

从上述两个方面来看，咳嗽时气管收缩（在一定范围内）有助于咳嗽，它促进气管内空气的流动，从而使气管中的异物能较快地被清除掉. ■

*数学实验

实验3.2 试借助于计算软件完成下列各题：

(1) 求函数 $y=x^{\frac{1}{3}}(2-x)^{\frac{2}{3}}$ 在区间 $[0,2]$ 上的最大值；

(2) 求函数 $y=\mathrm{e}^{-x}(1+2x-3x^2)$ 的最小值、最大值.

详见教材配套的网络学习空间.

习题 3-4

1. 求下列函数的最大值、最小值：

(1) $y=x^4-8x^2+2$，$-1\le x\le 3$； (2) $y=\sin x+\cos x$，$[0,2\pi]$；

(3) $y=x+\sqrt{1-x}$，$-5\le x\le 1$； (4) $y=\ln(x^2+1)$，$[-1,2]$.

2. 从一块边长为 a 的正方形铁皮的四角上截去同样大小的正方形，然后按虚线把四边折起来做成一个无盖的盒子（见题2图），问要截去多大的小方块，才能使盒子的容量最大？

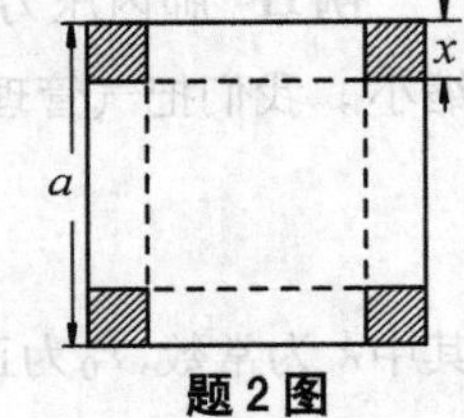

题2图

3. 欲制造一个容积为 V 的圆柱形有盖容器，问如何设计可使材料最省？

4. 甲船以每小时20海里的速度向东行驶，同一时间乙船在甲船正北82海里处以每小时16海里的速度向南行驶，问经过多长时间两船距离最近？

5. 一个抛射体以速度840米/秒和抛射角 $\pi/3$ 发射. 它经过多长时间沿水平方向行进的距离为21千米？

6. 求最大射程为24.5千米的枪的枪口速度.

7. 假设高出地面0.5米的一个足球被踢出时的初速度为30米/秒，并与水平线成30°角. 假定足球被踢出后在空中的运动过程中受到的阻力为零，$g=10$ 米/秒^2.

(1) 足球何时达到最大高度且最大高度是多少？ (2) 求足球的飞行时间和射程.

8. 一个运动员以与水平线成45°角的角度从地面以上2米处以约10米/秒的速度推出一个6千克的铅球. 假定铅球在空中的运动过程中受到的阻力为零，$g=10$ 米/秒^2.

(1) 铅球何时达到最大高度且最大高度是多少？

(2) 铅球在抛出后多久落地？落地点距抛出点的水平距离为多少？

9. 按1mg/kg的比率给小鼠注射磺胺药物后，小鼠血液中磺胺药物的浓度可用下面的方程表示：

$$y=f(t)=-1.06+2.59t-0.77t^2,$$

其中 y 表示血液中磺胺药物的浓度(g/100L)，t 表示注射后经历的时间(min). 问 t 为何值时，小鼠血液中磺胺药物的浓度 y 达到最大值？

10. 咳嗽的速度：当异物进入气管时，人就会咳嗽．咳嗽的速度跟异物的大小有关．假定某人的气管半径是20毫米．如果异物的半径为r(毫米)，则用咳嗽排除异物所需的速度V(毫米/秒)可以表示成

$$V(r)=k(20r^2-r^3),\ 0\leq r\leq 20,$$

其中k是某个正常数．对于多大的异物，需用最大速度方可排出该异物？

11. 信鸽白天力图避免在水面上空飞行，这可能是因为水面上空的向下气流会造成飞行困难．假设在C处的岛上放飞信鸽，从海岸边上的点B经水路径直到点C的距离是5千米．从点A处的鸽巢沿海岸到点B的距离是13千米(见题11图)．设鸽子在水面上空飞行所需能耗率是它在陆地上空飞行的1.28倍．为使回到鸽巢A所需总能耗最省，按沿岸距离，鸽子应朝距A处多远的S处飞行？

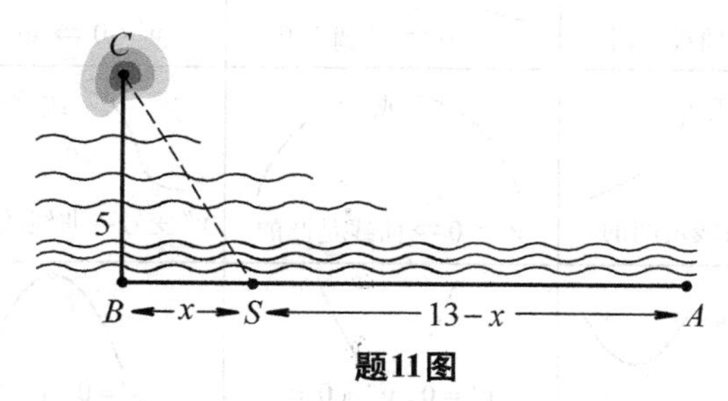

题11图

12. (鲑鱼问题)通过长期的观察，人们发现鲑鱼在河中逆流行进时，如果相对于河水的速度为v，那么游T小时所消耗的能量为$E(v,T)=cv^3T$，其中c是一个常数．假设水流的速度为4千米/小时，鲑鱼逆流而上200千米，问它游多快才能使消耗的能量最少？

13. 某鱼塘最多可养鱼10万千克，根据经验知鱼群年自然增长率为400%，计算每年的合理捕获量．

14. 用输油管把离岸12千米的一座油田和沿岸往下20千米处的炼油厂连接起来(见题14图)．如果水下输油管的铺设成本为5万元/千米，陆地铺设成本为3万元/千米，如何组合水下和陆地的输油管可使铺设费用最少？

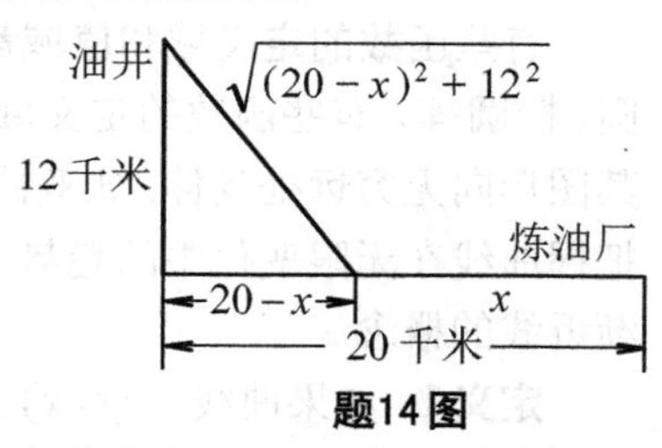

题14图

15. 制造和销售每个背包的成本为C元．如果每个背包的售价为x元，售出背包数由$n=\dfrac{a}{x-C}+b(100-x)$给出，其中$a$和$b$是正常数，什么售价能带来最大利润？

16. 设生产一批某产品的固定成本为10 000元，可变成本与产品日产量x吨的立方呈正比，已知日产量为20吨时，总成本为10 320元，问：日产量为多少吨时，能使平均成本最低？并求最低平均成本(假定日最高产量为100吨)．

§3.5 函数图形的描绘

为了确定函数图形的形状，我们需要知道当自变量改变时函数图形是上升还是

下降以及图形是如何弯曲的. 在本节中, 我们将看到函数的一阶导数和二阶导数是如何为确定图形的形状提供所需要的信息的. 即借助一阶导数可以确定函数图形的单调性和极值的位置; 借助二阶导数可以确定函数的凹凸性及拐点. 由此, 可以掌握函数的性态, 并把函数的图形画得比较准确.

在前面两节中, 我们借助于函数的一阶导数和二阶导数讨论了函数单调性、凹凸性与拐点、极值与极值点等问题, 这些信息有助于我们根据函数的导数粗略地了解函数的图形, 为方便起见, 特总结如下.

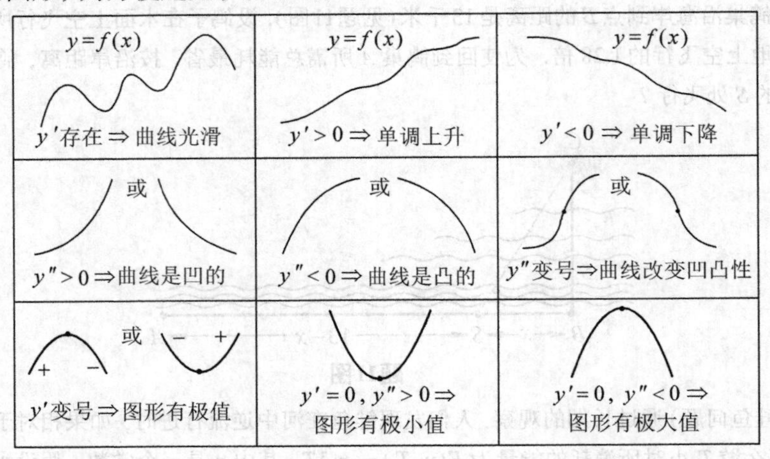

一、渐近线

有些函数的定义域和值域都是有限区间, 其图形仅局限于一定的范围之内, 如圆、椭圆等. 有些函数的定义域或值域是无穷区间, 其图形向无穷远处延伸, 如双曲线、抛物线等. 为了把握曲线在无限变化中的趋势, 我们先介绍曲线的渐近线的概念.

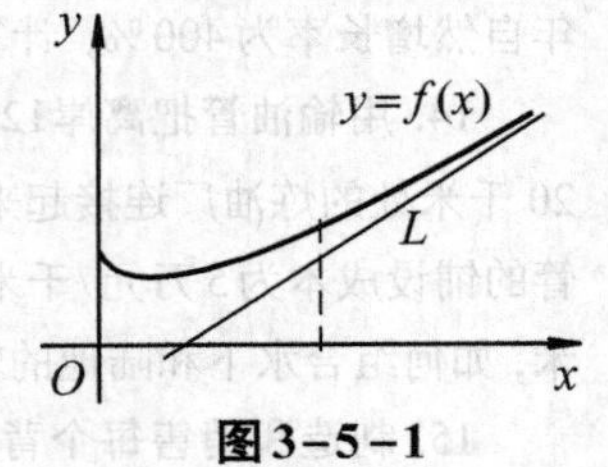

图3-5-1

定义1 如果曲线 $y=f(x)$ 上的一动点沿着曲线移向无穷远时, 该点与某条定直线 L 的距离趋向于零, 则直线 L 就称为曲线 $y=f(x)$ 的一条**渐近线** (见图3-5-1).

渐近线分为水平渐近线、铅直渐近线和斜渐近线三种, 这里只介绍前两种.

1. 水平渐近线

若函数 $y=f(x)$ 的定义域是无穷区间, 且

$$\lim_{x\to\infty} f(x)=C,$$

则称直线 $y=C$ 为曲线 $y=f(x)$ 当 $x\to\infty$ 时的**水平渐近线**, 类似地, 可以定义 $x\to+\infty$ 或 $x\to-\infty$ 时的水平渐近线.

2. 铅直渐近线

若函数 $y=f(x)$ 在点 x_0 处间断, 且

$$\lim_{x\to x_0^+} f(x)=\infty \text{ 或 } \lim_{x\to x_0^-} f(x)=\infty,$$

则称直线 $x=x_0$ 为曲线 $y=f(x)$ 的**铅直渐近线**.

例如，对函数 $y=\dfrac{1}{x-1}$，因为 $\lim\limits_{x\to\infty}\dfrac{1}{x-1}=0$，所以直线 $y=0$ 为 $y=\dfrac{1}{x-1}$ 的水平渐近线；又因为 $\lim\limits_{x\to 1}\dfrac{1}{x-1}=\infty$，所以 $x=1$ 是 $y=\dfrac{1}{x-1}$ 的铅直渐近线(见图3－5－2).

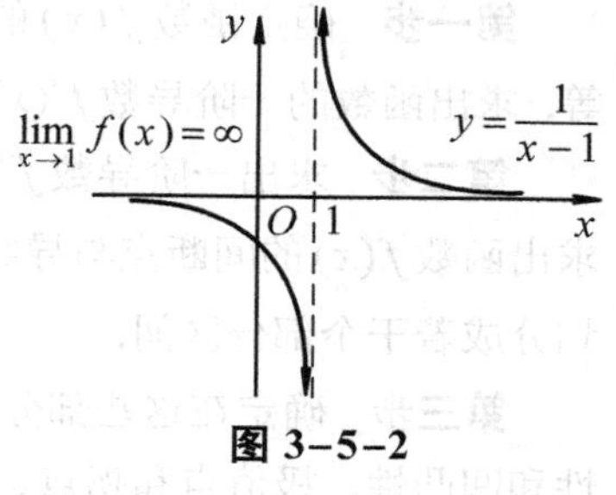

图 3－5－2

二、函数图形的描绘

对于一个函数，若能作出其图形，就能从直观上了解该函数的性态特征，并可从其图形上清楚地看出因变量与自变量之间的相互依赖关系．在中学阶段，我们利用描点法来作函数的图形．这种方法常会遗漏曲线的一些关键点，如极值点、拐点等，使得曲线的单调性、凹凸性等一些函数的重要性态难以准确地显示出来．

例1　按照以下步骤作出函数 $f(x)=x^4-2x^3+1$ 的图形.

(1) 求 $f'(x)$ 和 $f''(x)$；

(2) 分别求 $f'(x)$ 和 $f''(x)$ 的零点；

(3) 确定函数的增减性、凹凸性、极值点和拐点；

(4) 作出函数 $f(x)=x^4-2x^3+1$ 的图形.

解　(1) $f'(x)=4x^3-6x^2$，$f''(x)=12x^2-12x$.

(2) 由 $f'(x)=4x^3-6x^2=0$，得到 $x=0$ 或 $x=\dfrac{3}{2}$.

由 $f''(x)=12x^2-12x=0$，得到 $x=0$ 或 $x=1$.

函数图形实验

(3) 列表确定函数增减区间、凹凸区间及极值点和拐点：

x	$(-\infty,0)$	0	$(0,1)$	1	$(1,3/2)$	3/2	$(3/2,+\infty)$
$f'(x)$	−	0	−		−	0	+
$f''(x)$	+	0	−	0	+		+
$f(x)$	↘	拐点	↘	拐点	↘	极值点	↗

(4) 算出 $x=0$，$x=1$，$x=3/2$ 处的函数值

$$f(0)=1,\quad f(1)=0,\quad f\left(\frac{3}{2}\right)=-\frac{11}{16}.$$

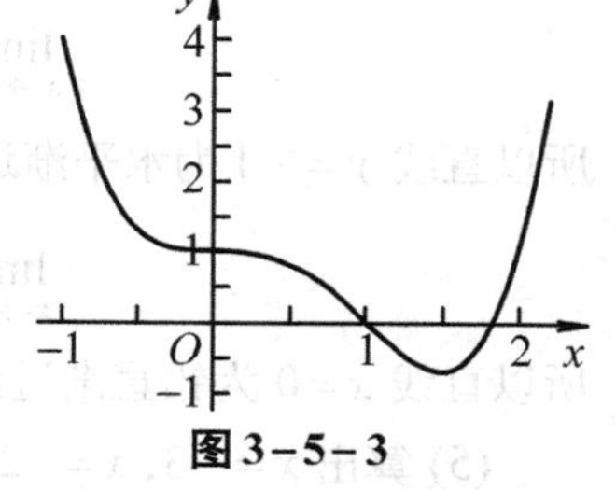

图3－5－3

根据以上结论，用平滑曲线连接这些点，就可以描绘函数的图形，见图3－5－3. ■

一般地，我们利用导数描绘函数 $y=f(x)$ 的图形，其一般步骤如下：

第一步 确定函数 $f(x)$ 的定义域，研究函数特性，如奇偶性、周期性、有界性等，求出函数的一阶导数 $f'(x)$ 和二阶导数 $f''(x)$.

第二步 求出一阶导数 $f'(x)$ 和二阶导数 $f''(x)$ 在函数定义域内的全部零点，并求出函数 $f(x)$ 的间断点与导数 $f'(x)$ 和 $f''(x)$ 不存在的点，用这些点把函数定义域划分成若干个部分区间.

第三步 确定在这些部分区间内 $f'(x)$ 和 $f''(x)$ 的符号，并由此确定函数的增减性和凹凸性、极值点和拐点.

第四步 确定函数图形的渐近线以及其他变化趋势.

第五步 算出 $f'(x)$ 和 $f''(x)$ 的零点以及 $f'(x)$ 和 $f''(x)$ 不存在的点所对应的函数值，并在坐标平面上定出相应的点；有时还需适当补充一些辅助作图点(如与坐标轴的交点和曲线的端点等)；然后根据第三、四步中得到的结果，用平滑曲线连接得到的点即可画出函数的图形.

例 2 作函数 $f(x)=\dfrac{x+1}{x^2}-1$ 的图形.

解 (1) 题设函数的定义域为 $(-\infty, 0)\cup(0, +\infty)$，是非奇非偶函数. 而

$$f'(x)=-\frac{x+2}{x^3},\quad f''(x)=\frac{2(x+3)}{x^4}.$$

(2) 由 $f'(x)=0$，解得驻点 $x=-2$，由 $f''(x)=0$，解得 $x=-3$. 导数不存在的点为 $x=0$. 用这三点把定义域划分成下列四个部分区间：

$$(-\infty, -3),\ (-3, -2),\ (-2, 0),\ (0, +\infty).$$

(3) 列表确定函数增减区间、凹凸区间及极值点和拐点：

x	$(-\infty,-3)$	-3	$(-3,-2)$	-2	$(-2,0)$	0	$(0,+\infty)$
$f'(x)$	$-$		$-$	0	$+$	不存在	$-$
$f''(x)$	$-$	0	$+$		$+$		$+$
$f(x)$	↘	拐点	↘	极值点	↗	间断点	↘

(4) 因为

$$\lim_{x\to\infty}f(x)=\lim_{x\to\infty}\left[\frac{x+1}{x^2}-1\right]=-1,$$

所以直线 $y=-1$ 为水平渐近线；而

$$\lim_{x\to 0}f(x)=\lim_{x\to 0}\left[\frac{x+1}{x^2}-1\right]=+\infty,$$

所以直线 $x=0$ 为铅直渐近线.

函数图形实验

(5) 算出 $x=-3$, $x=-2$ 处的函数值

$$f(-3)=-\frac{11}{9},\quad f(-2)=-\frac{5}{4}.$$

得到题设函数图形上的两点$\left(-3,-\dfrac{11}{9}\right)$, $\left(-2,-\dfrac{5}{4}\right)$，再补充下列辅助作图点：

$$\left(\frac{1-\sqrt{5}}{2},\ 0\right),\quad \left(\frac{1+\sqrt{5}}{2},\ 0\right),$$

$$A(-1,-1),\ B(1,1),\ C\left(2,-\frac{1}{4}\right).$$

根据 (3)、(4) 中得到的结果，用平滑曲线连接这些点，就可描绘出题设函数的图形 (见图3－5－4).

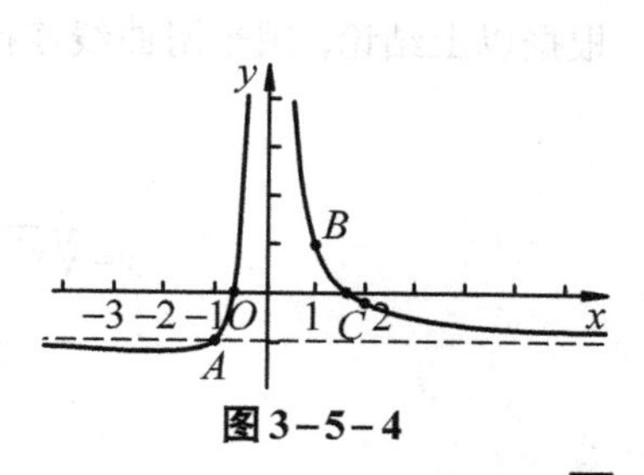

图3－5－4

例3 作 $f(x)=\sqrt[3]{x^3-x^2-x+1}$ 的图形.

解 (1) 题设函数的定义域是$(-\infty,+\infty)$，是非奇非偶函数. 而

$$f'(x)=\frac{3x^2-2x-1}{3\sqrt[3]{(x^3-x^2-x+1)^2}},\quad f''(x)=\frac{-8}{9}\cdot\frac{1}{(x-1)^{4/3}(x+1)^{5/3}}.$$

(2) 由 $f'(x)=0$，解得驻点 $x=-\dfrac{1}{3}$，$f''(x)\neq 0$. 导数不存在的点为 $x=\pm 1$. 用这三点把定义域划分成若干区间.

(3) 列表确定函数的增减区间、凹凸区间及极值点和拐点：

x	$(-\infty,-1)$	-1	$(-1,-1/3)$	$-1/3$	$(-1/3,1)$	1	$(1,+\infty)$
$f'(x)$	+		+	0	−		+
$f''(x)$	+		−	−	−		−
$f(x)$	⤴	拐点	↷	极大值	↘	极小点	↷

(4) 因为

$$\lim_{x\to\infty}\frac{f(x)}{x}=\lim_{x\to\infty}\frac{\sqrt[3]{x^3-x^2-x+1}}{x}=\lim_{x\to\infty}\sqrt[3]{1-\frac{1}{x}-\frac{1}{x^2}+\frac{1}{x^3}}=1,$$

$$\lim_{x\to\infty}[f(x)-x]=\lim_{x\to\infty}[\sqrt[3]{x^3-x^2-x+1}-x]\xlongequal{x=1/t}\lim_{t\to 0}\frac{\sqrt[3]{1-t-t^2+t^3}-1}{t}$$

$$=\lim_{t\to 0}\frac{-1-2t+3t^2}{3\sqrt[3]{(1-t-t^2+t^3)^2}}$$

$$=-\frac{1}{3},$$

所以当 $x\to\infty$ 时，图形逼近 $y=x-\dfrac{1}{3}$.

(5) 计算函数在 $x=0,\ -\dfrac{1}{3},\ 1$ 的值

函数图形实验

$$f(0)=1,\ f\left(-\frac{1}{3}\right)=\frac{2}{3}\sqrt[3]{4},\ f(1)=0,$$

根据以上结论，用平滑曲线连接这些点，就可以描绘函数的图形，见图3－5－5．■

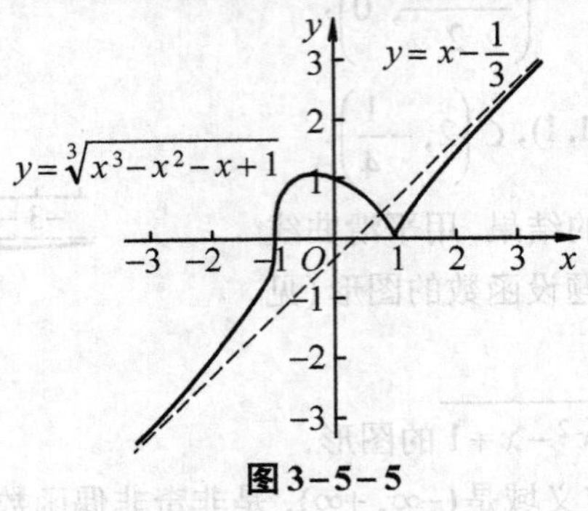

图3－5－5

习题 3-5

1. 求下列曲线的渐近线：

(1) $y=\mathrm{e}^{-\frac{1}{x}}$；　　(2) $y=\dfrac{\mathrm{e}^x}{1+x}$.

2. 画出具有以下性质的二次可导函数 $y=f(x)$ 图形的略图．在可能的地方标出坐标值．

x	y	导数
$x<2$		$y'<0$，$y''>0$
2	1	$y'=0$，$y''>0$
$2<x<4$		$y'>0$，$y''>0$
4	4	$y'>0$，$y''=0$
$4<x<6$		$y'>0$，$y''<0$
6	7	$y'=0$，$y''<0$
$x>6$		$y'<0$，$y''<0$

3. 描绘下列函数的图形：

(1) $y=\dfrac{2x^2}{x^2-1}$；　　(2) $y=\dfrac{x}{1+x^2}$；　　(3) $y=x\sqrt{3-x}$.

数学家简介 [3]

拉格朗日

——数学世界里一座高耸的金字塔

拉格朗日(Lagrange，1736—1813)是18世纪伟大的数学家、力学家和天文学家，1736年生于意大利都灵. 青年时代, 他在数学家雷维里 (F. A. Revelli) 的指导下学习几何学后, 激发了数学天赋. 17 岁拉格朗日开始专攻当时迅速发展的数学分析. 19 岁时, 拉格朗日写出了用纯分析方法求变分极值的论文, 对变分法的创立作出了贡献, 此成果使他在都灵出了名. 当年, 他被聘为都灵皇家炮兵学校教授. 1763年, 拉格朗日完成的关于"月球天平动研究"的论文因较好地解释了月球自转和公转的角速度的差异, 获得了巴黎科学院 1764 年度奖, 此后他还四次获得巴黎科学院征奖课题研究的年度奖. 1766年, 在达朗贝尔和欧拉的推荐下, 普鲁士国王腓特烈大帝写信给拉格朗日说:"欧洲最大之王希望欧洲最大之数学家来他的宫廷工作."拉格朗日接受邀请, 于当年 8月21日离开都灵前往柏林科学院, 并担任了柏林科学院数学部主任一职, 一直到1787 年才移居巴黎.

拉格朗日

拉格朗日的学术生涯主要在18 世纪后半期. 当时数学、物理学和天文学是自然科学的主体. 数学的主流是由微积分发展起来的数学分析, 以欧洲大陆为中心; 物理学的主流是力学; 天文学的主流是天体力学. 数学分析的发展使力学和天体力学得以深化, 而力学和天体力学的课题又成为数学分析发展的动力. 拉格朗日在数学、力学和天文学三个学科中都有重大的历史性贡献, 但他主要是数学家, 研究力学和天文学的目的是表明数学分析的威力. 他的全部著作、论文、学术报告记录、学术通讯的数量超过 500. 几乎在当时所有数学领域中, 拉格朗日都作出了重要贡献, 其最突出的贡献是在使数学分析的基础脱离几何与力学方面起了决定性的作用. 他使数学的独立性更为清楚, 而不仅仅是其他学科的工具. 他的工作总结了18 世纪的数学成果, 同时又开辟了19 世纪数学研究的道路.

拉格朗日在使天文学力学化、力学分析化方面也起了决定性的作用, 促使力学和天文学更深入地发展. 他最精心之作当推《分析力学》, 他为之倾注了37 年的心血, 用数学把宇宙描绘成一个优美和谐的力学体系, 被哈密顿 (Hamilton) 誉为"科学诗".

拉格朗日科学的思想方法也对后人产生了深远的影响. 拉格朗日常数变易法的实质就是矛盾转化法. 他在探索微分方程求解的过程中巧妙地运用了高阶与低阶、常量与变量、线性与非线性、齐次与非齐次等各种转化. 拉格朗日解决数学问题的精妙之处就在于他能洞察到数学对象之间深层次的联系, 从而创造有利条件, 使问题迎刃而解.

拉格朗日是欧洲最伟大的数学家之一, 拿破仑曾称赞他是"一座高耸在数学世界的金字塔".

第4章 不定积分

数学中的转折点是笛卡儿的变数. 有了变数, 运动进入了数学; 有了变数, 辩证法进入了数学; 有了变数, 微分和积分也就立刻成为必要的了, 而它们也就立刻产生, 并且是由牛顿和莱布尼茨大体上完成的, 但不是由他们发明的.

—— **恩格斯**

数学发展的动力主要源于社会发展的环境力量. 17 世纪, 微积分的创立首先是为了解决当时数学面临的四类核心问题中的第四类问题, 即求曲线的长度、曲线围成的面积、曲面围成的体积、物体的重心和引力, 等等. 此类问题的研究具有悠久的历史, 例如, 古希腊人曾用穷竭法求出了某些图形的面积和体积, 我国南北朝时期的祖冲之[①] 和他的儿子祖暅也曾推导出某些图形的面积和体积. 在欧洲, 对此类问题的研究兴起于17 世纪, 先是穷竭法被逐渐修改, 后来微积分的创立彻底改变了解决这一大类问题的方法.

由求运动速度、曲线的切线和极值等问题产生了导数和微分, 构成了微积分学的微分学部分; 同时由已知速度求路程、已知切线求曲线以及上述求面积与体积等问题产生了不定积分和定积分, 构成了微积分学的积分学部分.

前面已经介绍了已知函数求导数的问题, 现在我们要考虑其反问题: 已知导数求其函数, 即求一个未知函数, 使其导数恰好是某一已知函数. 这种由导数或微分求原函数的逆运算称为不定积分. 本章将介绍不定积分的概念及其计算方法.

§4.1 不定积分的概念与性质

一、原函数的概念

从微分学知道, 若已知曲线方程 $y=f(x)$, 则可求出该曲线在任一点 x 处切线的斜率 $k=f'(x)$.

例如, 曲线 $y=x^2$ 在点 x 处切线的斜率为 $k=2x$.

现在要解决其 **逆问题**: 已知曲线上任意一点 x 处的切线的斜率, 求该曲线的方

① 祖冲之 (429 — 500), 中国数学家.

程.为此,我们引入原函数的概念.

定义1 设 $f(x)$ 是定义在区间 I 上的函数,若存在函数 $F(x)$,使得对任意 $x\in I$ 均有

$$F'(x)=f(x) \text{ 或 } \mathrm{d}F(x)=f(x)\,\mathrm{d}x,$$

则称函数 $F(x)$ 为 $f(x)$ 在区间 I 上的**原函数**.

例如,因为 $(\sin x)'=\cos x$,故 $\sin x$ 是 $\cos x$ 的一个原函数.

因为 $(x^2)'=2x$,故 x^2 是 $2x$ 的一个原函数.

因为 $(x^2+1)'=2x$,故 x^2+1 是 $2x$ 的一个原函数.

……

由此可知,**一个函数的原函数不是唯一的**.

事实上,若 $F(x)$ 为 $f(x)$ 在区间 I 上的原函数,则有

$$F'(x)=f(x),\quad [F(x)+C]'=f(x)\ (C\text{ 为任意常数}).$$

从而,$F(x)+C$ 也是 $f(x)$ 在区间 I 上的原函数.

一个函数的任意两个原函数之间相差一个常数.

事实上,设 $F(x)$ 和 $G(x)$ 都是 $f(x)$ 的原函数,则

$$[F(x)-G(x)]'=F'(x)-G'(x)=f(x)-f(x)=0,$$

即

$$F(x)-G(x)=C\ (C\text{ 为任意常数}).$$

由此可知,若 $F(x)$ 为 $f(x)$ 在区间 I 上的一个原函数,则函数 $f(x)$ 的**全体原函数**为 $F(x)+C$ (C 为任意常数).

原函数的存在性将在下一章讨论,这里先介绍一个结论:

定理1 区间 I 上的连续函数一定有原函数.

注:求函数 $f(x)$ 的原函数,实质上就是问它是由什么函数求导得来的.而一旦求得 $f(x)$ 的一个原函数 $F(x)$,则其全体原函数为 $F(x)+C$ (C 为任意常数).

二、不定积分的概念

定义2 在某区间 I 上的函数 $f(x)$,若存在原函数,则称 $f(x)$ 为**可积函数**,并将 $f(x)$ 的全体原函数记为

$$\int f(x)\,\mathrm{d}x,$$

称它是函数 $f(x)$ 在区间 I 内的**不定积分**,其中 $\int$ 称为**积分符号**,$f(x)$ 称为**被积函数**,x 称为**积分变量**.

由定义知,若 $F(x)$ 为 $f(x)$ 的原函数,则

$$\int f(x)\,\mathrm{d}x=F(x)+C\ \ (C\text{ 称为}\textbf{积分常数}).$$

注:函数 $f(x)$ 的原函数 $F(x)$ 的图形称为 $f(x)$ 的**积分曲线**.

由定义知，求函数 $f(x)$ 的不定积分就是求 $f(x)$ 的全体原函数，在 $\int f(x)\mathrm{d}x$ 中，积分号 $\int$ 表示对函数 $f(x)$ 进行求原函数的运算，故求不定积分的运算实质上就是求导(或求微分)运算的逆运算.

例1　$\frac{\mathrm{d}}{\mathrm{d}x}\left(\int f(x)\mathrm{d}x\right)$ 与 $\int f'(x)\mathrm{d}x$ 是否相等？

解　不相等.

设 $F'(x)=f(x)$，则

$$\frac{\mathrm{d}}{\mathrm{d}x}\left(\int f(x)\mathrm{d}x\right)=(F(x)+C)'=F'(x)+0=f(x),$$

而由不定积分定义可知

$$\int f'(x)\mathrm{d}x=f(x)+C\ (C\text{为任意常数}),$$

所以

$$\frac{\mathrm{d}}{\mathrm{d}x}\left(\int f(x)\mathrm{d}x\right)\neq\int f'(x)\mathrm{d}x.$$ ■

例2　求下列不定积分：

(1) $\int x^3\mathrm{d}x$;　　(2) $\int\frac{1}{x^2}\mathrm{d}x$;　　(3) $\int\frac{1}{1+x^2}\mathrm{d}x$.

解　(1) 因为 $\left(\frac{x^4}{4}\right)'=x^3$，所以 $\frac{x^4}{4}$ 是 x^3 的一个原函数，从而

$$\int x^3\mathrm{d}x=\frac{x^4}{4}+C\ \ (C\text{为任意常数}).$$

(2) 因为 $\left(-\frac{1}{x}\right)'=\frac{1}{x^2}$，所以 $-\frac{1}{x}$ 是 $\frac{1}{x^2}$ 的一个原函数，从而

$$\int\frac{1}{x^2}\mathrm{d}x=-\frac{1}{x}+C\ \ (C\text{为任意常数}).$$

(3) 因为 $(\arctan x)'=\frac{1}{1+x^2}$，所以 $\arctan x$ 是 $\frac{1}{1+x^2}$ 的一个原函数，从而

$$\int\frac{1}{1+x^2}\mathrm{d}x=\arctan x+C\ \ (C\text{为任意常数}).$$ ■

求不定积分有时是困难的，但检验起来却相对容易：首先检查积分常数，再对结果的右端求导，其导数就应该是被积函数.

例3　检验下列不定积分的正确性：

(1) $\int x\cos x\mathrm{d}x=x\sin x+C$;　　(2) $\int x\cos x\mathrm{d}x=x\sin x+\cos x+C$.

解　(1) 错误. 因为对等式的右端求导，其导函数不是被积函数：

$$(x\sin x+C)'=x\cos x+\sin x+0\neq x\cos x.$$

(2) 正确．因为

$$(x\sin x+\cos x+C)'=x\cos x+\sin x-\sin x+0=x\cos x.$$

例4 已知曲线 $y=f(x)$ 在任一点 x 处的切线的斜率为$2x$,且曲线通过点$(1,2)$,求此曲线的方程.

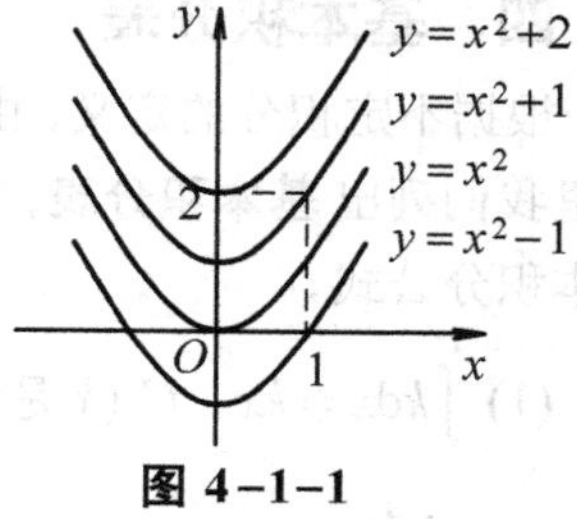

图 4-1-1

解 根据题意知

$$f'(x)=2x,$$

即 $f(x)$ 是 $2x$ 的一个原函数(见图 4-1-1), 从而

$$f(x)=\int 2x\mathrm{d}x=x^2+C.$$

现要在上述积分曲线中选出通过点$(1,2)$的那条曲线．由曲线通过点$(1,2)$得

$$2=1^2+C，即 C=1,$$

故所求曲线方程为 $y=x^2+1$.

三、不定积分的性质

由不定积分的定义知，若$F(x)$为$f(x)$在区间I上的原函数，即

$$F'(x)=f(x) \text{ 或 } \mathrm{d}F(x)=f(x)\mathrm{d}x,$$

则 $f(x)$ 在区间 I 内的不定积分为

$$\int f(x)\mathrm{d}x=F(x)+C.$$

易见 $\int f(x)\mathrm{d}x$ 是 $f(x)$ 的原函数, 故有:

性质1 $\dfrac{\mathrm{d}}{\mathrm{d}x}\left[\int f(x)\mathrm{d}x\right]=f(x)$ 或 $\mathrm{d}\left[\int f(x)\mathrm{d}x\right]=f(x)\mathrm{d}x$.

又由于$F(x)$是$F'(x)$的原函数, 故有:

性质2 $\int F'(x)\mathrm{d}x=F(x)+C$ 或 $\int \mathrm{d}F(x)=F(x)+C$.

注: 由上可见, **微分运算与积分运算是互逆的**. 两个运算连在一起时, $\mathrm{d}\int$ 完全抵消, $\int\mathrm{d}$ 抵消后相差一常数.

利用微分运算法则和不定积分的定义, 可得下列运算性质:

性质3 两函数代数和的不定积分等于它们各自积分的代数和，即

$$\int[f(x)\pm g(x)]\mathrm{d}x=\int f(x)\mathrm{d}x\pm\int g(x)\mathrm{d}x.$$

证明 $\left[\int f(x)\mathrm{d}x\pm\int g(x)\mathrm{d}x\right]'=\left[\int f(x)\mathrm{d}x\right]'\pm\left[\int g(x)\mathrm{d}x\right]'=f(x)\pm g(x).$ ■

注: 此性质可推广到有限多个函数之和的情形.

性质4 求不定积分时，非零常数因子可提到积分号外面，即

$$\int kf(x)\mathrm{d}x=k\int f(x)\mathrm{d}x \quad (k\neq 0).$$

证明 $\left[k\int f(x)\mathrm{d}x\right]'=k\left[\int f(x)\mathrm{d}x\right]'=kf(x)=\left[\int kf(x)\mathrm{d}x\right]'.$ ■

四、基本积分表

根据不定积分的定义，由导数或微分基本公式，即可得到不定积分的基本公式．这里我们列出 **基本积分表**，请读者务必熟记，因为许多不定积分最终将归结为这些基本积分公式．

(1) $\int k\mathrm{d}x=kx+C$ (k 是常数)；

(2) $\int x^{\mu}\mathrm{d}x=\dfrac{x^{\mu+1}}{\mu+1}+C\ (\mu\neq-1)$；

(3) $\int\dfrac{\mathrm{d}x}{x}=\ln|x|+C$；

(4) $\int\dfrac{1}{1+x^2}\mathrm{d}x=\arctan x+C$；

(5) $\int\dfrac{1}{\sqrt{1-x^2}}\mathrm{d}x=\arcsin x+C$；

(6) $\int a^x\mathrm{d}x=\dfrac{a^x}{\ln a}+C$；

(7) $\int \mathrm{e}^x\mathrm{d}x=\mathrm{e}^x+C$；

(8) $\int\cos x\mathrm{d}x=\sin x+C$；

(9) $\int\sin x\mathrm{d}x=-\cos x+C$；

(10) $\int\sec^2x\mathrm{d}x=\tan x+C$；

(11) $\int\csc^2x\mathrm{d}x=-\cot x+C$；

(12) $\int\sec x\tan x\mathrm{d}x=\sec x+C$；

(13) $\int\csc x\cot x\mathrm{d}x=-\csc x+C$．

五、直接积分法

从前面的例题可知，利用不定积分的定义来计算不定积分是非常不方便的．为解决不定积分的计算问题，这里我们先介绍一种利用不定积分的运算性质和基本积分公式，直接求出不定积分的方法，即**直接积分法**．

例如，计算不定积分 $\int(x^2+2x-7)\mathrm{d}x$，有

$$\int(x^2+2x-7)\mathrm{d}x=\int x^2\mathrm{d}x+\int 2x\mathrm{d}x-\int 7\mathrm{d}x=\frac{x^3}{3}+x^2-7x+C.$$

注：每个积分号都含有任意常数，但由于这些任意常数之和仍是任意常数，因此，只要总的写出一个任意常数 C 即可．

例5 求不定积分 $\int\dfrac{1}{x\sqrt[3]{x}}\mathrm{d}x$．

解 $\int\dfrac{1}{x\sqrt[3]{x}}\mathrm{d}x=\int x^{-\frac{4}{3}}\mathrm{d}x=\dfrac{1}{-\frac{4}{3}+1}x^{-\frac{4}{3}+1}+C=-3x^{-\frac{1}{3}}+C.$ ■

例6 求不定积分 $\int 2^x\mathrm{e}^x\mathrm{d}x$．

解 $\int 2^x\mathrm{e}^x\mathrm{d}x=\int(2\mathrm{e})^x\mathrm{d}x=\dfrac{(2\mathrm{e})^x}{\ln(2\mathrm{e})}+C=\dfrac{2^x\mathrm{e}^x}{1+\ln 2}+C.$ ■

例 7 求不定积分 $\int\left(\frac{x}{2}+\frac{2}{x}\right)dx$.

解 $\int\left(\frac{x}{2}+\frac{2}{x}\right)dx=\int\frac{x}{2}dx+\int\frac{2}{x}dx=\frac{1}{2}\int x\,dx+2\int\frac{1}{x}dx=\frac{x^2}{4}+2\ln|x|+C.$ ■

例 8 求不定积分 $\int\frac{x^4}{1+x^2}dx$.

解

$$\int\frac{x^4}{1+x^2}dx=\int\frac{x^4-1+1}{1+x^2}dx=\int\frac{(x^2+1)(x^2-1)+1}{1+x^2}dx$$

$$=\int\left(x^2-1+\frac{1}{1+x^2}\right)dx=\int x^2dx-\int 1dx+\int\frac{1}{1+x^2}dx$$

$$=\frac{x^3}{3}-x+\arctan x+C.$$ ■

例 9 求不定积分 $\int\tan^2 x dx$.

解 $\int\tan^2 x dx=\int(\sec^2 x-1)dx=\int\sec^2 x dx-\int 1dx=\tan x-x+C.$ ■

例 10 求不定积分 $\int\frac{1}{\sin^2 x\cos^2 x}dx$.

解

$$\int\frac{1}{\sin^2 x\cos^2 x}dx=\int\frac{\sin^2 x+\cos^2 x}{\sin^2 x\cos^2 x}dx=\int\frac{1}{\cos^2 x}dx+\int\frac{1}{\sin^2 x}dx$$

$$=\tan x-\cot x+C.$$ ■

例 11 在一个特定的记忆实验中，记忆速率为$M'(t)=0.2t-0.003t^2$，其中$M(t)$是在t分钟内记住的西班牙语单词的数目.

(1) 如果已知 $M(0)=0$，求 $M(t)$； (2) 在 8 分钟内可记住多少单词？

解 (1) 由题意，得

$$M(t)=\int M'(t)\cdot dt=\int(0.2t-0.003t^2)dt=0.1t^2-0.001t^3+C,$$

又 $M(0)=0$，从而 $C=0$，所以

$$M(t)=0.1t^2-0.001t^3.$$

(2) $t=8$，$M(t)=0.1\times 8^2-0.001\times 8^3=5.888\approx 6$.

因此 8 分钟大约可记 6 个单词. ■

习题 4-1

1. 检验下列不定积分的正确性：

(1) $\int x\sin x dx=-x\cos x+C$； (2) $\int x\sin x dx=-x\cos x+\sin x+C$.

2. 求下列不定积分：

(1) $\int \frac{dx}{x^2\sqrt{x}}$； (2) $\int\left(\sqrt[3]{x}-\frac{1}{\sqrt{x}}\right)dx$； (3) $\int(2^x+x^2)dx$；

(4) $\int\sqrt{x}(x-3)dx$； (5) $\int\left(\frac{3}{1+x^2}-\frac{2}{\sqrt{1-x^2}}\right)dx$； (6) $\int\frac{x^2}{1+x^2}dx$；

(7) $\int\frac{dx}{x^2(1+x^2)}$； (8) $\int\frac{e^{2t}-1}{e^t-1}dt$； (9) $\int 3^x e^x dx$；

(10) $\int\cos^2\frac{x}{2}dx$； (11) $\int\frac{dx}{1+\cos 2x}$； (12) $\int\frac{\cos 2x}{\cos^2 x\cdot\sin^2 x}dx$.

3. 设 $\int xf(x)dx=\arccos x+C$，求 $f(x)$.

4. 设 $f'(x)$ 的导函数是 $\sin x$，求 $f'(x)$ 的原函数的全体.

5. 一曲线通过点 $(e^2,3)$，且在任一点处的切线的斜率等于该点横坐标的倒数，求该曲线的方程.

§4.2 换元积分法

能用直接积分法计算的不定积分是十分有限的．本节介绍的换元积分法是将复合函数的求导法则反过来用于不定积分，通过适当的变量替换(换元)，把某些不定积分化为可利用基本积分公式的形式，再计算出所求的不定积分.

一、第一类换元法(凑微分法)

如果不定积分 $\int f(x)dx$ 用直接积分法不易求得，但被积函数可分解为

$$f(x)=g[\varphi(x)]\varphi'(x),$$

作变量代换 $u=\varphi(x)$，并注意到 $\varphi'(x)dx=d\varphi(x)$，则可将关于变量 x 的积分转化为关于变量 u 的积分，于是有

$$\int f(x)dx=\int g[\varphi(x)]\varphi'(x)dx=\int g(u)du,$$

如果 $\int g(u)du$ 可以求出，不定积分 $\int f(x)dx$ 的计算问题就解决了，这就是**第一类换元(积分)法(凑微分法)**.

定理1(第一类换元法) 设 $g(u)$ 的原函数为 $F(u)$，$u=\varphi(x)$ 可导，则有换元公式

$$\int g[\varphi(x)]\varphi'(x)dx=\int g(u)du=F(u)+C=F[\varphi(x)]+C.$$

注：上述公式中，第一个等号表示换元 $\varphi(x)=u$，最后一个等号表示回代 $u=\varphi(x)$.

例1 求不定积分 $\int(2x+1)^{10}dx$.

解 $\int(2x+1)^{10}\mathrm{d}x=\frac{1}{2}\int(2x+1)^{10}(2x+1)'\mathrm{d}x$

$$=\frac{1}{2}\int(2x+1)^{10}\mathrm{d}(2x+1)$$

$$\xlongequal[\text{换元}]{2x+1=u}\frac{1}{2}\int u^{10}\mathrm{d}u=\frac{1}{2}\cdot\frac{u^{11}}{11}+C\xlongequal[\text{回代}]{u=2x+1}\frac{1}{22}(2x+1)^{11}+C.$$ ■

例 2 求不定积分 $\int x\mathrm{e}^{x^2}\mathrm{d}x$.

解 $\int x\mathrm{e}^{x^2}\mathrm{d}x=\frac{1}{2}\int \mathrm{e}^{x^2}(x^2)'\mathrm{d}x=\frac{1}{2}\int \mathrm{e}^{x^2}\mathrm{d}(x^2)$

$$\xlongequal[\text{换元}]{x^2=u}\frac{1}{2}\int \mathrm{e}^{u}\mathrm{d}u=\frac{1}{2}\mathrm{e}^{u}+C\xlongequal[\text{回代}]{u=x^2}\frac{1}{2}\mathrm{e}^{x^2}+C.$$ ■

例 3 求不定积分 $\int\frac{1}{x(1+2\ln x)}\mathrm{d}x$.

解 $\int\frac{1}{x(1+2\ln x)}\mathrm{d}x=\int\frac{1}{1+2\ln x}(\ln x)'\mathrm{d}x=\int\frac{1}{2}\cdot\frac{1}{1+2\ln x}(1+2\ln x)'\mathrm{d}x$

$$=\frac{1}{2}\int\frac{1}{1+2\ln x}\mathrm{d}(1+2\ln x)$$

$$\xlongequal[\text{换元}]{1+2\ln x=u}\frac{1}{2}\int\frac{1}{u}\mathrm{d}u=\frac{1}{2}\ln|u|+C$$

$$\xlongequal[\text{回代}]{u=1+2\ln x}\frac{1}{2}\ln|1+2\ln x|+C.$$ ■

注：一般地，我们可根据微分基本公式得到表 4－2－1 中常用的凑微分公式. 对变量代换比较熟练后，可省去书写中间变量的换元和回代过程.

例 4 求不定积分 $\int\frac{\mathrm{e}^{3\sqrt{x}}}{\sqrt{x}}\mathrm{d}x$.

解 $\int\frac{\mathrm{e}^{3\sqrt{x}}}{\sqrt{x}}\mathrm{d}x=2\int\mathrm{e}^{3\sqrt{x}}\mathrm{d}\left(\sqrt{x}\right)=\frac{2}{3}\int\mathrm{e}^{3\sqrt{x}}\mathrm{d}(3\sqrt{x})=\frac{2}{3}\mathrm{e}^{3\sqrt{x}}+C.$ ■

例 5 求不定积分 $\int\frac{1}{x^2-8x+25}\mathrm{d}x$.

解 $\int\frac{1}{x^2-8x+25}\mathrm{d}x=\int\frac{1}{(x-4)^2+9}\mathrm{d}x=\frac{1}{3^2}\int\frac{1}{\left(\frac{x-4}{3}\right)^2+1}\mathrm{d}x$

$$=\frac{1}{3}\int\frac{1}{\left(\frac{x-4}{3}\right)^2+1}\mathrm{d}\left(\frac{x-4}{3}\right)$$

$$=\frac{1}{3}\arctan\frac{x-4}{3}+C.$$ ■

表 4-2-1　　常用的凑微分公式

	积分类型	换元公式
第一类换元法	1. $\int f(ax+b)\mathrm{d}x=\frac{1}{a}\int f(ax+b)\mathrm{d}(ax+b)\ (a\neq 0)$	$u=ax+b$
	2. $\int f(x^{\mu})x^{\mu-1}\mathrm{d}x=\frac{1}{\mu}\int f(x^{\mu})\mathrm{d}(x^{\mu})\quad(\mu\neq 0)$	$u=x^{\mu}$
	3. $\int f(\ln x)\cdot\frac{1}{x}\mathrm{d}x=\int f(\ln x)\mathrm{d}(\ln x)$	$u=\ln x$
	4. $\int f(\mathrm{e}^{x})\cdot\mathrm{e}^{x}\mathrm{d}x=\int f(\mathrm{e}^{x})\mathrm{d}(\mathrm{e}^{x})$	$u=\mathrm{e}^{x}$
	5. $\int f(a^{x})\cdot a^{x}\mathrm{d}x=\frac{1}{\ln a}\int f(a^{x})\mathrm{d}(a^{x})$	$u=a^{x}$
	6. $\int f(\sin x)\cdot\cos x\mathrm{d}x=\int f(\sin x)\mathrm{d}(\sin x)$	$u=\sin x$
	7. $\int f(\cos x)\cdot\sin x\mathrm{d}x=-\int f(\cos x)\mathrm{d}(\cos x)$	$u=\cos x$
	8. $\int f(\tan x)\sec^{2}x\mathrm{d}x=\int f(\tan x)\mathrm{d}(\tan x)$	$u=\tan x$
	9. $\int f(\cot x)\csc^{2}x\mathrm{d}x=-\int f(\cot x)\mathrm{d}(\cot x)$	$u=\cot x$

例 6　求不定积分 $\int\frac{1}{1+\mathrm{e}^{x}}\mathrm{d}x$.

解　$$\int\frac{1}{1+\mathrm{e}^{x}}\mathrm{d}x=\int\frac{1+\mathrm{e}^{x}-\mathrm{e}^{x}}{1+\mathrm{e}^{x}}\mathrm{d}x=\int\left(1-\frac{\mathrm{e}^{x}}{1+\mathrm{e}^{x}}\right)\mathrm{d}x=\int\mathrm{d}x-\int\frac{\mathrm{e}^{x}}{1+\mathrm{e}^{x}}\mathrm{d}x$$

$$=\int\mathrm{d}x-\int\frac{1}{1+\mathrm{e}^{x}}\mathrm{d}(1+\mathrm{e}^{x})=x-\ln(1+\mathrm{e}^{x})+C.$$ ■

例 7　求不定积分 $\int\sin 2x\mathrm{d}x$.

解　方法一　原式 $=\frac{1}{2}\int\sin 2x\mathrm{d}(2x)=-\frac{1}{2}\cos 2x+C$;

方法二　原式 $=2\int\sin x\cos x\mathrm{d}x=2\int\sin x\mathrm{d}(\sin x)=(\sin x)^{2}+C$;

方法三　原式 $=2\int\sin x\cos x\mathrm{d}x=-2\int\cos x\mathrm{d}(\cos x)=-(\cos x)^{2}+C$. ■

注:检验积分结果是否正确,只需对结果求导. 如果导数等于被积函数,则结果正确,否则结果错误.

易检验,上述 $-\frac{1}{2}\cos 2x$, $(\sin x)^{2}$, $-(\cos x)^{2}$ 均为 $\sin 2x$ 的原函数.

例 8　求不定积分 $\int\sin^{2}x\cdot\cos^{5}x\mathrm{d}x$.

解　$$\int\sin^{2}x\cdot\cos^{5}x\mathrm{d}x=\int\sin^{2}x\cdot\cos^{4}x\mathrm{d}(\sin x)=\int\sin^{2}x\cdot(1-\sin^{2}x)^{2}\mathrm{d}(\sin x)$$

$$=\int(\sin^{2}x-2\sin^{4}x+\sin^{6}x)\mathrm{d}(\sin x)$$

$$=\frac{1}{3}\sin^3 x-\frac{2}{5}\sin^5 x+\frac{1}{7}\sin^7 x+C.$$ ■

注：当被积函数是三角函数的乘积时，拆开奇次项去凑微分；当被积函数为三角函数的偶数次幂时，常用半角公式通过降低幂次的方法来计算.

例9 求不定积分$\int\cos^2 x\mathrm{d}x$.

解 $$\int\cos^2 x\mathrm{d}x=\int\frac{1+\cos 2x}{2}\mathrm{d}x=\frac{1}{2}\left(\int\mathrm{d}x+\int\cos 2x\mathrm{d}x\right)$$
$$=\frac{1}{2}\int\mathrm{d}x+\frac{1}{4}\int\cos 2x\mathrm{d}(2x)=\frac{x}{2}+\frac{\sin 2x}{4}+C.$$ ■

例10 求不定积分$\int\sec^6 x\mathrm{d}x$.

解 $$\int\sec^6 x\mathrm{d}x=\int(\sec^2 x)^2\sec^2 x\mathrm{d}x=\int(1+\tan^2 x)^2\mathrm{d}(\tan x)$$
$$=\int(1+2\tan^2 x+\tan^4 x)\mathrm{d}(\tan x)=\tan x+\frac{2}{3}\tan^3 x+\frac{1}{5}\tan^5 x+C.$$ ■

例11 求不定积分$\int\frac{1}{\sqrt{2x+3}+\sqrt{2x-1}}\mathrm{d}x$.

解 $$\int\frac{1}{\sqrt{2x+3}+\sqrt{2x-1}}\mathrm{d}x=\int\frac{\sqrt{2x+3}-\sqrt{2x-1}}{(\sqrt{2x+3}+\sqrt{2x-1})(\sqrt{2x+3}-\sqrt{2x-1})}\mathrm{d}x$$
$$=\frac{1}{4}\int\sqrt{2x+3}\mathrm{d}x-\frac{1}{4}\int\sqrt{2x-1}\mathrm{d}x$$
$$=\frac{1}{8}\int\sqrt{2x+3}\mathrm{d}(2x+3)-\frac{1}{8}\int\sqrt{2x-1}\mathrm{d}(2x-1)$$
$$=\frac{1}{12}(\sqrt{2x+3})^3-\frac{1}{12}(\sqrt{2x-1})^3+C.$$ ■

例12 求不定积分$\int\csc x\mathrm{d}x$.

解 $$\int\csc x\mathrm{d}x=\int\frac{\mathrm{d}x}{\sin x}=\int\frac{\mathrm{d}x}{2\sin\frac{x}{2}\cos\frac{x}{2}}=\int\frac{1}{\tan\frac{x}{2}\cos^2\frac{x}{2}}\mathrm{d}\left(\frac{x}{2}\right)$$
$$=\int\frac{1}{\tan\frac{x}{2}}\mathrm{d}\left(\tan\frac{x}{2}\right)=\ln\left|\tan\frac{x}{2}\right|+C,$$

因为
$$\tan\frac{x}{2}=\frac{\sin\frac{x}{2}}{\cos\frac{x}{2}}=\frac{2\sin^2\frac{x}{2}}{\sin x}=\frac{1-\cos x}{\sin x}=\csc x-\cot x,$$

所以
$$\int\csc x\mathrm{d}x=\ln|\csc x-\cot x|+C.$$ ■

例 13 求不定积分 $\int \frac{1}{x^2-a^2}\mathrm{d}x$.

解 由于 $\frac{1}{x^2-a^2}=\frac{1}{2a}\left(\frac{1}{x-a}-\frac{1}{x+a}\right)$, 所以

$$\begin{aligned}\int \frac{1}{x^2-a^2}\mathrm{d}x&=\frac{1}{2a}\int\left(\frac{1}{x-a}-\frac{1}{x+a}\right)\mathrm{d}x=\frac{1}{2a}\left(\int\frac{1}{x-a}\mathrm{d}x-\int\frac{1}{x+a}\mathrm{d}x\right)\\&=\frac{1}{2a}\left[\int\frac{1}{x-a}\mathrm{d}(x-a)-\int\frac{1}{x+a}\mathrm{d}(x+a)\right]\\&=\frac{1}{2a}(\ln|x-a|-\ln|x+a|)+C=\frac{1}{2a}\ln\left|\frac{x-a}{x+a}\right|+C.\end{aligned}$$

■

例 14 某一太阳能能量 $f(x)$ 相对于太阳能接触的表面积 x 的变化率为

$$\frac{\mathrm{d}f(x)}{\mathrm{d}x}=\frac{0.03}{\sqrt{0.02x+1}}.$$

如果当 $x=0$ 时, $f(0)=3$. 求太阳能能量 $f(x)$ 的表达式.

解 对 $\frac{\mathrm{d}f(x)}{\mathrm{d}x}=\frac{0.03}{\sqrt{0.02\,x+1}}$ 积分得

$$\begin{aligned}f(x)&=\int\frac{0.03}{\sqrt{0.02\,x+1}}\mathrm{d}x=\frac{3}{2}\int\frac{1}{\sqrt{0.02\,x+1}}\mathrm{d}(0.02\,x+1)\\&=\frac{3}{2}\times2\sqrt{0.02\,x+1}+C\\&=3\sqrt{0.02x+1}+C,\end{aligned}$$

将 $x=0$, $f(0)=3$ 代入上式得 $C=0$, 则

$$f(x)=3\sqrt{0.02x+1}.$$

■

二、第二类换元法

如果不定积分 $\int f(x)\mathrm{d}x$ 用直接积分法或第一类换元法不易求得, 但作适当的变量替换 $x=\varphi(t)$ 后, 所得到的关于新积分变量 t 的不定积分

$$\int f[\varphi(t)]\varphi'(t)\mathrm{d}t$$

可以求得, 则可解决 $\int f(x)\mathrm{d}x$ 的计算问题, 这就是所谓的**第二类换元(积分)法**.

定理 2 (第二类换元法) 设 $x=\varphi(t)$ 是单调、可导函数, 且 $\varphi'(t)\neq0$, 又设 $f[\varphi(t)]\varphi'(t)$ 具有原函数 $F(t)$, 则

$$\int f(x)\mathrm{d}x=\int f[\varphi(t)]\varphi'(t)\mathrm{d}t=F(t)+C=F[\psi(x)]+C,$$

其中$\psi(x)$是$x=\varphi(t)$的反函数.

证明 因为$F(t)$是$f[\varphi(t)]\varphi'(t)$的原函数，令$G(x)=F[\psi(x)]$，则

$$G'(x)=\frac{\mathrm{d}F}{\mathrm{d}t}\cdot\frac{\mathrm{d}t}{\mathrm{d}x}=f[\varphi(t)]\varphi'(t)\cdot\frac{1}{\varphi'(t)}=f[\varphi(t)]=f(x),$$

即$G(x)$为$f(x)$的一个原函数. 从而结论得证. ■

注: 由定理2可见, 第二类换元积分法的换元和回代过程与第一类换元积分法正好相反.

例15 求不定积分$\int\frac{1}{x+\sqrt{x}}\mathrm{d}x$.

解 令变量$t=\sqrt{x}$，即作变量代换$x=t^2(t>0)$，从而$\mathrm{d}x=2t\mathrm{d}t$，所以不定积分

$$\begin{aligned}\int\frac{1}{x+\sqrt{x}}\mathrm{d}x&=\int\frac{1}{t^2+t}\cdot 2t\mathrm{d}t=2\int\frac{1}{t+1}\mathrm{d}t\\&=2\ln|t+1|+C=2\ln(\sqrt{x}+1)+C.\end{aligned}$$ ■

例16 求不定积分$\int\frac{1}{\sqrt{x}\left(1+\sqrt[3]{x}\right)}\mathrm{d}x$.

解 为同时消去被积函数中的根式$\sqrt{x}$ 和 $\sqrt[3]{x}$，可令 $x=t^6$，则$\mathrm{d}x=6t^5\mathrm{d}t$，从而

$$\begin{aligned}\int\frac{1}{\sqrt{x}\left(1+\sqrt[3]{x}\right)}\mathrm{d}x&=\int\frac{6t^5}{t^3(1+t^2)}\mathrm{d}t=\int\frac{6t^2}{1+t^2}\mathrm{d}t=6\int\frac{t^2+1-1}{1+t^2}\mathrm{d}t\\&=6\int\left(1-\frac{1}{1+t^2}\right)\mathrm{d}t=6(t-\arctan t)+C\\&=6\left(\sqrt[6]{x}-\arctan\sqrt[6]{x}\right)+C.\end{aligned}$$ ■

例17 求不定积分$\int\frac{1}{\sqrt{1+\mathrm{e}^x}}\mathrm{d}x$.

解 令 $t=\sqrt{1+\mathrm{e}^x}$，则 $\mathrm{e}^x=t^2-1$，$x=\ln(t^2-1)$，$\mathrm{d}x=\frac{2t\mathrm{d}t}{t^2-1}$，所以

$$\begin{aligned}\int\frac{1}{\sqrt{1+\mathrm{e}^x}}\mathrm{d}x&=\int\frac{2}{t^2-1}\mathrm{d}t=\int\left(\frac{1}{t-1}-\frac{1}{t+1}\right)\mathrm{d}t=\ln\left|\frac{t-1}{t+1}\right|+C\\&=2\ln(\sqrt{1+\mathrm{e}^x}-1)-x+C.\end{aligned}$$ ■

例18 求不定积分$\int\sqrt{a^2-x^2}\,\mathrm{d}x\ (a>0)$.

解 令$x=a\sin t$，则

$$\mathrm{d}x=a\cos t\mathrm{d}t,\ t\in\left(-\frac{\pi}{2},\frac{\pi}{2}\right),$$

所以 $$\int\sqrt{a^2-x^2}\,\mathrm{d}x=\int a\cos t\cdot a\cos t\mathrm{d}t=\frac{a^2}{2}\int(1+\cos 2t)\mathrm{d}t$$

$$=\frac{a^2}{2}\left(t+\frac{1}{2}\sin 2t\right)+C=\frac{a^2}{2}(t+\sin t\cos t)+C.$$

为将变量 t 还原回原来的积分变量 x，由 $x=a\sin t$ 作直角三角形(见图4-2-1)，可知 $\cos t=\dfrac{\sqrt{a^2-x^2}}{a}$，代入上式，得

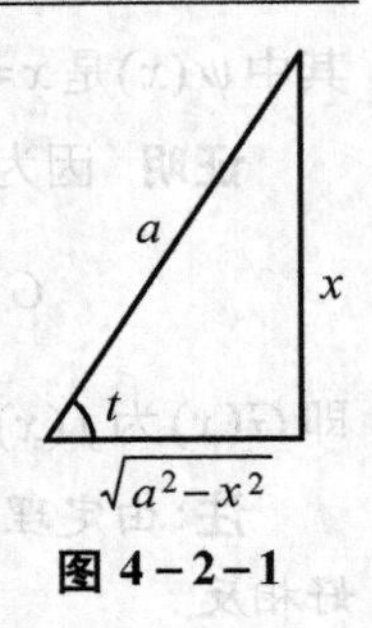

图 4-2-1

$$\int\sqrt{a^2-x^2}\,\mathrm{d}x=\frac{a^2}{2}\left(\arcsin\frac{x}{a}+\frac{x}{a}\cdot\frac{\sqrt{a^2-x^2}}{a}\right)+C$$

$$=\frac{a^2}{2}\arcsin\frac{x}{a}+\frac{x}{2}\cdot\sqrt{a^2-x^2}+C. \quad ■$$

注：对本例，若令 $x=a\cos t$，同样可计算.

例19 求不定积分 $\displaystyle\int\frac{1}{\sqrt{x^2+a^2}}\mathrm{d}x\ (a>0)$.

解 如图4-2-2所示，令 $x=a\tan t$，则 $\mathrm{d}x=a\sec^2 t\mathrm{d}t$，$t\in\left(-\dfrac{\pi}{2},\dfrac{\pi}{2}\right)$，

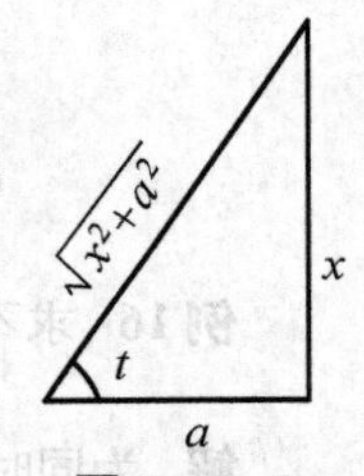

图 4-2-2

$$\int\frac{1}{\sqrt{x^2+a^2}}\mathrm{d}x=\int\frac{1}{a\sec t}\cdot a\sec^2 t\mathrm{d}t=\int\sec t\mathrm{d}t$$

$$=\ln|\sec t+\tan t|+C$$

$$=\ln\left|\frac{x}{a}+\frac{\sqrt{x^2+a^2}}{a}\right|+C. \quad ■$$

例20 求不定积分 $\displaystyle\int\frac{1}{\sqrt{x^2-a^2}}\mathrm{d}x\ (a>0)$.

解 被积函数的定义域为 $|x|>a$. 当 $x>a$ 时，如图4-2-3所示，令 $x=a\sec t$，$t\in(0,\pi/2)$，则 $\mathrm{d}x=a\sec t\cdot\tan t\mathrm{d}t$，所以

图 4-2-3

$$\int\frac{1}{\sqrt{x^2-a^2}}\mathrm{d}x=\int\frac{a\sec t\cdot\tan t}{a\tan t}\mathrm{d}t$$

$$=\int\sec t\mathrm{d}t=\ln(\sec t+\tan t)+C_1$$

$$=\ln\left(\frac{x}{a}+\frac{\sqrt{x^2-a^2}}{a}\right)+C_1=\ln(x+\sqrt{x^2-a^2})+C，其中C=C_1-\ln a.$$

当 $x<-a$ 时，令 $x=-u$，则 $u>a$，即为上述情形，得

$$\int\frac{\mathrm{d}x}{\sqrt{x^2-a^2}}=\ln(-x-\sqrt{x^2-a^2})+C.$$

综合以上结果，得

$$\int\frac{\mathrm{d}x}{\sqrt{x^2-a^2}}=\ln|x+\sqrt{x^2-a^2}|+C. \quad ■$$

注：以上三例所使用的均为三角代换. 三角代换的目的是化掉根式，其一般规律

如下:

(1) 被积函数中含有$\sqrt{a^2-x^2}$，可令 $x=a\sin t,\ t\in(-\pi/2,\pi/2)$;

(2) 被积函数中含有$\sqrt{x^2+a^2}$，可令 $x=a\tan t,\ t\in(-\pi/2,\pi/2)$;

(3) 被积函数中含有$\sqrt{x^2-a^2}$，可令 $x=\pm a\sec t,\ t\in(0,\pi/2)$.

本节中一些例题的结果以后会经常遇到．所以它们通常也被当作公式使用．这样，常用的积分公式，除了基本积分表中的公式外，我们再续补下面几个(其中常数 $a>0$).

(14) $\int\tan x\mathrm{d}x=-\ln|\cos x|+C$;　(15) $\int\cot x\mathrm{d}x=\ln|\sin x|+C$;

(16) $\int\sec x\mathrm{d}x=\ln|\sec x+\tan x|+C$;　(17) $\int\csc x\mathrm{d}x=\ln|\csc x-\cot x|+C$;

(18) $\int\frac{\mathrm{d}x}{a^2+x^2}=\frac{1}{a}\arctan\frac{x}{a}+C$;　(19) $\int\frac{\mathrm{d}x}{x^2-a^2}=\frac{1}{2a}\ln\left|\frac{x-a}{x+a}\right|+C$;

(20) $\int\frac{\mathrm{d}x}{\sqrt{a^2-x^2}}=\arcsin\frac{x}{a}+C$;　(21) $\int\frac{\mathrm{d}x}{\sqrt{x^2\pm a^2}}=\ln|x+\sqrt{x^2\pm a^2}|+C$.

*数学实验

实验4.1 试用计算软件求下列不定积分:

(1) $\int\cos x\cos 2x\cos 3x\mathrm{d}x$;　(2) $\int\frac{x^2}{\sqrt{1+x+x^2}}\mathrm{d}x$;

(3) $\int\frac{x^{10}}{x^2+x-2}\mathrm{d}x$;　(4) $\int\frac{\sin x\cos x\mathrm{d}x}{\sqrt{a^2\sin^2x+b^2\cos^2x}}$;

(5) $\int\frac{\mathrm{d}x}{\sqrt{x^2+a^2}}$;　(6) $\int\sqrt{a^2-x^2}\,\mathrm{d}x$;

计算实验

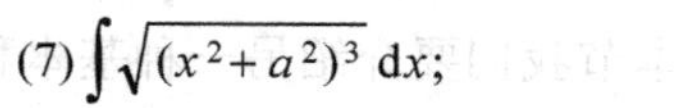

(7) $\int\sqrt{(x^2+a^2)^3}\,\mathrm{d}x$;

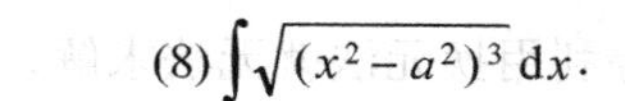

(8) $\int\sqrt{(x^2-a^2)^3}\,\mathrm{d}x$.

详见教材配套的网络学习空间.

习题 4-2

1. 填空使下列等式成立:

(1) $\mathrm{d}x=$___ $\mathrm{d}(7x-3)$;　(2) $x\mathrm{d}x=$___ $\mathrm{d}(1-x^2)$;　(3) $x^3\mathrm{d}x=$___ $\mathrm{d}(3x^4-2)$;

(4) $\mathrm{e}^{2x}\mathrm{d}x=$___ $\mathrm{d}(\mathrm{e}^{2x})$;　(5) $\frac{\mathrm{d}x}{x}=$___ $\mathrm{d}(5\ln|x|)$;　(6) $\frac{1}{\sqrt{t}}\mathrm{d}t=$___ $\mathrm{d}(\sqrt{t})$.

2. 求下列不定积分:

(1) $\int\mathrm{e}^{3t}\mathrm{d}t$;　(2) $\int(3-5x)^3\mathrm{d}x$;　(3) $\int\frac{\mathrm{d}x}{3-2x}$;

(4) $\int \frac{\mathrm{d}x}{\sqrt[3]{5-3x}}$； (5) $\int (\sin ax - \mathrm{e}^{\frac{x}{b}})\,\mathrm{d}x$； (6) $\int \frac{\cos\sqrt{t}}{\sqrt{t}}\,\mathrm{d}t$；

(7) $\int \frac{\mathrm{d}x}{\mathrm{e}^{x}+\mathrm{e}^{-x}}$； (8) $\int \frac{\mathrm{d}x}{x\ln x\ln\ln x}$； (9) $\int \frac{3x^3}{1-x^4}\,\mathrm{d}x$；

(10) $\int x\cos(x^2)\,\mathrm{d}x$； (11) $\int \cos^3 x\mathrm{d}x$； (12) $\int \frac{\sin x}{\cos^3 x}\,\mathrm{d}x$.

3. 求下列不定积分：

(1) $\int \frac{\mathrm{d}x}{\sqrt{x}+\sqrt[4]{x}}$； (2) $\int \frac{\mathrm{d}x}{1+\sqrt[3]{x+1}}$； (3) $\int \sqrt{\frac{a+x}{a-x}}\,\mathrm{d}x$；

(4) $\int \frac{\mathrm{d}x}{1+\sqrt{1-x^2}}$； (5) $\int \frac{\mathrm{d}x}{(x^2+a^2)^{3/2}}$； (6) $\int \frac{\mathrm{d}x}{\sqrt{(x^2+1)^3}}$.

4. 求一个函数 $f(x)$，满足 $f'(x)=\frac{1}{\sqrt{x+1}}$，且 $f(0)=1$.

5. (流行性感冒的扩散) 在2000—2001年流感流行期的34周内，某地区每100 000人中感染流行性感冒的比例可近似地表示为 $I'(t)=3.389\mathrm{e}^{0.1049t}$，其中 $I(t)$ 是每100 000人中已经感染流行性感冒的总人数，t 是时间，以周为单位.

(1) 计算 $I(t)$，即在时间 t 内每100 000人中已经感染流行性感冒的总人数. 可以假设 $I(0)=0$.

(2) 在前27周内每100 000人中感染了流行性感冒的总人数近似为多少？

(3) 在整个34周内每100 000人中感染了流行性感冒的总人数近似为多少？

(4) 在34周的最后7周内每100 000人中感染了流行性感冒的总人数近似为多少？

§4.3 分部积分法

虽然前面介绍的换元积分法可以解决许多积分的计算问题，但有些积分，如 $\int x\mathrm{e}^x\,\mathrm{d}x$，$\int x\cos x\mathrm{d}x$ 等利用换元法就无法求解. 本节我们要介绍另一种基本积分法 —— **分部积分法**.

设函数 $u=u(x)$ 和 $v=v(x)$ 具有连续导数，则 $\mathrm{d}(uv)=v\mathrm{d}u+u\mathrm{d}v$，移项得到

$$u\mathrm{d}v=\mathrm{d}(uv)-v\mathrm{d}u,$$

所以有

$$\int u\mathrm{d}v = uv - \int v\mathrm{d}u, \tag{3.1}$$

或

$$\int uv'\mathrm{d}x = uv - \int u'v\mathrm{d}x. \tag{3.2}$$

公式(3.1)或公式(3.2)称为**分部积分公式**.

利用分部积分公式求不定积分的关键在于如何将所给积分 $\int f(x)\,\mathrm{d}x$ 化为 $\int u\mathrm{d}v$ 的形式，使它更容易计算. 所采用的主要方法就是凑微分法，例如，

$$\int x\mathrm{e}^x\mathrm{d}x=\int x\mathrm{d}(\mathrm{e}^x)=x\mathrm{e}^x-\int \mathrm{e}^x\mathrm{d}x=x\mathrm{e}^x-\mathrm{e}^x+C=(x-1)\mathrm{e}^x+C.$$

利用分部积分法计算不定积分时选择好 u,v 非常关键，选择不当将会使积分的计算变得更加复杂，例如，

$$\int x\mathrm{e}^{x}\mathrm{d}x=\int \mathrm{e}^{x}\mathrm{d}\left(\frac{x^2}{2}\right)=\frac{x^2}{2}\mathrm{e}^{x}-\int\frac{x^2}{2}\mathrm{d}(\mathrm{e}^{x})=\frac{x^2}{2}\mathrm{e}^{x}-\int\frac{x^2}{2}\mathrm{e}^{x}\mathrm{d}x.$$

分部积分法实质上就是求两函数乘积的导数 (或微分) 的逆运算. 一般地，下列类型的被积函数常考虑应用分部积分法 (其中 m, n 都是正整数).

$x^n\sin mx$　　$x^n\cos mx$　　$\mathrm{e}^{nx}\sin mx$　　$\mathrm{e}^{nx}\cos mx$　　$x^n\mathrm{e}^{mx}$

$x^n\ln x$　　$x^n\arcsin mx$　　$x^n\arccos mx$　　$x^n\arctan mx$ 等.

下面将通过例题介绍分部积分法的应用.

例1 求不定积分 $\int x\cos x\mathrm{d}x$.

解 令 $u=x$, $\cos x\mathrm{d}x=\mathrm{d}(\sin x)=\mathrm{d}v$, 则

$$\int x\cos x\mathrm{d}x=\int x\mathrm{d}(\sin x)=x\sin x-\int\sin x\mathrm{d}x=x\sin x+\cos x+C.$$

■

有些函数的积分需要连续多次应用分部积分法.

例2 求不定积分 $\int x^2\mathrm{e}^{x}\mathrm{d}x$.

解 令 $u=x^2$, $\mathrm{e}^{x}\mathrm{d}x=\mathrm{d}(\mathrm{e}^{x})=\mathrm{d}v$, 则

$$\int x^2\mathrm{e}^{x}\mathrm{d}x=x^2\mathrm{e}^{x}-2\int x\mathrm{e}^{x}\mathrm{d}x=x^2\mathrm{e}^{x}-2\int x\mathrm{d}(\mathrm{e}^{x})\ (\text{再次应用分部积分法})$$

$$=x^2\mathrm{e}^{x}-2\left(x\mathrm{e}^{x}-\int\mathrm{e}^{x}\mathrm{d}x\right)=x^2\mathrm{e}^{x}-2(x\mathrm{e}^{x}-\mathrm{e}^{x})+C.$$

■

注: 若被积函数是幂函数 (指数为正整数) 与指数函数或正 (余) 弦函数的乘积，可设幂函数为 u, 而将其余部分凑微分进入微分号，使得应用分部积分公式后，幂函数的幂次降低一次.

例3 求不定积分 $\int x\arctan x\mathrm{d}x$.

解 令 $u=\arctan x$, $x\mathrm{d}x=\mathrm{d}\left(\frac{x^2}{2}\right)=\mathrm{d}v$, 则

$$\int x\arctan x\mathrm{d}x=\frac{x^2}{2}\arctan x-\int\frac{x^2}{2}\mathrm{d}(\arctan x)=\frac{x^2}{2}\arctan x-\int\frac{x^2}{2}\cdot\frac{1}{1+x^2}\mathrm{d}x$$

$$=\frac{x^2}{2}\arctan x-\int\frac{1}{2}\cdot\left(1-\frac{1}{1+x^2}\right)\mathrm{d}x$$

$$=\frac{x^2}{2}\arctan x-\frac{1}{2}(x-\arctan x)+C.$$

■

例4 求不定积分 $\int x^3\ln x\mathrm{d}x$.

解 令 $u=\ln x$, $x^3\mathrm{d}x=\mathrm{d}\left(\frac{x^4}{4}\right)=\mathrm{d}v$, 则

$$\int x^3\ln x\mathrm{d}x=\frac{1}{4}x^4\ln x-\frac{1}{4}\int x^3\mathrm{d}x=\frac{1}{4}x^4\ln x-\frac{1}{16}x^4+C.$$

■

注：若被积函数是幂函数与对数函数或反三角函数的乘积，可设对数函数或反三角函数为u，而将幂函数凑微分进入微分号，使得应用分部积分公式后，对数函数或反三角函数消失.

例5 求不定积分$\int e^x \sin x dx$.

解
$$\int e^x \sin x dx = \int \sin x d(e^x) \text{（取三角函数为}u\text{）}$$
$$= e^x \sin x - \int e^x d(\sin x) = e^x \sin x - \int e^x \cos x dx$$
$$= e^x \sin x - \int \cos x d(e^x) \text{（再取三角函数为}u\text{）}$$
$$= e^x \sin x - [e^x \cos x - \int e^x d(\cos x)]$$
$$= e^x(\sin x - \cos x) - \int e^x \sin x dx,$$

解得
$$\int e^x \sin x dx = \frac{e^x}{2}(\sin x - \cos x) + C.$$ ■

注：若被积函数是指数函数与正(余)弦函数的乘积，u, dv可随意选取，但在两次分部积分中必须选用同类型的u，以便经过两次分部积分后产生循环式，从而解出所求积分.

例6 求不定积分$\int e^{\sqrt{x}} dx$.

解 令$t = \sqrt{x}$，则$x = t^2$，$dx = 2t dt$，于是
$$\int e^{\sqrt{x}} dx = 2\int e^t t dt = 2\int t de^t = 2te^t - 2\int e^t dt = 2te^t - 2e^t + C$$
$$= 2e^t(t-1) + C = 2e^{\sqrt{x}}(\sqrt{x} - 1) + C.$$ ■

例7 已知$f(x)$的一个原函数是e^{-x^2}，求$\int xf'(x) dx$.

解 利用分部积分公式，得
$$\int xf'(x) dx = \int x d[f(x)] = xf(x) - \int f(x) dx,$$

根据题意
$$\int f(x) dx = e^{-x^2} + C_1,$$

上式两边同时对x求导，得$f(x) = -2xe^{-x^2}$，所以
$$\int xf'(x) dx = xf(x) - \int f(x) dx = -2x^2 e^{-x^2} - e^{-x^2} + C.$$ ■

本章我们介绍了不定积分的概念及计算方法．必须指出的是：初等函数在它有定义的区间上的不定积分一定存在，但不定积分存在与不定积分能否用初等函数表示出来不是一回事．事实上，很多初等函数的不定积分是存在的，但它们的不定积分却无法用初等函数表示出来，如

$$\int e^{-x^2}dx,\quad \int \frac{\sin x}{x}dx,\quad \int \frac{dx}{\sqrt{1+x^3}}.$$

*数学实验

实验4.2 试用计算软件求下列不定积分:

(1) $\int \frac{\sin x-\cos x}{\sin x+2\cos x}dx$; (2) $\int e^{ax}\cos bx dx$;

(3) $\int x^n \ln x dx$; (4) $\int \frac{x}{\sqrt{c+bx-ax^2}}dx$;

(5) $\int x^2 \arctan\frac{x}{a}dx$; (6) $\int e^{ax}\sin bx dx$;

(7) $\int e^{ax}\cos^n bx dx$; (8) $\int x^m(\ln x)^n dx$.

计算实验

详见教材配套的网络学习空间.

习题 4-3

1. 求下列不定积分:

(1) $\int \arcsin x dx$; (2) $\int \ln(x^2+1)dx$; (3) $\int \arctan x dx$;

(4) $\int x\tan^2 x dx$; (5) $\int \ln^2 x dx$; (6) $\int x\cos\frac{x}{2}dx$;

(7) $\int x\ln(x-1)dx$; (8) $\int x^3(\ln x)^2 dx$; (9) $\int \frac{\ln x}{x^2}dx$;

(10) $\int x^2 e^{-x}dx$; (11) $\int e^{\sqrt[3]{x}}dx$; (12) $\int e^{-2x}\sin\frac{x}{2}dx$.

2. 已知 $\frac{\sin x}{x}$ 是 $f(x)$ 的原函数, 求 $\int xf'(x)dx$.

数学家简介 [4]

牛　顿

—— 科学巨擘

数学和科学中的巨大进展几乎总是建立在作出一点一滴贡献的许多人的工作之上, 同时也需要一个人来走那最高和最后的一步, 这个人要能够敏锐地从纷乱的猜测和说明中清理出前人的有价值的想法, 有足够的想象力把这些碎片重新组织起来, 并且足够大胆地制订一个宏伟的计划. 在微积分中, 这个人就是牛顿.

牛 顿

牛顿 (Newton) 1642 年12月25日生于英国林肯郡的一个普通农民家庭. 父亲在他出生前两个月就去世了, 母亲在他 3 岁时改嫁, 从那以后, 他被寄养在贫穷的外祖母家. 牛顿并不是神童, 他从小在低标准的地方学校接受教育, 学业平庸, 时常受到老师的批评和同学的欺负. 上中学时, 牛顿对机械模型设计有了特别的兴趣, 曾制作了水车、风车、木钟等许多玩具. 1659 年, 17 岁的牛顿被母亲召回管理田庄, 但在牛顿的舅父和当地格兰瑟姆中学校长的反复劝说下, 他的母亲最终同意让牛顿复学. 1660年秋, 牛顿在辍学 9 个月后又回到了格兰瑟姆中学, 为升学做准备.

1661年, 牛顿如愿以偿, 以优异的成绩考入久负盛名的剑桥大学三一学院, 开始了苦读生涯. 大学期间除了巴罗 (Barrow) 外, 他从他的老师那里只得到了很少的鼓励, 他自己做实验并且研读了大量自然科学著作, 其中包括笛卡儿 (Descartes) 的《哲学原理》、伽利略 (Galileo) 的《星际使者》与《两大世界体系的对话》、开普勒 (Kepler) 的《折光学》等著作. 大学课程刚结束, 学校因为伦敦地区鼠疫流行而关闭. 他回到家乡, 度过了 1665 年和 1666 年, 并在那里开始了他在机械、数学和光学上的伟大工作. 通过观察苹果落地, 他发现了万有引力定律, 这是打开无所不包的力学科学的钥匙. 他研究流数法和反流数法, 获得了解决微积分问题的一般方法. 他用三棱镜分解出七色彩虹, 作出了划时代的发现, 即像太阳光那样的白光实际上是由从紫到红的各种颜色混合而成的. "所有这些," 牛顿后来说, "是在1665 年和1666 年两个鼠疫年中做的, 因为在这些日子里, 我正处在发现力最旺盛的时期, 而且对于数学和(自然)哲学的关心比其他任何时候都多." 后世有人评说: "科学史上没有别的成功的例子能和牛顿这两年黄金岁月相比."

1667 年复活节后不久, 牛顿回到剑桥, 但他对自己的重大发现却未作宣布. 当年10月他被选为三一学院的初级委员. 翌年, 他获得硕士学位, 同时成为高级委员. 1669 年, 39 岁的巴罗认识到牛顿的才华, 主动宣布牛顿的学识已超过自己, 欣然把卢卡斯 (Lucas) 教授的职位让给了年仅 26 岁的牛顿, 这件事成了科学史上的一段佳话.

牛顿是他那个时代世界著名的物理学家、数学家和天文学家. 牛顿工作的最大特点是辛勤劳动和独立思考. 他有时不分昼夜地工作, 常常好几个星期一直在实验室里度过. 他总是不满足自己的成就, 是个非常谦虚的人. 他说: "我不知道, 在别人看来, 我是什么样的人. 但在自己看来, 我不过就像是一个在海滨玩耍的小孩, 为不时发现比寻常更为光滑的一块卵石或比寻常更为美丽的一片贝壳而沾沾自喜, 而对于展现在我面前的浩瀚的真理的海洋, 却全然没有发现."

在牛顿的全部科学贡献中, 数学成就占有突出的地位, 这不仅因为这些成就开拓了崭新的近代数学, 而且因为牛顿正是依靠他所创立的数学方法实现了自然科学的一次巨大综合, 从而开拓了近代科学. 单就数学方面的成就而言, 他就与古希腊的阿基米德、德国的 "数学王子" 高斯一起, 被称为人类有史以来最杰出的三大数学家.

微积分的发明和制定是牛顿最卓越的数学成就. 微积分所处理的一些具体问题, 如切线问题、求积问题、瞬时速度问题和函数的极大极小值问题等，在牛顿之前人们就已经进行了研究．17 世纪上半叶，天文学、力学与光学等自然科学的发展使这些问题的解决日益成为燃眉之急．当时几乎所有科学大师都竭力寻求有关的数学新工具，特别是描述运动与变化的无穷小算法，并且在牛顿诞生前后的一个时期内取得了迅速的发展．牛顿超越前人的功绩在于他能站在更高的角度，对以往分散的努力加以综合，将自古希腊以来求解无穷小问题的各种技巧统一为两类普遍的算法 —— 微分与积分，并确立了这两类运算的互逆关系，从而完成了微积分发明中最后的也是最关键的一步，为其深入发展与广泛应用铺平了道路．

牛顿将毕生的精力奉献于数学和科学事业，为人类作出了卓越的贡献，赢得了崇高的社会地位和荣誉．自 1669 年担任卢卡斯教授职位后，1672 年由于设计、制造了反射望远镜，被选为英国皇家学会会员．1687 年，发表了不朽之作《自然哲学的数学原理》．1688 年，被推选为国会议员．1699 年任英国造币厂厂长．1703 年当选为英国皇家学会会长，以后连选连任，直至逝世．1705 年被英国女王封为爵士，达到了他一生荣誉之巅．1727 年 3 月 31 日，牛顿因患肺炎与痛风症而溘然辞世，葬礼在威斯敏斯特大教堂耶路撒冷厅隆重举行．当时参加了牛顿葬礼的伏尔泰 (F. M. A. Voltaire) 看到英国的大人物都争相抬牛顿的灵柩后感叹地说：“英国人悼念牛顿就像悼念一位造福于民的国王.” 三年后诗人蒲柏 (A. Pope) 在为牛顿所作的墓志铭中写下了这样的名句:

自然和自然规律隐藏在黑夜里，
上帝说：降生牛顿！
于是世界就充满光明．

第5章 定积分

不定积分是微分法逆运算的一个侧面，本章要介绍的定积分则是它的另一个侧面. 定积分源于求图形的面积和体积等实际问题. 古希腊的阿基米德用“穷竭法”，我国的刘徽用“割圆术”，都曾计算过一些几何体的面积和体积，这些均为定积分的雏形. 直到17世纪中叶，牛顿和莱布尼茨先后提出了定积分的概念，并发现了积分与微分之间的内在联系，给出了计算定积分的一般方法，才使定积分成为解决有关实际问题的有力工具，并使各自独立的微分学与积分学联系在一起，构成了完整的理论体系——微积分学.

本章先从几何问题与力学问题引入定积分的定义，然后讨论定积分的性质、计算方法.

§5.1 定积分概念

我们先从分析和解决几个典型问题入手，看一下定积分的概念是怎样从现实原型抽象出来的.

一、引例

1. 曲边梯形的面积

在中学，我们学过求矩形、三角形等以直线为边的图形的面积. 但在实际应用中，往往需要求以曲线为边的图形 (曲边形) 的面积.

设 $y=f(x)$ 在区间 $[a, b]$ 上非负、连续. 在直角坐标系中，由曲线 $y=f(x)$、直线 $x=a$、$x=b$ 和 $y=0$ 所围成的图形称为**曲边梯形** (见图 5-1-1).

由于任何一个曲边形总可以分割成多个曲边梯形来考虑，因此，求曲边形面积的问题就转化为求曲边梯形面积的问题.

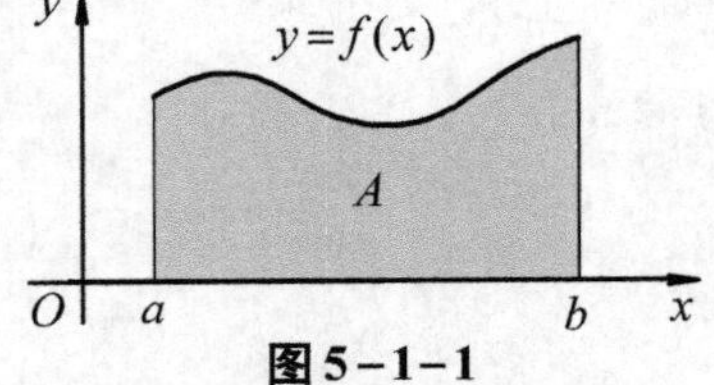

图 5-1-1

如何求曲边梯形的面积呢？

我们知道，矩形的面积 = 底 × 高，而曲边梯形在底边上各点的高 $f(x)$ 在区间 $[a,b]$ 上是变化的，故它的面积不能直接按矩形的面积公式来计算. 然而，由于 $f(x)$ 在区间 $[a, b]$ 上是连续变化的，在很小一段区间上它的变化也很小，因此，若把区间 $[a,b]$ 划分为许多个小区间，在每个小区间上用其中某一点处的高来近似代替同一小区间上的**小曲边梯形**的高，则每个**小曲边梯形**就可以近似看成**小矩形**，我们就以所有这些**小矩形**的面积之和作为曲边梯形面积的近似值. 当把区间 $[a,b]$ 无限细分，使得每个小区间的长度趋于零时，所有小矩形面积之和的极限就可以定义为**曲边梯形的面积**. 这个定义同时也给出了计算曲边梯形面积的方法：

(1) **分割** 在区间 $[a,b]$ 中任意插入 $n-1$ 个分点

$$a=x_0<x_1<x_2<\cdots<x_{n-1}<x_n=b,$$

把 $[a,b]$ 分成 n 个小区间 $[x_0,x_1]$，$[x_1,x_2]$，$\cdots$，$[x_{n-1},x_n]$，它们的长度分别为

$$\Delta x_1=x_1-x_0,\ \Delta x_2=x_2-x_1,\ \cdots,\ \Delta x_n=x_n-x_{n-1}.$$

过每一个分点，作平行于 y 轴的直线段，把曲边梯形分为 n 个小曲边梯形（见图 5–1–2). 在每个小区间 $[x_{i-1},x_i]$ 上任取一点 ξ_i，用以 $[x_{i-1},x_i]$ 为底、$f(\xi_i)$ 为高的小矩形近似代替第 i 个小曲边梯形，则第 i 个小曲边梯形的面积近似为 $f(\xi_i)\Delta x_i$ $(i=1,2,\cdots,n)$.

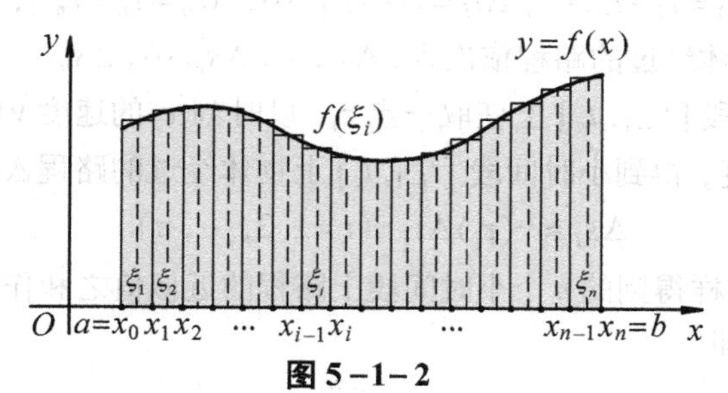

图 5–1–2

(2) **求和** 将这样得到的 n 个小矩形的面积之和作为所求曲边梯形面积 A 的近似值，即

$$A\approx f(\xi_1)\Delta x_1+f(\xi_2)\Delta x_2+\cdots+f(\xi_n)\Delta x_n=\sum_{i=1}^{n}f(\xi_i)\Delta x_i.$$

(3) **取极限** 为保证所有小区间的长度都趋于零，我们要求小区间长度中的最大值趋于零，若记

$$\lambda=\max\{\Delta x_1,\Delta x_2,\cdots,\Delta x_n\},$$

则上述条件可表示为 $\lambda\to 0$. 当 $\lambda\to 0$ 时（这时小区间的个数 n 无限增多，即 $n\to\infty$)，取上述和式的极限，便得到曲边梯形的面积

$$A=\lim_{\lambda\to 0}\sum_{i=1}^{n}f(\xi_i)\Delta x_i.$$

2. 变速直线运动的路程

在初等物理中，我们知道，对于匀速直线运动有下列公式：

$$\text{路程}=\text{速度}\times\text{时间}.$$

现在我们来考察变速直线运动：设某物体作直线运动，已知速度$v=v(t)$是时间间隔$[T_1,T_2]$上t的连续函数，且$v(t)\geq 0$，求物体在这段时间内所经过的路程s.

在这个问题中，速度随时间t而变化，因此，所求路程不能直接按匀速直线运动的公式来计算．然而，由于$v(t)$是连续变化的，在很短一段时间内，其速度的变化也很小，可近似看作匀速的情形．因此，若把时间间隔划分为许多个小时间段，在每个小时间段内，以匀速运动代替变速运动，则可以计算出在每个小时间段内路程的近似值；再对每个小时间段内路程的近似值求和，则得到整个路程的近似值；最后，利用求极限的方法算出路程的精确值．具体步骤如下：

(1) **分割**　在时间间隔$[T_1,T_2]$中任意插入$n-1$个分点

$$T_1=t_0<t_1<t_2<\cdots<t_{n-1}<t_n=T_2,$$

把$[T_1,T_2]$分成n个小时间段

$$[t_0,t_1],\ [t_1,t_2],\ \cdots,\ [t_{n-1},t_n],$$

各小时间段的长度分别为

$$\Delta t_1=t_1-t_0,\cdots,\ \Delta t_i=t_i-t_{i-1},\cdots,\ \Delta t_n=t_n-t_{n-1},$$

而各小时间段内物体经过的路程依次为：$\Delta s_1,\cdots,\Delta s_i,\cdots,\Delta s_n$.

在每个小时间段$[t_{i-1},t_i]$上任取一点τ_i，以时刻τ_i的速度$v(\tau_i)$近似代替$[t_{i-1},t_i]$上各时刻的速度，得到小时间段$[t_{i-1},t_i]$上物体经过的路程Δs_i的近似值，即

$$\Delta s_i\approx v(\tau_i)\Delta t_i\quad (i=1,2,\cdots,n).$$

(2) **求和**　将这样得到的n个小时间段上路程的近似值之和作为所求变速直线运动路程的近似值，即

$$s=\Delta s_1+\Delta s_2+\cdots+\Delta s_n=\sum_{i=1}^{n}\Delta s_i\approx\sum_{i=1}^{n}v(\tau_i)\Delta t_i.$$

(3) **取极限**　记$\lambda=\max\{\Delta t_1,\Delta t_2,\cdots,\Delta t_n\}$，当$\lambda\to 0$时，取上述和式的极限，便得到变速直线运动路程的精确值

$$s=\lim_{\lambda\to 0}\sum_{i=1}^{n}v(\tau_i)\Delta t_i.$$

二、定积分的定义

从前述两个引例中我们看到，无论是求曲边梯形的面积问题，还是求变速直线运动的路程问题，实际背景完全不同，但通过“分割、求和、取极限”，都能转化为形如$\sum\limits_{i=1}^{n}f(\xi_i)\Delta x_i$的和式的极限问题．由此可抽象出定积分的定义．

定义1　设$f(x)$在$[a,b]$上有界，在$[a,b]$中任意插入$n-1$个分点

$$a=x_0<x_1<x_2<\cdots<x_{n-1}<x_n=b,$$

把区间$[a,b]$分割成n个小区间：

$$[x_0, x_1],\ [x_1, x_2], \cdots, [x_{n-1}, x_n],$$

各小区间的长度依次为

$$\Delta x_1 = x_1 - x_0,\ \Delta x_2 = x_2 - x_1, \cdots, \Delta x_n = x_n - x_{n-1}.$$

在每个小区间 $[x_{i-1}, x_i]$ 上任取一点 $\xi_i\,(x_{i-1} \le \xi_i \le x_i)$，作函数值 $f(\xi_i)$ 与小区间长度 Δx_i 的乘积 $f(\xi_i)\Delta x_i\ (i=1,2,\cdots,n)$，并作和式

$$S_n = \sum_{i=1}^{n} f(\xi_i)\Delta x_i,$$

记 $\lambda = \max\{\Delta x_1, \Delta x_2, \cdots, \Delta x_n\}$，如果不论对 $[a, b]$ 采取怎样的分法，也不论在小区间 $[x_{i-1}, x_i]$ 上对点 ξ_i 采取怎样的取法，只要当 $\lambda \to 0$ 时，和 S_n 总趋于确定的极限 I，我们就称这个极限 I 为函数 $f(x)$ 在区间 $[a, b]$ 上的**定积分**，记为

$$\int_a^b f(x)\,\mathrm{d}x = I = \lim_{\lambda \to 0} \sum_{i=1}^{n} f(\xi_i)\Delta x_i,$$

其中 $f(x)$ 称为**被积函数**，$f(x)\,\mathrm{d}x$ 称为**被积表达式**，x 称为**积分变量**，$[a, b]$ 称为**积分区间**，a 称为积分的**下限**，b 称为积分的**上限**.

关于定积分的定义，我们要作以下几点说明：

(1) 定积分 $\int_a^b f(x)\,\mathrm{d}x$ 是和式 $\sum\limits_{i=1}^{n} f(\xi_i)\Delta x_i$ 的极限值，即是一个确定的常数. 这个常数只与被积函数 $f(x)$ 和积分区间 $[a, b]$ 有关，而与积分变量用哪个字母表达无关，即有 $\int_a^b f(x)\,\mathrm{d}x = \int_a^b f(t)\,\mathrm{d}t = \int_a^b f(u)\,\mathrm{d}u$.

(2) 定义中区间的分法和 ξ_i 的取法是任意的.

(3) $\sum\limits_{i=1}^{n} f(\xi_i)\Delta x_i$ 通常称为函数 $f(x)$ 的**积分和**. 当函数 $f(x)$ 在区间 $[a, b]$ 上的定积分存在时，我们称 $f(x)$ 在区间 $[a, b]$ 上**可积**，否则称为**不可积**.

关于定积分，还有一个重要的问题：函数 $f(x)$ 在区间 $[a, b]$ 上满足怎样的条件时 $f(x)$ 在区间 $[a, b]$ 上一定可积？这个问题本书不作深入讨论，只给出下面两个定理.

定理 1 若函数 $f(x)$ 在区间 $[a, b]$ 上连续，则 $f(x)$ 在区间 $[a, b]$ 上可积.

定理 2 若函数 $f(x)$ 在区间 $[a, b]$ 上有界，且只有有限个间断点，则 $f(x)$ 在区间 $[a, b]$ 上可积.

根据定积分的定义，本节的两个引例可以简洁地表述为：

(1) 由连续曲线 $y=f(x)\ (f(x) \ge 0)$、直线 $x=a$、$x=b$ 及 x 轴所围成的曲边梯形的面积 A 等于函数 $f(x)$ 在区间 $[a, b]$ 上的定积分，即

$$A = \int_a^b f(x)\mathrm{d}x.$$

(2) 以变速 $v=v(t)\ (v(t) \ge 0)$ 作直线运动的物体，从时刻 $t=T_1$ 到时刻 $t=T_2$

所经过的路程 s 等于函数 $v(t)$ 在时间间隔 $[T_1, T_2]$ 上的定积分，即

$$s=\int_{T_1}^{T_2} v(t)\,\mathrm{d}t.$$

例 1 利用定积分的定义计算定积分 $\int_0^1 x^2\mathrm{d}x$.

解 因 $f(x)=x^2$ 在 $[0, 1]$ 上连续，故被积函数是可积的，从而定积分的值与对区间 $[0, 1]$ 的分法及 ξ_i 的取法无关. 不妨将区间 $[0, 1]$ n 等分(见图 5-1-3), 分点为

$$x_i=\frac{i}{n}\ (i=1,2,\cdots,n-1);$$

这样，每个小区间 $[x_{i-1}, x_i]$ 的长度为

$$\lambda=\Delta x_i=\frac{1}{n}\ (i=1,2,\cdots,n);$$

ξ_i 取每个小区间的右端点

$$\xi_i=x_i\ (i=1,2,\cdots,n),$$

则得到积分和式

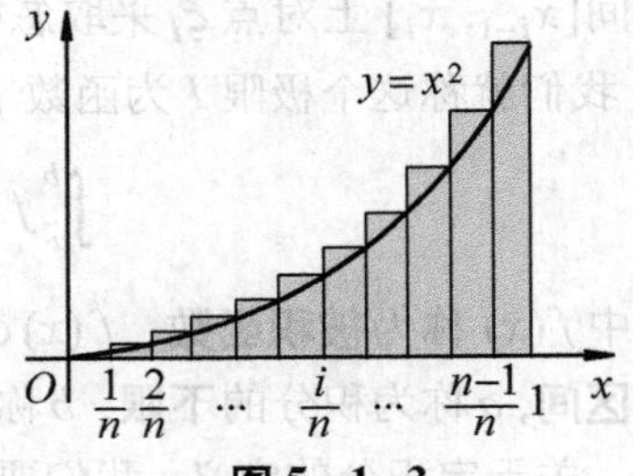

图 5-1-3

$$\sum_{i=1}^{n} f(\xi_i)\Delta x_i=\sum_{i=1}^{n}\xi_i^2\Delta x_i=\sum_{i=1}^{n}x_i^2\Delta x_i$$

$$=\sum_{i=1}^{n}\left(\frac{i}{n}\right)^2\cdot\frac{1}{n}=\frac{1}{n^3}\sum_{i=1}^{n}i^2=\frac{1}{n^3}(1^2+2^2+\cdots+n^2)$$

$$=\frac{1}{n^3}\cdot\frac{n(n+1)(2n+1)}{6}=\frac{1}{6}\left(1+\frac{1}{n}\right)\left(2+\frac{1}{n}\right).$$

当 $\lambda\to 0$ 即 $n\to\infty$ 时，取上式右端的极限. 根据定积分的定义，即得到所求的定积分为

$$\int_0^1 x^2\,\mathrm{d}x=\lim_{\lambda\to 0}\sum_{i=1}^{n}\xi_i^2\Delta x_i=\lim_{n\to\infty}\frac{1}{6}\left(1+\frac{1}{n}\right)\left(2+\frac{1}{n}\right)=\frac{1}{3}.\quad\blacksquare$$

注：求定积分的过程体现了事物变化从量变到质变的完整过程，其中蕴含着丰富的辩证思维.

恩格斯指出："初等数学，即常数的数学，是在形式逻辑的范围内活动的，至少总的说来是这样；而变量数学 —— 其中最主要的部分是微积分 —— 本质上不外乎是辨证法在数学方面的应用." 从初等数学到变量数学的过渡，反映了人类思维从形式逻辑向辨证逻辑的跨越，是人类的认识能力由低级向高级的发展.

求曲边梯形的面积和求变速直线运动的路程的前两步，即"分割"和"求和"，是初等数学方法的体现，也是初等数学方法中形式逻辑思维的体现. 只有第三步"取极限"这种蕴含于变量数学中的丰富的辨证逻辑思维，才使得微积分巧妙地、有效地解决了初等数学所不能解决的问题.

三、定积分的近似计算

由例 1 的计算过程可见，对任一确定的自然数 n，积分和

$$\sum_{i=1}^{n} f(\xi_i)\Delta x_i = \frac{1}{6}\left(1+\frac{1}{n}\right)\left(2+\frac{1}{n}\right)$$

都是定积分 $\int_0^1 x^2\mathrm{d}x$ 的近似值．当 n 取不同的值时，就可得到定积分 $\int_0^1 x^2\mathrm{d}x$ 的精度不同的近似值．一般来说，n 取值越大，近似程度就越好．

下面我们就一般情形来讨论定积分的近似计算问题．

若函数 $f(x)$ 在区间 $[a,b]$ 上连续，则定积分 $\int_a^b f(x)\mathrm{d}x$ 存在．如同例 1，我们将区间 $[a,b]$ 分成 n 个长度相等的小区间

$$a=x_0<x_1<x_2<\cdots<x_{n-1}<x_n=b,$$

每个小区间 $[x_{i-1},x_i]\,(i=1,2,\cdots,n)$ 的长度均为 $\Delta x=\dfrac{b-a}{n}$，任取 $\xi_i\in[x_{i-1},x_i]$，则有

$$\int_a^b f(x)\mathrm{d}x=\lim_{n\to\infty}\frac{b-a}{n}\sum_{i=1}^{n} f(\xi_i).$$

从而对任一确定的自然数 n，有

$$\int_a^b f(x)\mathrm{d}x\approx\frac{b-a}{n}\sum_{i=1}^{n} f(\xi_i). \tag{1.1}$$

在式 (1.1) 中，若取 $\xi_i=x_{i-1}$，则得到

$$\int_a^b f(x)\mathrm{d}x\approx\frac{b-a}{n}\sum_{i=1}^{n} f(x_{i-1}),$$

记 $f(x_i)=y_i\,(i=0,1,2,\cdots,n)$，则上式可记为

$$\int_a^b f(x)\mathrm{d}x\approx\frac{b-a}{n}(y_0+y_1+y_2+\cdots+y_{n-1}). \tag{1.2}$$

在式 (1.1) 中，若取 $\xi_i=x_i$，则可得到近似公式

$$\int_a^b f(x)\mathrm{d}x\approx\frac{b-a}{n}(y_1+y_2+y_3+\cdots+y_n). \tag{1.3}$$

以上求定积分近似值的方法称为**矩形法**，式 (1.2) 称为**左矩形公式**，式 (1.3) 称为**右矩形公式**．

矩形法的几何意义非常明确，就是用小矩形的面积近似作为小曲边梯形的面积，总体上用阶梯形的面积作为整个曲边梯形面积的近似值（见图 5－1－4）．

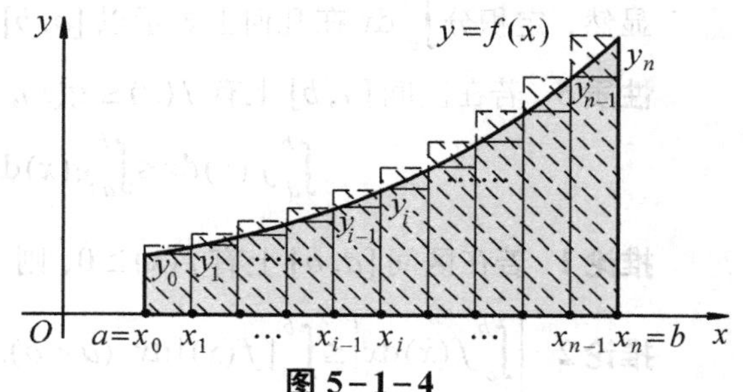

图 5－1－4

定积分的近似计算法很多，这里不再作介绍．随着数学软件

的发展，计算定积分的近似值已变得非常方便.

***数学实验**

实验5.1 利用定积分的定义计算定积分的近似值：

(1) 利用定义计算定积分 $\int_0^1 x^3\,dx$；

(2) 利用定义计算定积分 $\int_0^{2\pi} \ln(5-4\cos x)\,dx$；

(3) 改变 (1) 中区间细分的量，作图对比不同的效果.

详见教材配套的网络学习空间.

计算实验

四、定积分的性质

为了进一步讨论定积分的理论与计算，本节我们要介绍定积分的一些性质.在下面的讨论中假定被积函数是可积的.同时，为计算和应用方便起见，我们先对定积分作两点补充规定：

(1) 当 $a=b$ 时，$\int_a^b f(x)\,dx=0$；

(2) 当 $a>b$ 时，$\int_a^b f(x)\,dx=-\int_b^a f(x)\,dx$.

根据上述规定，交换定积分的上下限，其绝对值不变而符号相反.因此，在下面的讨论中如无特别指出，对定积分上下限的大小不加限制.

性质1 $\int_a^b [f(x)\pm g(x)]\,dx=\int_a^b f(x)\,dx\pm\int_a^b g(x)\,dx$.

注：此性质可以推广到有限多个函数的情形.

性质2 $\int_a^b kf(x)\,dx=k\int_a^b f(x)\,dx$ （k 为常数).

性质3 $\int_a^b f(x)\,dx=\int_a^c f(x)\,dx+\int_c^b f(x)\,dx$.

性质3表明：定积分对于积分区间具有**可加性**.

性质4 $\int_a^b 1\cdot dx=\int_a^b dx=b-a$.

显然，定积分 $\int_a^b dx$ 在几何上表示以 $[a,b]$ 为底、$f(x)\equiv 1$ 为高的矩形的面积.

性质5 若在区间 $[a,b]$ 上有 $f(x)\le g(x)$，则

$$\int_a^b f(x)\,dx\le\int_a^b g(x)\,dx \quad (a<b).$$

推论1 若在区间 $[a,b]$ 上有 $f(x)\ge 0$，则 $\int_a^b f(x)\,dx\ge 0$ （$a<b$).

推论2 $\left|\int_a^b f(x)\,dx\right|\le\int_a^b |f(x)|\,dx$ （$a<b$).

例 2 比较积分值$\int_0^{-2}\mathrm{e}^x\mathrm{d}x$和$\int_0^{-2}x\mathrm{d}x$的大小.

解 令$f(x)=\mathrm{e}^x-x,\ x\in[-2,0]$, 因为$f(x)>0$, 所以

$$\int_{-2}^{0}(\mathrm{e}^x-x)\,\mathrm{d}x>0,\ 即\ \int_{-2}^{0}\mathrm{e}^x\,\mathrm{d}x>\int_{-2}^{0}x\mathrm{d}x,$$

从而

$$\int_0^{-2}\mathrm{e}^x\mathrm{d}x<\int_0^{-2}x\mathrm{d}x.$$ ■

性质 6 (估值定理) 设M及m分别是函数$f(x)$在区间$[a, b]$上的最大值及最小值, 则

$$m(b-a)\le\int_a^b f(x)\,\mathrm{d}x\le M(b-a).$$

注: 性质 6 有明显的几何意义, 即以$[a, b]$为底、$y=f(x)$为曲边的曲边梯形的面积$\int_a^b f(x)\mathrm{d}x$介于同一底边而高分别为m与M的矩形面积$m(b-a)$与$M(b-a)$之间 (见图 5-1-5).

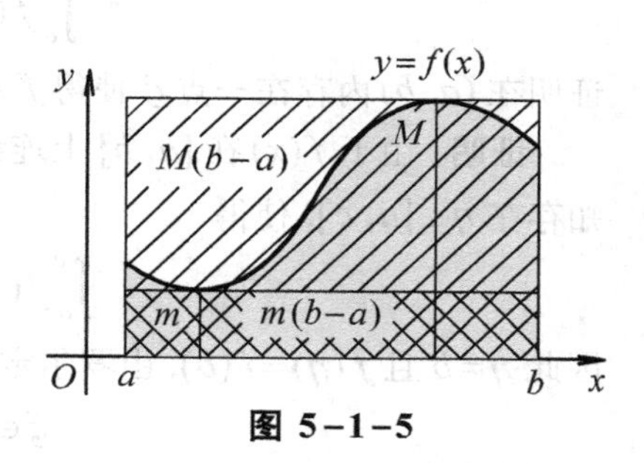

图 5-1-5

性质 7 (定积分中值定理) 如果函数$f(x)$在闭区间$[a, b]$上连续, 则在$[a, b]$上至少存在一个点ξ, 使

$$\int_a^b f(x)\,\mathrm{d}x=f(\xi)(b-a)\quad(a\le\xi\le b).$$

这个公式称为**积分中值公式**.

证明 将性质 6 中的不等式除以区间长度$b-a$, 得

$$m\le\frac{1}{b-a}\int_a^b f(x)\,\mathrm{d}x\le M.$$

这表明数值$\frac{1}{b-a}\int_a^b f(x)\,\mathrm{d}x$介于函数$f(x)$的最小值与最大值之间, 由闭区间上连续函数的介值定理知, 在区间$[a, b]$上至少存在一个点ξ, 使得

$$\frac{1}{b-a}\int_a^b f(x)\mathrm{d}x=f(\xi),$$

即

$$\int_a^b f(x)\,\mathrm{d}x=f(\xi)(b-a)\quad(a\le\xi\le b).$$ ■

注: 定积分中值定理在几何上表示在$[a, b]$上至少存在一点ξ, 使得以$[a, b]$为底、$y=f(x)$为曲边的曲边梯形的面积$\int_a^b f(x)\mathrm{d}x$等于同一底边而高为$f(\xi)$的矩形

的面积 $f(\xi)(b-a)$ (见图 5-1-6).

由上述几何解释易见, 数值 $\dfrac{1}{b-a}\int_a^b f(x)\,\mathrm{d}x$ 表示连续曲线 $f(x)$ 在区间 $[a,b]$ 上的平均高度, 我们称其为**函数 $f(x)$ 在区间 $[a,b]$ 上的平均值**. 这一概念是对有限个数的平均值概念的拓展. 例如, 我们可用它来计算作变速直线运动的物体在指定时间间隔内的平均速度等.

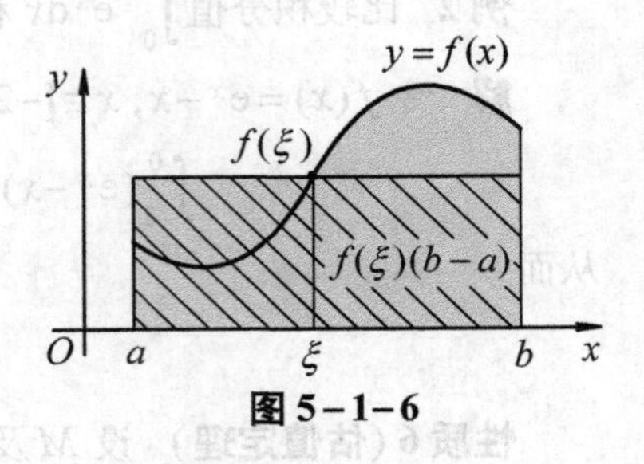

图 5-1-6

例3 设 $f(x)$ 在 $[a,b]$ 上连续, 在 (a,b) 内可导, 且存在 $c\in(a,b)$ 使得

$$\int_a^c f(x)\,\mathrm{d}x = f(b)(c-a),$$

证明在 (a,b) 内存在一点 ξ 使得 $f'(\xi)=0$.

证明 由于 $f(x)$ 在 $[a,b]$ 上连续, $f(x)$ 在 $[a,c]$ 上连续, 又由定积分中值定理知存在 $\eta\in[a,c]$, 使得

$$\int_a^c f(x)\,\mathrm{d}x = f(\eta)(c-a),$$

因此 $\eta\neq b$ 且 $f(\eta)=f(b)$, 由罗尔定理知存在一点

$$\xi\in(\eta,b)\subset(a,b),$$

使得

$$f'(\xi)=0. \qquad \blacksquare$$

习题 5-1

1. 试将下列极限表示成定积分.

(1) $\lim\limits_{\lambda\to 0}\sum\limits_{i=1}^{n}(\xi_i^2-3\xi_i)\Delta x_i$, λ 是 $[-7,5]$ 上的分割;

(2) $\lim\limits_{\lambda\to 0}\sum\limits_{i=1}^{n}\sqrt{4-\xi_i^2}\,\Delta x_i$, λ 是 $[0,1]$ 上的分割.

2. 利用定积分的几何意义, 说明下列等式:

(1) $\int_0^1 2x\,\mathrm{d}x = 1$;　　(2) $\int_{-\pi}^{\pi}\sin x\,\mathrm{d}x = 0$.

3. 利用定积分的几何意义求 $\int_a^b\sqrt{(x-a)(b-x)}\,\mathrm{d}x\ (b>a)$ 的值.

4. 一家新诊所刚开张. 对同类诊所的统计表明, 总有一部分病人第一次来过之后还要来此治疗. 如果现在有 A 个病人第一次来就诊, 则 t 个月后, 这些病人中有 $Af(t)$ 个病人还在此治疗, 其中 $f(t)=\mathrm{e}^{-t/20}$. 现假设该诊所最开始时接受了300人的治疗, 并计划从现在开始每月接受10名新病人. 试估算从现在开始15个月后, 在此诊所就诊的病人数量.

5. 估计下列各积分的值:

(1) $\int_1^4 (x^2+1)\,\mathrm{d}x$; (2) $\int_0^1 \mathrm{e}^{x^2}\mathrm{d}x$; (3) $\int_1^2 \frac{x}{1+x^2}\mathrm{d}x$.

6. 根据定积分的性质比较下列每组积分的大小:

(1) $\int_0^1 x^2\mathrm{d}x$, $\int_0^1 x^3\mathrm{d}x$; (2) $\int_0^1 \mathrm{e}^x\mathrm{d}x$, $\int_0^1 \mathrm{e}^{x^2}\mathrm{d}x$;

(3) $\int_0^1 \mathrm{e}^x\mathrm{d}x$, $\int_0^1 (x+1)\,\mathrm{d}x$; (4) $\int_0^{\frac{\pi}{2}} x\mathrm{d}x$, $\int_0^{\frac{\pi}{2}} \sin x\mathrm{d}x$.

7. 假定 $f(z)$ 是连续的, 而且 $\int_0^3 f(z)\,\mathrm{d}z=3$ 和 $\int_0^4 f(z)\,\mathrm{d}z=7$, 求下列各值.

(1) $\int_3^4 f(z)\,\mathrm{d}z$; (2) $\int_4^3 f(z)\,\mathrm{d}z$.

§5.2 微积分基本公式

积分学中要解决两个问题: 第一个问题是原函数的求法问题, 我们在第4章中已经对它做了讨论; 第二个问题就是定积分的计算问题. 如果我们要按定积分的定义来计算定积分, 那将是十分困难的. 因此, 寻求一种计算定积分的有效方法便成为积分学发展的关键. 我们知道, 不定积分作为原函数的概念与定积分作为积分和的极限的概念是完全不相干的. 但是, 牛顿和莱布尼茨不仅发现而且找到了这两个概念之间存在着的深刻的内在联系, 即所谓的"微积分基本定理", 并由此巧妙地开辟了求定积分的新途径——牛顿–莱布尼茨公式, 从而使积分学与微分学一起构成了变量数学的基础学科——微积分学. 因此, 牛顿和莱布尼茨作为微积分学的奠基人也载入了史册.

一、引例

设有一物体在一直线上运动. 在这一直线上取定原点、正向及单位长度, 使其成为一数轴. 设时刻 t 时物体所在位置为 $s(t)$, 速度为 $v(t)\,(v(t)\geq 0)$, 则从 §5.1 知道, 物体在时间间隔 $[T_1, T_2]$ 内经过的路程为

$$s=\int_{T_1}^{T_2} v(t)\,\mathrm{d}t;$$

另一方面, 这段路程又可表示为位置函数 $s(t)$ 在 $[T_1, T_2]$ 上的增量

$$s(T_2)-s(T_1).$$

由此可见, 位置函数 $s(t)$ 与速度函数 $v(t)$ 有如下关系:

$$\int_{T_1}^{T_2} v(t)\,\mathrm{d}t=s(T_2)-s(T_1). \tag{2.1}$$

因为 $s'(t)=v(t)$, 即位置函数 $s(t)$ 是速度函数 $v(t)$ 的原函数, 所以, 求速度函数 $v(t)$ 在时间间隔 $[T_1, T_2]$ 内所经过的路程就转化为求 $v(t)$ 的原函数 $s(t)$ 在 $[T_1, T_2]$ 上的增量.

这个结论是否具有普遍性呢? 即, 一般地, 函数 $f(x)$ 在区间 $[a, b]$ 上的定积分 $\int_a^b f(x)\mathrm{d}x$ 是否等于 $f(x)$ 的原函数 $F(x)$ 在 $[a, b]$ 上的增量呢? 下面我们将具体讨论.

二、积分上限的函数及其导数

设函数 $f(x)$ 在区间 $[a, b]$ 上连续, x 是 $[a, b]$ 上的一点, 则由

$$\Phi(x)=\int_a^x f(x)\mathrm{d}x \tag{2.2}$$

所定义的函数称为**积分上限的函数**(或**变上限的函数**).

式 (2.2) 中积分变量和积分上限有时都用 x 表示, 但它们的含义并不相同, 为了区别它们, 常将积分变量改用 t 来表示, 即

$$\Phi(x)=\int_a^x f(x)\mathrm{d}x=\int_a^x f(t)\mathrm{d}t.$$

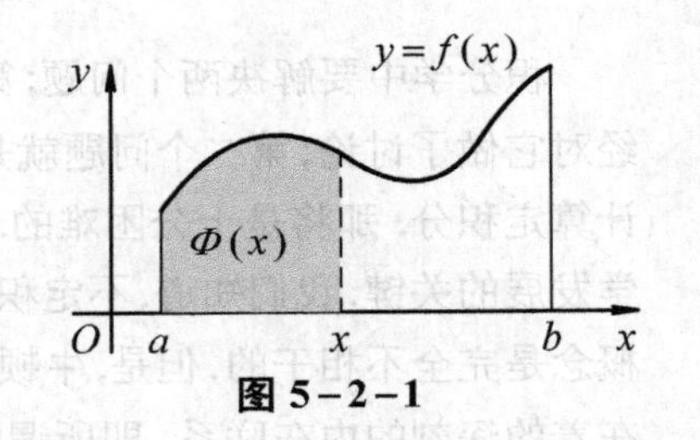

图 5-2-1

$\Phi(x)$ 的几何意义是右侧直线可移动的曲边梯形的面积, 如图5-2-1所示, 曲边梯形的面积 $\Phi(x)$ 随 x 的位置的变动而改变, 当 x 给定后, 面积 $\Phi(x)$ 就随之确定.

关于函数 $\Phi(x)$ 的可导性, 我们有:

定理1　若函数 $f(x)$ 在区间 $[a, b]$ 上连续, 则积分上限的函数

$$\Phi(x)=\int_a^x f(t)\mathrm{d}t,\ x\in[a, b]$$

在 $[a, b]$ 上可导, 且

$$\Phi'(x)=\frac{\mathrm{d}}{\mathrm{d}x}\int_a^x f(t)\mathrm{d}t=f(x)\quad (a\le x\le b). \tag{2.3}$$

证明　设 $x\in(a, b)$, $\Delta x>0$, 使得 $x+\Delta x\in(a, b)$, 则有

$$\begin{aligned}\Delta\Phi=\Phi(x+\Delta x)-\Phi(x)&=\int_a^{x+\Delta x} f(t)\mathrm{d}t-\int_a^x f(t)\mathrm{d}t\\&=\int_a^x f(t)\mathrm{d}t+\int_x^{x+\Delta x} f(t)\mathrm{d}t-\int_a^x f(t)\mathrm{d}t\\&=\int_x^{x+\Delta x} f(t)\mathrm{d}t=f(\xi)\Delta x,\ \xi\in[x, x+\Delta x].\end{aligned}$$

由函数 $f(x)$ 在点 x 处连续, 所以

$$\Phi'(x)=\lim_{\Delta x\to 0}\frac{\Delta\Phi}{\Delta x}=\lim_{\Delta x\to 0}f(\xi)=f(x).$$

若 $x=a$, 取 $\Delta x>0$, 同理可证 $\Phi'_+(a)=f(a)$; 若 $x=b$, 取 $\Delta x<0$, 同理可证 $\Phi'_+(b)=f(b)$; 综上即有

$$\frac{\mathrm{d}}{\mathrm{d}x}\int_a^x f(t)\mathrm{d}t=f(x)\qquad(a\leq x\leq b).$$

■

注: 定理 1 揭示了微分(或导数)与定积分这两个不相干的概念之间的内在联系, 因而称为**微积分基本定理**.

如果 $f(x)$ 是正的, 定理 1 就有了一个完美的解释. $f(t)$ 从 a 到 x 的积分是高度为 $f(t)$ 的线段在区间 $[a,x]$ 上扫过的面积.

设想公共汽车挡风玻璃上雨刮器工作的情形 (如图 5−2−2 所示), 雨刮器移动至点 x 时, 刷片的垂直高度为 $f(x)$, 被雨刮器刷洗的面积为

$$\Phi(x)=\int_a^x f(t)\,\mathrm{d}t.$$

图 5−2−2

由此可见, 雨刮器的刷片刷洗挡风玻璃的速率就等于刷片的高度, 即

$$\frac{\mathrm{d}\Phi}{\mathrm{d}x}=\frac{\mathrm{d}}{\mathrm{d}x}\int_a^x f(t)\,\mathrm{d}t=f(x).$$

利用复合函数的求导法则, 可进一步得到下列公式:

(1) $$\frac{\mathrm{d}}{\mathrm{d}x}\int_a^{\varphi(x)}f(t)\,\mathrm{d}t=f[\varphi(x)]\varphi'(x);\tag{2.4}$$

(2) $$\frac{\mathrm{d}}{\mathrm{d}x}\int_{a(x)}^{b(x)}f(t)\,\mathrm{d}t=f[b(x)]b'(x)-f[a(x)]a'(x).\tag{2.5}$$

上述公式的证明请读者自己完成.

例 1 求 $\dfrac{\mathrm{d}}{\mathrm{d}x}\left[\int_0^x\cos^2t\mathrm{d}t\right]$.

解 $\dfrac{\mathrm{d}}{\mathrm{d}x}\left[\int_0^x\cos^2t\mathrm{d}t\right]=\cos^2x$. ■

例 2 求 $\dfrac{\mathrm{d}}{\mathrm{d}x}\left[\int_1^{x^3}\mathrm{e}^{t^2}\mathrm{d}t\right]$.

解 这里 $\int_1^{x^3}\mathrm{e}^{t^2}\mathrm{d}t$ 是 x^3 的函数, 因而是 x 的复合函数, 令 $x^3=u$, 则 $\Phi(u)=\int_1^u\mathrm{e}^{t^2}\mathrm{d}t$, 根据复合函数求导法则, 有

$$\frac{\mathrm{d}}{\mathrm{d}x}\left[\int_1^{x^3}\mathrm{e}^{t^2}\mathrm{d}t\right]=\frac{\mathrm{d}}{\mathrm{d}u}\left[\int_1^{u}\mathrm{e}^{t^2}\mathrm{d}t\right]\cdot\frac{\mathrm{d}u}{\mathrm{d}x}=\Phi'(u)\cdot 3x^2$$
$$=\mathrm{e}^{u^2}\cdot 3x^2=3x^2\mathrm{e}^{x^6}.$$

■

例3 求 $\lim\limits_{x\to 0}\dfrac{\int_{\cos x}^{1}\mathrm{e}^{-t^2}\mathrm{d}t}{x^2}$.

解 题设极限式是 $\dfrac{0}{0}$ 型未定式，可应用洛必达法则. 由

$$\frac{\mathrm{d}}{\mathrm{d}x}\int_{\cos x}^{1}\mathrm{e}^{-t^2}\mathrm{d}t=-\frac{\mathrm{d}}{\mathrm{d}x}\int_{1}^{\cos x}\mathrm{e}^{-t^2}\mathrm{d}t$$

$$=-\mathrm{e}^{-\cos^2 x}\cdot(\cos x)'=\sin x\cdot\mathrm{e}^{-\cos^2 x},$$

所以

$$\lim_{x\to 0}\frac{\int_{\cos x}^{1}\mathrm{e}^{-t^2}\mathrm{d}t}{x^2}=\lim_{x\to 0}\frac{\sin x\cdot\mathrm{e}^{-\cos^2 x}}{2x}=\frac{1}{2\mathrm{e}}.$$ ■

例4 设 $f(x)$ 在 $[0,+\infty)$ 上连续且满足 $\int_0^{x(x^2+x+1)}f(t)\mathrm{d}t=2x$, 求 $f(3)$.

解 方程 $\int_0^{x(x^2+x+1)}f(t)\mathrm{d}t=2x$ 的两边对 x 求导，得

$$f[x(x^2+x+1)]\cdot[x(x^2+x+1)]'=2,$$

即

$$f(x^3+x^2+x)\cdot(3x^2+2x+1)=2,$$

令 $x=1$, 得 $f(3)=\dfrac{1}{3}$. ■

三、牛顿－莱布尼茨公式

定理 1 是在被积函数连续的条件下证得的，因而，这也就证明了“连续函数必存在原函数”的结论. 故有如下原函数的存在定理.

定理2 若函数 $f(x)$ 在区间 $[a,b]$ 上连续，则函数

$$\Phi(x)=\int_a^x f(t)\mathrm{d}t$$

就是 $f(x)$ 在 $[a,b]$ 上的一个原函数.

定理 2 的重要意义在于：一方面肯定了连续函数的原函数的存在性，另一方面初步揭示了积分学中定积分与原函数的联系. 因此，我们就有可能通过原函数来计算定积分.

定理3 若函数 $F(x)$ 是连续函数 $f(x)$ 在区间 $[a,b]$ 上的一个原函数，则

$$\int_a^b f(x)\mathrm{d}x=F(b)-F(a).\tag{2.6}$$

公式 (2.6) 称为**牛顿－莱布尼茨公式**.

证明 已知函数 $F(x)$ 是 $f(x)$ 的一个原函数，又根据定理 2 知，

$$\Phi(x)=\int_a^x f(t)\mathrm{d}t$$

也是 $f(x)$ 的一个原函数，所以

$$F(x)-\Phi(x)=C,\ x\in[a,\ b]. \tag{2.7}$$

在式(2.7)中令 $x=a$，得 $F(a)-\Phi(a)=C$. 而

$$\Phi(a)=\int_a^a f(t)\mathrm{d}t=0,$$

所以 $F(a)=C$，故

$$\int_a^x f(t)\mathrm{d}t=F(x)-F(a),$$

在式(2.7)中再令 $x=b$，即得公式 (2.6). 该公式也常记作

$$\int_a^b f(x)\mathrm{d}x=F(x)\Big|_a^b=F(b)-F(a).$$ ■

注：根据上节定积分的补充规定可知，当 $a>b$ 时，牛顿－莱布尼茨公式(2.6)仍成立.

由于 $f(x)$ 的原函数 $F(x)$ 一般可通过求不定积分求得，因此，牛顿－莱布尼茨公式巧妙地把定积分的计算问题与不定积分联系起来，转化为求被积函数的一个原函数在区间 $[a,b]$ 上的增量的问题.

牛顿－莱布尼茨公式 (2.6) 也称为**微积分基本公式**.

例 5 求定积分 $\int_0^1 x^2\mathrm{d}x$.

解 因 $\dfrac{x^3}{3}$ 是 x^2 的一个原函数，由牛顿－莱布尼茨公式，有

$$\int_0^1 x^2\mathrm{d}x=\frac{x^3}{3}\Big|_0^1=\frac{1}{3}-\frac{0}{3}=\frac{1}{3}.$$ ■

例 6 求定积分 $\int_{-\pi/2}^{\pi/3}\sqrt{1-\cos^2 x}\,\mathrm{d}x$.

解 $\int_{-\pi/2}^{\pi/3}\sqrt{1-\cos^2 x}\,\mathrm{d}x=\int_{-\pi/2}^{\pi/3}|\sin x|\mathrm{d}x=-\int_{-\pi/2}^{0}\sin x\mathrm{d}x+\int_0^{\pi/3}\sin x\mathrm{d}x$

$$=\cos x\Big|_{-\pi/2}^{0}-\cos x\Big|_0^{\pi/3}=\frac{3}{2}.$$ ■

例 7 某服装公司生产每套服装的边际成本是

$$C'(x)=0.000\,3x^2-0.2x+50,$$

(1) 用和 $\sum\limits_{i=1}^{4}C'(x_i)\Delta x$ 计算生产 400 套服装的总成本的近似值；

(2) 用定积分计算生产 400 套服装的总成本的精确值.

解 (1) 把区间 $[0,400]$ 分成 4 个长度相等的小区间

$$0=x_0<x_1<x_2<x_3<x_4=400,$$

每个区间的长度均为 $\Delta x=100$ (见图5－2－3 (a)).

用左矩形公式，得

$$\sum_{i=1}^{4} C'(x_i)\Delta x = 100[C'(0)+C'(100)+C'(200)+C'(300)]$$

$$=100(50+33+22+17)=12\,200(\text{元}).$$

(2) 精确的总成本是(见图5-2-3(b))

$$\int_0^{400} C'(x)\mathrm{d}x = (0.000\,1x^3-0.1x^2+50x)\Big|_0^{400} = 10\,400(\text{元}).$$ ■

因此，在考虑分成的小区间的个数较少的情况下，(1) 的近似值相差也不是很大.

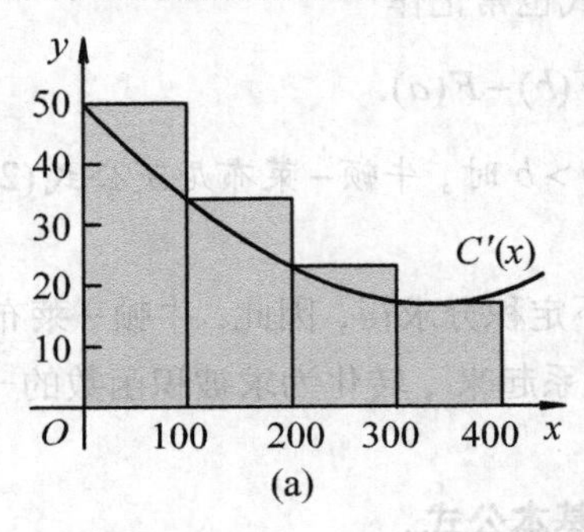

(a)

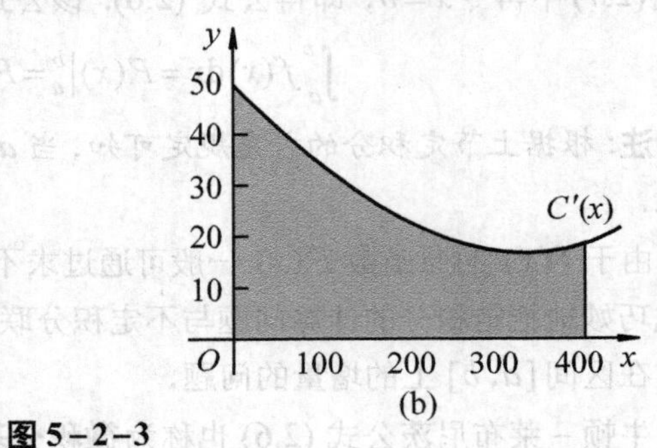

(b)

图 5-2-3

*数学实验

实验5.2 试用计算软件求下列定积分：

(1) $\int_0^{2\pi} \frac{\mathrm{d}x}{1+a\cos x}\ (0 \le a < 1)$；　(2) $\int_0^{\frac{\pi}{2}} \frac{\mathrm{d}x}{a^2\sin^2 x + b^2\cos^2 x}\ (ab \ne 0)$；

(3) $\int_0^1 x^{15}\sqrt{1+3x^8}\,\mathrm{d}x$；　(4) $\int_0^{2\pi} \frac{\mathrm{d}x}{(2+\cos x)(3+\cos x)}$；

(5) $\int_0^x t\sin^2 \mathrm{d}t$.

计算实验

微信扫描右侧的二维码，即可进行重复或修改实验(详见教材配套的网络学习空间).

习题 5-2

1. 设 $y=\int_0^x \sin t\mathrm{d}t$，求 $y'(0)$，$y'\left(\frac{\pi}{4}\right)$.

2. 计算下列各导数：

(1) $\frac{\mathrm{d}}{\mathrm{d}x}\int_1^x \sin \mathrm{e}^t \mathrm{d}t$；　(2) $\frac{\mathrm{d}}{\mathrm{d}x}\int_{x^2}^{x^3} \frac{\mathrm{d}t}{\sqrt{1+t^4}}$；

(3) $\frac{\mathrm{d}}{\mathrm{d}x}\int_{\sin x}^{\cos x} \cos(\pi t^2)\,\mathrm{d}t$.

3. 求下列极限：

(1) $\lim\limits_{x\to 0}\dfrac{\int_0^x \cos t^2 \mathrm{d}t}{x}$；　　(2) $\lim\limits_{x\to 0}\dfrac{\int_0^x \arctan t \mathrm{d}t}{x^2}$.

4. 当 x 为何值时，函数 $I(x)=\int_0^x t\mathrm{e}^{-t^2}\mathrm{d}t$ 有极值？

5. 计算下列各定积分：

(1) $\int_1^2\left(x^2+\dfrac{1}{x^4}\right)\mathrm{d}x$；　　(2) $\int_0^2|x-1|\mathrm{d}x$；　　(3) $\int_0^{\sqrt{3}a}\dfrac{\mathrm{d}x}{a^2+x^2}$；

(4) $\int_{-1/2}^{1/2}\dfrac{\mathrm{d}x}{\sqrt{1-x^2}}$；　　(5) $\int_0^{\frac{\pi}{4}}\tan^2\theta\mathrm{d}\theta$；　　(6) $\int_0^{\frac{3}{4}\pi}\sqrt{1+\cos 2x}\,\mathrm{d}x$.

6. 求右图中阴影区域的面积 .

题 6 图

7. 设 $f(x)$ 是一个可导函数，其图形如题 7 图所示，一个沿坐标轴运动的质点在时刻 t（秒）的位置是 $s(t)=\int_0^t f(x)\mathrm{d}x$（米），利用图形回答下列问题，并给出理由.

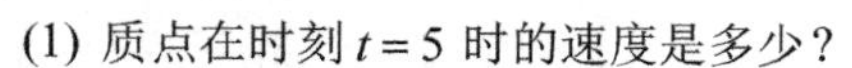

(1) 质点在时刻 $t=5$ 时的速度是多少？

(2) 质点在时刻 $t=5$ 时的加速度是正还是负？

(3) 质点在时刻 $t=3$ 时的位置在哪里？

(4) 在前 9 秒内的什么时刻 s 有最大值？

(5) 大约何时加速度是零？

(6) 质点何时向原点运动？何时离开原点运动？

(7) 质点在时刻 $t=9$ 时在原点的哪一侧？

8. 求：

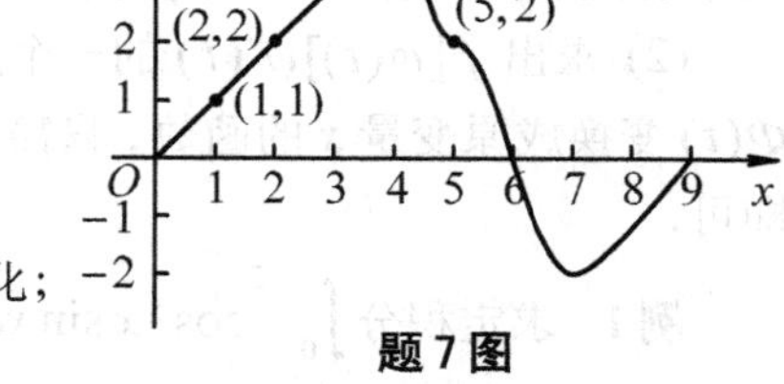

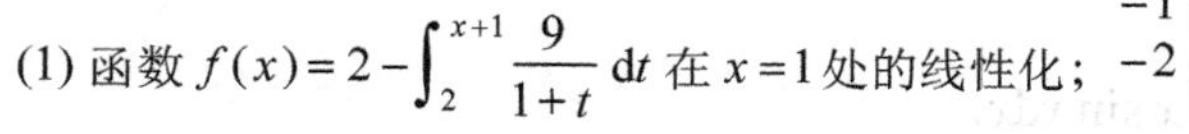

(1) 函数 $f(x)=2-\int_2^{x+1}\dfrac{9}{1+t}\mathrm{d}t$ 在 $x=1$ 处的线性化；

题 7 图

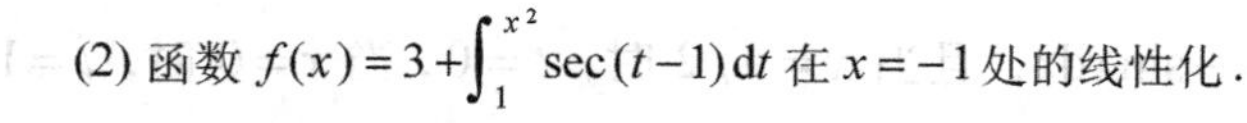

(2) 函数 $f(x)=3+\int_1^{x^2}\sec(t-1)\mathrm{d}t$ 在 $x=-1$ 处的线性化 .

9. 某公司估计，其销售额将会以函数 $S'(t)=20\mathrm{e}^t$ 所给出的速度连续增长，其中 $S'(t)$ 是第 t 天销售额的增长速度，以元 / 天为单位.

(1) 求初始 5 天的累计销售额；

(2) 求第 2 天到第 5 天的销售额.（提示：这是从 1 到 5 的积分.）

10. 一家公司以 250 000 元购买了一台新机器. 从这台机器生产的产品的销售中所获得的边际利润是 $R'(t)=4\,000t$，机器残值以 $V'(t)=25\,000\mathrm{e}^{-0.1t}$ 的速度下降. T 年后来自机器的总利润为

$$L(t)=\begin{pmatrix}\text{来自产品}\\ \text{销售的利润}\end{pmatrix}+\begin{pmatrix}\text{来自机器}\\ \text{销售的利润}\end{pmatrix}-(\text{机器的成本})=\int_0^T R'(t)\mathrm{d}t+\int_0^T V'(t)\mathrm{d}t-250\,000,$$

(1) 求 $L(T)$；　　(2) 求 $L(10)$.

§ 5.3 定积分的换元积分法和分部积分法

由微积分基本公式可知, 求定积分$\int_a^b f(x)\mathrm{d}x$的问题可以转化为求被积函数$f(x)$的原函数在区间$[a,b]$上的增量问题?从而在求不定积分时应用的换元积分法和分部积分法在求定积分时仍适用, 本节将具体讨论, 请读者注意其与不定积分的差异.

一、定积分的换元积分法

定理1 设函数 $f(x)$ 在闭区间 $[a,b]$ 上连续, 函数 $x=\varphi(t)$ 满足条件:

(1) $\varphi(\alpha)=a$, $\varphi(\beta)=b$, 且 $a\le\varphi(t)\le b$,

(2) $\varphi(t)$ 在 $[\alpha,\beta]$ (或$[\beta,\alpha]$)上具有连续导数, 则有

$$\int_a^b f(x)\mathrm{d}x=\int_\alpha^\beta f[\varphi(t)]\varphi'(t)\mathrm{d}t. \tag{3.1}$$

公式 (3.1) 称为定积分的 **换元公式**.

定积分的换元公式与不定积分的换元公式很类似. 但是, 在应用定积分的换元公式时应注意以下两点:

(1) 用 $x=\varphi(t)$ 把变量 x 换成新变量 t 时, 积分限也要换成对应于新变量 t 的积分限, 且上限对应于上限, 下限对应于下限;

(2) 求出 $f[\varphi(t)]\varphi'(t)$ 的一个原函数 $\Phi(t)$ 后, 不必像计算不定积分那样再把 $\Phi(t)$ 变换成原变量 x 的函数, 只需直接求出 $\Phi(t)$ 在新变量 t 的积分区间上的增量即可.

例1 求定积分$\int_0^{\pi/2}\cos^5 x\sin x\mathrm{d}x$.

解 令 $t=\cos x$, 则 $\mathrm{d}t=-\sin x\mathrm{d}x$, 且当 $x=\pi/2$ 时, $t=0$; 当 $x=0$ 时, $t=1$. 所以

$$\int_0^{\pi/2}\cos^5 x\sin x\mathrm{d}x=-\int_1^0 t^5\mathrm{d}t=\int_0^1 t^5\mathrm{d}t=\frac{t^6}{6}\bigg|_0^1=\frac{1}{6}. \quad ■$$

注: 本例中, 如果不明确写出新变量 t, 则定积分的上、下限就不需改变, 重新计算如下:

$$\int_0^{\pi/2}\cos^5 x\sin x\mathrm{d}x=-\int_0^{\pi/2}\cos^5 x\mathrm{d}(\cos x)=-\frac{\cos^6 x}{6}\bigg|_0^{\pi/2}=-\left(0-\frac{1}{6}\right)=\frac{1}{6}.$$

例2 求定积分$\int_0^a\sqrt{a^2-x^2}\mathrm{d}x\ (a>0)$.

解 令$x=a\sin t$, 则$\mathrm{d}x=a\cos t\mathrm{d}t$. 当$x=0$时, $t=0$; 当$x=a$时, $t=\pi/2$.

$$\sqrt{a^2-x^2}=a\sqrt{1-\sin^2 t}=a|\cos t|=a\cos t.$$

所以

$$\int_0^a \sqrt{a^2-x^2}\,dx = a^2\int_0^{\pi/2}\cos^2 t\,dt = a^2\int_0^{\pi/2}\frac{1+\cos 2t}{2}\,dt$$

$$=\frac{a^2}{2}\int_0^{\pi/2}(1+\cos 2t)\,dt = \frac{a^2}{2}\left(t+\frac{1}{2}\sin 2t\right)\Big|_0^{\pi/2} = \frac{\pi a^2}{4}. \quad ■$$

注：利用定积分的几何意义，易直接得到本例的计算结果．

例 3 求定积分 $\int_0^4 \frac{x+2}{\sqrt{2x+1}}\,dx$．

解 令 $t=\sqrt{2x+1}$，则 $x=\frac{t^2-1}{2}$，$dx = t\,dt$．当 $x=0$ 时，$t=1$；当 $x=4$ 时，$t=3$，所以

$$\int_0^4 \frac{x+2}{\sqrt{2x+1}}\,dx = \int_1^3 \frac{\frac{t^2-1}{2}+2}{t}\,t\,dt = \frac{1}{2}\int_1^3 (t^2+3)\,dt = \frac{1}{2}\left(\frac{1}{3}t^3+3t\right)\Big|_1^3$$

$$=\frac{1}{2}\left[\left(\frac{27}{3}+9\right)-\left(\frac{1}{3}+3\right)\right]=\frac{22}{3}. \quad ■$$

例 4 设 $f(x)$ 在 $[-a, a]$ 上连续，证明：

(1) 当 $f(x)$ 为偶函数时，有 $\int_{-a}^a f(x)\,dx = 2\int_0^a f(x)\,dx$；

(2) 当 $f(x)$ 为奇函数时，有 $\int_{-a}^a f(x)\,dx = 0$．

证明 因为

$$\int_{-a}^a f(x)\,dx = \int_{-a}^0 f(x)\,dx + \int_0^a f(x)\,dx,$$

在上式右端第一项中令 $x=-t$，则

$$\int_{-a}^0 f(x)\,dx = -\int_a^0 f(-t)\,dt = \int_0^a f(-t)\,dt = \int_0^a f(-x)\,dx,$$

于是

$$\int_{-a}^a f(x)\,dx = \int_0^a f(x)\,dx + \int_0^a f(-x)\,dx.$$

(1) 当 $f(x)$ 为偶函数，即 $f(-x)=f(x)$ 时，有

$$\int_{-a}^a f(x)\,dx = 2\int_0^a f(x)\,dx;$$

(2) 当 $f(x)$ 为奇函数，即 $f(-x)=-f(x)$ 时，有

$$\int_{-a}^a f(x)\,dx = 0. \quad ■$$

例 5 求定积分 $\int_{-1}^1 (|x|+\sin x)x^2\,dx$．

解 因为积分区间关于原点对称，且 $|x|x^2$ 为偶函数，$\sin x\cdot x^2$ 为奇函数，所以

$$\int_{-1}^{1}(|x|+\sin x)x^2\mathrm{d}x=\int_{-1}^{1}|x|x^2\mathrm{d}x=2\int_0^1 x^3\mathrm{d}x=2\cdot\frac{x^4}{4}\Big|_0^1=\frac{1}{2}.$$ ■

二、定积分的分部积分法

设函数 $u=u(x)$, $v=v(x)$ 在区间 $[a, b]$ 上具有连续导数，则

$$\mathrm{d}(uv)=u\mathrm{d}v+v\mathrm{d}u,$$

移项得

$$u\mathrm{d}v=\mathrm{d}(uv)-v\mathrm{d}u,$$

于是

$$\int_a^b u\mathrm{d}v=\int_a^b \mathrm{d}(uv)-\int_a^b v\mathrm{d}u,$$

即

$$\int_a^b u\mathrm{d}v=(uv)\Big|_a^b-\int_a^b v\mathrm{d}u, \tag{3.2}$$

或

$$\int_a^b uv'\mathrm{d}x=(uv)\Big|_a^b-\int_a^b vu'\mathrm{d}x. \tag{3.3}$$

这就是**定积分的分部积分公式**. 与不定积分的分部积分公式不同的是，这里可将原函数已经积出的部分 uv 先用上、下限代入.

例6 求定积分 $\int_1^3 \ln x\mathrm{d}x$.

解 $\int_1^3 \ln x\mathrm{d}x=x\ln x\Big|_1^3-\int_1^3 x\mathrm{d}(\ln x)=(3\ln3-0)-\int_1^3 x\frac{1}{x}\mathrm{d}x=3\ln3-\int_1^3\mathrm{d}x$

$$=3\ln3-x\Big|_1^3=3\ln3-(3-1)$$

$$=3\ln3-2.$$ ■

例7 求定积分 $\int_0^1 x\mathrm{e}^{-x}\mathrm{d}x$.

解 $\int_0^1 x\mathrm{e}^{-x}\mathrm{d}x=-\int_0^1 x\mathrm{d}(\mathrm{e}^{-x})=-(x\mathrm{e}^{-x}\Big|_0^1-\int_0^1\mathrm{e}^{-x}\mathrm{d}x)=-[(\mathrm{e}^{-1}-0)+\int_0^1\mathrm{e}^{-x}\mathrm{d}(-x)]$

$$=-(\mathrm{e}^{-1}+\mathrm{e}^{-x}\Big|_0^1)=-[\mathrm{e}^{-1}+(\mathrm{e}^{-1}-1)]=1-2\mathrm{e}^{-1}.$$ ■

例8 求定积分 $\int_0^{1/2}\arcsin x\mathrm{d}x$.

解 $\int_0^{1/2}\arcsin x\mathrm{d}x=(x\arcsin x)\Big|_0^{1/2}-\int_0^{1/2}\frac{x\mathrm{d}x}{\sqrt{1-x^2}}$

$$=\frac{1}{2}\cdot\frac{\pi}{6}+\frac{1}{2}\int_0^{1/2}\frac{1}{\sqrt{1-x^2}}\mathrm{d}(1-x^2)=\frac{\pi}{12}+\left(\sqrt{1-x^2}\right)\Big|_0^{1/2}$$

$$=\frac{\pi}{12}+\frac{\sqrt{3}}{2}-1.$$ ■

*数学实验

实验 5.3 试用计算软件求下列定积分:

(1) $\int_0^{\ln 2} xe^{-x}\,dx$; (2) $\int_0^{\sqrt{3}} x\arctan x\,dx$;

(3) $\int_0^a x^2\sqrt{a^2-x^2}\,dx\,(a>0)$; (4) $\int_{\frac{1}{2}}^2\left(1+x-\frac{1}{x}\right)e^{x+\frac{1}{x}}\,dx$.

微信扫描右侧的二维码,即可进行重复或修改实验(详见教材配套的网络学习空间).

习题 5-3

1. 利用换元积分法计算下列定积分:

(1) $\int_{\frac{\pi}{3}}^{\pi}\sin\left(x+\frac{\pi}{3}\right)dx$; (2) $\int_{-2}^{1}\frac{dx}{(11+5x)^3}$; (3) $\int_0^{\frac{\pi}{2}}\sin\varphi\cos^3\varphi\,d\varphi$;

(4) $\int_{\frac{\pi}{6}}^{\frac{\pi}{2}}\cos^2 u\,du$; (5) $\int_0^5\frac{x^3}{x^2+1}\,dx$; (6) $\int_0^1 te^{-\frac{t^2}{2}}\,dt$;

(7) $\int_0^{\sqrt{2}a}\frac{x\,dx}{\sqrt{3a^2-x^2}}$; (8) $\int_1^{e^2}\frac{dx}{x\sqrt{1+\ln x}}$; (9) $\int_{\frac{3}{4}}^{1}\frac{dx}{\sqrt{1-x}-1}$;

(10) $\int_{-\frac{\pi}{2}}^{\frac{\pi}{2}}\sqrt{\cos x-\cos^3 x}\,dx$; (11) $\int_1^{\sqrt{3}}\frac{dx}{x^2\sqrt{1+x^2}}$; (12) $\int_0^1(1+x^2)^{-\frac{3}{2}}\,dx$.

2. 利用分部积分法计算下列定积分:

(1) $\int_0^1 xe^{-x}\,dx$; (2) $\int_1^e x\ln x\,dx$; (3) $\int_0^1 x\arctan x\,dx$;

(4) $\int_1^4\frac{\ln x}{\sqrt{x}}\,dx$; (5) $\int_0^{\pi/2}x\sin 2x\,dx$; (6) $\int_0^{2\pi}x\cos^2 x\,dx$;

(7) $\int_0^{\pi/2}e^{2x}\cos x\,dx$; (8) $\int_0^2\ln(x+\sqrt{x^2+1})\,dx$.

3. 利用函数的奇偶性计算下列定积分:

(1) $\int_{-\pi}^{\pi}x^4\sin x\,dx$; (2) $\int_{-\sqrt{3}}^{\sqrt{3}}|\arctan x|\,dx$; (3) $\int_{-2}^{2}\frac{x+|x|}{2+x^2}\,dx$.

4. 已知 $f(x)$ 是连续函数,证明:

$$\int_a^b f(x)\,dx=(b-a)\int_0^1 f[a+(b-a)x]\,dx.$$

§5.4 广 义 积 分

我们前面介绍的定积分有两个最基本的约束条件:积分区间的有限性和被积函

数的有界性. 但在某些实际问题中,常常需要突破这些约束条件.因此,在定积分的计算中,我们还要研究无穷区间上的积分和无界函数的积分. 这两类积分通称为**广义积分**或**反常积分**, 相应地, 前面的定积分则称为**常义积分**或**正常积分**.

一、无穷限的广义积分

定义1 设函数 $f(x)$ 在区间 $[a,+\infty)$ 上连续, 如果极限

$$\lim_{b\to+\infty}\int_a^b f(x)\,\mathrm{d}x$$

存在, 则称此极限为**函数 $f(x)$ 在无穷区间 $[a,+\infty)$ 上的广义积分**, 记为 $\int_a^{+\infty} f(x)\,\mathrm{d}x$, 即

$$\int_a^{+\infty} f(x)\,\mathrm{d}x=\lim_{b\to+\infty}\int_a^b f(x)\,\mathrm{d}x.$$

这时也称**广义积分 $\int_a^{+\infty} f(x)\,\mathrm{d}x$ 收敛**; 如果极限 $\lim\limits_{b\to+\infty}\int_a^b f(x)\,\mathrm{d}x$ 不存在, 则称 **广义积分 $\int_a^{+\infty} f(x)\,\mathrm{d}x$ 发散**.

类似地, 可定义**函数 $f(x)$ 在无穷区间 $(-\infty, b]$ 上的广义积分**

$$\int_{-\infty}^b f(x)\,\mathrm{d}x=\lim_{a\to-\infty}\int_a^b f(x)\,\mathrm{d}x.$$

定义2 函数 $f(x)$ 在无穷区间 $(-\infty,+\infty)$ 上的广义积分定义为

$$\int_{-\infty}^{+\infty} f(x)\,\mathrm{d}x=\int_{-\infty}^{a} f(x)\,\mathrm{d}x+\int_a^{+\infty} f(x)\,\mathrm{d}x,$$

其中a为任意实数, 当上式右端两个积分都收敛时, 称**广义积分 $\int_{-\infty}^{+\infty} f(x)\,\mathrm{d}x$ 是收敛的**, 否则, 称 **广义积分 $\int_{-\infty}^{+\infty} f(x)\,\mathrm{d}x$ 是发散的**.

上述广义积分统称为**无穷限的广义积分**.

若 $F(x)$ 是 $f(x)$ 的一个原函数, 记

$$F(+\infty)=\lim_{x\to+\infty}F(x),\ \ F(-\infty)=\lim_{x\to-\infty}F(x),$$

则广义积分可表示为(如果极限存在):

$$\int_a^{+\infty} f(x)\,\mathrm{d}x=F(x)\big|_a^{+\infty}=F(+\infty)-F(a);$$

$$\int_{-\infty}^b f(x)\,\mathrm{d}x=F(x)\big|_{-\infty}^{b}=F(b)-F(-\infty);$$

$$\int_{-\infty}^{+\infty} f(x)\,\mathrm{d}x=F(x)\big|_{-\infty}^{+\infty}=F(+\infty)-F(-\infty).$$

例1 计算广义积分 $\int_0^{+\infty}\mathrm{e}^{-x}\,\mathrm{d}x$.

解 对于任意的 $b>0$，有

$$\int_0^b \mathrm{e}^{-x}\mathrm{d}x=-\mathrm{e}^{-x}\big|_0^b=-\mathrm{e}^{-b}-(-1)=1-\mathrm{e}^{-b}.$$

于是

$$\lim_{b\to+\infty}\int_0^b \mathrm{e}^{-x}\mathrm{d}x=\lim_{b\to+\infty}(1-\mathrm{e}^{-b})=1-0=1,$$

所以

$$\int_0^{+\infty}\mathrm{e}^{-x}\mathrm{d}x=\lim_{b\to+\infty}\int_0^b \mathrm{e}^{-x}\mathrm{d}x=1.$$

在理解广义积分定义的实质后，上述求解过程也可直接写成

$$\int_0^{+\infty}\mathrm{e}^{-x}\mathrm{d}x=-\mathrm{e}^{-x}\big|_0^{+\infty}=0-(-1)=1.$$ ■

例 2 判断广义积分 $\int_0^{+\infty}\sin x\mathrm{d}x$ 的敛散性.

解 对于任意 $b>0$，有

$$\int_0^b \sin x\mathrm{d}x=-\cos x\big|_0^b=-\cos b+(\cos 0)=1-\cos b,$$

因为 $\lim\limits_{b\to+\infty}(1-\cos b)$ 不存在，所以广义积分 $\int_0^{+\infty}\sin x\mathrm{d}x$ 发散. ■

例 3 计算广义积分 $\int_{-\infty}^{+\infty}\frac{\mathrm{d}x}{1+x^2}$.

解 $\int_{-\infty}^{+\infty}\frac{\mathrm{d}x}{1+x^2}=[\arctan x]\Big|_{-\infty}^{+\infty}=\lim\limits_{x\to+\infty}\arctan x-\lim\limits_{x\to-\infty}\arctan x=\frac{\pi}{2}-\left(-\frac{\pi}{2}\right)=\pi.$ ■

例 4 讨论广义积分 $\int_1^{+\infty}\frac{1}{x^p}\mathrm{d}x$ 的敛散性.

解 当 $p\neq 1$ 时，有

$$\int_1^{+\infty}\frac{1}{x^p}\mathrm{d}x=\frac{x^{1-p}}{1-p}\bigg|_1^{+\infty}=\begin{cases}+\infty, & p<1\\ \dfrac{1}{p-1}, & p>1\end{cases},$$

当 $p=1$ 时，有

$$\int_1^{+\infty}\frac{1}{x^p}\mathrm{d}x=\int_1^{+\infty}\frac{1}{x}\mathrm{d}x=\ln x\big|_1^{+\infty}=+\infty.$$

因此，当 $p>1$ 时，题设广义积分收敛，其值为 $\frac{1}{p-1}$；当 $p\leq 1$ 时，题设广义积分发散. ■

*二、无界函数的广义积分

另一类广义积分就是无界函数的积分问题.

定义 3 设函数 $f(x)$ 在区间 $(a,b]$ 上连续，而在点 a 的右半邻域内 $f(x)$ 无界. 取

$\varepsilon>0$, 如果极限

$$\lim_{\varepsilon\to 0^+}\int_{a+\varepsilon}^{b} f(x)\,dx$$

存在, 则称此极限为函数 $f(x)$ 在区间 $(a, b]$ 上的**广义积分**, 记作

$$\int_a^b f(x)\,dx=\lim_{\varepsilon\to 0^+}\int_{a+\varepsilon}^{b} f(x)\,dx.$$

当极限存在时，称**广义积分 $\int_a^b f(x)\,dx$ 是收敛的**，点 a 称为**瑕点**. 否则称**广义积分 $\int_a^b f(x)\,dx$ 是发散的**.

类似地，可定义**函数 $f(x)$ 在区间 $[a, b)$ 上的广义积分**

$$\int_a^b f(x)\,dx=\lim_{\varepsilon\to 0^+}\int_a^{b-\varepsilon} f(x)\,dx.$$

定义4 设函数 $f(x)$ 在区间 $[a, b]$ 上除点 $c\ (a<c<b)$ 外连续, 而在点 c 的邻域内无界, 则函数 $f(x)$ 在区间 $[a,b]$ 上的广义积分定义为

$$\int_a^b f(x)\,dx=\int_a^c f(x)\,dx+\int_c^b f(x)\,dx,$$

当上式右端两个积分都收敛时，称**广义积分 $\int_a^b f(x)\,dx$ 是收敛的**, 否则，称**广义积分 $\int_a^b f(x)\,dx$ 是发散的**.

无界函数的广义积分又称为**瑕积分**. 定义中函数 $f(x)$ 的无界间断点 (如定义3中的点 a 和定义 4 中的点 c 等) 称为**瑕点**.

例5 计算广义积分 $\int_0^a \frac{dx}{\sqrt{a^2-x^2}}\ (a>0)$.

解 原式 $=\lim_{\varepsilon\to 0^+}\int_0^{a-\varepsilon}\frac{dx}{\sqrt{a^2-x^2}}=\lim_{\varepsilon\to 0^+}\left(\arcsin\frac{x}{a}\right)\Big|_0^{a-\varepsilon}$

$=\lim_{\varepsilon\to 0^+}\left(\arcsin\frac{a-\varepsilon}{a}-0\right)=\frac{\pi}{2}.$ ■

例6 讨论广义积分 $\int_0^1\frac{1}{x^q}\,dx$ 的敛散性.

解 当 $q=1$ 时, 有

$$\int_0^1\frac{1}{x^q}\,dx=\int_0^1\frac{1}{x}\,dx=\ln x\big|_0^1=+\infty;$$

当 $q\neq 1$ 时, 有

$$\int_0^1\frac{1}{x^q}\,dx=\frac{x^{1-q}}{1-q}\Big|_0^1=\begin{cases}+\infty, & q>1\\ \dfrac{1}{1-q}, & q<1\end{cases},$$

因此，当 $q<1$ 时广义积分收敛，其值为 $\dfrac{1}{1-q}$；当 $q\geq 1$ 时广义积分发散. ■

***数学实验**

实验 5.4 试用计算软件求下列广义积分：

(1) $\displaystyle\int_{-\infty}^{+\infty}\frac{\mathrm{d}x}{(x^2+x+1)^2}$；　(2) $\displaystyle\int_0^1\frac{\mathrm{d}x}{(2-x)\sqrt{1-x}}$；

(3) $\displaystyle\int_0^{+\infty}\frac{x\ln x}{(1+x^2)^2}\mathrm{d}x$；　(4) $\displaystyle\int_0^{\frac{\pi}{2}}\ln\cos x\mathrm{d}x$.

计算实验

微信扫描右侧的二维码，即可进行重复或修改实验(详见教材配套的网络学习空间).

习题 5-4

1. 判断下列各广义积分的敛散性，若收敛，计算其值：

(1) $\displaystyle\int_1^{+\infty}\frac{\mathrm{d}x}{x^3}$；　(2) $\displaystyle\int_1^{+\infty}\frac{\mathrm{d}x}{\sqrt{x}}$；

(3) $\displaystyle\int_0^{+\infty}\mathrm{e}^{-ax}\mathrm{d}x\ (a>0)$；　(4) $\displaystyle\int_{-\infty}^{+\infty}\frac{\mathrm{d}x}{x^2+4x+5}$；

(5) $\displaystyle\int_0^2\frac{\mathrm{d}x}{(1-x)^2}$；　(6) $\displaystyle\int_1^{+\infty}\frac{\mathrm{d}x}{x(x^2+1)}$.

2. 下列计算是否正确？为什么？

$$\int_{-1}^1\frac{\mathrm{d}x}{x^2}=-\frac{1}{x}\bigg|_{-1}^1=-2.$$

§5.5 定积分的应用

定积分是求某种总量的数学模型，它在几何学、物理学、经济学、社会学等方面都有着广泛的应用，这显示了它的巨大魅力. 也正是这些广泛的应用推动着积分学不断地发展和完善. 因此，在学习的过程中，我们不仅要掌握计算某些实际问题的公式，而且要深刻领会用定积分解决实际问题的基本思想和方法——**微元法**，不断积累和提高数学的应用能力.

一、微元法

定积分的所有应用问题一般总可按“分割、求和、取极限”三个步骤把所求量表示为定积分的形式. 为更好地说明这种方法，我们先来回顾本章讨论过的求曲边梯形面积的问题.

假设一曲边梯形由连续曲线 $y=f(x)$ ($f(x)\geq 0$), x 轴与两条直线 $x=a$ 和 $x=b$ 围成，试求其面积 A.

(1) **分割**　用任意一组分点把区间 $[a,b]$ 分成长度为 Δx_i $(i=1,2,\cdots,n)$ 的 n 个小区间, 相应地, 把曲边梯形分成 n 个小曲边梯形, 记第 i 个小曲边梯形的面积为 ΔA_i, 则

$$\Delta A_i \approx f(\xi_i)\Delta x_i \ (x_{i-1}\leq \xi_i \leq x_i); \tag{5.1}$$

(2) **求和**　得面积 A 的近似值

$$A=\sum_{i=1}^{n}\Delta A_i \approx \sum_{i=1}^{n} f(\xi_i)\Delta x_i; \tag{5.2}$$

(3) **求极限**　得面积 A 的精确值

$$A=\lim_{\lambda\to 0}\sum_{i=1}^{n} f(\xi_i)\Delta x_i=\int_a^b f(x)\mathrm{d}x, \tag{5.3}$$

其中

$$\lambda=\max\{\Delta x_1, \Delta x_2, \cdots, \Delta x_n\}.$$

由上述过程可见，当把区间 $[a,b]$ 分割成 n 个小区间时，所求面积 A (**总量**) 也被相应地分割成 n 个小曲边梯形 (**部分量**)，而所求总量等于各部分量之和 (即 $A=\sum_{i=1}^{n}\Delta A_i$)，这一性质称为所求总量对于区间 $[a,b]$ 具有**可加性**．此外，以 $f(\xi_i)\Delta x_i$ 近似代替部分量 ΔA_i 时，其误差是一个比 Δx_i 更高阶的无穷小．这两点保证了求和、取极限后能得到所求总量的精确值．

对于上述分析过程，在实际应用中可略去其下标，改写如下：

(1) **分割**　把区间 $[a,b]$ 分割为 n 个小区间，任取其中一个小区间 $[x, x+\mathrm{d}x]$ (**区间微元**)，用 ΔA 表示 $[x, x+\mathrm{d}x]$ 上小曲边梯形的面积，于是，所求面积

$$A=\sum \Delta A.$$

取 $[x, x+\mathrm{d}x]$ 的左端点 x 为 ξ，把以点 x 处的函数值 $f(x)$ 为高、$\mathrm{d}x$ 为底的小矩形的面积 $f(x)\mathrm{d}x$ (**面积微元**，记为 $\mathrm{d}A$) 作为 ΔA 的近似值 (见图 5-5-1)，即

$$\Delta A \approx \mathrm{d}A=f(x)\mathrm{d}x. \tag{5.4}$$

图 5-5-1

(2) **求和**　得面积 A 的近似值

$$A\approx \sum \mathrm{d}A=\sum f(x)\mathrm{d}x. \tag{5.5}$$

(3) **求极限**　得面积 A 的精确值

$$A=\lim \sum f(x)\mathrm{d}x=\int_a^b f(x)\mathrm{d}x. \tag{5.6}$$

由上述分析，我们可以抽象出在应用学科中广泛采用的将所求量 U (**总量**) 表示

为定积分的方法 —— **微元法**，这个方法的主要步骤如下：

(1) **由分割写出微元** 根据具体问题，选取一个积分变量，例如 x 为积分变量，并确定它的变化区间 $[a, b]$，任取 $[a, b]$ 的一个区间微元 $[x, x+\mathrm{d}x]$，求出对应于这个区间微元的部分量 ΔU 的近似值，即求出所求总量 U 的**微元**

$$\mathrm{d}U=f(x)\,\mathrm{d}x;$$

(2) **由微元写出积分** 根据 $\mathrm{d}U=f(x)\,\mathrm{d}x$ 写出表示总量 U 的定积分

$$U=\int_a^b \mathrm{d}U=\int_a^b f(x)\,\mathrm{d}x.$$

应用微元法解决实际问题时，应注意如下两点：

(1) 所求总量 U 关于区间 $[a, b]$ 应具有可加性，即如果把区间 $[a, b]$ 分成许多部分区间，则 U 相应地分成许多部分量，而 U 等于所有部分量 ΔU 之和．这一要求是由定积分概念本身决定的．

(2) 使用微元法的关键在于正确给出部分量 ΔU 的近似表达式 $f(x)\mathrm{d}x$，即使得 $f(x)\,\mathrm{d}x=\mathrm{d}U\approx\Delta U$．在通常情况下，要检验 $\Delta U-f(x)\mathrm{d}x$ 是否为 $\mathrm{d}x$ 的高阶无穷小并非易事，因此，在实际应用中要注意 $\mathrm{d}U=f(x)\,\mathrm{d}x$ 的合理性．

微元法在几何学、物理学、经济学、社会学等领域中具有广泛的应用，本节后面主要介绍微元法在几何学、物理学与经济学中的应用．

二、定积分的几何应用

1. 平面图形的面积

(1) 直角坐标系下平面图形的面积

根据定积分的几何意义，对于非负函数 $f(x)$，定积分 $\int_a^b f(x)\,\mathrm{d}x$ 表示由曲线 $y=f(x)$，直线 $x=a$，$x=b$ 与 x 轴所围成的平面图形的面积．被积表达式 $f(x)\mathrm{d}x$ 就是面积微元 $\mathrm{d}A$（见图5-5-1)，即

$$\mathrm{d}A=f(x)\,\mathrm{d}x.$$

如果 $f(x)$ 不是非负的，则所围成的如图5-5-2所示的图形的面积应为

$$A=\int_a^b |f(x)|\,\mathrm{d}x.$$

图 5-5-2

一般来说，由两条曲线 $y=f(x)$，$y=g(x)$ 与直线 $x=a$，$x=b$ 围成的如图5-5-3(a)、(b) 所示的图形的面积为

$$A=\int_a^b |f(x)-g(x)|\,\mathrm{d}x.$$

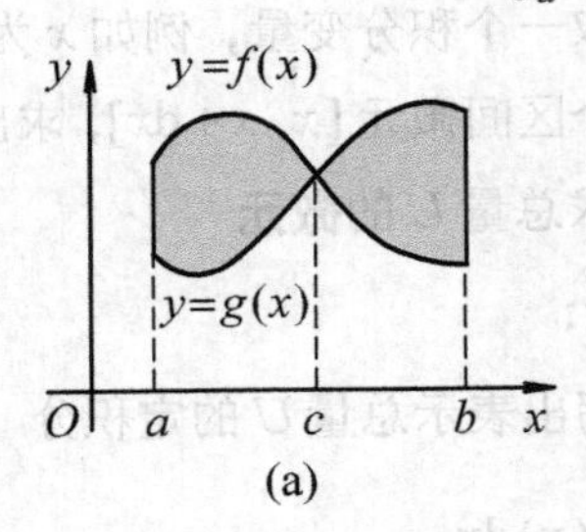

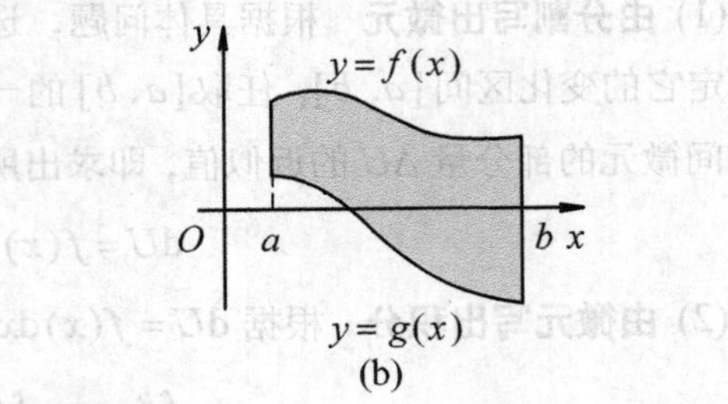

图 5-5-3

更一般地，对于任意曲线所围成的图形，我们可以用平行于坐标轴的直线将其分割成几个部分，使每一部分都可以利用上面的公式来计算面积(见图5-5-4).

例1 求由 $y^2=x$ 和 $y=x^2$ 所围成的图形的面积.

解 画出草图(见图5-5-5)，并由方程组

$$\begin{cases} y^2=x \\ y=x^2, \end{cases}$$

解得它们的交点为(0, 0), (1, 1).

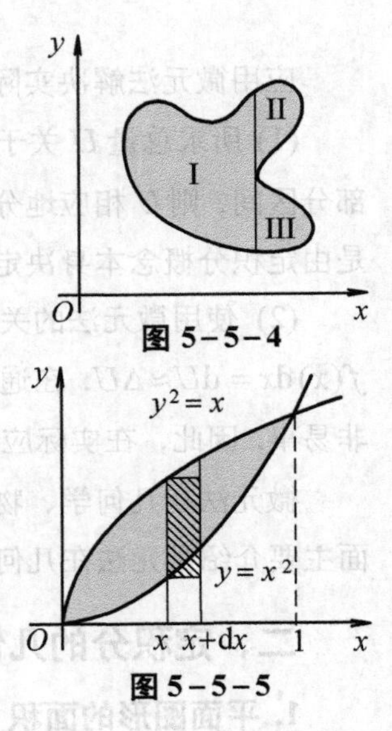

选x为积分变量，则x的变化范围是[0, 1]，任取其上的一个区间微元$[x, x+\mathrm{d}x]$, 则可得到对应于$[x, x+\mathrm{d}x]$的面积微元

$$\mathrm{d}A=(\sqrt{x}-x^2)\,\mathrm{d}x,$$

从而所求面积为

$$A=\int_0^1(\sqrt{x}-x^2)\,\mathrm{d}x=\left[\frac{2}{3}x^{\frac{3}{2}}-\frac{x^3}{3}\right]\Bigg|_0^1=\frac{1}{3}.$$ ■

例2 求由 $y^2=2x$ 和 $y=x-4$ 所围成的图形的面积.

解 画出草图(见图5-5-6)，并由方程组

$$\begin{cases} y^2=2x \\ y=x-4, \end{cases}$$

解得它们的交点为(2, −2), (8, 4).

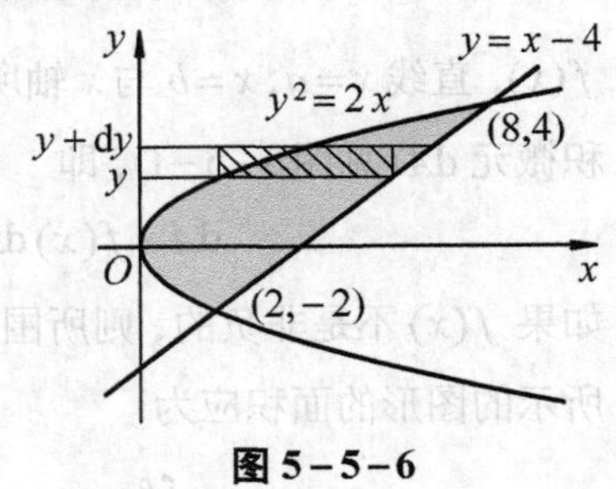

图 5-5-6

选 y 为积分变量，则 y 的变化范围是[−2, 4]，任取其上的一个区间微元$[y, y+\mathrm{d}y]$，则可得到对应于$[y, y+\mathrm{d}y]$的面积微元

$$\mathrm{d}A=\left(y+4-\frac{y^2}{2}\right)\mathrm{d}y,$$

从而所求面积为

$$A=\int_{-2}^{4}\mathrm{d}A=\int_{-2}^{4}\left(y+4-\frac{y^2}{2}\right)\mathrm{d}y=18.$$ ■

注：如果本例选 x 为积分变量，则计算过程将会复杂许多．因此，在实际应用中，应根据具体情况合理选择积分变量，以达到简化计算的目的．

例 3 求椭圆 $\frac{x^2}{a^2}+\frac{y^2}{b^2}=1$ 所围成的面积．

解 如图 5–5–7 所示，由于椭圆关于两坐标轴对称，设 A_1 为第一象限部分的面积，则利用微元法可知，所求椭圆面积为

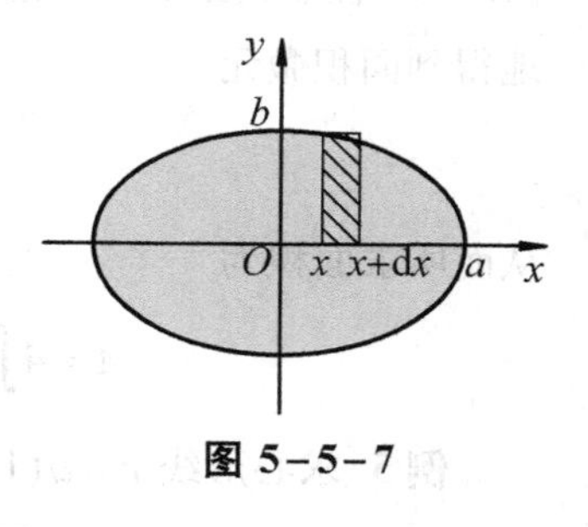

图 5–5–7

$$A=4A_1=4\int_0^a y\mathrm{d}x.$$

为方便计算，利用椭圆的参数方程

$$\begin{cases}x=a\cos t\\ y=b\sin t\end{cases}\quad(0\le t\le 2\pi),$$

当 x 由 0 变到 a 时，t 由 $\pi/2$ 变到 0，所以

$$A=4\int_0^a y\mathrm{d}x=4\int_{\pi/2}^{0}b\sin t\mathrm{d}(a\cos t)=4ab\int_0^{\pi/2}\sin^2 t\mathrm{d}t=\pi ab.$$

当 $a=b$ 时，椭圆变成圆，即半径为 a 的圆的面积 $A=\pi a^2$. ■

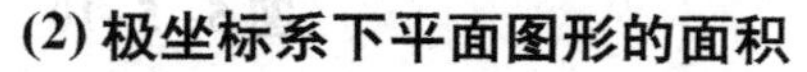

(2) 极坐标系下平面图形的面积

设曲线的方程由极坐标形式给出

$$r=r(\theta)\quad(\alpha\le\theta\le\beta),$$

现在要求由曲线 $r=r(\theta)$、射线 $\theta=\alpha$ 和 $\theta=\beta$ 所围成的**曲边扇形**(见图 5–5–8)的面积 A. 我们可利用微元法来解决．

选取极角 θ 为积分变量，其变化范围为 $[\alpha,\beta]$. 任取其一个区间微元 $[\theta,\theta+\mathrm{d}\theta]$，则对应于 $[\theta,\theta+\mathrm{d}\theta]$ 区间的小曲边扇形的面积可以用半径为 $r=r(\theta)$、中心角为 $\mathrm{d}\theta$ 的圆扇形的面积来近似代替，从而曲边扇形的面积微元为

$$\mathrm{d}A=\frac{1}{2}[r(\theta)]^2\mathrm{d}\theta.$$

所求曲边扇形的面积为

$$A=\int_\alpha^\beta\frac{1}{2}[r(\theta)]^2\mathrm{d}\theta.$$

图 5–5–8

例 4 求双纽线 $r^2=a^2\cos 2\theta$ 所围平面图形的面积．

解 因 $r^2\ge 0$，故 θ 的变化范围是

$$\left[-\frac{\pi}{4},\frac{\pi}{4}\right],\ \left[\frac{3\pi}{4},\frac{5\pi}{4}\right].$$

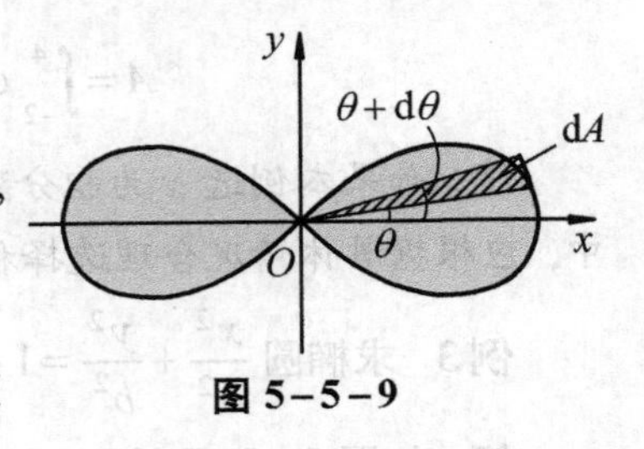

图 5-5-9

如图 5-5-9 所示，图形关于极点和极轴均对称，因此，只需计算在 $\left[0,\frac{\pi}{4}\right]$ 上的图形面积，再乘以4倍即可．任取其上的一个区间微元 $[\theta,\theta+\mathrm{d}\theta]$，相应地得到面积微元

$$\mathrm{d}A=\frac{1}{2}a^2\cos 2\theta\mathrm{d}\theta,$$

从而所求面积为

$$A=4\int_0^{\pi/4}\mathrm{d}A=4\int_0^{\pi/4}\frac{1}{2}a^2\cos 2\theta\,\mathrm{d}\theta=a^2.$$ ■

例5　求心形线 $r=a(1+\cos\theta)$ 所围平面图形的面积 $(a>0)$.

解　心形线所围成的图形如图 5-5-10所示．该图形关于极轴对称，因此，所求面积 A 是 $[0,\pi]$ 上的图形面积的2倍．任取其上的一个区间微元 $[\theta,\theta+\mathrm{d}\theta]$，相应地得到面积微元

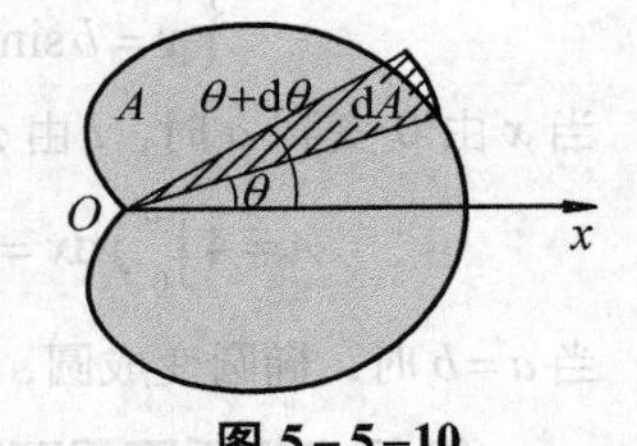

图 5-5-10

$$\mathrm{d}A=\frac{1}{2}a^2(1+\cos\theta)^2\,\mathrm{d}\theta,$$

从而，所求面积为

$$A=2\int_0^{\pi}\mathrm{d}A=a^2\int_0^{\pi}(1+2\cos\theta+\cos^2\theta)\,\mathrm{d}\theta$$

$$=a^2\int_0^{\pi}\left(\frac{3}{2}+2\cos\theta+\frac{1}{2}\cos 2\theta\right)\mathrm{d}\theta$$

$$=a^2\left(\frac{3\theta}{2}+2\sin\theta+\frac{1}{4}\sin 2\theta\right)\Big|_0^{\pi}=\frac{3}{2}\pi a^2.$$ ■

*数学实验

实验5.5　试用计算软件求下列曲线围成的面积：

(1) $y^2=\dfrac{x^3}{2a-x}$, $x=2a$;

(2) $y^2=\dfrac{x^n}{(1+x^{n+2})^2}\,(x>0, n>-2)$;

(3) $y=\mathrm{e}^{-x}\sin x$, $y=0(0\le x\le 2\pi)$;

(4) 摆线 $x=a(t=\sin t)$, $y=a(1-\cos t)$ $(0\le t\le 2\pi)$, $y=0$;

(5) $r=1+2^{\sin(5\theta)}(0\le\theta\le 2\pi)$.

详见教材配套的网络学习空间.

计算实验

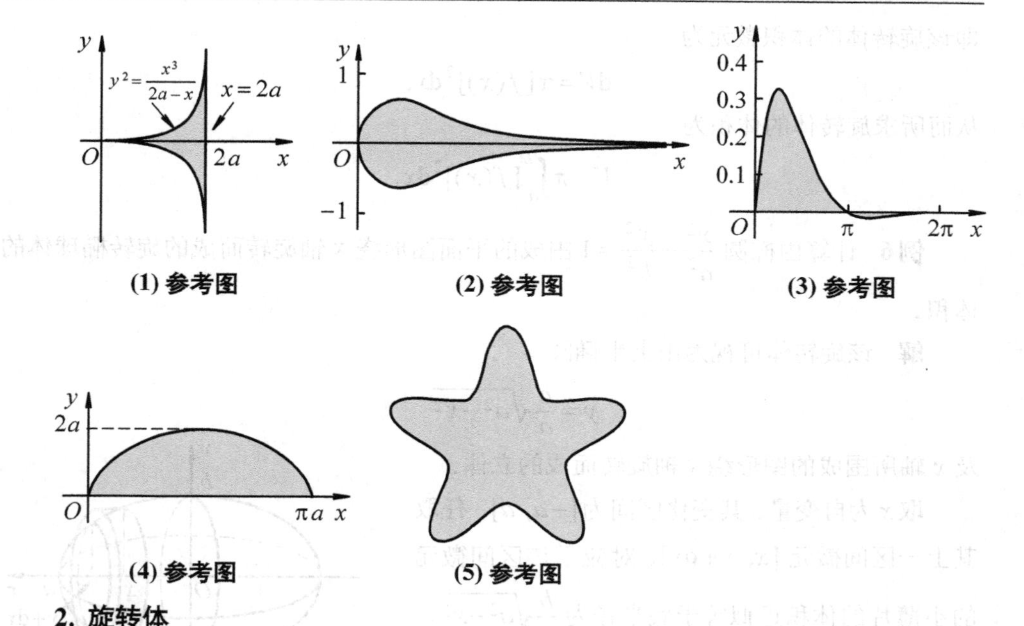

(1) 参考图 (2) 参考图 (3) 参考图

(4) 参考图 (5) 参考图

2. 旋转体

由一个平面图形绕该平面内一条直线旋转一周而成的立体称为**旋转体**.这条直线称为**旋转轴**.

例如，圆柱可视为由矩形绕它的一条边旋转一周而成的立体，圆锥可视为直角三角形绕它的一条直角边旋转一周而成的立体，而球体可视为半圆绕它的直径旋转一周而成的立体.

我们主要考虑以 x 轴和 y 轴为旋转轴的旋转体，下面利用微元法来推导求旋转体体积的公式.

设旋转体是由连续曲线 $y=f(x)$，直线 $x=a$，$x=b$ 与 x 轴所围平面图形绕 x 轴旋转而成的 (见图 5−5−11). 现在我们来求旋转体的体积 V.

取 x 为自变量，其变化区间为 $[a, b]$. 设想用垂直于 x 轴的平面将旋转体分成 n 个小薄片，即把 $[a, b]$ 分成 n 个区间微元，其中任一区间微元 $[x, x+\mathrm{d}x]$ 所对应的小薄片的体积可近似视为以 $f(x)$ 为底半径、$\mathrm{d}x$ 为高的扁圆柱体的体积(见图5−5−12),

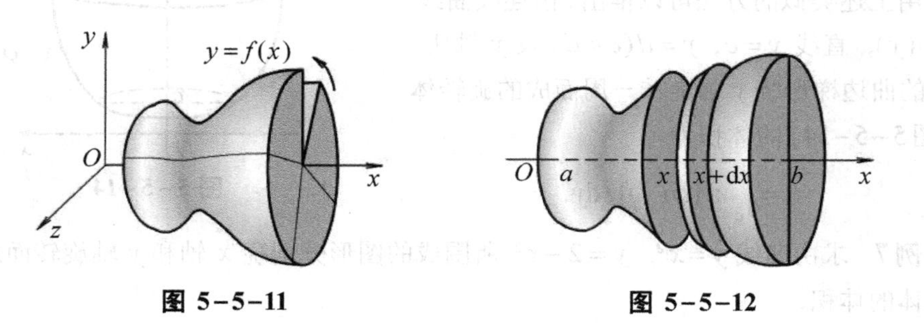

图 5−5−11 图 5−5−12

即该旋转体的体积微元为

$$\mathrm{d}V=\pi[f(x)]^2\mathrm{d}x,$$

从而所求旋转体的体积为

$$V=\pi\int_a^b[f(x)]^2\mathrm{d}x.$$

例6　计算由椭圆 $\dfrac{x^2}{a^2}+\dfrac{y^2}{b^2}=1$ 围成的平面图形绕 x 轴旋转而成的旋转椭球体的体积.

解　该旋转体可视为由上半椭圆

$$y=\frac{b}{a}\sqrt{a^2-x^2}$$

及 x 轴所围成的图形绕 x 轴旋转而成的立体.

取 x 为自变量，其变化区间为 $[-a,a]$，任取其上一区间微元 $[x,x+\mathrm{d}x]$，对应于该区间微元的小薄片的体积近似等于底半径为 $\dfrac{b}{a}\sqrt{a^2-x^2}$、高为 $\mathrm{d}x$ 的扁圆柱体的体积（见图5-5-13），即体积微元为

图 5-5-13

$$\mathrm{d}V=\pi\frac{b^2}{a^2}(a^2-x^2)\mathrm{d}x,$$

故所求旋转椭球体的体积为

$$V=\int_{-a}^{a}\mathrm{d}V=\int_{-a}^{a}\pi\frac{b^2}{a^2}(a^2-x^2)\mathrm{d}x=2\pi\frac{b^2}{a^2}\int_0^a(a^2-x^2)\mathrm{d}x$$

$$=2\pi\frac{b^2}{a^2}\left(a^2x-\frac{x^3}{3}\right)\Big|_0^a=\frac{4}{3}\pi ab^2.$$

特别地，当 $a=b=R$ 时，可得半径为 R 的球体的体积为

$$V=\frac{4}{3}\pi R^3.\quad\blacksquare$$

用上述类似的方法可以推出：由连续曲线 $x=\varphi(y)$，直线 $y=c$，$y=d\,(c<d)$ 及 y 轴所围成的曲边梯形绕 y 轴旋转一周而成的旋转体（见图5-5-14）的体积为

$$V=\int_c^d\pi[\varphi(y)]^2\mathrm{d}y.$$

图 5-5-14

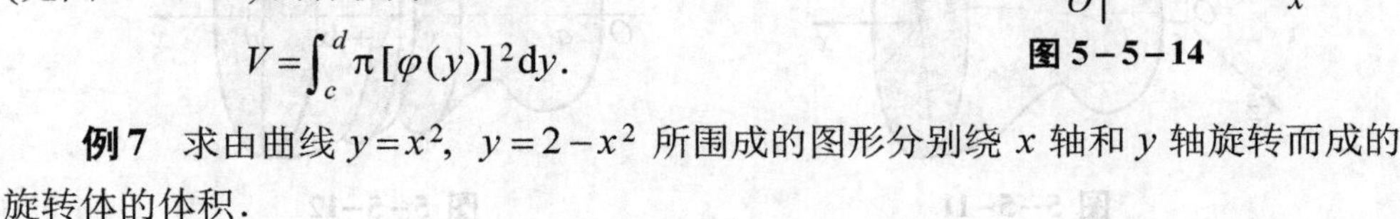

例7　求由曲线 $y=x^2$，$y=2-x^2$ 所围成的图形分别绕 x 轴和 y 轴旋转而成的旋转体的体积.

解 画出草图(见图5-5-15),并由方程组

$$\begin{cases} y = x^2 \\ y = 2 - x^2 \end{cases}$$

解得交点为$(-1,1)$及$(1,1)$. 于是,所求绕x轴旋转而成的旋转体的体积为

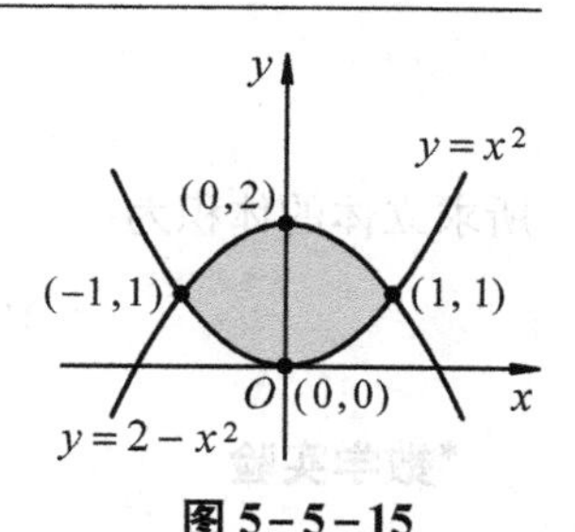

图 5-5-15

$$V_x = 2\pi\int_0^1 [(2-x^2)^2 - x^4]\mathrm{d}x = 8\pi\left(x - \frac{1}{3}x^3\right)\Big|_0^1 = \frac{16}{3}\pi.$$

所求绕y轴旋转而成的旋转体的体积为

$$V_y = \pi\int_0^1 (\sqrt{y})^2\,\mathrm{d}y + \pi\int_1^2 (\sqrt{2-y})^2\,\mathrm{d}y$$

$$= \pi\left(\frac{1}{2}y^2\right)\Big|_0^1 + \pi\left(2y - \frac{1}{2}y^2\right)\Big|_1^2 = \pi.$$ ■

3. 平行截面面积为已知的立体的体积

如果一个立体不是旋转体,但知道该立体上垂直于一定轴的各个截面面积,那么,这个立体的体积也可用定积分来计算.

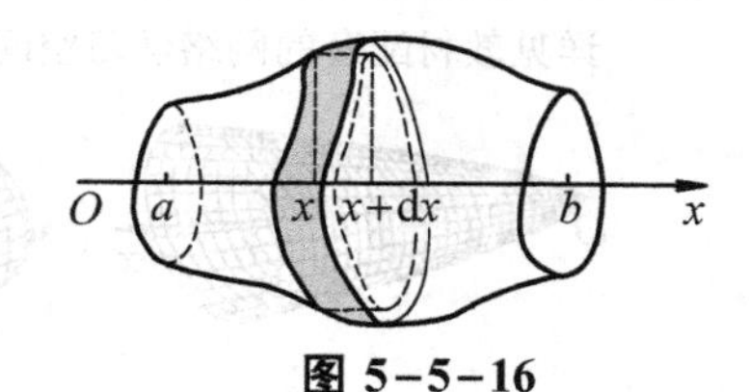

图 5-5-16

如图5-5-16所示,取上述定轴为x轴,并设该立体在过点$x=a$, $x=b$且垂直于x轴的两平面之间,以$A(x)$表示过点x且垂直于x轴的截面面积. 这里假定$A(x)$是x的连续函数. 取x为积分变量,它的变化区间为$[a, b]$,任取其中一个区间微元$[x, x+\mathrm{d}x]$,对应于该微元的一薄片的体积近似于底面积为$A(x)$、高为$\mathrm{d}x$的扁圆柱体的体积,即体积微元为

$$\mathrm{d}V = A(x)\,\mathrm{d}x,$$

从而所求立体的体积为

$$V = \int_a^b A(x)\,\mathrm{d}x.$$

例 8 一平面经过半径为R的圆柱体的底圆中心,并与底面交成角α(见图5-5-17),计算该平面截圆柱体所得立体的体积.

解 取该平面与圆柱体底面的交线为x轴,底面上过圆中心且垂直于x轴的直线为y轴,则底圆的方程为

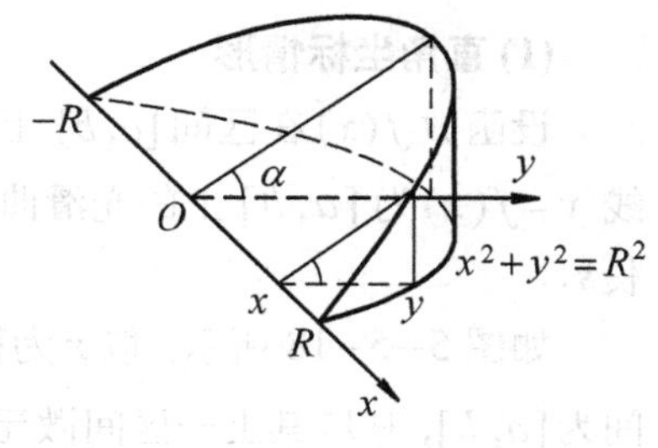

图 5-5-17

$$x^2 + y^2 = R^2.$$

立体中过点x且垂直于x轴的截面是一个直角三角形. 它的两条直角边的边长分别为y及$y\tan\alpha$,即$\sqrt{R^2-x^2}$及$\sqrt{R^2-x^2}\tan\alpha$,从而,截面面积为

$$A(x)=\frac{1}{2}(R^2-x^2)\tan\alpha,$$

所求立体的体积为

$$V=\frac{1}{2}\int_{-R}^{R}(R^2-x^2)\tan\alpha\,\mathrm{d}x=\frac{2}{3}R^3\tan\alpha.$$ ■

***数学实验**

实验 5.6 试用计算软件求下列各题：

计算实验

(1) 曲线 $y=b\left(\frac{x}{a}\right)^{2/3}$ $(0\le x\le a)$ 绕 Ox 轴旋转所成的旋转体的体积；

(2) 曲线 $x^2-xy+y^2=a^2\,(a>0)$ 绕 Ox 轴旋转所成的旋转体的体积；

(3) 曲线 $y=\mathrm{e}^{-x}\sqrt{\sin x}\,(0\le x\le\pi)$ 绕 Ox 轴旋转所成的旋转体的体积；

(4) 曲线 $y=x\sin^2 x\,(0\le x\le\pi)$ 与 x 轴所围成的图形分别绕 x 轴和 y 轴旋转所成的旋转体的体积.

详见教材配套的网络学习空间.

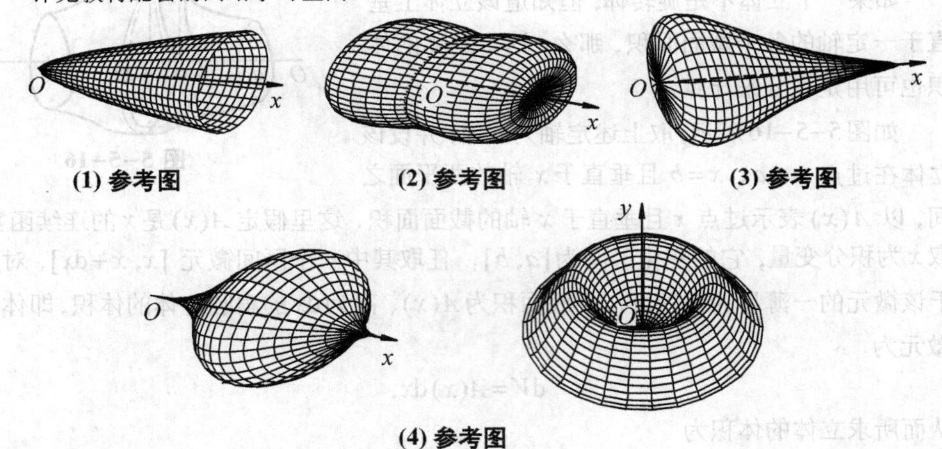

(1) 参考图　　**(2) 参考图**　　**(3) 参考图**

(4) 参考图

4. 平面曲线的弧长

由于光滑曲线弧是可求长的，故可应用定积分来计算弧长. 下面我们利用定积分的微元法讨论弧长的计算公式.

(1) 直角坐标情形

设函数 $f(x)$ 在区间 $[a,b]$ 上有一阶连续导数，即曲线 $y=f(x)$ 为 $[a,b]$ 上的光滑曲线. 求此光滑曲线的弧长 s.

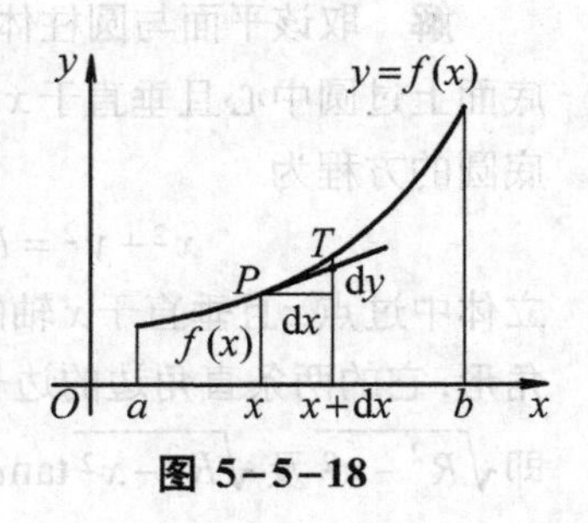

图 5-5-18

如图 5-5-18 所示，取 x 为积分变量，它的变化区间为 $[a,b]$，任取其上一区间微元 $[x,x+\mathrm{d}x]$，对应于该微元上的一小段弧的长度近似等于该曲线在点 $(x,f(x))$

处的切线上相应的一小段的长度(见图 5-5-18). 而切线上相应小段的长度为

$$PT=\sqrt{(\mathrm{d}x)^2+(\mathrm{d}y)^2}=\sqrt{1+y'^2}\,\mathrm{d}x,$$

从而得到弧长微元(弧微分)为

$$\mathrm{d}s=\sqrt{1+y'^2}\,\mathrm{d}x,$$

所求光滑曲线的弧长为

$$s=\int_a^b\sqrt{1+y'^2}\,\mathrm{d}x\quad(a<b).\tag{5.7}$$

(2) 参数方程情形

如果曲线弧 L 由参数方程

$$\begin{cases}x=\varphi(t)\\ y=\psi(t)\end{cases}\quad(\alpha\le t\le\beta)$$

给出, 其中 $\varphi(t)$, $\psi(t)$ 在 $[\alpha,\beta]$ 上具有一阶连续导数, 则弧长微元为

$$\mathrm{d}s=\sqrt{(\mathrm{d}x)^2+(\mathrm{d}y)^2}=\sqrt{\varphi'^2(t)+\psi'^2(t)}\,\mathrm{d}t,$$

所求光滑曲线的弧长为

$$s=\int_\alpha^\beta\sqrt{\varphi'^2(t)+\psi'^2(t)}\,\mathrm{d}t.\tag{5.8}$$

(3) 极坐标情形

如果曲线由极坐标方程

$$r=r(\theta)\quad(\alpha\le\theta\le\beta)$$

给出, 其中 $r(\theta)$ 在 $[\alpha,\beta]$ 上具有连续导数, 此时可把极坐标方程化为参数方程

$$\begin{cases}x=r(\theta)\cos\theta\\ y=r(\theta)\sin\theta\end{cases}\quad(\alpha\le\theta\le\beta),$$

注意到

$$\mathrm{d}x=[r'(\theta)\cos\theta-r(\theta)\sin\theta]\,\mathrm{d}\theta,$$
$$\mathrm{d}y=[r'(\theta)\sin\theta+r(\theta)\cos\theta]\,\mathrm{d}\theta,$$

则得到弧长微元为

$$\mathrm{d}s=\sqrt{(\mathrm{d}x)^2+(\mathrm{d}y)^2}=\sqrt{r^2(\theta)+r'^2(\theta)}\,\mathrm{d}\theta,$$

所求光滑曲线的弧长为

$$s=\int_\alpha^\beta\sqrt{r^2(\theta)+r'^2(\theta)}\,\mathrm{d}\theta.\tag{5.9}$$

例9 求圆 $x^2+y^2=R^2$ 的周长.

解 将圆的方程化为参数方程

$$\begin{cases} x = R\cos\theta \\ y = R\sin\theta \end{cases} \quad (0 \le \theta \le 2\pi),$$

则所求圆周长为

$$s = \int_0^{2\pi} \sqrt{(-R\sin\theta)^2 + (R\cos\theta)^2}\,\mathrm{d}\theta = R\int_0^{2\pi} \mathrm{d}\theta = 2\pi R. \quad ■$$

例 10　求曲线 $y = \frac{2}{3}x^{3/2}$ 上对应于 x 从 a 到 b 的一段弧的长度.

解　如图 5−5−19 所示，$y' = x^{1/2}$，从而弧长微元为

$$\mathrm{d}s = \sqrt{1 + y'^2}\,\mathrm{d}x = \sqrt{1+x}\,\mathrm{d}x,$$

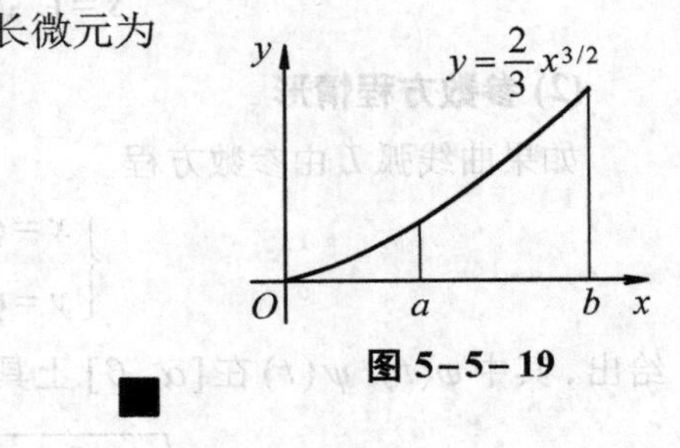

图 5−5−19

所求弧长为

$$s = \int_a^b \sqrt{1+x}\,\mathrm{d}x = \left[\frac{2}{3}(1+x)^{3/2}\right]\bigg|_a^b$$

$$= \frac{2}{3}\left[(1+b)^{3/2} - (1+a)^{3/2}\right]. \quad ■$$

例 11　求心形线 $r = a(1+\cos\theta)$ 的周长.

解　由 $r' = -a\sin\theta$，得弧长微元为

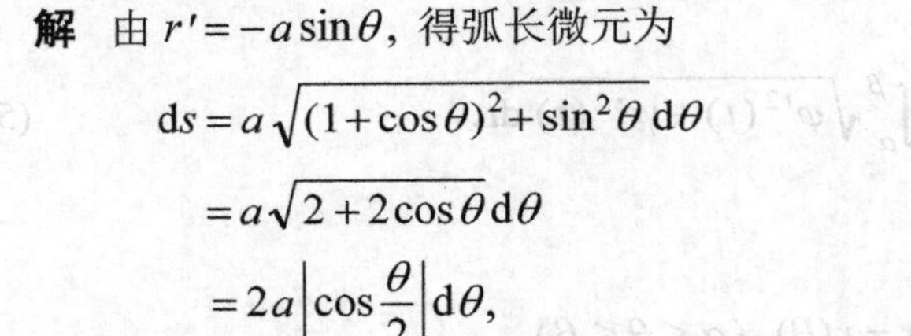

$$\mathrm{d}s = a\sqrt{(1+\cos\theta)^2 + \sin^2\theta}\,\mathrm{d}\theta$$

$$= a\sqrt{2+2\cos\theta}\,\mathrm{d}\theta$$

$$= 2a\left|\cos\frac{\theta}{2}\right|\mathrm{d}\theta,$$

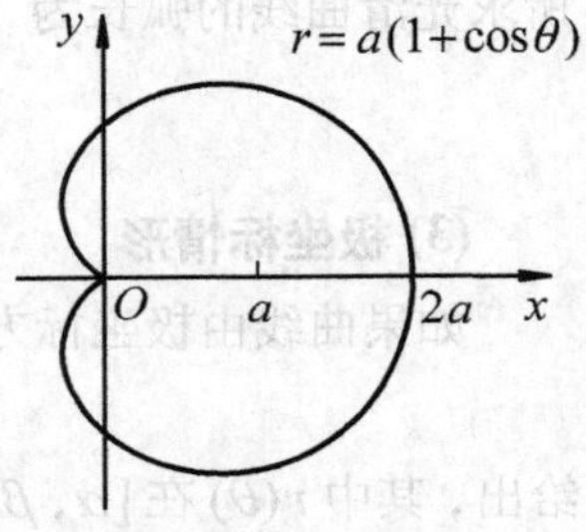

图 5−5−20

由对称性知，所求心形线的周长等于它在 $[0, \pi]$ 上的弧长的 2 倍(见图 5−5−20). 所以

$$s = 2\int_0^{\pi} 2a\cos\frac{\theta}{2}\,\mathrm{d}\theta = 8a\left(\sin\frac{\theta}{2}\right)\bigg|_0^{\pi} = 8a. \quad ■$$

*数学实验

实验 5.7 试用计算软件求下列曲线的弧长:

(1) $y = a\ln\frac{a^2}{a^2 - x^2}$ $(0 \le x \le b < a)$;

(2) $x = \frac{3}{2}\cos^3 t$, $y = 3\sin^3 t$ (椭圆 $\frac{x^2}{4} + y^2 = 1$ 的渐屈线);

(3) $r = a\,\mathrm{th}\frac{\theta}{2}$ $(0 \le \theta \le 2\pi)$;

(4) $\theta = \frac{1}{2}\left(r + \frac{1}{r}\right)$ $(1 \le r \le 3)$. (提示: $s = \int_a^b \sqrt{1 + r^2\theta'^2(r)}\,\mathrm{d}r$.)

详见教材配套的网络学习空间.

计算实验

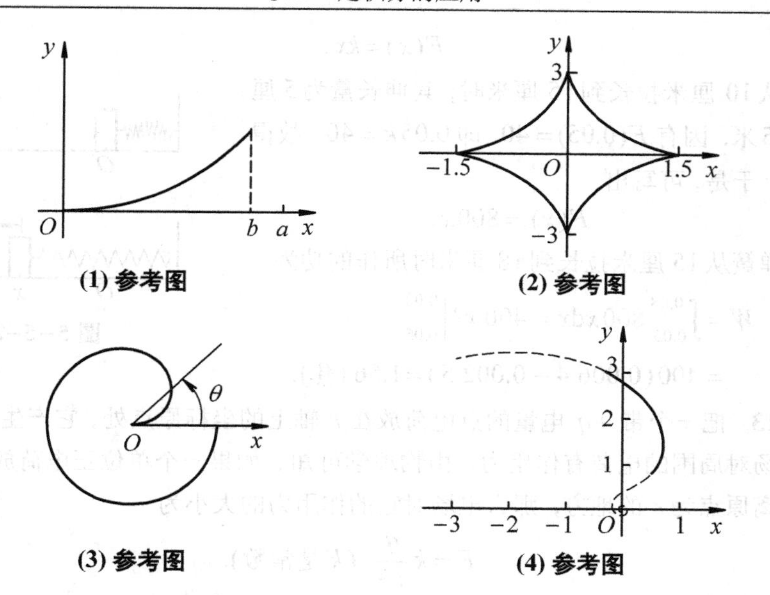

(1) 参考图 (2) 参考图

(3) 参考图 (4) 参考图

三、定积分的物理应用

1. 变力沿直线所作的功

根据初等物理知识，一个与物体位移方向一致而大小为 F 的常力将物体移动了距离 s 时所作的功为

$$W=F\cdot s.$$

如果物体在运动过程中受到变力的作用，则可利用定积分微元法来计算物体受变力沿直线所作的功.

一般地，假设 $F(x)$ 是 $[a, b]$ 上的连续函数，我们来讨论在变力 $F(x)$ 的作用下，物体从 $x=a$ 移动到 $x=b$ 时所作的功 W.

任取微元 $[x, x+\mathrm{d}x]$，物体由点 x 移动到 $x+\mathrm{d}x$ 的过程中受到的变力近似视为物体在点 x 处受到的常力 $F(x)$，则**功微元**为

$$\mathrm{d}W=F(x)\,\mathrm{d}x,$$

于是，物体受变力 $F(x)$ 的作用从 $x=a$ 移动到 $x=b$ 时所作的**功**为

$$W=\int_a^b \mathrm{d}W=\int_a^b F(x)\,\mathrm{d}x.$$

在实际应用中，许多问题都可以转化为物体受变力作用沿直线所作的功的情形. 下面我们通过具体例子来说明.

例 12 设 40 牛的力使弹簧从自然长度 10 厘米拉长到 15 厘米，问需要作多大的功才能克服弹性恢复力，将伸长的弹簧从 15 厘米处再拉长 3 厘米？

解 如图 5−5−21 所示，根据胡克定律，有

$$F(x)=kx.$$

当弹簧从 10 厘米拉长到 15 厘米时，其伸长量为 5 厘米 = 0.05 米. 因有 $F(0.05)=40$，即 $0.05k=40$，故得 $k=800$. 于是，可写出

$$F(x)=800x.$$

这样，弹簧从 15 厘米拉长到 18 厘米时所作的功为

$$W=\int_{0.05}^{0.08}800x\mathrm{d}x=400x^2\Big|_{0.05}^{0.08}$$

$$=400(0.0064-0.0025)=1.56\ (\text{焦}).$$

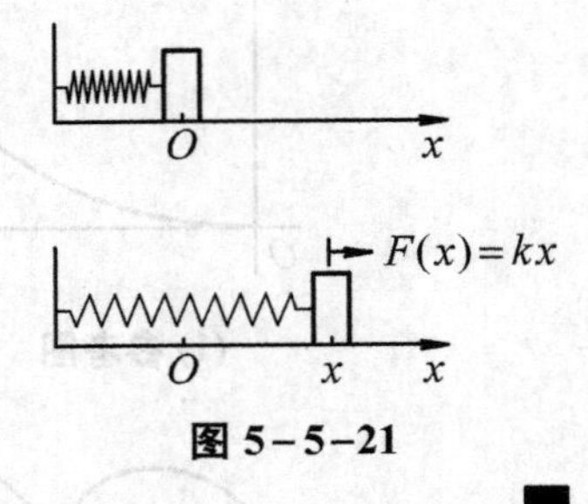

图 5-5-21

■

例13　把一个带 $+q$ 电量的点电荷放在 r 轴上的坐标原点处，它产生一个电场，这个电场对周围的电荷有作用力. 由物理学可知，如果一个单位正电荷放在这个电场中距离原点为 r 的地方，那么电场对它的作用力的大小为

$$F=k\frac{q}{r^2}\quad (k\text{ 是常数}).$$

如图 5-5-22 所示，试计算：当这个单位正电荷在电场中从 $r=a$ 处沿 r 轴移动到 $r=b$ 处时，电场力 F 对它所作的功.

+q　+1
O　a　r　r+dr　b　r

图 5-5-22

解　注意到将单位正电荷在 r 轴上从点 a 移动到点 b 的过程中，电场对该单位正电荷的作用力是变化的，问题可归结为变力沿直线作功的情形来处理.

取 r 为积分变量，其变化区间为 $[a,b]$，任取微元 $[r, r+\mathrm{d}r]$. 当单位正电荷从 r 移动到 $r+\mathrm{d}r$ 时，电场力对它所作的功近似等于 $\frac{kq}{r^2}\mathrm{d}r$，即功微元为

$$\mathrm{d}W=\frac{kq}{r^2}\mathrm{d}r,$$

从而所求的功为

$$W=\int_a^b\frac{kq}{r^2}\mathrm{d}r=kq\left[-\frac{1}{r}\right]_a^b=kq\left(\frac{1}{a}-\frac{1}{b}\right).$$ ■

在计算电场中某点的电位时，要考虑将单位正电荷从该点 $(r=a)$ 移动到无穷远处时电场力所作的功 W，此时有

$$W=\int_a^{+\infty}\frac{kq}{r^2}\mathrm{d}r=kq\left[-\frac{1}{r}\right]_a^{+\infty}=\frac{kq}{a}.$$

2. 水压力

根据初等物理知识，在水深为 h 处的压强为 $p=\rho gh$，其中 ρ 是水的密度，g 是重力加速度. 如果有一面积为 A 的平板水平地放置在水深为 h 处，则平板一侧所受的水压力为

$$P=p\cdot A,$$

如果平板垂直放置在水中(见图 5−5−23)，由于水深不同的点处压强p不相等，平板一侧不同深处所受的水压力是不同的，此时，可采用微元法来计算.

任取微元$[x,x+\mathrm{d}x]$，则小矩形上的压强近似为$p=\rho gx$，从而小矩形片的压力微元为

$$\mathrm{d}P=p\cdot\mathrm{d}A,$$

所求平板一侧所受的水压力为

图 5−5−23

$$P=\int_a^b\mathrm{d}P=\int_a^b\rho gxf(x)\,\mathrm{d}x.$$

下面我们通过具体例子来说明.

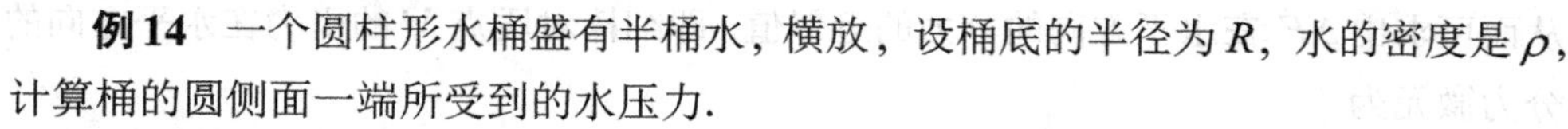

例 14　一个圆柱形水桶盛有半桶水，横放，设桶底的半径为R，水的密度是ρ，计算桶的圆侧面一端所受到的水压力.

解　在桶的一端面建立坐标系(见图 5−5−24)，取x为积分变量，它的变化范围为$[0,R]$，任取微元$[x,x+\mathrm{d}x]$，则小矩形片上各处压强近似为

$$p=\rho gx,$$

而小矩形片的面积为

$$2\sqrt{R^2-x^2}\,\mathrm{d}x.$$

因此，该小矩形片一侧所受的水压力的近似值，即压力微元为

$$\mathrm{d}P=2\rho gx\sqrt{R^2-x^2}\,\mathrm{d}x,$$

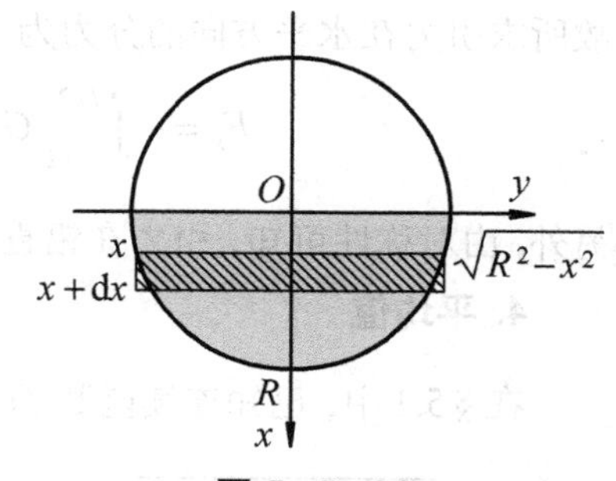

图 5−5−24

所以，一端面上所受的压力为

$$P=\int_0^R 2\rho gx\sqrt{R^2-x^2}\,\mathrm{d}x=-\rho g\int_0^R\sqrt{R^2-x^2}\,\mathrm{d}(R^2-x^2)$$

$$=-\rho g\left[\frac{2}{3}\left(\sqrt{R^2-x^2}\right)^3\right]\Bigg|_0^R=\frac{2\rho g}{3}R^3.$$ ■

3. 引力

根据初等物理知识，质量分别为m_1,m_2，相距为r的两个质点间的引力的大小为$F=G\dfrac{m_1m_2}{r^2}$ (G为引力系数)，引力的方向为两质点的连线方向.

如果要计算一根细棒或一平面对一个质点的引力，由于细棒或平面上各点与该质点的距离是变化的，且各点对该质点的引力方向也是变化的，那么此时应如何计算呢？下面通过具体例子来说明该问题的计算方法.

例 15　假设有一长度为l、线密度为ρ的均匀细棒，在其中垂线上距棒a单位处

有一质量为 m 的质点 M, 试计算该棒对质点 M 的引力.

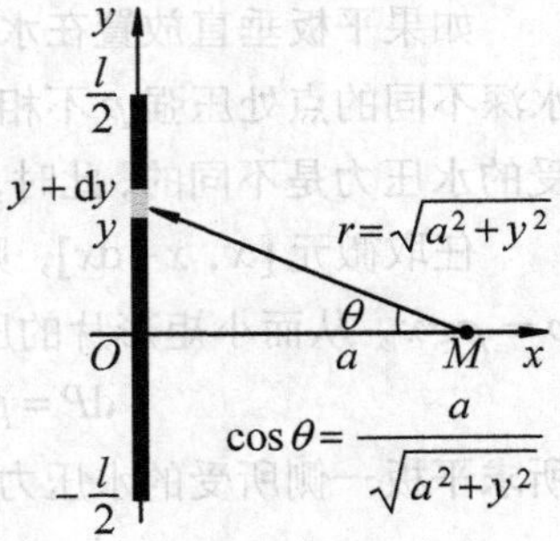

解 如图 5-5-25 所示, 建立坐标系, 使棒位于 y 轴上, 质点 M 位于 x 轴上, 取 y 为积分变量, 它的变化范围为 $\left[-\dfrac{l}{2}, \dfrac{l}{2}\right]$, 任取微元 $[y, y+\mathrm{d}y]$, 把细棒上对应于 $[y, y+\mathrm{d}y]$ 的一段近似看成质点, 其质量为 $\rho\mathrm{d}y$, 与质点 M 的距离为 $r=\sqrt{a^2+y^2}$, 因此, 这一小段对质点的引力 ΔF 的大小为

图 5-5-25

$$\Delta F \approx G\frac{m\rho\mathrm{d}y}{a^2+y^2},$$

从而可求出 ΔF 在水平方向的分力的近似值, 即细棒对质点 M 的引力在水平方向的分力微元为

$$\mathrm{d}F_x = -G\frac{am\rho\mathrm{d}y}{(a^2+y^2)^{3/2}},$$

故所求引力在水平方向的分力为

$$F_x = -\int_{-l/2}^{l/2} G\frac{am\rho\mathrm{d}y}{(a^2+y^2)^{3/2}} = \frac{-2Gm\rho l}{a(4a^2+l^2)^{1/2}}.$$

另外, 由对称性可知, 引力在铅直方向的分力为 $F_y=0$. ■

4. 平均值

在 §5.1 中, 已知连续函数 $f(x)$ 在区间 $[a, b]$ 上的平均值为 $\dfrac{1}{b-a}\displaystyle\int_a^b f(x)\,\mathrm{d}x$. 通常还把 $\sqrt{\dfrac{1}{b-a}\displaystyle\int_a^b f(x)\,\mathrm{d}x}$ 称为函数 $f(x)$ 在区间 $[a, b]$ 上的**均方根**.

连续函数在某区间上的平均值等概念在工程技术中有广泛的应用, 例如, 求交流电路中电流、电压和功率的平均值与有效值等, 下面我们通过实例来说明.

例 16 设一物体作自由落体运动, 计算从 0 秒到 T 秒这段时间内的平均速度.

解 自由落体运动的速度为 $v=gt$. 故所求的平均速度为

$$\bar{v} = \frac{1}{T-0}\int_0^T gt\mathrm{d}t = \frac{1}{2T}gt^2\Big|_0^T = \frac{1}{2}gT. \quad ■$$

例 17 求全波整流电流 $i(t)=I_0|\sin\omega t|\ (I_0>0)$ 的平均值.

解 全波整流电流的周期 $T=\dfrac{\pi}{\omega}$. 求周期函数的平均值就是求一个周期中的平均值. 所以

$$\bar{I}=\frac{1}{T}\int_0^T I_0\,|\sin\omega t|\,\mathrm{d}t=\frac{I_0}{\omega T}\int_0^T\sin\omega t\,\mathrm{d}(\omega t)=-\frac{I_0}{\pi}\cos\omega t\Big|_0^{\frac{\pi}{\omega}}=\frac{2}{\pi}I_0\approx 0.637I_0.$$ ■

电工学中规定，在一个周期 T 内，非恒定电流 $i(t)$ 在负载电阻 R 上消耗的平均功率等于直流电流 I 在电阻 R 上消耗的功率时，称 I 为 $i(t)$ 的**有效值**. 由物理学可知，周期性电流的有效值就是它在一个周期上的均方根.

例 18　求交流电流 $i(t)=I_0\sin\omega t\,(I_0>0)$ 的有效值.

解　由于

$$\frac{1}{T}\int_0^T i^2(t)\,\mathrm{d}t=\frac{\omega}{2\pi}\int_0^{2\pi/\omega}I_0^2\sin^2\omega t\mathrm{d}t\xlongequal{\omega t=u}\frac{I_0^2}{2\pi}\int_0^{2\pi}\sin^2u\mathrm{d}u$$

$$=\frac{2I_0^2}{\pi}\int_0^{\frac{\pi}{2}}\sin^2u\mathrm{d}u=\frac{2I_0^2}{\pi}\cdot\frac{\pi}{4}=\frac{I_0^2}{2},$$

故所求交流电的有效值为 $I=\frac{I_0}{\sqrt{2}}$. ■

四、定积分在经济分析中的应用

由第 2 章边际分析知，对一已知经济函数 $F(x)$ (如需求函数 $Q(P)$、总成本函数 $C(x)$、总收入函数 $R(x)$ 和利润函数 $L(x)$ 等)，它的边际函数就是它的导函数 $F'(x)$.

作为导数 (微分) 的逆运算，若对已知的边际函数 $F'(x)$ 求不定积分，则可求得**原经济函数**

$$F(x)=\int F'(x)\mathrm{d}x, \tag{5.10}$$

其中，积分常数 C 可由经济函数的具体条件确定.

我们也可利用牛顿－莱布尼茨公式

$$\int_0^x F'(x)\,\mathrm{d}x=F(x)-F(0),$$

求得原经济函数

$$F(x)=\int_0^x F'(t)\,\mathrm{d}t+F(0), \tag{5.11}$$

并可求出原经济函数从 a 到 b 的**变动值** (或**增量**)

$$\Delta F=F(b)-F(a)=\int_a^b F'(x)\,\mathrm{d}x. \tag{5.12}$$

1. 需求函数

由第 1 章知，需求量 Q 是价格 P 的函数 $Q=Q(P)$，一般地，价格 $P=0$ 时，需求量最大，设最大需求量为 Q_0，则有

$$Q_0=Q(P)|_{P=0}. \tag{5.13}$$

若已知边际需求为 $Q'(P)$，则**总需求函数** $Q(P)$ 为

$$Q(P)=\int Q'(P)\mathrm{d}P, \tag{5.14}$$

其中, 积分常数 C 可由条件 $Q(P)|_{P=0}=Q_0$ 确定.

$Q(P)$ 也可用积分上限的函数表示为

$$Q(P)=\int_0^P Q'(t)\,\mathrm{d}t+Q_0. \tag{5.15}$$

例19 已知对某商品的需求量是价格 P 的函数, 且边际需求 $Q'(P)=-4$, 该商品的最大需求量为80(即 $P=0$ 时, $Q=80$), 求需求量与价格的函数关系.

解 由边际需求的不定积分公式(5.14), 可得需求量

$$Q(P)=\int Q'(P)\mathrm{d}P=\int -4\mathrm{d}P=-4P+C \quad (C\text{为积分常数}).$$

将 $Q(P)|_{P=0}=80$ 代入, 得 $C=80$, 于是, 需求量与价格的函数关系为

$$Q(P)=-4P+80.$$

■

本例也可由变上限的定积分公式(5.15)直接求得

$$Q(P)=\int_0^P Q'(t)\mathrm{d}t+Q(0)=\int_0^P(-4)\mathrm{d}t+80=-4P+80.$$

2. 总成本函数

设产量为 x 时的边际成本为 $C'(x)$, 固定成本为 C_0, 则产量为 x 时的**总成本函数**为

$$C(x)=\int C'(x)\mathrm{d}x, \tag{5.16}$$

其中, 积分常数 C 由初始条件 $C(0)=C_0$ 确定.

$C(x)$ 也可用积分上限的函数表示为

$$C(x)=\int_0^x C'(t)\,\mathrm{d}t+C_0, \tag{5.17}$$

其中, C_0 为**固定成本**, $\int_0^x C'(t)\mathrm{d}t$ 为**变动成本**.

例20 若一企业生产某产品的边际成本是产量 x 的函数

$$C'(x)=2\mathrm{e}^{0.2x},$$

固定成本 $C_0=90$, 求总成本函数.

解 由不定积分公式(5.16)得

$$C(x)=\int C'(x)\,\mathrm{d}x=\int 2\mathrm{e}^{0.2x}\mathrm{d}x=\frac{2}{0.2}\mathrm{e}^{0.2x}+C.$$

由固定成本 $C_0=90$, 即 $x=0$ 时, $C(0)=90$, 代入上式, 得

$$90=10+C, \text{ 即 } C=80.$$

于是, 所求的总成本函数为

$$C(x)=10\mathrm{e}^{0.2x}+80.$$

■

3. 总收入函数

设产量为x时的边际收入为$R'(x)$，则产量为x时的**总收入函数**可由不定积分公式

$$R(x)=\int R'(x)\,\mathrm{d}x \tag{5.18}$$

求得，其中，积分常数C由$R(0)=0$确定（一般地，假定产量为0时总收入为0）.

$R(x)$也可用积分上限的函数表示为

$$R(x)=\int_0^x R'(t)\,\mathrm{d}t. \tag{5.19}$$

例 21 已知生产某产品x单位时的边际收入为$R'(x)=100-2x$（元/单位），求生产40单位时的总收入及平均收入，并求再多生产10个单位时所增加的总收入.

解 利用积分上限的函数表示式(5.19)可直接求出

$$R(40)=\int_0^{40}(100-2x)\,\mathrm{d}x=(100x-x^2)\Big|_0^{40}=2\,400\,(\text{元}),$$

平均收入是

$$\frac{R(40)}{40}=\frac{2\,400}{40}=60\,(\text{元}).$$

在生产40个单位后再生产10个单位所增加的总收入可由增量公式求得：

$$\Delta R=R(50)-R(40)=\int_{40}^{50}R'(q)\mathrm{d}q=\int_{40}^{50}(100-2q)\mathrm{d}q=(100q-q^2)\Big|_{40}^{50}=100\,(\text{元}).$$ ■

4. 利润函数

设某产品边际收入为$R'(x)$，边际成本为$C'(x)$，则**总收入**为

$$R(x)=\int_0^x R'(t)\,\mathrm{d}t, \tag{5.20}$$

总成本为

$$C(x)=\int_0^x C'(t)\,\mathrm{d}t+C_0, \tag{5.21}$$

其中$C_0=C(0)$为固定成本. **边际利润**为

$$L'(x)=R'(x)-C'(x). \tag{5.22}$$

利润为

$$\begin{aligned}L(x)&=R(x)-C(x)\\&=\int_0^x R'(t)\mathrm{d}t-\left[\int_0^x C'(t)\mathrm{d}t+C_0\right]=\int_0^x[R'(t)-C'(t)]\,\mathrm{d}t-C_0,\end{aligned}$$

即

$$L(x)=\int_0^x L'(t)\mathrm{d}t-C_0, \tag{5.23}$$

其中，$\int_0^x L'(t)\,\mathrm{d}t$ 称为产量为x时的**毛利**，毛利减去固定成本即为**纯利**.

例 22 已知某产品的边际收入为$R'(x)=25-2x$，边际成本为$C'(x)=13-4x$，固

定成本为 $C_0=10$，求当 $x=5$ 时的毛利和纯利.

解 方法一 由边际利润的表达式(5.22)，有

$$L'(x)=R'(x)-C'(x)=(25-2x)-(13-4x)=12+2x,$$

从而可求得 $x=5$ 时的毛利为

$$\int_0^x L'(t)\,\mathrm{d}t=\int_0^5(12+2t)\,\mathrm{d}t=(12t+t^2)\Big|_0^5=85,$$

当 $x=5$ 时的纯利为

$$L(5)=\int_0^5 L'(t)\,\mathrm{d}t-C_0=85-10=75.$$

方法二 利用总收入的表达式(5.20)，有

$$R(5)=\int_0^5 R'(t)\,\mathrm{d}t=\int_0^5(25-2t)\,\mathrm{d}t=(25t-t^2)\Big|_0^5=100,$$

总成本为

$$C(5)=\int_0^5 C'(t)\,\mathrm{d}t+C_0=\int_0^5(13-4t)\,\mathrm{d}t+10=(13t-2t^2)\Big|_0^5+10=25.$$

纯利为

$$L(5)=R(5)-C(5)=100-25=75,$$

毛利为

$$L(5)+C_0=75+10=85.$$ ■

习题 5-5

1. 求由曲线 $y=\sqrt{x}$ 与直线 $y=x$ 所围图形的面积.

2. 求在区间 $[0,\pi/2]$ 上，曲线 $y=\sin x$ 与直线 $x=0$，$y=1$ 所围图形的面积.

3. 求由曲线 $y^2=x$ 与 $y^2=-x+4$ 所围图形的面积.

4. 求由曲线 $y=\dfrac{1}{x}$ 与直线 $y=x$ 及 $x=2$ 所围图形的面积.

5. 求由曲线 $y=\mathrm{e}^x$，$y=\mathrm{e}^{-x}$ 与直线 $x=1$ 所围图形的面积.

6. 求由曲线 $y=\ln x$ 与直线 $y=\ln a$ 及 $y=\ln b$ 所围图形的面积 $(b>a>0)$.

7. 求由曲线 $r=2a\cos\theta$ 所围图形的面积.

8. 求三叶玫瑰线 $r=a\sin 3\theta$ 的面积 S.

9. 求对数螺线 $\rho=a\mathrm{e}^{\theta}\ (-\pi\le\theta\le\pi)$ 及射线 $\theta=\pi$ 所围图形的面积.

10. 求由摆线 $x=a(t-\sin t)$，$y=a(1-\cos t)\ (0\le t\le 2\pi)$ 及 x 轴所围图形的面积.

11. 求下列平面图形分别绕 x 轴，y 轴旋转产生的立体的体积：

(1) 曲线 $y=\sqrt{x}$ 与直线 $x=1$，$x=4$，$y=0$ 所围成的图形；

(2) 在区间 $\left[0, \frac{\pi}{2}\right]$ 上，曲线 $y=\sin x$ 与直线 $x=\frac{\pi}{2}$，$y=0$ 所围成的图形；

(3) 曲线 $y=x^3$ 与直线 $x=2$，$y=0$ 所围成的图形．

12. 求由曲线 $y=x^2$, $x=y^2$ 所围成的图形绕 y 轴旋转一周所产生的旋转体的体积．

13. 求由曲线 $y=\sin x\ (0\le x\le \pi)$ 与 x 轴围成的平面图形绕 y 轴旋转一周所成的旋转体的体积．

14. 用定积分表示双曲线 $xy=1$ 上从点 $(1,1)$ 到点 $(2,1/2)$ 之间的一段弧长．

15. 计算曲线 $y=\ln x$ 上对应于 $\sqrt{3}\le x\le\sqrt{8}$ 的一段弧的弧长．

16. 计算抛物线 $y^2=2px\,(p>0)$ 从顶点到其上点 $M(x,y)$ 的弧长．

17. 求对数螺线 $r=\mathrm{e}^{a\theta}$ 对应于自 $\theta=0$ 至 $\theta=\varphi$ 的一段弧的弧长．

18. 求曲线

$$x=\arctan t,\ y=\frac{1}{2}\ln(1+t^2)$$

自 $t=0$ 到 $t=1$ 的一段弧的弧长．

19. 设一质点位于距原点 x 米处时，受 $F(x)=x^2+2x$ 牛顿力的作用，问质点在 F 的作用下，从 $x=1$ 移动到 $x=3$，力所作的功有多大？

20. 由实验知道，弹簧在拉伸过程中需要的力 F（单位：N）与伸长量 s（单位：cm）成正比，即 $F=ks$，k 为比例系数．如果把弹簧由原长拉伸 6 cm，试计算所作的功．

21. 某物体作直线运动，速度为 $v=\sqrt{1+t}$（米/秒），求该物体自运动开始到 10 秒末所经过的路程，并求物体在前 10 秒内的平均速度．

22. 半径为 R 的球形水塔充满了水，要从最顶端把塔内的水全部抽尽，需作多少功？

23. 有一闸门，它的形状和尺寸如右图所示，水面超过门顶 2m，求闸门上所受的水压力．

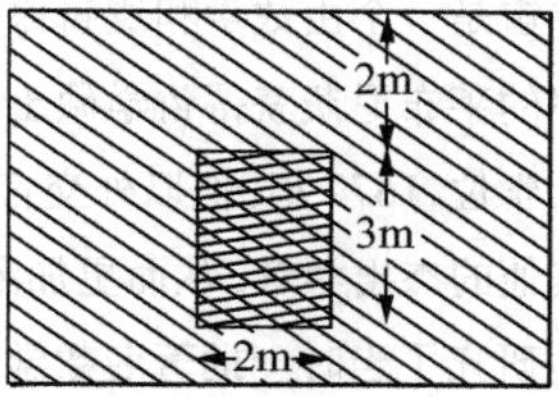

题23图

24. 长为 $2l$ 的杆，质量均匀分布，其总质量为 M，在其中垂线上高为 h 处有一质量为 m 的质点，求它们之间引力的大小．

25. 已知边际成本为

$$C'(q)=25+30q-9q^2,$$

固定成本为 55，试求总成本 $C(q)$、平均成本与变动成本．

26. 某产品生产 q 个单位时总收入 R 的变化率为

$$R'(q)=200-\frac{q}{100},$$

求：(1) 生产 50 个单位时的总收入；

(2) 在生产 100 个单位的基础上再生产 100 个单位时总收入的增量．

27. 已知某产品产量 $F(t)$ 的变化率是时间 t 的函数

$$f(t)=at^2+bt+c\quad (a,\ b,\ c\ 是常数),$$

求 $F(0)=0$ 时产量与时间的函数关系 $F(t)$.

28. 某新产品的销售量由下式给出:

$$f(x)=100-90\mathrm{e}^{-x},$$

式中 x 是产品上市的天数，前四天的销售总数是曲线 $y=f(x)$ 与 x 轴在 $[0,4]$ 之间的面积 (见右图)，求前四天总的销售量.

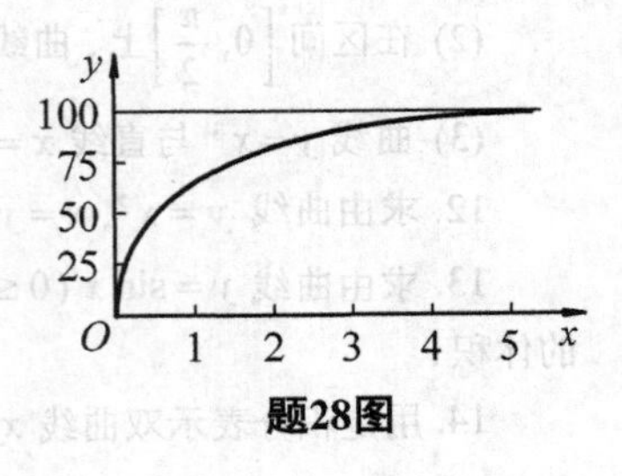

题28图

数学家简介 [5]

莱布尼茨

—— 博学多才的符号大师

莱布尼茨

莱布尼茨 (Leibniz) 1646 年 7 月 1 日出生于德国莱比锡的一个书香门第，其父亲是莱比锡大学的哲学教授，在莱布尼茨 6 岁时去世了. 莱布尼茨自幼聪慧好学，童年时代便阅读了他父亲遗留的藏书，并自学中小学课程. 1661年，15 岁的莱布尼茨进入了莱比锡大学学习法律，17 岁获得学士学位，同年夏季，莱布尼茨前往耶拿大学，跟随魏格尔 (E.Weigel) 系统地学习了欧氏几何，从此他开始确信毕达哥拉斯 – 柏拉图 (Pythagoras – Plato) 的宇宙观：宇宙是一个由数学和逻辑原则所统率的和谐的整体. 1664 年，18 岁的莱布尼茨获得哲学硕士学位. 20 岁时他在阿尔特道夫获得博士学位. 1672 年，他以外交官身份出访巴黎，在那里结识了惠更斯 (Huygens，荷兰人) 以及许多其他的杰出学者，从而更加激发了莱布尼茨对数学的兴趣. 在惠更斯的指导下，莱布尼茨系统地研究了当时一批著名数学家的著作. 1673 年出访伦敦期间，莱布尼茨又与英国学术界知名学者建立了联系，从此，他以非凡的理解力和创造力进入了数学研究的前沿阵地. 1676 年莱布尼茨定居德国汉诺威，任腓特烈公爵的法律顾问及图书馆馆长，直到1716 年11月4日逝世，长达40 年. 莱布尼茨曾历任英国皇家学会会员、巴黎科学院院士，创建了柏林科学院并担任第一任院长.

莱布尼茨的研究兴趣非常广泛. 他的学识涉及哲学、历史、语言、数学、生物、地质、物理、机械、神学、法学、外交等领域，并在每个领域中都有杰出的成就. 然而，由于他独立创建了微积分，并精心设计了非常巧妙而简洁的微积分符号，从而他以伟大数学家的称号闻名于世.

莱布尼茨在从事数学研究的过程中深受他的哲学思想的支配. 他说 dx 和 x 相比，如同点和地球，或地球半径与宇宙半径相比. 在其积分法方面的论文中，他从求曲线所围面积的积分概念出发，把积分看作是无穷小的和，并引入积分符号 $\int$ —— 这是通过把拉丁文 “Summa”

的字头S拉长而成的. 他的这个符号, 以及微积分的要领和法则一直保留在当今的教材中. 莱布尼茨也发现了微分和积分是一对互逆的运算, 并建立了沟通微分与积分内在联系的微积分基本定理, 从而使原本各自独立的微分学和积分学构成了统一的微积分学的整体.

莱布尼茨是数学史上最伟大的符号学者之一, 堪称符号大师. 他曾说: "要发明, 就要挑选恰当的符号, 要做到这一点, 就要用含义简明的少量符号来表达和比较忠实地描绘事物的内在本质, 从而最大限度地减少人的思维劳动." 正像印度 — 阿拉伯的数学促进了算术和代数的发展一样, 莱布尼茨所创造的这些数学符号对微积分的发展起了很大的促进作用. 欧洲大陆的数学得以迅速发展, 莱布尼茨的巧妙符号功不可没. 除积分、微分符号外, 他创设的符号还有商"a/b"、比"$a:b$"、相似"$\backsim$"、全等"$\cong$"、并"$\cup$"、交"$\cap$"以及函数和行列式等符号.

牛顿和莱布尼茨对微积分都作出了巨大贡献, 但两人的方法和途径是不同的. 牛顿是在力学研究的基础上运用几何方法研究微积分; 莱布尼茨主要是在研究曲线的切线和面积的问题上运用分析学方法引入微积分要领. 牛顿在微积分的应用上更多地结合了运动学, 造诣精深; 但莱布尼茨的表达形式简洁准确, 胜过牛顿. 在对微积分具体内容的研究上, 牛顿是先有导数概念, 后有积分概念; 莱布尼茨则是先有求积概念, 后有导数概念. 除此之外, 牛顿与莱布尼茨的学风也迥然不同. 作为科学家的牛顿, 治学严谨. 他迟迟不发表微积分著作《流数术》的原因, 很可能是他没有找到合理的逻辑基础, 也可能是"害怕别人反对的心理"所致. 但作为哲学家的莱布尼茨比较大胆, 富于想象力, 勇于推广, 所以, 在创作年代上牛顿先于莱布尼茨10年, 而在发表的时间上, 莱布尼茨却早于牛顿3年.

虽然牛顿和莱布尼茨研究微积分的方法各异, 但殊途同归. 他们各自独立地完成了创建微积分的盛业, 光荣应由他们两人共享. 然而, 在历史上曾出现过一场围绕发明微积分优先权的激烈争论. 牛顿的支持者, 包括数学家泰勒和麦克劳林, 认为莱布尼茨剽窃了牛顿的成果. 争论把欧洲科学家分成誓不两立的两派: 英国和欧洲大陆. 争论双方停止学术交流, 不仅影响了数学的正常发展, 也波及了自然科学领域, 以致发展成为英德两国之间的政治摩擦. 自尊心很强的英国抱住牛顿的概念和记号不放, 拒绝使用更为合理的莱布尼茨的微积分符号和技巧, 致使后来的两百多年间英国在数学发展上大大落后于欧洲大陆. 一场旷日持久的争论变成了科学史上的前车之鉴.

莱布尼茨的科研成果大部分出自青年时代, 随着这些成果的广泛传播, 荣誉纷纷而来, 他也变得越来越保守. 到了晚年, 他在科学方面已无所作为. 他开始为宫廷唱赞歌, 为上帝唱赞歌, 沉醉于神学和公爵家族的研究. 莱布尼茨生命中的最后7年, 是在别人带来的他和牛顿关于微积分发明权的争论中痛苦地度过的. 他和牛顿一样, 都终生未娶.

第 6 章　微 分 方 程

对自然界的深刻研究是数学最富饶的源泉．

——傅里叶

微积分研究的对象是函数关系，但在实际问题中，往往很难直接得到所研究的变量之间的函数关系，却比较容易建立起这些变量与它们的导数或微分之间的联系，从而得到一个关于未知函数的导数或微分的方程，即**微分方程**．通过求解这种方程，同样可以找到指定未知量之间的函数关系．因此，微分方程是数学联系实际并应用于实际的重要途径和桥梁，是各个学科进行科学研究的强有力的工具．

如果说"数学是一门理性思维的科学，是研究、了解和知晓现实世界的工具"，那么微分方程就是数学的这种威力和价值的一种体现．现实世界中的许多实际问题都可以抽象为微分方程问题．例如，物体的冷却、人口的增长、琴弦的振动、电磁波的传播等都可以归结为微分方程问题．这时微分方程也称为所研究的问题的**数学模型**．

微分方程是一门独立的数学学科，有完整的理论体系．本章我们主要介绍微分方程的一些基本概念、几种常用的微分方程的求解方法和线性微分方程解的理论．

§6.1　微分方程的基本概念

一般地，含有未知函数及未知函数的导数或微分的方程称为**微分方程**．微分方程中出现的未知函数的最高阶导数的阶数称为**微分方程的阶**．

在物理学、力学、经济管理科学等领域，我们可以看到许多表述自然定律和运行机理的微分方程的例子．

例 1　设一物体的温度为100℃，将其放置在空气温度为 20℃ 的环境中冷却．根据冷却定律：物体温度的变化率与物体温度和当时空气温度之差成正比．设物体的温度 T 与时间 t 的函数关系为 $T=T(t)$，则可建立起函数 $T(t)$ 满足的微分方程

$$\frac{\mathrm{d}T}{\mathrm{d}t}=-k(T-20), \tag{1.1}$$

其中 $k\,(k>0)$ 为比例常数．这就是**物体冷却的数学模型**．

根据题意，$T=T(t)$ 还需满足条件

$$T|_{t=0}=100. \quad ■ \tag{1.2}$$

例2 设一质量为m的物体只受重力的作用由静止开始自由垂直降落. 根据牛顿第二运动定律: 物体所受的力F等于物体的质量m与物体运动的加速度a的乘积, 即$F=ma$, 若取物体降落的铅垂线为x轴, 其正向朝下, 物体下落的起点为原点, 并设开始下落的时间$t=0$, 物体下落的距离x与时间t的函数关系为$x=x(t)$, 则可建立起函数$x(t)$满足的微分方程

$$\frac{\mathrm{d}^2x}{\mathrm{d}t^2}=g, \tag{1.3}$$

其中g为重力加速度常数. 这就是**自由落体运动的数学模型**.

根据题意, $x=x(t)$还需满足条件

$$x(0)=0, \quad \left.\frac{\mathrm{d}x}{\mathrm{d}t}\right|_{t=0}=0. \quad ■ \tag{1.4}$$

我们把未知函数为一元函数的微分方程称为**常微分方程**. 如例1中的微分方程(1.1)称为一阶常微分方程, 例2中的微分方程(1.3)称为二阶常微分方程.

本章重点讨论一阶和二阶常微分方程的求解. 一般地, 一阶常微分方程的形式为

$$y'=f(x,y) \text{ 或 } F(x,y,y')=0. \tag{1.5}$$

二阶常微分方程的形式为

$$y''=f(x,y,y') \text{ 或 } F(x,y,y',y'')=0. \tag{1.6}$$

下面我们引入微分方程的解的概念.

在研究实际问题时, 首先要建立属于该问题的微分方程, 然后找出满足该微分方程的函数(即解微分方程), 也就是说, 把这个函数代入微分方程能使方程成为恒等式, 我们称此函数为该**微分方程的解**.

例如, 可以验证函数

$$\text{(a)}\ T=20+80\mathrm{e}^{-kt} \quad \text{和} \quad \text{(b)}\ T=20+C\mathrm{e}^{-kt}$$

都是微分方程(1.1)的解, 其中C为任意常数; 而函数

$$\text{(c)}\ x=\frac{1}{2}gt^2 \qquad \text{和} \quad \text{(d)}\ x=\frac{1}{2}gt^2+C_1t+C_2$$

都是微分方程(1.3)的解, 其中C_1, C_2均为任意常数.

由上述例子可见, 微分方程的解可能含有也可能不含有任意常数. 一般地, 微分方程的不含有任意常数的解称为微分方程的**特解**. 含有相互独立的任意常数且任意常数的个数与微分方程的阶数相等的解称为微分方程的**通解**(**一般解**). 所谓通解是指, 当其中的任意常数取遍所有实数时, 就可以得到微分方程的所有解(至多有个别例外).

注: 这里所说的相互独立的任意常数, 是指它们不能通过合并而使得通解中的任意常数的个数减少.

例如，上述 (a) 和 (c) 分别为微分方程 (1.1) 和 (1.3) 的特解，而 (b) 和 (d) 分别为微分方程 (1.1) 和 (1.3) 的通解．

许多实际问题都要求寻找满足某些附加条件的解，此时，这类附加条件就可以用来确定通解中的任意常数，这类附加条件称为**初始条件**，也称为**定解条件**．例如，条件 (1.2) 和 (1.4) 分别是微分方程 (1.1) 和 (1.3) 的初始条件．

一般地，一阶微分方程 $y'=f(x,y)$ 的初始条件为

$$y|_{x=x_0}=y_0, \tag{1.7}$$

其中 x_0，y_0 都是已知常数．

二阶微分方程 $y''=f(x,y,y')$ 的初始条件为

$$y|_{x=x_0}=y_0, \quad y'|_{x=x_0}=y_0', \tag{1.8}$$

其中 x_0，y_0 和 y_0' 都是已知常数．

带有初始条件的微分方程称为微分方程的**初值问题**．

例如，一阶微分方程的初值问题记为

$$\begin{cases} y'=f(x,y) \\ y|_{x=x_0}=y_0 \end{cases}. \tag{1.9}$$

微分方程的解的图形是一条曲线，称为微分方程的**积分曲线**．

初值问题 (1.9) 的几何意义是：求微分方程的通过点 (x_0,y_0) 的那条积分曲线．二阶微分方程的初值问题记为

$$\begin{cases} y''=f(x,y,y') \\ y|_{x=x_0}=y_0,\ y'|_{x=x_0}=y_0' \end{cases}, \tag{1.10}$$

其几何意义是：求微分方程的通过点 (x_0,y_0) 且在该点处的切线斜率为 y_0' 的那条积分曲线．

例 3 验证函数 $x=C_1\cos kt+C_2\sin kt$ 是微分方程

$$\frac{\mathrm{d}^2x}{\mathrm{d}t^2}+k^2x=0\,(k\neq 0)$$

的通解，并求该微分方程满足初始条件 $x|_{t=0}=A$，$\left.\frac{\mathrm{d}x}{\mathrm{d}t}\right|_{t=0}=0$ 的特解．

证明 求出题设函数的一阶及二阶导数：

$$\frac{\mathrm{d}x}{\mathrm{d}t}=-C_1k\sin kt+C_2k\cos kt, \tag{1.11}$$

$$\frac{\mathrm{d}^2x}{\mathrm{d}t^2}=-k^2(C_1\cos kt+C_2\sin kt).$$

把它们代入题设微分方程，得

$$-k^2(C_1\cos kt+C_2\sin kt)+k^2(C_1\cos kt+C_2\sin kt)\equiv 0.$$

因此题设函数是题设微分方程的解. 又题设函数中含有两个相互独立的任意常数,而题设微分方程是二阶微分方程，所以题设函数是题设微分方程的通解.

将初始条件 $x\big|_{t=0}=A$ 代入通解 $x=C_1\cos kt+C_2\sin kt$，得

$$C_1=A;$$

将初始条件 $\left.\dfrac{\mathrm{d}x}{\mathrm{d}t}\right|_{t=0}=0$ 代入式 (1.11)，得

$$C_2=0,$$

于是，所求的特解为

$$x=A\cos kt.$$ ■

*数学实验

一阶微分方程的方向场: 一般地，我们可把一阶微分方程写为

$$y'=f(x,y),$$

式中$f(x,y)$是已知函数. 上述微分方程表明: 未知函数y在点x处的斜率等于函数f在点(x,y)处的函数值. 因此,可在xOy平面上的每一点作出过该点的以$f(x,y)$为斜率的一条很短的直线(即未知函数y的切线). 这样得到的一个图形就是上述**一阶微分方程的方向场**. 为了便于观察,实际上只要在xOy平面上取适当多的点,作出在这些点的函数的切线,顺着斜率的走向画出符合初始条件的解,就可以得到上述微分方程的近似的积分曲线.

实验 6.1 验证 $\dfrac{1}{15}(-5x^3-30y+3y^5)=C$ 是微分方程 $y'=\dfrac{x^2}{y^4-2}$ 的通解,并利用计算软件绘制出该微分方程的积分曲线与方向场.

事实上,在方程

$$\frac{1}{15}(-5x^3-30y+3y^5)=C$$

两边对x求导,得

$$-x^2-2y'+y^4y'=0\Rightarrow y'=\frac{x^2}{y^4-2},$$

从而完成了肯定的验证.

下面三个图分别绘制了题设微分方程的积分曲线(a)、方向场 (b) 以及在同一坐标系绘制出的积分曲线和方向场(c).

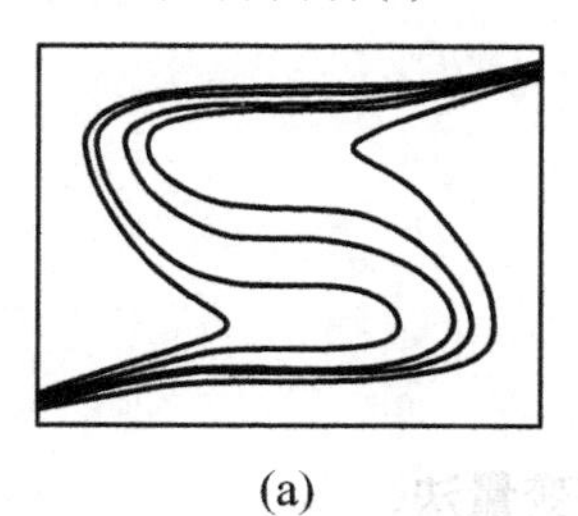
(a)

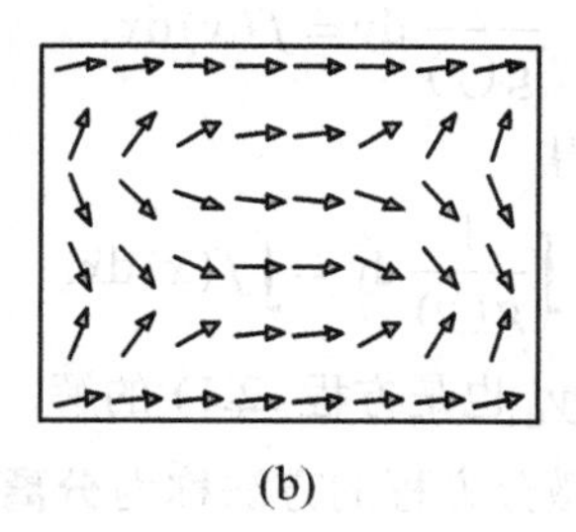
(b)

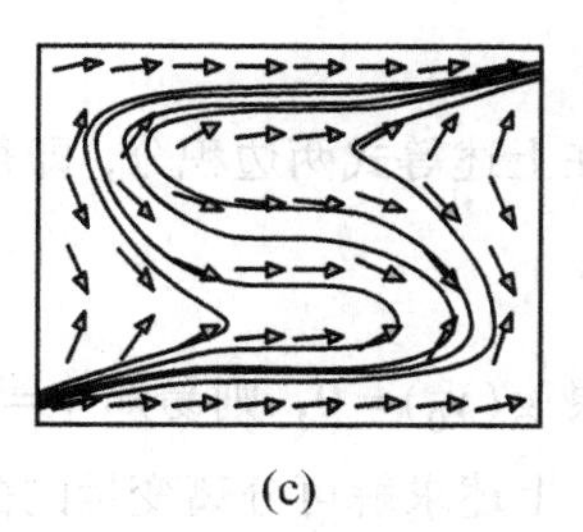
(c)

微信扫描上方二维码,即可进行重复实验或修改实验(详见教材配套的网络学习空间).

习题 6-1

1. 指出下列微分方程的阶数：

(1) $x(y')^2-4yy'+3xy=0$；　　(2) $xy''+2y'+x^2y=0$；

(3) $xy'''+5y''+2y=0$；　　(4) $(7x-6y)\mathrm{d}x+(x+y)\mathrm{d}y=0$.

2. 指出下列各题中的函数是否为所给微分方程的解：

(1) $xy'=2y,\ y=5x^2$；

(2) $y''+\omega^2y=0,\ y=C_1\cos\omega x+C_2\sin\omega x$；

(3) $y''-(\lambda_1+\lambda_2)y'+\lambda_1\lambda_2y=0,\ y=C_1\mathrm{e}^{\lambda_1x}+C_2\mathrm{e}^{\lambda_2x}$.

3. 验证 $y=(C_1+C_2x)\mathrm{e}^{-x}$ (C_1, C_2 为任意常数) 是方程 $y''+2y'+y=0$ 的通解，并求满足初始条件 $y|_{x=0}=4,\ y'|_{x=0}=-2$ 的特解.

§6.2　一阶微分方程

一、可分离变量的微分方程

设有一阶微分方程

$$\frac{\mathrm{d}y}{\mathrm{d}x}=F(x,y),$$

如果其右端函数能分解成 $F(x,y)=f(x)g(y)$，即有

$$\frac{\mathrm{d}y}{\mathrm{d}x}=f(x)g(y), \tag{2.1}$$

则称方程 (2.1) 为**可分离变量的微分方程**，其中 $f(x)$, $g(y)$ 都是连续函数. 根据这种方程的特点，我们可通过积分求解.

设 $g(y)\neq 0$，用 $g(y)$ 除方程的两端，用 $\mathrm{d}x$ 乘以方程的两端，以使得未知函数与自变量置于等号的两边，得

$$\frac{1}{g(y)}\mathrm{d}y=f(x)\mathrm{d}x.$$

再在上述等式两边积分，即得

$$\int\frac{1}{g(y)}\mathrm{d}y=\int f(x)\mathrm{d}x.$$

如果 $g(y_0)=0$，则易知 $y=y_0$ 也是方程 (2.1) 的解.

上述求解可分离变量的微分方程的方法称为**分离变量法**.

一般地，用分离变量法求解微分方程得到的是由 $F(x,y)=0$ 表示的隐函数解，称

其为微分方程的**隐式解**.

例1 求微分方程 $\dfrac{dy}{dx}=2xy$ 的通解.

解 题设方程是可分离变量的，分离变量得

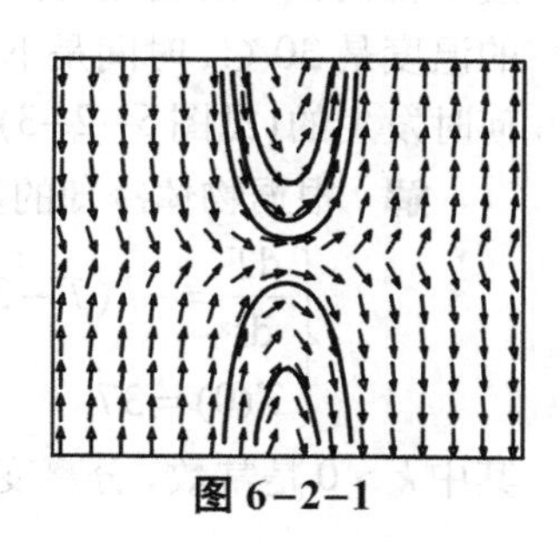

图 6-2-1

$$\frac{dy}{y}=2xdx,$$

两端积分 $\int\frac{dy}{y}=\int 2xdx$，得 $\ln|y|=x^2+C_1$，从而

$$y=\pm e^{x^2+C_1}=\pm e^{C_1}\cdot e^{x^2}.$$

记 $C=\pm e^{C_1}$，则得到题设方程的通解

$$y=Ce^{x^2}. \quad ■$$

注：利用计算软件易绘制出例1中微分方程的方向场和积分曲线(见图6-2-1).

计算实验

微信扫描右侧的二维码，即可进行重复实验或修改实验(详见教材配套的网络学习空间).

例2 求微分方程 $dx+xydy=y^2dx+ydy$ 的通解.

解 先合并 dx 及 dy 的各项，得

$$y(x-1)dy=(y^2-1)dx.$$

设 $y^2-1\neq 0$, $x-1\neq 0$, 分离变量得

$$\frac{y}{y^2-1}dy=\frac{1}{x-1}dx.$$

两端积分

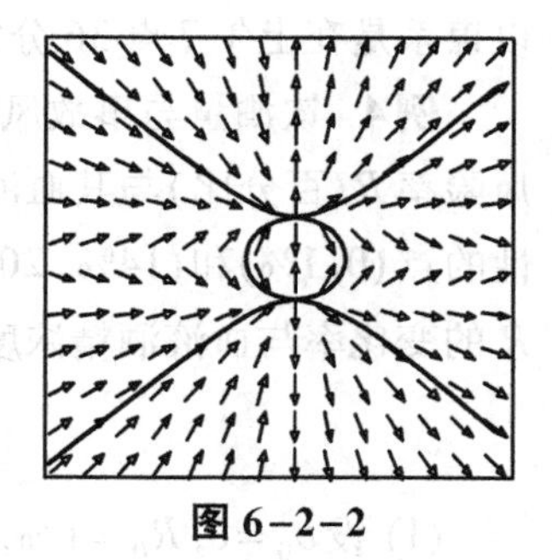

图 6-2-2

$$\int\frac{y}{y^2-1}dy=\int\frac{1}{x-1}dx$$

得 $$\frac{1}{2}\ln|y^2-1|=\ln|x-1|+\ln|C_1|.$$

于是

$$y^2-1=\pm C_1^2(x-1)^2.$$

记 $C=\pm C_1^2$，则得到题设方程的通解为

$$y^2-1=C(x-1)^2. \quad ■$$

注：利用计算软件易绘制出例2中微分方程的方向场和积分曲线(见图6-2-2).

计算实验

微信扫描右侧的二维码，即可进行重复实验或修改实验(详见教材配套的网络学习空间).

例3 在一次谋杀发生后，尸体的温度从原来的 37℃ 按照牛顿冷却定律开始下

降. 假设两小时后尸体温度变为 35℃, 并且假定周围空气的温度保持 20 ℃ 不变, 试求出尸体温度 T 随时间 t 的变化规律. 又如果尸体被发现时的温度是 30 ℃, 时间是下午 4 点整, 那么谋杀是何时发生的(见图 6–2–3)?

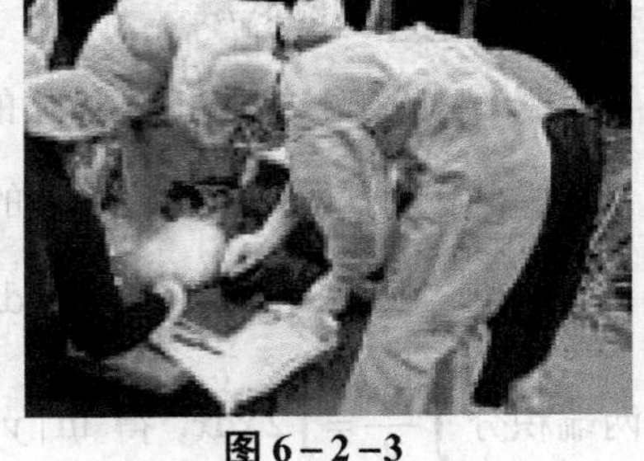

图 6–2–3

解　根据物体冷却的数学模型, 有

$$\begin{cases} \dfrac{dT}{dt} = -k(T-20), & k>0 \\ T(0) = 37 \end{cases},$$

其中 $k>0$ 是常数. 分离变量并求解得

$$T - 20 = Ce^{-kt},$$

代入初始条件 $T(0)=37$, 可求得 $C=17$. 于是得该初值问题的解为

$$T = 20 + 17e^{-kt}.$$

为求出 k 值, 根据两小时后尸体温度为 35℃ 这一条件, 有

$$35 = 20 + 17e^{-k\cdot 2},$$

求得 $k\approx 0.063$, 于是温度函数为

$$T = 20 + 17e^{-0.063t}, \tag{2.2}$$

将 $T=30$ 代入式 (2.2) 求解 t, 有

$$\frac{10}{17} = e^{-0.063t}, \text{ 即得 } t \approx 8.4 \text{ (小时)}.$$

于是, 可以判定谋杀发生在下午 4 点尸体被发现前的 8.4 小时, 即 8 小时 24 分钟, 所以谋杀是在上午 7 点 36 分发生的. ■

例 4　饮酒量与事故风险率. 大量研究所提供的数据表明, 汽车司机发生事故的风险率 R (百分比) 与其血液中的酒精浓度 b (百分比) 有关. 取 (b,R) 的两个有代表性的点 (0, 1%) 和 (14%, 20%) 可近似用一个指数函数来拟合这组数据. 假设风险率 R 的变化率与血液酒精浓度 b 的关系为

$$\frac{dR}{db} = kR.$$

(1) 设 $b_0=0$, $R_0=1\%$, 求满足方程的函数;

(2) 利用数据点 $R(14\%)=20\%$, 求 k;

(3) 用求出的 k 写出 $R(b)$;

(4) 当血液中的酒精浓度是多少时发生事故的风险率为100%?(四舍五入后精确到百分之一.)

解　(1) 因为 $\dfrac{dR}{db}=kR$, 将方程分离变量并积分得

$$\int \frac{\mathrm{d}R}{R}=\int k\mathrm{d}b \Rightarrow \ln|R|=kb+c \Rightarrow R=C\mathrm{e}^{kb},$$

由 $b_0=0,\ R_0=0.01$ 可得 $C=0.01$，故

$$R(b)=0.01\mathrm{e}^{kb}.$$

(2) 用第二个点 (14%, 20%) 计算数 k. 解方程

$$R(b)=0.01\mathrm{e}^{kb},\ \text{即}\ 20=\mathrm{e}^{k\times 0.14},$$

取自然对数，得

$$\ln 20=\ln \mathrm{e}^{0.14k},\ \ln 20=0.14k,\ k=\frac{\ln 20}{0.14}\approx 21.4.$$

(3) $R(b)=0.01\mathrm{e}^{21.4b}$.

(4) 把 $R(b)=100\%$ 代入 (3) 得

$$100=\mathrm{e}^{21.4b} \Rightarrow 21.4b=\ln 100 \Rightarrow b=\frac{\ln 100}{21.4}\approx 0.22,$$

按照这个模型，当血液中的酒精浓度达到 22 % 时，事故的风险率是 100 %. ■

*数学实验

实验 6.2 试用计算软件求解下列微分方程，并画出积分曲线和方向场：

计算实验

(1) $\frac{\mathrm{d}y}{\mathrm{d}x}=1-y^2,\ y(0)=0$;　　(2) $(x^3+1)y^3y'+1=5y^2$;

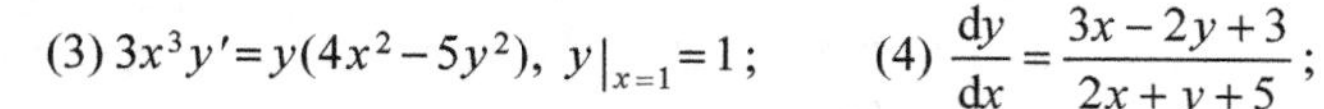

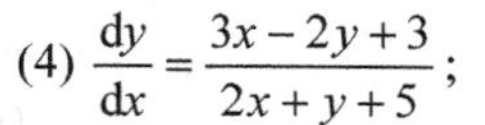

(3) $3x^3y'=y(4x^2-5y^2),\ y|_{x=1}=1$;　　(4) $\frac{\mathrm{d}y}{\mathrm{d}x}=\frac{3x-2y+3}{2x+y+5}$;

(5) 求初值问题 $(1+xy)y+(1-xy)y'=0,\ y|_{x=1.2}=1$ 在区间 [1.2, 4] 上的近似解并作图.

微信扫描右侧的二维码，即可进行重复实验或修改实验(详见教材配套的网络学习空间).

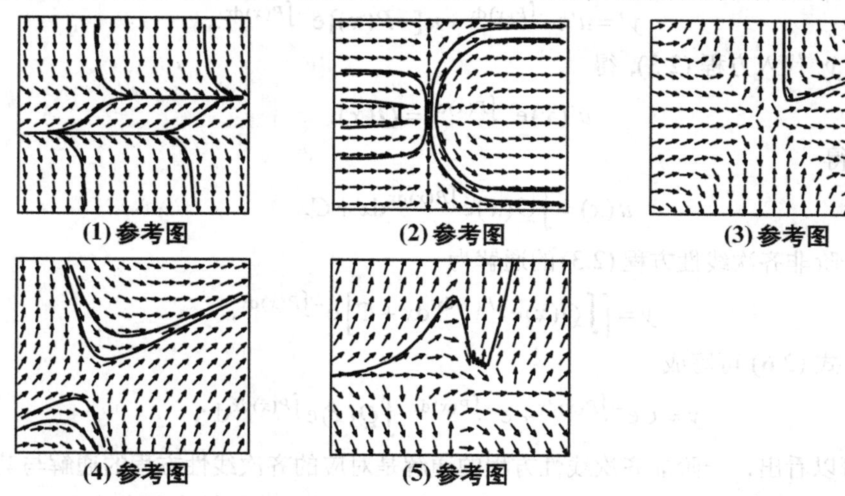

(1) 参考图　(2) 参考图　(3) 参考图　(4) 参考图　(5) 参考图

二、一阶线性微分方程

形如

$$\frac{\mathrm{d}y}{\mathrm{d}x}+P(x)y=Q(x) \tag{2.3}$$

的方程称为**一阶线性微分方程**，其中函数 $P(x)$，$Q(x)$ 是某一区间 I 上的连续函数. 当 $Q(x)\equiv 0$ 时，方程 (2.3) 成为

$$\frac{\mathrm{d}y}{\mathrm{d}x}+P(x)y=0, \tag{2.4}$$

这个方程称为**一阶齐次线性方程**. 相应地，方程 (2.3) 称为**一阶非齐次线性方程**.

一阶齐次线性方程 (2.4) 是可分离变量的方程，分离变量，得

$$\frac{\mathrm{d}y}{y}=-P(x)\,\mathrm{d}x,$$

两边积分，得

$$\ln|y|=-\int P(x)\,\mathrm{d}x+C_1,$$

由此得到方程 (2.4) 的通解

$$y=C\mathrm{e}^{-\int P(x)\,\mathrm{d}x}, \tag{2.5}$$

其中 $C\,(C=\pm\mathrm{e}^{C_1})$ 为任意常数.

为了求得一阶非齐次线性方程 (2.3) 的通解，常采用**常数变易法**，即在求出对应的齐次方程的通解 (2.5) 后，将通解中的常数 C 变易为待定函数 $u(x)$，并设一阶非齐次方程的通解为

$$y=u(x)\mathrm{e}^{-\int P(x)\,\mathrm{d}x},$$

将其求导，得

$$y'=u'\mathrm{e}^{-\int P(x)\,\mathrm{d}x}+u[-P(x)]\mathrm{e}^{-\int P(x)\,\mathrm{d}x}.$$

将 y 和 y' 代入方程 (2.3)，得

$$u'(x)\mathrm{e}^{-\int P(x)\,\mathrm{d}x}=Q(x),$$

积分，得

$$u(x)=\int Q(x)\mathrm{e}^{\int P(x)\,\mathrm{d}x}\,\mathrm{d}x+C,$$

从而一阶非齐次线性方程 (2.3) 的通解为

$$y=\left[\int Q(x)\mathrm{e}^{\int P(x)\,\mathrm{d}x}\,\mathrm{d}x+C\right]\mathrm{e}^{-\int P(x)\,\mathrm{d}x}. \tag{2.6}$$

公式 (2.6) 可写成

$$y=C\mathrm{e}^{-\int P(x)\,\mathrm{d}x}+\mathrm{e}^{-\int P(x)\,\mathrm{d}x}\cdot\int Q(x)\mathrm{e}^{\int P(x)\,\mathrm{d}x}\,\mathrm{d}x.$$

从中可以看出，一阶非齐次线性方程的通解是对应的齐次线性方程的通解与其本身的一个特解之和. 以后还可看到，这个结论对高阶非齐次线性方程亦成立.

例 5 求微分方程 $\frac{\mathrm{d}y}{\mathrm{d}x}+y=\mathrm{e}^{-x}$ 的通解.

解　注意到 $P(x)=1$，$Q(x)=\mathrm{e}^{-x}$. 由一阶线性微分方程的通解公式得：

$$y=\mathrm{e}^{-\int \mathrm{d}x}\left(\int \mathrm{e}^{-x}\cdot \mathrm{e}^{\int \mathrm{d}x}\mathrm{d}x+C\right),$$

故所求通解为

$$y=(x+C)\mathrm{e}^{-x}.$$

■

例 6　求方程 $y'+\dfrac{1}{x}y=\dfrac{\sin x}{x}$ 的通解.

解　题设方程是一阶非齐次线性方程，这里

$$P(x)=\frac{1}{x},\quad Q(x)=\frac{\sin x}{x},$$

于是，所求通解为

$$\begin{aligned} y&=\mathrm{e}^{-\int\frac{1}{x}\mathrm{d}x}\left(\int\frac{\sin x}{x}\cdot \mathrm{e}^{\int\frac{1}{x}\mathrm{d}x}\mathrm{d}x+C\right)\\ &=\mathrm{e}^{-\ln x}\left(\int\frac{\sin x}{x}\cdot \mathrm{e}^{\ln x}\mathrm{d}x+C\right)\\ &=\frac{1}{x}\left(\int \sin x\mathrm{d}x+C\right)=\frac{1}{x}(-\cos x+C). \end{aligned}$$

■

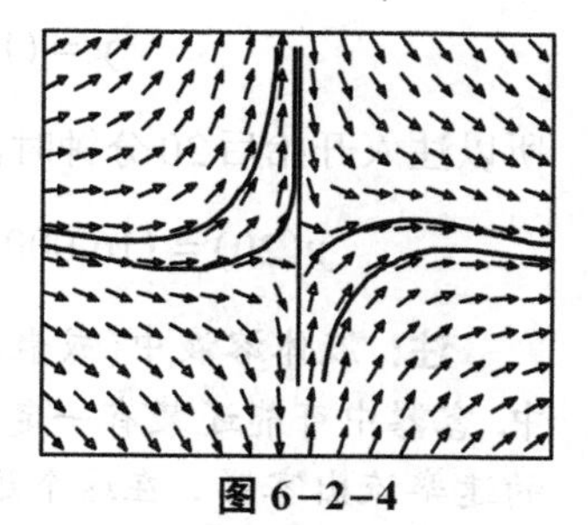

图 6-2-4

注：利用计算软件易绘制出例6中微分方程的方向场和积分曲线(见图6-2-4).

微信扫描右侧的二维码，即可进行重复实验或修改实验(详见教材配套的网络学习空间).

计算实验

例7　在一个石油精炼厂，一个存储罐装有8 000L汽油，其中含有100g 添加剂. 为了过冬，将每升含 2g 添加剂的汽油以40L/min 的速度注入存储罐. 充分混合的溶液以 45L/min 的速度泵出. 在混合过程开始后 20 分钟罐中的添加剂有多少(见图6-2-5)？

40L/min 含 2g/L 添加剂

45L/min 含 $\dfrac{y}{V}$g/L 添加剂

图6-2-5

解　令 y 是在时刻 t 罐中添加剂的总量. 易知 $y(0)=100$. 在时刻 t 罐中溶液的总量为

$$V(t)=8\,000+(40-45)t=8\,000-5t.$$

因此，添加剂流出的速率为

$$\frac{y(t)}{V(t)}\cdot\text{溶液流出的速率}=\frac{y(t)}{8\,000-5t}\cdot 45=\frac{45y(t)}{8\,000-5t}.$$

添加剂流入的速率为 $2\times 40=80$，故得到微分方程

$$\frac{\mathrm{d}y}{\mathrm{d}t}=80-\frac{45y}{8\,000-5t},$$

即

$$\frac{\mathrm{d}y}{\mathrm{d}t}+\frac{45}{8\,000-5t}\cdot y=80.$$

于是，所求通解为

$$y=e^{-\int\frac{45}{8\,000-5t}dt}\left(\int 80\cdot e^{\int\frac{45}{8\,000-5t}dt}dt+C\right)=(16\,000-10t)+C(t-1\,600)^9.$$

由 $y(0)=100$ 确定 C，得

$$(16\,000-10\times 0)+C(0-1\,600)^9=0\Rightarrow C=\frac{10}{1\,600^8}.$$

故初值问题的解是

$$y=(16\,000-10t)+\frac{10}{1\,600^8}(t-1\,600)^9.$$

所以注入开始后20分钟时添加剂的总量是

$$y(20)=(16\,000-10\times 20)+\frac{10}{1\,600^8}(20-1\,600)^9\approx 1\,512.58(\text{g}).$$ ■

注：液体溶液中(或散布在气体中)的一种化学品流入装有液体(或气体)的容器中，容器中可能还装有一定量的溶解了的该化学品．把混合物搅拌均匀并以一个已知的速率流出容器．在这个过程中，知道在任何时刻容器中该化学品的浓度往往是重要的．描述这个过程的微分方程用下列公式表示：

容器中总量的变化率＝化学品流入的速率－化学品流出的速率．

*数学实验

实验6.3 试用计算软件求解下列微分方程，并作出其方向场和积分曲线：

计算实验

(1) $(1-2xy)y'=x^2+y^2-2$；　(2) $y'+\frac{2x}{x^2-5}y=3x^5-x+1$；

(3) $4y'=y^5\cos x+y\tan x$；　(4) $(x+1)\frac{dy}{dx}-ny=e^x(x+1)^{n+1}$．

微信扫描右侧的二维码，即可进行重复实验或修改实验(详见教材配套的网络学习空间)．

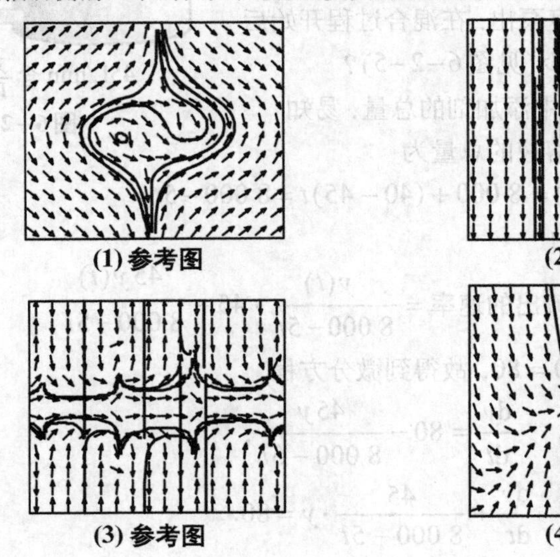

(1) 参考图　(2) 参考图

(3) 参考图　(4) 参考图

习题 6-2

1. 求下列微分方程的通解：

(1) $xy'-y\ln y=0$；　(2) $x(y^2-1)\mathrm{d}x+y(x^2-1)\mathrm{d}y=0$；

(3) $xy\mathrm{d}x+\sqrt{1-x^2}\,\mathrm{d}y=0$；　(4) $x\mathrm{d}y+\mathrm{d}x=\mathrm{e}^y\mathrm{d}x$；

(5) $\tan x\dfrac{\mathrm{d}y}{\mathrm{d}x}=1+y$；　(6) $\mathrm{d}x+xy\mathrm{d}y=y^2\mathrm{d}x+y\mathrm{d}y$.

2. 求下列各初值问题的解：

(1) $x\mathrm{d}y+2y\mathrm{d}x=0,\ y\big|_{x=2}=1$；　(2) $\dfrac{x}{1+y}\mathrm{d}x-\dfrac{y}{1+x}\mathrm{d}y=0,\ y\big|_{x=0}=0$.

3. 求下列一阶线性微分方程的解：

(1) $\dfrac{\mathrm{d}y}{\mathrm{d}x}+2xy=4x$；　(2) $\dfrac{\mathrm{d}y}{\mathrm{d}x}-\dfrac{1}{x}y=2x^2$；

(3) $(x-2)\dfrac{\mathrm{d}y}{\mathrm{d}x}=y+2(x-2)^3$；　(4) $(x^2+1)y'+2xy=4x^2$；

(5) $(y^2-6x)y'+2y=0$；　(6) $y\mathrm{d}x+(1+y)x\mathrm{d}y=\mathrm{e}^y\mathrm{d}y$.

4. 求下列微分方程满足初始条件的特解：

(1) $\dfrac{\mathrm{d}y}{\mathrm{d}x}+3y=8,\ y\big|_{x=0}=2$；　(2) $\dfrac{\mathrm{d}y}{\mathrm{d}x}-y\tan x=\sec x,\ y\big|_{x=0}=0$.

5. 求一曲线的方程，该曲线通过原点，并且它在点 (x,y) 处的切线的斜率等于 $2x+y$.

6. 某林区现有木材10万米^3，如果在每一瞬时木材的变化率与当时木材数成正比，假设10年内该林区能有木材20万米^3，试确定木材数 p 与时间 t 的关系.

7. 在某池塘内养鱼，该池塘最多能养鱼1 000尾. 在时刻 t，鱼数 y 是时间 t 的函数，即 $y=y(t)$，其变化率与鱼数 y 及 $1\,000-y$ 成正比. 已知在池塘内放养鱼100尾，3个月后池塘内有鱼250尾，求放养 t 月后池塘内鱼数 $y(t)$ 的公式.

8. 一个煮熟了的鸡蛋有98℃，把它放在18℃的水池里，5分钟后，鸡蛋的温度是38℃. 假定没有感到水变热，鸡蛋到达20℃需多长时间？

9. 一个槽内起初盛有100L盐水，内含50g已经溶解的盐. 将每升含2g盐的盐水以5L/min的速度注入槽内. 充分混合的溶液以4L/min的速度泵出. 在混合过程开始后25分钟时槽中盐的浓度是多少？

§6.3　可降阶的二阶微分方程

对一般的二阶微分方程没有普遍的解法，本节讨论三种特殊形式的二阶微分方程，它们有的可以通过积分求得，有的经过适当的变量替换可降为一阶微分方程，求解一阶微分方程后，再将变量回代，从而求得所给二阶微分方程的解.

一、$y''=f(x)$ 型

这是最简单的二阶微分方程，求解方法是逐次积分.

在方程 $y''=f(x)$ 两端积分，得

$$y'=\int f(x)\,dx+C_1,$$

再次积分，得

$$y=\int\left[\int f(x)\,dx+C_1\right]dx+C_2.$$

注：这种类型方程的解法可推广到 n 阶微分方程

$$y^{(n)}=f(x),$$

只要连续积分 n 次，就可得这个方程的含有 n 个任意常数的通解.

例1 求方程 $y''=e^{2x}-\cos x$ 满足 $y(0)=0,\ y'(0)=1$ 的特解.

解 对所给方程连续积分两次，得

$$y'=\frac{1}{2}e^{2x}-\sin x+C_1, \tag{3.1}$$

$$y=\frac{1}{4}e^{2x}+\cos x+C_1x+C_2, \tag{3.2}$$

在式 (3.1) 中代入条件 $y'(0)=1$，得 $C_1=-1/2$，在式 (3.2) 中代入条件 $y(0)=0$，得 $C_2=-5/4$，从而所求题设方程的特解为

$$y=\frac{1}{4}e^{2x}+\cos x-\frac{1}{2}x-\frac{5}{4}.$$ ■

二、$y''=f(x,\ y')$ 型

这种方程的特点是不显含未知函数 y，求解的方法是：

令 $y'=p(x)$，则 $y''=p'(x)$，原方程化为以 $p(x)$ 为未知函数的一阶微分方程

$$p'=f(x,\ p).$$

设其通解为

$$p=\varphi(x,\ C_1),$$

然后再根据关系式 $y'=p$，又得到一个一阶微分方程

$$\frac{dy}{dx}=\varphi(x,\ C_1).$$

对它进行积分，即可得到原方程的通解

$$y=\int\varphi(x,C_1)\,dx+C_2.$$

例2 求方程 $(1+x^2)\dfrac{d^2y}{dx^2}-2x\dfrac{dy}{dx}=0$ 的通解.

解 这是一个不显含未知函数 y 的方程. 令 $\dfrac{\mathrm{d}y}{\mathrm{d}x}=p(x)$, 则

$$\frac{\mathrm{d}^2y}{\mathrm{d}x^2}=\frac{\mathrm{d}p}{\mathrm{d}x},$$

于是, 题设方程降阶为

$$(1+x^2)\frac{\mathrm{d}p}{\mathrm{d}x}-2px=0,\ 即\ \frac{\mathrm{d}p}{p}=\frac{2x}{1+x^2}\mathrm{d}x.$$

两边积分, 得

$$\ln|p|=\ln(1+x^2)+\ln|C_1|,$$

即
$$p=C_1(1+x^2)\ 或\ \frac{\mathrm{d}y}{\mathrm{d}x}=C_1(1+x^2).$$

再积分一次, 得原方程的通解为

$$y=C_1\left(x+\frac{x^3}{3}\right)+C_2.$$ ■

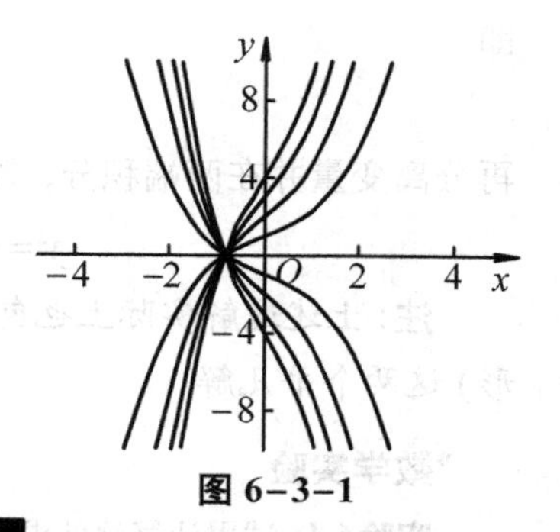

图 6–3–1

注: 利用计算软件易绘制出例2中微分方程的积分曲线(见图6–3–1).

微信扫描右侧的二维码, 即可进行重复实验或修改实验(详见教材配套的网络学习空间).

计算实验

三、$y''=f(y,y')$ 型

这种方程的特点是不显含自变量 x. 解决的方法是: 把 y 暂时看作自变量, 并作变换 $y'=p(y)$, 于是, 由复合函数的求导法则, 有

$$y''=\frac{\mathrm{d}p}{\mathrm{d}x}=\frac{\mathrm{d}p}{\mathrm{d}y}\cdot\frac{\mathrm{d}y}{\mathrm{d}x}=p\frac{\mathrm{d}p}{\mathrm{d}y}.$$

这样就将原方程化为

$$p\frac{\mathrm{d}p}{\mathrm{d}y}=f(y,p).$$

这是一个关于变量 y, p 的一阶微分方程. 设它的通解为

$$y'=p=\varphi(y,C_1),$$

这是可分离变量的方程, 对其积分即得到原方程的通解.

例3 求方程 $yy''-y'^2=0$ 的通解.

解 所给方程不显含自变量 x. 设 $y'=p(y)$, 则 $y''=p\dfrac{\mathrm{d}p}{\mathrm{d}y}$, 代入题设方程得

$$y\cdot p\frac{\mathrm{d}p}{\mathrm{d}y}-p^2=0,\ 即\ p\left(y\cdot\frac{\mathrm{d}p}{\mathrm{d}y}-p\right)=0,$$

在 $y\neq0$, $p\neq0$ 时, 约去 p 并分离变量, 得

$$\frac{\mathrm{d}p}{p}=\frac{\mathrm{d}y}{y},$$

两端积分，得

$$\ln|p|=\ln|y|+\ln|C_1|,$$

即

$$p=C_1y \text{ 或 } y'=C_1y,$$

再分离变量并在两端积分，就可得所给方程的通解

$$y=C_2\mathrm{e}^{C_1x}\quad (C_1, C_2 \text{ 为任意常数}).$$ ■

注：上述通解实际上也包含了 $p=0$（即 $C_1=0$ 的情形）和 $y=0$（即 $C_2=0$ 的情形）这两个平凡解.

*数学实验

实验6.4 试用计算软件求解下列微分方程，并作出其积分曲线：

(1) $\frac{\mathrm{d}^2y}{\mathrm{d}x^2}=a\sin(bx+c)+\mathrm{e}^{nx}$；

(2) $\frac{\mathrm{d}^2y}{\mathrm{d}x^2}+\frac{2}{t}\frac{\mathrm{d}y}{\mathrm{d}x}+x=0,\ y(0)=0,\ y'(0)=1$；

(3) $yy''-(y')^2-y^2y'=0$.

计算实验

微信扫描右侧的二维码，即可进行重复实验或修改实验（详见教材配套的网络学习空间）.

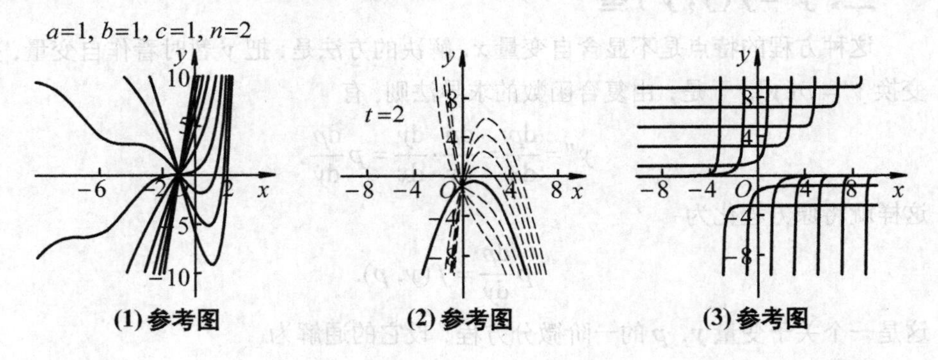

(1) 参考图　(2) 参考图　(3) 参考图

习题 6-3

1. 求下列微分方程的通解：

(1) $y''=\mathrm{e}^{3x}+\sin x$；　(2) $y''=1+y'^2$；　(3) $y''=y'+x$；

(4) $xy''=y'+x\sin\frac{y'}{x}$；　(5) $y''=y'^3+y'$.

2. 求微分方程 $y''=\frac{3}{2}y^2$ 满足初始条件 $y|_{x=0}=1,\ y'|_{x=0}=1$ 的特解.

3. 试求 $y''=x$ 的经过点 $M(0,1)$ 且在此点与直线 $y=\frac{x}{2}+1$ 相切的积分曲线.

§6.4 二阶常系数线性微分方程

一、二阶线性微分方程解的结构

二阶线性微分方程的一般形式是

$$\frac{d^2y}{dx^2}+P(x)\frac{dy}{dx}+Q(x)y=f(x), \tag{4.1}$$

其中 $P(x)$, $Q(x)$ 及 $f(x)$ 是自变量 x 的已知函数，函数 $f(x)$ 称为方程 (4.1) 的**自由项**. 当 $f(x)=0$ 时，方程 (4.1) 变为

$$\frac{d^2y}{dx^2}+P(x)\frac{dy}{dx}+Q(x)y=0, \tag{4.2}$$

这个方程称为**二阶齐次线性微分方程**，相应地，方程 (4.1) 称为**二阶非齐次线性微分方程**.

对于二阶齐次线性微分方程，有下述两个定理.

定理 1 如果函数 $y_1(x)$ 与 $y_2(x)$ 是方程 (4.2) 的两个解，则

$$y=C_1y_1(x)+C_2y_2(x) \tag{4.3}$$

也是方程 (4.2) 的解，其中 C_1, C_2 是任意常数.

证明 将式 (4.3) 代入方程 (4.2) 的左端，有

$$\begin{aligned}&(C_1y_1+C_2y_2)''+P(x)(C_1y_1+C_2y_2)'+Q(x)(C_1y_1+C_2y_2)\\&=(C_1y_1''+C_2y_2'')+P(x)(C_1y_1'+C_2y_2')+Q(x)(C_1y_1+C_2y_2)\\&=C_1[y_1''+P(x)y_1'+Q(x)y_1]+C_2[y_2''+P(x)y_2'+Q(x)y_2]\\&=0,\end{aligned}$$

所以式 (4.3) 是方程 (4.2) 的解. ■

齐次线性方程的这个性质表明它的解符合**叠加原理**.

虽然将齐次线性方程 (4.2) 的两个解 y_1 与 y_2 按式 (4.3) 叠加起来仍是该方程的解，并且形式上也含有两个任意常数 C_1 与 C_2，但它不一定是方程 (4.2) 的通解，这是因为定理的条件中并没有保证 $y_1(x)$ 与 $y_2(x)$ 这两个函数是相互独立的. 为了解决这个问题，我们要引入一个新的概念，即函数的线性相关与线性无关的概念.

定义 1 设 $y_1(x)$, $y_2(x)$ 是定义在区间 I 内的两个函数. 如果存在两个不全为零的常数 k_1, k_2，使得在区间 I 内恒有

$$k_1y_1(x)+k_2y_2(x)\equiv 0,$$

则称这两个函数在区间 I 内**线性相关**. 否则称为**线性无关**.

根据定义 1 可知，在区间 I 内两个函数是否线性相关，只需看它们的比是否为常数. 如果比为常数，则它们线性相关，否则线性无关.

例如，函数 $y_1(x)=\sin 2x$，$y_2(x)=6\sin x\cos x$ 是两个线性相关的函数，因为

$$\frac{y_2(x)}{y_1(x)}=\frac{6\sin x\cos x}{\sin 2x}=3.$$

而 $y_1(x)=\mathrm{e}^{4x}$，$y_2(x)=\mathrm{e}^{x}$ 是两个线性无关的函数，因为

$$\frac{y_2(x)}{y_1(x)}=\frac{\mathrm{e}^{x}}{\mathrm{e}^{4x}}=\mathrm{e}^{-3x}.$$

有了函数线性无关的概念后，我们可以得到下面的定理.

定理 2　如果 $y_1(x)$ 与 $y_2(x)$ 是方程 (4.2) 的两个线性无关的特解，则

$$y=C_1y_1(x)+C_2y_2(x)$$

就是方程 (4.2) 的通解，其中 C_1, C_2 是任意常数.

例如，对于方程 $y''+y=0$，容易验证 $y_1=\cos x$ 与 $y_2=\sin x$ 是它的两个特解，又

$$\frac{y_2}{y_1}=\frac{\sin x}{\cos x}=\tan x\neq \text{常数},$$

所以 $y=C_1\cos x+C_2\sin x$ 就是该方程的通解.

在一阶线性微分方程的讨论中，我们已经看到，一阶非齐次线性微分方程的通解可以表示为对应的齐次方程的通解与一个非齐次方程的特解的和. 实际上，不仅一阶非齐次线性微分方程的通解具有这样的结构，而且二阶甚至更高阶的非齐次线性微分方程的通解也具有同样的结构.

定理 3　设 y^* 是方程 (4.1) 的一个特解，而 Y 是其对应的齐次方程 (4.2) 的通解，则

$$y=Y+y^* \tag{4.4}$$

就是二阶非齐次线性微分方程 (4.1) 的通解.

例如，方程 $y''+y=x^2$ 是二阶非齐次线性微分方程，已知其对应的齐次方程 $y''+y=0$ 的通解为 $y=C_1\cos x+C_2\sin x$. 又容易验证 $y=x^2-2$ 是该方程的一个特解，故

$$y=C_1\cos x+C_2\sin x+x^2-2$$

是所给方程的通解.

***数学实验**

实验 6.5　试用计算软件求解下列各题：

(1) 求微分方程 $(x^2-2x)y''-(x^2-2)y'+(2x-2)y=6x-6$ 的通解；

(2) 求微分方程 $x^2y''-2xy'+2y=5x^3+\dfrac{2}{x^3}$ 的通解；

(3) 求初值问题 $\begin{cases} y''+y'\sin^2 x+y=\cos^2 x \\ y(0)=1,\ y'(0)=0 \end{cases}$ 的数值解,并作出数值解的图形.

微信扫描上页右侧的二维码，即可进行重复实验或修改实验(详见教材配套的网络学习空间).

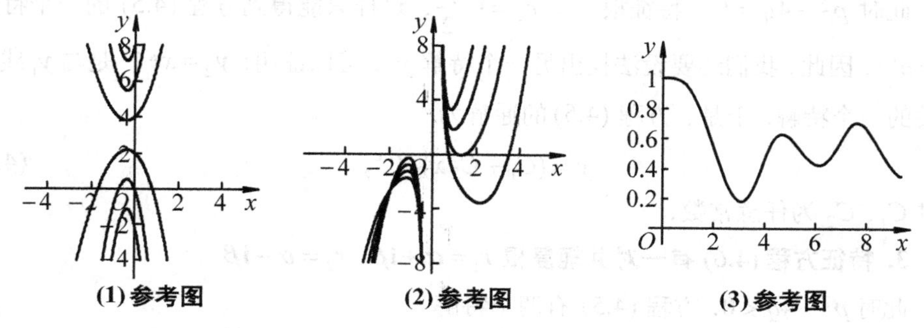

(1) 参考图　　(2) 参考图　　(3) 参考图

二、二阶常系数齐次线性微分方程

设给定的二阶常系数齐次线性微分方程为

$$y''+py'+qy=0, \tag{4.5}$$

其中 p, q 是常数,根据定理 2, 要求方程 (4.5) 的通解, 只要求出其任意两个线性无关的特解 y_1, y_2 就可以了,下面讨论这两个特解的求法.

先来分析方程 (4.5) 可能具有什么形式的特解, 从方程的形式上看, 它的特点是 y'', y' 与 y 各乘以常数因子后相加等于零, 如果能找到一个函数 y, 其 y'', y' 与 y 之间只相差一个常数, 这样的函数就有可能是方程 (4.5) 的特解. 易知在初等函数中, 指数函数 e^{rx} 符合上述要求, 于是, 令

$$y=\mathrm{e}^{rx}$$

来尝试求解, 其中 r 为待定常数. 将 $y=\mathrm{e}^{rx}$, $y'=r\mathrm{e}^{rx}$, $y''=r^2\mathrm{e}^{rx}$ 代入方程 (4.5), 得

$$(r^2+pr+q)\mathrm{e}^{rx}=0,$$

因为 $\mathrm{e}^{rx}\neq 0$, 故有

$$r^2+pr+q=0, \tag{4.6}$$

由此可见, 如果 r 是二次方程 $r^2+pr+q=0$ 的根, 则 $y=\mathrm{e}^{rx}$ 就是方程 (4.5) 的特解, 这样, 齐次方程 (4.5) 的求解问题就转化为代数方程 (4.6) 的求根问题, 称方程 (4.6) 为微分方程 (4.5) 的**特征方程**, 并称特征方程的两个根 r_1, r_2 为**特征根**. 根据初等代数的知识, 特征根有三种可能的情况, 下面分别讨论.

1. 特征方程 (4.6) 有两个不相等的实根 r_1, r_2

此时 $p^2-4q>0$, $\mathrm{e}^{r_1 x}$, $\mathrm{e}^{r_2 x}$ 是方程 (4.5) 的两个特解, 因为

$$\frac{\mathrm{e}^{r_1 x}}{\mathrm{e}^{r_2 x}}=\mathrm{e}^{(r_1-r_2)x}\neq 常数,$$

所以 $\mathrm{e}^{r_1 x}$, $\mathrm{e}^{r_2 x}$ 线性无关, 由解的结构定理知, 齐次方程 (4.5) 的通解为

$$y = C_1 e^{r_1 x} + C_2 e^{r_2 x}, \tag{4.7}$$

其中 C_1, C_2 为任意常数.

2. 特征方程 (4.6) 有两个相等的实根 $r_1 = r_2$

此时 $p^2 - 4q = 0$, 特征根 $r_1 = r_2 = -\dfrac{p}{2}$, 这样只能得到方程 (4.5) 的一个特解 $y_1 = e^{r_1 x}$. 因此, 我们还要设法找出另一个特解 y_2. 可以证明: $y_2 = x e^{r_1 x}$ 是与 y_1 线性无关的一个特解, 于是, 方程 (4.5) 的通解为

$$y = (C_1 + C_2 x) e^{r_1 x}, \tag{4.8}$$

其中C_1, C_2 为任意常数.

3. 特征方程 (4.6) 有一对共轭复根 $r_1 = \alpha + i\beta$, $r_2 = \alpha - i\beta$

此时 $p^2 - 4q < 0$, 方程 (4.5) 有两个特解

$$y_1 = e^{(\alpha + i\beta)x}, \; y_2 = e^{(\alpha - i\beta)x},$$

所以, 方程 (4.5) 的通解为

$$y_1 = C_1 e^{(\alpha + i\beta)x} + C_2 e^{(\alpha - i\beta)x}.$$

由于这种复数形式的解在应用上不方便, 在实际问题中, 常常需要实数形式的通解, 为此可借助欧拉公式 $e^{i\varphi} = \cos\varphi + i\sin\varphi$ 对上述两个特解重新组合, 得到方程(4.5)的另外两个特解:

$$\overline{y}_1 = \frac{1}{2}(y_1 + y_2) = e^{\alpha x}\cos\beta x,$$

$$\overline{y}_2 = \frac{1}{2i}(y_1 - y_2) = e^{\alpha x}\sin\beta x,$$

故方程 (4.5) 的通解又可表示为

$$y = e^{\alpha x}(C_1 \cos\beta x + C_2 \sin\beta x), \tag{4.9}$$

其中 C_1, C_2 为任意常数.

综上所述, 求二阶常系数齐次线性微分方程 (4.5) 的通解时, 只需先求出其特征方程(4.6) 的根, 再根据根的情况确定其通解, 现列表总结如下:

特征方程 $r^2 + pr + q = 0$ 的根	微分方程 $y'' + py' + qy = 0$ 的通解
有两个不相等的实根 r_1, r_2	$y = C_1 e^{r_1 x} + C_2 e^{r_2 x}$
有二重根 $r_1 = r_2$	$y = (C_1 + C_2 x) e^{r_1 x}$
有一对共轭复根 $r_1 = \alpha + i\beta$, $r_2 = \alpha - i\beta$	$y = e^{\alpha x}(C_1 \cos\beta x + C_2 \sin\beta x)$

这种根据二阶常系数齐次线性方程的特征方程的根直接确定其通解的方法称为**特征方程法**.

例1 求方程 $y''-2y'-3y=0$ 的通解.

解 所给微分方程的特征方程为

$$r^2-2r-3=0,$$

它有两个不相等的实根 $r_1=-1$, $r_2=3$, 故所求通解为

$$y=C_1\mathrm{e}^{-x}+C_2\mathrm{e}^{3x}.$$

■

例2 求方程 $y''+4y'+4y=0$ 的通解.

解 所给微分方程的特征方程为

$$r^2+4r+4=0,$$

它有两个相等的实根 $r_1=r_2=-2$, 故所求通解为

$$y=(C_1+C_2x)\mathrm{e}^{-2x}.$$

■

例3 求方程 $y''+2y'+5y=0$ 满足 $y|_{x=0}=3, y'|_{x=0}=1$ 的特解.

解 所给微分方程的特征方程为

$$r^2+2r+5=0,$$

它有一对共轭复根

$$r_1=-1+2\mathrm{i},\ r_2=-1-2\mathrm{i},$$

故所求通解为

$$y=\mathrm{e}^{-x}(C_1\cos 2x+C_2\sin 2x).$$

求导得

$$y'=\mathrm{e}^{-x}[(2C_2-C_1)\cos 2x-(C_2+2C_1)\sin 2x],$$

将 $y|_{x=0}=3, y'|_{x=0}=1$ 分别代入通解及其导数, 得

$$\begin{cases}3=C_1\\1=2C_2-C_1\end{cases},$$

解得

$$\begin{cases}C_1=3\\C_2=2\end{cases},$$

所以, 所求特解为

$$y=\mathrm{e}^{-x}(3\cos 2x+2\sin 2x).$$

■

*数学实验

实验6.6 试用计算软件求解下列微分方程, 并作出积分曲线:

(1) $y''+3y'+2y=0$;

(2) $y''+4y'+29y=0$, $y(0)=0$, $y'(0)=15$;

(3) 求 $y''+xy'+y=0$, $y(1)=0$, $y'(1)=5$ 在区间 $[0, 4]$ 上的近似解.

微信扫描右侧的二维码, 即可进行重复实验或修改实验(详见教材配套的网络学习空间).

计算实验

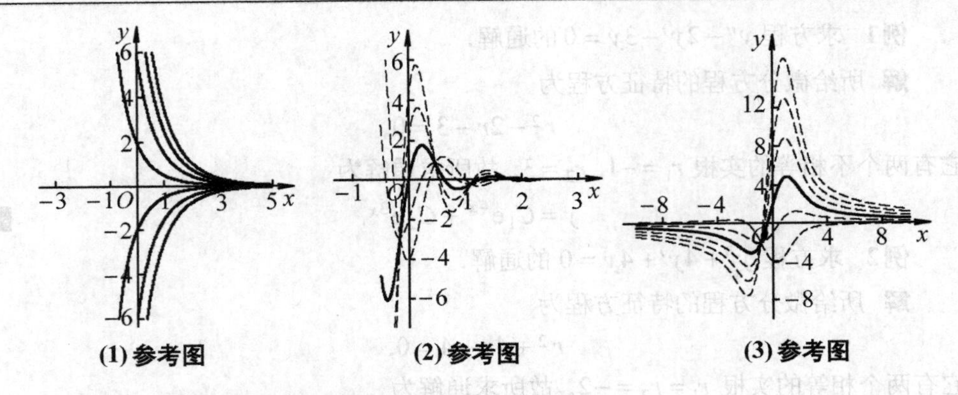

(1) 参考图 (2) 参考图 (3) 参考图

三、二阶常系数非齐次线性微分方程

二阶常系数非齐次线性微分方程的一般形式为

$$y''+py'+qy=f(x). \tag{4.10}$$

根据线性微分方程的解的结构定理可知，求方程 (4.10) 的通解，只需求出它的一个特解和其对应的齐次方程的通解，两个解相加就得到了方程 (4.10) 的通解. 前面我们已经解决了求其对应的齐次方程的通解的方法，因此，下面要解决的问题是如何求得方程(4.10) 的一个特解 y^*.

方程 (4.10) 的特解的形式与右端的自由项 $f(x)$ 有关，在一般情形下，求出方程 (4.10) 的特解是非常困难的，这里仅就 $f(x)$ 的一种常见类型进行讨论，即

$$f(x)=P_m(x)\mathrm{e}^{\lambda x},$$

其中 λ 是常数，$P_m(x)$ 为 m 次多项式：

$$P_m(x)=a_0x^m+a_1x^{m-1}+\cdots+a_{m-1}x+a_m.$$

此时，可以证明：方程 (4.10) 具有形如

$$y^*=x^kQ_m(x)\mathrm{e}^{\lambda x} \tag{4.11}$$

的特解，其中 $Q_m(x)$ 是与 $P_m(x)$ 同次的多项式，而 k 按 λ 不是特征方程的根、是特征方程的单根或是特征方程的重根依次取 0、1 或 2.

例 4 求方程 $y''-2y'-3y=3x+1$ 的一个特解.

解 题设方程右端的自由项为 $f(x)=P_m(x)\mathrm{e}^{\lambda x}$ 型，其中

$$P_m(x)=3x+1,\ \ \lambda=0.$$

与题设方程对应的齐次方程的特征方程为

$$r^2-2r-3=0,$$

特征根为 $r_1=-1$，$r_2=3$.

由于这里 $\lambda=0$ 不是特征方程的根，所以应设特解为

$$y^*=b_0x+b_1,$$

把它代入题设方程，得

$$-3b_0x-2b_0-3b_1=3x+1,$$

比较系数，得

$$\begin{cases}-3b_0=3\\ -2b_0-3b_1=1\end{cases},\ \text{解得}\ \begin{cases}b_0=-1\\ b_1=1/3\end{cases}.$$

于是，所求特解为

$$y^*=-x+\frac{1}{3}.$$

■

例5 求方程 $y''-3y'+2y=xe^{2x}$ 的通解.

解 题设方程右端的自由项为 $f(x)=P_m(x)e^{\lambda x}$ 型，其中

$$P_m(x)=x,\ \ \lambda=2,$$

与题设方程对应的齐次方程的特征方程为

$$r^2-3r+2=0,$$

特征根为 $r_1=1$, $r_2=2$，于是，该齐次方程的通解为

$$Y=C_1e^x+C_2e^{2x},$$

因为 $\lambda=2$ 是特征方程的单根，故可设题设方程有下列形式的特解

$$y^*=x(b_0x+b_1)e^{2x},$$

代入题设方程，得

$$2b_0x+b_1+2b_0=x,$$

比较等式两端同次幂的系数，得

$$b_0=\frac{1}{2},\ \ b_1=-1,$$

于是，求得题设方程的一个特解

$$y^*=x\left(\frac{1}{2}x-1\right)e^{2x}.$$

从而，所求题设方程的通解为

$$y=C_1e^x+C_2e^{2x}+x\left(\frac{1}{2}x-1\right)e^{2x}.$$

■

*数学实验

实验6.7 试用计算软件求解下列微分方程，并作出积分曲线：

(1) $y''+y-e^x=0$;　　(2) $y''-2y'+y=\dfrac{e^x}{x}$;

(3) $y''+3y'+2y=e^x+1$;

(4) 求范德波尔(Van der Pol)方程

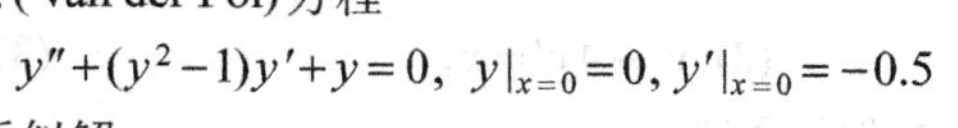

$$y''+(y^2-1)y'+y=0,\ y|_{x=0}=0,\ y'|_{x=0}=-0.5$$

在区间[0, 20]上的近似解.

计算实验

微信扫描右侧的二维码，即可进行重复实验或修改实验(详见教材配套的网络学习空间).

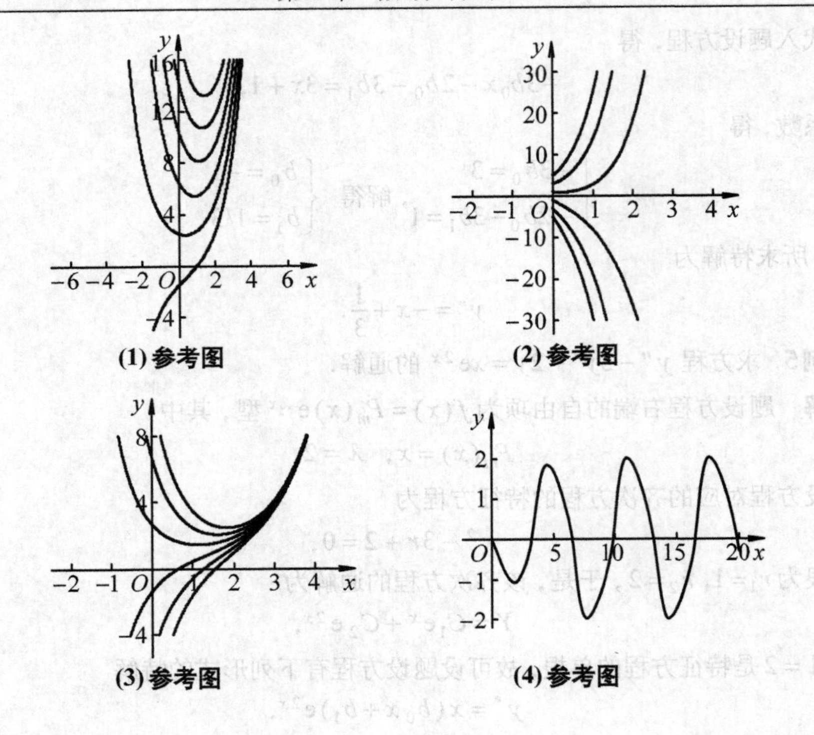

(1) 参考图　　(2) 参考图

(3) 参考图　　(4) 参考图

习题 6-4

1. 验证 $y_1=\cos\omega x$ 及 $y_2=\sin\omega x$ 都是方程 $y''+\omega^2 y=0$ 的解，并写出该方程的通解.

2. 验证 $y_1=\mathrm{e}^{x^2}$ 及 $y_2=x\mathrm{e}^{x^2}$ 都是方程

$$y''-4xy'+(4x^2-2)y=0$$

的解，并写出该方程的通解.

3. 求下列微分方程的通解：

(1) $y''+5y'+6y=0$；　(2) $16y''-24y'+9y=0$；　(3) $y''+y=0$；

(4) $y''+8y'+25y=0$；　(5) $4\dfrac{\mathrm{d}^2x}{\mathrm{d}t^2}-20\dfrac{\mathrm{d}x}{\mathrm{d}t}+25x=0$；　(6) $y''-4y'+5y=0$.

4. 求下列微分方程满足所给初始条件的特解：

(1) $4y''+4y'+y=0,\ y\big|_{x=0}=2,\ y'\big|_{x=0}=0$；

(2) $y''+4y'+29y=0, y\big|_{x=0}=0,\ y'\big|_{x=0}=15$.

5. 下列微分方程具有何种形式的特解？

(1) $y''+4y'-5y=x$；　(2) $y''+4y'=x$；　(3) $y''+y=2\mathrm{e}^x$.

6. 求下列各题所给微分方程的通解：

(1) $y''+y'+2y=x^2-3$；　(2) $y''+a^2y=\mathrm{e}^x$；　(3) $y''+y'=2x^2\mathrm{e}^x$.

*§6.5 数学建模——微分方程的应用举例

微分方程在几何、力学和物理等实际问题中具有广泛的应用，本节我们将集中讨论微分方程在实际应用中的几个实例. 读者可从中感受到应用数学建模的理论和方法解决实际问题的魅力.

一、衰变问题

例1 放射性物质因不断放射出各种射线而逐渐减少其质量的现象称为衰变. 根据实验得知, 衰变速度与现存物质的质量成正比, 求放射性元素在时刻 t 的质量.

解 用 x 表示该放射性物质在时刻 t 的质量, 则 $\frac{dx}{dt}$ 表示 x 在时刻 t 的衰变速度, 于是, “衰变速度与现存物质的质量成正比” 可表示为

$$\frac{dx}{dt}=-kx. \tag{5.1}$$

这是一个以 x 为未知函数的一阶方程, 它就是放射性元素**衰变的数学模型**, 其中 $k>0$ 是比例常数, 称为衰变常数, 因元素的不同而异. 方程右端的负号表示当时间 t 增加时, 质量 x 减少.

解方程 (5.1) 得通解 $x=Ce^{-kt}$. 若已知当 $t=t_0$ 时, $x=x_0$, 代入通解 $x=Ce^{-kt}$ 中可得 $C=x_0e^{kt_0}$, 则可得到方程 (5.1) 的一个特解

$$x=x_0e^{-k(t-t_0)},$$

它反映了某种放射性元素衰变的规律. 特别地, 当 $t_0=0$ 时, 可得到放射性元素的衰变规律:

$$x=x_0e^{-kt}.$$

这正从理论上解释了 §1.2 中涉及的放射性物质的衰变规律. ■

例2 碳 -14(^{14}C) 是放射性物质, 随时间而衰减, 碳 -12 是非放射性物质. 活性人体因吸纳食物和空气, 恰好补偿碳 -14 衰减损失量而保持碳 -14 和碳 -12 含量不变, 因而所含碳 -14 与碳 -12 之比为常数. 通过测量已知一古墓中(见图 6-5-1) 遗体所含碳 -14 的量为原有碳 -14 量的 80%, 试求遗体的活性人体的死亡年代.

图 6-5-1

解 放射性物质的衰减速度与该物质的含量成比例, 它符合指数函数的变化规律. 设遗体的活性人体当初死亡时 ^{14}C 的含量为 p_0, t 时刻的含量为 $p=f(t)$, 于是, ^{14}C

含量的函数模型为

$$p=f(t)=p_0\mathrm{e}^{kt},$$

其中 $p_0=f(0)$，k 是一常数.

常数 k 可以这样确定：由化学知识可知，^{14}C 的半衰期为 5 730 年，即 ^{14}C 经过 5 730 年后其含量衰减一半，故有

$$\frac{p_0}{2}=p_0\mathrm{e}^{5\,730k}，即 \frac{1}{2}=\mathrm{e}^{5\,730k}.$$

两边取自然对数，得

$$5\,730k=\ln\frac{1}{2}\approx-0.693\,15，即 k\approx-0.000\,120\,97.$$

于是，^{14}C 含量的函数模型为

$$p=f(t)=p_0\mathrm{e}^{-0.000\,120\,97t}.$$

由题设条件可知，遗体中 ^{14}C 的含量为原含量 p_0 的 80%，故有

$$0.8p_0=p_0\mathrm{e}^{-0.000\,120\,97t}，即 0.8=\mathrm{e}^{-0.000\,120\,97t}.$$

两边取自然对数，得

$$\ln 0.8=-0.000\,120\,97t,$$

于是

$$t=\frac{\ln 0.8}{-0.000\,120\,97}\approx\frac{-0.223\,14}{-0.000\,120\,97}\approx 1\,845.$$

由此可知，遗体的活性人体大约死亡于 1 845 年前. ■

二、逻辑斯蒂方程

逻辑斯蒂方程是一种在许多领域中有着广泛应用的数学模型，下面我们借助于树的生长过程来说明该模型的建立过程.

一棵小树刚栽下去的时候长得比较慢，渐渐地，小树长高了，而且长得越来越快，几年不见，绿荫底下已经可以乘凉了，但长到某一高度后，它的生长速度趋于稳定，然后再慢慢降下来. 这一现象具有普遍性. 现在我们来建立这种现象的数学模型.

假设树的生长速度与它目前的高度呈正比，则显然不符合两头尤其是后期的生长情形，因为树不可能越长越快；但如果假设树的生长速度正比于最大高度与目前高度的差，则又明显不符合中间一段的生长过程. 折中一下，我们假定它的生长速度既与目前的高度呈正比，又与最大高度和目前高度之差呈正比.

设树生长的最大高度为 H(m)，在 t(年) 时的高度为 $h(t)$，则有

$$\frac{\mathrm{d}h(t)}{\mathrm{d}t}=kh(t)[H-h(t)], \tag{5.2}$$

其中 $k>0$ 是比例常数，称此方程为**逻辑斯蒂 (Logistic) 方程**. 它是可分离变量的一

阶常微分方程.

下面来求解方程 (5.2). 分离变量得

$$\frac{\mathrm{d}h}{h(H-h)}=k\mathrm{d}t,$$

两边积分

$$\int\frac{\mathrm{d}h}{h(H-h)}=\int k\mathrm{d}t,$$

得

$$\frac{1}{H}[\ln h-\ln(H-h)]=kt+C_1,$$

或

$$\frac{h}{H-h}=\mathrm{e}^{kHt+C_1H}=C_2\mathrm{e}^{kHt},$$

故所求通解为

$$h(t)=\frac{C_2H\mathrm{e}^{kHt}}{1+C_2\mathrm{e}^{kHt}}=\frac{H}{1+C\mathrm{e}^{-kHt}},$$

其中 $C\left(C=\frac{1}{C_2}=\mathrm{e}^{-C_1H}>0\right)$ 是正常数.

函数 $h(t)$ 的图形称为**逻辑斯蒂曲线**. 图 6－5－2 所示的是一条典型的逻辑斯蒂曲线，由于它的形状像 S，一般也称为S 曲线. 可以看到，它基本符合我们描述的树的生长情形. 另外还可以算得

$$\lim_{t\to+\infty}h(t)=H.$$

这说明树的生长有一个限制，因此也称为**限制性增长模式**.

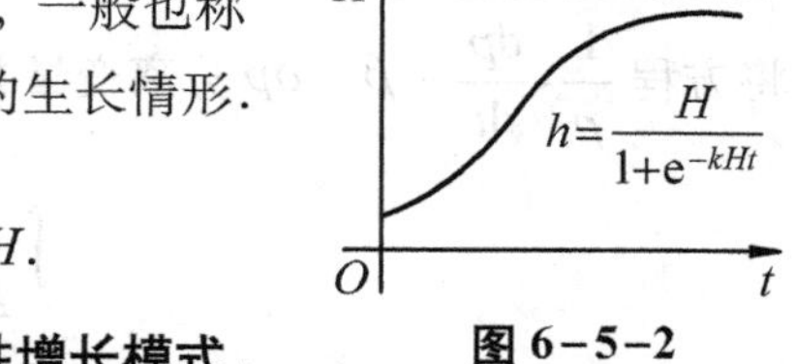

图 6－5－2

注：Logistic 的中文音译名是“逻辑斯蒂”.“逻辑”在字典中的解释是“客观事物发展的规律性”，因此许多现象本质上都符合这种 S 规律. 除了生物种群的繁殖外，还有信息的传播、新技术的推广、传染病的扩散以及某些商品的销售等. 例如流感的传染，在任其自然发展 (例如初期未引起人们注意) 的阶段，可以设想它的速度既正比于得病的人数又正比于未传染到的人数. 开始时患病的人少，因而传染速度较慢；但随着健康人与患者接触，被传染的人越来越多，传染的速度也越来越快；最后，传染速度自然而然地渐渐降低，因为已经没有多少人可被传染了.

下面举两个例子说明逻辑斯蒂方程的应用.

人口阻滞增长模型 1837 年，荷兰生物学家弗尔哈斯特 (Verhulst) 提出了一个人口模型

$$\frac{\mathrm{d}y}{\mathrm{d}t}=y(k-by),\quad y(t_0)=y_0, \tag{5.3}$$

其中 k, b 称为生命系数.

我们不详细讨论这个模型，只介绍应用它预测世界人口数时得到的两个有趣的结果.

有生态学家估计 k 的自然值是0.029. 利用20世纪60年代世界人口年平均增长率2% 以及 1965 年人口总数 33.4 亿这两个数据，计算得 $b=2$，从而估计得：

(1) 世界人口总数将趋于极限 107.6 亿.

(2) 到2000 年时世界人口总数为59.6 亿.

实际上，后一个数据与2000 年时的世界人口总数很接近.

生物的生长率模型 在一个群体中，个体的生长率是平均出生率与平均死亡率之差. 设某群体的平均出生率为正的常数 β，由于拥挤以及对食物的竞争加剧等原因，平均死亡率与群体的大小呈正比，其比例常数为 $\delta(\delta>0)$. 若以 $p(t)$ 记 t 时刻的总体，$t=0$ 时的总体记为 p_0，求 $p(t)$ 随时间 t 的变化规律.

显然，$\dfrac{\mathrm{d}p}{\mathrm{d}t}$ 就是该群体的生长率，每个个体的生长率为 $\dfrac{1}{p}\cdot\dfrac{\mathrm{d}p}{\mathrm{d}t}$，根据题意可得

$$\begin{cases}\dfrac{1}{p}\cdot\dfrac{\mathrm{d}p}{\mathrm{d}t}=\beta-\delta p\\ p(0)=p_0\end{cases},$$

将方程 $\dfrac{1}{p}\cdot\dfrac{\mathrm{d}p}{\mathrm{d}t}=\beta-\delta p$ 分离变量并积分，得

$$\int\frac{\mathrm{d}p}{p(\beta-\delta p)}=\int\mathrm{d}t.$$

又 $\dfrac{1}{p(\beta-\delta p)}=\dfrac{1}{\beta}\left(\dfrac{1}{p}+\dfrac{\delta}{\beta-\delta p}\right)$，则

$$\frac{1}{\beta}\int\frac{\mathrm{d}p}{p}+\frac{\delta}{\beta}\int\frac{\mathrm{d}p}{\beta-\delta p}=\int\mathrm{d}t,\qquad \frac{1}{\beta}\ln|p|-\frac{1}{\beta}\ln|\beta-\delta p|=t+C.$$

即
$$\frac{p}{\beta-\delta p}=C\mathrm{e}^{\beta t}.$$

由初始条件 $p(0)=p_0$ 得 $C=\dfrac{p_0}{\beta-\delta p_0}$.

将 C 代入后整理得

$$p(t)=\frac{\beta}{\delta+[(\beta/p_0)-\delta]\mathrm{e}^{-\beta t}}.$$

这是初值为 p_0 的逻辑斯蒂方程的解，服从逻辑斯蒂方程的生长规律，如图6-5-3所示.

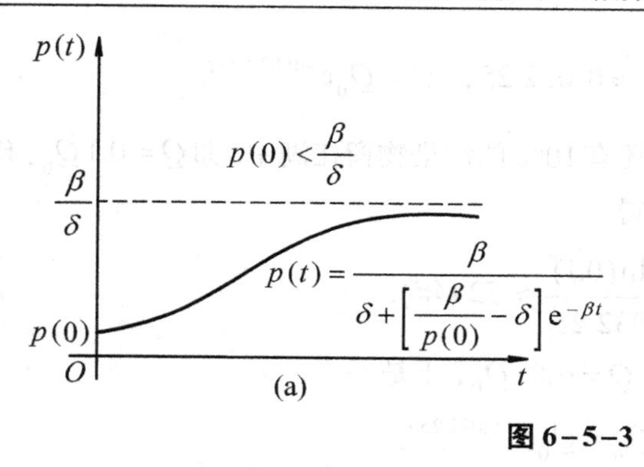

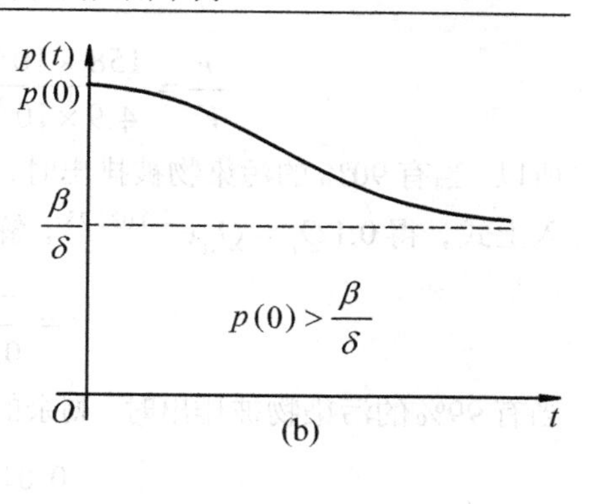

图 6–5–3

三、环境污染的数学模型

随着人类文明的发展，环境污染问题已越来越成为公众所关注的焦点. 我们将建立一个模型来分析一个已受到污染的水域，在不再增加污染的情况下，需要经过多长时间才能将其污染程度减少到一定标准之内.

记 $Q=Q(t)$ 是体积为 V 的某一湖泊在时刻 t 所含污染物的总量. 假设洁净的水以不变的流速 r 流入湖中，并且湖水也以同样的流速流出湖外，同时假设污染物是均匀地分布在整个湖中，并且流入湖中的洁净的水立刻就与原来湖中的水相混合. 注意到

$$Q\text{ 的变化率}=-\text{污染物的流出速度},$$

等式右端的负号表示 Q 是减少的，而在时刻 t，污染物的浓度为 $\dfrac{Q}{V}$. 于是

$$\text{污染物的流出速度}=\text{污水外流的速度}\times\text{浓度}=r\cdot\frac{Q}{V}.$$

这样，得微分方程

$$\frac{\mathrm{d}Q}{\mathrm{d}t}=-\frac{r}{V}Q,$$

又设当 $t=0$ 时，$Q(0)=Q_0$，解得该问题的特解为

$$Q=Q_0\mathrm{e}^{-\frac{rt}{V}}.$$

污染量 Q 随时间 t 的变化见图6–5–4.

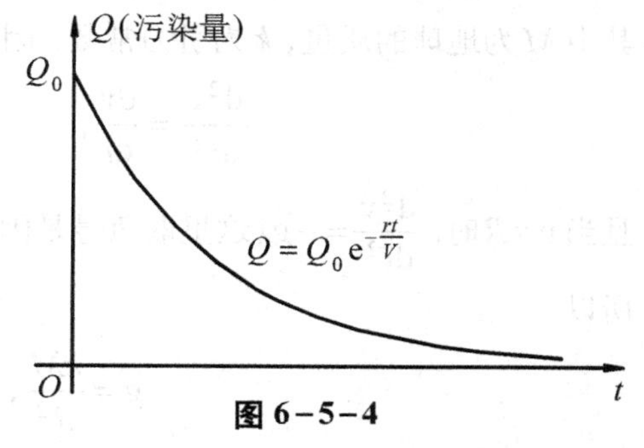

图 6–5–4

例 3 若有一已受污染的湖泊，其体积为 $4.9\times10^6\ \mathrm{m}^3$，洁净的水以每年 $158\times10^3\ \mathrm{m}^3$ 的流速流入湖中，污水也以同样的流速流出. 问经过多长时间湖中的污染物可排出90%？若要排出99%，又需要多长时间？

解 因为

$$\frac{r}{V}=\frac{158\times 10^3}{4.9\times 10^3}\approx 0.032\,25,\quad Q=Q_0\mathrm{e}^{-0.032\,25t},$$

所以，当有 90% 的污染物被排出时，还有 10% 的污染物留在湖中，即 $Q=0.1Q_0$，代入上式，得 $0.1Q_0=Q_0\mathrm{e}^{-0.032\,25t}$，解得

$$t=\frac{-\ln(0.1)}{0.032\,25}\approx 72\,(\text{年}),$$

当有 99% 的污染物被排出时，剩余的 $Q=0.01Q_0$，于是

$$0.01Q_0=Q_0\mathrm{e}^{-0.032\,25t},$$

解得

$$t=\frac{-\ln(0.01)}{0.032\,25}\approx 143\,(\text{年}).\quad ■$$

四、自由落体问题

例 4 一个离地面很高的物体受地球引力的作用由静止开始落向地面. 求它落到地面时的速度和所需的时间(不计空气阻力).

解 取连接地球中心与该物体的直线为 y 轴，其方向铅直向上，取地球的中心为原点 O (见图6-5-5).

设地球的半径为 R，物体的质量为 m，物体开始下落时与地球中心的距离为 $l\,(l>R)$，在时刻 t 物体所在位置为 $y=y(t)$，于是速度为 $v(t)=\dfrac{\mathrm{d}y}{\mathrm{d}t}$. 根据万有引力定律，即得微分方程

$$m\frac{\mathrm{d}^2y}{\mathrm{d}t^2}=-\frac{kmM}{y^2},\ \text{即}\ \frac{\mathrm{d}^2y}{\mathrm{d}t^2}=-\frac{kM}{y^2},\tag{5.4}$$

图6-5-5

其中 M 为地球的质量，k 为引力常数. 因为

$$\frac{\mathrm{d}^2y}{\mathrm{d}t^2}=\frac{\mathrm{d}v}{\mathrm{d}t},$$

且当 $y=R$ 时，$\dfrac{\mathrm{d}^2y}{\mathrm{d}t^2}=-g$ (这里取负号是因为物体运动的加速度方向与 y 轴正向相反)，所以

$$g=\frac{kM}{R^2},\quad k=\frac{gR^2}{M}.$$

于是，方程 (5.4) 化为

$$\frac{\mathrm{d}^2y}{\mathrm{d}t^2}=-\frac{gR^2}{y^2},\tag{5.5}$$

初始条件为

$$y|_{t=0}=l,\ y'|_{t=0}=0.$$

先求物体到达地面时的速度. 由 $\frac{\mathrm{d}y}{\mathrm{d}t}=v$, 得

$$\frac{\mathrm{d}^2y}{\mathrm{d}t^2}=\frac{\mathrm{d}v}{\mathrm{d}t}=\frac{\mathrm{d}v}{\mathrm{d}y}\cdot\frac{\mathrm{d}y}{\mathrm{d}t}=v\frac{\mathrm{d}v}{\mathrm{d}y}.$$

代入方程 (5.5) 并分离变量, 得

$$v\mathrm{d}v=-\frac{gR^2}{y^2}\mathrm{d}y,$$

两边积分, 得

$$v^2=\frac{2gR^2}{y}+C_1.$$

把初始条件代入上式, 得 $C_1=-2gR^2/l$, 于是

$$v^2=2gR^2\left(\frac{1}{y}-\frac{1}{l}\right),\quad v=-R\sqrt{2g\left(\frac{1}{y}-\frac{1}{l}\right)}. \tag{5.6}$$

这里取负号是由于物体运动的方向与 y 轴的正向相反.

在式 (5.6) 中令 $y=R$, 就得到物体到达地面时的速度 v 为

$$v=-\sqrt{\frac{2gR(l-R)}{l}}.$$

再来求物体落到地面所需的时间. 由式 (5.6), 有

$$\frac{\mathrm{d}y}{\mathrm{d}t}=v=-R\sqrt{2g\left(\frac{1}{y}-\frac{1}{l}\right)}.$$

分离变量, 得

$$\mathrm{d}t=-\frac{1}{R}\sqrt{\frac{l}{2g}}\sqrt{\frac{y}{l-y}}\mathrm{d}y.$$

两端积分 (对右端积分利用变换 $y=l\cos^2u$), 得

$$t=\frac{1}{R}\sqrt{\frac{l}{2g}}\left(\sqrt{ly-y^2}+l\arccos\sqrt{\frac{y}{l}}\right)+C_2.$$

由条件 $y|_{t=0}=l$, 得 $C_2=0$. 于是

$$t=\frac{1}{R}\sqrt{\frac{l}{2g}}\left(\sqrt{ly-y^2}+l\arccos\sqrt{\frac{y}{l}}\right). \tag{5.7}$$

在上式中令 $y=R$, 便得到物体到达地面所需的时间 t 为

$$t=\frac{1}{R}\sqrt{\frac{l}{2g}}\left(\sqrt{lR-R^2}+l\arccos\sqrt{\frac{R}{l}}\right).$$

■

*数学实验

实验6.8(蹦极运动) 蹦极是近年来新兴的一项非常刺激的户外休闲活动. 跳跃者站在40米(相当于10层楼)以上的高度, 把一端固定的一根长长的橡皮绳绑在踝关节处, 然后两臂伸开, 双腿并拢, 头朝下跳下去. 绑在跳跃者踝部的橡皮绳很长, 足以使跳跃者在空中享受几秒钟的"自由落体". 当人体落到离地面一定距离时, 橡皮绳被拉开、绷紧, 阻止人体继续下落. 当到达最低点时, 橡皮绳再次弹起, 人被拉起, 随后又落下, 这样反复多次, 直到橡皮绳的弹性消失为止, 这就是蹦极的全过程. 目前, 美国科罗拉多河上的皇家峡谷大桥仍然是世界上最高的蹦极之地. 每天, 这里都会上演一系列惊心动魄的蹦极活动.

问题: 在不考虑空气阻力和考虑空气阻力等多种情况下, 研究蹦极运动中蹦极者与蹦极绳设计之间的各种关系.

建模: 蹦极绳是一根相当粗的橡皮筋绳子. 当受到的张力使之超过其自然长度时, 绳子会产生一个线性回复力, 即绳子会产生一个力使它恢复到自然长度, 而这个力的大小与它被拉伸的长度呈正比. 下面要分析的是蹦极者从跳出那一瞬间起的运动规律.

首先要建立坐标系. 假设蹦极者的运动轨迹是垂直的, 因此我们用一个坐标来确定他在时刻t的位置. 设y是垂直坐标轴, 单位为ft, 正向朝上, 选择$y=0$为桥平面, 时刻t的单位为秒, 蹦极者跳出的瞬间为$t=0$, 则$y(t)$表示时刻t蹦极者的位置. 下面我们要求出$y(t)$的表达式.

由牛顿第二运动定律, 物体的质量乘以加速度等于物体所受的力. 我们假设蹦极者所受的力只有重力、空气阻力和蹦极绳产生的回复力. 当然, 直到蹦极者降落的距离大于蹦极绳的自然长度时, 蹦极绳才会产生回复力. 为简单起见, 假设空气阻力的大小与速度呈正比, 比例系数为1, 蹦极绳回复力的比例系数为0.4. 这些假设是合理的, 所得到的数学结果与研究所做的蹦极实验非常吻合. 重力加速度$g=32\ \mathrm{ft/s^2}$.

现在考虑一次具体的蹦极. 假设绳的自然长度为$L=200\mathrm{ft}$, 蹦极者的体重为$w=160\ \mathrm{lb}$, 则他的质量为$m=160/32=5$斯. 在他到达绳的自然长度(即$y=-L=-200$)前, 蹦极者的坠落满足下列初始条件:

$$\begin{cases} \dfrac{\mathrm{d}y(t)}{\mathrm{d}t}=v(t), & y(0)=0 \\ \dfrac{\mathrm{d}v(t)}{\mathrm{d}t}=-g-\dfrac{1}{m}v(t), & v(0)=0 \end{cases}.$$

利用计算软件求解得

$$\begin{cases} y(t)=160(5-t-5\mathrm{e}^{-t/5}), \\ v(t)=160(\mathrm{e}^{-t/5}-1) \end{cases},$$

解方程$y(t_1)=-L$得蹦极者坠落Lft所用的时间为

$$t_1=4.006\,\mathrm{s},$$

此时的速度为

$$v_1(t_1) = -88.195\ \text{ft/s}.$$

现在我们需要找到绳产生回复力后的运动条件. 当 $t > t_1$ 时，蹦极者的坠落满足下列初始条件:

$$\begin{cases} \dfrac{\mathrm{d}y(t)}{\mathrm{d}t} = v(t), & y(t_1) = -L \\ \dfrac{\mathrm{d}v(t)}{\mathrm{d}t} = -g - \dfrac{1}{m}v(t) - \dfrac{0.4}{m}(L + y(t)), & v(t_1) = v_1(t_1) \end{cases}.$$

同上，可利用计算软件继续研究蹦极者回弹及下落的振动过程(详见教材配套的网络学习空间)，作出蹦极者位置—时间图形见右图.

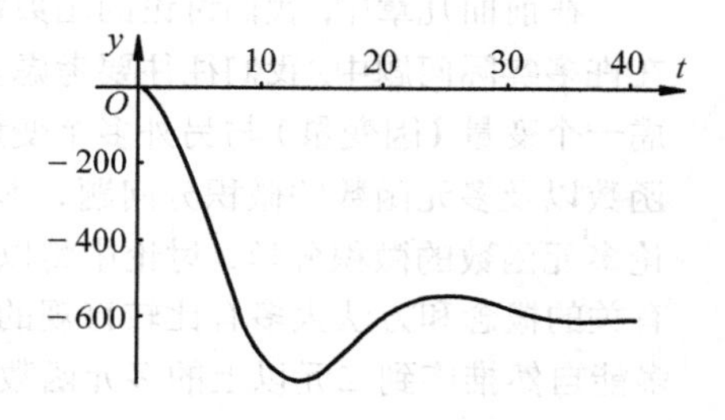

由计算和图形可知，蹦极者在大约 13 秒内由桥面坠落770ft，然后弹回到桥面下 550ft，上下振动几次，最终降落到桥面下大约600ft 处.

详见教材配套的网络学习空间.

实验习题:

1. 在上述问题中($L=200$, $w=160$)，需要多长时间蹦极者才能到达他运动轨迹上的最低点? 他能下降到桥面下多少英尺?

2. 用图描述一个体重为195lb、用 200ft 长的蹦极绳的蹦极者的坠落. 在绳子对他产生力之前, 他能做多长时间的“自由”降落?

3. 假设你有一根 300ft 长的蹦极绳，在一组坐标轴上画出你所在实验组的全体成员的运动轨迹草图.

4. 一个 55 岁、体重 185lb 的蹦极者用一根 250ft 长的蹦极绳蹦极. 在降落过程中，他达到的最大速度是多少? 当他最终停止运动时，他被挂在桥面下多少 ft 处?

5. 用不同的空气阻力系数和蹦极绳常数做实验，确定一组合理的参数，使得在这组参数下，一个160lb 的蹦极者可以回弹到蹦极绳的自然长度以上.

6. 科罗拉多的皇家峡谷大桥(它跨越皇家峡谷)距谷底1 053ft，一个体重175lb 的蹦极者希望能正好碰到谷底，则他应使用多长的绳子?

7. 假如上题中的蹦极者体重增加10lb，再用同样长的绳子从皇家峡谷大桥上跳下，则当他撞到皇家峡谷谷底时，他的坠落速度是多少?

第7章　多元函数微积分

在前面几章中，我们讨论的函数都只有一个自变量，这种函数称为一元函数．但在许多实际问题中，我们往往要考虑多个变量之间的关系，反映到数学上，就是要考虑一个变量（因变量）与另外多个变量（自变量）的相互依赖关系，由此引入了多元函数以及多元函数的微积分问题．本章将在一元函数微积分学的基础上，进一步讨论多元函数的微积分学．讨论中将以二元函数为主要对象，这不仅因为与二元函数有关的概念和方法大多有比较直观的解释，便于理解，而且因为这些概念和方法大多能自然推广到二元以上的多元函数．

§7.1　空间解析几何简介

空间解析几何的产生是数学史上一个划时代的成就．它通过点和坐标的对应关系，把数学研究的两个基本对象“数”和“形”统一起来，使得人们既可以用代数方法解决几何问题（这是解析几何的基本内容），也可以用几何方法解决代数问题．

本节我们仅简单介绍空间解析几何的一些基本概念，它们包括空间直角坐标系、空间两点间的距离、空间曲面及其方程等概念．这些内容对我们学习多元函数的微分学和积分学将起到重要作用．

一、空间直角坐标系

在平面解析几何中，我们建立了平面直角坐标系，并通过平面直角坐标系把平面上的点与有序数组（即点的坐标 (x, y)）对应起来．同样，为了把空间的任一点与有序数组对应起来，我们建立了**空间直角坐标系**．

过空间一定点 O，作三条相互垂直的数轴，依次记为 ***x*** **轴（横轴）**、***y*** **轴（纵轴）**、***z*** **轴（竖轴）**，统称为**坐标轴**．它们构成一个空间直角坐标系 $Oxyz$（见图7-1-1）．

空间直角坐标系有右手系和左手系两种．我们通常采用右手系（见图7-1-2），其坐标轴的正向按如下方式规定：以右手握住 z 轴，当右手的4个手指从 x 轴正向以 $\pi/2$ 的角度转向 y 轴正向时，大拇指的指向就是 z 轴的正向．

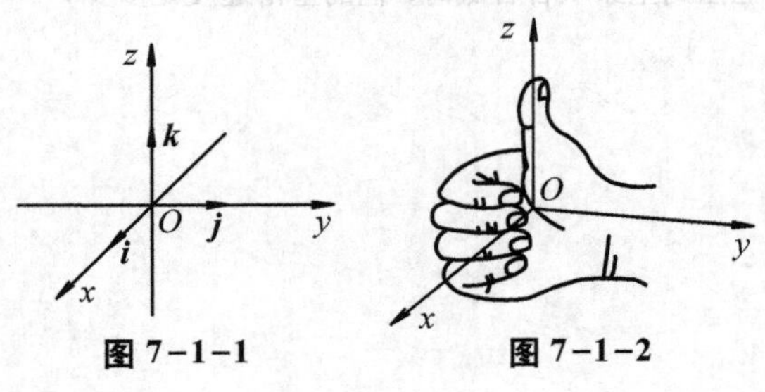

图 7-1-1　　图 7-1-2

三条坐标轴中每两条坐标轴所在的平面 xOy、yOz、zOx 称为**坐标面**. 三个坐标面把空间分成八个部分，每个部分称为一个**卦限**，共八个卦限. 其中，$x>0$，$y>0$，$z>0$ 部分为第Ⅰ卦限，第Ⅱ、Ⅲ、Ⅳ 卦限在 xOy 面的上方，按逆时针方向确定. 第Ⅴ、Ⅵ、Ⅶ、Ⅷ 卦限在 xOy 面的下方，由第Ⅰ卦限正下方的第Ⅴ卦限按逆时针方向确定 (见图7–1–3).

定义了空间直角坐标系后，就可以用一个有序实数组来确定空间点的位置. 设 M 为空间中任意一点 (见图 7–1–4)，过点 M 分别作垂直于 x 轴、y 轴、z 轴的平面，它们与 x 轴、y 轴、z 轴分别交于 P、Q、R 三点，这三个点在 x 轴、y 轴、z 轴上的坐标分别为 x, y, z. 这样空间的一点 M 就唯一地确定了有序数组 x, y, z. 反之，若给定一有序数组 x, y, z，就可以分别在 x 轴、y 轴、z 轴找到坐标分别为 x, y, z 的三点 P、Q、R，过这三点分别作垂直于 x 轴、y 轴、z 轴的平面，这三个平面的交点就是由有序数组 x, y, z 所确定的唯一的点 M. 这样就建立了空间的点 M 和有序数组 x, y, z 之间的一一对应关系. 这组数 x, y, z 称为**点 M 的坐标**，并依次称 x, y 和 z 为点 M 的**横坐标**、**纵坐标**和**竖坐标**，坐标为 x, y, z 的点 M 通常记为 $M(x, y, z)$.

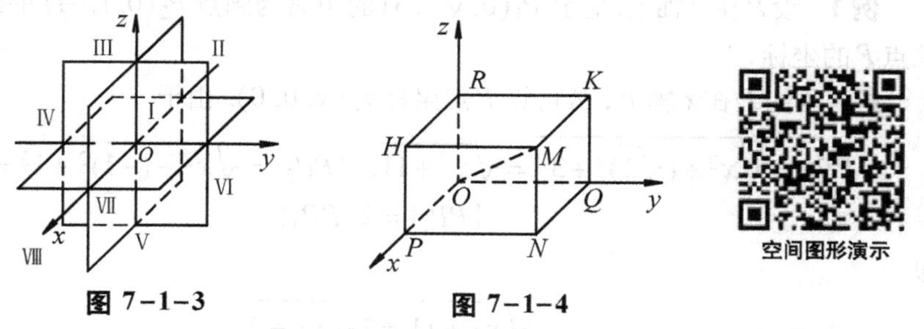

图 7–1–3　　图 7–1–4

坐标面和坐标轴上的点，其坐标各有一定的特征. 例如，x 轴上的点，其纵坐标 $y=0$，竖坐标 $z=0$，于是，其坐标为 $(x,0,0)$. 同理，y 轴上的点的坐标为 $(0,y,0)$；z 轴上的点的坐标为 $(0, 0, z)$. xOy 面上的点的坐标为 $(x, y, 0)$；yOz 面上的点的坐标为 $(0, y, z)$；zOx 面上的点的坐标为 $(x, 0, z)$.

设点 $M(x, y, z)$ 为空间一点，则点 M 关于坐标面 xOy 的对称点为 $A(x, y, -z)$；关于 x 轴的对称点为 $B(x, -y, -z)$；关于原点的对称点为 $C(-x, -y, -z)$.

二、空间两点间的距离

我们知道，在平面直角坐标系中，任意两点 $M_1(x_1, y_1)$, $M_2(x_2, y_2)$ 之间的距离公式为

$$|M_1M_2|=\sqrt{(x_2-x_1)^2+(y_2-y_1)^2}.$$

现在我们来给出空间直角坐标系中任意两点间的距离公式.

设空间直角坐标系中有两点 $M_1(x_1, y_1, z_1)$, $M_2(x_2, y_2, z_2)$，过这两点各作

三个分别垂直于坐标轴的平面，这6个平面围成一个以 M_1M_2 为对角线的长方体(见图7-1-5).

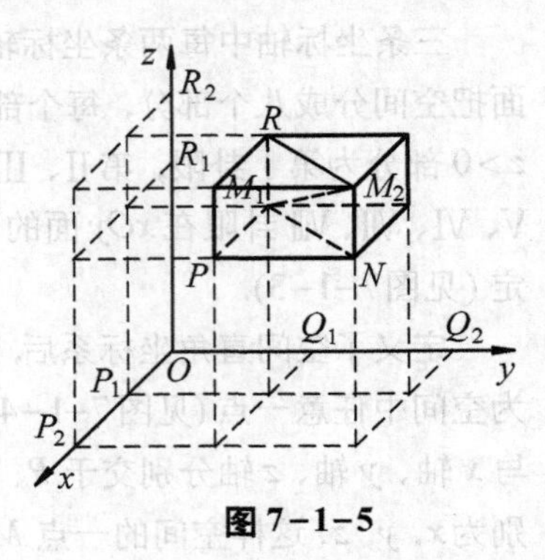

图 7-1-5

由于$\triangle M_1NM_2$、$\triangle M_1PN$ 为直角三角形，所以

$$|M_1M_2|^2=|M_1N|^2+|NM_2|^2$$
$$=|M_1P|^2+|PN|^2+|NM_2|^2,$$

因为

$$|M_1P|=|P_1P_2|=|x_2-x_1|,$$
$$|PN|=|Q_1Q_2|=|y_2-y_1|,$$
$$|NM_2|=|R_1R_2|=|z_2-z_1|,$$

所以，便得到空间两点间的距离公式：

$$|M_1M_2|=\sqrt{(x_2-x_1)^2+(y_2-y_1)^2+(z_2-z_1)^2}. \tag{1.1}$$

特别地，点 $M(x, y, z)$ 到坐标原点 $O(0, 0, 0)$ 的距离为

$$|OM|=\sqrt{x^2+y^2+z^2}. \tag{1.2}$$

例1 设P在x轴上，它到$P_1(0,\sqrt{2},3)$ 的距离为到点$P_2(0,1,-1)$ 的距离的两倍，求点P的坐标.

解 因为P在x轴上，故可设P点坐标为$(x, 0, 0)$，由于

$$|PP_1|=\sqrt{x^2+(\sqrt{2})^2+3^2}=\sqrt{x^2+11},\ |PP_2|=\sqrt{x^2+(-1)^2+1^2}=\sqrt{x^2+2},$$
$$|PP_1|=2|PP_2|,$$

即

$$\sqrt{x^2+11}=2\sqrt{x^2+2},$$

从而解得 $x=\pm1$，所求点为$(1, 0, 0)$，$(-1, 0, 0)$. ■

三、曲面及其方程

1. 曲面方程的概念

在日常生活中，我们常常会看到各种曲面，例如，反光镜面、一些建筑物的表面、球面等. 与在平面解析几何中把平面曲线看作是动点的轨迹类似，在空间解析几何中，曲面也可看作是具有某种性质的动点的轨迹.

定义1 在空间直角坐标系中，如果曲面S上任一点的坐标都满足方程$F(x,y,z)=0$，而不在曲面S上的任何点的坐标都不满足该方程，则方程$F(x, y, z)=0$ 称为**曲面S的方程**，而曲面S就称为方程$F(x, y, z)=0$的图形(见图7-1-6).

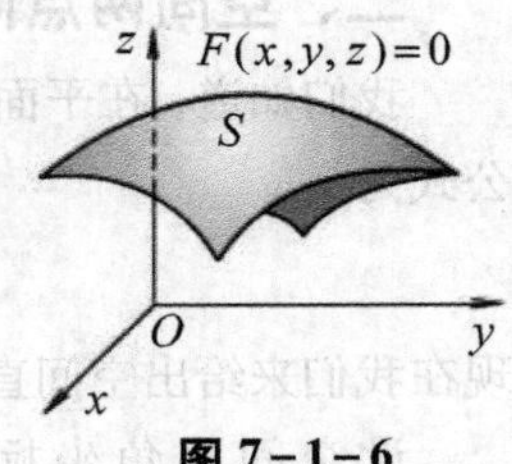

图 7-1-6

建立了空间曲面与其方程的联系后，我们就可以通过

研究方程的解析性质来研究曲面的几何性质.

空间曲面研究的两个基本问题是:

(1) 已知曲面上的点所满足的几何条件, 建立曲面的方程;

(2) 已知曲面方程, 研究曲面的几何形状.

例 2 建立球心在点 $M_0(x_0, y_0, z_0)$、半径为 R 的球面的方程.

解 设 $M(x, y, z)$ 是球面上任一点 (见图 7-1-7). 根据题意有

$$|MM_0| = R,$$

图 7-1-7

由于

$$\sqrt{(x-x_0)^2+(y-y_0)^2+(z-z_0)^2} = R,$$

所以

$$(x-x_0)^2+(y-y_0)^2+(z-z_0)^2 = R^2.$$

特别地, 球心在原点时, 球面的方程为

$$x^2+y^2+z^2 = R^2. \qquad \blacksquare$$

例 3 方程 $x^2+y^2+z^2-2x+4y=0$ 表示怎样的曲面?

解 对原方程配方, 得

$$(x-1)^2+(y+2)^2+z^2 = 5,$$

所以, 原方程表示球心在点 $M_0(1, -2, 0)$、半径 $R=\sqrt{5}$ 的球面. $\blacksquare$

*数学实验

实验 7.1 试用计算软件作下列方程所表示的曲面:

(1) $z(1+x^2+y^2)=4$;

(2) $xy(x^2-y^2)-z(x^2+y^2)=0$;

(3) $z=\sin\sqrt{x^2+y^2+2\pi}$;

(4) $xyz\ln(1+x^2+y^2+z^2)-1=0$.

详见教材配套的网络学习空间.

空间曲面图形

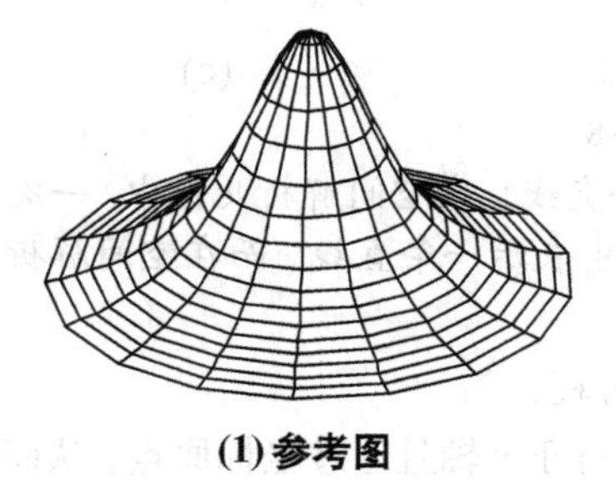

(1) 参考图

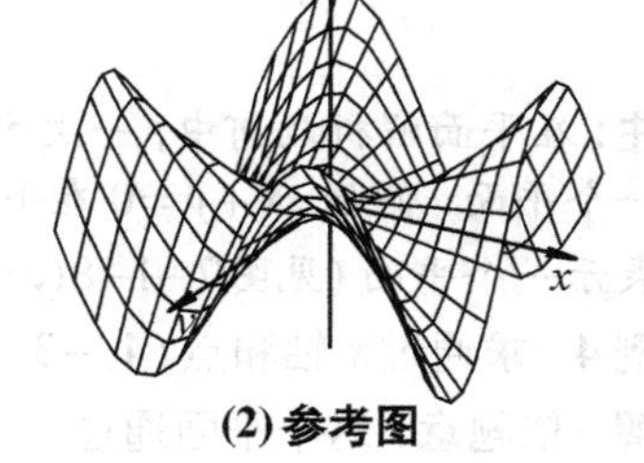

(2) 参考图

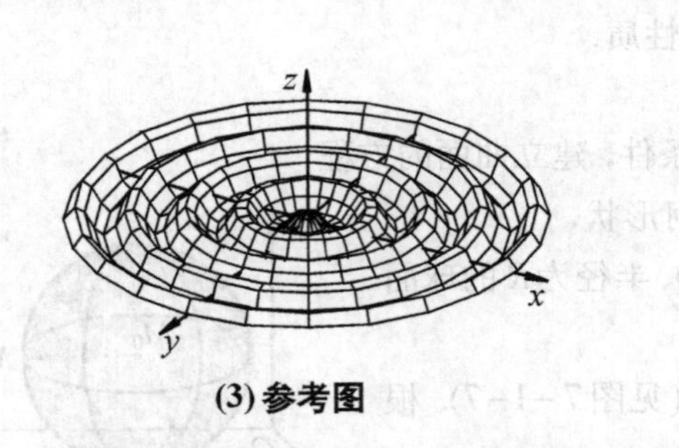

(3) 参考图

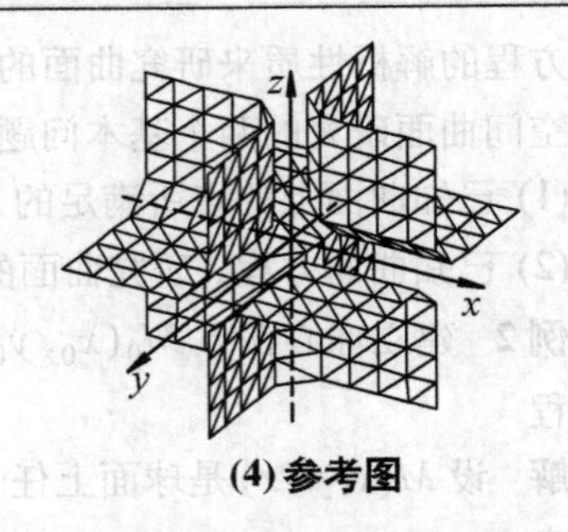

(4) 参考图

下面我们再介绍一些常见的曲面及其方程，它们包括平面、柱面和二次曲面等.

2. 平面

平面是空间中最简单而且最重要的曲面. 可以证明，空间中任一平面都可以用三元一次方程

$$Ax + By + Cz + D = 0 \tag{1.3}$$

来表示，反之亦然. 其中 A, B, C 是不全为零的常数. 方程 (1.3) 称为**平面的一般方程**.

具有特殊位置的平面方程：

(1) 平面通过坐标原点：$Ax + By + Cz = 0$.

(2) 平面平行于 z 轴：$Ax + By + D = 0$;

平面平行于 y 轴：$Ax + Cz + D = 0$;

平面平行于 x 轴：$By + Cz + D = 0$.

(3) 平面平行于 xOy 面：$Cz + D = 0$，特别地，xOy 面：$z = 0$;

平面平行于 yOz 面：$Ax + D = 0$，特别地，yOz 面：$x = 0$;

平面平行于 zOx 面：$By + D = 0$，特别地，zOx 面：$y = 0$.

例如，$x+y+z=1$, $y=3$, $x+y=0$ 等均表示空间中的平面(见图 7−1−8(a)、(b)、(c)).

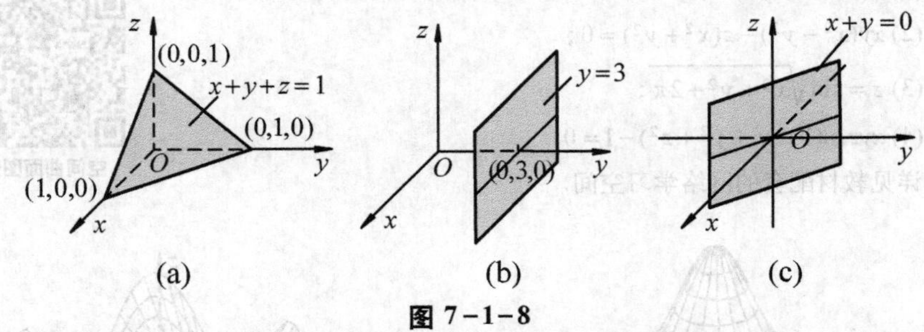

图 7−1−8

注：在平面解析几何中，一次方程表示一条直线；在空间解析几何中，一次方程表示一个平面. 例如，$x+y=0$ 在平面解析几何中表示一条直线，而在空间解析几何中则表示一个平面 (见图 7−1−8(c)).

例 4　求通过 x 轴和点 $(4, -3, -1)$ 的平面方程.

解　依题意，这个平面通过 x 轴，即平面平行于 x 轴且通过坐标原点，从而可设

该平面方程为

$$By+Cz=0,$$

空间平面图形

又因平面过点 $(4,-3,-1)$，因此有

$$-3B-C=0, \text{ 即 } C=-3B.$$

以此代入所设方程，再除以 $B\,(B\neq 0)$，便得到所求方程为

$$y-3z=0.$$

■

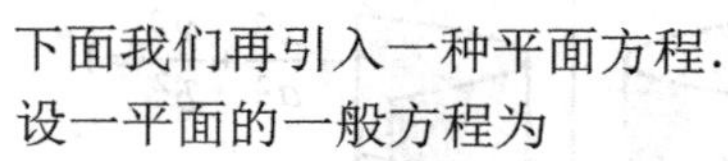

下面我们再引入一种平面方程.

设一平面的一般方程为

$$Ax+By+Cz+D=0,$$

若此平面与 x 轴、y 轴、z 轴分别交于 $P(a,0,0)$, $Q(0,b,0)$, $R(0,0,c)$ 三点 (见图 7–1–9), 其中 $a\neq 0$, $b\neq 0$, $c\neq 0$, 则这三点均满足平面方程, 即有

$$aA+D=0,\quad bB+D=0,\quad cC+D=0,$$

解得

$$A=-\frac{D}{a},\quad B=-\frac{D}{b},\quad C=-\frac{D}{c}.$$

代入所设平面方程，得

$$\frac{x}{a}+\frac{y}{b}+\frac{z}{c}=1.$$

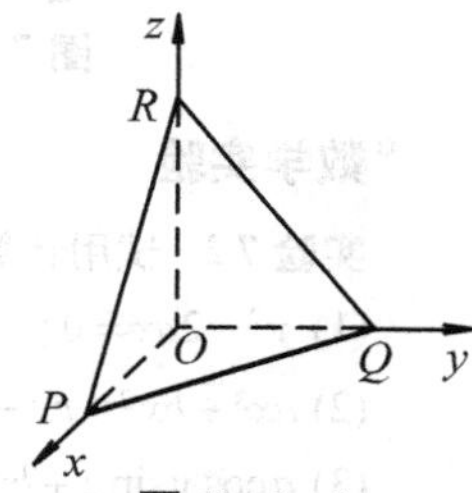

图 7–1–9

这个方程称为**平面的截距式方程**，其中 a, b, c 分别称为平面在 x 轴、y 轴、z 轴上的**截距**.

3. 柱面

定义2 平行于某定直线并沿定曲线 C 移动的直线 L 所形成的轨迹称为**柱面**. 这条定曲线 C 称为柱面的**准线**，直线 L 称为柱面的**母线**.

例5 方程 $x^2+y^2=R^2$ 在空间中表示怎样的曲面？

解 在 xOy 面上，它表示圆心在原点 O、半径为 R 的圆；在空间直角坐标系中，注意到方程不含竖坐标 z，因此对空间一点 (x,y,z)，不论其竖坐标 z 是什么，只要它的横坐标 x 和纵坐标 y 能满足方程，这一点就落在曲面上，即凡是通过 xOy 面内圆 $x^2+y^2=R^2$ 上一点 $M(x,y,0)$ 且平行于 z 轴的直线 L 都在此曲面上. 因此，此曲面可以看作是平行于 z 轴的直线 L (母线) 沿着 xOy 面上的圆 $x^2+y^2=R^2$ (准线) 移动而形成的，称此曲面为**圆柱面** (见图 7–1–10).

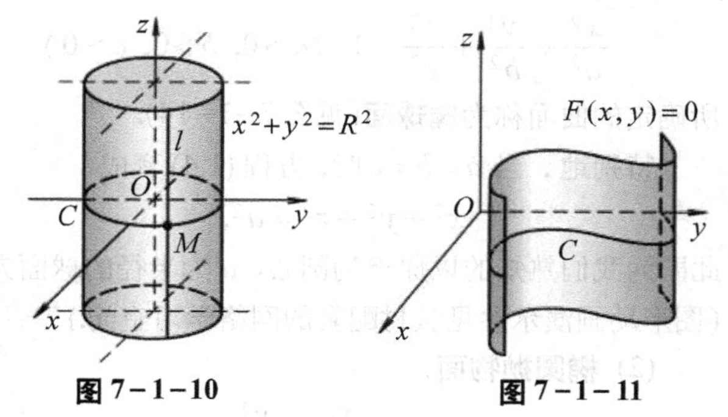

图 7–1–10　　图 7–1–11

■

一般地, 在空间解析几何中, 不含 z 而仅含 x、y 的方程 $F(x,y)=0$ 表示母线平行于 z 轴的一个柱面, xOy 面上的曲线 $F(x,y)=0$ 是这个柱面的一条准线 (见图 7–1–11).

例如，方程 $y^2=2x$ 表示母线平行于 z 轴、准线为 xOy 面上的抛物线 $y^2=2x$ 的柱面，这个柱面称为**抛物柱面**（见图7–1–12）.

方程 $-\frac{x^2}{a^2}+\frac{y^2}{b^2}=1$ 表示母线平行于 z 轴、准线为 xOy 面上的双曲线 $-\frac{x^2}{a^2}+\frac{y^2}{b^2}=1$ 的柱面，这个柱面称为**双曲柱面**（见图7–1–13）.

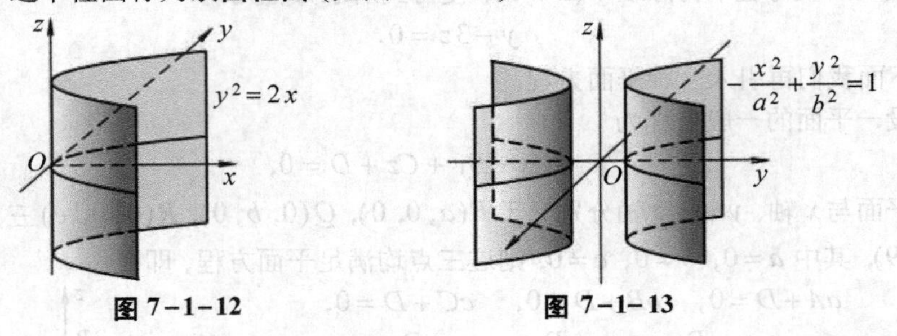

图 7–1–12 **图 7–1–13**

***数学实验**

实验 7.2 试用计算软件作下列方程所表示的柱面：

(1) $y^2-2ax=0$；

(2) $ax^3+bx^2+cx-z=0$；

(3) $a\cos y\sin z+byz=0$.

详见教材配套的网络学习空间.

空间柱面图形

4. 二次曲面

关于二次曲面，我们不做深入的讨论，仅介绍几种常见的二次曲面及其方程.

(1) **椭球面**.

由方程

$$\frac{x^2}{a^2}+\frac{y^2}{b^2}+\frac{z^2}{c^2}=1 \quad (a>0,\ b>0,\ c>0) \qquad (1.4)$$

所确定的曲面称为**椭球面**（见图7–1–14）.

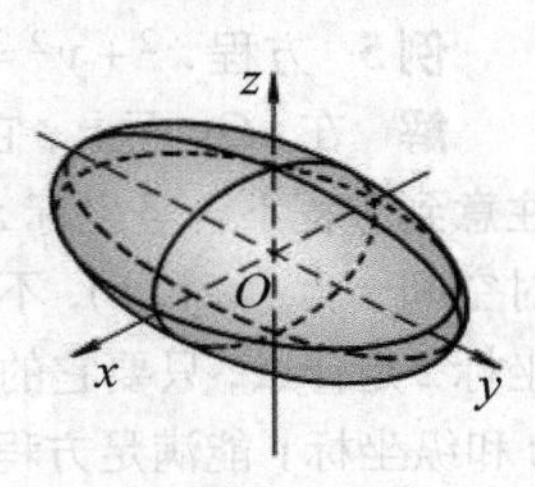

图 7–1–14

特别地，当 $a=b=c$ 时，方程 (1.4) 变成

$$x^2+y^2+z^2=a^2,$$

此即为我们熟知的以原点为圆心、a 为半径的球面方程.

（图形动画演示参见教材配套的网络学习空间.）

(2) **椭圆抛物面**.

$$z=\frac{x^2}{2p}+\frac{y^2}{2q} \ (p与q 同号).$$

以 $p>0,\ q>0$ 的情形为例，椭圆抛物面的典型图形如图7–1–15所示.

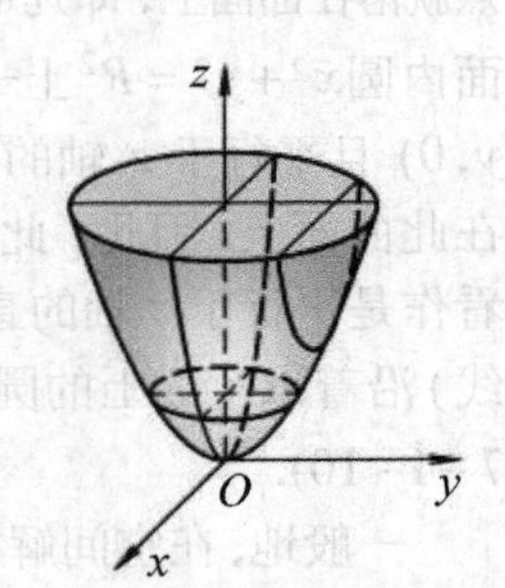

图 7–1–15

(3) **双曲抛物面（马鞍面）**.

$$-\frac{x^2}{2p}+\frac{y^2}{2q}=z\ (p与q同号).$$

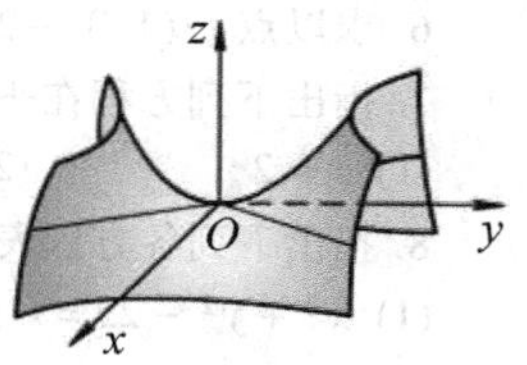

图 7-1-16

以 $p>0,\ q>0$ 的情形为例，双曲抛物面的典型图形如图 7-1-16 所示(图形动画演示参见教材配套的网络学习空间).

(4) **单叶双曲面**.

$$\frac{x^2}{a^2}+\frac{y^2}{b^2}-\frac{z^2}{c^2}=1\quad (a>0,\ b>0,\ c>0)\ (见图 7-1-17).$$

(5) **双叶双曲面**.

$$\frac{x^2}{a^2}+\frac{y^2}{b^2}-\frac{z^2}{c^2}=-1\quad (a>0,\ b>0,\ c>0)\ (见图 7-1-18).$$

(图形动画演示参见教材配套的网络学习空间).

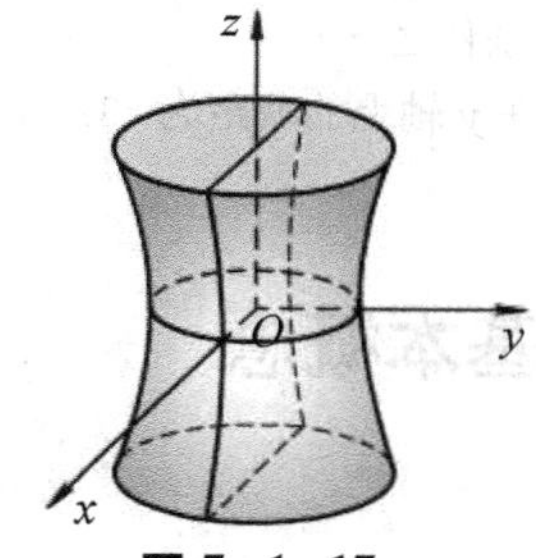

图 7-1-17

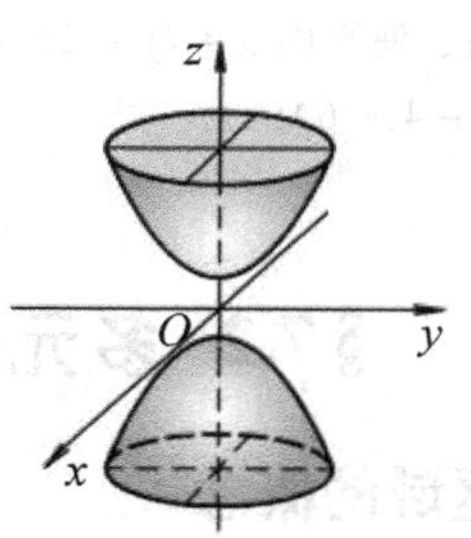

图 7-1-18

(6) **二次锥面**.

$$\frac{x^2}{a^2}+\frac{y^2}{b^2}-\frac{z^2}{c^2}=0\ (a>0,\ b>0,\ c>0)\ (见图 7-1-19).$$

二次锥面的一种常见形式是

$$x^2+y^2-z^2=0,$$

若用平面 $z=h$ 去截它，所得截痕均为圆，此方程表示的曲面称为**圆锥面**(图形动画演示参见教材配套的网络学习空间).

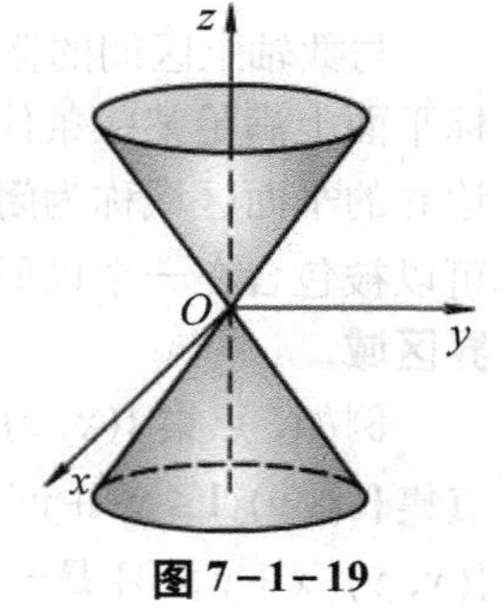

图 7-1-19

习题 7-1

1. 在空间直角坐标系中，指出下列各点在哪个卦限：

   $A(2,-2,3)$； $B(3,3,-5)$； $C(3,-2,-4)$； $D(-4,-3,2)$.

2. 在坐标面和坐标轴上的点的坐标各有什么特征？指出下列各点的位置：

   $A(2,\ 3,\ 0)$； $B(0,\ 3,\ 2)$； $C(2,\ 0,\ 0)$； $D(0,\ -2,\ 0)$.

3. 自点 $P_0(x_0,\ y_0,\ z_0)$ 分别作各坐标面和各坐标轴的垂线，求出各垂足的坐标.

4. 求点 $M(5,\ -3,\ 4)$ 到各坐标轴的距离.

5. 一动点与两定点 $(2,\ 3,\ 1)$ 和 $(4,\ 5,\ 6)$ 等距离，求该动点的轨迹方程.

6. 求以点 $O(1, 3, -2)$ 为球心且通过坐标原点的球面方程.

7. 指出下列方程在平面解析几何中和空间解析几何中分别表示什么图形:

(1) $x=2$; (2) $y=x+1$; (3) $x^2+y^2=4$; (4) $x^2-y^2=1$.

8. 指出下列各方程表示哪种曲面:

(1) $x^2+y^2-2z=0$; (2) $x^2-y^2=0$; (3) $x^2+y^2=0$;

(4) $y-\sqrt{3}z=0$; (5) $y^2-4y+3=0$; (6) $\dfrac{x^2}{9}+\dfrac{y^2}{16}=1$;

(7) $x^2-\dfrac{y^2}{9}=1$; (8) $x^2=4y$; (9) $z^2-x^2-y^2=0$.

9. 求曲面 $x^2+9y^2=10z$ 与 yOz 平面的交线.

10. 指出下列各平面的特殊位置:

(1) $x=0$; (2) $3y-1=0$; (3) $2x-3y-6=0$; (4) $x-\sqrt{3}y=0$;

(5) $y+z=1$; (6) $x-2z=0$; (7) $6x+5y-z=0$.

11. 确定 k 的值, 使平面 $x+ky-2z=9$ 满足下列条件之一:

(1) 经过点 $(5, -4, -6)$; (2) 在 y 轴上的截距为-3.

§7.2 多元函数的基本概念

一、平面区域的概念

与数轴上区间的概念类似, 我们要引入平面区域的概念. 所谓**平面区域**是指坐标平面上满足某些条件的点的集合, 围成平面区域的曲线称为该区域的**边界**. 包含边界的平面区域称为**闭区域**. 不含边界的平面区域称为**(开)区域**. 如果一个区域总可以被包含在一个以原点为中心的圆域内, 则称此区域为**有界区域**, 否则称其为**无界区域**.

例如, 点集 $\{(x, y) \mid 1<x^2+y^2<4\}$ 是一区域, 并且是一有界区域 (见图 7-2-1). 点集 $\{(x, y) \mid 1 \le x^2+y^2 \le 4\}$ 是一闭区域, 并且是一有界闭区域 (见图 7-2-2). 而点集 $\{(x, y) \mid x+y>0\}$ 是一无界区域 (见图 7-2-3).

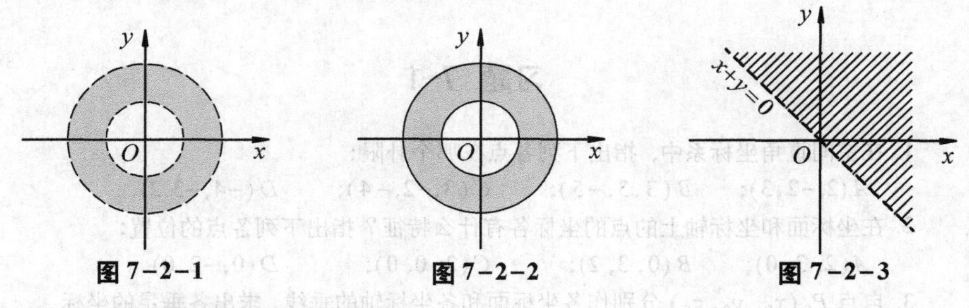

图 7-2-1 图 7-2-2 图 7-2-3

二、多元函数的概念

定义1 设 D 是平面上的一个非空点集, 如果对于 D 内的任一点 (x, y), 按照某

种法则 f，都有唯一确定的实数 z 与之对应，则称 f 是 D 上的二元函数，它在 (x, y) 处的函数值记为 $f(x, y)$，即 $z=f(x, y)$，其中 x, y 称为**自变量**，z 称为**因变量**. 点集 D 称为该函数的**定义域**，数集 $\{z \mid z=f(x, y),\ (x, y)\in D\}$ 称为该函数的**值域**.

注：关于二元函数的定义域，我们仍做如下约定：如果一个用算式表示的函数没有明确指出定义域，则该函数的定义域理解为使算式有意义的所有点 (x, y) 所构成的集合，并称其为**自然定义域**.

类似地，可定义三元及三元以上的函数. 当 $n\geq 2$ 时，n 元函数统称为**多元函数**.

例 1 求二元函数 $f(x, y)=\dfrac{\arcsin(3-x^2-y^2)}{\sqrt{x-y^2}}$ 的定义域.

解 要使表达式有意义，必须

$$\begin{cases}|3-x^2-y^2|\leq 1\\ x-y^2>0\end{cases}，\quad 即 \quad \begin{cases}2\leq x^2+y^2\leq 4\\ x>y^2\end{cases}.$$

故所求定义域为(见图 7-2-4)

$$D=\{(x, y) \mid 2\leq x^2+y^2\leq 4,\ x>y^2\}. \quad ■$$

图 7-2-4

例 2 已知函数 $f(x+y, x-y)=\dfrac{x^2-y^2}{x^2+y^2}$，求 $f(x, y)$.

解 设 $u=x+y,\ v=x-y$，则

$$x=\frac{u+v}{2},\quad y=\frac{u-v}{2},$$

所以

$$f(u,v)=\frac{\left(\dfrac{u+v}{2}\right)^2-\left(\dfrac{u-v}{2}\right)^2}{\left(\dfrac{u+v}{2}\right)^2+\left(\dfrac{u-v}{2}\right)^2}=\frac{2uv}{u^2+v^2}.$$

即有

$$f(x, y)=\frac{2xy}{x^2+y^2}. \quad ■$$

二元函数的几何意义

设 $z=f(x, y)$ 是定义在区域 D 上的一个二元函数，点集

$$S=\{(x, y, z) \mid z=f(x, y),\ (x, y)\in D\}$$

称为二元函数 $z=f(x, y)$ 的图形. 易见，属于 S 的点 $P(x_0, y_0, z_0)$ 满足三元方程

$$F(x, y, z)=z-f(x, y)=0,$$

故二元函数 $z=f(x, y)$ 的图形就是空间中区域 D 上的一张曲面(见图 7-2-5)，定义域 D 就是该曲面在 xOy 面上的投影.

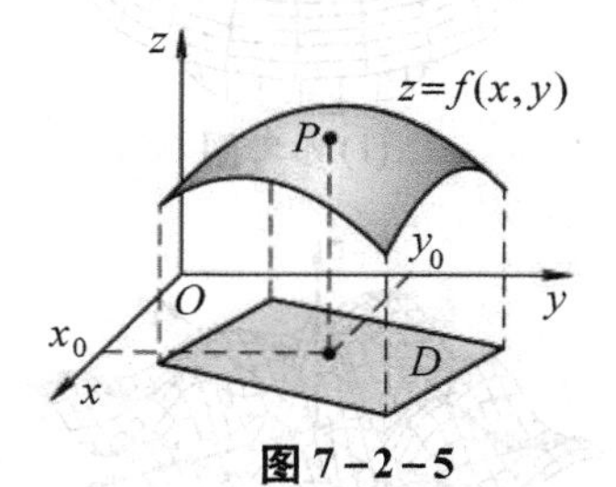

图 7-2-5

例如，二元函数 $z=\sqrt{1-x^2-y^2}$ 表示以原点为中心、半径为1的上半球面(见图

7−2−6), 它的定义域 D 是 xOy 面上以原点为圆心的单位圆.

又如, 二元函数 $z=\sqrt{x^2+y^2}$ 表示顶点在原点的圆锥面 (见图 7−2−7), 它的定义域 D 是整个 xOy 面.

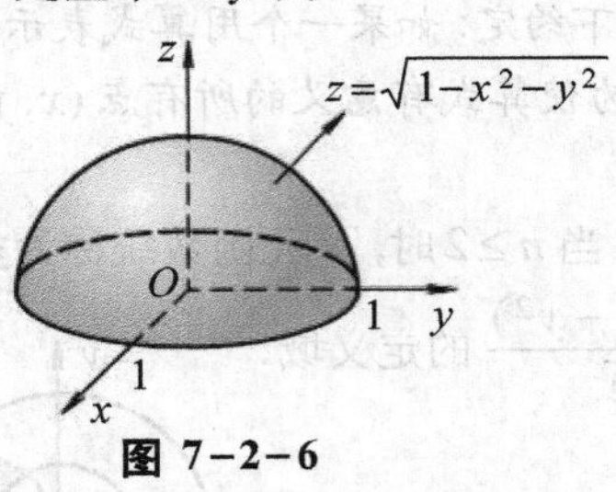

图 7−2−6

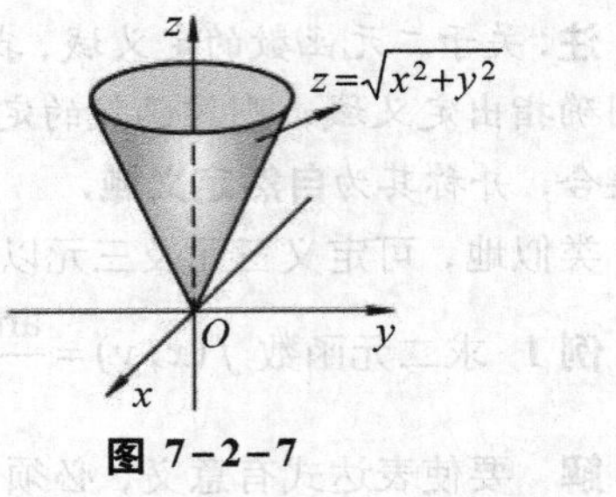

图 7−2−7

*数学实验

实验 7.3　试用计算软件作下列二元函数的图形:

(1) $z=\dfrac{x^4+2x^2y^2+y^4}{1-x^2-y^2}$;　　(2) $z=\cos x\sin y$;

(3) $z=\cos(4x^2+9y^2)$;　　(4) $z=\cos x\sin y\,\mathrm{e}^{-\frac{1}{4}\sqrt{x^2+y^2}}$;

(5) $z=-xy\mathrm{e}^{-x^2-y^2}$;　　(6) $z=\ln(8-x^2-y^2)+\sqrt{x^2+y^2-1}$.

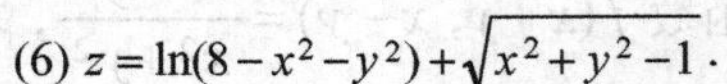

二元函数图形

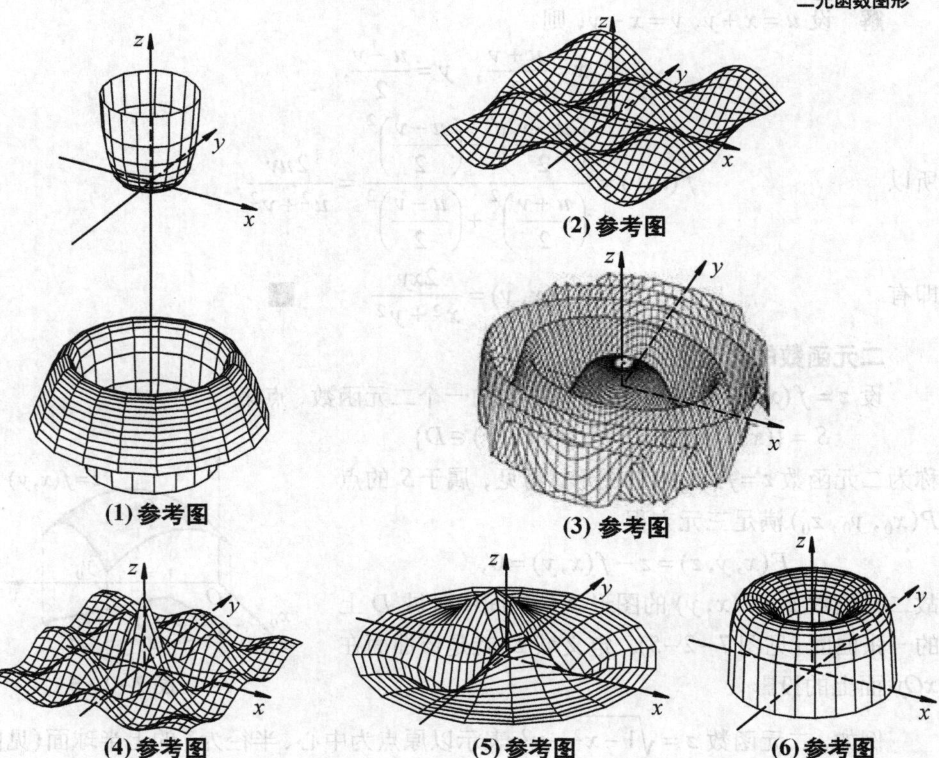

(1) 参考图　(2) 参考图　(3) 参考图　(4) 参考图　(5) 参考图　(6) 参考图

三、二元函数的极限

与一元函数的极限概念类似，二元函数的极限也是反映函数值随自变量变化而变化的趋势.

定义 2 设函数 $z=f(x,y)$ 在点 $P_0(x_0,y_0)$ 的某一去心邻域内有定义，如果当点 $P(x,y)$ 无限趋于点 $P_0(x_0,y_0)$ 时，函数 $f(x,y)$ 无限趋于一个常数 A，则称 A 为**函数 $z=f(x,y)$ 在 $(x,y)\to(x_0,y_0)$ 时的极限**，记为

$$\lim_{\substack{x\to x_0\\ y\to y_0}} f(x,y)=A \quad \text{或} \quad f(x,y)\to A((x,y)\to(x_0,y_0)),$$

也记作 $\lim\limits_{P\to P_0} f(P)=A$ 或 $f(P)\to A\ (P\to P_0)$.

二元函数的极限与一元函数的极限具有相同的性质和运算法则，在此不再详述. 为了区别于一元函数的极限，我们称二元函数的极限为**二重极限**.

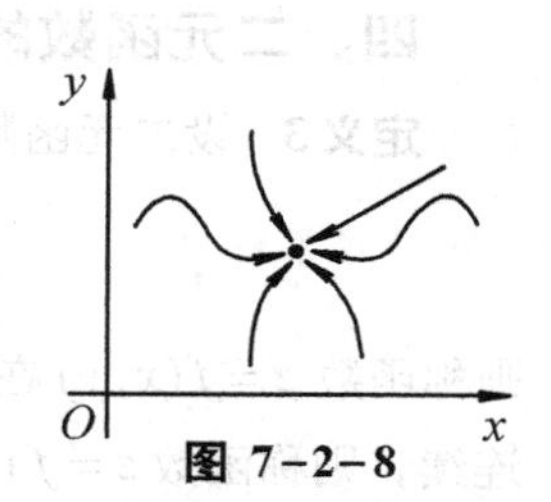

图 7-2-8

值得注意的是，在定义 2 中，动点 P 趋向于点 P_0 的方式是任意的(见图 7-2-8). 即若 $\lim\limits_{P\to P_0} f(P)=A$，则无论动点 P 以何种方式趋于点 P_0，都有 $f(P)\to A$. 这个命题的逆否命题常常用来证明一个二元函数的二重极限不存在.

二元函数图形

例 3 求极限 $\lim\limits_{\substack{x\to 0\\ y\to 0}}(x^2+y^2)\sin\dfrac{1}{x^2+y^2}$.

解 令 $u=x^2+y^2$，则

$$\lim_{\substack{x\to 0\\ y\to 0}}(x^2+y^2)\sin\frac{1}{x^2+y^2}=\lim_{u\to 0} u\sin\frac{1}{u}=0.$$

如图 7-2-9 所示. ■

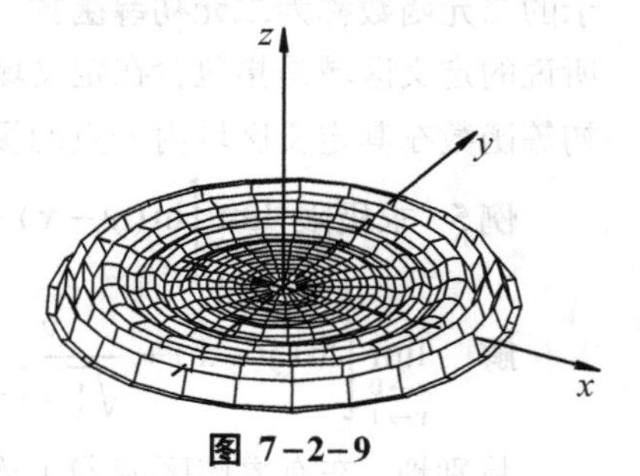

图 7-2-9

例 4 证明 $\lim\limits_{\substack{x\to 0\\ y\to 0}}\dfrac{xy}{x^2+y^2}$ 不存在.

证明 取 $y=kx$ (k 为常数)，则

$$\lim_{\substack{x\to 0\\ y\to 0}}\frac{xy}{x^2+y^2}=\lim_{\substack{x\to 0\\ y=kx}}\frac{x\cdot kx}{x^2+k^2x^2}=\frac{k}{1+k^2},$$

易见题设极限的值随 k 的变化而变化，故题设极限不存在. 如图 7-2-10 所示. ■

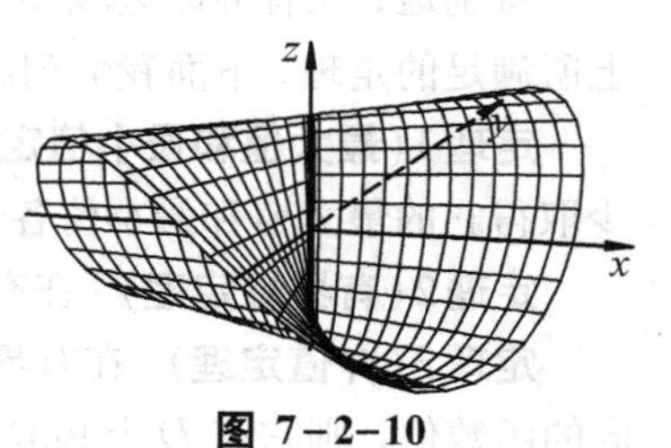

图 7-2-10

*数学实验

实验 7.4 试用计算软件求出下列二元函数的极限:

(1) 求极限 $\lim\limits_{\substack{x\to 0\\ y\to 0}}\dfrac{xye^x}{4-\sqrt{16+xy}}$；

(2) 求极限 $\lim\limits_{\substack{x\to \infty\\ y\to a}}\left(1+\dfrac{1}{x}\right)^{\frac{x^2}{x+y}}$；

(3) 求极限 $\lim\limits_{\substack{x\to 0\\ y\to 0}}\dfrac{\sqrt{x^2+y^2}-\sin\sqrt{x^2+y^2}}{\sqrt{(x^2+y^2)^3}}$；

(4) 求极限 $\lim\limits_{\substack{x\to 0\\ y\to 0}}\dfrac{(x^2+y^2)x^2y^2}{1-\cos(x^2+y^2)}$.

详见教材配套的网络学习空间.

四、二元函数的连续性

定义3 设二元函数 $z=f(x,y)$ 在点 (x_0,y_0) 的某一邻域内有定义，如果

$$\lim_{\substack{x\to x_0\\ y\to y_0}} f(x,y)=f(x_0,y_0),$$

则称函数 $z=f(x,y)$ 在点 (x_0,y_0) 处**连续**. 如果函数 $z=f(x,y)$ 在点 (x_0,y_0) 处不连续，则称函数 $z=f(x,y)$ 在点 (x_0,y_0) 处**间断**.

如果函数 $z=f(x,y)$ 在区域 D 内每一点都连续，则称该函数在**区域 D 内连续**. 在区域 D 上连续的二元函数的图形是区域 D 上的一张连续曲面.

与一元函数类似，二元连续函数经过四则运算和复合运算后仍为二元连续函数. 由 x 和 y 的基本初等函数经过有限次四则运算和复合运算所构成的一个可用式子表示的二元函数称为**二元初等函数**. 一切二元初等函数在其定义区域内是连续的. 这里所说的定义区域是指包含在定义域内的区域或闭区域. 利用这个结论，当求某个二元初等函数在其定义区域内一点的极限时，只要计算出函数在该点的函数值即可.

例5 求极限 $\lim\limits_{\substack{x\to 0\\ y\to 1}}\left[\ln(y-x)+\dfrac{y}{\sqrt{1-x^2}}\right]$.

解 $\lim\limits_{\substack{x\to 0\\ y\to 1}}\left[\ln(y-x)+\dfrac{y}{\sqrt{1-x^2}}\right]=\ln(1-0)+\dfrac{1}{\sqrt{1-0^2}}=1.$ ■

特别地，在有界闭区域 D 上连续的二元函数也有类似于一元连续函数在闭区间上所满足的定理. 下面我们列出这些定理，但不做证明.

定理1(最大值和最小值定理) 在有界闭区域 D 上的二元连续函数，在 D 上至少取得它的最大值和最小值各一次.

定理2(有界性定理) 在有界闭区域 D 上的二元连续函数在 D 上一定有界.

定理3(介值定理) 在有界闭区域 D 上的二元连续函数，若在 D 上取得两个不同的函数值，则它在 D 上必取得介于这两个值之间的任何值至少一次.

习题 7-2

1. 设 $f(x,y)=x^2+y^2-xy\tan\dfrac{x}{y}$，求 $f(tx,ty)$.

2. 设 $f(x,y)=\dfrac{2xy}{x^2+y^2}$，求 $f\left(1,\dfrac{y}{x}\right)$.

3. 设 $z=x+y+f(x-y)$，且当 $y=0$ 时，$z=x^2$，求 $f(x)$.

4. 求下列各函数的定义域：

(1) $z=\ln(y^2-2x+1)$；　(2) $z=\sqrt{x-\sqrt{y}}$；　(3) $z=\ln(y-x)+\dfrac{\sqrt{x}}{\sqrt{1-x^2-y^2}}$.

5. 求下列各极限：

(1) $\lim\limits_{\substack{x\to 0\\ y\to 1}}\dfrac{1-xy}{x^2+y^2}$；　(2) $\lim\limits_{\substack{x\to 2\\ y\to 0}}\dfrac{\sin xy}{y}$；　(3) $\lim\limits_{(x,y)\to(0,0)}\dfrac{2-\sqrt{xy+4}}{xy}$.

6. 证明极限 $\lim\limits_{(x,y)\to(0,0)}\dfrac{x+y}{x-y}$ 不存在.

§7.3 偏 导 数

一、偏导数的定义及其计算法

在研究一元函数时，我们从研究函数的变化率引入了导数的概念. 实际问题中，我们常常需要了解一个受到多种因素制约的变量，在其他因素固定不变的情况下，该变量只随一种因素变化的变化率问题，反映在数学上就是多元函数在其他自变量固定不变时，函数随一个自变量变化的变化率问题，这就是偏导数.

以二元函数 $z=f(x,y)$ 为例，如果固定自变量 $y=y_0$，则函数 $z=f(x,y_0)$ 就是 x 的一元函数，该函数对 x 的导数，就称为二元函数 $z=f(x,y)$ 对 x 的**偏导数**. 一般地，我们有如下定义：

定义1　设函数 $z=f(x,y)$ 在点 (x_0,y_0) 的某一邻域内有定义，当 y 固定在 y_0 而 x 在 x_0 处有增量 Δx 时，相应地，函数有增量

$$f(x_0+\Delta x,y_0)-f(x_0,y_0),$$

如果 $\lim\limits_{\Delta x\to 0}\dfrac{f(x_0+\Delta x,y_0)-f(x_0,y_0)}{\Delta x}$ 存在，则称此极限为函数 $z=f(x,y)$ 在点 (x_0,y_0) 处**对 x 的偏导数**，记为

$$\left.\frac{\partial z}{\partial x}\right|_{\substack{x=x_0\\ y=y_0}},\quad \left.\frac{\partial f}{\partial x}\right|_{\substack{x=x_0\\ y=y_0}},\quad \left.z_x\right|_{\substack{x=x_0\\ y=y_0}}\quad \text{或}\quad f_x(x_0,y_0).$$

例如，有

$$f_x(x_0, y_0) = \lim_{\Delta x \to 0} \frac{f(x_0 + \Delta x, y_0) - f(x_0, y_0)}{\Delta x}.$$

类似地，函数 $z = f(x, y)$ 在点 (x_0, y_0) 处**对 y 的偏导数**为

$$\lim_{\Delta y \to 0} \frac{f(x_0, y_0 + \Delta y) - f(x_0, y_0)}{\Delta y},$$

记为

$$\left.\frac{\partial z}{\partial y}\right|_{\substack{x=x_0 \\ y=y_0}}, \quad \left.\frac{\partial f}{\partial y}\right|_{\substack{x=x_0 \\ y=y_0}}, \quad z_y\Big|_{\substack{x=x_0 \\ y=y_0}} \text{ 或 } f_y(x_0, y_0).$$

如果函数 $z = f(x, y)$ 在区域 D 内任一点 (x, y) 处对 x 的偏导数都存在，那么这个偏导数就是 x, y 的函数，并称为函数 $z = f(x, y)$ **对自变量 x 的偏导函数**（简称为**偏导数**），记为

$$\frac{\partial z}{\partial x}, \ \frac{\partial f}{\partial x}, \ z_x \ \text{ 或 } \ f_x(x, y).$$

同理可以定义函数 $z = f(x, y)$ **对自变量 y 的偏导数**，记为

$$\frac{\partial z}{\partial y}, \ \frac{\partial f}{\partial y}, \ z_y \ \text{ 或 } \ f_y(x, y).$$

注：偏导数的记号 z_x，f_x 也记成 z'_x，f'_x，对后面的高阶偏导数也有类似的情形.

偏导数的概念可以推广到二元以上的函数.

例如，三元函数 $u = f(x, y, z)$ 在点 (x, y, z) 处对 x 的偏导数可定义为

$$f_x(x, y, z) = \lim_{\Delta x \to 0} \frac{f(x + \Delta x, y, z) - f(x, y, z)}{\Delta x}.$$

上述定义表明，在求多元函数对某个自变量的偏导数时，只需把其余自变量看作常数，然后直接利用一元函数的求导公式及复合函数求导法则来计算.

例 1 求 $z = f(x, y) = x^2 + 3xy + y^2$ 在点 $(1, 2)$ 处的偏导数.

解 把 y 看作常数，对 x 求导，得

$$f_x(x, y) = 2x + 3y,$$

把 x 看作常数，对 y 求导，得

$$f_y(x, y) = 3x + 2y,$$

故所求偏导数为

$$f_x(1, 2) = 2 \times 1 + 3 \times 2 = 8, \ f_y(1, 2) = 3 \times 1 + 2 \times 2 = 7.$$ ■

例 2 求二元函数 $z = y\ln(x^2 + y^2)$ 的一阶偏导数.

解 $$z'_x = y\frac{1}{x^2 + y^2}(x^2 + y^2)'_x = \frac{2xy}{x^2 + y^2},$$

$$z'_y = \ln(x^2 + y^2) + y\frac{1}{x^2 + y^2}(x^2 + y^2)'_y = \ln(x^2 + y^2) + \frac{2y^2}{x^2 + y^2}.$$ ■

例 3 设 $z=x^y(x>0, x\neq 1)$, 求证

$$\frac{x}{y}\frac{\partial z}{\partial x}+\frac{1}{\ln x}\frac{\partial z}{\partial y}=2z.$$

证明 因为 $\dfrac{\partial z}{\partial x}=yx^{y-1}$, $\dfrac{\partial z}{\partial y}=x^y\ln x$, 所以

$$\frac{x}{y}\frac{\partial z}{\partial x}+\frac{1}{\ln x}\frac{\partial z}{\partial y}=\frac{x}{y}yx^{y-1}+\frac{1}{\ln x}x^y\ln x=x^y+x^y=2z.$$ ■

例 4 求 $r=\sqrt{x^2+y^2+z^2}$ 的偏导数.

解 把 y 和 z 看作常数, 对 x 求导, 得

$$\frac{\partial r}{\partial x}=\frac{(x^2)'}{2\sqrt{x^2+y^2+z^2}}=\frac{x}{\sqrt{x^2+y^2+z^2}}=\frac{x}{r},$$

利用函数关于自变量的对称性, 得

$$\frac{\partial r}{\partial y}=\frac{y}{r},\quad \frac{\partial r}{\partial z}=\frac{z}{r}.$$ ■

注: 对一元函数而言, 导数 $\dfrac{\mathrm{d}y}{\mathrm{d}x}$ 可看作函数的微分 $\mathrm{d}y$ 与自变量的微分 $\mathrm{d}x$ 的商, 但偏导数的记号 $\dfrac{\partial u}{\partial x}$ 是一个整体.

偏导数的几何意义

设曲面的方程为 $z=f(x,y)$, $M_0(x_0,y_0,f(x_0,y_0))$ 是该曲面上一点, 过点 M_0 作平面 $y=y_0$, 截此曲面得一条曲线, 其方程为

$$\begin{cases} z=f(x,y_0), \\ y=y_0 \end{cases}$$

则偏导数 $f_x(x_0,y_0)$ 表示上述曲线在点 M_0 处的切线 M_0T_x 对 x 轴正向的斜率(见图 7-3-1).

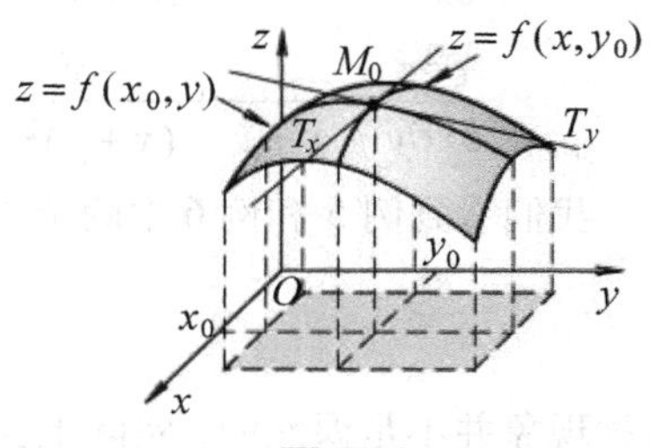

图 7-3-1

同理, 偏导数 $f_y(x_0,y_0)$ 就是曲面被平面 $x=x_0$ 所截得的曲线在点 M_0 处的切线 M_0T_y 对 y 轴正向的斜率.

二、高阶偏导数

设函数 $z=f(x,y)$ 在区域 D 内具有偏导数

$$\frac{\partial z}{\partial x}=f_x(x,y),\quad \frac{\partial z}{\partial y}=f_y(x,y),$$

则在 D 内 $f_x(x,y)$ 和 $f_y(x,y)$ 都是 x, y 的函数. 如果这两个函数的偏导数存在, 则称它们是函数 $z=f(x,y)$ 的**二阶偏导数**. 按照对变量求导次序的不同, 共有下列四

个二阶偏导数:

$$\frac{\partial}{\partial x}\left(\frac{\partial z}{\partial x}\right)=\frac{\partial^2 z}{\partial x^2}=f_{xx}(x,y),\quad \frac{\partial}{\partial y}\left(\frac{\partial z}{\partial x}\right)=\frac{\partial^2 z}{\partial x\partial y}=f_{xy}(x,y),$$

$$\frac{\partial}{\partial x}\left(\frac{\partial z}{\partial y}\right)=\frac{\partial^2 z}{\partial y\partial x}=f_{yx}(x,y),\quad \frac{\partial}{\partial y}\left(\frac{\partial z}{\partial y}\right)=\frac{\partial^2 z}{\partial y^2}=f_{yy}(x,y),$$

其中第二个、第三个偏导数称为**混合偏导数**.

类似地, 可以定义三阶、四阶、⋯ 以及 n 阶偏导数. 我们把二阶及二阶以上的偏导数统称为**高阶偏导数**.

例 5 设 $z=4x^3+3x^2y-3xy^2-x+y$, 求 $\frac{\partial^2 z}{\partial x^2}, \frac{\partial^2 z}{\partial y\partial x}, \frac{\partial^2 z}{\partial x\partial y}, \frac{\partial^2 z}{\partial y^2}$.

解 $\frac{\partial z}{\partial x}=12x^2+6xy-3y^2-1,\quad \frac{\partial z}{\partial y}=3x^2-6xy+1,$

$$\frac{\partial^2 z}{\partial x^2}=24x+6y,\ \frac{\partial^2 z}{\partial y^2}=-6x,\ \frac{\partial^2 z}{\partial x\partial y}=6x-6y,\ \frac{\partial^2 z}{\partial y\partial x}=6x-6y.$$ ■

例 6 求 $z=x\ln(x+y)$ 的二阶偏导数.

解 $\frac{\partial z}{\partial x}=\ln(x+y)+\frac{x}{x+y},\qquad \frac{\partial z}{\partial y}=\frac{x}{x+y},$

$$\frac{\partial^2 z}{\partial x^2}=\frac{1}{x+y}+\frac{x+y-x}{(x+y)^2}=\frac{x+2y}{(x+y)^2},\qquad \frac{\partial^2 z}{\partial y^2}=\frac{-x}{(x+y)^2}$$

$$\frac{\partial^2 z}{\partial x\partial y}=\frac{1}{x+y}+\frac{-x}{(x+y)^2}=\frac{y}{(x+y)^2},\quad \frac{\partial^2 z}{\partial y\partial x}=\frac{(x+y)-x}{(x+y)^2}=\frac{y}{(x+y)^2}.$$ ■

我们看到例 5 和例 6 中两个二阶混合偏导数均相等, 即

$$\frac{\partial^2 z}{\partial y\partial x}=\frac{\partial^2 z}{\partial x\partial y}.$$

这种现象并不是偶然的, 实际上我们可以通过证明得出下述定理:

定理 1 如果函数 $z=f(x,y)$ 的两个二阶混合偏导数 $\frac{\partial^2 z}{\partial y\partial x}$ 及 $\frac{\partial^2 z}{\partial x\partial y}$ 在区域 D 内连续, 则在该区域内有 $\frac{\partial^2 z}{\partial y\partial x}=\frac{\partial^2 z}{\partial x\partial y}$.

定理表明: 二阶混合偏导数在连续的条件下与求偏导的次序无关, 这给混合偏导数的计算带来了方便.

对于二元以上的多元函数, 我们也可类似地定义高阶偏导数. 而且高阶混合偏导数在偏导数连续的条件下也与求偏导的次序无关.

*数学实验

实验 7.5 试用计算软件求出下列函数的偏导数:

(1) 设 $z=x^3y+\sin^2(xy)$, 求 $\dfrac{\partial z}{\partial x}, \dfrac{\partial z}{\partial y}$;

(2) 设 $u=xyz+\dfrac{xy}{z}+\dfrac{zx}{y}+\dfrac{yz}{x}$, 求 $\dfrac{\partial u}{\partial x}$;

(3) 设 $z=x-2y+\ln\sqrt{x^2+y^2}+3\mathrm{e}^{xy}$, 求 z_x, z_y;

(4) 设 $z=xy\mathrm{e}^{x+y^2}+\sin\dfrac{x}{y^2}$, 求 $\dfrac{\partial z}{\partial x}, \dfrac{\partial z}{\partial y}$;

(5) 设 $z=x^4+y^4-4x^2y^2$, 求 $\dfrac{\partial^2 z}{\partial x^2}, \dfrac{\partial^2 z}{\partial y^2}, \dfrac{\partial^2 z}{\partial x\partial y}$;

(6) 设 $z=\sin(xy)+\cos^2(xy)$, 求 $\dfrac{\partial z}{\partial x}, \dfrac{\partial z}{\partial y}, \dfrac{\partial^2 z}{\partial x^2}, \dfrac{\partial^2 z}{\partial x\partial y}$;

(7) 设 $z=x^3\sin y-y\mathrm{e}^x$, 求 $\dfrac{\partial^3 z}{\partial x\partial y^2}$;

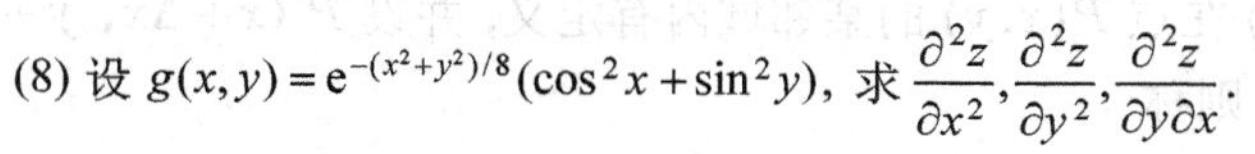

(8) 设 $g(x,y)=\mathrm{e}^{-(x^2+y^2)/8}(\cos^2 x+\sin^2 y)$, 求 $\dfrac{\partial^2 z}{\partial x^2}, \dfrac{\partial^2 z}{\partial y^2}, \dfrac{\partial^2 z}{\partial y\partial x}$.

详见教材配套的网络学习空间.

习题 7-3

1. 求下列函数的偏导数:

(1) $z=x^2-2xy+y^3$;　　(2) $z=x^{\sin y}$;　　(3) $z=\arctan\dfrac{y}{x}$;

(4) $z=x^3y+3x^2y^2-xy^3$;　　(5) $z=\dfrac{x^2+y^2}{xy}$;　　(6) $z=\sqrt{\ln(xy)}$;

(7) $z=\ln\tan\dfrac{x}{y}$;　　(8) $z=\sin(xy)+\cos^2(xy)$;　　(9) $z=(1+xy)^y$.

2. 设 $f(x,y)=x+(y-1)\arcsin\sqrt{\dfrac{x}{y}}$, 求 $f_x(x,1)$.

3. 曲线 $\begin{cases} z=\dfrac{x^2+y^2}{4} \\ y=4 \end{cases}$ 在点 $(2,4,5)$ 处的切线与 x 轴正向所成的倾角是多少?

4. 求下列函数的 $\dfrac{\partial^2 z}{\partial x^2}, \dfrac{\partial^2 z}{\partial y^2}$ 和 $\dfrac{\partial^2 z}{\partial x\partial y}$:

(1) $z=x^2y\mathrm{e}^y$;

(2) $z=\arctan\dfrac{y}{x}$;

(3) $z=y^x$.

5. 设 $f(x,y,z)=xy^2+yz^2+zx^2$, 求 $f_{xx}(0,0,1),\ f_{xz}(1,0,2),\ f_{yz}(0,-1,0)$.

§7.4　全 微 分

我们已经知道，二元函数对某个自变量的偏导数表示当其中一个自变量固定时，因变量对另一个自变量的变化率．根据一元函数微分学中增量与微分的关系，可得

$$f(x+\Delta x, y)-f(x, y)\approx f_x(x, y)\Delta x,$$

$$f(x, y+\Delta y)-f(x, y)\approx f_y(x, y)\Delta y.$$

上面两式左端分别称为二元函数对 x 和对 y 的**偏增量**，而右端分别称为二元函数对 x 和对 y 的**偏微分**．

在实际问题中，有时需要研究多元函数中各个自变量都取得增量时因变量所获得的增量，即所谓全增量的问题．下面以二元函数为例进行讨论．

如果函数 $z=f(x, y)$ 在点 $P(x, y)$ 的某邻域内有定义，并设 $P'(x+\Delta x,\ y+\Delta y)$ 为该邻域内的任意一点，则称

$$f(x+\Delta x, y+\Delta y)-f(x, y)$$

为函数在点 P 处对应于自变量增量 Δx, Δy 的**全增量**，记为 Δz，即

$$\Delta z=f(x+\Delta x, y+\Delta y)-f(x, y). \tag{4.1}$$

一般来说，计算全增量比较复杂．与一元函数的情形类似，我们也希望利用关于自变量增量 Δx, Δy 的线性函数来近似地代替函数的全增量 Δz，由此引入二元函数全微分的定义．

定义 1　如果函数 $z=f(x, y)$ 在点 (x, y) 处的全增量

$$\Delta z=f(x+\Delta x, y+\Delta y)-f(x, y)$$

可以表示为

$$\Delta z=A\Delta x+B\Delta y+o(\rho), \tag{4.2}$$

其中 A, B 不依赖于 Δx, Δy 而仅与 x, y 有关，$\rho=\sqrt{(\Delta x)^2+(\Delta y)^2}$，则称函数 $z=f(x, y)$ 在点 (x, y) 处**可微分**，$A\Delta x+B\Delta y$ 称为函数 $z=f(x, y)$ 在点 (x, y) 处的**全微分**，记为 $\mathrm{d}z$，即

$$\mathrm{d}z=A\Delta x+B\Delta y. \tag{4.3}$$

若函数在区域 D 内各点处可微分，则称该函数**在 D 内可微分**．

可以证明：如果函数 $z=f(x, y)$ 在点 (x, y) 的某一邻域内有连续偏导数 $\dfrac{\partial z}{\partial x}$ 和 $\dfrac{\partial z}{\partial y}$，则 $z=f(x, y)$ 在点 (x, y) 处可微，且

$$\mathrm{d}z=\frac{\partial z}{\partial x}\Delta x+\frac{\partial z}{\partial y}\Delta y. \tag{4.4}$$

习惯上，常将自变量的增量 Δx、Δy 分别记为 $\mathrm{d}x$、$\mathrm{d}y$，并分别称为自变量的微

分. 这样, 函数 $z=f(x,y)$ 的全微分就表示为

$$\mathrm{d}z=\frac{\partial z}{\partial x}\mathrm{d}x+\frac{\partial z}{\partial y}\mathrm{d}y. \tag{4.5}$$

上述关于二元函数全微分的必要条件和充分条件可以完全类似地推广到三元及三元以上的多元函数. 例如, 三元函数 $u=f(x,y,z)$ 的全微分可表示为

$$\mathrm{d}u=\frac{\partial u}{\partial x}\mathrm{d}x+\frac{\partial u}{\partial y}\mathrm{d}y+\frac{\partial u}{\partial z}\mathrm{d}z. \tag{4.6}$$

例1 求函数 $z=4xy^3+5x^2y^6$ 的全微分.

解 因为

$$\frac{\partial z}{\partial x}=4y^3+10xy^6,\ \frac{\partial z}{\partial y}=12xy^2+30x^2y^5,$$

且这两个偏导数连续, 所以

$$\mathrm{d}z=(4y^3+10xy^6)\mathrm{d}x+(12xy^2+30x^2y^5)\mathrm{d}y.$$ ■

例2 计算函数 $z=\mathrm{e}^{xy}$ 在点 (2, 1) 处的全微分.

解 因为 $f_x(x,y)=y\mathrm{e}^{xy}$, $f_y(x,y)=x\mathrm{e}^{xy}$, 所以

$$f_x(2,1)=\mathrm{e}^2,\ f_y(2,1)=2\mathrm{e}^2,$$

从而所求全微分为

$$\mathrm{d}z=\mathrm{e}^2\mathrm{d}x+2\mathrm{e}^2\mathrm{d}y.$$ ■

例3 求函数 $u=x+\sin\frac{y}{2}+\mathrm{e}^{yz}$ 的全微分.

解 因为

$$\frac{\partial u}{\partial x}=1,\quad \frac{\partial u}{\partial y}=\frac{1}{2}\cos\frac{y}{2}+z\mathrm{e}^{yz},\quad \frac{\partial u}{\partial z}=y\mathrm{e}^{yz},$$

故所求全微分为

$$\mathrm{d}u=\mathrm{d}x+\left(\frac{1}{2}\cos\frac{y}{2}+z\mathrm{e}^{yz}\right)\mathrm{d}y+y\mathrm{e}^{yz}\mathrm{d}z.$$ ■

*数学实验

实验 7.6 试用计算软件求下列多元函数的微分:

(1) 设 $z=(a+xy)^y$, 求 $\mathrm{d}z$;

(2) 设 $u(x,y)=\ln(x-\sqrt{x^2+y^2})$, 求 $\mathrm{d}u$;

(3) 求函数 $z=\mathrm{e}^{ax^2+by^2}$ $(a,b$ 为常数$)$ 的全微分;

(4) 求函数 $u=z^4-3xz+x^2+y^2$ 在点 (1,1,1) 处的全微分.

详见教材配套的网络学习空间.

计算实验

与一元函数的线性化类似, 我们也可以研究二元函数的线性化近似问题.

从前面的讨论已知，当函数 $z=f(x, y)$ 在点 (x_0, y_0) 处可微，且 $|\Delta x|, |\Delta y|$ 都较小时，由全微分的定义，有

$$\Delta z \approx dz,$$

即　$$\Delta z \approx f_x(x_0, y_0)\Delta x + f_y(x_0, y_0)\Delta y,$$

(x, y)

$\Delta y = y - y_0$

(x_0, y_0)

$\Delta x = x - x_0$

图 7-4-1

如果从点 (x_0, y_0) 移动到其邻近点 (x, y) 所产生的增量为 $\Delta x = x - x_0$, $\Delta y = y - y_0$（见图7-4-1)，则有

$$f(x, y) - f(x_0, y_0) \approx f_x(x_0, y_0)(x - x_0) + f_y(x_0, y_0)(y - y_0),$$

即

$$f(x, y) \approx f(x_0, y_0) + f_x(x_0, y_0)(x - x_0) + f_y(x_0, y_0)(y - y_0).$$

若记上式右端的线性函数为

$$L(x, y) = f(x_0, y_0) + f_x(x_0, y_0)(x - x_0) + f_y(x_0, y_0)(y - y_0),$$

其图形为通过点 (x_0, y_0) 处的一个平面，此即所谓的曲面 $z=f(x, y)$ 在点 (x_0, y_0) 处的切平面.

定义 2　如果函数 $z=f(x, y)$ 在点 (x_0, y_0) 处可微，那么函数

$$L(x, y) = f(x_0, y_0) + f_x(x_0, y_0)(x - x_0) + f_y(x_0, y_0)(y - y_0)$$

就称为函数 $z=f(x, y)$ 在点 (x_0, y_0) 处的**线性化**. 近似式

$$f(x, y) \approx L(x, y)$$

称为函数 $z=f(x, y)$ 在点 (x_0, y_0) 处的**标准线性近似**.

从几何上看，二元函数线性化的实质就是曲面上某点邻近的一小块曲面被相应的一小块切平面近似代替（见图 7-4-2).

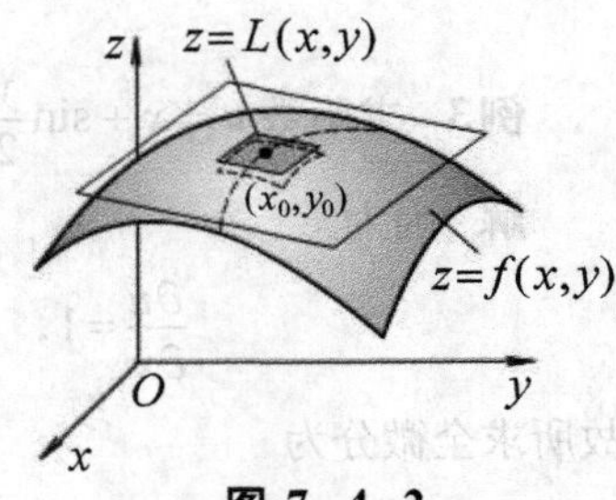

图 7-4-2

例 4　求函数 $f(x, y) = x^2 - xy + \dfrac{1}{2}y^2 + 6$ 在点 $(3, 2)$ 处的线性化.

解　首先求 f, f_x 和 f_y 在点 $(3, 2)$ 处的值：

$$f(3, 2) = 3^2 - 3 \cdot 2 + \frac{1}{2} \cdot 2^2 + 6 = 11,$$

$$f_x(3, 2) = \frac{\partial}{\partial x}\left(x^2 - xy + \frac{1}{2}y^2 + 6\right)\bigg|_{(3, 2)} = (2x - y)\big|_{(3, 2)} = 4,$$

$$f_y(3, 2) = \frac{\partial}{\partial y}\left(x^2 - xy + \frac{1}{2}y^2 + 6\right)\bigg|_{(3, 2)} = (-x + y)\big|_{(3, 2)} = -1.$$

于是 f 在点 $(3, 2)$ 处的线性化为

$$\begin{aligned} L(x, y) &= f(x_0, y_0) + f_x(x_0, y_0)(x - x_0) + f_y(x_0, y_0)(y - y_0) \\ &= 11 + 4(x - 3) - (y - 2) = 4x - y + 1. \end{aligned}$$

■

例 5　计算$1.04^{2.02}$的近似值.

解　设函数$f(x,y)=x^y$，则要计算的近似值就是该函数在$x=1.04$，$y=2.02$时的函数值的近似值．令$x_0=1$，$y_0=2$，由

$$f_x(x,y)=yx^{y-1},\quad f_y(x,y)=x^y\ln x,$$

$$f(1,2)=1,\quad f_x(1,2)=2,\quad f_y(1,2)=0,$$

可得到函数x^y在点$(1,2)$处的线性化为

$$L(x,y)=1+2(x-1),$$

所以

$$1.04^{2.02}=(1+0.04)^{2+0.02}\approx 1+2\times 0.04=1.08.$$ ■

习题 7-4

1. 求下列函数的全微分：

(1) $z=3x^2y+\dfrac{x}{y}$；　(2) $z=\sin(x\cos y)$；　(3) $u=x^{yz}$.

2. 求函数$z=\ln(2+x^2+y^2)$在$x=2$, $y=1$时的全微分.

3. 设$f(x,y,z)=\sqrt[z]{\dfrac{x}{y}}$，求$\mathrm{d}f(1,1,1)$.

4. 求函数$z=\dfrac{y}{x}$在$x=2$, $y=1$, $\Delta x=0.1$, $\Delta y=-0.2$时的全增量Δz和全微分$\mathrm{d}z$.

5. 求下列函数在各点的线性化.

(1) $f(x,y)=x^2+y^2+1$, $(1,1)$；　(2) $f(x,y)=\mathrm{e}^x\cos y$, $(0,\pi/2)$.

6. 计算$\sqrt{1.02^3+1.97^3}$的近似值.

7. 计算$1.007^{2.98}$的近似值.

8. 已知边长为$x=6\mathrm{m}$与$y=8\mathrm{m}$的矩形，如果x边增加2cm，而y边减少5cm，那么这个矩形的对角线的近似值怎样变化？

§7.5　复合函数微分法与隐函数微分法

在一元函数的复合求导中，有所谓的“链式法则”，这一法则可以推广到多元复合函数的情形.

一、多元复合函数微分法

1. 复合函数的中间变量为一元函数的情形

设函数$z=f(u,v)$, $u=u(t)$, $v=v(t)$构成复合函数

$$z=f[u(t),v(t)],$$

其变量间的相互依赖关系可用图 7-5-1 来表达．这种函数关系图以后还会经常用到．

图 7-5-1

定理 1 如果函数 $u=u(t)$ 及 $v=v(t)$ 都在点 t 处可导，函数 $z=f(u,v)$ 在对应点 (u,v) 处具有连续偏导数，则复合函数 $z=f[u(t),v(t)]$ 在对应点 t 处可导，且其导数可用下列公式计算：

$$\frac{\mathrm{d}z}{\mathrm{d}t}=\frac{\partial z}{\partial u}\frac{\mathrm{d}u}{\mathrm{d}t}+\frac{\partial z}{\partial v}\frac{\mathrm{d}v}{\mathrm{d}t}. \tag{5.1}$$

式中的导数 $\frac{\mathrm{d}z}{\mathrm{d}t}$ 称为**全导数**．

2. 复合函数的中间变量为多元函数的情形

定理 1 可推广到中间变量不是一元函数的情形，例如，对中间变量为二元函数的情形，设函数

$$z=f(u,v),\ u=u(x,y),\ v=v(x,y)$$

构成复合函数 $z=f[u(x,y),v(x,y)]$，其变量间的相互依赖关系可用图 7-5-2 来表达．此时，我们有：

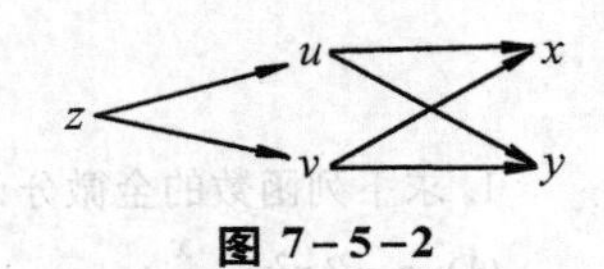

图 7-5-2

定理 2 如果函数 $u=u(x,y)$ 及 $v=v(x,y)$ 都在点 (x,y) 处具有对 x 及对 y 的偏导数，函数 $z=f(u,v)$ 在对应点 (u,v) 处具有连续偏导数，则复合函数 $z=f[u(x,y),v(x,y)]$ 在对应点 (x,y) 处可导，且其导数可用下列公式计算：

$$\frac{\partial z}{\partial x}=\frac{\partial z}{\partial u}\frac{\partial u}{\partial x}+\frac{\partial z}{\partial v}\frac{\partial v}{\partial x}, \tag{5.2}$$

$$\frac{\partial z}{\partial y}=\frac{\partial z}{\partial u}\frac{\partial u}{\partial y}+\frac{\partial z}{\partial v}\frac{\partial v}{\partial y}. \tag{5.3}$$

例 1 设 $z=u^2v$，而 $u=\mathrm{e}^t$，$v=\cos t$，求导数 $\frac{\mathrm{d}z}{\mathrm{d}t}$．

解
$$\frac{\mathrm{d}z}{\mathrm{d}t}=\frac{\partial z}{\partial u}\cdot\frac{\mathrm{d}u}{\mathrm{d}t}+\frac{\partial z}{\partial v}\cdot\frac{\mathrm{d}v}{\mathrm{d}t}=2uv\mathrm{e}^t-u^2\sin t$$
$$=2\mathrm{e}^{2t}\cos t-\mathrm{e}^{2t}\sin t=\mathrm{e}^{2t}(2\cos t-\sin t).$$ ■

例 2 设 $z=\mathrm{e}^u\sin v$，而 $u=xy$，$v=x+y$，求 $\frac{\partial z}{\partial x}$ 和 $\frac{\partial z}{\partial y}$．

解
$$\frac{\partial z}{\partial x}=\frac{\partial z}{\partial u}\cdot\frac{\partial u}{\partial x}+\frac{\partial z}{\partial v}\cdot\frac{\partial v}{\partial x}=\mathrm{e}^u\sin v\cdot y+\mathrm{e}^u\cos v\cdot 1$$
$$=\mathrm{e}^{xy}[y\sin(x+y)+\cos(x+y)],$$
$$\frac{\partial z}{\partial y}=\frac{\partial z}{\partial u}\cdot\frac{\partial u}{\partial y}+\frac{\partial z}{\partial v}\cdot\frac{\partial v}{\partial y}=\mathrm{e}^u\sin v\cdot x+\mathrm{e}^u\cos v\cdot 1$$
$$=\mathrm{e}^{xy}[x\sin(x+y)+\cos(x+y)].$$ ■

计算实验

注：微信扫描右侧二维码，即可进行计算实验（详见教材配套的网络学习空间）．

例3　设 $z=f(x^2+y^2,\ xy)$，求 $\dfrac{\partial z}{\partial x},\ \dfrac{\partial z}{\partial y}$.

解　设 $u=x^2+y^2,\ v=xy$，则 $z=f(u,v)$，所以

$$\frac{\partial z}{\partial x}=\frac{\partial z}{\partial u}\cdot\frac{\partial u}{\partial x}+\frac{\partial z}{\partial v}\cdot\frac{\partial v}{\partial x}=2xf'_u+yf'_v,$$

$$\frac{\partial z}{\partial y}=\frac{\partial z}{\partial u}\cdot\frac{\partial u}{\partial y}+\frac{\partial z}{\partial v}\cdot\frac{\partial v}{\partial y}=2yf'_u+xf'_v.$$

■

计算实验

注：微信扫描右侧二维码，即可进行计算实验(详见教材配套的网络学习空间).

二、隐函数微分法

在一元微分学中，我们曾引入了隐函数的概念，并介绍了利用复合函数求导法求由方程 $F(x,y)=0$ 所确定的隐函数 $y=f(x)$ 的导数的方法．下面我们再通过多元复合函数微分法来建立用偏导数求隐函数 $y=f(x)$ 的导数的公式．

将方程 $F(x,y)=0$ 所确定的函数 $y=f(x)$ 代入该方程，得

$$F(x,f(x))=0,$$

利用多元复合函数微分法在上述方程两端对 x 求导，得

$$F_x+F_y\cdot\frac{\mathrm{d}y}{\mathrm{d}x}=0,$$

于是，如果 $F_y\neq 0$，则

$$\frac{\mathrm{d}y}{\mathrm{d}x}=-\frac{F_x}{F_y}.$$

类似地，如果一个三元方程

$$F(x,y,z)=0\tag{5.4}$$

确定了二元隐函数 $z=f(x,y)$，则有

$$F(x,y,f(x,y))=0,$$

利用多元复合函数微分法在方程两边分别对 x,y 求导，得

$$F_x+F_z\cdot\frac{\partial z}{\partial x}=0,\quad F_y+F_z\cdot\frac{\partial z}{\partial y}=0.$$

于是，如果 $F_z\neq 0$，则

$$\frac{\partial z}{\partial x}=-\frac{F_x}{F_z},\quad \frac{\partial z}{\partial y}=-\frac{F_y}{F_z}.\tag{5.5}$$

例4　求由方程 $y-xe^y+x=0$ 所确定的函数 $y=y(x)$ 的导数.

解　令 $F=y-xe^y+x$，由

$$\frac{\partial F}{\partial x}=-e^y+1,\ \frac{\partial F}{\partial y}=1-xe^y,$$

所以

$$\frac{\mathrm{d}y}{\mathrm{d}x}=-\frac{-e^y+1}{1-xe^y}=\frac{e^y-1}{1-xe^y}.$$

■

例 5　设 $x^2+y^2+z^2-4z=0$, 求 $\dfrac{\partial z}{\partial x}, \dfrac{\partial z}{\partial y}$.

解　令 $F(x,y,z)=x^2+y^2+z^2-4z$, 则

$$F_x=2x,\quad F_y=2y,\quad F_z=2z-4,$$

所以
$$\frac{\partial z}{\partial x}=-\frac{F_x}{F_z}=\frac{x}{2-z},\quad \frac{\partial z}{\partial y}=-\frac{F_y}{F_z}=\frac{y}{2-z}.$$
■

注: 微信扫描右侧二维码, 即可进行计算实验(详见教材配套的网络学习空间).

例 6　求由方程 $\dfrac{x}{z}=\ln\dfrac{z}{y}$ 所确定的隐函数 $z=f(x,y)$ 的偏导数 $\dfrac{\partial z}{\partial x}, \dfrac{\partial z}{\partial y}$.

解　设 $F(x,y,z)=\dfrac{x}{z}-\ln\dfrac{z}{y}$, 则 $F(x,y,z)=0$ 且

$$\frac{\partial F}{\partial x}=\frac{1}{z},\quad \frac{\partial F}{\partial y}=-\frac{y}{z}\left(-\frac{z}{y^2}\right)=\frac{1}{y},\quad \frac{\partial F}{\partial z}=-\frac{x}{z^2}-\frac{y}{z}\cdot\frac{1}{y}=-\frac{x+z}{z^2}.$$

所以
$$\frac{\partial z}{\partial x}=-\frac{F_x}{F_z}=\frac{z}{x+z},\quad \frac{\partial z}{\partial y}=-\frac{F_y}{F_z}=\frac{z^2}{y(x+z)}.$$
■

*数学实验

实验 7.7　试用计算软件完成下列各题:

(1) 函数 $z=z(x,y)$ 由方程 $\mathrm{e}^x+\mathrm{e}^y+\mathrm{e}^z=3xyz$ 所确定, 试求 $\dfrac{\partial z}{\partial x}, \dfrac{\partial z}{\partial y}$;

(2) 设 $z=f(x,y)$ 是由方程 $z-y-x+x\mathrm{e}^{z-y-x}=0$ 所确定的二元函数, 求 $\mathrm{d}z$;

(3) 设函数 $z=z(x,y)$ 由方程 $z^3-2x\cos z+y=0$ 所确定, 求 $\dfrac{\partial^2 z}{\partial x\partial y}$.

详见教材配套的网络学习空间.

三、微分法在几何上的应用

1. 空间曲线的切线与法平面

设空间曲线 Γ 的参数方程为

$$x=x(t),\ y=y(t),\ z=z(t), \tag{5.6}$$

式中的三个函数都可导, 且导数不全为零.

在曲线 Γ 上取对应于参数 $t=t_0$ 的一点 $M(x_0,y_0,z_0)$ 及对应于参数 $t=t_0+\Delta t$ 的邻近一点 $M'(x_0+\Delta x, y_0+\Delta y, z_0+\Delta z)$. 根据空间解析几何知识, 曲线的割线 MM' 的方程为

$$\frac{x-x_0}{\Delta x}=\frac{y-y_0}{\Delta y}=\frac{z-z_0}{\Delta z},$$

当点 M' 沿着曲线 Γ 趋于点 M 时, 割线 MM' 的极限位置 MT 就是曲线在点 M 处的**切线**(见图7-5-3). 用 Δt 除上式

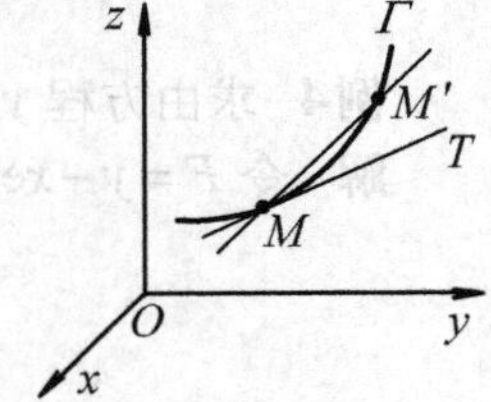

图 7-5-3

的各分母，得

$$\frac{x-x_0}{\frac{\Delta x}{\Delta t}}=\frac{y-y_0}{\frac{\Delta y}{\Delta t}}=\frac{z-z_0}{\frac{\Delta z}{\Delta t}},$$

令 $M'\to M$(此时 $\Delta t\to 0$)，对上式取极限，即得到曲线 Γ 在点 M 处的**切线方程**

$$\frac{x-x_0}{x'(t_0)}=\frac{y-y_0}{y'(t_0)}=\frac{z-z_0}{z'(t_0)}. \tag{5.7}$$

曲线在某点处的切线的方向向量称为曲线的**切向量**. 向量

$$\boldsymbol{T}=\{x'(t_0),\ y'(t_0),\ z'(t_0)\}$$

就是曲线 Γ 在点 M 处的一个切向量.

过点 M 且与切线垂直的平面称为曲线 Γ 在点 M 处的**法平面**. 曲线的切向量就是法平面的法向量，于是，该法平面的方程为

$$x'(t_0)(x-x_0)+y'(t_0)(y-y_0)+z'(t_0)(z-z_0)=0. \tag{5.8}$$

例 7 求曲线 $x=t,\ y=t^2,\ z=t^3$ 在点 $(1,1,1)$ 处的切线方程及法平面方程.

解 因为 $x_t'=1,\ y_t'=2t,\ z_t'=3t^2$，而点 $(1,1,1)$ 所对应的参数为 $t=1$，所以

$$x_t'\big|_{t=1}=1,\ \ y_t'\big|_{t=1}=2,\ \ z_t'\big|_{t=1}=3.$$

于是，切线方程为

$$\frac{x-1}{1}=\frac{y-1}{2}=\frac{z-1}{3},$$

法平面方程为

$$(x-1)+2(y-1)+3(z-1)=0,$$

即

$$x+2y+3z=6.$$

■

2. 空间曲面的切平面与法线

(1) 设曲面 Σ 的方程为

$$F(x,y,z)=0,$$

$M_0(x_0,y_0,z_0)$ 是曲面 Σ 上的一点，函数 $F(x,y,z)$ 的偏导数在该点连续且不同时为零. 过点 M_0 在曲面上可以作无数条曲线. 设这些曲线在点 M_0 处分别都有切线，可以证明曲面 Σ 上过点 M_0 的任意一条曲线的切线都与向量

$$\boldsymbol{n}=\{F_x(x_0,y_0,z_0),\ F_y(x_0,y_0,z_0),\ F_z(x_0,y_0,z_0)\}$$

垂直，即过点 M_0 的任意一条曲线在点 M_0 处的切线都落在以向量 $\boldsymbol{n}$ 为法向量且经过点 M_0 的平面上，这个平面称为曲面在点 M_0 处的**切平面**(见图7－5－4)，该切平面的方程为

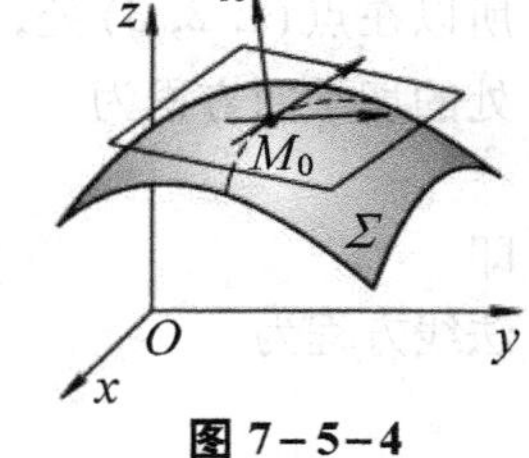

图 7－5－4

$$F_x\big|_{M_0}(x-x_0)+F_y\big|_{M_0}(y-y_0)+F_z\big|_{M_0}(z-z_0)=0, \tag{5.9}$$

称曲面在点 M_0 处切平面的法向量为在点 M_0 处**曲面的法向量**，于是，在点 M_0 处曲面的法向量为

$$\boldsymbol{n}=\{F_x(x_0, y_0, z_0), F_y(x_0, y_0, z_0), F_z(x_0, y_0, z_0)\}.$$

过点 M_0 且垂直于切平面的直线称为曲面在该点的**法线**，因此法线方程为

$$\frac{x-x_0}{F_x|_{M_0}}=\frac{y-y_0}{F_y|_{M_0}}=\frac{z-z_0}{F_z|_{M_0}}. \tag{5.10}$$

(2) 设曲面 Σ 的方程为

$$z=f(x, y),$$

令 $F(x,y,z)=z-f(x,y)$，则有

$$F_x=-f_x, F_y=-f_y, F_z=1,$$

于是，当函数 $f(x,y)$ 的偏导数 $f_x(x,y)$，$f_y(x,y)$ 在点 (x_0, y_0) 处连续时，曲面 Σ 在点 M_0 处的法向量为

$$\boldsymbol{n}=\{-f_x(x_0, y_0), -f_x(x_0, y_0), 1\},$$

从而切平面方程为

$$f_x(x_0,y_0)(x-x_0)+f_y(x_0,y_0)(y-y_0)-(z-z_0)=0,$$

或

$$z-z_0=f_x(x_0,y_0)(x-x_0)+f_y(x_0,y_0)(y-y_0), \tag{5.11}$$

法线方程为

$$\frac{x-x_0}{f_x(x_0,y_0)}=\frac{y-y_0}{f_y(x_0,y_0)}=\frac{z-z_0}{-1}. \tag{5.12}$$

注：方程 (5.11) 的右端恰好是函数 $z=f(x,y)$ 在点 (x_0, y_0) 处的全微分，而左端是切平面上点的竖坐标的增量．因此，函数 $z=f(x,y)$ 在点 (x_0,y_0) 处的全微分在几何上表示曲面 $z=f(x,y)$ 在点 (x_0, y_0) 处的切平面上点的竖坐标的增量．

例 8　求球面 $x^2+y^2+z^2=14$ 在点 (1, 2, 3) 处的切平面及法线方程．

解

$$F(x, y, z)=x^2+y^2+z^2-14,$$

$$F_x(x, y, z)=2x,\ F_y(x, y, z)=2y,\ F_z(x, y, z)=2z.$$

$$F_x(1, 2, 3)=2,\ F_y(1, 2, 3)=4,\ F_z(1, 2, 3)=6.$$

所以在点 (1, 2, 3) 处，$\boldsymbol{n}=\{2, 4, 6\}$ 是法线的一个方向向量．此球面在点 (1, 2, 3) 处的切平面方程为

$$2(x-1)+4(y-2)+6(z-3)=0,$$

即

$$x+2y+3z-14=0.$$

法线方程为

$$\frac{x-1}{1}=\frac{y-2}{2}=\frac{z-3}{3},$$

即

$$\frac{x}{1}=\frac{y}{2}=\frac{z}{3}.$$

由此可见，法线经过原点(即球心). ■

*数学实验

实验 7.8 试用计算软件完成下列各题:

(1) 求 $k(x,y)=\dfrac{4}{x^2+y^2+1}$ 在点 $\left(\dfrac{1}{4},\dfrac{1}{2},\dfrac{64}{21}\right)$ 处的切平面方程，同时画两图.

(2) 求曲线 $\begin{cases}x^2+y^2+z^2=9\\ x+y+z=1\end{cases}$ 在点 $(1,-2,2)$ 处的切线方程及法平面方程.

(3) 求曲面 $e^{xyz}=5$ 上点 $(1,1,\ln 5)$ 处的切平面方程和法线方程.

(4) 求曲面 $\sin(y+z)+\cos(xy)=\dfrac{1}{2}$ 在点 $\left(1,\dfrac{\pi}{2},\dfrac{\pi}{3}\right)$ 处的切平面方程和法线方程.

(5) 求曲面 $x^x+y^\pi-\pi^z=\pi^\pi$ 在点 (π,π,π) 处的切平面方程和法线方程.

详见教材配套的网络学习空间.

习题 7-5

1. 设 $z=\dfrac{y}{x}$，而 $x=e^t$，$y=1-e^{2t}$，求 $\dfrac{dz}{dt}$.

2. 设 $z=\arctan(xy)$，$y=e^x$，求 $\dfrac{dz}{dx}$.

3. 设 $z=u^2+v^2$，而 $u=x+y$，$v=x-y$，求 $\dfrac{\partial z}{\partial x}$，$\dfrac{\partial z}{\partial y}$.

4. 设 $z=(x^2+y^2)^{xy}$，求 $\dfrac{\partial z}{\partial x}$，$\dfrac{\partial z}{\partial y}$.

5. 设 $z=\arctan\dfrac{x}{y}$，$x=u+v$，$y=u-v$，验证 $\dfrac{\partial z}{\partial u}+\dfrac{\partial z}{\partial v}=\dfrac{u-v}{u^2+v^2}$.

6. 设 $\sin y+e^x-xy^2=0$，求 $\dfrac{dy}{dx}$.

7. 设 $x+2y+z-2\sqrt{xyz}=0$，求 $\dfrac{\partial z}{\partial x}$，$\dfrac{\partial z}{\partial y}$.

8. 设 $2\sin(x+2y-3z)=x+2y-3z$，证明: $\dfrac{\partial z}{\partial x}+\dfrac{\partial z}{\partial y}=1$.

9. 设 $e^z-xyz=0$，求 $\dfrac{\partial^2 z}{\partial x^2}$.

10. 求曲线 $x=\dfrac{t}{1+t}$，$y=\dfrac{1+t}{t}$，$z=t^2$ 在 $t=2$ 处的切线方程与法平面方程.

11. 求出曲线 $x=t$，$y=t^2$，$z=t^3$ 上的点，使在该点的切线平行于平面 $x+2y+z=4$.

12. 求曲面 $x^2+y^2+z^2=1$ 上平行于平面 $x-y+2z=0$ 的切平面方程.

13. 求曲面 $z=x^2+y^2$ 在点 $(1,1,2)$ 处的切平面方程与法线方程.

§7.6 多元函数的极值

二元函数的极值理论在经济管理中有着广泛的应用，它的许多结论也适用于二元以上的多元函数．本节我们着重讨论二元函数的极值问题．

一、二元函数极值的概念

定义1 设函数 $z=f(x,y)$ 在点 (x_0,y_0) 的某一邻域内有定义，对于该邻域内异于 (x_0,y_0) 的任意一点 (x,y)，如果

$$f(x,y)<f(x_0,y_0),$$

则称函数在 (x_0,y_0) 处有 **极大值**；如果

$$f(x,y)>f(x_0,y_0),$$

则称函数在 (x_0,y_0) 处有**极小值**；极大值、极小值统称为**极值**．使函数取得极值的点称为**极值点**．

例1 函数 $z=2x^2+3y^2$ 在点 $(0,0)$ 处有极小值．从几何上看，$z=2x^2+3y^2$ 表示一开口向上的椭圆抛物面，点 $(0,0,0)$ 是它的顶点（见图7-6-1）． ■

例2 函数 $z=-\sqrt{x^2+y^2}$ 在点 $(0,0)$ 处有极大值．从几何上看，$z=-\sqrt{x^2+y^2}$ 表示一开口向下的半圆锥面，点 $(0,0,0)$ 是它的顶点（见图7-6-2）． ■

例3 函数 $z=y^2-x^2$ 在点 $(0,0)$ 处无极值．从几何上看，它表示双曲抛物面（马鞍面）（见图7-6-3）． ■

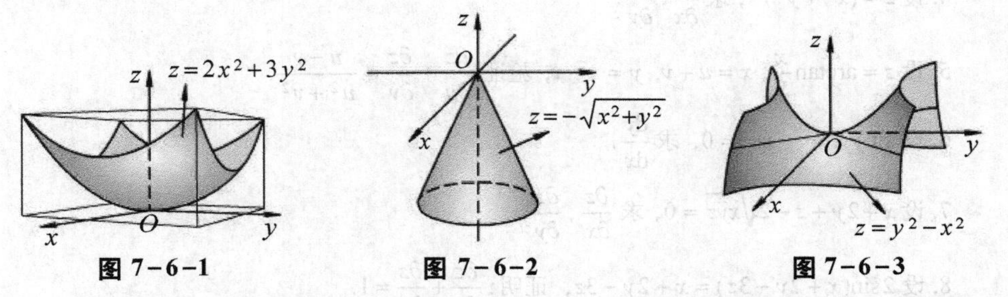

图 7-6-1　　图 7-6-2　　图 7-6-3

与导数在一元函数极值研究中的作用一样，偏导数也是研究多元函数极值的主要手段．

如果二元函数 $z=f(x,y)$ 在点 (x_0,y_0) 处取得极值，那么固定 $y=y_0$，一元函数 $z=f(x,y_0)$ 在点 $x=x_0$ 处必取得相同的极值；同理，固定 $x=x_0$，$z=f(x_0,y)$ 在点 $y=y_0$ 处也取得相同的极值．因此，由一元函数极值的必要条件，我们可以得到二元函数极值的必要条件．

定理1（必要条件） 设函数 $z=f(x,y)$ 在点 (x_0,y_0) 处具有偏导数，且在点 $(x_0,

y_0)处有极值，则它在该点的偏导数必然为零，即

$$f_x(x_0, y_0)=0, \quad f_y(x_0, y_0)=0. \tag{6.1}$$

与一元函数的情形类似，对于多元函数，凡是能使一阶偏导数同时为零的点称为函数的**驻点**.

根据定理1，具有偏导数的函数的极值点必定是驻点. 但函数的驻点不一定是极值点，例如，点(0,0)是函数 $z=y^2-x^2$ 的驻点，但函数在该点并无极值.

定理2(充分条件) 设函数 $z=f(x,y)$ 在点(x_0, y_0)的某邻域内有直到二阶的连续偏导数，又 $f_x(x_0,y_0)=0$，$f_y(x_0,y_0)=0$. 令

$$f_{xx}(x_0,y_0)=A, \quad f_{xy}(x_0,y_0)=B, \quad f_{yy}(x_0,y_0)=C.$$

(1) 当 $AC-B^2>0$ 时，函数 $f(x,y)$ 在 (x_0,y_0) 处有极值，且当 $A>0$ 时有极小值 $f(x_0,y_0)$；当 $A<0$ 时有极大值 $f(x_0,y_0)$.

(2) 当 $AC-B^2<0$ 时，函数 $f(x,y)$ 在 (x_0,y_0) 处没有极值.

(3) 当 $AC-B^2=0$ 时，函数 $f(x,y)$ 在(x_0,y_0)处可能有极值，也可能没有极值.

根据定理1与定理2，如果函数 $f(x,y)$ 具有二阶连续偏导数，则求 $z=f(x,y)$ 的极值的一般步骤为：

第一步 解方程组 $f_x(x,y)=0$，$f_y(x,y)=0$，求出 $f(x,y)$ 的所有驻点.

第二步 求出函数 $f(x,y)$ 的二阶偏导数，依次确定各驻点处 A, B, C 的值，并根据 $AC-B^2$ 的正负号判定驻点是否为极值点. 最后求出函数 $f(x,y)$ 在极值点处的极值.

例4 求函数 $f(x,y)=x^3-y^3+3x^2+3y^2-9x$ 的极值.

解 解方程组

$$\begin{cases} f_x(x,y)=3x^2+6x-9=0 \\ f_y(x,y)=-3y^2+6y=0 \end{cases},$$

得驻点

$$(1,0), \ (1,2), \ (-3,0), \ (-3,2).$$

再求出二阶偏导数

$$f_{xx}(x,y)=6x+6, \quad f_{xy}(x,y)=0, \quad f_{yy}(x,y)=-6y+6.$$

在点(1,0)处，$AC-B^2=12\times 6>0$，又 $A>0$，故函数在该点处有极小值

$$f(1,0)=-5;$$

在点(1,2), (−3,0)处，$AC-B^2=-12\times 6<0$，故函数在这两点处没有极值；

在点(−3, 2)处，$AC-B^2=-12\times(-6)>0$，又 $A<0$，故函数在该点处有极大值

$$f(-3,2)=31.$$ ■

注：利用计算软件可作出题设函数的图形(见图7−6−4(a))及其等高线和极值点图(见图7−6−4(b))，详见教材配套的网络学习空间.

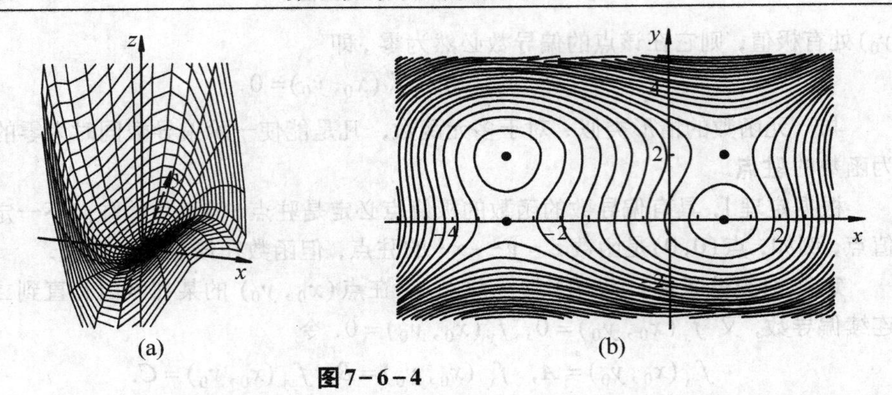

图 7-6-4

在讨论一元函数的极值问题时，我们知道，函数的极值既可能在驻点处取得，也可能在导数不存在的点处取得．同样，多元函数的极值也可能在个别偏导数不存在的点处取得．例如，在例 2 中，函数 $z=-\sqrt{x^2+y^2}$ 在点 (0, 0) 处有极大值，但该函数在点(0, 0) 处不存在偏导数．因此，在考虑函数的极值问题时，除了考虑函数的驻点外，还要考虑那些使偏导数不存在的点．

与一元函数类似，我们可以利用函数的极值来求函数的最大值和最小值．鉴于全面讨论二元函数的最大值与最小值问题已经超出本教材的范围，这里仅指出在实际应用中通常遇到的一种情形，即：若根据问题的性质，可以判断出函数 $f(x,y)$ 的最大值（最小值）一定在 D 的内部取得，而函数 $f(x,y)$ 在 D 内只有一个驻点，则可以肯定该驻点处的函数值就是函数 $f(x,y)$ 在 D 上的最大值（最小值）.

例 5　某厂要用铁板做成一个体积为 $2\mathrm{m}^3$ 的有盖长方体水箱．问当长、宽、高各取怎样的尺寸时，才能使用料最省？

解　设水箱的长为 xm，宽为 ym，则其高应为 $\dfrac{2}{xy}$m．此水箱所用材料的面积

$$S=2\left(xy+y\cdot\frac{2}{xy}+x\cdot\frac{2}{xy}\right)=2\left(xy+\frac{2}{x}+\frac{2}{y}\right)\quad(x>0,\ y>0).$$

可见材料面积 S 是 x 和 y 的二元函数（目标函数）．按题意，下面我们要求这个函数的最小值点 (x, y)．解方程组

$$\frac{\partial S}{\partial x}=2\left(y-\frac{2}{x^2}\right)=0,\quad \frac{\partial S}{\partial y}=2\left(x-\frac{2}{y^2}\right)=0.$$

得唯一的驻点 $x=\sqrt[3]{2}$，$y=\sqrt[3]{2}$.

根据题意可断定，水箱所用材料面积的最小值一定存在，并在区域

$$D=\{(x,y)\,|\,x>0,\ y>0\}$$

内取得．又函数在 D 内只有唯一的驻点，因此该驻点即为所求的最小值点.

从而当水箱的长为 $\sqrt[3]{2}$ m，宽为 $\sqrt[3]{2}$ m，高为 $\sqrt[3]{2}$ m 时，水箱所用的材料最省．■

二、条件极值和拉格朗日乘数法

前面所讨论的极值问题，对于函数的自变量一般只要求落在定义域内，并无其他限制条件，这类极值我们称为**无条件极值**．但在实际问题中，常会遇到对函数的自变量还有附加条件的极值问题．

例如，求表面积为a^2而体积最大的长方体的体积问题．设长方体的长、宽、高分别为x, y, z，则体积 $V=xyz$．因为长方体的表面积是定值，所以自变量 x，y，z 还须满足附加条件$2(xy+yz+xz)=a^2$．像这种对自变量有附加条件的极值称为**条件极值**．有些情况下，可将条件极值问题转化为无条件极值问题，如在上述问题中，可以从 $2(xy+yz+xz)=a^2$ 解出变量 z 关于变量 x、y 的表达式，并代入体积 $V=xyz$ 的表达式，即可将上述条件极值问题化为无条件极值问题．然而，一般地讲，这样做很不方便．下面我们要介绍求解一般条件极值问题的拉格朗日乘数法．

拉格朗日乘数法

设二元函数 $f(x,y)$ 和 $\varphi(x,y)$ 在区域 D 内有一阶连续偏导数，则求 $z=f(x,y)$ 在 D 内满足条件 $\varphi(x,y)=0$ 的极值问题，可以转化为求拉格朗日函数

$$L(x,y,\lambda)=f(x,y)+\lambda\varphi(x,y)$$

(其中λ为某一常数) 的无条件极值问题．

于是，利用拉格朗日乘数法求函数 $z=f(x,y)$ 在条件 $\varphi(x,y)=0$ 下的极值的基本步骤为：

(1) 构造拉格朗日函数

$$L(x,y,\lambda)=f(x,y)+\lambda\varphi(x,y),$$

其中λ为某一常数；

(2) 由方程组

$$\begin{cases} L_x=f_x(x,y)+\lambda\varphi_x(x,y)=0 \\ L_y=f_y(x,y)+\lambda\varphi_y(x,y)=0 \\ L_\lambda=\varphi(x,y)=0 \end{cases}$$

解出x, y, λ，其中x, y就是所求条件极值的可能极值点．

注：拉格朗日乘数法只给出函数取极值的必要条件，因此，按照这种方法所求的点是否为极值点还需要讨论．不过，在实际问题中，往往可以根据问题本身的性质来判定所求的点是不是极值点．

例 6 设销售收入 R(单位：万元) 与花费在两种广告宣传上的费用x, y(单位：万元) 之间的关系为

$$R=\frac{200x}{x+5}+\frac{100y}{10+y},$$

利润额相当于五分之一的销售收入，并要扣除广告费用．已知广告费用总预算金是

25万元，试问如何分配两种广告费用可使利润最大？

解　设利润为L，有

$$L=\frac{1}{5}R-x-y=\frac{40x}{x+5}+\frac{20y}{10+y}-x-y,$$

限制条件为$x+y=25$. 这是条件极值问题．令

$$L(x,y,\lambda)=\frac{40x}{x+5}+\frac{20y}{10+y}-x-y+\lambda(x+y-25).$$

从方程组

$$\begin{cases} L_x=\dfrac{200}{(5+x)^2}-1+\lambda=0 \\ L_y=\dfrac{200}{(10+y)^2}-1+\lambda=0 \\ L_\lambda=x+y-25=0 \end{cases}$$

的前两个方程得

$$(5+x)^2=(10+y)^2.$$

又$y=25-x$，解得$x=15$, $y=10$. 根据问题本身的意义及驻点的唯一性即知，当投入两种广告的费用分别为15万元和10万元时，可使利润最大．■

拉格朗日乘数法可推广到自变量多于两个而条件多于一个的情形．下面再举一例来说明．

例7　求表面积为a^2而体积最大的长方体的体积．

解　设长方体的长、宽、高分别为x, y, z，则题设问题归结为在约束条件

$$\varphi(x,y,z)=2xy+2yz+2xz-a^2=0$$

下，求函数$V=xyz$ $(x>0,\ y>0,\ z>0)$ 的最大值．

作拉格朗日函数

$$L(x,y,z,\lambda)=xyz+\lambda(2xy+2yz+2xz-a^2),$$

由方程组

$$\begin{cases} L_x=yz+2\lambda(y+z)=0 \\ L_y=xz+2\lambda(x+z)=0, \\ L_z=xy+2\lambda(y+x)=0 \end{cases}$$

可得

$$\frac{x}{y}=\frac{x+z}{y+z},\quad \frac{y}{z}=\frac{x+y}{x+z}.$$

进而解得

$$x=y=z.$$

将其代入约束条件，得唯一可能的极值点

$$x=y=z=\sqrt{6}a/6.$$

由问题本身意义知，该点就是所求的最大值点．即表面积为a^2的长方体中，棱

长为 $\dfrac{\sqrt{6}}{6}a$ 的正方体的体积最大，最大体积 $V=\dfrac{\sqrt{6}}{36}a^3$. ■

***数学实验**

实验 7.9　试用计算软件完成下列各题：

(1) 求函数 $z=\ln(1+x^2+y^4)-x^2$ 的极值；

(2) 求函数 $f(x,y)=-120x^3-30x^4+18x^5+5x^6+30xy^2$ 的极值；

(3) 求函数 $z=\sin(x+y)+\sin x$ 在 $x^2+4y^2-1=0$ 条件下的极值；

(4) 求函数 $z=x^2+4y^3$ 的极值；

(5) 求函数 $z=\ln(1+x^2+y^4)-x^2$ 的极值.

详见教材配套的网络学习空间.

习题 7-6

1. 求函数 $f(x,y)=x^3+y^3-3xy$ 的极值.

2. 求函数 $f(x,y)=(x^2+y^2)^2-2(x^2-y^2)$ 的极值.

3. 求函数 $f(x,y)=e^{2x}(x+y^2+2y)$ 的极值.

4. 求函数 $z=xy$ 在适合附加条件 $x+y=1$ 下的极大值.

5. 欲围一个面积为60米^{2}的矩形场地，正面所用材料每米造价10元，其余三面每米造价5元，求场地的长、宽各为多少米时，所用材料费最少？

6. 将周长为$2p$的矩形绕它的一边旋转而构成一个圆柱体，问矩形的边长各为多少时，才能使圆柱体的体积最大？

7. 某工厂生产两种产品A与B，出售单价分别为10元与9元，生产x单位的产品A与生产y单位的产品B的总费用是：

$$400+2x+3y+0.01(3x^2+xy+3y^2)(\text{元}).$$

求取得最大利润时，两种产品的产量各多少？

§7.7　二重积分的概念与性质

与定积分类似，重积分的概念也是从实践中抽象出来的，它是定积分的推广，其中的数学思想与定积分一样，也是一种“和式的极限”. 所不同的是：定积分的被积函数是一元函数，积分范围是一个区间；而重积分的被积函数是多元函数，积分范围是平面或空间中的一个区域. 它们之间存在着密切的联系，重积分可以通过定积分来计算.

一、二重积分的概念

引例 求曲顶柱体的体积.

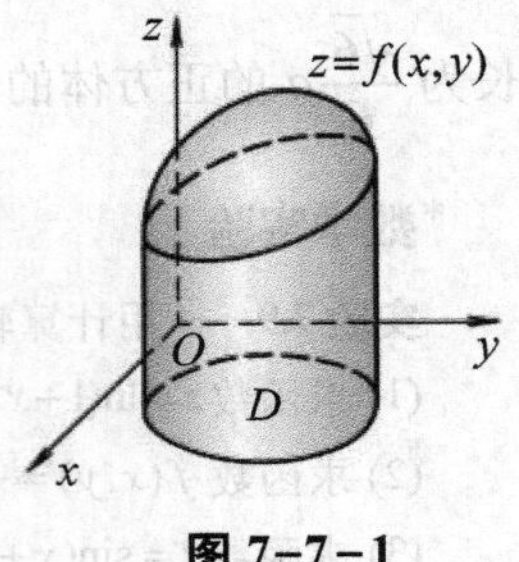

图 7-7-1

设有一立体，它的底是 xOy 面上的闭区域 D，它的侧面是以 D 的边界曲线为准线而母线平行于 z 轴的柱面，它的顶是曲面 $z=f(x, y)$，其中 $f(x,y)$ 是 D 上的非负连续函数，称这种立体为**曲顶柱体**（见图 7-7-1）. 下面我们来求曲顶柱体的体积.

如果函数 $f(x,y)$ 在 D 上取常数值，则上述曲顶柱体就化为一平顶柱体，该平顶柱体的体积可用公式

$$\text{体积}=\text{底面积}\times\text{高}$$

来计算. 在一般情形下，求曲顶柱体的体积问题可用微元法来解决.

(1) **分割** 用任意一组网线把区域 D 划分成 n 个小闭区域 $\Delta\sigma_1, \Delta\sigma_2, \cdots, \Delta\sigma_n$，分别以这些小闭区域的边界曲线为准线，作母线平行于 z 轴的柱面，这些柱面把原来的曲顶柱体分为 n 个小曲顶柱体. 记第 i 个小曲顶柱体的体积为 ΔV_i $(i=1,2,\cdots,n)$. 在每个小闭区域 $\Delta\sigma_i$（其面积也记为 $\Delta\sigma_i$）上任取一点 (ξ_i, η_i)，则 ΔV_i 近似等于以 $\Delta\sigma_i$ 为底、$f(\xi_i,\eta_i)$ 为高的平顶柱体的体积（见图 7-7-2），即

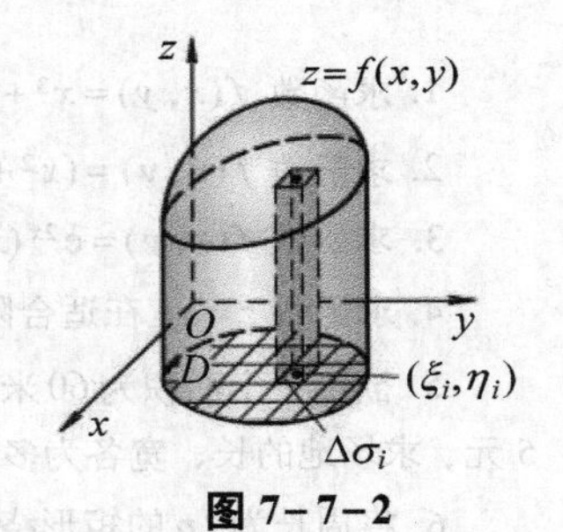

图 7-7-2

$$\Delta V_i \approx f(\xi_i,\eta_i)\Delta\sigma_i \quad (i=1,2,\cdots,n).$$

(2) **求和** 对 n 个小曲顶柱体求和，得所求曲顶柱体的体积 V 的近似值

$$V=\sum_{i=1}^{n}\Delta V_i \approx \sum_{i=1}^{n} f(\xi_i,\eta_i)\Delta\sigma_i .$$

(3) **取极限** 让分割越来越细，取极限得所求曲顶柱体的体积 V 的精确值

$$V=\lim_{\lambda\to 0}\sum_{i=1}^{n} f(\xi_i,\eta_i)\Delta\sigma_i, \tag{7.1}$$

其中 λ 是各小闭区域 $\Delta\sigma_i\,(i=1,2,\cdots,n)$ 的直径的最大值（即该小闭区域上任意两点间距离的最大者）.

在几何、力学、物理和工程技术中，有许多几何量和物理量都可归结为形如式 (6.1) 的和式的极限. 为更一般地研究这类和式的极限，我们抽象出如下定义.

定义1 设 $f(x,y)$ 是有界闭区域 D 上的有界函数. 将闭区域 D 任意分成 n 个小闭区域 $\Delta\sigma_1, \Delta\sigma_2, \cdots, \Delta\sigma_n$，其中 $\Delta\sigma_i$ 表示第 i 个小闭区域，也表示它的面积，在每个 $\Delta\sigma_i$ 上任取一点 (ξ_i,η_i)，作乘积

$$f(\xi_i,\eta_i)\Delta\sigma_i \quad (i=1,2,\cdots,n),$$

并作和

$$\sum_{i=1}^{n} f(\xi_i, \eta_i)\Delta\sigma_i,$$

当各小闭区域的直径中的最大值 λ 趋近于零时，若该和式的极限存在，则称此极限为函数 $f(x,y)$ 在闭区域 D 上的**二重积分**，记为

$$\iint_D f(x,y)\mathrm{d}\sigma, \text{ 即 } \iint_D f(x,y)\,\mathrm{d}\sigma = \lim_{\lambda\to 0}\sum_{i=1}^{n} f(\xi_i,\eta_i)\Delta\sigma_i, \tag{7.2}$$

其中，$f(x,y)$ 称为**被积函数**，$f(x,y)\,\mathrm{d}\sigma$ 称为**被积表达式**，$\mathrm{d}\sigma$ 称为**面积微元**，x 和 y 称为**积分变量**，D 称为**积分区域**，并称

$$\sum_{i=1}^{n} f(\xi_i,\eta_i)\Delta\sigma_i$$

为**积分和**.

根据二重积分的定义，引例中曲顶柱体的体积可表示为

$$V=\iint_D f(x,y)\,\mathrm{d}\sigma.$$

注：如果函数 $f(x,y)$ 在区域 D 上连续，则 $f(x,y)$ 在区域 D 上是可积的，此时二重积分的值与对 D 的划分方法无关，因此，在直角坐标系中，常用平行于 x 轴和 y 轴的两组直线来分割积分区域 D，故在直角坐标系中，**面积微元 $\mathrm{d}\sigma=\mathrm{d}x\mathrm{d}y$**，即有

$$\iint_D f(x,y)\,\mathrm{d}\sigma=\iint_D f(x,y)\mathrm{d}x\mathrm{d}y.$$

二、二重积分的性质

二重积分也有与一元函数定积分类似的性质，而且其证明也与定积分性质的证明类似. 所以，我们不加证明地叙述如下：

性质1 设 α, β 为常数，则

$$\iint_D [\alpha f(x,y)+\beta g(x,y)]\mathrm{d}\sigma=\alpha\iint_D f(x,y)\mathrm{d}\sigma+\beta\iint_D g(x,y)\mathrm{d}\sigma. \tag{7.3}$$

这个性质表明**二重积分满足线性运算**.

性质2 如果闭区域 D 可被曲线分为两个没有公共内点的闭子区域 D_1 和 D_2，则

$$\iint_D f(x,y)\,\mathrm{d}\sigma=\iint_{D_1} f(x,y)\mathrm{d}\sigma+\iint_{D_2} f(x,y)\,\mathrm{d}\sigma. \tag{7.4}$$

这个性质表明**二重积分对积分区域具有可加性**.

性质3 如果在闭区域 D 上，$f(x,y)=1$，σ 为 D 的面积，则

$$\iint_D 1\cdot \mathrm{d}\sigma=\iint_D \mathrm{d}\sigma=\sigma. \tag{7.5}$$

这个性质的几何意义是：以 D 为底、高为1 的平顶柱体的体积在数值上等于柱体的

底面积.

性质4　如果在闭区域 D 上，有 $f(x,y)\le g(x,y)$，则

$$\iint\limits_D f(x,y)\,\mathrm{d}\sigma \le \iint\limits_D g(x,y)\,\mathrm{d}\sigma. \tag{7.6}$$

特别地，有

$$\left|\iint\limits_D f(x,y)\,\mathrm{d}\sigma\right| \le \iint\limits_D |f(x,y)|\,\mathrm{d}\sigma.$$

性质5　设 M,m 分别是 $f(x,y)$ 在闭区域 D 上的最大值和最小值，σ 为 D 的面积，则

$$m\sigma \le \iint\limits_D f(x,y)\,\mathrm{d}\sigma \le M\sigma. \tag{7.7}$$

这个不等式称为**二重积分的估值不等式**.

性质6　设函数 $f(x,y)$ 在闭区域 D 上连续，σ 为 D 的面积，则在 D 上至少存在一点 (ξ,η)，使得

$$\iint\limits_D f(x,y)\,\mathrm{d}\sigma = f(\xi,\eta)\cdot\sigma.$$

这个性质称为**二重积分的中值定理**. 其几何意义为：在区域 D 上以曲面 $f(x,y)$ 为顶的曲顶柱体的体积等于以区域 D 内某一点 (ξ,η) 的函数值 $f(\xi,\eta)$ 为高的平顶柱体的体积.

例1　比较积分 $\iint\limits_D \ln(x+y)\,\mathrm{d}\sigma$ 与 $\iint\limits_D [\ln(x+y)]^2\,\mathrm{d}\sigma$ 的大小，其中区域 D 是三角形闭区域，三顶点各为 $(1,0)$，$(1,1)$，$(2,0)$.

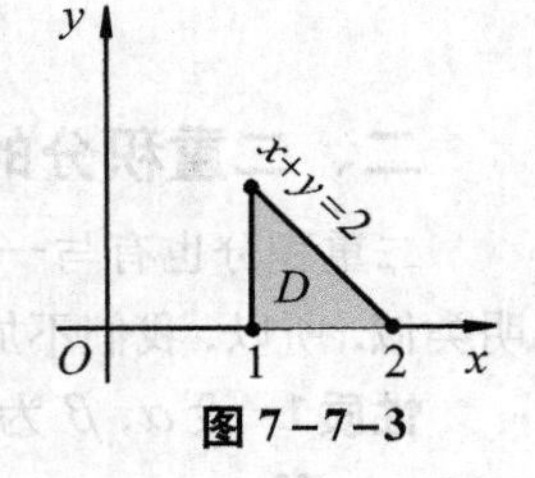

图 7-7-3

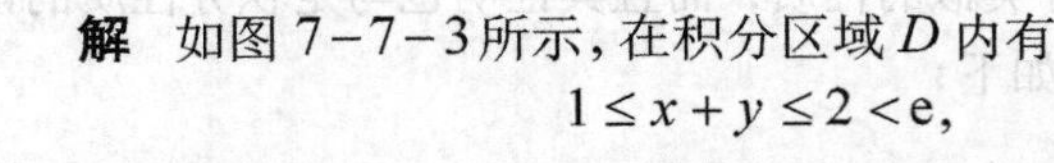

解　如图 7-7-3 所示，在积分区域 D 内有

$$1\le x+y\le 2<\mathrm{e},$$

因此 $0\le \ln(x+y)<1$，于是 $\ln(x+y)>[\ln(x+y)]^2$，所以

$$\iint\limits_D \ln(x+y)\,\mathrm{d}\sigma > \iint\limits_D [\ln(x+y)]^2\,\mathrm{d}\sigma.$$

■

习题 7-7

1. 判断积分 $\iint\limits_{\frac{1}{2}\le x^2+y^2\le 1} \ln(x^2+y^2)\,\mathrm{d}x\mathrm{d}y$ 的符号.

2. 判定下列积分值的大小：

$$I_1=\iint\limits_D \ln^3(x+y)\,\mathrm{d}x\mathrm{d}y,\ I_2=\iint\limits_D (x+y)^3\,\mathrm{d}x\mathrm{d}y,\ I_3=\iint\limits_D [\sin(x+y)]^3\,\mathrm{d}x\mathrm{d}y,$$

其中D由$x=0$, $y=0$, $x+y=\frac{1}{2}$, $x+y=1$围成，则I_1, I_2, I_3之间的大小顺序为(　　).

(A) $I_1<I_2<I_3$;　　(B) $I_3<I_2<I_1$;

(C) $I_1<I_3<I_2$;　　(D) $I_3<I_1<I_2$.

3. 估计下列各二重积分的值：

(1) $\iint\limits_D xy(x+y)\,\mathrm{d}\sigma$，其中$D$是矩形闭区域：$0\le x\le 1$, $0\le y\le 1$;

(2) $\iint\limits_D \sin^2 x\sin^2 y\,\mathrm{d}\sigma$，其中区域$D$: $0\le x\le \pi$, $0\le y\le \pi$.

§7.8 二重积分的计算

一、在直角坐标系下二重积分的计算

本节和下一节，我们要讨论二重积分的计算方法，其基本思想是将二重积分化为两次定积分来计算，转化后的这种两次定积分常称为**二次积分**或**累次积分**. 本节先在直角坐标系下讨论二重积分的计算.

在具体讨论二重积分的计算之前，先要介绍所谓X−型区域和Y−型区域的概念. 图7−8−1和图7−8−2中分别给出了这两种区域的典型图例.

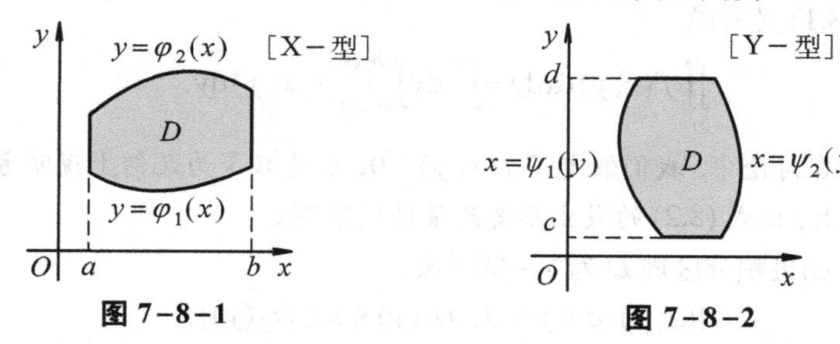

图 7−8−1　　图 7−8−2

X−型区域: $\{(x,y)\mid a\le x\le b,\ \varphi_1(x)\le y\le \varphi_2(x)\}$. 其中函数$\varphi_1(x)$, $\varphi_2(x)$在区间$[a,b]$上连续. 这种区域的特点是：穿过区域且平行于y轴的直线与区域的边界相交于最多两点.

Y−型区域: $\{(x,y)\mid c\le y\le d,\ \psi_1(y)\le x\le \psi_2(y)\}$. 其中函数$\psi_1(y)$, $\psi_2(y)$在区间$[c,d]$上连续. 这种区域的特点是：穿过区域且平行于x轴的直线与区域的边界相交于最多两点.

我们知道，在直角坐标系下，二重积分可写成

$$\iint\limits_D f(x,y)\,\mathrm{d}\sigma=\iint\limits_D f(x,y)\,\mathrm{d}x\mathrm{d}y.$$

假定积分区域D为如下X−型区域：

$$\{(x,y)\,|\,a\le x\le b,\ \varphi_1(x)\le y\le\varphi_2(x)\}.$$

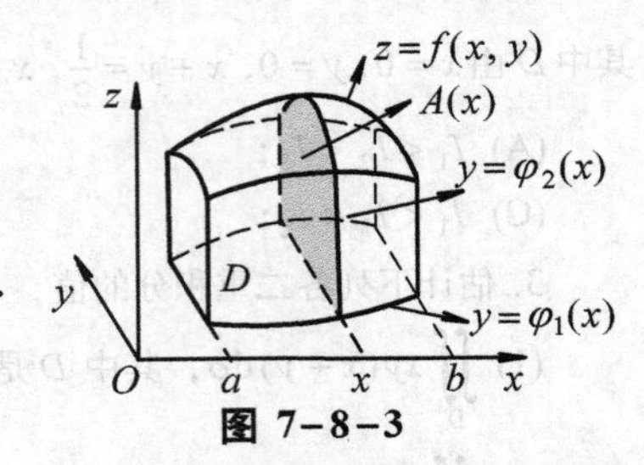

图 7-8-3

当 $f(x,y)\ge 0$ 时，按照二重积分的几何意义，上述二重积分的值等于以积分区域 D 为底、以曲面 $z=f(x,y)$ 为顶的曲顶柱体 (见图 7-8-3) 的体积. 下面我们利用 §5.5 中求“平行截面面积为已知的立体的体积”的方法来计算这个曲顶柱体的体积.

先计算截面的面积. 为此在区间 $[a,b]$ 上任取一点 x，则过该点且平行于 yOz 面的平面截曲顶柱体所得的截面是一个以区间 $[\varphi_1(x),\varphi_2(x)]$ 为底的曲边梯形 (见图 7-8-3 中阴影部分)，所以此截面的面积为

$$A(x)=\int_{\varphi_1(x)}^{\varphi_2(x)}f(x,y)\,\mathrm{d}y.$$

于是，曲顶柱体的体积为

$$\iint_D f(x,y)\,\mathrm{d}x\mathrm{d}y=\int_a^b A(x)\,\mathrm{d}x=\int_a^b\left[\int_{\varphi_1(x)}^{\varphi_2(x)}f(x,y)\,\mathrm{d}y\right]\mathrm{d}x. \tag{8.1}$$

上式右端的积分称为先对 y 后对 x 的二次积分，习惯上，常将其中的中括号省略不写，而记为

$$\int_a^b\mathrm{d}x\int_{\varphi_1(x)}^{\varphi_2(x)}f(x,y)\,\mathrm{d}y.$$

因此，公式 (8.1) 又写成

$$\iint_D f(x,y)\,\mathrm{d}x\mathrm{d}y=\int_a^b\mathrm{d}x\int_{\varphi_1(x)}^{\varphi_2(x)}f(x,y)\,\mathrm{d}y. \tag{8.2}$$

注：虽然在讨论中，我们假定了 $f(x,y)\ge 0$，但这只是为几何上说明方便而引入的条件，实际上，公式 (8.2) 的成立不受此条件的限制.

类似地，如果积分区域 D 为 Y- 型区域：

$$\{(x,y)\,|\,c\le y\le d,\ \psi_1(y)\le x\le\psi_2(y)\}.$$

则有

$$\iint_D f(x,y)\,\mathrm{d}x\mathrm{d}y=\int_c^d\mathrm{d}y\int_{\psi_1(y)}^{\psi_2(y)}f(x,y)\,\mathrm{d}x. \tag{8.3}$$

上式右端的积分称为先对 x 后对 y 的二次积分.

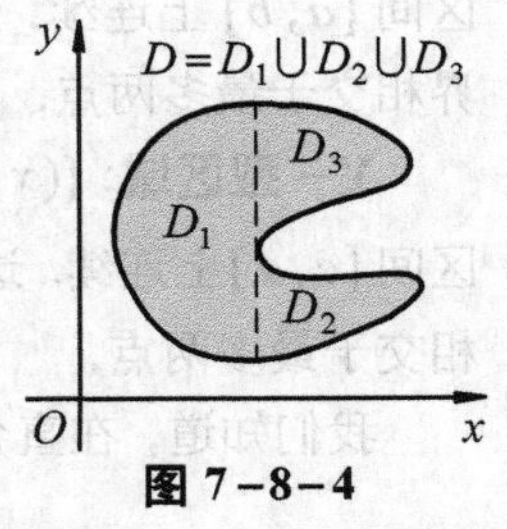

图 7-8-4

如果积分区域 D 既不是 X- 型区域也不是 Y- 型区域，我们可以将它分割成若干块 X- 型区域或 Y- 型区域 (见图 7-8-4)，然后在每块这样的区域上分别应用公式(8.2) 或公式(8.3)，再根据二重积分对积分区域的可加性，即可计算出所给的二重积分.

将二重积分化为二次积分的关键是确定积分限 (即表示积分区域的一组不等式)，而积分限是根据积分区域的形状来确定的，因此，先画出积分区域的草图对于确定二

次积分的积分限是方便的．假设积分区域 D 如图 7－8－5 所示，则可按如下方法确定表示区域 D 的不等式：在区间 $[a,b]$ 上任取一点 x，过点 x 作平行于 y 轴的直线交区域 D 的边界于点 $\varphi_1(x)$ 和 $\varphi_2(x)$，这就是把 x 看作常量，而把 $\varphi_1(x)$ 和 $\varphi_2(x)$ 看作是积分变量 y 的上下限，因此积分区域 D 可表示为

$$a \le x \le b,\ \varphi_1(x) \le y \le \varphi_2(x),$$

所求积分为

$$\iint_D f(x,y)\,\mathrm{d}x\mathrm{d}y = \int_a^b \mathrm{d}x \int_{\varphi_1(x)}^{\varphi_2(x)} f(x,y)\,\mathrm{d}y.$$

图 7－8－5

特别地，当 D 为矩形区域 $\{(x,y)\,|\,a \le x \le b,\ c \le y \le d\}$ 时，有

$$\iint_D f(x,y)\,\mathrm{d}x\mathrm{d}y = \int_a^b \mathrm{d}x \int_c^d f(x,y)\,\mathrm{d}y = \int_c^d \mathrm{d}y \int_a^b f(x,y)\,\mathrm{d}x.$$

例 1　设积分区域 $D=\{(x,y)\,|\,0 \le x \le 1,\ 0 \le y \le 1\}$，计算二重积分 $\iint\limits_D \mathrm{e}^{x+y}\mathrm{d}x\mathrm{d}y$.

解　积分区域如图 7－8－6 所示．

$$\iint_D \mathrm{e}^{x+y}\mathrm{d}x\mathrm{d}y = \int_0^1 \left[\int_0^1 \mathrm{e}^{x+y}\mathrm{d}x\right]\mathrm{d}y = \int_0^1 \left[\int_0^1 \mathrm{e}^{x+y}\mathrm{d}(x+y)\right]\mathrm{d}y$$

$$= \int_0^1 \mathrm{e}^{x+y}\Big|_0^1 \mathrm{d}y = \int_0^1 (\mathrm{e}^{1+y} - \mathrm{e}^y)\,\mathrm{d}y$$

$$= \int_0^1 \mathrm{e}^{1+y}\mathrm{d}y - \int_0^1 \mathrm{e}^y\mathrm{d}y$$

$$= \int_0^1 \mathrm{e}^{1+y}\mathrm{d}(1+y) - \mathrm{e}^y\Big|_0^1$$

$$= \mathrm{e}^{1+y}\Big|_0^1 - (\mathrm{e} - \mathrm{e}^0) = \mathrm{e}^2 - \mathrm{e} - \mathrm{e} + 1 = \mathrm{e}^2 - 2\mathrm{e} + 1.$$ ■

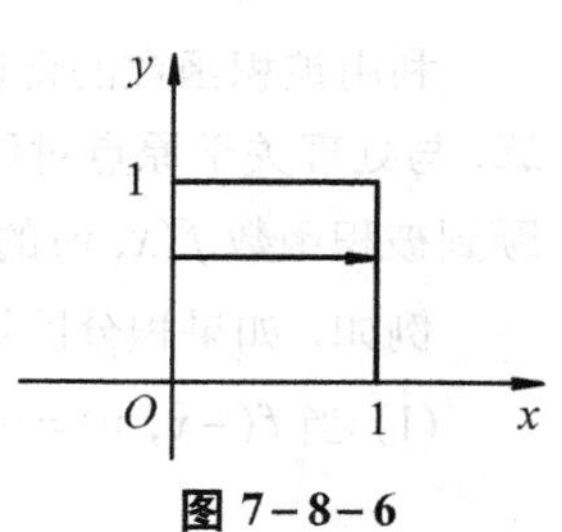

图 7－8－6

例 2　计算 $\iint\limits_D xy\,\mathrm{d}\sigma$，其中 D 是由直线 $y=1$，$x=2$ 及 $y=x$ 所围成的闭区域．

解　画出积分区域 D 的图形（见图 7－8－7），易见区域 D 既是 X－型的也是 Y－型的．如果将积分区域视为 X－型的，则积分区域 D 的积分限为 $1 \le x \le 2$，$1 \le y \le x$，所以

图 7－8－7

$$\iint_D xy\,\mathrm{d}\sigma = \int_1^2 \left[\int_1^x xy\,\mathrm{d}y\right]\mathrm{d}x = \int_1^2 \left[x \cdot \frac{y^2}{2}\right]\Big|_1^x \mathrm{d}x$$

$$= \int_1^2 \left(\frac{x^3}{2} - \frac{x}{2}\right)\mathrm{d}x = \left[\frac{x^4}{8} - \frac{x^2}{4}\right]\Big|_1^2 = 1\frac{1}{8}.$$ ■

计算实验

注：微信扫描右侧二维码，即可进行计算实验（详见教材配套的网络学习空间）．

例3 计算二重积分$\iint\limits_D xy\mathrm{d}\sigma$，其中$D$是由抛物线$y^2=x$及直线 $y=x-2$ 所围成的闭区域.

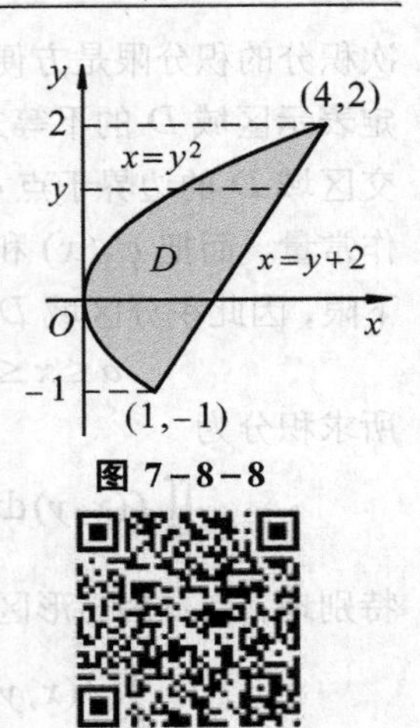

图 7-8-8

计算实验

解 画出积分区域D的图形(见图7-8-8), 易见区域D既是X-型的也是Y-型的. 如果将积分区域视为Y-型的, 则区域D的积分限为$-1\leq y\leq 2$，$y^2\leq x\leq y+2$，所以

$$\iint\limits_D xy\mathrm{d}\sigma=\int_{-1}^{2}\left[\int_{y^2}^{y+2}xy\mathrm{d}x\right]\mathrm{d}y$$

$$=\int_{-1}^{2}\left[\frac{x^2}{2}y\right]\Bigg|_{y^2}^{y+2}\mathrm{d}y=\frac{1}{2}\int_{-1}^{2}[y(y+2)^2-y^5]\mathrm{d}y$$

$$=\frac{1}{2}\left[\frac{y^4}{4}+\frac{4}{3}y^3+2y^2-\frac{y^6}{6}\right]\Bigg|_{-1}^{2}=5\frac{5}{8}.\quad ■$$

注: 如果将积分区域视为X-型的，而选择先对y再对x积分，则计算较为烦琐.

二、利用对称性和奇偶性化简二重积分的计算

利用被积函数的奇偶性及积分区域D的对称性，常常会大大化简二重积分的计算. 与处理关于原点对称的区间的奇(偶)函数的定积分类似, 对于二重积分, 也要兼顾到被积函数$f(x, y)$的奇偶性和积分区域D的对称性这两方面.

例如，如果积分区域D关于y轴对称，则

(1) 当$f(-x, y)=-f(x, y)$ $((x, y)\in D)$时，有

$$\iint\limits_D f(x, y)\,\mathrm{d}x\mathrm{d}y=0.$$

(2) 当$f(-x, y)=f(x, y)$ $((x, y)\in D)$时，有

$$\iint\limits_D f(x, y)\,\mathrm{d}x\mathrm{d}y=2\iint\limits_{D_1} f(x, y)\,\mathrm{d}x\mathrm{d}y,$$

其中$D_1=\{(x, y)\,|\,(x, y)\in D,\ x\geq 0\}$.

注: 积分区域D关于x轴对称时，也有类似的结果.

例4 计算$\iint\limits_D x^2y^2\,\mathrm{d}x\mathrm{d}y$，其中区域$D$: $|x|+|y|\leq 1$.

解 积分区域D如图7-8-9所示. 因为D关于x轴和y轴对称，且

$$f(x, y)=x^2y^2$$

关于x或y均为偶函数，所以题设积分等于区域D_1上积分的4倍，即

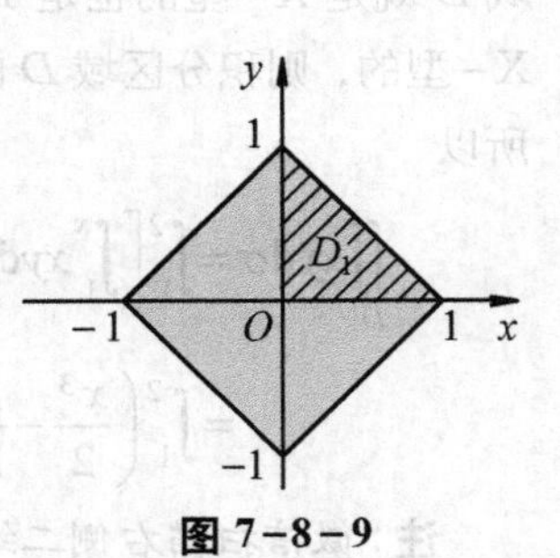

图 7-8-9

$$\iint\limits_{D} x^2y^2\,\mathrm{d}x\mathrm{d}y = 4\iint\limits_{D_1} x^2y^2\,\mathrm{d}x\mathrm{d}y = 4\int_0^1 \mathrm{d}x\int_0^{1-x} x^2y^2\,\mathrm{d}y$$

$$= \frac{4}{3}\int_0^1 x^2(1-x)^3\,\mathrm{d}x = \frac{1}{45}. \quad ■$$

计算实验

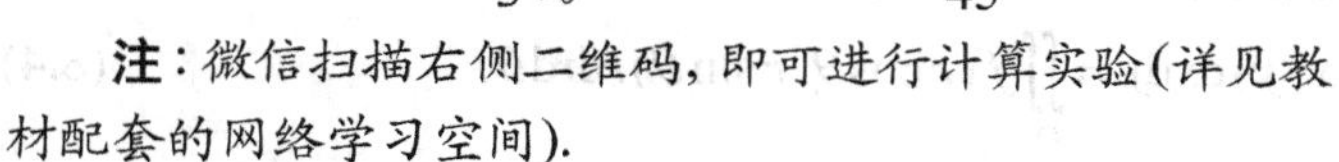

注：微信扫描右侧二维码，即可进行计算实验(详见教材配套的网络学习空间).

***数学实验**

实验 7.10　试用计算软件完成下列各题：

(1) 计算二次积分 $\int_0^{\pi/6}\int_0^{\pi/2}(y\sin x - x\sin y)\mathrm{d}y\mathrm{d}x$；

(2) 计算二次积分 $\int_0^{\sqrt{\pi}}\int_0^{\sqrt{\pi}}\cos(x^2-y^2)\,\mathrm{d}y\mathrm{d}x$ 的近似值；

(3) 计算二次积分 $\int_0^1\int_0^1\sin(\mathrm{e}^{xy})\mathrm{d}y\mathrm{d}x$ 的近似值；

(4) 计算 $I=\iint\limits_{D}\sin\frac{\pi x}{2y}\mathrm{d}\sigma$，其中 D 由曲线 $y=\sqrt{x}$，直线 $y=x$ 和 $y=2$ 围成；

(5) 计算 $\iint\limits_{D}\frac{x^3}{y^2}\mathrm{d}x\mathrm{d}y$，其中 D 是由 $xy=2$，$y=1+x^2$ 及 $x=2$ 围成的区域.

计算实验

详见教材配套的网络学习空间.

三、在极坐标系下二重积分的计算

有些二重积分的积分区域 D 的边界曲线用极坐标方程来表示比较简单，如圆形或扇形区域的边界等. 此时，如果该积分的被积函数在极坐标系下也有比较简单的形式，则应考虑用极坐标来计算这个二重积分. 本节我们要讨论在极坐标系下二重积分 $\iint\limits_{D} f(x,y)\mathrm{d}\sigma$ 的计算问题.

假定区域 D 的边界与过极点的射线相交于最多两点，函数 $f(x,y)$ 在 D 上连续. 我们采用以极点为中心的一族同心圆：$r=$常数，以及从极点出发的一族射线：$\theta=$常数，把区域 D 划分成 n 个小闭区域(见图 7-8-10)，设其中一个典型的小闭区域 $\Delta\sigma$ ($\Delta\sigma$ 同时也表示该小闭区域的面积)是由半径分别为 r，$r+\Delta r$ 的同心圆和极角分别为 $\theta, \theta+\Delta\theta$ 的射线所确定，则

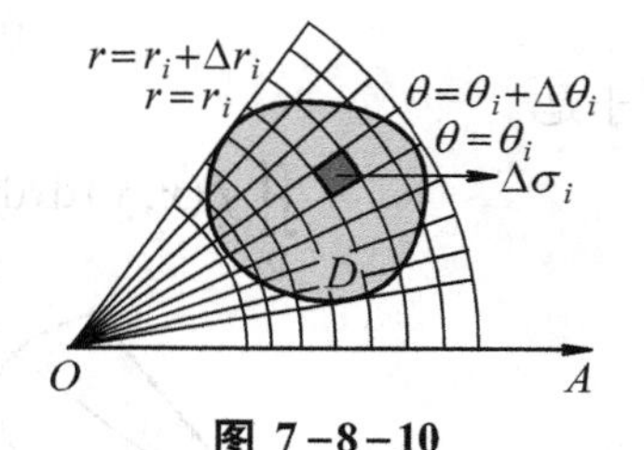

图 7-8-10

$$\Delta\sigma = \frac{1}{2}(r+\Delta r)^2\cdot\Delta\theta - \frac{1}{2}r^2\cdot\Delta\theta = \frac{1}{2}(2r+\Delta r)\Delta r\cdot\Delta\theta$$

$$= \frac{r+(r+\Delta r)}{2}\Delta r\cdot\Delta\theta \approx r\cdot\Delta r\cdot\Delta\theta.$$

于是，根据微元法可得到**极坐标系下的面积微元**

$$d\sigma = r\mathrm{d}r\mathrm{d}\theta.$$

注意到直角坐标与极坐标之间的转换关系为

$$x = r\cos\theta,\ y = r\sin\theta,$$

从而得到在直角坐标系与极坐标系下二重积分的转换公式为

$$\iint_D f(x,y)\,\mathrm{d}x\mathrm{d}y = \iint_D f(r\cos\theta, r\sin\theta)\,r\mathrm{d}r\mathrm{d}\theta. \tag{8.4}$$

极坐标系中的二重积分同样可化为二次积分来计算. 现分几种情况来讨论.

(1) 如果积分区域D介于两条射线$\theta=\alpha,\theta=\beta$之间，而$D$内任一点$(r,\theta)$的极径总是介于曲线$r=\varphi_1(\theta)$, $r=\varphi_2(\theta)$之间 (见图 7-8-11)，则区域D的积分限为

$$\alpha \le \theta \le \beta,\quad \varphi_1(\theta) \le r \le \varphi_2(\theta).$$

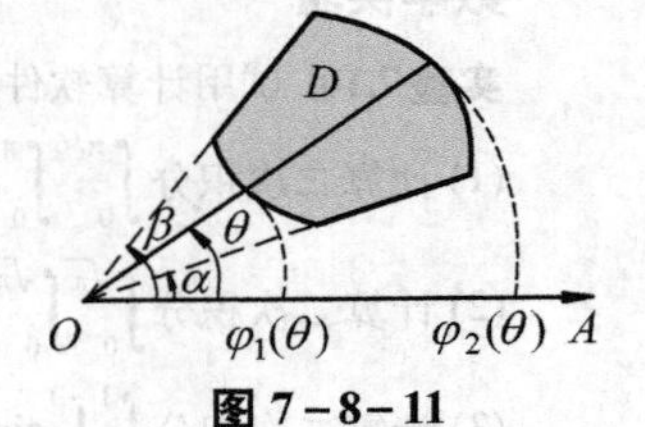

图 7-8-11

于是

$$\iint_D f(x,y)\,\mathrm{d}x\mathrm{d}y = \int_\alpha^\beta \mathrm{d}\theta \int_{\varphi_1(\theta)}^{\varphi_2(\theta)} f(r\cos\theta, r\sin\theta)\,r\mathrm{d}r. \tag{8.5}$$

具体计算时，内层积分的上、下限可按如下方式确定：从极点出发在区间(α,β)上任意作一条极角为θ的射线穿透区域D(见图 7-8-11)，则进入点与穿出点的极径$\varphi_1(\theta)$, $\varphi_2(\theta)$就分别为内层积分的下限与上限.

(2) 如果积分区域D是如图 7-8-12 所示的曲边扇形，则可以把它看作是第一种情形中$\varphi_1(\theta)=0$, $\varphi_2(\theta)=\varphi(\theta)$时的特例，此时，区域$D$的积分限为

$$\alpha \le \theta \le \beta,\quad 0 \le r \le \varphi(\theta).$$

于是

$$\iint_D f(x,y)\,\mathrm{d}x\mathrm{d}y = \int_\alpha^\beta \mathrm{d}\theta \int_0^{\varphi(\theta)} f(r\cos\theta, r\sin\theta)\,r\mathrm{d}r. \tag{8.6}$$

(3) 如果积分区域D如图 7-8-13所示，极点位于D的内部，则可以把它看作是第二种情形中$\alpha=0$, $\beta=2\pi$时的特例，此时，区域D的积分限为

$$0 \le \theta \le 2\pi,\quad 0 \le r \le \varphi(\theta).$$

于是

$$\iint_D f(x,y)\,\mathrm{d}x\mathrm{d}y = \int_0^{2\pi} \mathrm{d}\theta \int_0^{\varphi(\theta)} f(r\cos\theta, r\sin\theta)\,r\mathrm{d}r. \tag{8.7}$$

图 7-8-12

图 7-8-13

下面通过具体实例来说明极坐标系下二重积分的计算.

例5　计算 $\iint\limits_D e^{-(x^2+y^2)}d\sigma$，其中 D 是由圆 $x^2+y^2=R^2$ 所围成的区域.

解　在极坐标系下，积分区域 D(见图7−8−14)的积分限为

$$0\le\theta\le 2\pi,\quad 0\le r\le R,$$

于是

图 7−8−14

$$\iint\limits_D e^{-(x^2+y^2)}d\sigma=\int_0^{2\pi}d\theta\int_0^R e^{-r^2}rdr=2\pi\cdot\int_0^R e^{-r^2}rdr$$

$$=-\pi\int_0^R e^{-r^2}d(-r^2)=-\pi\left(e^{-r^2}\Big|_0^R\right)$$

$$=\pi(1-e^{-R^2}).\quad ■$$

计算实验

注：微信扫描右侧二维码，即可进行计算实验(详见教材配套的网络学习空间).

例6　计算 $\iint\limits_D\sqrt{x^2+y^2}\,d\sigma$，其中 D 是由圆 $x^2+y^2=2y$ 所围成的区域.

解　积分区域 D 如图 7−8−15 所示，圆 $x^2+y^2=2y$ 的极坐标方程是

$$r=2\sin\theta,\quad 0\le\theta\le\pi.$$

所以

$$\iint\limits_D\sqrt{x^2+y^2}\,d\sigma=\iint\limits_D r\cdot rdrd\theta=\int_0^{\pi}d\theta\int_0^{2\sin\theta}r^2dr$$

$$=\int_0^{\pi}\left(\frac{r^3}{3}\right)\Bigg|_0^{2\sin\theta}d\theta=\frac{8}{3}\int_0^{\pi}\sin^3\theta d\theta$$

$$=\frac{8}{3}\int_0^{\pi}(\cos^2\theta-1)\,d\cos\theta=\frac{8}{3}\left(\frac{1}{3}\cos^3\theta-\cos\theta\right)\Bigg|_0^{\pi}$$

$$=\frac{8}{3}\cdot\frac{4}{3}=\frac{32}{9}.\quad ■$$

图 7−8−15

***数学实验**

实验7.11　试用计算软件完成下列各题：

(1) 用极坐标计算二次积分 $\int_0^1\int_x^1\frac{y}{x^2+y^2}dydx$；

(2) 用极坐标计算二次积分 $\int_0^1\int_{-y/3}^{y/3}\frac{y}{\sqrt{x^2+y^2}}dxdy$；

计算实验

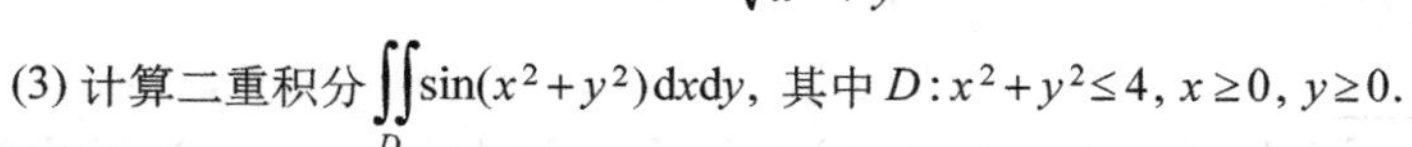

(3) 计算二重积分 $\iint\limits_D\sin(x^2+y^2)dxdy$，其中 $D:x^2+y^2\le 4,\ x\ge 0,\ y\ge 0$.

(4) 计算二重积分 $\iint\limits_D xye^{-x^2-y^2}d\sigma$，其中区域 D 为 $x^2+y^2\le 1$ 在第一象限的部分；

(5) 计算 $\iint\limits_D (x^2+y^2)\sqrt{a^2-x^2-y^2}\,\mathrm{d}x\mathrm{d}y$, $D: x^2+y^2\le a^2\ (a>0)$;

(6) 计算 $I=\iint\limits_D \dfrac{x+y}{x^2+y^2}\mathrm{d}x\mathrm{d}y$, $D: x^2+y^2\le 1,\ x+y>1$.

详见教材配套的网络学习空间.

习题 7-8

1. 计算下列二重积分:

(1) $\iint\limits_D \sin^2 x\sin^2 y\,\mathrm{d}\sigma$, 其中 $D: 0\le x\le\pi,\ 0\le y\le\pi$;

(2) $\iint\limits_D (3x+2y)\,\mathrm{d}\sigma$, 闭区域 D 由坐标轴与 $x+y=2$ 所围成;

(3) $\iint\limits_D (x^2-y^2)\,\mathrm{d}\sigma$, 其中 $D: 0\le y\le \sin x,\ 0\le x\le\pi$;

(4) $\iint\limits_D \mathrm{e}^{x+y}\mathrm{d}\sigma$, 其中 $D: |x|+|y|\le 1$;

(5) $\iint\limits_D \dfrac{x^2}{y^2}\mathrm{d}\sigma$, 其中 D 是由直线 $x=2$, $y=x$ 及双曲线 $xy=1$ 所围成的区域.

2. 设平面薄片所占的闭区域 D 由直线 $x+y=2$, $y=x$ 和 x 轴所围成, 它的面密度 $\rho(x,y)=x^2+y^2$, 求该薄片的质量.

3. 把积分 $\iint\limits_D f(x,y)\,\mathrm{d}x\mathrm{d}y$ 化为极坐标形式的二次积分, 其中积分区域 D 为:

(1) $x^2+y^2\le 9$; (2) $1\le x^2+y^2\le 4$; (3) $x^2+y^2\le 2x$.

4. 利用极坐标计算下列二重积分:

(1) $\iint\limits_D \mathrm{e}^{x^2+y^2}\mathrm{d}\sigma$, 其中 D 是由 $x^2+y^2=9$ 所围成的闭区域;

(2) $\iint\limits_D (x^2+y^2)\,\mathrm{d}\sigma$, 其中 D 是由 $x^2+y^2=2ax$ 与 x 轴所围成的上半部分的闭区域;

(3) $\iint\limits_D \sqrt{x^2+y^2}\,\mathrm{d}\sigma$, 其中 D 是圆环形闭区域: $a^2\le x^2+y^2\le b^2$;

(4) $\iint\limits_D \ln(1+x^2+y^2)\,\mathrm{d}\sigma$, 其中 D 是由圆周 $x^2+y^2=4$ 及坐标轴所围成的在第一象限内的闭区域;

(5) $\iint\limits_D \sin\sqrt{x^2+y^2}\,\mathrm{d}x\mathrm{d}y$, 其中 D 是由 $x^2+y^2=\pi^2$, $x^2+y^2=4\pi^2$, $y=x$, $y=2x$ 所围成的在第一象限内的闭区域.

数学家简介 [6]

笛卡儿

——近代数学的奠基人

笛卡儿 (Descartes) 是法国数学家、哲学家、物理学家，近代数学的奠基人之一．笛卡儿 1596 年 3 月 31 日生于法国土伦的一个富有的律师家庭，8 岁入读一所著名的教会学校，主要课程是神学和教会的哲学，也学数学．他勤于思考，学习努力，成绩优异．20 岁时，他在普瓦捷大学获法学学位．之后去巴黎当了律师．出于对数学的兴趣，他独自研究了两年数学．17 世纪初的欧洲处于教会势力的控制下，但科学的发展已经开始显示出一些和宗教教义离经叛道的倾向．于是，笛卡儿和其他一些不满法兰西政治状态的青年人一起去荷兰从军，体验军旅生活．

笛卡儿

说起笛卡儿投身数学，多少有一些偶然性．有一次部队开进荷兰南部的一个城市，笛卡儿在街上散步，看见用当地的佛来米语书写的公开征解的几道数学难题．许多人在此招贴前议论纷纷，他旁边的一位中年人用法语替他翻译了这几道数学难题的内容．第二天，聪明的笛卡儿兴冲冲地把答案交给了那位中年人．中年人看了笛卡儿的答案十分惊讶．巧妙的解题方法、准确无误的计算充分显露了他的数学才华．原来这位中年人就是当时有名的数学家贝克曼教授．笛卡儿以前读过他的著作，但是一直没有机会认识他．从此，笛卡儿在贝克曼的指导下开始了对数学的深入研究．所以有人说，贝克曼“把一个业已离开科学的心灵，带回到正确、完美的成功之路”．1621 年笛卡尔离开军营遍游欧洲各国．1625 年他回到巴黎从事科学研究工作．为整合知识、深入研究，1628 年笛卡儿变卖家产，定居荷兰潜心著述达 20 年．

几何学曾在古希腊有过较大的发展，欧几里得、阿基米德、阿波罗尼都对圆锥曲线做过深入研究．但古希腊的几何学只是一种静态的几何，它既没有把曲线看成一种动点的轨迹，也没有给出它的一般表示方法．文艺复兴运动以后，哥白尼的日心说得到了证实，开普勒发现了行星运动的三大定律，伽利略又证明了炮弹等抛物体的弹道是抛物线，这就使几乎被人们忘记的阿波罗尼曾研究过的圆锥曲线重新引起人们的重视．人们意识到圆锥曲线不仅是依附在圆锥上的静态曲线，而且是与自然界的物体运动有密切联系的曲线．要计算行星运行的椭圆轨道、求出炮弹飞行所走过的抛物线，单纯靠几何方法已无能为力．古希腊数学家的几何学已不能给出解决这些问题的有效方法．要想反映这类运动的轨迹及其性质，就必须从观点到方法都要有一个新的变革，建立一种在运动观点上的几何学．

古希腊数学过于重视几何学的研究，却忽视了代数方法．代数方法在东方 (中国、印度、阿拉伯) 虽有高度发展，但缺少论证几何学的研究．后来，东方高度发展的代数传入欧洲，特别是文艺复兴运动使欧洲数学在古希腊几何和东方代数的基础上有了巨大的发展．

1619 年，在多瑙河的军营里，笛卡儿用大部分时间思考着他在数学中的新想法：以上帝为中心的经院哲学，既缺乏可靠的知识，又缺乏令人信服的推理方法，只有严密的数学才是认识事物的有力工具．然而，他又觉察到，数学并不是完美无缺的，几何证明虽然严谨，但需求助于奇妙的方法，用起来不方便；代数虽然有法则、有公式，便于应用，但法则和公式又束缚人的想象力．能不能用代数中的计算过程来代替几何中的证明呢？要这样做就必须找到一座能连接(或者融合)几何与代数的桥梁——使几何图形数值化．据史料记载，当年11月10日夜晚，战事平静，笛卡儿做了一个梦，梦见一只苍蝇飞动时划出一条美妙的曲线，然后一个黑点停留在窗纸上，到窗棂的距离确定了它的位置．梦醒后，笛卡儿异常兴奋，感叹十几年来追求的优越数学居然在梦境中由顿悟而生．难怪笛卡儿直到后来还向别人说，他的梦像一把打开宝库的钥匙，这把钥匙就是坐标几何．

1637 年，笛卡儿匿名出版了《更好地指导推理和寻求科学真理的方法论》(简称《方法论》)一书，该书有三篇附录，其中一篇题为《几何学》的附录公布了作者长期深思熟虑的坐标几何的思想，实现了用代数研究几何的宏伟梦想．他用两条互相垂直且交于原点的数轴作为基准，将平面上的点的位置确定下来，这就是后人所说的笛卡儿坐标系．笛卡儿坐标系的建立为人们用代数方法研究几何架设了桥梁．它使几何中的点 P 与一个有序实数对 (x, y) 构成了一一对应关系．坐标系里点的坐标按某种规则连续变化，那么，平面上的曲线就可以用方程来表示．笛卡儿坐标系的建立，把并列的代数方法与几何方法统一起来，从而使传统的数学有了一个新的突破．作为附录的短文，竟成了从常量数学到变量数学的桥梁，也就是数形结合的典型数学模型．《几何学》的历史价值正如恩格斯所赞誉的：“数学中的转折点是笛卡儿的变数．”

1649 年，笛卡儿被瑞典年轻女王克里斯蒂娜聘为私人教师，每天清晨5时就赶赴宫廷，为女王讲授哲学．素有晚起习惯的笛卡儿又遇到瑞典几十年少有的严寒，不久便得了肺炎．1650 年 2 月 11 日，这位年仅 54 岁、终生未婚的科学家病逝于瑞典斯德哥尔摩．由于教会的阻止，仅有几个友人为其送葬．他的著作在他死后也被列入梵蒂冈教皇颁布的禁书目录．但是，他的思想的传播并未因此而受阻，笛卡儿成为17世纪及其后的欧洲哲学界和科学界最有影响的巨匠之一．法国大革命之后，笛卡儿的骨灰和遗物被送进法国历史博物馆．1819 年，其骨灰被移入圣日耳曼圣心堂．他的墓碑上镌刻着：

笛卡儿，欧洲文艺复兴以来，

第一个为争取和捍卫理性权利而奋斗的人．

数学家简介 [7]

欧 拉

——数学家之英雄

欧拉(Euler)，1707 年 4 月 15 日生于瑞士巴塞尔，1783 年 9 月 18 日卒于俄国彼得堡，18 世纪最杰出的数学家和物理学家之一．

欧拉出生于牧师家庭，自幼聪敏早慧，并受他父亲的影响酷爱数学．1720 年秋，年仅 13

岁的欧拉入读巴塞尔大学，当时著名的数学家约翰·伯努利(Johann Bernoulli)任该校数学教授，他每天讲授基础数学课程，同时还给少数高材生开设更高深的数学、物理学讲座，欧拉便是约翰·伯努利最忠实的听众.他勤奋地学习所有科目，但仍不满足.欧拉后来在自传中写道："不久，我找到了一个把自己介绍给著名的约翰·伯努利教授的机会……他确实太忙了，因此断然拒绝给我个别授课.但是，他给了我许多更加宝贵的忠告，使我开始独立地学习更高深的数学著作，尽我所能努力去研究它们.如果我遇到什么障碍或困难，他允许我每周六下午自由地去找他，他总是和蔼地为我解答一切疑难……无疑，这是在数学学科上获得成功的最好方法."勤奋努力的欧拉15岁就获得了巴塞尔大学的学士学位，16岁获得该校的哲学硕士学位.1723年秋，为了满足他父亲的愿望，欧拉又入读该校的神学系，但他在神学希腊语等方面的学习并不成功，两年后，他彻底放弃了当牧师的想法.

欧　拉

欧拉18岁开始其数学生涯.翌年，就因研究巴黎科学院当年的有奖征文课题而获得了荣誉提名.1738年至1772年，欧拉共获得过12次巴黎科学院奖金.

在瑞士，当时青年数学家的工作条件非常艰苦，而俄国新组建的圣彼得堡科学院正在网罗人才，欧拉接受了圣彼得堡科学院的邀请，于1727年4月5日告别了故乡，5月24日抵达了圣彼得堡.从那时起，欧拉的一生与他的科学工作都紧密地同圣彼得堡科学院和俄国联系在一起.他再也没有回过瑞士，但是，出于对祖国的深厚感情，欧拉始终保留了他的瑞士国籍.

在圣彼得堡的头14年，欧拉以无可匹敌的工作效率在数学和力学等领域作出了许多辉煌的发现，研究硕果累累，声望与日俱增，赢得了各国科学家的尊敬.1738年，由于过度劳累，欧拉在一场疾病之后右眼失明了，但他仍旧坚持工作.1740年秋冬，因俄国局势不稳，欧拉应邀前往柏林科学院工作，担任科学院数学部主任和院务委员等职，但在此期间，欧拉一直保留着圣彼得堡科学院院士资格，领取年俸.1765年，欧拉重返圣彼得堡科学院.1766年，欧拉的左眼也失明了.但双目失明的科学老人依然奋斗不止，他的论著几乎有一半是1765年以后出版的.

欧拉是18世纪数学界的中心人物，他是继牛顿之后最杰出的数学家之一.欧拉研究的领域遍及力学、天文学、物理学、航海学、地理学、大地测量学、流体力学、弹道学、保险学和人口统计学等方面.但在欧拉的全部科学贡献中，其数学成就占据最突出的地位.欧拉是数学界最多产的科学家，一生共发表论文和专著500多种，到他逝世时，还有400种未发表的手稿.1909年瑞士科学院开始出版《欧拉全集》，共74卷，直到20世纪80年代仍未出齐.

欧拉的多产还得益于他一生非凡的记忆力和心算能力.他70岁时还能准确地回忆起年轻时读过的荷马史诗《伊利亚特》每页的头行和末行.他能够背诵出当时数学领域的主要公式.有一个例子足以说明欧拉的心算本领：他的两个学生把一个颇为复杂的收敛级数的17项相加起来，算到第50位数字时因相差一个单位而产生了争执，为了确定谁正确，欧拉对整个计算过程仅凭心算即判明了他们的正误.1771年，一场无情的大火曾把欧拉的大部分藏书和手稿焚为灰烬，但晚年的欧拉凭借其非凡的毅力、超人的才智、雄厚的知识、惊人的记忆力和心算能力，以由他口授、儿女笔录的形式进行着特殊的科学研究工作.

欧拉的著述浩瀚，不仅包含科学创见，而且富有科学思想，他给后人留下了极其丰富的科学遗产和为科学献身的精神. 历史学家把欧拉同阿基米德、牛顿、高斯并列为数学史上的“四杰”. 如今，在数学的许多分支中经常可以看到以他的名字命名的重要常数、公式和定理.

第8章 无穷级数

> 正如有限中包含着无穷级数，而无限中呈现极限一样，无限之灵魂居于细微之处，而最紧密地趋近极限却并无止境．区分无穷大之中的细节令人喜悦！小中见大，多么伟大的神力．
>
> —— **雅各布·伯努利**[①]

历史上，无穷级数的求和问题曾困扰数学家长达几个世纪．有时一个无穷级数的和是一个数，如

$$\frac{1}{2}+\frac{1}{4}+\frac{1}{8}+\frac{1}{16}+\cdots=1,$$

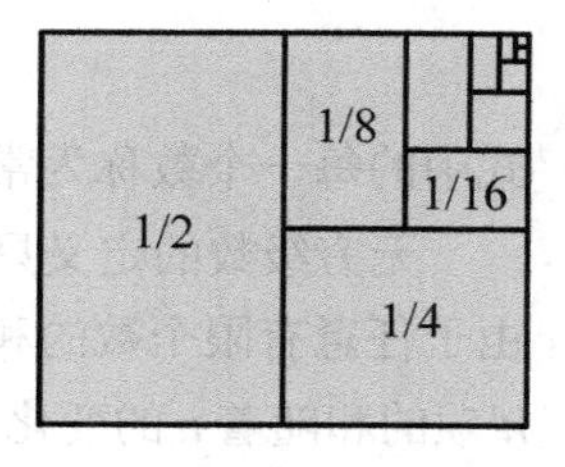

我们可以从右图看出这一事实．有时一个无穷级数的和为无穷大，如

$$1+\frac{1}{2}+\frac{1}{3}+\frac{1}{4}+\frac{1}{5}+\cdots=\infty,$$

这个事实我们将在§8.1的例7中加以证明．有时一个无穷级数的和没有确定的结果，如

$$1-1+1-1+1-1+\cdots,$$

我们无法确定其结果是0还是1，或是其他结果．

19世纪上半叶，法国数学家柯西建立了严密的无穷级数的理论基础，使得无穷级数成为一个威力强大的数学工具，例如，它使我们能把许多函数表示成无穷多项式，并告诉我们把它截断成有限多项式时带来了多少误差．这些无穷多项式(称为幂级数)不仅提供了可微函数的有效的多项式逼近，而且有许多其他的实际应用．它还能使我们将更广泛的具有第一类间断点的函数表示成正弦函数项和余弦函数项的无穷级数，称为傅里叶级数，这种表示形式在科学和工程技术领域中具有非常重要的应用．从以上角度可见，无穷级数在表达函数、研究函数的性质、计算函数值以及求解方程等方面都有着重要的应用．研究无穷级数及其和，可以说是研究数列及其极限的另一种形式，但无论是研究极限的存在性还是计算极限，无穷级数这种形式都显示出了巨大的优越性．

---

① 雅各布·伯努利 (J. Bernoulli, 1654－1705)，瑞士数学家．

§8.1 常数项级数的概念和性质

一、常数项级数的概念

人们认识事物在数量方面的特性往往有一个由近似到精确的过程. 例如, 在计算半径为R的圆的面积A时, 我们就通过圆内接正多边形的面积来逐步逼近圆的面积 (详见教材配套的网络学习空间).

一般地, 设$u_1, u_2, u_3, \cdots, u_n, \cdots$是一个给定的数列, 按照数列$\{u_n\}$下标的大小依次相加, 得

$$u_1+u_2+u_3+\cdots+u_n+\cdots.$$

这个表达式称为(**常数项**) **无穷级数**, 简称为**级数**, 记为$\sum\limits_{n=1}^{\infty}u_n$, 即

$$\sum_{n=1}^{\infty}u_n=u_1+u_2+u_3+\cdots+u_n+\cdots. \tag{1.1}$$

式中的每一个数称为常数项级数的**项**, 其中u_n称为级数(1.1)的**一般项**或**通项**.

无穷级数的定义只是形式上表达了无穷多个数的和. 应该怎样理解其意义呢? 由于任意有限个数的和是可以完全确定的, 因此, 我们可以通过考察无穷级数的前n项的和随着n的变化趋势来认识这个级数.

级数(1.1)的前n项的和

$$s_n=u_1+u_2+\cdots+u_n=\sum_{i=1}^{n}u_i \tag{1.2}$$

称为级数(1.1)的前n项的**部分和**. 当n依次取$1, 2, 3, \cdots$时, 它们构成一个新的数列$\{s_n\}$, 即

$$s_1=u_1,\ s_2=u_1+u_2,\ \cdots,\ s_n=u_1+u_2+\cdots+u_n,\ \cdots.$$

数列$\{s_n\}$称为**部分和数列**. 根据数列$\{s_n\}$是否存在极限, 我们引入级数(1.1)的收敛与发散的概念.

定义1 如果级数$\sum\limits_{n=1}^{\infty}u_n$的部分和数列$\{s_n\}$存在极限$s$, 即

$$\lim_{n\to\infty}s_n=s,$$

则称无穷级数$\sum\limits_{n=1}^{\infty}u_n$**收敛**, 极限$s$称为级数$\sum\limits_{n=1}^{\infty}u_n$的**和**, 并写成

$$s=u_1+u_2+\cdots+u_n+\cdots;$$

如果$\{s_n\}$没有极限, 则称无穷级数$\sum\limits_{n=1}^{\infty}u_n$**发散**.

如果级数$\sum\limits_{n=1}^{\infty}u_n$收敛于$s$, 则部分和$s_n\approx s$, 它们之间的差

$$r_n = s - s_n = u_{n+1} + u_{n+2} + \cdots \tag{1.3}$$

称为级数的**余项**．显然有 $\lim\limits_{n\to\infty} r_n = 0$，而 $|r_n|$ 是用 s_n 近似代替 s 所产生的**误差**．

根据上述定义，级数 $\sum\limits_{n=1}^{\infty} u_n$ 与数列 $\{s_n\}$ 同时收敛或同时发散，且在收敛时，有 $\sum\limits_{n=1}^{\infty} u_n = \lim\limits_{n\to\infty} s_n$．而发散的级数没有“和”可言．

例1 讨论级数 $\dfrac{1}{1\cdot 2} + \dfrac{1}{2\cdot 3} + \cdots + \dfrac{1}{n(n+1)} + \cdots$ 的收敛性．

解 由 $u_n = \dfrac{1}{n(n+1)} = \dfrac{1}{n} - \dfrac{1}{n+1}$，得

计算实验

$$s_n = \frac{1}{1\cdot 2} + \frac{1}{2\cdot 3} + \cdots + \frac{1}{n(n+1)}$$

$$= \left(1 - \frac{1}{2}\right) + \left(\frac{1}{2} - \frac{1}{3}\right) + \cdots + \left(\frac{1}{n} - \frac{1}{n+1}\right) = 1 - \frac{1}{n+1}.$$

所以

$$\lim_{n\to\infty} s_n = \lim_{n\to\infty}\left(1 - \frac{1}{n+1}\right) = 1,$$

即题设级数收敛，其和为1． ■

注：微信扫描右侧二维码，即可进行计算实验(详见教材配套的网络学习空间)．

例2 证明级数 $1 + 2 + 3 + \cdots + n + \cdots$ 是发散的．

证明 题设级数的部分和为

$$s_n = 1 + 2 + 3 + \cdots + n = \frac{n(n+1)}{2},$$

显然，$\lim\limits_{n\to\infty} s_n = \infty$，因此题设级数发散． ■

例3 讨论**等比级数**(又称为**几何级数**)

$$\sum_{n=0}^{\infty} aq^n = a + aq + aq^2 + \cdots + aq^n + \cdots \quad (a \neq 0)$$

的收敛性．

解 当 $q \neq 1$ 时，有

$$s_n = a + aq + aq^2 + \cdots + aq^{n-1} = \frac{a(1-q^n)}{1-q}.$$

如果 $|q| < 1$，有 $\lim\limits_{n\to\infty} q^n = 0$，则

$$\lim_{n\to\infty} s_n = \lim_{n\to\infty} \frac{a(1-q^n)}{1-q} = \frac{a}{1-q}.$$

如果 $|q|>1$，有 $\lim\limits_{n\to\infty} q^n=\infty$，则 $\lim\limits_{n\to\infty} s_n=\infty$.

如果 $q=1$，有 $s_n=na$，则 $\lim\limits_{n\to\infty} s_n=\infty$.

如果 $q=-1$，则级数变为

$$s_n=\underbrace{a-a+a-a+\cdots+a}_{n\text{个}}=\frac{1}{2}a[1-(-1)^n].$$

易见 $\lim\limits_{n\to\infty} s_n$ 不存在.

综上所述得到：当 $|q|<1$ 时，等比级数收敛，且

$$a+aq+aq^2+\cdots+aq^n+\cdots=\frac{a}{1-q}. \blacksquare \tag{1.4}$$

注：几何级数是收敛级数中最著名的一个级数. 阿贝尔[①]曾经指出"除了几何级数外，数学中不存在任何一种它的和已被严格确定的无穷级数". 几何级数在判断无穷级数的收敛性、求无穷级数的和以及将一个函数展开为无穷级数等方面都有广泛而重要的应用.

例4 一个球从 a 米高处下落到地平面上. 若球每次落下碰到地平面再弹起的距离为 ra，其中 r 是小于1的正数. 求这个球上下的总距离(见图8-1-1).

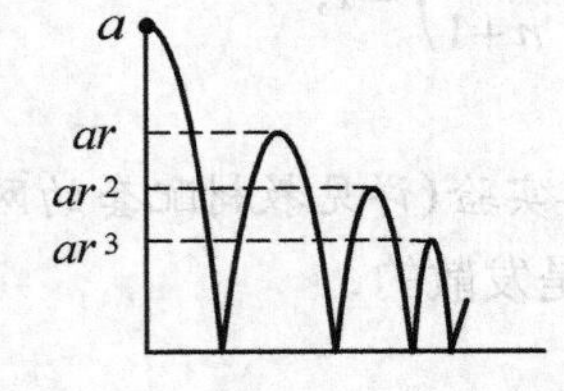

图8-1-1

解 总距离是

$$s=a+2ar+2ar^2+2ar^3+\cdots=a+\frac{2ar}{1-r}=\frac{a(1+r)}{1-r}.$$

若 $a=6$，$r=2/3$，则总距离 $s=\dfrac{a(1+r)}{1-r}=\dfrac{6(1+2/3)}{1-2/3}=30$ (米). ■

例5 把循环小数 5.232 323 ⋯ 表示成两个整数之比.

解
$$5.232\,323\cdots=5+\frac{23}{100}+\frac{23}{100^2}+\frac{23}{100^3}+\cdots$$
$$=5+\frac{23}{100}\left(1+\frac{1}{100}+\frac{1}{100^2}+\cdots\right)=5+\frac{23}{100}\cdot\frac{1}{0.99}=\frac{518}{99}. \blacksquare$$

二、收敛级数的基本性质

由于对无穷级数的收敛性的讨论可以转化为对其部分和数列的收敛性的讨论，

① 阿贝尔(N. H. Abel, 1802—1829)，挪威数学家.

因此，根据收敛数列的基本性质可得到下列关于收敛级数的基本性质.

性质 1 如果级数 $\sum_{n=1}^{\infty} u_n, \sum_{n=1}^{\infty} v_n$ 分别收敛于和 A, B, 则对于任意常数 α, β, 级数 $\sum_{n=1}^{\infty}(\alpha u_n + \beta v_n)$ 均收敛，且

$$\sum_{n=1}^{\infty}(\alpha u_n + \beta v_n) = \alpha A + \beta B. \tag{1.5}$$

性质 2 在级数中去掉、增加或改变有限项，不会改变级数的敛散性.

性质 3 在一个收敛级数中，任意添加括号所得到的新级数仍收敛于原来的和.

推论 1 如果加括号后所成的级数发散，则原来的级数也发散.

性质 4（级数收敛的必要条件） 若级数 $\sum_{n=1}^{\infty} u_n$ 收敛，则 $\lim_{n\to\infty} u_n = 0$.

例 6 判别下列级数的敛散性.

(1) $\sum_{n=1}^{\infty}\left(\frac{1}{2^n}+\frac{1}{3^n}\right)$; (2) $\frac{1}{2}+\frac{2}{3}+\frac{3}{4}+\cdots+\frac{n}{n+1}+\cdots$.

解 (1) 因为级数 $\sum_{n=1}^{\infty}\frac{1}{2^n}$ 和 $\sum_{n=1}^{\infty}\frac{1}{3^n}$ 都收敛，根据性质1可知，级数 $\sum_{n=1}^{\infty}\left(\frac{1}{2^n}+\frac{1}{3^n}\right)$ 一定收敛.

(2) 由于一般项的极限 $\lim_{n\to\infty} u_n = \lim_{n\to\infty}\frac{n}{n+1} = 1 \neq 0$, 不满足级数收敛的必要条件，所以级数 $\sum_{n=1}^{\infty}\frac{n}{n+1}$ 发散. ■

例 7 证明**调和级数** $1+\frac{1}{2}+\frac{1}{3}+\cdots+\frac{1}{n}+\cdots$ 是发散的.

证明 对题设级数按下列方式加括号:

$$1+\frac{1}{2}+\left(\frac{1}{3}+\frac{1}{4}\right)+\left(\frac{1}{5}+\frac{1}{6}+\frac{1}{7}+\frac{1}{8}\right)+\cdots+\left(\frac{1}{2^m+1}+\frac{1}{2^m+2}+\cdots+\frac{1}{2^{m+1}}\right)+\cdots$$

即从第 3 项起，依次按 2 项，2^2 项，2^3 项，…，2^m 项加括号，设所得新级数为 $\sum_{m=1}^{\infty} v_m$，可见这个新级数的每一项均不小于 $\frac{1}{2}$，即

$$v_1 = 1,\ v_2 = \frac{1}{2},\ v_3 = \frac{1}{3}+\frac{1}{4} > \frac{1}{2},\ v_4 = \frac{1}{5}+\frac{1}{6}+\frac{1}{7}+\frac{1}{8} > \frac{1}{2},\ \cdots,$$

调和级数实验

从而当 $m\to\infty$ 时，v_m 不趋于零，由性质 4 知 $\sum_{m=1}^{\infty} v_m$ 发散，再由性质3 的推论即知，题设级数发散. ■

***数学实验**

实验8.1 试用计算软件完成下列各题:

(1) 计算级数 $\sum_{n=1}^{\infty}\frac{n}{1+n^3}$，并观察它的部分和序列的变化趋势；

(2) 画出级数 $\sum_{n=1}^{\infty}\frac{(-1)^{n-1}}{n}$ 的部分和分布图；

(3) 设 $a_n=\frac{10^n}{n!}$，求 $\sum_{n=1}^{\infty}a_n$.

详见教材配套的网络学习空间.

习题 8-1

1. 写出下列级数的前 5 项:

(1) $\sum_{n=1}^{\infty}\frac{1+n}{1+n^2}$;　(2) $\sum_{n=1}^{\infty}\frac{1\cdot 3\cdot\cdots\cdot(2n-1)}{2\cdot 4\cdot\cdots\cdot 2n}$;　(3) $\sum_{n=1}^{\infty}\frac{(-1)^{n-1}}{3^n}$;　(4) $\sum_{n=1}^{\infty}\frac{n!}{n^n}$.

2. 写出下列级数的一般项:

(1) $\frac{2}{1}-\frac{3}{2}+\frac{4}{3}-\frac{5}{4}+\frac{6}{5}-\frac{7}{6}+\cdots$;　(2) $-\frac{3}{1}+\frac{4}{4}-\frac{5}{9}+\frac{6}{16}-\frac{7}{25}+\frac{8}{36}-\cdots$;

(3) $\frac{\sqrt{x}}{2}+\frac{x}{2\cdot 4}+\frac{x\sqrt{x}}{2\cdot 4\cdot 6}+\frac{x^2}{2\cdot 4\cdot 6\cdot 8}+\cdots$;　(4) $\frac{2}{2}x+\frac{2^2}{5}x^2+\frac{2^3}{10}x^3+\frac{2^4}{17}x^4+\cdots$.

3. 根据级数收敛与发散的定义判定下列级数的敛散性:

(1) $\sum_{n=1}^{\infty}\left(\sqrt{n+1}-\sqrt{n}\right)$;　(2) $\frac{1}{1\cdot 3}+\frac{1}{3\cdot 5}+\frac{1}{5\cdot 7}+\cdots+\frac{1}{(2n-1)(2n+1)}+\cdots$.

4. 判定下列级数的敛散性:

(1) $-\frac{8}{9}+\frac{8^2}{9^2}-\frac{8^3}{9^3}+\cdots+(-1)^n\frac{8^n}{9^n}+\cdots$;　(2) $\sum_{n=1}^{\infty}\frac{1}{3n}$;　(3) $\sum_{n=1}^{\infty}\frac{3n^n}{(1+n)^n}$.

5. 求收敛几何级数的和 s 与部分和 s_n 之差 $(s-s_n)$.

§8.2 常数项级数的判别法

一、正项级数敛散性的判别法

一般情况下, 利用定义来判别级数的敛散性是很困难的, 能否找到更简单有效的判别方法呢？我们先从最简单的一类级数找到突破口, 那就是正项级数.

定义 1 若 $u_n\geq 0\,(n=1,2,3,\cdots)$, 则称级数 $\sum_{n=1}^{\infty}u_n$ 为**正项级数**.

易知正项级数 $\sum_{n=1}^{\infty} u_n$ 的部分和数列 $\{s_n\}$ 是单调增加数列，即

$$s_1 \le s_2 \le \cdots \le s_n \le \cdots,$$

根据数列的单调有界准则知，$\{s_n\}$ 收敛的充分必要条件是 $\{s_n\}$ 有界．因此得到下述重要定理．

定理 1　正项级数 $\sum_{n=1}^{\infty} u_n$ 收敛的充分必要条件是：它的部分和数列 $\{s_n\}$ 有界．

上述定理的重要性主要并不在于利用它来直接判别正项级数的敛散性，而在于它是证明下面一系列判别法的基础．

定理 2 (比较判别法)　设 $\sum_{n=1}^{\infty} u_n$, $\sum_{n=1}^{\infty} v_n$ 均为正项级数，且 $u_n \le v_n\ (n=1, 2, \cdots)$, 则

(1) 当 $\sum_{n=1}^{\infty} v_n$ 收敛时，$\sum_{n=1}^{\infty} u_n$ 收敛；　　(2) 当 $\sum_{n=1}^{\infty} u_n$ 发散时，$\sum_{n=1}^{\infty} v_n$ 发散．

例 1　讨论 $p-$ 级数 $\sum_{n=1}^{\infty} \frac{1}{n^p}$ 的敛散性，其中常数 $p>0$．

解　当 $p \le 1$ 时，$\frac{1}{n^p} \ge \frac{1}{n}$，而调和级数 $\sum_{n=1}^{\infty} \frac{1}{n}$ 是发散的，故由比较判别法知，此时 $p-$ 级数是发散的．

当 $p>1$ 时，由 $n-1 \le x < n$，有 $\frac{1}{n^p} < \frac{1}{x^p}$，所以

$$\frac{1}{n^p} = \int_{n-1}^{n} \frac{1}{n^p} \mathrm{d}x < \int_{n-1}^{n} \frac{1}{x^p} \mathrm{d}x \quad (n=2, 3, \cdots).$$

从而级数 $\sum_{n=1}^{\infty} \frac{1}{n^p}$ 的部分和

$$s_n = 1 + \frac{1}{2^p} + \frac{1}{3^p} + \cdots + \frac{1}{n^p} < 1 + \int_1^2 \frac{\mathrm{d}x}{x^p} + \cdots + \int_{n-1}^{n} \frac{\mathrm{d}x}{x^p}$$

$$= 1 + \int_1^n \frac{\mathrm{d}x}{x^p} = 1 + \frac{1}{p-1}\left(1 - \frac{1}{n^{p-1}}\right) < 1 + \frac{1}{p-1},$$

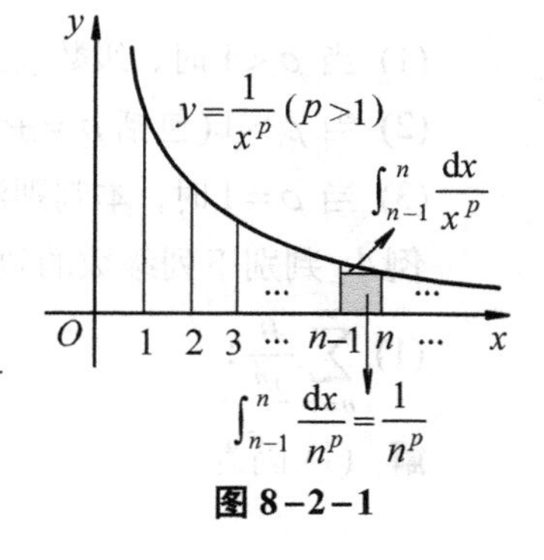

图 8-2-1

即部分和数列 $\{s_n\}$ 有界，故此时 $p-$ 级数是收敛的．

综上所述，当 $p>1$ 时，$p-$ 级数收敛；当 $0<p\le 1$ 时，$p-$ 级数发散(如图 8-2-1 所示)．■

例 2　证明级数 $\sum_{n=1}^{\infty} \frac{1}{\sqrt{n(n+1)}}$ 是发散的．

证明　因为 $\frac{1}{\sqrt{n(n+1)}} > \frac{1}{n+1}$，而级数 $\sum_{n=1}^{\infty} \frac{1}{n+1}$ 发散，所以，根据比较判别法知，题设级数是发散的．■

例 3 判别级数 $\sum_{n=1}^{\infty}\frac{2n+1}{(n+1)^2(n+2)^2}$ 的敛散性.

解 因为

$$\frac{2n+1}{(n+1)^2(n+2)^2}<\frac{2n+2}{(n+1)^2(n+2)^2}<\frac{2}{(n+1)^3}<\frac{2}{n^3},$$

计算实验

而级数 $\sum_{n=1}^{\infty}\frac{1}{n^3}$ 是收敛的, 所以, 由比较判别法知, 题设级数是收敛的. ■

注: 收敛级数可求和, 借助计算软件易分别绘制出前50项部分和的变化趋势图(见图8-2-2), 从图可见, 该级数大约收敛于0.17, 事实上, 进一步计算知该级数收敛于

$$\frac{27}{4}-\frac{2}{3}\pi^2\approx 0.170\,264.$$

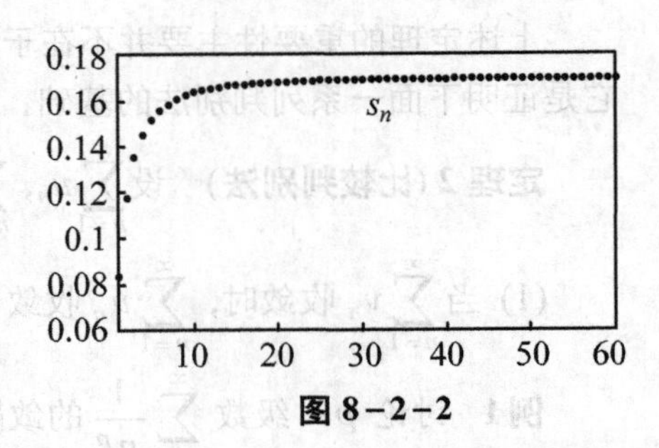

图 8-2-2

利用比较判别法, 需要找到一个已知级数做比较, 这多少有些困难. 下面介绍的比值判别法, 可以利用级数自身的特点来判断级数的敛散性.

定理 3 (比值判别法) 设 $\sum_{n=1}^{\infty}u_n$ 是正项级数, 且 $\lim_{n\to\infty}\frac{u_{n+1}}{u_n}=\rho$ (或 $+\infty$), 则

(1) 当 $\rho<1$ 时, 级数收敛;

(2) 当 $\rho>1$ (包括 $\rho=+\infty$) 时, 级数发散.

(3) 当 $\rho=1$ 时, 本判别法失效.

例 4 判别下列级数的敛散性:

(1) $\sum_{n=1}^{\infty}\frac{n}{2^n}$;　　(2) $\sum_{n=1}^{\infty}\frac{n!}{10^n}$.

解 (1) 因为

$$\lim_{n\to\infty}\frac{u_{n+1}}{u_n}=\lim_{n\to\infty}\frac{\dfrac{n+1}{2^{n+1}}}{\dfrac{n}{2^n}}=\lim_{n\to\infty}\frac{n+1}{2n}=\frac{1}{2}<1,$$

由比值判别法知, 题设级数 $\sum_{n=1}^{\infty}\frac{n}{2^n}$ 是收敛的.

计算实验

(2) $u_n=\frac{n!}{10^n}$, 由于

$$\frac{u_{n+1}}{u_n}=\frac{(n+1)!}{10^{n+1}}\cdot\frac{10^n}{n!}=\frac{n+1}{10}\to+\infty\ (n\to\infty),$$

所以级数 $\sum_{n=1}^{\infty}\frac{n!}{10^n}$ 发散. ■

***数学实验**

实验8.2 试用计算软件判断下列级数的敛散性:

(1) $\sum_{n=1}^{\infty}\frac{\ln n}{\sqrt{n^7+n^5+2}}$;　　(2) $\sum_{n=1}^{\infty}n^2\left(\mathrm{e}^{\sin\frac{1}{n^3}}-1\right)$;

(3) $\sum_{n=1}^{\infty}\int_0^{\pi/n}\frac{\sin^3 x}{1+x}\mathrm{d}x$;　　(4) $\sum_{n=1}^{\infty}\frac{2^{n-1}}{n^n}\cos^2\left(\frac{n\pi}{4}\right)$;

(5) $\sum_{n=1}^{\infty}\frac{(4n+1)!}{7^n n^4}$;　　(6) $\sum_{n=1}^{\infty}\frac{n^{n-1}}{(2n^2+n+1)^{\frac{n+1}{2}}}$.

详见教材配套的网络学习空间.

二、交错级数敛散性的判别法

若 $u_n>0\ (n=1,2,\cdots)$, 则称级数 $\sum_{n=1}^{\infty}(-1)^{n-1}u_n$ 为**交错级数**. 对于交错级数, 我们有下面的判别法.

定理4(莱布尼茨定理) 若交错级数 $\sum_{n=1}^{\infty}(-1)^{n-1}u_n$ 满足条件:

(1) $u_n\ge u_{n+1}\ (n=1,2,\cdots)$,　　(2) $\lim\limits_{n\to\infty}u_n=0$,

则级数 $\sum_{n=1}^{\infty}(-1)^{n-1}u_n$ 收敛, 并且它的和 $s\le u_1$.

例5 判断级数 $\sum_{n=1}^{\infty}\frac{(-1)^{n-1}}{n}$ 的敛散性.

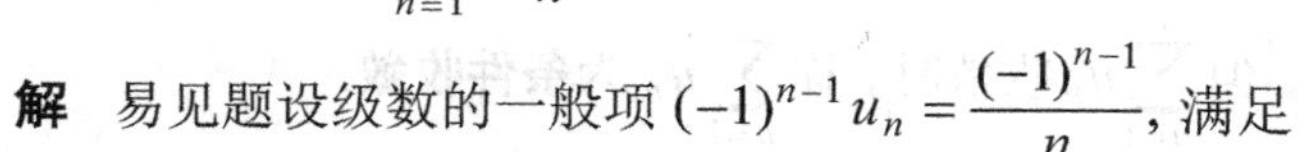

解 易见题设级数的一般项 $(-1)^{n-1}u_n=\frac{(-1)^{n-1}}{n}$, 满足

(1) $\frac{1}{n}\ge\frac{1}{n+1}\quad(n=1,2,3,\cdots)$;　　(2) $\lim\limits_{n\to\infty}\frac{1}{n}=0$.

所以级数 $\sum_{n=1}^{\infty}\frac{(-1)^{n-1}}{n}$ 收敛, 且其和 $s\le 1$. ■

注: 微信扫描右侧二维码, 即可进行计算实验(详见教材配套的网络学习空间).

例6 判断 $\sum_{n=1}^{\infty}(-1)^{n-1}\frac{\ln n}{n}$ 的敛散性.

解 题设级数为交错级数. 令 $f(x)=\frac{\ln x}{x}\ (x>3)$, 则

$$f'(x)=\frac{1-\ln x}{x^2}<0\ (x>3),$$

即 $n>3$ 时，$\left\{\dfrac{\ln n}{n}\right\}$ 是递减数列，又利用洛必达法则，有

$$\lim_{n\to\infty}\frac{\ln n}{n}=\lim_{x\to+\infty}\frac{\ln x}{x}=\lim_{x\to+\infty}\frac{1}{x}=0,$$

故由莱布尼茨定理知该级数收敛． ■

三、绝对收敛与条件收敛

现在，我们来讨论一般的常数项级数

$$\sum_{n=1}^{\infty}u_n=u_1+u_2+u_3+\cdots+u_n+\cdots, \tag{2.1}$$

其中 u_n 可以是正数、负数或零．对应此级数，可以构造一个正项级数

$$\sum_{n=1}^{\infty}|u_n|=|u_1|+|u_2|+|u_3|+\cdots+|u_n|+\cdots, \tag{2.2}$$

称级数 (2.2) 为原级数 (2.1) 的**绝对值级数**．

上述两个级数的收敛性有一定的联系．

定理 5 如果 $\sum\limits_{n=1}^{\infty}|u_n|$ 收敛，则 $\sum\limits_{n=1}^{\infty}u_n$ 收敛．

根据本定理，我们可以将许多一般常数项级数的收敛性判别问题转化为正项级数的收敛性判别问题．即当一个一般常数项级数所对应的绝对值级数收敛时，这个一般常数项级数必收敛．对于级数的这种收敛性，我们给出以下定义：

定义 2 设 $\sum\limits_{n=1}^{\infty}u_n$ 为一般常数项级数，则

(1) 当 $\sum\limits_{n=1}^{\infty}|u_n|$ 收敛时，称 $\sum\limits_{n=1}^{\infty}u_n$ 为**绝对收敛**；

(2) 当 $\sum\limits_{n=1}^{\infty}|u_n|$ 发散，但 $\sum\limits_{n=1}^{\infty}u_n$ 收敛时，称 $\sum\limits_{n=1}^{\infty}u_n$ 为**条件收敛**.

根据上述定义，对于一般常数项级数，我们应当判别它是绝对收敛、条件收敛，还是发散．而判断一般常数项级数的绝对收敛性时，我们可以借助正项级数的判别法来讨论．

例 7 判别级数 $\sum\limits_{n=1}^{\infty}\dfrac{\sin n}{n^2}$ 的敛散性．

解 因为 $\left|\dfrac{\sin n}{n^2}\right|\le\dfrac{1}{n^2}$，而级数 $\sum\limits_{n=1}^{\infty}\dfrac{1}{n^2}$ 收敛，故级数

$\sum\limits_{n=1}^{\infty}\left|\dfrac{\sin n}{n^2}\right|$ 收敛，从而题设级数绝对收敛． ■

计算实验

注：微信扫描右侧二维码，即可进行计算实验(详见教材配套的网络学习空间).

例 8　判别级数 $\sum_{n=1}^{\infty}\frac{(-1)^{n+1}}{\sqrt{n}}$ 的敛散性.

解　将题设级数的每项都取绝对值,得级数 $\sum_{n=1}^{\infty}\frac{1}{\sqrt{n}}$,由于 $p=\frac{1}{2}<1$,根据 $p-$级数的结论知,$\sum_{n=1}^{\infty}\frac{1}{\sqrt{n}}$ 发散,所以题设级数非绝对收敛. 注意到这是交错级数,且

$$\lim_{n\to\infty}u_n=\lim_{n\to\infty}\frac{1}{\sqrt{n}}=0,$$

$$u_n=\frac{1}{\sqrt{n}}>u_{n+1}=\frac{1}{\sqrt{n+1}},$$

满足莱布尼茨定理的条件,可知题设级数收敛,因此原级数条件收敛. ■

***数学实验**

实验 8.3　试用计算软件判断下列级数的敛散性:

(1) $\sum_{n=1}^{\infty}(-1)^n\frac{n-1}{n+1}\cdot\frac{1}{\sqrt[10]{n}}$;　　(2) $\sum_{n=1}^{\infty}\sin\left(n\pi+\frac{1}{n}\right)$;

(3) $\sum_{n=1}^{\infty}(-1)^n\int_n^{n+1}\frac{1}{\sqrt{x}}\,\mathrm{d}x$;　　(4) $\sum_{n=1}^{\infty}\frac{(-1)^n}{\ln^2(n+1)}\left(1-\cos\frac{1}{\sqrt{n}}\right)$.

计算实验

详见教材配套的网络学习空间.

习题 8-2

1. 用比较判别法判别下列级数的敛散性:

(1) $\sum_{n=1}^{\infty}\frac{1+n}{1+n^2}$;　　(2) $\sum_{n=1}^{\infty}\frac{1}{n^2+1}$;

(3) $\sum_{n=1}^{\infty}\frac{1}{n\sqrt{n+1}}$;　　(4) $\sum_{n=1}^{\infty}\frac{1}{1+a^n}\ (a>0)$.

2. 用比值判别法判别下列级数的敛散性:

(1) $\sum_{n=1}^{\infty}\frac{3^n}{n\cdot 2^n}$;　　(2) $\frac{1}{2}+\frac{3}{2^2}+\frac{5}{2^3}+\frac{7}{2^4}+\cdots$;　　(3) $\sum_{n=1}^{\infty}\frac{1}{2^{2n-1}(2n-1)}$;

(4) $\sum_{n=1}^{\infty}\frac{4^n}{5^n-3^n}$;　　(5) $\frac{2}{1\cdot 2}+\frac{2^2}{2\cdot 3}+\frac{2^3}{3\cdot 4}+\frac{2^4}{4\cdot 5}+\cdots$;　　(6) $\sum_{n=1}^{\infty}\frac{2^n\cdot n!}{n^n}$.

3. 判别下列级数的敛散性. 若收敛,是条件收敛还是绝对收敛?

(1) $\sum_{n=1}^{\infty}(-1)^{n-1}\frac{1}{\sqrt{n}}$;　　(2) $\sum_{n=1}^{\infty}(-1)^n\frac{n}{3^{n-1}}$;　　(3) $\sum_{n=1}^{\infty}\frac{\sin na}{(n+1)^2}$;

(4) $\sum_{n=1}^{\infty}\frac{(-1)^n}{na^n}\ (a>0)$;　　(5) $\frac{1}{2}+\sum_{n=1}^{\infty}(-1)^{\frac{n(n-1)}{2}}\frac{(2n+1)^2}{2^{n+1}}$.

§8.3 幂级数

一、幂级数及其敛散性

定义1 形如

$$\sum_{n=0}^{\infty} a_n x^n = a_0 + a_1 x + a_2 x^2 + \cdots + a_n x^n + \cdots \tag{3.1}$$

的级数称为**幂级数**，其中常数 $a_0, a_1, a_2, \cdots, a_n, \cdots$ 称为**幂级数的系数**.

注：对于形如 $\sum_{n=0}^{\infty} a_n (x-x_0)^n$ 的幂级数，可通过作变量代换 $t=x-x_0$ 转化为 $\sum_{n=0}^{\infty} a_n t^n$ 的形式，所以，以后主要针对形如式 (3.1) 的级数展开讨论.

当 x 取定值 x_0 时，幂级数 $\sum_{n=0}^{\infty} a_n x^n$ 就成为常数项级数 $\sum_{n=0}^{\infty} a_n x_0^n$，如果 $\sum_{n=0}^{\infty} a_n x_0^n$ 收敛，则称 x_0 为该幂级数的**收敛点**，一个幂级数的收敛点的全体称为该幂级数的**收敛域**；如果 $\sum_{n=0}^{\infty} a_n x_0^n$ 发散，则称 x_0 为该幂级数的**发散点**，一个幂级数的发散点的全体称为该幂级数的**发散域**.

对于给定的幂级数，它的收敛域是怎样的呢？我们先来考察幂级数

$$\sum_{n=0}^{\infty} x^n = 1 + x + x^2 + x^3 + \cdots + x^n + \cdots$$

的敛散性. 这个级数是几何级数，当 $|x|<1$ 时，它收敛于和 $\frac{1}{1-x}$；当 $|x|\geq 1$ 时，它发散. 因此，该级数的收敛域为一开区间 $(-1,1)$，发散域为 $(-\infty,-1]\cup[1,+\infty)$.

对于一般的幂级数 $\sum_{n=0}^{\infty} a_n x^n$，显然，点 $x=0$ 是其收敛点. 对于任意一点 x，我们可以利用比值判别法来判定其收敛性，考察极限

$$\lim_{n\to\infty} \frac{|a_{n+1}x^{n+1}|}{|a_n x^n|} = \lim_{n\to\infty} \frac{|a_{n+1}|}{|a_n|}|x| = \rho|x|，\text{其中} \lim_{n\to\infty}\left|\frac{a_{n+1}}{a_n}\right| = \rho,$$

易见，当 $\rho|x|<1$ 时，幂级数收敛；当 $\rho|x|>1$ 时，幂级数发散；当 $\rho|x|=1$ 时，需另作讨论. 于是，幂级数 $\sum_{n=0}^{\infty} a_n x^n$ 的收敛性与数 $\rho = \lim_{n\to\infty}\left|\frac{a_{n+1}}{a_n}\right|$ 密切相关，我们称这个数的倒数 $R=\frac{1}{\rho}$ 为幂级数的**收敛半径**，称区间 $(-R,R)$ 为幂级数的**收敛区间**.

关于幂级数收敛半径的求法，我们有下面的定理.

定理 1 设幂级数 $\sum_{n=0}^{\infty} a_n x^n$ 的所有系数 $a_n \neq 0$，如果 $\lim_{n\to\infty}\left|\frac{a_{n+1}}{a_n}\right| = \rho$，则

(1) 当 $\rho \neq 0$ 时，该幂级数的收敛半径 $R = \frac{1}{\rho}$；

(2) 当 $\rho = 0$ 时，该幂级数的收敛半径 $R = +\infty$；

(3) 当 $\rho = +\infty$ 时，该幂级数的收敛半径 $R = 0$.

例 1 求下列幂级数的收敛区间：

(1) $\sum_{n=1}^{\infty}(-1)^n \frac{x^n}{n}$；　　　　(2) $\sum_{n=1}^{\infty}\frac{x^n}{n!}$.

解 (1) 因为

$$\rho = \lim_{n\to\infty}\left|\frac{a_{n+1}}{a_n}\right| = \lim_{n\to\infty}\frac{\frac{1}{n+1}}{\frac{1}{n}} = \lim_{n\to\infty}\frac{n}{n+1} = 1,$$

所以收敛半径 $R = 1$，所求收敛区间为 $(-1, 1)$.

(2) 因为

$$\rho = \lim_{n\to\infty}\left|\frac{a_{n+1}}{a_n}\right| = \lim_{n\to\infty}\frac{\frac{1}{(n+1)!}}{\frac{1}{n!}} = \lim_{n\to\infty}\frac{1}{n+1} = 0,$$

所以收敛半径 $R = +\infty$，所求收敛区间为 $(-\infty, +\infty)$. ■

例 2 求幂级数 $\sum_{n=1}^{\infty}(-1)^n \frac{2^n}{\sqrt{n}}\left(x - \frac{1}{2}\right)^n$ 的收敛区间.

计算实验

解 令 $t = x - \frac{1}{2}$，题设级数化为 $\sum_{n=1}^{\infty}(-1)^n \frac{2^n}{\sqrt{n}} t^n$，因为

$$\rho = \lim_{n\to\infty}\left|\frac{a_{n+1}}{a_n}\right| = \lim_{n\to\infty}\frac{2^{n+1}}{\sqrt{n+1}} \cdot \frac{\sqrt{n}}{2^n} = 2,$$

所以收敛半径 $R = \frac{1}{2}$，收敛区间为 $|t| < \frac{1}{2}$，即 $0 < x < 1$. ■

注：微信扫描右侧二维码，即可进行计算实验(详见教材配套的网络学习空间).

二、幂级数的运算性质

性质 1 设幂级数 $\sum_{n=0}^{\infty} a_n x^n$ 和 $\sum_{n=0}^{\infty} b_n x^n$ 的收敛半径为 R_1 和 R_2，$R = \min\{R_1, R_2\}$，则

$$\sum_{n=0}^{\infty} a_n x^n \pm \sum_{n=0}^{\infty} b_n x^n = \sum_{n=0}^{\infty}(a_n \pm b_n) x^n,\ x \in (-R, R).$$

性质 2 幂级数 $\sum_{n=0}^{\infty} a_n x^n$ 的和函数 $s(x)$ 在其收敛区间上连续.

性质3　设幂级数$\sum\limits_{n=0}^{\infty}a_n x^n$的收敛半径为$R$，则幂级数的和函数$s(x)$在其收敛区间$(-R,R)$内可逐项求导，即

$$s'(x)=\left(\sum_{n=0}^{\infty}a_n x^n\right)'=\sum_{n=0}^{\infty}(a_n x^n)'=\sum_{n=1}^{\infty}na_n x^{n-1},\quad x\in(-R,R).$$

性质4　设幂级数$\sum\limits_{n=0}^{\infty}a_n x^n$的收敛半径为$R$，则幂级数的和函数$s(x)$在其收敛区间$(-R,R)$内可逐项积分，即

$$\int_0^x s(x)\,\mathrm{d}x=\int_0^x\left(\sum_{n=0}^{\infty}a_n x^n\right)\mathrm{d}x=\sum_{n=0}^{\infty}\int_0^x a_n x^n\,\mathrm{d}x=\sum_{n=0}^{\infty}\frac{a_n}{n+1}x^{n+1},\quad x\in(-R,R).$$

性质2至性质4称为幂级数的**分析运算性质**，它常用于求幂级数的和函数．此外，几何级数的和函数

$$1+x+x^2+\cdots+x^n+\cdots=\frac{1}{1-x}\quad(-1<x<1)$$

是幂级数求和中的一个基本结果．我们讨论的许多级数求和的问题都可以利用幂级数的运算性质转化为几何级数的求和问题来解决．

例3　求幂级数$\sum\limits_{n=1}^{\infty}(-1)^{n-1}\dfrac{x^n}{n},\ x\in(-1,1)$的和函数．

解　易知题设级数的收敛半径为1．设其和函数为$s(x)$，即

$$s(x)=x-\frac{x^2}{2}+\frac{x^3}{3}-\frac{x^4}{4}+\cdots+(-1)^{n-1}\frac{x^n}{n}+\cdots.$$

计算实验

显然$s(0)=0$，且

$$s'(x)=1-x+x^2-x^3+\cdots+(-1)^{n-1}x^{n-1}+\cdots$$
$$=\frac{1}{1-(-x)}=\frac{1}{1+x}\quad(-1<x<1).$$

由积分公式$\int_0^x s'(x)\,\mathrm{d}x=s(x)-s(0)$，得

$$s(x)=s(0)+\int_0^x s'(x)\,\mathrm{d}x=\int_0^x\frac{1}{1+x}\,\mathrm{d}x=\ln(1+x).$$

因题设级数在$x=1$时收敛，所以

$$\sum_{n=1}^{\infty}(-1)^{n-1}\frac{x^n}{n}=\ln(1+x)\quad(-1<x\leq 1).$$

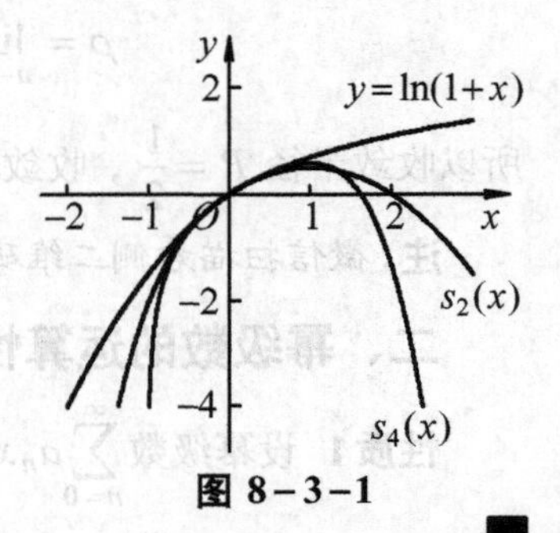

图 8－3－1

图8－3－1分别给出了前2项、前4项与和函数的图形．■

注：微信扫描右侧二维码，即可进行计算实验(详见教材配套的网络学习空间)．

例4　求幂级数$\sum\limits_{n=0}^{\infty}(n+1)x^n,\ x\in(-1,1)$的和函数．

解 易知题设级数的收敛半径为1. 设其和函数为$s(x)$，即

$$s(x)=1+2x+3x^2+4x^3+\cdots+(n+1)x^n+\cdots,$$

在上式两端积分，得

$$\int_0^x s(x)\,\mathrm{d}x=\sum_{n=0}^{\infty}\int_0^x (n+1)x^n\mathrm{d}x=\sum_{n=0}^{\infty}x^{n+1}=x\sum_{n=0}^{\infty}x^n=\frac{x}{1-x},$$

再在上式两端求导，即得所求和函数为

$$s(x)=\left(\int_0^x s(x)\,\mathrm{d}x\right)'=\left(\frac{x}{1-x}\right)'=\frac{1}{(1-x)^2},\ x\in(-1,1).$$ ■

注：微信扫描右侧二维码，即可进行计算实验(详见教材配套的网络学习空间).

***数学实验**

实验8.4 试用计算软件求下列级数的收敛域与和函数：

(1) $\sum\limits_{n=1}^{\infty}\dfrac{4^{2n}(x-3)^n}{n+1}$； (2) $\sum\limits_{n=1}^{\infty}\dfrac{(x-1)^{2n+1}}{(-5)^n}$；

(3) $\sum\limits_{n=1}^{\infty}\dfrac{(n+1)^5x^{2n}}{2n+1}$； (4) $x+\sum\limits_{n=1}^{\infty}(-1)^n\dfrac{2n+2}{(2n-1)!}x^{2n+1}$；

(5) $\sum\limits_{n=1}^{\infty}\dfrac{(-1)^n(2n^2+1)x^{2n+1}}{(2n+1)!}$.

详见教材配套的网络学习空间.

三、函数展开成幂级数

前面我们讨论了幂级数的收敛区间以及幂级数在收敛区间上的和函数. 现在我们要考虑相反的问题，即对于给定的函数$f(x)$，要确定它能否在某一区间上“表示成幂级数”，或者说，能否找到这样的幂级数，它在某一区间内收敛，且其和恰好等于给定的函数$f(x)$. 如果能找到这样的幂级数，我们就称**函数$f(x)$在该区间内能展开成幂级数**，而此幂级数在该区间内就表达了函数$f(x)$.

1. 泰勒级数的概念

可以证明，如果函数$f(x)$在点x_0的某邻域内有$n+1$阶导数，则对于该邻域内的任意一点，有**n阶泰勒公式**

$$f(x)=f(x_0)+f'(x_0)(x-x_0)+\frac{f''(x_0)}{2!}(x-x_0)^2+\cdots+\frac{f^{(n)}(x_0)}{n!}(x-x_0)^n+R_n(x),$$

其中$R_n(x)=\dfrac{f^{(n+1)}(\xi)}{(n+1)!}(x-x_0)^{n+1}$称为**拉格朗日型余项**，这里$\xi$是介于$x_0$与$x$之间的某个值.

如果$f(x)$存在任意阶导数，且级数$\sum\limits_{n=0}^{\infty}\dfrac{f^{(n)}(x_0)}{n!}(x-x_0)^n$的收敛半径为$R$，则

$$f(x)=\sum_{n=0}^{\infty}\frac{f^{(n)}(x_0)}{n!}(x-x_0)^n \tag{3.2}$$

在区间$|x-x_0|<R$内成立的充分必要条件是：在该区间内

$$\lim_{n\to\infty}R_n(x)=\lim_{n\to\infty}\frac{f^{(n+1)}(\xi)}{(n+1)!}(x-x_0)^{n+1}=0. \tag{3.3}$$

式(3.2)右端的级数称为$f(x)$在点$x=x_0$处的**泰勒级数**. $x_0=0$时，式(3.2)化为

$$f(0)+f'(0)x+\frac{f''(0)}{2!}x^2+\cdots+\frac{f^{(n)}(0)}{n!}x^n+\cdots, \tag{3.4}$$

这个级数称为$f(x)$的**麦克劳林级数**.

可以证明，如果$f(x)$能展开成x的幂级数，则这个幂级数就是$f(x)$的麦克劳林级数，即函数的泰勒级数展开式是唯一的. 下面我们将具体讨论把函数$f(x)$展开成x的幂级数的方法.

2. 函数展开成幂级数的方法

直接法

把函数$f(x)$展开成泰勒级数，可按下列步骤进行：

(1) 计算$f^{(n)}(x_0)$, $n=0,1,2,\cdots$;

(2) 写出对应的泰勒级数$\sum\limits_{n=0}^{\infty}\frac{f^{(n)}(x_0)}{n!}(x-x_0)^n$，并求出其收敛半径$R$;

(3) 验证在$|x-x_0|<R$内，$\lim\limits_{n\to\infty}R_n(x)=0$;

(4) 写出所求函数$f(x)$的泰勒级数及其收敛区间

$$f(x)=\sum_{n=0}^{\infty}\frac{f^{(n)}(x_0)}{n!}(x-x_0)^n,\ |x-x_0|<R.$$

例5 将函数$f(x)=e^x$展开成x的幂级数.

解 由$f^{(n)}(x)=e^x$，得$f^{(n)}(0)=1$ $(n=0,1,2,\cdots)$，于是，$f(x)$的麦克劳林级数为

$$1+x+\frac{1}{2!}x^2+\cdots+\frac{1}{n!}x^n+\cdots,$$

该级数的收敛半径为$R=+\infty$..

计算实验

对于任何有限的数x, ξ(ξ介于0与x之间)，有

$$|R_n(x)|=\left|\frac{e^{\xi}}{(n+1)!}x^{n+1}\right|<e^{|x|}\cdot\frac{|x|^{n+1}}{(n+1)!}.$$

因$e^{|x|}$有限，而$\frac{|x|^{n+1}}{(n+1)!}$是收敛级数$\sum\limits_{n=0}^{\infty}\frac{|x|^{n+1}}{(n+1)!}$的一般项，所以

$$e^{|x|}\cdot\frac{|x|^{n+1}}{(n+1)!}\to 0\quad(n\to\infty),$$

即有 $\lim\limits_{n\to\infty}R_n(x)=0$，于是

$$e^x=1+x+\frac{1}{2!}x^2+\cdots+\frac{1}{n!}x^n+\cdots,\ x\in(-\infty,+\infty).\quad\blacksquare\qquad(3.5)$$

例 6　将函数 $f(x)=\sin x$ 展开成 x 的幂级数.

解　题设函数的各阶导数为

$$f^{(n)}(x)=\sin\left(x+\frac{n\pi}{2}\right)\ (n=0,1,2,\cdots),$$

$f^{(n)}(0)$ 按顺序循环地取 $0,1,0,-1,\cdots\ (n=0,1,2,\cdots)$，于是 $f(x)$ 的麦克劳林级数为

$$x-\frac{1}{3!}x^3+\frac{1}{5!}x^5-\cdots+(-1)^n\frac{x^{2n+1}}{(2n+1)!}+\cdots,$$

计算实验

该级数的收敛半径为 $R=+\infty$.

对于任何有限的数 x，ξ（ξ 介于 0 与 x 之间），有

$$|R_n(x)|=\left|\frac{\sin\left[\xi+\frac{(n+1)\pi}{2}\right]}{(n+1)!}x^{n+1}\right|<\frac{|x|^{n+1}}{(n+1)!}\to 0\quad(n\to\infty).$$

于是

$$\sin x=x-\frac{1}{3!}x^3+\cdots+(-1)^n\frac{x^{2n+1}}{(2n+1)!}+\cdots,\ x\in(-\infty,+\infty).\quad\blacksquare\qquad(3.6)$$

注：微信扫描右侧二维码，即可进行计算实验（详见教材配套的网络学习空间）.

应用直接展开法，还可以求出下列二项式函数的幂级数展开式：

$$(1+x)^\alpha=1+\alpha x+\frac{\alpha(\alpha-1)}{2!}x^2+\cdots+\frac{\alpha(\alpha-1)\cdots(\alpha-n+1)}{n!}x^n+\cdots,\ x\in(-1,1).$$

间接法

一般情况下，只有少数简单函数的幂级数展开式能利用直接法得到它的麦克劳林展开式. 更多的函数是根据唯一性定理，利用已知函数的展开式，通过线性运算法则、变量代换、恒等变形、逐项求导或逐项积分等方法间接地求得幂级数的展开式. 这种方法我们称为函数展开成幂级数的**间接法**. 实质上函数的幂级数展开是求幂级数和函数的逆过程.

例 7　将函数 $f(x)=\cos x$ 展开成 x 的幂级数.

解　利用幂级数的运算性质，对展开式(3.6)逐项求导，得

$$\cos x=1-\frac{x^2}{2!}+\frac{x^4}{4!}-\cdots+(-1)^n\frac{x^{2n}}{(2n)!}+\cdots,\ x\in(-\infty,+\infty).\quad\blacksquare\qquad(3.7)$$

例 8　将函数 $f(x)=\ln(1+x)$ 展开成 x 的幂级数.

计算实验

解　因为 $f'(x)=\dfrac{1}{1+x}$，而

$$\frac{1}{1+x}=1-x+x^2-x^3+\cdots+(-1)^n x^n+\cdots,\quad x\in(-1,1),$$

在上式两端从 0 到 x 逐项积分，得

$$\ln(1+x)=x-\frac{x^2}{2}+\frac{x^3}{3}-\cdots+(-1)^n\frac{x^{n+1}}{n+1}+\cdots,\ x\in(-1,1).\ ■ \tag{3.8}$$

掌握了函数展开成麦克劳林级数的方法后，当要把函数展开成 $x-x_0$ 的幂级数时，只需把 $f(x)$ 转化成 $x-x_0$ 的表达式，把 $x-x_0$ 看成变量 t，展开成 t 的幂级数，即得 $x-x_0$ 的幂级数．对于较复杂的函数，可作变量替换 $x-x_0=t$，于是

$$f(x)=f(x_0+t)=\sum_{n=0}^{\infty}a_n t^n=\sum_{n=0}^{\infty}a_n(x-x_0)^n.$$

例 9　将 $f(x)=\dfrac{1}{3-x}$ 在 $x=1$ 处展开成泰勒级数．

计算实验

解　由 $\dfrac{1}{3-x}=\dfrac{1}{2-(x-1)}=\dfrac{1}{2}\dfrac{1}{1-\dfrac{x-1}{2}}$，令 $\dfrac{x-1}{2}=t$，有

$$\frac{1}{3-x}=\frac{1}{2}\frac{1}{1-t}=\frac{1}{2}(1+t+t^2+\cdots+t^n+\cdots),\ t\in(-1,1),$$

将 t 换成 $\dfrac{x-1}{2}$，得

$$\frac{1}{3-x}=\frac{1}{2}\left(1+\frac{x-1}{2}+\frac{(x-1)^2}{2^2}+\cdots+\frac{(x-1)^n}{2^n}+\cdots\right),\ x\in(-1,3).\ ■$$

注：微信扫描右侧二维码，即可进行计算实验(详见教材配套的网络学习空间).

*数学实验

实验 8.5　试用计算软件将下列函数展开成幂级数：

计算实验

(1) $\dfrac{1+x+x^2}{1-x+x^2}$ (至 x^4 项)；　(2) $\dfrac{\ln(x+\sqrt{1+x^2})}{\sqrt{1+x^2}}$ (至 x^7 项)；

(3) $\ln(x^2+3x+2)$ (至 x^4 项)；　(4) $\dfrac{1}{x^2-5x+6}$ (至 $(x-6)^5$ 项)．

详见教材配套的网络学习空间．

习题 8-3

1. 求下列幂级数的收敛区间:

(1) $\sum\limits_{n=1}^{\infty}(-1)^{n-1}\dfrac{x^n}{n^2}$；　(2) $\sum\limits_{n=1}^{\infty}\dfrac{x^n}{n\cdot 3^n}$；　(3) $\sum\limits_{n=1}^{\infty}\dfrac{x^n}{2\cdot 4\cdot\cdots\cdot(2n)}$；

(4) $\sum_{n=1}^{\infty}\frac{2^n}{n^2+1}x^n$；　(5) $\sum_{n=1}^{\infty}\frac{\ln(n+1)}{n+1}x^{n+1}$；　(6) $\sum_{n=1}^{\infty}\frac{(x-2)^n}{n^2}$.

2. 求下列幂级数的和函数：

(1) $\sum_{n=1}^{\infty}nx^{n-1}$；　(2) $\sum_{n=0}^{\infty}\frac{x^{2n+1}}{n!}$；　(3) $\sum_{n=1}^{\infty}\frac{x^{2n-1}}{2n-1}$.

3. 将下列函数展开成 x 的幂级数，并求其成立的区间：

(1) $f(x)=\ln(a+x)$；　(2) $f(x)=a^x$；　(3) $f(x)=\mathrm{e}^{-x^2}$；

(4) $f(x)=\cos^2 x$；　(5) $f(x)=\frac{x}{x^2-2x-3}$.

4. 将函数 $f(x)=\frac{1}{1+x}$ 展开成 $x-3$ 的幂级数.

5. 级数 $\mathrm{e}^x=1+x+\frac{x}{2!}+\frac{x}{3!}+\frac{x}{4!}+\cdots$ 对所有 x 收敛到 e^x.

(1) 求 $\frac{\mathrm{d}}{\mathrm{d}x}\mathrm{e}^x$ 的级数．是否得到 e^x 的级数？说明理由．

(2) 求 $\int \mathrm{e}^x\mathrm{d}x$ 的级数．是否得到 e^x 的级数？说明理由．

数学家简介 [8]

高　斯

——数学王子

高斯(Gauss,1777—1855)，德国数学家、物理学家、天文学家．高斯是18、19世纪之交最伟大的德国数学家，他的贡献遍及纯数学和应用数学的各个领域，成为世界数学界的光辉旗帜，他的形象已经成为数学告别过去、走向现代数学的象征．高斯被后人誉为“数学王子”．

历史上间或出现神童，高斯就是其中之一．高斯出生于德国布伦瑞克的一个普通工人家庭，童年时期就显示出数学才华．据说他3岁时就发现了父亲记账时的一个错误．高斯7岁入学，在小学期间学习就十分刻苦，常点自制小油灯演算到深夜．10岁时就展露出超群的数学思维能力，据记载，有一次他的数学老师比特纳让学生把1到100之间的自然数加起来，题目刚布置完，高斯几乎不假思索就算出了其和为5 050．11岁时高斯就发现了二项式定理．

高　斯

1792年，在当地公爵的资助下，不满15岁的高斯进入卡罗琳学院学习．在校三年间，高斯很快掌握了微积分理论，并在最小二乘法和数论中的二次互反律的研究上取得了重要成果，这是高斯一生数学创作的开始．

1795年，高斯选择到哥廷根大学继续学习．据说，高斯选中这所大学有两个重要原因．一是它有藏书极为丰富的图书馆；二是它有注重改革、侧重学科的好名声．当时的哥廷根大学对学生而言可谓是个“四无世界”：无必修科目，无指导教师，无考试和课堂的约束，无学生社团. 高斯完全在学术自由的环境中成长. 1796 年对 19 岁的高斯而言是其学术生涯中的第一个转折点：他敲开了自古希腊欧几里得时代起就困扰着数学家的尺规作图这一难题的大门，证明了正十七边形可用欧几里得型的圆规和直尺作图. 这一难题的解决轰动了当时整个数学界. 之后，22 岁的高斯证明了当时许多数学家想证而不会证明的代数基本定理. 为此他获得博士学位. 1807 年高斯开始在哥廷根大学任数学和天文学教授，并任该校天文台台长.

高斯在许多领域都有卓越的建树. 如果说微分几何是他将数学应用于实际的产物，那么非欧几何则是他的纯粹数学思维的结晶. 他在数论、超几何级数、复变函数论、椭圆函数论、统计数学、向量分析等方面也都取得了辉煌的成就. 高斯关于数论的研究贡献殊多. 他认为“数学是科学之王，数论是数学之王”. 他的工作对后世影响深远. 19 世纪德国代数数论有着突飞猛进的发展与高斯是分不开的.

有人说“在数学世界里，高斯处处流芳”. 除了纯数学研究之外，高斯亦十分重视数学的应用，其大量著作都与天文学、大地测量学、物理学有关. 特别值得一提的是谷神星的发现. 19 世纪的第一个凌晨，天文学家皮亚齐似乎发现了一颗“没有尾巴的彗星”，他一连追踪观察 41 天，终因疲劳过度而累倒了. 当他把测量结果告诉其他天文学家时，这颗星却已经消逝了. 24 岁的高斯得知后，经过几个星期的苦心钻研，创立了行星椭圆法. 根据这种方法计算，终于重新找到了这颗小行星. 这一事实充分显示了数学科学的威力. 高斯在电磁学和光学方面亦有杰出的贡献. 磁通量密度单位就是以“高斯”命名的. 高斯还与韦伯共享电磁波发明者的殊荣.

高斯是一位严肃的科学家，工作刻苦踏实，精益求精. 他思维敏捷，立论极端谨慎. 他遵循三条原则：“宁肯少些，但要好些”“不留下进一步要做的事情”“极度严格的要求”. 他的著作都是精心构思、反复推敲过的，以最精炼的形式发表出来. 高斯生前只公开发表过 155 篇论文，还有大量著作没有发表. 直到后来，人们发现许多数学成果早在半个世纪以前高斯就已经知道了. 也许正是由于高斯过分谨慎和许多成果没有公开发表之故，他对当时一些年轻学者的影响并不是很大. 他称赞阿贝尔、狄利克雷等人的工作，却对他们的信件和文章表现冷淡，和青年数学家缺少接触，缺乏思想交流，因此在高斯周围没能形成一个人才济济、思想活跃的学派. 德国数学到了魏尔斯特拉斯和希尔伯特时代才形成了柏林学派和哥廷根学派，德国才成为世界数学的中心. 但不能不说德国传统数学的奠基人还是高斯.

高斯一生勤奋好学，多才多艺，喜爱音乐和诗歌. 他懂多国文字，擅长欧洲语言. 62 岁开始学习俄语，并达到能用俄文写作的程度，晚年还一度自学梵文.

高斯的一生是不平凡的一生，几乎在数学的每个领域都有他的足迹. 无怪后人常用他的事迹和格言鞭策自己. 100 多年来，不少有才华的青年在高斯的影响下成长为杰出的数学家，并为人类的文化作出了巨大的贡献. 高斯于 1855 年 2 月 23 日逝世，终年 78 岁. 他的墓碑朴实无华，仅镌刻“高斯”二字. 为纪念高斯，其故乡布伦瑞克改名为高斯堡. 哥廷根大学为他建立了一个以正十七棱柱为底座的纪念像. 在慕尼黑博物馆悬挂的高斯画像上有这样一首题诗：

他的思想深入数学、空间、大自然的奥秘，
他测量了星星的路径、地球的形状和自然力.
他推动了数学的进展，
直到下个世纪.

第二部分　线性代数

第9章　行 列 式

行列式实质上是由一些数值排列成的数表按一定的法则计算得到的一个数．早在1683年与1693年，日本数学家关孝和与德国数学家莱布尼茨就分别独立地提出了行列式的概念．以后很长一段时间内，行列式主要应用于对线性方程组的研究．大约一个半世纪后，行列式逐步发展成为线性代数的一个独立的理论分支．1750年，瑞士数学家克莱姆在他的论文中提出了利用行列式求解线性方程组的著名法则——克莱姆法则．随后，1812年，法国数学家柯西发现了行列式在解析几何中的应用，这一发现激起了人们对行列式的应用进行探索的浓厚兴趣．这种兴趣前后持续了近100年．

在柯西所处的时代，人们讨论的行列式的阶数通常很小，行列式在解析几何以及数学的其他分支中都扮演着很重要的角色．如今，由于计算机和计算软件的发展，在常见的高阶行列式的计算中，行列式的数值意义已经不大．但是，行列式公式依然可以给出构成行列式的数表的重要信息．在线性代数的某些应用中，行列式的知识依然很有用．特别是在本课程中，行列式是研究后面的线性方程组、矩阵及向量组的线性相关性的一种重要工具．

§9.1　行列式的定义

二阶行列式与三阶行列式的内容在中学课程中已经涉及，本节先对这些知识进行复习与总结，然后以归纳的方法给出 n 阶行列式的定义，最后介绍几种常用的特殊行列式．

一、二阶行列式的定义

记号 $\begin{vmatrix} a_{11} & a_{12} \\ a_{21} & a_{22} \end{vmatrix}$ 表示代数和 $a_{11}a_{22}-a_{12}a_{21}$，称为**二阶行列式**，即

$$\begin{vmatrix} a_{11} & a_{12} \\ a_{21} & a_{22} \end{vmatrix} = a_{11}a_{22} - a_{12}a_{21}.$$

其中数 $a_{11}, a_{12}, a_{21}, a_{22}$ 称为行列式的**元素**，横排称为**行**，竖排称为**列**. 元素 a_{ij} 的第一个下标 i 称为**行标**，表明该元素位于第 i 行，第二个下标 j 称为**列标**，表明该元素位于第 j 列. 由上述定义可知，二阶行列式是由 4 个数按一定的规律运算所得的代数和. 这个规律性表现在行列式的记号中就是"**对角线法则**". 如图 9-1-1所示，把 a_{11} 到 a_{22} 的实连线称为**主对角线**，把 a_{12} 到 a_{21} 的虚连线称为**副对角线**，于是，二阶行列式便等于主对角线上两元素之积减去副对角线上两元素之积.

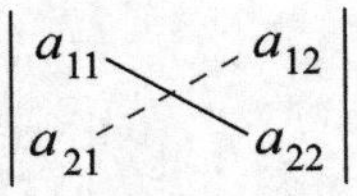

图 9-1-1

例如，$\begin{vmatrix} 1 & -2 \\ 3 & 4 \end{vmatrix} = 1\times 4 - 3\times(-2) = 4-(-6) = 10.$

下面，我们利用二阶行列式的概念来讨论二元线性方程组的解.

设有二元线性方程组

$$\begin{cases} a_{11}x_1 + a_{12}x_2 = b_1 & (1.1) \\ a_{21}x_1 + a_{22}x_2 = b_2 & (1.2) \end{cases}.$$

式(1.1) $\times a_{22}$ − 式(1.2) $\times a_{12}$，得

$$(a_{11}a_{22} - a_{12}a_{21})x_1 = b_1a_{22} - b_2a_{12}. \tag{1.3}$$

式(1.2) $\times a_{11}$ − 式(1.1) $\times a_{21}$，得

$$(a_{11}a_{22} - a_{12}a_{21})x_2 = b_2a_{11} - b_1a_{21}. \tag{1.4}$$

利用二阶行列式的定义，记

$$D = a_{11}a_{22} - a_{12}a_{21} = \begin{vmatrix} a_{11} & a_{12} \\ a_{21} & a_{22} \end{vmatrix},$$

$$D_1 = b_1a_{22} - b_2a_{12} = \begin{vmatrix} b_1 & a_{12} \\ b_2 & a_{22} \end{vmatrix}, \qquad D_2 = b_2a_{11} - b_1a_{21} = \begin{vmatrix} a_{11} & b_1 \\ a_{21} & b_2 \end{vmatrix},$$

则式(1.3)、式(1.4) 可改写为

$$Dx_1 = D_1, \quad Dx_2 = D_2.$$

于是，在系数行列式 $D \neq 0$ 的条件下，式(1.1)、式(1.2) 构成的方程组有唯一解：

$$x_1 = \frac{D_1}{D}, \quad x_2 = \frac{D_2}{D}.$$

例 1 解方程组 $\begin{cases} 2x_1 + 3x_2 = 8 \\ x_1 - 2x_2 = -3 \end{cases}.$

解

$$D = \begin{vmatrix} 2 & 3 \\ 1 & -2 \end{vmatrix} = 2\times(-2) - 3\times 1 = -7,$$

$$D_1 = \begin{vmatrix} 8 & 3 \\ -3 & -2 \end{vmatrix} = 8\times(-2) - 3\times(-3) = -7, \quad D_2 = \begin{vmatrix} 2 & 8 \\ 1 & -3 \end{vmatrix} = 2\times(-3) - 8\times 1 = -14,$$

因 $D\neq 0$，故题设方程组有唯一解：

$$x_1=\frac{D_1}{D}=\frac{-7}{-7}=1,\qquad x_2=\frac{D_2}{D}=\frac{-14}{-7}=2.$$

■

二、三阶行列式的定义

类似地，我们定义**三阶行列式**

$$\begin{vmatrix} a_{11} & a_{12} & a_{13}\\ a_{21} & a_{22} & a_{23}\\ a_{31} & a_{32} & a_{33}\end{vmatrix}=a_{11}a_{22}a_{33}+a_{12}a_{23}a_{31}+a_{13}a_{21}a_{32}\\ -a_{11}a_{23}a_{32}-a_{12}a_{21}a_{33}-a_{13}a_{22}a_{31}.$$

将上式右端按第 1 行的元素提取公因子，可得

$$\begin{vmatrix} a_{11} & a_{12} & a_{13}\\ a_{21} & a_{22} & a_{23}\\ a_{31} & a_{32} & a_{33}\end{vmatrix}=a_{11}(a_{22}a_{33}-a_{23}a_{32})-a_{12}(a_{21}a_{33}-a_{23}a_{31})+a_{13}(a_{21}a_{32}-a_{22}a_{31})$$

$$=a_{11}\begin{vmatrix} a_{22} & a_{23}\\ a_{32} & a_{33}\end{vmatrix}-a_{12}\begin{vmatrix} a_{21} & a_{23}\\ a_{31} & a_{33}\end{vmatrix}+a_{13}\begin{vmatrix} a_{21} & a_{22}\\ a_{31} & a_{32}\end{vmatrix}. \tag{1.5}$$

式(1.5) 具有两个特点：

(1) 三阶行列式可表示为第 1 行元素分别与一个二阶行列式乘积的代数和；

(2) 元素 a_{11}，a_{12}，a_{13} 后面的二阶行列式是从原三阶行列式中分别划去元素 a_{11}，a_{12}，a_{13} 所在的行与列后剩下的元素按原来顺序所组成的，分别称其为元素 a_{11}，a_{12}，a_{13} 的**余子式**，记为 M_{11}，M_{12}，M_{13}，即

$$M_{11}=\begin{vmatrix} a_{22} & a_{23}\\ a_{32} & a_{33}\end{vmatrix},\quad M_{12}=\begin{vmatrix} a_{21} & a_{23}\\ a_{31} & a_{33}\end{vmatrix},\quad M_{13}=\begin{vmatrix} a_{21} & a_{22}\\ a_{31} & a_{32}\end{vmatrix}.$$

令 $A_{ij}=(-1)^{i+j}M_{ij}$，称其为元素 a_{ij} 的**代数余子式**.

于是，式(1.5) 也可以表示为

$$\begin{vmatrix} a_{11} & a_{12} & a_{13}\\ a_{21} & a_{22} & a_{23}\\ a_{31} & a_{32} & a_{33}\end{vmatrix}=a_{11}A_{11}+a_{12}A_{12}+a_{13}A_{13}=\sum_{j=1}^{3}a_{1j}A_{1j}. \tag{1.6}$$

式(1.6) 称为三阶行列式**按第 1 行展开的展开式**.

注：根据上述推导过程，读者也可以得到三阶行列式按其他行或列展开的展开式，例如，三阶行列式按第 2 列展开的展开式为

$$\begin{vmatrix} a_{11} & a_{12} & a_{13}\\ a_{21} & a_{22} & a_{23}\\ a_{31} & a_{32} & a_{33}\end{vmatrix}=a_{12}A_{12}+a_{22}A_{22}+a_{32}A_{32}=\sum_{i=1}^{3}a_{i2}A_{i2}. \tag{1.7}$$

此外，关于三阶行列式的上述概念也可以推广到更高阶的行列式.

例2 计算三阶行列式 $\begin{vmatrix} 1 & 2 & 3 \\ 4 & 0 & 5 \\ -1 & 0 & 6 \end{vmatrix}$.

解 按第1行展开，得

$$\begin{vmatrix} 1 & 2 & 3 \\ 4 & 0 & 5 \\ -1 & 0 & 6 \end{vmatrix} = 1\times A_{11}+2\times A_{12}+3\times A_{13}$$

$$= 1\times(-1)^{1+1}\begin{vmatrix} 0 & 5 \\ 0 & 6 \end{vmatrix}+2\times(-1)^{1+2}\begin{vmatrix} 4 & 5 \\ -1 & 6 \end{vmatrix}+3\times(-1)^{1+3}\begin{vmatrix} 4 & 0 \\ -1 & 0 \end{vmatrix}$$

$$= 1\times 0+2\times(-29)+3\times 0=-58.$$ ■

注：读者可尝试将行列式按第2列展开进行计算.

类似于二元线性方程组的讨论，对三元线性方程组

$$\begin{cases} a_{11}x_1+a_{12}x_2+a_{13}x_3=b_1 \\ a_{21}x_1+a_{22}x_2+a_{23}x_3=b_2 \\ a_{31}x_1+a_{32}x_2+a_{33}x_3=b_3 \end{cases},$$

记

$$D=\begin{vmatrix} a_{11} & a_{12} & a_{13} \\ a_{21} & a_{22} & a_{23} \\ a_{31} & a_{32} & a_{33} \end{vmatrix},\qquad D_1=\begin{vmatrix} b_1 & a_{12} & a_{13} \\ b_2 & a_{22} & a_{23} \\ b_3 & a_{32} & a_{33} \end{vmatrix},$$

$$D_2=\begin{vmatrix} a_{11} & b_1 & a_{13} \\ a_{21} & b_2 & a_{23} \\ a_{31} & b_3 & a_{33} \end{vmatrix},\qquad D_3=\begin{vmatrix} a_{11} & a_{12} & b_1 \\ a_{21} & a_{22} & b_2 \\ a_{31} & a_{32} & b_3 \end{vmatrix},$$

若系数行列式 $D\neq 0$，则该方程组有唯一解：

$$x_1=\frac{D_1}{D},\quad x_2=\frac{D_2}{D},\quad x_3=\frac{D_3}{D}.$$

例3 解三元线性方程组 $\begin{cases} x_1-2x_2+x_3=-2 \\ 2x_1+x_2-3x_3=1 \\ -x_1+x_2-x_3=0 \end{cases}$.

解 注意到系数行列式

$$D=\begin{vmatrix} 1 & -2 & 1 \\ 2 & 1 & -3 \\ -1 & 1 & -1 \end{vmatrix}=1\times(-1)^{1+1}\begin{vmatrix} 1 & -3 \\ 1 & -1 \end{vmatrix}-2\times(-1)^{1+2}\begin{vmatrix} 2 & -3 \\ -1 & -1 \end{vmatrix}+1\times(-1)^{1+3}\begin{vmatrix} 2 & 1 \\ -1 & 1 \end{vmatrix}$$

$$=1\times 2-2\times 5+1\times 3=-5\neq 0,$$

同理，可得

$$D_1=\begin{vmatrix} -2 & -2 & 1 \\ 1 & 1 & -3 \\ 0 & 1 & -1 \end{vmatrix}=-5,\quad D_2=\begin{vmatrix} 1 & -2 & 1 \\ 2 & 1 & -3 \\ -1 & 0 & -1 \end{vmatrix}=-10,\quad D_3=\begin{vmatrix} 1 & -2 & -2 \\ 2 & 1 & 1 \\ -1 & 1 & 0 \end{vmatrix}=-5,$$

故所求方程组的解为

$$x_1=\frac{D_1}{D}=1,\ x_2=\frac{D_2}{D}=2,\ x_3=\frac{D_3}{D}=1.$$ ■

三、n 阶行列式的定义

前面，我们首先定义了二阶行列式，并指出了三阶行列式可通过按行或列展开的方法转化为二阶行列式来计算．一般地，可给出 n 阶行列式的一种归纳定义．

定义 由 n^2 个元素 $a_{ij}\ (i,j=1,2,\cdots,n)$ 组成的记号

$$D_n=\begin{vmatrix} a_{11} & a_{12} & \cdots & a_{1n} \\ a_{21} & a_{22} & \cdots & a_{2n} \\ \vdots & \vdots & & \vdots \\ a_{n1} & a_{n2} & \cdots & a_{nn} \end{vmatrix}$$

称为 **n 阶行列式**，其中横排称为**行**，竖排称为**列**．它表示一个由确定的递推运算关系所得到的数：当 $n=1$ 时，规定 $D_1=|a_{11}|=a_{11}$；当 $n=2$ 时，

$$D_2=\begin{vmatrix} a_{11} & a_{12} \\ a_{21} & a_{22} \end{vmatrix}=a_{11}a_{22}-a_{12}a_{21};$$

当 $n>2$ 时，

$$D_n=a_{11}A_{11}+a_{12}A_{12}+\cdots+a_{1n}A_{1n}=\sum_{j=1}^{n}a_{1j}A_{1j}, \tag{1.8}$$

其中 A_{ij} 称为元素 a_{ij} 的**代数余子式**，且

$$A_{ij}=(-1)^{i+j}M_{ij},$$

这里 M_{ij} 为元素 a_{ij} 的**余子式**，它是在 D_n 中划去元素 a_{ij} 所在的行与列后余下的元素按原来顺序构成的 $n-1$ 阶行列式．

例如，在四阶行列式

$$D=\begin{vmatrix} a_{11} & a_{12} & a_{13} & a_{14} \\ a_{21} & a_{22} & a_{23} & a_{24} \\ a_{31} & a_{32} & a_{33} & a_{34} \\ a_{41} & a_{42} & a_{43} & a_{44} \end{vmatrix}$$

中，元素 a_{32} 的余子式和代数余子式为

$$M_{32}=\begin{vmatrix} a_{11} & a_{13} & a_{14} \\ a_{21} & a_{23} & a_{24} \\ a_{41} & a_{43} & a_{44} \end{vmatrix},\ A_{32}=(-1)^{3+2}M_{32}=-M_{32}.$$

例 4 计算行列式 $D_4=\begin{vmatrix} 3 & 0 & 0 & -5 \\ -4 & 1 & 0 & 2 \\ 6 & 5 & 7 & 0 \\ -3 & 4 & -2 & -1 \end{vmatrix}$.

解 由行列式的定义，有

$$D_4=3\cdot(-1)^{1+1}\begin{vmatrix}1&0&2\\5&7&0\\4&-2&-1\end{vmatrix}+(-5)\cdot(-1)^{1+4}\begin{vmatrix}-4&1&0\\6&5&7\\-3&4&-2\end{vmatrix}$$

$$=3\left[1\cdot(-1)^{1+1}\begin{vmatrix}7&0\\-2&-1\end{vmatrix}+2\cdot(-1)^{1+3}\begin{vmatrix}5&7\\4&-2\end{vmatrix}\right]$$

$$+5\left[(-4)\cdot(-1)^{1+1}\begin{vmatrix}5&7\\4&-2\end{vmatrix}+1\cdot(-1)^{1+2}\begin{vmatrix}6&7\\-3&-2\end{vmatrix}\right]$$

$$=3[-7+2(-10-28)]+5[(-4)\cdot(-10-28)-(-12+21)]=466.$$ ■

例 5　计算行列式 $D_1=\begin{vmatrix}0&a_{12}&0&0\\0&0&0&a_{24}\\a_{31}&0&0&0\\0&0&a_{43}&0\end{vmatrix}$.

解　由行列式的定义，有

$$D_1=a_{12}\cdot(-1)^{1+2}\cdot\begin{vmatrix}0&0&a_{24}\\a_{31}&0&0\\0&a_{43}&0\end{vmatrix}=-a_{12}\cdot a_{24}(-1)^{1+3}\cdot\begin{vmatrix}a_{31}&0\\0&a_{43}\end{vmatrix}$$

$$=-a_{12}a_{24}a_{31}a_{43}.$$ ■

式(1.8)称为n阶行列式**按第 1 行展开的展开式**．事实上，我们可以证明n阶行列式可按其任意一行或列展开，例如，将定义中的n阶行列式按第i行或第j列展开，可得展开式

$$D_n=a_{i1}A_{i1}+a_{i2}A_{i2}+\cdots+a_{in}A_{in}=\sum_{k=1}^{n}a_{ik}A_{ik}\quad(i=1,2,\cdots,n),\tag{1.9}$$

或

$$D_n=a_{1j}A_{1j}+a_{2j}A_{2j}+\cdots+a_{nj}A_{nj}=\sum_{k=1}^{n}a_{kj}A_{kj}\quad(j=1,2,\cdots,n).\tag{1.10}$$

例 6　计算行列式 $D=\begin{vmatrix}3&2&0&8\\4&-9&2&10\\-1&6&0&-7\\0&0&0&5\end{vmatrix}$.

解　因为第 3 列中有三个零元素，可按第 3 列展开，得

$$D=2\cdot(-1)^{2+3}\begin{vmatrix}3&2&8\\-1&6&-7\\0&0&5\end{vmatrix},$$

对于上面的三阶行列式，按第 3 行展开，得

$$D=-2\cdot5\cdot(-1)^{3+3}\begin{vmatrix}3&2\\-1&6\end{vmatrix}=-200.$$ ■

注：由此可见，计算行列式时，选择先按零元素多的行或列展开可大大简化行

列式的计算，这是计算行列式的常用技巧之一.

四、几个常用的特殊行列式

形如

$$\begin{vmatrix} a_{11} & a_{12} & \cdots & a_{1n} \\ 0 & a_{22} & \cdots & a_{2n} \\ \vdots & \vdots & & \vdots \\ 0 & 0 & \cdots & a_{nn} \end{vmatrix} \text{ 与 } \begin{vmatrix} a_{11} & 0 & \cdots & 0 \\ a_{21} & a_{22} & \cdots & 0 \\ \vdots & \vdots & & \vdots \\ a_{n1} & a_{n2} & \cdots & a_{nn} \end{vmatrix}$$

的行列式分别称为**上三角形行列式**与**下三角形行列式**，其特点是主对角线以下或以上的元素全为零.

我们先来计算下三角形行列式的值. 根据 n 阶行列式的定义，每次均通过按第 1 行展开的方法来降低行列式的阶数，而每次第 1 行都仅有第 1 项不为零，故有

$$\begin{vmatrix} a_{11} & 0 & \cdots & 0 \\ a_{21} & a_{22} & \cdots & 0 \\ \vdots & \vdots & & \vdots \\ a_{n1} & a_{n2} & \cdots & a_{nn} \end{vmatrix} = a_{11}(-1)^{1+1}\begin{vmatrix} a_{22} & 0 & \cdots & 0 \\ a_{32} & a_{33} & \cdots & 0 \\ \vdots & \vdots & & \vdots \\ a_{n2} & a_{n3} & \cdots & a_{nn} \end{vmatrix}$$

$$= a_{11}a_{22}(-1)^{1+1}\begin{vmatrix} a_{33} & 0 & \cdots & 0 \\ a_{43} & a_{44} & \cdots & 0 \\ \vdots & \vdots & & \vdots \\ a_{n3} & a_{n4} & \cdots & a_{nn} \end{vmatrix} = \cdots = a_{11}a_{22}\cdots a_{nn}.$$

对于上三角形行列式，我们可通过每次按最后一行展开的方法来降低行列式的阶数，而每次最后一行都仅有最后一项不为零，同样可得

$$\begin{vmatrix} a_{11} & a_{12} & \cdots & a_{1n} \\ 0 & a_{22} & \cdots & a_{2n} \\ \vdots & \vdots & & \vdots \\ 0 & 0 & \cdots & a_{nn} \end{vmatrix} = a_{11}a_{22}\cdots a_{nn}.$$

特别地，非主对角线上元素全为零的行列式称为**对角行列式**，易知

$$\begin{vmatrix} a_{11} & 0 & \cdots & 0 \\ 0 & a_{22} & \cdots & 0 \\ \vdots & \vdots & & \vdots \\ 0 & 0 & \cdots & a_{nn} \end{vmatrix} = a_{11}a_{22}\cdots a_{nn}.$$

综上所述可知，上、下三角形行列式和对角行列式的值都等于其主对角线上元素的乘积.

习题 9-1

1. 计算下列二阶行列式：

(1) $\begin{vmatrix} 1 & 3 \\ 1 & 4 \end{vmatrix}$; (2) $\begin{vmatrix} 2 & 1 \\ -1 & 2 \end{vmatrix}$; (3) $\begin{vmatrix} a & b \\ a^2 & b^2 \end{vmatrix}$.

2. 计算下列三阶行列式：

(1) $\begin{vmatrix} -2 & -4 & 1 \\ 3 & 0 & 3 \\ 5 & 4 & -2 \end{vmatrix}$； (2) $\begin{vmatrix} 1 & -1 & 0 \\ 4 & -5 & -3 \\ 2 & 3 & 6 \end{vmatrix}$； (3) $\begin{vmatrix} 1 & -1 & 2 \\ 1 & 1 & 1 \\ 2 & 3 & -1 \end{vmatrix}$.

3. 求行列式 $\begin{vmatrix} -3 & 0 & 4 \\ 5 & 0 & 3 \\ 2 & -2 & 1 \end{vmatrix}$ 中元素 2 和 −2 的代数余子式.

4. 写出行列式 $D=\begin{vmatrix} 5 & -3 & 0 & 1 \\ 0 & -2 & -1 & 0 \\ 1 & 0 & 4 & 7 \\ 0 & 3 & 0 & 2 \end{vmatrix}$ 中元素 $a_{23}=-1$，$a_{33}=4$ 的代数余子式.

5. 已知四阶行列式 D 中第 3 列元素依次为 $-1, 2, 0, 1$，它们的余子式依次为 $5, 3, -7, 4$，求 D.

6. 证明：$\begin{vmatrix} a^2 & ab & b^2 \\ 2a & a+b & 2b \\ 1 & 1 & 1 \end{vmatrix}=(a-b)^3$.

7. 按第 3 列展开下列行列式，并计算其值：

(1) $\begin{vmatrix} 1 & 0 & a & 1 \\ 0 & -1 & b & -1 \\ -1 & -1 & c & -1 \\ -1 & 1 & d & 0 \end{vmatrix}$； (2) $\begin{vmatrix} a_{11} & a_{12} & a_{13} & a_{14} & a_{15} \\ a_{21} & a_{22} & a_{23} & a_{24} & a_{25} \\ a_{31} & a_{32} & 0 & 0 & 0 \\ a_{41} & a_{42} & 0 & 0 & 0 \\ a_{51} & a_{52} & 0 & 0 & 0 \end{vmatrix}$.

§9.2 行列式的性质

行列式的奥妙在于对行列式的行或列进行了某些变换（如行与列互换、交换两行(列)位置、某行(列)乘以某个数、某行(列)乘以某数后加到另一行(列)等)后，行列式虽然会发生相应的变化，但变换前后两个行列式的值却仍保持着线性关系. 这意味着，我们可以利用这些关系大大简化高阶行列式的计算. 本节我们首先要讨论行列式在这方面的重要性质，然后进一步讨论如何利用这些性质计算高阶行列式的值.

一、行列式的性质

将行列式 D 的行与列互换后得到的行列式，称为 D 的**转置行列式**，记为 D^{T} 或 D'，即若 $D=\begin{vmatrix} a_{11} & a_{12} & \cdots & a_{1n} \\ a_{21} & a_{22} & \cdots & a_{2n} \\ \vdots & \vdots & & \vdots \\ a_{n1} & a_{n2} & \cdots & a_{nn} \end{vmatrix}$，则 $D^{\mathrm{T}}=\begin{vmatrix} a_{11} & a_{21} & \cdots & a_{n1} \\ a_{12} & a_{22} & \cdots & a_{n2} \\ \vdots & \vdots & & \vdots \\ a_{1n} & a_{2n} & \cdots & a_{nn} \end{vmatrix}$.

性质 1 行列式与它的转置行列式相等，即 $D=D^{\mathrm{T}}$.

注: 由性质1可知, 行列式中的行与列具有相同的地位, 行列式的行具有的性质, 它的列也同样具有.

性质2 交换行列式的两行(列), 行列式变号.

注: 交换 i, j 两行(列)记为 $r_i \leftrightarrow r_j$ ($c_i \leftrightarrow c_j$).

推论1 若行列式中有两行(列)的对应元素相同, 则此行列式为零.

证明 互换 D 中相同的两行(列)有 $D=-D$, 故 $D=0$. ■

性质3 用数 k 乘行列式的某一行(列), 等于用数 k 乘此行列式, 即

$$D_1=\begin{vmatrix} a_{11} & a_{12} & \cdots & a_{1n} \\ \vdots & \vdots & & \vdots \\ ka_{i1} & ka_{i2} & \cdots & ka_{in} \\ \vdots & \vdots & & \vdots \\ a_{n1} & a_{n2} & \cdots & a_{nn} \end{vmatrix}=k\begin{vmatrix} a_{11} & a_{12} & \cdots & a_{1n} \\ \vdots & \vdots & & \vdots \\ a_{i1} & a_{i2} & \cdots & a_{in} \\ \vdots & \vdots & & \vdots \\ a_{n1} & a_{n2} & \cdots & a_{nn} \end{vmatrix}=kD.$$

注: 第 i 行(列)乘以 k, 记为 $r_i \times k$ (或 $c_i \times k$).

推论2 行列式的某一行(列)中所有元素的公因子可以提到行列式符号的外面.

推论3 行列式中若有两行(列)元素成比例, 则此行列式为零.

例如, 行列式 $D=\begin{vmatrix} 2 & -4 & 1 \\ 3 & -6 & 3 \\ -5 & 10 & 4 \end{vmatrix}$, 因为第1列与第2列对应元素成比例, 根据推论3, 可直接得到 $D=\begin{vmatrix} 2 & -4 & 1 \\ 3 & -6 & 3 \\ -5 & 10 & 4 \end{vmatrix}=0$.

例1 设 $\begin{vmatrix} a_{11} & a_{12} & a_{13} \\ a_{21} & a_{22} & a_{23} \\ a_{31} & a_{32} & a_{33} \end{vmatrix}=1$, 求 $\begin{vmatrix} 6a_{11} & -2a_{12} & -10a_{13} \\ -3a_{21} & a_{22} & 5a_{23} \\ -3a_{31} & a_{32} & 5a_{33} \end{vmatrix}$.

解 $\begin{vmatrix} 6a_{11} & -2a_{12} & -10a_{13} \\ -3a_{21} & a_{22} & 5a_{23} \\ -3a_{31} & a_{32} & 5a_{33} \end{vmatrix}=-2\begin{vmatrix} -3a_{11} & a_{12} & 5a_{13} \\ -3a_{21} & a_{22} & 5a_{23} \\ -3a_{31} & a_{32} & 5a_{33} \end{vmatrix}$

$$=-2\times(-3)\times 5\begin{vmatrix} a_{11} & a_{12} & a_{13} \\ a_{21} & a_{22} & a_{23} \\ a_{31} & a_{32} & a_{33} \end{vmatrix}=-2\times(-3)\times 5\times 1=30.$$ ■

性质4 若行列式的某一行(列)的元素都是两数之和, 设

$$D=\begin{vmatrix} a_{11} & a_{12} & \cdots & a_{1n} \\ \vdots & \vdots & & \vdots \\ b_{i1}+c_{i1} & b_{i2}+c_{i2} & \cdots & b_{in}+c_{in} \\ \vdots & \vdots & & \vdots \\ a_{n1} & a_{n2} & \cdots & a_{nn} \end{vmatrix},$$

则
$$D=\begin{vmatrix} a_{11} & a_{12} & \cdots & a_{1n} \\ \vdots & \vdots & & \vdots \\ b_{i1} & b_{i2} & \cdots & b_{in} \\ \vdots & \vdots & & \vdots \\ a_{n1} & a_{n2} & \cdots & a_{nn} \end{vmatrix}+\begin{vmatrix} a_{11} & a_{12} & \cdots & a_{1n} \\ \vdots & \vdots & & \vdots \\ c_{i1} & c_{i2} & \cdots & c_{in} \\ \vdots & \vdots & & \vdots \\ a_{n1} & a_{n2} & \cdots & a_{nn} \end{vmatrix}=D_1+D_2.$$

性质5 将行列式的某一行(列)的所有元素都乘以数k后加到另一行(列)对应位置的元素上，行列式的值不变.

例如，以数k乘第j列加到第i列上，则有

$$D=\begin{vmatrix} a_{11} & \cdots & a_{1i} & \cdots & a_{1j} & \cdots & a_{1n} \\ a_{21} & \cdots & a_{2i} & \cdots & a_{2j} & \cdots & a_{2n} \\ \vdots & & \vdots & & \vdots & & \vdots \\ a_{n1} & \cdots & a_{ni} & \cdots & a_{nj} & \cdots & a_{nn} \end{vmatrix}=\begin{vmatrix} a_{11} & \cdots & a_{1i}+ka_{1j} & \cdots & a_{1j} & \cdots & a_{1n} \\ a_{21} & \cdots & a_{2i}+ka_{2j} & \cdots & a_{2j} & \cdots & a_{2n} \\ \vdots & & \vdots & & \vdots & & \vdots \\ a_{n1} & \cdots & a_{ni}+ka_{nj} & \cdots & a_{nj} & \cdots & a_{nn} \end{vmatrix}=D_1\ (i\neq j).$$

证明 $D_1\overset{性质4}{=\!=}\begin{vmatrix} a_{11} & \cdots & a_{1i} & \cdots & a_{1j} & \cdots & a_{1n} \\ \vdots & & \vdots & & \vdots & & \vdots \\ a_{n1} & \cdots & a_{ni} & \cdots & a_{nj} & \cdots & a_{nn} \end{vmatrix}+\begin{vmatrix} a_{11} & \cdots & ka_{1j} & \cdots & a_{1j} & \cdots & a_{1n} \\ \vdots & & \vdots & & \vdots & & \vdots \\ a_{n1} & \cdots & ka_{nj} & \cdots & a_{nj} & \cdots & a_{nn} \end{vmatrix}$

$\overset{推论3}{=\!=}D+0=D.$ ■

注：以数k乘第j行加到第i行上，记作r_i+kr_j；以数k乘第j列加到第i列上，记作c_i+kc_j.

二、利用“三角化”计算行列式

计算行列式时，常利用行列式的性质，把它化为三角形行列式来计算. 例如，化为上三角形行列式的步骤是：

如果第1列第一个元素为0，先将第1行与其他行交换，使得第1列第一个元素不为0，然后把第1行分别乘以适当的数加到其他各行，使得第1列除第一个元素外其余元素全为0；再用同样的方法处理除去第1行和第1列后余下的低一阶行列式；如此继续下去，直至使它成为上三角形行列式，这时主对角线上元素的乘积就是所求行列式的值.

注：如今大部分用于计算一般行列式的计算机程序都是按上述方法进行设计的. 可以证明，利用行变换计算n阶行列式需要大约$2n^3/3$次算术运算. 任何一台现代的微型计算机都可以在几分之一秒内计算出50阶行列式的值，运算量大约为83 300次. 如果用行列式的定义来计算，其运算量大约为$49\times 50!$次，这显然是个非常大的数值.

例2 计算$D=\begin{vmatrix} 3 & 1 & -1 & 2 \\ -5 & 1 & 3 & -4 \\ 2 & 0 & 1 & -1 \\ 1 & -5 & 3 & -3 \end{vmatrix}$.

解 $$D \xlongequal{c_1 \leftrightarrow c_2} -\begin{vmatrix} 1 & 3 & -1 & 2 \\ 1 & -5 & 3 & -4 \\ 0 & 2 & 1 & -1 \\ -5 & 1 & 3 & -3 \end{vmatrix} \xlongequal[r_4+5r_1]{r_2-r_1} -\begin{vmatrix} 1 & 3 & -1 & 2 \\ 0 & -8 & 4 & -6 \\ 0 & 2 & 1 & -1 \\ 0 & 16 & -2 & 7 \end{vmatrix}$$

$$\xlongequal{r_2 \leftrightarrow r_3} \begin{vmatrix} 1 & 3 & -1 & 2 \\ 0 & 2 & 1 & -1 \\ 0 & -8 & 4 & -6 \\ 0 & 16 & -2 & 7 \end{vmatrix} \xlongequal[r_4-8r_2]{r_3+4r_2} \begin{vmatrix} 1 & 3 & -1 & 2 \\ 0 & 2 & 1 & -1 \\ 0 & 0 & 8 & -10 \\ 0 & 0 & -10 & 15 \end{vmatrix}$$

$$\xlongequal{r_4+\frac{5}{4}r_3} \begin{vmatrix} 1 & 3 & -1 & 2 \\ 0 & 2 & 1 & -1 \\ 0 & 0 & 8 & -10 \\ 0 & 0 & 0 & 5/2 \end{vmatrix} = 40.$$ ■

例 3 计算 $D=\begin{vmatrix} 3 & 1 & 1 & 1 \\ 1 & 3 & 1 & 1 \\ 1 & 1 & 3 & 1 \\ 1 & 1 & 1 & 3 \end{vmatrix}$.

解 注意到行列式中各行 (列) 4 个数之和都为 6. 故可把第 2, 3, 4 行同时加到第 1 行, 提出公因子 6, 然后各行减去第 1 行, 化为上三角形行列式来计算:

$$D \xlongequal{r_1+r_2+r_3+r_4} \begin{vmatrix} 6 & 6 & 6 & 6 \\ 1 & 3 & 1 & 1 \\ 1 & 1 & 3 & 1 \\ 1 & 1 & 1 & 3 \end{vmatrix} = 6\begin{vmatrix} 1 & 1 & 1 & 1 \\ 1 & 3 & 1 & 1 \\ 1 & 1 & 3 & 1 \\ 1 & 1 & 1 & 3 \end{vmatrix} \xlongequal[\substack{r_3-r_1 \\ r_4-r_1}]{r_2-r_1} 6\begin{vmatrix} 1 & 1 & 1 & 1 \\ 0 & 2 & 0 & 0 \\ 0 & 0 & 2 & 0 \\ 0 & 0 & 0 & 2 \end{vmatrix}$$

$$=48.$$ ■

注: 仿照上述方法可得到更一般的结果:

$$\begin{vmatrix} a & b & b & \cdots & b \\ b & a & b & \cdots & b \\ \vdots & \vdots & \vdots & & \vdots \\ b & b & b & \cdots & a \end{vmatrix} = [a+(n-1)b](a-b)^{n-1}.$$

例 4 计算 $D=\begin{vmatrix} a_1 & -a_1 & 0 & 0 \\ 0 & a_2 & -a_2 & 0 \\ 0 & 0 & a_3 & -a_3 \\ 1 & 1 & 1 & 1 \end{vmatrix}$.

解 根据行列式的特点, 可将第 1 列加至第 2 列, 然后将第 2 列加至第 3 列, 再将第 3 列加至第 4 列, 目的是使 D 中的零元素增多.

$$D \xlongequal{c_2+c_1} \begin{vmatrix} a_1 & 0 & 0 & 0 \\ 0 & a_2 & -a_2 & 0 \\ 0 & 0 & a_3 & -a_3 \\ 1 & 2 & 1 & 1 \end{vmatrix} \xlongequal{c_3+c_2} \begin{vmatrix} a_1 & 0 & 0 & 0 \\ 0 & a_2 & 0 & 0 \\ 0 & 0 & a_3 & -a_3 \\ 1 & 2 & 3 & 1 \end{vmatrix} \xlongequal{c_4+c_3} \begin{vmatrix} a_1 & 0 & 0 & 0 \\ 0 & a_2 & 0 & 0 \\ 0 & 0 & a_3 & 0 \\ 1 & 2 & 3 & 4 \end{vmatrix}$$

$$=4a_1a_2a_3.$$ ■

例5 计算 $D=\begin{vmatrix} a & b & c & d \\ a & a+b & a+b+c & a+b+c+d \\ a & 2a+b & 3a+2b+c & 4a+3b+2c+d \\ a & 3a+b & 6a+3b+c & 10a+6b+3c+d \end{vmatrix}$.

解 从第4行开始，后一行减前一行.

$$D\xlongequal[r_2-r_1]{\substack{r_4-r_3\\r_3-r_2}}\begin{vmatrix} a & b & c & d \\ 0 & a & a+b & a+b+c \\ 0 & a & 2a+b & 3a+2b+c \\ 0 & a & 3a+b & 6a+3b+c \end{vmatrix}\xlongequal[r_3-r_2]{r_4-r_3}\begin{vmatrix} a & b & c & d \\ 0 & a & a+b & a+b+c \\ 0 & 0 & a & 2a+b \\ 0 & 0 & a & 3a+b \end{vmatrix}$$

$$\xlongequal{r_4-r_3}\begin{vmatrix} a & b & c & d \\ 0 & a & a+b & a+b+c \\ 0 & 0 & a & 2a+b \\ 0 & 0 & 0 & a \end{vmatrix}=a^4.$$

■

此外，在行列式的计算中，还应将行列式的性质与行列式按行(列)展开的方法结合起来使用. 一般可先利用行列式的性质将行列式中某一行(列)化为仅含有一个非零元素，再将行列式按此行(列)展开，化为低一阶的行列式，如此继续下去，直到化为二阶行列式为止.

注：按行(列)展开计算行列式的方法称为降阶法.

例6 计算行列式 $D=\begin{vmatrix} 1 & 2 & 3 & 4 \\ 1 & 0 & 1 & 2 \\ 3 & -1 & -1 & 0 \\ 1 & 2 & 0 & -5 \end{vmatrix}$.

解 $$D=\begin{vmatrix} 1 & 2 & 3 & 4 \\ 1 & 0 & 1 & 2 \\ 3 & -1 & -1 & 0 \\ 1 & 2 & 0 & -5 \end{vmatrix}\xlongequal[r_4+2r_3]{r_1+2r_3}\begin{vmatrix} 7 & 0 & 1 & 4 \\ 1 & 0 & 1 & 2 \\ 3 & -1 & -1 & 0 \\ 7 & 0 & -2 & -5 \end{vmatrix}=(-1)\times(-1)^{3+2}\begin{vmatrix} 7 & 1 & 4 \\ 1 & 1 & 2 \\ 7 & -2 & -5 \end{vmatrix}$$

$$\xlongequal[r_3+2r_2]{r_1-r_2}\begin{vmatrix} 6 & 0 & 2 \\ 1 & 1 & 2 \\ 9 & 0 & -1 \end{vmatrix}=1\times(-1)^{2+2}\begin{vmatrix} 6 & 2 \\ 9 & -1 \end{vmatrix}=-6-18=-24.$$

■

例7 计算行列式 $D=\begin{vmatrix} 5 & 3 & -1 & 2 & 0 \\ 1 & 7 & 2 & 5 & 2 \\ 0 & -2 & 3 & 1 & 0 \\ 0 & -4 & -1 & 4 & 0 \\ 0 & 2 & 3 & 5 & 0 \end{vmatrix}$.

解 $$D=\begin{vmatrix} 5 & 3 & -1 & 2 & 0 \\ 1 & 7 & 2 & 5 & 2 \\ 0 & -2 & 3 & 1 & 0 \\ 0 & -4 & -1 & 4 & 0 \\ 0 & 2 & 3 & 5 & 0 \end{vmatrix}=2\times(-1)^{2+5}\begin{vmatrix} 5 & 3 & -1 & 2 \\ 0 & -2 & 3 & 1 \\ 0 & -4 & -1 & 4 \\ 0 & 2 & 3 & 5 \end{vmatrix}$$

$$=-10\begin{vmatrix}-2 & 3 & 1\\-4 & -1 & 4\\2 & 3 & 5\end{vmatrix}\xlongequal[r_3+r_1]{r_2-2r_1}-10\begin{vmatrix}-2 & 3 & 1\\0 & -7 & 2\\0 & 6 & 6\end{vmatrix}$$

$$=-10\times(-2)\begin{vmatrix}-7 & 2\\6 & 6\end{vmatrix}=20(-42-12)$$

$$=-1\,080.$$

■

*数学实验

实验9.1 试用计算软件求下列行列式.

(1) $\begin{vmatrix}\frac{1}{2} & \frac{1}{3} & \frac{1}{4} & \frac{1}{5} & \frac{1}{6} & \frac{1}{7}\\ \frac{1}{3} & \frac{1}{4} & \frac{1}{5} & \frac{1}{6} & \frac{1}{7} & \frac{1}{8}\\ \frac{1}{4} & \frac{1}{5} & \frac{1}{6} & \frac{1}{7} & \frac{1}{8} & \frac{1}{9}\\ \frac{1}{5} & \frac{1}{6} & \frac{1}{7} & \frac{1}{8} & \frac{1}{9} & \frac{1}{10}\\ \frac{1}{6} & \frac{1}{7} & \frac{1}{8} & \frac{1}{9} & \frac{1}{10} & \frac{1}{11}\\ \frac{1}{7} & \frac{1}{8} & \frac{1}{9} & \frac{1}{10} & \frac{1}{11} & \frac{1}{12}\end{vmatrix}$;

(2) $\begin{vmatrix}y+x & xy & 0 & 0 & 0 & 0 & 0 & 0\\ 1 & y+x & xy & 0 & 0 & 0 & 0 & 0\\ 0 & 1 & y+x & xy & 0 & 0 & 0 & 0\\ 0 & 0 & 1 & y+x & xy & 0 & 0 & 0\\ 0 & 0 & 0 & 1 & y+x & xy & 0 & 0\\ 0 & 0 & 0 & 0 & 1 & y+x & xy & 0\\ 0 & 0 & 0 & 0 & 0 & 1 & y+x & xy\\ 0 & 0 & 0 & 0 & 0 & 0 & 1 & y+x\end{vmatrix}$;

(3) $\begin{vmatrix}a^2+1 & ab & ac & ad & ae & af\\ ab & b^2+1 & bc & bd & be & bf\\ ac & bc & c^2+1 & cd & ce & cf\\ ad & bd & cd & d^2+1 & de & df\\ ae & be & ce & de & e^2+1 & ef\\ af & bf & cf & df & ef & f^2+1\end{vmatrix}$.

计算实验

习题 9-2

1. 利用行列式的性质计算下列行列式:

(1) $\begin{vmatrix}34\,215 & 35\,215\\28\,092 & 29\,092\end{vmatrix}$; (2) $\begin{vmatrix}103 & 100 & 204\\199 & 200 & 395\\301 & 300 & 600\end{vmatrix}$; (3) $\begin{vmatrix}-ab & ac & ae\\bd & -cd & de\\bf & cf & -ef\end{vmatrix}$;

(4) $\begin{vmatrix} a & 1 & 0 & 0 \\ -1 & b & 1 & 0 \\ 0 & -1 & c & 1 \\ 0 & 0 & -1 & d \end{vmatrix}$; (5) $\begin{vmatrix} 4 & 1 & 2 & 4 \\ 1 & 2 & 0 & 2 \\ 10 & 5 & 2 & 0 \\ 0 & 1 & 1 & 7 \end{vmatrix}$; (6) $\begin{vmatrix} 1 & 1 & 1 & 1 \\ -1 & 1 & 1 & 1 \\ -1 & -1 & 1 & 1 \\ -1 & -1 & -1 & 1 \end{vmatrix}$.

2. 利用行列式的性质证明下列等式:

$$\begin{vmatrix} y+z & z+x & x+y \\ x+y & y+z & z+x \\ z+x & x+y & y+z \end{vmatrix} = 2\begin{vmatrix} x & y & z \\ z & x & y \\ y & z & x \end{vmatrix}.$$

3. 已知 255, 459, 527 都能被 17 整除，不求行列式的值，证明行列式 $\begin{vmatrix} 2 & 4 & 5 \\ 5 & 5 & 2 \\ 5 & 9 & 7 \end{vmatrix}$ 能被 17 整除.

4. 把下列行列式化为上三角形行列式，并计算其值:

(1) $\begin{vmatrix} -2 & 2 & -4 & 0 \\ 4 & -1 & 3 & 5 \\ 3 & 1 & -2 & -3 \\ 2 & 0 & 5 & 1 \end{vmatrix}$; (2) $\begin{vmatrix} 1 & 2 & 3 & 4 \\ 2 & 3 & 4 & 1 \\ 3 & 4 & 1 & 2 \\ 4 & 1 & 2 & 3 \end{vmatrix}$; (3) $\begin{vmatrix} 2 & 1 & 0 & 0 & 0 \\ 1 & 2 & 1 & 0 & 0 \\ 0 & 1 & 2 & 1 & 0 \\ 0 & 0 & 1 & 2 & 1 \\ 0 & 0 & 0 & 1 & 2 \end{vmatrix}$.

5. 用降阶法计算下列行列式:

(1) $\begin{vmatrix} 1+x & 1 & 1 & 1 \\ 1 & 1-x & 1 & 1 \\ 1 & 1 & 1+y & 1 \\ 1 & 1 & 1 & 1-y \end{vmatrix}$; (2) $\begin{vmatrix} 0 & a & b & a \\ a & 0 & a & b \\ b & a & 0 & a \\ a & b & b & 0 \end{vmatrix}$;

(3) $\begin{vmatrix} x & y & 0 & \cdots & 0 & 0 \\ 0 & x & y & \cdots & 0 & 0 \\ \vdots & \vdots & \vdots & & \vdots & \vdots \\ 0 & 0 & 0 & \cdots & x & y \\ y & 0 & 0 & \cdots & 0 & x \end{vmatrix}$; (4) $\begin{vmatrix} -a_1 & a_1 & 0 & \cdots & 0 & 0 \\ 0 & -a_2 & a_2 & \cdots & 0 & 0 \\ \vdots & \vdots & \vdots & & \vdots & \vdots \\ 0 & 0 & 0 & \cdots & -a_n & a_n \\ 1 & 1 & 1 & \cdots & 1 & 1 \end{vmatrix}$.

§9.3 克莱姆法则

引例 对于三元线性方程组

$$\begin{cases} a_{11}x_1+a_{12}x_2+a_{13}x_3=b_1 \\ a_{21}x_1+a_{22}x_2+a_{23}x_3=b_2, \\ a_{31}x_1+a_{32}x_2+a_{33}x_3=b_3 \end{cases}$$

在其系数行列式 $D\neq 0$ 的条件下，已知它有唯一解:

$$x_1=\frac{D_1}{D},\ x_2=\frac{D_2}{D},\ x_3=\frac{D_3}{D},$$

其中

$$D=\begin{vmatrix} a_{11} & a_{12} & a_{13} \\ a_{21} & a_{22} & a_{23} \\ a_{31} & a_{32} & a_{33} \end{vmatrix},\quad D_1=\begin{vmatrix} b_1 & a_{12} & a_{13} \\ b_2 & a_{22} & a_{23} \\ b_3 & a_{32} & a_{33} \end{vmatrix},$$

$$D_2=\begin{vmatrix} a_{11} & b_1 & a_{13} \\ a_{21} & b_2 & a_{23} \\ a_{31} & b_3 & a_{33} \end{vmatrix},\quad D_3=\begin{vmatrix} a_{11} & a_{12} & b_1 \\ a_{21} & a_{22} & b_2 \\ a_{31} & a_{32} & b_3 \end{vmatrix}.$$ ■

注：这个解可通过消元法直接求出.

对于更一般的线性方程组是否有类似的结果？答案是肯定的．在引入克莱姆法则之前，我们先介绍有关 n 元线性方程组的概念．含有 n 个未知数 $x_1, x_2, \cdots, x_n$ 的线性方程组

$$\begin{cases} a_{11}x_1+a_{12}x_2+\cdots+a_{1n}x_n=b_1 \\ a_{21}x_1+a_{22}x_2+\cdots+a_{2n}x_n=b_2 \\ \cdots\cdots \\ a_{n1}x_1+a_{n2}x_2+\cdots+a_{nn}x_n=b_n \end{cases} \tag{3.1}$$

称为 ***n* 元线性方程组**．当其右端的常数项 $b_1, b_2, \cdots, b_n$ 不全为零时，线性方程组 (3.1) 称为**非齐次线性方程组**，当 $b_1, b_2, \cdots, b_n$ 全为零时，线性方程组 (3.1) 称为**齐次线性方程组**，即

$$\begin{cases} a_{11}x_1+a_{12}x_2+\cdots+a_{1n}x_n=0 \\ a_{21}x_1+a_{22}x_2+\cdots+a_{2n}x_n=0 \\ \cdots\cdots \\ a_{n1}x_1+a_{n2}x_2+\cdots+a_{nn}x_n=0 \end{cases}. \tag{3.2}$$

线性方程组 (3.1) 的系数 a_{ij} 构成的行列式称为该方程组的**系数行列式 *D***，即

$$D=\begin{vmatrix} a_{11} & a_{12} & \cdots & a_{1n} \\ a_{21} & a_{22} & \cdots & a_{2n} \\ \vdots & \vdots & & \vdots \\ a_{n1} & a_{n2} & \cdots & a_{nn} \end{vmatrix}.$$

定理 1（克莱姆法则） 若线性方程组 (3.1) 的系数行列式 $D\neq 0$，则线性方程组 (3.1) 有唯一解，其解为

$$x_j=\frac{D_j}{D}\quad (j=1, 2, \cdots, n), \tag{3.3}$$

其中 $D_j\ (j=1, 2, \cdots, n)$ 是把 D 中第 j 列元素 $a_{1j}, a_{2j}, \cdots, a_{nj}$ 对应地换成常数项 $b_1, b_2, \cdots, b_n$，而其余各列保持不变所得到的行列式.

例 1 用克莱姆法则解方程组 $\begin{cases} 2x_1+x_2-5x_3+x_4=8 \\ x_1-3x_2-6x_4=9 \\ 2x_2-x_3+2x_4=-5 \\ x_1+4x_2-7x_3+6x_4=0 \end{cases}$.

解　$D=\begin{vmatrix}2&1&-5&1\\1&-3&0&-6\\0&2&-1&2\\1&4&-7&6\end{vmatrix}\overset{r_1-2r_2}{\underset{r_4-r_2}{=\!=}}\begin{vmatrix}0&7&-5&13\\1&-3&0&-6\\0&2&-1&2\\0&7&-7&12\end{vmatrix}$

$=-\begin{vmatrix}7&-5&13\\2&-1&2\\7&-7&12\end{vmatrix}\overset{c_1+2c_2}{\underset{c_3+2c_2}{=\!=}}-\begin{vmatrix}-3&-5&3\\0&-1&0\\-7&-7&-2\end{vmatrix}=\begin{vmatrix}-3&3\\-7&-2\end{vmatrix}=27.$

$$D_1=\begin{vmatrix}8&1&-5&1\\9&-3&0&-6\\-5&2&-1&2\\0&4&-7&6\end{vmatrix}=81,\quad D_2=\begin{vmatrix}2&8&-5&1\\1&9&0&-6\\0&-5&-1&2\\1&0&-7&6\end{vmatrix}=-108,$$

$$D_3=\begin{vmatrix}2&1&8&1\\1&-3&9&-6\\0&2&-5&2\\1&4&0&6\end{vmatrix}=-27,\quad D_4=\begin{vmatrix}2&1&-5&8\\1&-3&0&9\\0&2&-1&-5\\1&4&-7&0\end{vmatrix}=27,$$

所以　$x_1=\dfrac{D_1}{D}=\dfrac{81}{27}=3,\quad x_2=\dfrac{D_2}{D}=\dfrac{-108}{27}=-4,$

$x_3=\dfrac{D_3}{D}=\dfrac{-27}{27}=-1,\quad x_4=\dfrac{D_4}{D}=\dfrac{27}{27}=1.$ ■

例2　大学生在饮食方面存在很多问题，多数大学生不重视吃早餐，日常饮食也没有规律，为了身体健康就需注意日常饮食中的营养．大学生每天的配餐中需要摄入一定的蛋白质、脂肪和碳水化合物，表9-3-1给出了三种食物提供的营养以及大学生正常所需的营养(它们的质量以适当的单位计量)．

表9-3-1

营养	单位食物所含的营养			所需营养量
	食物一	食物二	食物三	
蛋白质	36	51	13	33
脂肪	0	7	1.1	3
碳水化合物	52	34	74	45

试根据这个问题建立一个线性方程组，并通过求解方程组来确定每天需要摄入上述三种食物的量．

解　设x_1, x_2, x_3分别为三种食物的摄入量，则由表中的数据可得出下列线性方程组：

$$\begin{cases}36x_1+51x_2+13x_3=33\\ \qquad\quad 7x_2+1.1x_3=3.\\ 52x_1+34x_2+74x_3=45\end{cases}$$

解 由克莱姆法则可得

$$D=\begin{vmatrix}36 & 51 & 13\\0 & 7 & 1.1\\52 & 34 & 74\end{vmatrix}=15\,486.8,$$

$$D_1=\begin{vmatrix}33 & 51 & 13\\3 & 7 & 1.1\\45 & 34 & 74\end{vmatrix}=4\,293.3,\ D_2=\begin{vmatrix}36 & 33 & 13\\0 & 3 & 1.1\\52 & 45 & 74\end{vmatrix}=6\,069.6,\ D_3=\begin{vmatrix}36 & 51 & 33\\0 & 7 & 3\\52 & 34 & 45\end{vmatrix}=3\,612,$$

则 $$x_1=\frac{D_1}{D}\approx 0.277,\ x_2=\frac{D_2}{D}\approx 0.392,\ x_3=\frac{D_3}{D}\approx 0.233.$$

从而我们每天摄入0.277单位的食物一、0.392单位的食物二、0.233单位的食物三就可以保证我们的健康饮食了. ■

例3 一个土建师、一个电气师、一个机械师组成一个技术服务社. 假设在一段时间内, 每个人收入1元需要支付给其他两人的服务费用以及每个人的实际收入如表9-3-2所示. 问这段时间内, 每人的总收入是多少(总收入=实际收入+支付的服务费)?

表9-3-2

服务者	被服务者			
	土建师	电气师	机械师	实际收入
土建师	0	0.2	0.3	500
电气师	0.1	0	0.4	700
机械师	0.3	0.4	0	600

解 设土建师、电气师、机械师的总收入分别为x_1, x_2, x_3元.

根据题意, 可以得到

$$\begin{cases}0.2x_2+0.3x_3+500=x_1\\0.1x_1+0.4x_3+700=x_2,\\0.3x_1+0.4x_2+600=x_3\end{cases}$$

化简, 得

$$\begin{cases}x_1-0.2x_2-0.3x_3=500\\-0.1x_1+x_2-0.4x_3=700.\\-0.3x_1-0.4x_2+x_3=600\end{cases}$$

因 $D=\begin{vmatrix}1 & -0.2 & -0.3\\-0.1 & 1 & -0.4\\-0.3 & -0.4 & 1\end{vmatrix}=0.694\neq 0$, 根据克莱姆法则, 方程组有唯一解.

由 $D_1=872$, $D_2=1\,005$, $D_3=1\,080$, 可得

$$x_1=\frac{D_1}{D}\approx 1\,256.48,\ x_2=\frac{D_2}{D}\approx 1\,448.13,\ x_3=\frac{D_3}{D}\approx 1\,556.20.$$

因此, 在这段时间内土建师、电气师、机械师的总收入分别是1 256.48元、1 448.13

元、1 556.20元. ■

一般来说，用克莱姆法则求线性方程组的解时，计算量是比较大的. 对具体的数字线性方程组，当未知数较多时往往可用计算机来求解. 目前用计算机解线性方程组已经有了一整套成熟的方法.

克莱姆法则在一定条件下给出了线性方程组解的存在性、唯一性，与其在计算方面的作用相比，克莱姆法则具有更重大的理论价值. 撇开求解公式 (3.3), 克莱姆法则可叙述为下面的定理.

定理 2 如果线性方程组 (3.1) 的系数行列式 $D\neq 0$, 则线性方程组(3.1) 一定有解，且解是唯一的.

在解题或证明中，常用到定理 2 的逆否定理：

定理 2′ 如果线性方程组 (3.1) 无解或解不是唯一的，则它的系数行列式必为零.

对于齐次线性方程组(3.2), 易见 $x_1=x_2=\cdots=x_n=0$ 一定是该方程组的解, 称其为齐次线性方程组 (3.2) 的**零解**. 把定理 2 应用于齐次线性方程组(3.2), 可得到下列结论.

定理 3 如果齐次线性方程组(3.2) 的系数行列式 $D\neq 0$, 则齐次线性方程组(3.2) 只有零解.

定理 3′ 如果齐次线性方程组 (3.2) 有非零解，则它的系数行列式 $D=0$.

注: 在第11章中还将进一步证明, 如果齐次线性方程组的系数行列式 $D=0$, 则齐次线性方程组 (3.2) 有非零解.

例 4 λ 为何值时，齐次线性方程组

$$\begin{cases}(1-\lambda)x_1-2x_2+4x_3=0\\ 2x_1+(3-\lambda)x_2+x_3=0\\ x_1+x_2+(1-\lambda)x_3=0\end{cases}$$

有非零解？

解 由定理 3′知，若所给齐次线性方程组有非零解，则其系数行列式 $D=0$.

$$D=\begin{vmatrix}1-\lambda & -2 & 4\\ 2 & 3-\lambda & 1\\ 1 & 1 & 1-\lambda\end{vmatrix}\xlongequal{c_2-c_1}\begin{vmatrix}1-\lambda & -3+\lambda & 4\\ 2 & 1-\lambda & 1\\ 1 & 0 & 1-\lambda\end{vmatrix}$$

$$=(\lambda-3)(-1)^{1+2}\begin{vmatrix}2 & 1\\ 1 & 1-\lambda\end{vmatrix}+(1-\lambda)(-1)^{2+2}\begin{vmatrix}1-\lambda & 4\\ 1 & 1-\lambda\end{vmatrix}\ \text{(按第 2 列展开)}$$

$$=(\lambda-3)[-2(1-\lambda)+1]+(1-\lambda)[(1-\lambda)^2-4]$$

$$=(1-\lambda)^3+2(1-\lambda)^2+\lambda-3$$

$$=\lambda(\lambda-2)(3-\lambda).$$

如果齐次线性方程组有非零解，则 $D=0$，即当 $\lambda=0$ 或 $\lambda=2$ 或 $\lambda=3$ 时，齐次线性方程组有非零解. ■

习题 9-3

1. 用克莱姆法则解下列线性方程组:

(1) $\begin{cases} x+y-2z=-3 \\ 5x-2y+7z=22; \\ 2x-5y+4z=4 \end{cases}$ (2) $\begin{cases} bx-ay+2ab=0 \\ -2cy+3bz-bc=0, \\ cx+az=0 \end{cases}$ 其中 $abc\neq 0$.

2. 用克莱姆法则解下列线性方程组:

(1) $\begin{cases} x_1+x_2+x_3+x_4=5 \\ x_1+2x_2-x_3+4x_4=-2 \\ 2x_1-3x_2-x_3-5x_4=-2 \\ 3x_1+x_2+2x_3+11x_4=0 \end{cases}$; (2) $\begin{cases} 2x_1+3x_2+11x_3+5x_4=6 \\ x_1+x_2+5x_3+2x_4=2 \\ 2x_1+x_2+3x_3+4x_4=2 \\ x_1+x_2+3x_3+4x_4=2 \end{cases}$.

3. 医院营养师为病人配制的一份菜肴由蔬菜、鱼和肉松组成，这份菜肴需含1 200cal热量、30g蛋白质和300mg维生素C，已知三种食物每100g中有关营养的含量如下表所示:

	蔬菜	鱼	肉松
热量(cal)	60	300	600
蛋白质(g)	3	9	6
维生素C(mg)	90	60	30

试求所配菜肴中每种食物的数量.

4. 判断齐次线性方程组 $\begin{cases} 2x_1+2x_2-x_3=0 \\ x_1-2x_2+4x_3=0 \\ 5x_1+8x_2-2x_3=0 \end{cases}$ 是否仅有零解.

5. λ，μ 取何值时，齐次线性方程组 $\begin{cases} \lambda x_1+x_2+x_3=0 \\ x_1+\mu x_2+x_3=0 \\ x_1+2\mu x_2+x_3=0 \end{cases}$ 有非零解?

第 10 章　矩　　阵

矩阵实质上就是一张长方形数表．无论是在日常生活中还是在科学研究中，矩阵都是一种十分常见的数学现象．诸如学校里的课表、成绩统计表；工厂里的生产进度表、销售统计表；车站里的时刻表、价目表；股市中的证券价目表；科研领域中的数据分析表等．它是表述或处理大量的生活、生产与科研问题的有力工具．矩阵的重要作用首先在于它能把头绪纷繁的事物按一定的规则清晰地展现出来，使我们不至于被一些表面看起来杂乱无章的关系弄得晕头转向；其次在于它能恰当地刻画事物之间的内在联系，并通过矩阵的运算或变换来揭示事物之间的内在联系；最后在于它还是我们求解数学问题的一种特殊的“数形结合”的途径．

在本课程中，矩阵是研究线性变换、向量的线性相关性及线性方程组的解法等的有力且不可替代的工具，在线性代数中占有重要地位．本章中我们首先引入矩阵的概念，然后深入讨论矩阵的运算、矩阵的变换以及矩阵的某些内在特征．

§10.1　矩阵的概念

本节中的几个例子展示了如何将某个数学问题或实际应用问题与一张数表——矩阵联系起来，这实际上是对一个数学问题或实际应用问题进行数学建模的第一步．

一、引例

引例 1　线性方程组

$$\begin{cases} a_{11}x_1+a_{12}x_2+\cdots+a_{1n}x_n=b_1 \\ a_{21}x_1+a_{22}x_2+\cdots+a_{2n}x_n=b_2 \\ \cdots\cdots \\ a_{n1}x_1+a_{n2}x_2+\cdots+a_{nn}x_n=b_n \end{cases}$$

的系数 $a_{ij}\ (i,j=1,2,\cdots,n)$, $b_j\ (j=1,2,\cdots,n)$ 按原位置构成一数表：

$$\begin{pmatrix} a_{11} & a_{12} & \cdots & a_{1n} & b_1 \\ a_{21} & a_{22} & \cdots & a_{2n} & b_2 \\ \vdots & \vdots & & \vdots & \vdots \\ a_{n1} & a_{n2} & \cdots & a_{nn} & b_n \end{pmatrix}.$$

■

根据克莱姆法则，该数表决定了上述方程组是否有解，以及如果有解，解是什么等问题．因而研究这个数表就很有必要．

引例 2 某航空公司在 A, B, C, D 四城市之间开辟了若干条航线，图10–1–1 表示了四城市间的航班图，若从 A 到 B 有航班，则用带箭头的线连接 A 与 B.

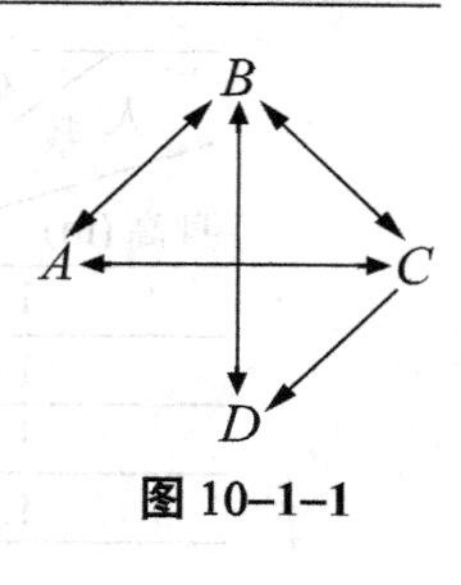

图 10–1–1

用表格表示如下：

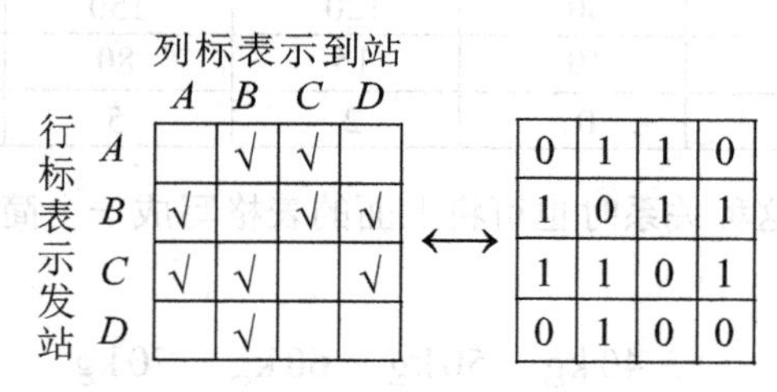

列标表示到站；行标表示发站

	A	B	C	D
A		√	√	
B	√		√	√
C	√	√		√
D		√		

$\longleftrightarrow$

0	1	1	0
1	0	1	1
1	1	0	1
0	1	0	0

其中 √ 表示有航班.

为便于研究，记表中 √ 为 1，空白处为 0，则得到一个数表. 该数表反映了四城市间的航班往来情况. ■

引例 3 某企业生产 4 种产品，各种产品的季度产值 (单位：万元) 如下表所示：

产值 / 产品 / 季度	A	B	C	D
1	80	75	75	78
2	98	70	85	84
3	90	75	90	90
4	88	70	82	80

数表 $\begin{pmatrix} 80 & 75 & 75 & 78 \\ 98 & 70 & 85 & 84 \\ 90 & 75 & 90 & 90 \\ 88 & 70 & 82 & 80 \end{pmatrix}$ 具体描述了这家企业各种产品的季度产值，同时也揭示了产值随季度变化的规律、季增长率和年产量等情况. ■

引例 4 对某湖中不同年龄和基因型组合的鱼的数目进行估计，结果如下：

	基因型 aa	基因型 aA	基因型 AA
幼鱼	200	750	350
成年鱼	150	400	250

数表 $\begin{pmatrix} 200 & 750 & 350 \\ 150 & 400 & 250 \end{pmatrix}$ 具体描述了此湖中不同年龄段的基因型组合的鱼的情况. 矩阵的第 1 行给出了幼鱼基因型的分布，第 2 列给出了杂合体的年龄分布. 整个种群的年龄分布可以通过将这三列向量加和求得，即每一行中的元素之和分别表示湖中共有 1 300 条幼鱼和 800 条成年鱼. ■

引例 5 对某中学学生的身高和体重进行测量，得到如下一份统计表：

体重 (kg) / 人数 / 身高 (m)	40	50	60	70
1.5	60	80	70	20
1.6	30	120	150	90
1.7	10	15	80	150
1.8	0	2	5	10

反映身高与体重这种关系时也可将上面的表格写成一个简化了的 4 行 4 列的数表:

$$\begin{array}{c} \\ 1.5\text{m} \\ 1.6\text{m} \\ 1.7\text{m} \\ 1.8\text{m} \end{array} \begin{array}{c} \begin{array}{cccc} 40\text{kg} & 50\text{kg} & 60\text{kg} & 70\text{kg} \end{array} \\ \begin{pmatrix} 60 & 80 & 70 & 20 \\ 30 & 120 & 150 & 90 \\ 10 & 15 & 80 & 150 \\ 0 & 2 & 5 & 10 \end{pmatrix} \end{array}$$

如果只反映1.5米与体重的关系，则可以用 $(60 \quad 80 \quad 70 \quad 20)$；如果只反映 60kg 与身高的关系，可以用 $\begin{pmatrix} 70 \\ 150 \\ 80 \\ 5 \end{pmatrix}$. ■

二、矩阵的概念

定义1 由 $m\times n$ 个数 $a_{ij}\ (i=1,2,\cdots,m;\ j=1,2,\cdots,n)$ 排成的 m 行 n 列的数表

$$\begin{matrix} a_{11} & a_{12} & \cdots & a_{1n} \\ a_{21} & a_{22} & \cdots & a_{2n} \\ \vdots & \vdots & & \vdots \\ a_{m1} & a_{m2} & \cdots & a_{mn} \end{matrix}$$

称为 ***m* 行 *n* 列矩阵**，简称 ***m×n* 矩阵**. 为表示它是一个整体，总是加一个括弧，并用大写黑体字母表示，记为

$$\boldsymbol{A}=\begin{pmatrix} a_{11} & a_{12} & \cdots & a_{1n} \\ a_{21} & a_{22} & \cdots & a_{2n} \\ \vdots & \vdots & & \vdots \\ a_{m1} & a_{m2} & \cdots & a_{mn} \end{pmatrix}. \tag{1.1}$$

这 $m\times n$ 个数称为矩阵 $\boldsymbol{A}$ 的**元素**，a_{ij} 称为矩阵 $\boldsymbol{A}$ 的**第 *i* 行第 *j* 列元素**. 一个 $m\times n$ 矩阵 $\boldsymbol{A}$ 也可简记为

$$\boldsymbol{A}=\boldsymbol{A}_{m\times n}=(a_{ij})_{m\times n} \quad 或 \quad \boldsymbol{A}=(a_{ij}).$$

元素是实数的矩阵称为**实矩阵**，而元素是复数的矩阵称为**复矩阵**，本书中的矩阵都指实矩阵(除非有特殊说明).

所有元素均为零的矩阵称为**零矩阵**，记为 $\boldsymbol{O}$.

所有元素均为非负数的矩阵称为**非负矩阵**.

若矩阵 $\boldsymbol{A}=(a_{ij})$ 的行数与列数都等于 n，则称 $\boldsymbol{A}$ 为 **n 阶方阵**，记为 $\boldsymbol{A}_n$.

如果两个矩阵具有相同的行数与相同的列数，则称这两个矩阵为**同型矩阵**.

定义2 如果矩阵 $\boldsymbol{A},\boldsymbol{B}$ 为同型矩阵，且对应元素均相等，则称矩阵 $\boldsymbol{A}$ 与矩阵 $\boldsymbol{B}$ **相等**，记为 $\boldsymbol{A}=\boldsymbol{B}$.

即若 $\boldsymbol{A}=(a_{ij})$，$\boldsymbol{B}=(b_{ij})$，且 $a_{ij}=b_{ij}$ $(i=1,2,\cdots,m;\ j=1,2,\cdots,n)$，则 $\boldsymbol{A}=\boldsymbol{B}$.

例1 设 $\boldsymbol{A}=\begin{pmatrix}1 & 2-x & 3\\ 2 & 6 & 5z\end{pmatrix}$，$\boldsymbol{B}=\begin{pmatrix}1 & x & 3\\ y & 6 & z-8\end{pmatrix}$，已知 $\boldsymbol{A}=\boldsymbol{B}$，求 x, y, z.

解 因为 $2-x=x$，$2=y$，$5z=z-8$，所以

$$x=1,\ y=2,\ z=-2.$$

■

三、矩阵概念的应用

矩阵概念的应用十分广泛，这里我们介绍矩阵的概念在解决逻辑判断问题中的一个应用. 某些逻辑判断问题的条件往往给得很多，看上去错综复杂，但如果我们能恰当地设计一些矩阵，则有助于我们把所给条件的头绪厘清，在此基础上再进行推理，能达到化简问题的目的.

例2 甲、乙、丙、丁四人各从图书馆借来一本小说，他们约定读完后互相交换. 这四本书的厚度以及他们四人的阅读速度差不多，因此，四人总是同时交换书. 经三次交换后，他们四人读完了这四本书. 现已知：

(1) 乙读的最后一本书是甲读的第二本书；

(2) 丙读的第一本书是丁读的最后一本书；

试用矩阵表示各人的阅读顺序.

解 设甲、乙、丙、丁最后读的书的代号依次为 A、B、C、D，则根据题设条件可以列出初始矩阵

$$\begin{array}{c} \\ 1\\ 2\\ 3\\ 4\end{array}\begin{array}{c}\begin{array}{cccc}\text{甲} & \text{乙} & \text{丙} & \text{丁}\end{array}\\ \begin{pmatrix} & & D & \\ B & & & \\ & & & \\ A & B & C & D\end{pmatrix}\end{array}.$$

下面我们来分析矩阵中各位置的书名代号. 已知每个人都读完了所有书，所以丙读的第二本书不可能是 C,D. 又甲读的第二本书是 B，所以丙读的第二本书也不可能是 B，从而丙读的第二本书是 A，同理可依次推出丙读的第三本书是 B，丁读的第二本书是 C，丁读的第三本书是 A，丁读的第一本书是 B，乙读的第二本书是 D，甲读的第一本书是 C，乙读的第一本书是 A，乙读的第三本书是 C，甲读的第三本书是 D. 故

各人阅读的顺序可用矩阵表示为

$$\begin{array}{c} \\ 1 \\ 2 \\ 3 \\ 4 \end{array}\begin{array}{c} \begin{array}{cccc} 甲 & 乙 & 丙 & 丁 \end{array} \\ \begin{pmatrix} C & A & D & B \\ B & D & A & C \\ D & C & B & A \\ A & B & C & D \end{pmatrix} \end{array}.$$

四、几种特殊矩阵

(1) 只有一行的矩阵 $\boldsymbol{A}=(a_1\ \ a_2\ \ \cdots\ \ a_n)$ 称为**行矩阵**或**行向量**. 为避免元素间的混淆，行矩阵也记作 $\boldsymbol{A}=(a_1, a_2, \cdots, a_n)$.

(2) 只有一列的矩阵 $\boldsymbol{B}=\begin{pmatrix} b_1 \\ b_2 \\ \vdots \\ b_m \end{pmatrix}$ 称为**列矩阵**或**列向量**.

(3) n 阶方阵 $\begin{pmatrix} \lambda_1 & 0 & \cdots & 0 \\ 0 & \lambda_2 & \cdots & 0 \\ \vdots & \vdots & & \vdots \\ 0 & 0 & \cdots & \lambda_n \end{pmatrix}$ 称为 **n 阶对角矩阵**，对角矩阵也记为

$$\boldsymbol{A}=\operatorname{diag}(\lambda_1, \lambda_2, \cdots, \lambda_n).$$

(4) n 阶方阵 $\begin{pmatrix} 1 & 0 & \cdots & 0 \\ 0 & 1 & \cdots & 0 \\ \vdots & \vdots & & \vdots \\ 0 & 0 & \cdots & 1 \end{pmatrix}$ 称为 **n 阶单位矩阵**，n 阶单位矩阵也记为

$$\boldsymbol{E}=\boldsymbol{E}_n\ \ (\text{或 } \boldsymbol{I}=\boldsymbol{I}_n).$$

(5) 当一个 n 阶对角矩阵 $\boldsymbol{A}$ 的对角元素全部相等且等于某一数 a 时，称 $\boldsymbol{A}$ 为 **n 阶数量矩阵**，即 $\boldsymbol{A}=\begin{pmatrix} a & 0 & \cdots & 0 \\ 0 & a & \cdots & 0 \\ \vdots & \vdots & & \vdots \\ 0 & 0 & \cdots & a \end{pmatrix}$.

此外，上(下)三角形矩阵的定义与上(下)三角形行列式的定义类似.

习题 10-1

二人零和对策问题. 两儿童玩石头—剪子—布的游戏，每人的出法只能在{石头，剪子，布}中选择一种，当他们各选定一种出法(亦称策略)时，就确定了一个“局势”，也就决定了各自的输赢. 若规定胜者得1分，负者得 −1 分，平手各得零分，则对于各种可能的局势(每一局势得分之和为零，即零和)，试用矩阵表示他们的输赢状况.

§10.2 矩阵的运算

一、矩阵的线性运算

定义1 设有两个 $m\times n$ 矩阵 $\boldsymbol{A}=(a_{ij})$ 和 $\boldsymbol{B}=(b_{ij})$，矩阵 $\boldsymbol{A}$ 与 $\boldsymbol{B}$ 的和记作 $\boldsymbol{A}+\boldsymbol{B}$，规定为

$$\boldsymbol{A}+\boldsymbol{B}=(a_{ij}+b_{ij})=\begin{pmatrix} a_{11}+b_{11} & a_{12}+b_{12} & \cdots & a_{1n}+b_{1n} \\ a_{21}+b_{21} & a_{22}+b_{22} & \cdots & a_{2n}+b_{2n} \\ \vdots & \vdots & & \vdots \\ a_{m1}+b_{m1} & a_{m2}+b_{m2} & \cdots & a_{mn}+b_{mn} \end{pmatrix}.$$

注：只有两个矩阵是同型矩阵时，才能进行矩阵的加法运算．两个同型矩阵的和即为两个矩阵对应位置元素相加得到的矩阵．

设矩阵 $\boldsymbol{A}=(a_{ij})$，记 $-\boldsymbol{A}=(-a_{ij})$，称 $-\boldsymbol{A}$ 为矩阵 $\boldsymbol{A}$ 的**负矩阵**，显然有

$$\boldsymbol{A}+(-\boldsymbol{A})=\boldsymbol{O}.$$

由此规定**矩阵的减法**为 $\boldsymbol{A}-\boldsymbol{B}=\boldsymbol{A}+(-\boldsymbol{B})$.

定义2 数 k 与 $m\times n$ 矩阵 $\boldsymbol{A}$ 的乘积记作 $k\boldsymbol{A}$ 或 $\boldsymbol{A}k$，规定为

$$k\boldsymbol{A}=\boldsymbol{A}k=(ka_{ij})=\begin{pmatrix} ka_{11} & ka_{12} & \cdots & ka_{1n} \\ ka_{21} & ka_{22} & \cdots & ka_{2n} \\ \vdots & \vdots & & \vdots \\ ka_{m1} & ka_{m2} & \cdots & ka_{mn} \end{pmatrix}.$$

数与矩阵的乘积运算称为**数乘运算**.

矩阵的加法与数乘两种运算统称为**矩阵的线性运算**．它满足下列运算规律：

设 $\boldsymbol{A}$, $\boldsymbol{B}$, $\boldsymbol{C}$, $\boldsymbol{O}$ 都是同型矩阵，k, l 是常数，则

(1) $\boldsymbol{A}+\boldsymbol{B}=\boldsymbol{B}+\boldsymbol{A}$;　　(2) $(\boldsymbol{A}+\boldsymbol{B})+\boldsymbol{C}=\boldsymbol{A}+(\boldsymbol{B}+\boldsymbol{C})$;

(3) $\boldsymbol{A}+\boldsymbol{O}=\boldsymbol{A}$;　　(4) $\boldsymbol{A}+(-\boldsymbol{A})=\boldsymbol{O}$;

(5) $1\boldsymbol{A}=\boldsymbol{A}$;　　(6) $k(l\boldsymbol{A})=(kl)\boldsymbol{A}$;

(7) $(k+l)\boldsymbol{A}=k\boldsymbol{A}+l\boldsymbol{A}$;　　(8) $k(\boldsymbol{A}+\boldsymbol{B})=k\boldsymbol{A}+k\boldsymbol{B}$.

注：在数学中，把满足上述八条规律的运算称为**线性运算**.

例1 已知 $\boldsymbol{A}=\begin{pmatrix} -1 & 2 & 3 & 1 \\ 0 & 3 & -2 & 1 \\ 4 & 0 & 3 & 2 \end{pmatrix}$, $\boldsymbol{B}=\begin{pmatrix} 4 & 3 & 2 & -1 \\ 5 & -3 & 0 & 1 \\ 1 & 2 & -5 & 0 \end{pmatrix}$，求 $3\boldsymbol{A}-2\boldsymbol{B}$.

解 $3\boldsymbol{A}-2\boldsymbol{B}=3\begin{pmatrix} -1 & 2 & 3 & 1 \\ 0 & 3 & -2 & 1 \\ 4 & 0 & 3 & 2 \end{pmatrix}-2\begin{pmatrix} 4 & 3 & 2 & -1 \\ 5 & -3 & 0 & 1 \\ 1 & 2 & -5 & 0 \end{pmatrix}$

$$=\begin{pmatrix} -3-8 & 6-6 & 9-4 & 3+2 \\ 0-10 & 9+6 & -6-0 & 3-2 \\ 12-2 & 0-4 & 9+10 & 6-0 \end{pmatrix}=\begin{pmatrix} -11 & 0 & 5 & 5 \\ -10 & 15 & -6 & 1 \\ 10 & -4 & 19 & 6 \end{pmatrix}. \blacksquare$$

例 2 已知 $A=\begin{pmatrix} 3 & -1 & 2 & 0 \\ 1 & 5 & 7 & 9 \\ 2 & 4 & 6 & 8 \end{pmatrix}$, $B=\begin{pmatrix} 7 & 5 & -2 & 4 \\ 5 & 1 & 9 & 7 \\ 3 & 2 & -1 & 6 \end{pmatrix}$, 且 $A+2X=B$, 求 X.

解 $X=\dfrac{1}{2}(B-A)=\dfrac{1}{2}\begin{pmatrix} 4 & 6 & -4 & 4 \\ 4 & -4 & 2 & -2 \\ 1 & -2 & -7 & -2 \end{pmatrix}=\begin{pmatrix} 2 & 3 & -2 & 2 \\ 2 & -2 & 1 & -1 \\ 1/2 & -1 & -7/2 & -1 \end{pmatrix}$. $\blacksquare$

注: 根据矩阵的数乘运算, n 阶数量矩阵

$$A=\begin{pmatrix} a & 0 & \cdots & 0 \\ 0 & a & \cdots & 0 \\ \vdots & \vdots & & \vdots \\ 0 & 0 & \cdots & a \end{pmatrix}=aE_n.$$

二、矩阵的乘法

定义 3 设

$$A=(a_{ij})_{m\times s}=\begin{pmatrix} a_{11} & a_{12} & \cdots & a_{1s} \\ a_{21} & a_{22} & \cdots & a_{2s} \\ \vdots & \vdots & & \vdots \\ a_{m1} & a_{m2} & \cdots & a_{ms} \end{pmatrix}, \quad B=(b_{ij})_{s\times n}=\begin{pmatrix} b_{11} & b_{12} & \cdots & b_{1n} \\ b_{21} & b_{22} & \cdots & b_{2n} \\ \vdots & \vdots & & \vdots \\ b_{s1} & b_{s2} & \cdots & b_{sn} \end{pmatrix}.$$

矩阵 A 与矩阵 B 的乘积记作 AB, 规定为

$$AB=(c_{ij})_{m\times n}=\begin{pmatrix} c_{11} & c_{12} & \cdots & c_{1n} \\ c_{21} & c_{22} & \cdots & c_{2n} \\ \vdots & \vdots & & \vdots \\ c_{m1} & c_{m2} & \cdots & c_{mn} \end{pmatrix},$$

其中 $c_{ij}=a_{i1}b_{1j}+a_{i2}b_{2j}+\cdots+a_{is}b_{sj}=\sum\limits_{k=1}^{s}a_{ik}b_{kj} \quad (i=1, 2, \cdots, m;\ j=1, 2, \cdots, n)$.

记号 AB 常读作 A 左乘 B 或 B 右乘 A.

注:只有当左边矩阵的列数等于右边矩阵的行数时,两个矩阵才能进行乘法运算.

若 $C=AB$, 则矩阵 C 的元素 c_{ij} 即为矩阵 A 的第 i 行元素与矩阵 B 的第 j 列对应元素乘积的和, 即

$$c_{ij}=(a_{i1}\ \ a_{i2}\ \ \cdots\ \ a_{is})\begin{pmatrix} b_{1j} \\ b_{2j} \\ \vdots \\ b_{sj} \end{pmatrix}=a_{i1}b_{1j}+a_{i2}b_{2j}+\cdots+a_{is}b_{sj}.$$

例3 若 $\boldsymbol{A}=\begin{pmatrix}2 & 3\\1 & -2\\3 & 1\end{pmatrix}$, $\boldsymbol{B}=\begin{pmatrix}1 & -2 & -3\\2 & -1 & 0\end{pmatrix}$, 求 $\boldsymbol{AB}$.

解
$$\boldsymbol{AB}=\begin{pmatrix}2 & 3\\1 & -2\\3 & 1\end{pmatrix}\begin{pmatrix}1 & -2 & -3\\2 & -1 & 0\end{pmatrix}$$
$$=\begin{pmatrix}2\times1+3\times2 & 2\times(-2)+3\times(-1) & 2\times(-3)+3\times0\\1\times1+(-2)\times2 & 1\times(-2)+(-2)\times(-1) & 1\times(-3)+(-2)\times0\\3\times1+1\times2 & 3\times(-2)+1\times(-1) & 3\times(-3)+1\times0\end{pmatrix}$$
$$=\begin{pmatrix}8 & -7 & -6\\-3 & 0 & -3\\5 & -7 & -9\end{pmatrix}.$$
■

例4 某地区有四个工厂Ⅰ、Ⅱ、Ⅲ、Ⅳ, 生产甲、乙、丙三种产品, 矩阵 $\boldsymbol{A}$ 表示一年中各工厂生产各种产品的数量, 矩阵 $\boldsymbol{B}$ 表示各种产品的单位价格(元)及单位利润(元), 矩阵 $\boldsymbol{C}$ 表示各工厂的总收入及总利润.

$$\boldsymbol{A}=\begin{pmatrix}a_{11} & a_{12} & a_{13}\\a_{21} & a_{22} & a_{23}\\a_{31} & a_{32} & a_{33}\\a_{41} & a_{42} & a_{43}\end{pmatrix}\begin{matrix}\text{Ⅰ}\\\text{Ⅱ}\\\text{Ⅲ}\\\text{Ⅳ}\end{matrix},\quad \boldsymbol{B}=\begin{pmatrix}b_{11} & b_{12}\\b_{21} & b_{22}\\b_{31} & b_{32}\end{pmatrix}\begin{matrix}\text{甲}\\\text{乙}\\\text{丙}\end{matrix},\quad \boldsymbol{C}=\begin{pmatrix}c_{11} & c_{12}\\c_{21} & c_{22}\\c_{31} & c_{32}\\c_{41} & c_{42}\end{pmatrix}\begin{matrix}\text{Ⅰ}\\\text{Ⅱ}\\\text{Ⅲ}\\\text{Ⅳ}\end{matrix}$$

甲 乙 丙　　单位价格 单位利润　　总收入 总利润

其中, $a_{ik}\ (i=1,2,3,4;\ k=1,2,3)$ 是第 i 个工厂生产第 k 种产品的数量, b_{k1} 及 b_{k2} $(k=1,2,3)$ 分别是第 k 种产品的单位价格及单位利润, c_{i1} 及 c_{i2} $(i=1,2,3,4)$ 分别是第 i 个工厂生产三种产品的总收入及总利润, 则矩阵 $\boldsymbol{A}$, $\boldsymbol{B}$, $\boldsymbol{C}$ 的元素之间有下列关系:

$$\begin{pmatrix}a_{11}b_{11}+a_{12}b_{21}+a_{13}b_{31} & a_{11}b_{12}+a_{12}b_{22}+a_{13}b_{32}\\a_{21}b_{11}+a_{22}b_{21}+a_{23}b_{31} & a_{21}b_{12}+a_{22}b_{22}+a_{23}b_{32}\\a_{31}b_{11}+a_{32}b_{21}+a_{33}b_{31} & a_{31}b_{12}+a_{32}b_{22}+a_{33}b_{32}\\a_{41}b_{11}+a_{42}b_{21}+a_{43}b_{31} & a_{41}b_{12}+a_{42}b_{22}+a_{43}b_{32}\end{pmatrix}=\begin{pmatrix}c_{11} & c_{12}\\c_{21} & c_{22}\\c_{31} & c_{32}\\c_{41} & c_{42}\end{pmatrix},$$

总收入　　总利润

其中 $c_{ij}=a_{i1}b_{1j}+a_{i2}b_{2j}+a_{i3}b_{3j}\ \ (i=1,2,3,4;\ j=1,2)$, 即 $\boldsymbol{C}=\boldsymbol{AB}$. ■

矩阵的乘法满足下列运算规律(假定运算都是可行的):

(1) $(\boldsymbol{AB})\boldsymbol{C}=\boldsymbol{A}(\boldsymbol{BC})$;　　(2) $(\boldsymbol{A}+\boldsymbol{B})\boldsymbol{C}=\boldsymbol{AC}+\boldsymbol{BC}$;

(3) $\boldsymbol{C}(\boldsymbol{A}+\boldsymbol{B})=\boldsymbol{CA}+\boldsymbol{CB}$;　　(4) $k(\boldsymbol{AB})=(k\boldsymbol{A})\boldsymbol{B}=\boldsymbol{A}(k\boldsymbol{B})$.

例5　设 $A=\begin{pmatrix}1&2\\3&4\end{pmatrix}$, $B=\begin{pmatrix}2&3\\4&1\end{pmatrix}$, $C=\begin{pmatrix}3&4\\1&2\end{pmatrix}$, 试验证

$$ABC=A(BC),\quad A(B+C)=AB+AC,\quad (A+B)C=AC+BC.$$

解　(1) $ABC=(AB)C=\begin{pmatrix}10&5\\22&13\end{pmatrix}\begin{pmatrix}3&4\\1&2\end{pmatrix}=\begin{pmatrix}35&50\\79&114\end{pmatrix}$,

$$A(BC)=\begin{pmatrix}1&2\\3&4\end{pmatrix}\begin{pmatrix}9&14\\13&18\end{pmatrix}=\begin{pmatrix}35&50\\79&114\end{pmatrix},$$

故 $ABC=A(BC)$;

(2)　$A(B+C)=\begin{pmatrix}1&2\\3&4\end{pmatrix}\begin{pmatrix}5&7\\5&3\end{pmatrix}=\begin{pmatrix}15&13\\35&33\end{pmatrix}$,

$$AB+AC=\begin{pmatrix}10&5\\22&13\end{pmatrix}+\begin{pmatrix}5&8\\13&20\end{pmatrix}=\begin{pmatrix}15&13\\35&33\end{pmatrix},$$

故 $A(B+C)=AB+AC$;

(3)　$(A+B)C=\begin{pmatrix}3&5\\7&5\end{pmatrix}\begin{pmatrix}3&4\\1&2\end{pmatrix}=\begin{pmatrix}14&22\\26&38\end{pmatrix}$,

$$AC+BC=\begin{pmatrix}5&8\\13&20\end{pmatrix}+\begin{pmatrix}9&14\\13&18\end{pmatrix}=\begin{pmatrix}14&22\\26&38\end{pmatrix},$$

故 $(A+B)C=AC+BC$. ■

矩阵的乘法一般不满足交换律，即 $AB\neq BA$.

例如，设 $A=\begin{pmatrix}-2&4\\1&-2\end{pmatrix}$, $B=\begin{pmatrix}2&4\\-3&-6\end{pmatrix}$, 则

$$AB=\begin{pmatrix}-2&4\\1&-2\end{pmatrix}\begin{pmatrix}2&4\\-3&-6\end{pmatrix}=\begin{pmatrix}-16&-32\\8&16\end{pmatrix},$$

$$BA=\begin{pmatrix}2&4\\-3&-6\end{pmatrix}\begin{pmatrix}-2&4\\1&-2\end{pmatrix}=\begin{pmatrix}0&0\\0&0\end{pmatrix},$$

于是，$AB\neq BA$，且 $BA=O$.

从上例还可看出：两个非零矩阵的乘积可能是零矩阵，故不能从 $AB=O$ 必然推出 $A=O$ 或 $B=O$.

不过，也要注意并非所有矩阵的乘法都不能交换，例如，设

$$A=\begin{pmatrix}1&1\\0&1\end{pmatrix},\quad B=\begin{pmatrix}1&2\\0&1\end{pmatrix},$$

则

$$AB=\begin{pmatrix}1&1\\0&1\end{pmatrix}\begin{pmatrix}1&2\\0&1\end{pmatrix}=\begin{pmatrix}1&3\\0&1\end{pmatrix}=\begin{pmatrix}1&2\\0&1\end{pmatrix}\begin{pmatrix}1&1\\0&1\end{pmatrix}=BA.$$

此外，矩阵乘法一般也不满足消去律，即不能从 $AC=BC$ 必然推出 $A=B$. 例如，设

$$A=\begin{pmatrix}1&2\\0&3\end{pmatrix},\quad B=\begin{pmatrix}1&0\\0&4\end{pmatrix},\quad C=\begin{pmatrix}1&1\\0&0\end{pmatrix},$$

则

$$AC=\begin{pmatrix}1&2\\0&3\end{pmatrix}\begin{pmatrix}1&1\\0&0\end{pmatrix}=\begin{pmatrix}1&1\\0&0\end{pmatrix}=\begin{pmatrix}1&0\\0&4\end{pmatrix}\begin{pmatrix}1&1\\0&0\end{pmatrix}=BC,$$

但

$$A\neq B.$$

定义 4　如果两矩阵相乘，有 $AB=BA$，则称矩阵 A 与矩阵 B **可交换**. 简称 A 与 B **可换**.

注：对于单位矩阵 E，容易证明 $E_m A_{m\times n}=A_{m\times n}$，$A_{m\times n}E_n=A_{m\times n}$，或简写成 $EA=AE=A$. 可见单位矩阵 E 在矩阵乘法中的作用类似于数1.

*数学实验

实验 10.1　设

$$A=\begin{pmatrix}1&2&3&4&5&6&5&4\\3&2&1&2&3&4&5&6\\7&6&5&4&3&2&1&2\\3&4&5&6&7&8&7&6\\5&4&3&2&1&2&3&4\\5&6&7&8&9&8&7&6\\5&4&3&2&1&2&3&4\\5&6&7&8&9&10&9&8\end{pmatrix},B=\begin{pmatrix}3&4&4&5&6&6&7&8\\8&9&1&1&2&3&3&4\\5&5&6&7&7&8&9&9\\1&2&2&3&4&4&5&6\\6&7&8&8&9&8&7&7\\6&5&5&4&3&3&2&1\\1&2&2&3&4&4&5&6\\6&7&8&8&9&8&7&5\end{pmatrix},C=\begin{pmatrix}9&8&7&4&3&4&5&2\\8&7&6&5&2&3&4&1\\7&6&5&6&1&2&3&2\\6&5&4&7&2&1&2&3\\5&4&3&6&3&2&1&2\\4&3&2&5&4&3&2&1\\3&2&1&4&5&4&3&2\\2&1&2&3&6&5&4&3\end{pmatrix}.$$

试利用计算软件求：

(1) AB;

(2) $(3A-2B)C$.

微信扫描右侧的二维码即可进行计算实验(详见教材配套的网络学习空间).

计算实验

三、线性方程组的矩阵表示

对于线性方程组

$$\begin{cases}a_{11}x_1+a_{12}x_2+\cdots+a_{1n}x_n=b_1\\a_{21}x_1+a_{22}x_2+\cdots+a_{2n}x_n=b_2\\\cdots\cdots\\a_{m1}x_1+a_{m2}x_2+\cdots+a_{mn}x_n=b_m\end{cases},\tag{2.1}$$

若记 $\boldsymbol{A}=\begin{pmatrix} a_{11} & a_{12} & \cdots & a_{1n} \\ a_{21} & a_{22} & \cdots & a_{2n} \\ \vdots & \vdots & & \vdots \\ a_{m1} & a_{m2} & \cdots & a_{mn} \end{pmatrix}$, $\boldsymbol{x}=\begin{pmatrix} x_1 \\ x_2 \\ \vdots \\ x_n \end{pmatrix}$, $\boldsymbol{b}=\begin{pmatrix} b_1 \\ b_2 \\ \vdots \\ b_m \end{pmatrix}$, 则利用矩阵的乘法, 线性方程组 (2.1) 可表示为矩阵形式:

$$\boldsymbol{Ax}=\boldsymbol{b}, \tag{2.2}$$

其中 $\boldsymbol{A}$ 称为方程组 (2.1) 的**系数矩阵**, 方程组 (2.2) 称为**矩阵方程**.

注: 对行 (列) 矩阵, 为与后面章节的符号保持一致, 常按行 (列) 向量的记法, 采用小写黑体字母 $\boldsymbol{\alpha}$, $\boldsymbol{\beta}$, $\boldsymbol{a}$, $\boldsymbol{b}$, $\boldsymbol{x}$, $\boldsymbol{y}$ …… 来表示.

如果 $x_j=c_j\ (j=1,2,\cdots,n)$ 是方程组 (2.1) 的解, 记列矩阵 $\boldsymbol{\eta}=\begin{pmatrix} c_1 \\ c_2 \\ \vdots \\ c_n \end{pmatrix}$, 则 $\boldsymbol{A\eta}=\boldsymbol{b}$, 这时也称 $\boldsymbol{\eta}$ 是矩阵方程 (2.2) 的解; 反之, 如果列矩阵 $\boldsymbol{\eta}$ 是矩阵方程 (2.2) 的解, 即有矩阵等式 $\boldsymbol{A\eta}=\boldsymbol{b}$ 成立, 则 $\boldsymbol{x}=\boldsymbol{\eta}$, 即 $x_j=c_j\ (j=1,2,\cdots,n)$, 也是线性方程组 (2.1) 的解. 这样, 对线性方程组 (2.1) 的讨论便等价于对矩阵方程 (2.2) 的讨论. 特别地, 齐次线性方程组可以表示为 $\boldsymbol{Ax}=\boldsymbol{0}$.

将线性方程组写成矩阵方程的形式, 不仅书写方便, 而且可以把线性方程组的理论与矩阵理论联系起来, 这给线性方程组的讨论带来了很大的便利.

例如, 假设某湖泊中幼鱼和成年鱼为草食动物并以四种不同的藻类为食, 四种藻类分别记为藻 1、藻 2、藻 3、藻 4. 已知四种藻类每日被摄食的量, 如下表所示:

	每条幼鱼	每条成年鱼
藻 1 的克数	10	30
藻 2 的克数	10	50
藻 3 的克数	0	40
藻 4 的克数	15	10

如果幼鱼和成年鱼的数量分别是 x_1, x_2, y_i 是湖泊中藻类 $i\ (i=1,2,3,4)$ 的日总消耗量, 那么有:

$$\begin{cases} y_1=10x_1+30x_2 \\ y_2=10x_1+50x_2 \\ y_3=\ 0x_1+40x_2 \\ y_4=15x_1+10x_2 \end{cases},$$

这是一个线性方程组, 用矩阵方程表示为

$$\boldsymbol{Y}=\boldsymbol{AX},$$

其中 $A=\begin{pmatrix}10 & 30\\10 & 50\\0 & 40\\15 & 10\end{pmatrix}$, $Y=(y_1,y_2,y_3,y_4)^{\mathrm{T}}$, $X=(x_1,x_2)^{\mathrm{T}}$.

四、矩阵的转置

定义 5 把矩阵 A 的行换成同序数的列得到的新矩阵，称为 A 的**转置矩阵**，记作 A^{T}(或 A').

即若 $A=\begin{pmatrix}a_{11} & a_{12} & \cdots & a_{1n}\\a_{21} & a_{22} & \cdots & a_{2n}\\\vdots & \vdots & & \vdots\\a_{m1} & a_{m2} & \cdots & a_{mn}\end{pmatrix}$，则 $A^{\mathrm{T}}=\begin{pmatrix}a_{11} & a_{21} & \cdots & a_{m1}\\a_{12} & a_{22} & \cdots & a_{m2}\\\vdots & \vdots & & \vdots\\a_{1n} & a_{2n} & \cdots & a_{mn}\end{pmatrix}$.

例如，$A=\begin{pmatrix}1 & 2 & 3\\3 & 2 & 1\end{pmatrix}$，则 $A^{\mathrm{T}}=\begin{pmatrix}1 & 3\\2 & 2\\3 & 1\end{pmatrix}$；$B=\begin{pmatrix}1 & 0 & 0\\2 & 1 & 0\\3 & 2 & 1\end{pmatrix}$，则 $B^{\mathrm{T}}=\begin{pmatrix}1 & 2 & 3\\0 & 1 & 2\\0 & 0 & 1\end{pmatrix}$.

矩阵的转置满足以下运算规律(假设运算都是可行的):

(1) $(A^{\mathrm{T}})^{\mathrm{T}}=A$;　　(2) $(A+B)^{\mathrm{T}}=A^{\mathrm{T}}+B^{\mathrm{T}}$;

(3) $(kA)^{\mathrm{T}}=kA^{\mathrm{T}}$;　　(4) $(AB)^{\mathrm{T}}=B^{\mathrm{T}}A^{\mathrm{T}}$.

例 6 已知 $A=\begin{pmatrix}2 & 0 & -1\\1 & 3 & 2\end{pmatrix}$，$B=\begin{pmatrix}1 & 7 & -1\\4 & 2 & 3\\2 & 0 & 1\end{pmatrix}$，求 $(AB)^{\mathrm{T}}$.

解 方法一　因为

$$AB=\begin{pmatrix}2 & 0 & -1\\1 & 3 & 2\end{pmatrix}\begin{pmatrix}1 & 7 & -1\\4 & 2 & 3\\2 & 0 & 1\end{pmatrix}=\begin{pmatrix}0 & 14 & -3\\17 & 13 & 10\end{pmatrix},$$

所以 $(AB)^{\mathrm{T}}=\begin{pmatrix}0 & 17\\14 & 13\\-3 & 10\end{pmatrix}$.

方法二　$(AB)^{\mathrm{T}}=B^{\mathrm{T}}A^{\mathrm{T}}=\begin{pmatrix}1 & 4 & 2\\7 & 2 & 0\\-1 & 3 & 1\end{pmatrix}\begin{pmatrix}2 & 1\\0 & 3\\-1 & 2\end{pmatrix}=\begin{pmatrix}0 & 17\\14 & 13\\-3 & 10\end{pmatrix}$. ■

五、方阵的幂

定义 6 设方阵 $A=(a_{ij})_{n\times n}$，规定

$$A^0=E,\quad A^k=\overbrace{A\cdot A\cdot\cdots\cdot A}^{k\text{个}},\ k\text{为自然数}.$$

A^k 称为 A 的 **k 次幂**.

方阵的幂满足以下运算规律:

(1) $A^mA^n=A^{m+n}$ (m,n为非负整数); (2) $(A^m)^n=A^{mn}$.

注: 一般地, $(AB)^m\neq A^mB^m$, m为自然数. 但如果A,B均为n阶矩阵, $AB=BA$, 则可证明 $(AB)^m=A^mB^m$, 其中 m为自然数, 反之不然.

例7 设$A=\begin{pmatrix}\lambda & 1 & 0\\ 0 & \lambda & 1\\ 0 & 0 & \lambda\end{pmatrix}$, 求$A^3$.

解
$$A^2=\begin{pmatrix}\lambda & 1 & 0\\ 0 & \lambda & 1\\ 0 & 0 & \lambda\end{pmatrix}\begin{pmatrix}\lambda & 1 & 0\\ 0 & \lambda & 1\\ 0 & 0 & \lambda\end{pmatrix}=\begin{pmatrix}\lambda^2 & 2\lambda & 1\\ 0 & \lambda^2 & 2\lambda\\ 0 & 0 & \lambda^2\end{pmatrix},$$
$$A^3=A^2A=\begin{pmatrix}\lambda^2 & 2\lambda & 1\\ 0 & \lambda^2 & 2\lambda\\ 0 & 0 & \lambda^2\end{pmatrix}\begin{pmatrix}\lambda & 1 & 0\\ 0 & \lambda & 1\\ 0 & 0 & \lambda\end{pmatrix}=\begin{pmatrix}\lambda^3 & 3\lambda^2 & 3\lambda\\ 0 & \lambda^3 & 3\lambda^2\\ 0 & 0 & \lambda^3\end{pmatrix}.$$ ■

例8 设$A=\begin{pmatrix}a & 0 & 0\\ 0 & b & 0\\ 0 & 0 & c\end{pmatrix}$, 求$A^4$.

解
$$A^2=\begin{pmatrix}a & 0 & 0\\ 0 & b & 0\\ 0 & 0 & c\end{pmatrix}\begin{pmatrix}a & 0 & 0\\ 0 & b & 0\\ 0 & 0 & c\end{pmatrix}=\begin{pmatrix}a^2 & 0 & 0\\ 0 & b^2 & 0\\ 0 & 0 & c^2\end{pmatrix},$$
$$A^4=A^2A^2=\begin{pmatrix}a^2 & 0 & 0\\ 0 & b^2 & 0\\ 0 & 0 & c^2\end{pmatrix}\begin{pmatrix}a^2 & 0 & 0\\ 0 & b^2 & 0\\ 0 & 0 & c^2\end{pmatrix}=\begin{pmatrix}a^4 & 0 & 0\\ 0 & b^4 & 0\\ 0 & 0 & c^4\end{pmatrix}.$$ ■

注: 利用数学归纳法, 对任意正整数n, 可以证明:
$$\begin{pmatrix}a & 0 & 0\\ 0 & b & 0\\ 0 & 0 & c\end{pmatrix}^n=\begin{pmatrix}a^n & 0 & 0\\ 0 & b^n & 0\\ 0 & 0 & c^n\end{pmatrix}.$$
更一般地, 对于任意实对角矩阵, 我们还可以证明:
$$\begin{pmatrix}a_1 & 0 & \cdots & 0\\ 0 & a_2 & \cdots & 0\\ \vdots & \vdots & & \vdots\\ 0 & 0 & \cdots & a_m\end{pmatrix}^n=\begin{pmatrix}a_1^n & 0 & \cdots & 0\\ 0 & a_2^n & \cdots & 0\\ \vdots & \vdots & & \vdots\\ 0 & 0 & \cdots & a_m^n\end{pmatrix}.$$
这个结论在本课程后续内容的学习中有着重要的应用.

*数学实验

实验10.2 试计算下列方阵的幂.

计算实验

(1) $\begin{pmatrix}0.95 & 0.12\\ 0.05 & 0.88\end{pmatrix}^{20}$;

(2) $\begin{pmatrix} 3 & -10 & 4 \\ 4 & -19 & 8 \\ 8 & -40 & 17 \end{pmatrix}^{120}$;

(3) $\begin{pmatrix} -11 & 6 & 3 & 1 & -15 & 29 \\ -9 & 4 & 3 & 1 & -11 & 17 \\ 56 & -38 & -7 & -2 & 65 & -153 \\ 48 & -30 & -9 & -2 & 57 & -123 \\ 54 & -36 & -9 & -3 & 65 & -144 \\ 18 & -12 & -3 & -1 & 21 & -46 \end{pmatrix}^{9}$.

微信扫描右侧的二维码即可进行计算实验(详见教材配套的网络学习空间).

六、方阵的行列式

定义 7 由 n 阶方阵 $\boldsymbol{A}$ 的元素所构成的行列式 (各元素的位置不变), 称为**方阵 $\boldsymbol{A}$ 的行列式**, 记作 $|\boldsymbol{A}|$ 或 $\det\boldsymbol{A}$.

注: 方阵与行列式是两个不同的概念, n 阶方阵是 n^2 个数按一定方式排成的数表, 而 n 阶行列式则是这些数按一定的运算法则所确定的一个数值(实数或复数).

方阵 $\boldsymbol{A}$ 的行列式 $|\boldsymbol{A}|$ 满足以下运算规律 (设 $\boldsymbol{A}, \boldsymbol{B}$ 为 n 阶方阵, k 为常数):

(1) $|\boldsymbol{A}^{\mathrm{T}}|=|\boldsymbol{A}|$ (行列式性质1); (2) $|k\boldsymbol{A}|=k^n|\boldsymbol{A}|$; (3) $|\boldsymbol{AB}|=|\boldsymbol{A}||\boldsymbol{B}|$.

注: 由运算规律(3)知, 对于 n 阶矩阵 $\boldsymbol{A}, \boldsymbol{B}$, 虽然一般 $\boldsymbol{AB}\neq\boldsymbol{BA}$, 但

$$|\boldsymbol{AB}|=|\boldsymbol{A}||\boldsymbol{B}|=|\boldsymbol{B}||\boldsymbol{A}|=|\boldsymbol{BA}|.$$

七、对称矩阵

定义 8 设 $\boldsymbol{A}$ 为 n 阶方阵, 如果 $\boldsymbol{A}^{\mathrm{T}}=\boldsymbol{A}$, 即 $a_{ij}=a_{ji}\ (i,j=1,2,\cdots,n)$, 则称 $\boldsymbol{A}$ 为**对称矩阵**.

显然, 对称矩阵 $\boldsymbol{A}$ 的元素关于主对角线对称.

例如, $\begin{pmatrix} 0 & -1 \\ -1 & 0 \end{pmatrix}$, $\begin{pmatrix} 8 & 6 & 1 \\ 6 & 9 & 0 \\ 1 & 0 & 5 \end{pmatrix}$ 均为对称矩阵.

如果 $\boldsymbol{A}^{\mathrm{T}}=-\boldsymbol{A}$, 则称 $\boldsymbol{A}$ 为**反对称矩阵**.

八、共轭矩阵

定义 9 设 $\boldsymbol{A}=(a_{ij})$ 为复(数)矩阵, 记 $\overline{\boldsymbol{A}}=(\overline{a_{ij}})$, 其中 $\overline{a_{ij}}$ 表示 a_{ij} 的共轭复数, 称 $\overline{\boldsymbol{A}}$ 为 $\boldsymbol{A}$ 的**共轭矩阵**.

共轭矩阵满足以下运算规律(设 $\boldsymbol{A}, \boldsymbol{B}$ 为复矩阵, λ 为复数, 且运算都是可行的):

(1) $\overline{\boldsymbol{A}+\boldsymbol{B}}=\overline{\boldsymbol{A}}+\overline{\boldsymbol{B}}$; (2) $\overline{\lambda\boldsymbol{A}}=\overline{\lambda}\,\overline{\boldsymbol{A}}$;

(3) $\overline{\boldsymbol{AB}}=\overline{\boldsymbol{A}}\,\overline{\boldsymbol{B}}$; (4) $\overline{(\boldsymbol{A}^{\mathrm{T}})}=(\overline{\boldsymbol{A}})^{\mathrm{T}}$.

*数学实验

实验 10.3　试计算下列行列式(详见教材配套的网络学习空间):

(1) $\begin{vmatrix} 0&1&0&3&0&0&0&0\\ 0&0&0&2&0&0&0&6\\ 0&0&4&0&0&8&0&0\\ 3&0&0&0&4&0&7&0\\ 0&6&0&0&0&0&8&0\\ 0&0&2&0&7&0&9&0\\ 5&0&0&1&0&0&0&0\\ 0&0&2&0&0&9&0&3 \end{vmatrix}$;　(2) $\begin{vmatrix} 7&6&2&2&3&1&1&0\\ 9&1&6&3&3&4&8&9\\ 3&8&3&0&0&1&1&0\\ 0&2&3&0&2&4&6&5\\ 0&1&8&3&1&4&3&6\\ 1&1&1&5&5&4&9&7\\ 6&4&5&8&2&3&0&0\\ 1&3&5&0&3&0&2&2 \end{vmatrix}$.

习题　10-2

1. 计算:

(1) $\begin{pmatrix} 1&6&4\\ -4&2&8 \end{pmatrix}+\begin{pmatrix} -2&0&1\\ 2&-3&4 \end{pmatrix}$;　(2) $\begin{pmatrix} 1&2\\ 0&1 \end{pmatrix}-\begin{pmatrix} 2&-2\\ 0&3 \end{pmatrix}$.

2. 设 $\boldsymbol{A}=\begin{pmatrix} 1&2&1&2\\ 2&1&2&1\\ 1&2&3&4 \end{pmatrix}$, $\boldsymbol{B}=\begin{pmatrix} 4&3&2&1\\ -2&1&-2&1\\ 0&-1&0&-1 \end{pmatrix}$, 计算:

(1) $3\boldsymbol{A}-\boldsymbol{B}$;　(2) $2\boldsymbol{A}+3\boldsymbol{B}$;　(3) 若 $\boldsymbol{X}$ 满足 $\boldsymbol{A}+\boldsymbol{X}=\boldsymbol{B}$, 求 $\boldsymbol{X}$.

3. 计算:

(1) $\begin{pmatrix} 4&3&1\\ 1&-2&3\\ 5&7&0 \end{pmatrix}\begin{pmatrix} 7\\ 2\\ 1 \end{pmatrix}$;　(2) $\begin{pmatrix} 1&2&3\\ 2&4&6\\ 3&6&9 \end{pmatrix}\begin{pmatrix} -1&-2&-4\\ -1&-2&-4\\ 1&2&4 \end{pmatrix}$;

(3) $(1\ \ 2\ \ 3)\begin{pmatrix} 3\\ 2\\ 1 \end{pmatrix}$;　(4) $\begin{pmatrix} 3\\ 2\\ 1 \end{pmatrix}(1\ \ 2\ \ 3)$;

(5) $\begin{pmatrix} 1&2&3\\ -2&1&2 \end{pmatrix}\begin{pmatrix} 1&2&0\\ 0&1&1\\ 3&0&-1 \end{pmatrix}$;　(6) $(x_1\ \ x_2\ \ x_3)\begin{pmatrix} a_{11}&a_{12}&a_{13}\\ a_{12}&a_{22}&a_{23}\\ a_{13}&a_{23}&a_{33} \end{pmatrix}\begin{pmatrix} x_1\\ x_2\\ x_3 \end{pmatrix}$.

4. 设 $\boldsymbol{A}=\begin{pmatrix} 1&1&1\\ 1&1&-1\\ 1&-1&1 \end{pmatrix}$, $\boldsymbol{B}=\begin{pmatrix} 1&2&3\\ -1&-2&4\\ 0&5&1 \end{pmatrix}$, 求 $3\boldsymbol{AB}-2\boldsymbol{A}$ 及 $\boldsymbol{A}^{\mathrm{T}}\boldsymbol{B}$.

5. 某企业某年出口到三个国家的两种货物的数量以及两种货物的单位价格、单位重量、单位体积如下表所示:

货物 \ 数量 \ 国家	美国	德国	日本	单位价格(万元)	单位重量(吨)	单位体积(立方米)
A_1	3 000	1 500	2 000	0.5	0.04	0.2
A_2	1 400	1 300	800	0.4	0.06	0.4

利用矩阵乘法计算该企业出口到三个国家的货物总价值、总重量、总体积各为多少.

6. 设 $\boldsymbol{A}=\begin{pmatrix} 1&1\\ 0&1 \end{pmatrix}$, 求所有与 $\boldsymbol{A}$ 可交换的矩阵.

7. 计算下列矩阵:

(1) $\begin{pmatrix}1&1\\0&0\end{pmatrix}^3$; (2) $\begin{pmatrix}1&0\\\lambda&1\end{pmatrix}^5$; (3) $\begin{pmatrix}a&0&0\\0&b&0\\0&0&c\end{pmatrix}^3$.

8. 设 $\boldsymbol{A}, \boldsymbol{B}$ 均为 n 阶方阵, 证明下列命题等价:

(1) $\boldsymbol{AB}=\boldsymbol{BA}$; (2) $(\boldsymbol{A}\pm\boldsymbol{B})^2=\boldsymbol{A}^2\pm2\boldsymbol{AB}+\boldsymbol{B}^2$;

(3) $(\boldsymbol{A}+\boldsymbol{B})(\boldsymbol{A}-\boldsymbol{B})=\boldsymbol{A}^2-\boldsymbol{B}^2$.

9. 设 $\boldsymbol{A}, \boldsymbol{B}$ 为 n 阶矩阵, 且 $\boldsymbol{A}$ 为对称矩阵, 证明 $\boldsymbol{B}^{\mathrm{T}}\boldsymbol{AB}$ 也是对称矩阵.

10. 设 $\boldsymbol{A}=\begin{pmatrix}a_{11}&a_{12}&a_{13}\\&a_{22}&a_{23}\\&&a_{33}\end{pmatrix}$, $\boldsymbol{B}=\begin{pmatrix}b_{11}&b_{12}&b_{13}\\&b_{22}&b_{23}\\&&b_{33}\end{pmatrix}$, 验证 $a\boldsymbol{A}$, $\boldsymbol{A}+\boldsymbol{B}$, $\boldsymbol{AB}$ 仍为同阶且同结构的上三角形矩阵 (其中 a 为实数).

11. 设矩阵 $\boldsymbol{A}$ 为三阶矩阵, 且已知 $|\boldsymbol{A}|=m$, 求 $|-m\boldsymbol{A}|$.

§10.3 逆 矩 阵

一、逆矩阵的概念

回顾一下实数的乘法逆元, 对于数 $a\neq0$, 总存在唯一的乘法逆元 a^{-1}, 使得

$$a\cdot a^{-1}=1 \text{ 且 } a^{-1}\cdot a=1. \tag{3.1}$$

数的逆在解方程中起着重要作用, 例如, 解一元线性方程 $ax=b$, 当 $a\neq0$ 时, 其解为 $x=a^{-1}b$.

由于矩阵乘法不满足交换律, 因此将逆元概念推广到矩阵时, 式 (3.1) 中的两个方程需同时满足. 此外, 根据两矩阵乘积的定义, 仅当我们所讨论的矩阵是方阵时, 才有可能得到一个完全的推广.

定义 1 对于 n 阶矩阵 $\boldsymbol{A}$, 如果存在一个 n 阶矩阵 $\boldsymbol{B}$, 使得 $\boldsymbol{AB}=\boldsymbol{BA}=\boldsymbol{E}$, 则称矩阵 $\boldsymbol{A}$ 为**可逆矩阵**, 而矩阵 $\boldsymbol{B}$ 称为 $\boldsymbol{A}$ 的**逆矩阵**.

注: (1) 从上述定义可见, 其中的"n 阶矩阵"即为"n 阶方阵"(以下同).

(2) 对于 n 阶矩阵 $\boldsymbol{A}$ 与 $\boldsymbol{B}$, 若 $\boldsymbol{AB}=\boldsymbol{BA}=\boldsymbol{E}$, 则称矩阵 $\boldsymbol{A}$ 与 $\boldsymbol{B}$ 互为**逆**矩阵, 又称矩阵 $\boldsymbol{A}$ 与 $\boldsymbol{B}$ 是**互逆**的.

例如, 矩阵 $\begin{pmatrix}1&2&4\\0&1&2\\1&0&1\end{pmatrix}$ 和 $\begin{pmatrix}1&-2&0\\2&-3&-2\\-1&2&1\end{pmatrix}$ 是互逆的, 因为

$$\begin{pmatrix}1&2&4\\0&1&2\\1&0&1\end{pmatrix}\begin{pmatrix}1&-2&0\\2&-3&-2\\-1&2&1\end{pmatrix}=\begin{pmatrix}1&0&0\\0&1&0\\0&0&1\end{pmatrix},$$

$$\begin{pmatrix} 1 & -2 & 0 \\ 2 & -3 & -2 \\ -1 & 2 & 1 \end{pmatrix}\begin{pmatrix} 1 & 2 & 4 \\ 0 & 1 & 2 \\ 1 & 0 & 1 \end{pmatrix}=\begin{pmatrix} 1 & 0 & 0 \\ 0 & 1 & 0 \\ 0 & 0 & 1 \end{pmatrix}.$$

命题 1　若矩阵 $\boldsymbol{A}$ 是可逆的，则 $\boldsymbol{A}$ 的逆矩阵是唯一的.

事实上，设 $\boldsymbol{B}$ 和 $\boldsymbol{C}$ 都是 $\boldsymbol{A}$ 的逆矩阵，则有

$$\boldsymbol{AB}=\boldsymbol{BA}=\boldsymbol{E},\quad \boldsymbol{AC}=\boldsymbol{CA}=\boldsymbol{E},$$

$$\boldsymbol{B}=\boldsymbol{EB}=(\boldsymbol{CA})\boldsymbol{B}=\boldsymbol{C}(\boldsymbol{AB})=\boldsymbol{CE}=\boldsymbol{C}.$$

故 $\boldsymbol{A}$ 的逆矩阵唯一，记为 $\boldsymbol{A}^{-1}$.

定义 2　如果 n 阶矩阵 $\boldsymbol{A}$ 的行列式 $|\boldsymbol{A}|\neq 0$，则称 $\boldsymbol{A}$ 为**非奇异的**，否则称 $\boldsymbol{A}$ 为**奇异的**.

例 1　设 $\boldsymbol{A}=\begin{pmatrix} 1 & 2 \\ 2 & 3 \end{pmatrix}$，$\boldsymbol{B}=\begin{pmatrix} -3 & 2 \\ 2 & -1 \end{pmatrix}$，讨论 $\boldsymbol{B}$ 是否为 $\boldsymbol{A}$ 的逆矩阵.

解　因为

$$\boldsymbol{AB}=\begin{pmatrix} 1 & 2 \\ 2 & 3 \end{pmatrix}\begin{pmatrix} -3 & 2 \\ 2 & -1 \end{pmatrix}=\begin{pmatrix} 1 & 0 \\ 0 & 1 \end{pmatrix},$$

$$\boldsymbol{BA}=\begin{pmatrix} -3 & 2 \\ 2 & -1 \end{pmatrix}\begin{pmatrix} 1 & 2 \\ 2 & 3 \end{pmatrix}=\begin{pmatrix} 1 & 0 \\ 0 & 1 \end{pmatrix},$$

即有 $\boldsymbol{AB}=\boldsymbol{BA}=\boldsymbol{E}$，所以 $\boldsymbol{B}$ 是 $\boldsymbol{A}$ 的逆矩阵. ■

例 2　设 $\boldsymbol{A}=\begin{pmatrix} a_1 & 0 & \cdots & 0 \\ 0 & a_2 & \cdots & 0 \\ \vdots & \vdots & & \vdots \\ 0 & 0 & \cdots & a_n \end{pmatrix}$，其中 $a_i\neq 0\ (i=1,2,\cdots,n)$，试求 $\boldsymbol{A}^{-1}$.

证明　因为

$$\begin{pmatrix} a_1 & 0 & \cdots & 0 \\ 0 & a_2 & \cdots & 0 \\ \vdots & \vdots & & \vdots \\ 0 & 0 & \cdots & a_n \end{pmatrix}\begin{pmatrix} a_1^{-1} & 0 & \cdots & 0 \\ 0 & a_2^{-1} & \cdots & 0 \\ \vdots & \vdots & & \vdots \\ 0 & 0 & \cdots & a_n^{-1} \end{pmatrix}=\begin{pmatrix} a_1^{-1} & 0 & \cdots & 0 \\ 0 & a_2^{-1} & \cdots & 0 \\ \vdots & \vdots & & \vdots \\ 0 & 0 & \cdots & a_n^{-1} \end{pmatrix}\begin{pmatrix} a_1 & 0 & \cdots & 0 \\ 0 & a_2 & \cdots & 0 \\ \vdots & \vdots & & \vdots \\ 0 & 0 & \cdots & a_n \end{pmatrix}$$

$$=\boldsymbol{E}_n,$$

所以

$$\boldsymbol{A}^{-1}=\begin{pmatrix} a_1^{-1} & 0 & \cdots & 0 \\ 0 & a_2^{-1} & \cdots & 0 \\ \vdots & \vdots & & \vdots \\ 0 & 0 & \cdots & a_n^{-1} \end{pmatrix}.$$ ■

例 3　设 $\boldsymbol{A}, \boldsymbol{B}$ 为同阶可逆矩阵，证明 $\boldsymbol{AB}$ 也可逆，且 $(\boldsymbol{AB})^{-1}=\boldsymbol{B}^{-1}\boldsymbol{A}^{-1}$.

证明　因 $\boldsymbol{AB}(\boldsymbol{B}^{-1}\boldsymbol{A}^{-1})=\boldsymbol{A}(\boldsymbol{BB}^{-1})\boldsymbol{A}^{-1}=\boldsymbol{AEA}^{-1}=\boldsymbol{AA}^{-1}=\boldsymbol{E}$，故

$$(\boldsymbol{AB})^{-1}=\boldsymbol{B}^{-1}\boldsymbol{A}^{-1}.$$ ■

注：本例结果可推广至任意有限个同阶可逆矩阵的情形，即若 $\boldsymbol{A}_1,\boldsymbol{A}_2,\cdots,\boldsymbol{A}_n$ 均是 n 阶可逆矩阵，则 $\boldsymbol{A}_1\boldsymbol{A}_2\cdots\boldsymbol{A}_n$ 也可逆，且

$$(\boldsymbol{A}_1\boldsymbol{A}_2\cdots\boldsymbol{A}_n)^{-1}=\boldsymbol{A}_n^{-1}\cdots\boldsymbol{A}_2^{-1}\boldsymbol{A}_1^{-1}.$$

二、伴随矩阵及其与逆矩阵的关系

定义 3 行列式 $|\boldsymbol{A}|$ 的各个元素的代数余子式 A_{ij} 所构成的矩阵

$$\boldsymbol{A}^*=\begin{pmatrix} A_{11} & A_{21} & \cdots & A_{n1} \\ A_{12} & A_{22} & \cdots & A_{n2} \\ \vdots & \vdots & & \vdots \\ A_{1n} & A_{2n} & \cdots & A_{nn} \end{pmatrix} \tag{3.2}$$

称为矩阵 $\boldsymbol{A}$ 的**伴随矩阵**.

例 4 设矩阵 $\boldsymbol{A}=\begin{pmatrix} 1 & 0 & 1 \\ 2 & 1 & 0 \\ -3 & 2 & -5 \end{pmatrix}$，求矩阵 $\boldsymbol{A}$ 的伴随矩阵 $\boldsymbol{A}^*$.

解 按定义，因为

$$A_{11}=-5,\quad A_{12}=10,\quad A_{13}=7,\quad A_{21}=2,$$
$$A_{22}=-2,\quad A_{23}=-2,\quad A_{31}=-1,\quad A_{32}=2,\quad A_{33}=1,$$

所以
$$\boldsymbol{A}^*=\begin{pmatrix} -5 & 2 & -1 \\ 10 & -2 & 2 \\ 7 & -2 & 1 \end{pmatrix}.$$ ■

利用伴随矩阵与行列式的性质，可以证明：

定理 1 n 阶矩阵 $\boldsymbol{A}$ 可逆的充分必要条件是其行列式 $|\boldsymbol{A}|\neq 0$，且当 $\boldsymbol{A}$ 可逆时，有

$$\boldsymbol{A}^{-1}=\frac{1}{|\boldsymbol{A}|}\boldsymbol{A}^*, \tag{3.3}$$

其中 $\boldsymbol{A}^*$ 为 $\boldsymbol{A}$ 的伴随矩阵.

注：利用定理 1 求逆矩阵的方法称为**伴随矩阵法**.

推论 1 若 $\boldsymbol{AB}=\boldsymbol{E}$（或 $\boldsymbol{BA}=\boldsymbol{E}$），则 $\boldsymbol{B}=\boldsymbol{A}^{-1}$.

证明 由 $\boldsymbol{AB}=\boldsymbol{E}$，得 $|\boldsymbol{A}||\boldsymbol{B}|=1$，$|\boldsymbol{A}|\neq 0$，故 $\boldsymbol{A}^{-1}$ 存在，且

$$\boldsymbol{B}=\boldsymbol{EB}=(\boldsymbol{A}^{-1}\boldsymbol{A})\boldsymbol{B}=\boldsymbol{A}^{-1}(\boldsymbol{AB})=\boldsymbol{A}^{-1}\boldsymbol{E}=\boldsymbol{A}^{-1}.$$ ■

推论 1 表明，要验证矩阵 $\boldsymbol{B}$ 是否为 $\boldsymbol{A}$ 的逆矩阵，只要验证 $\boldsymbol{AB}=\boldsymbol{E}$ 或 $\boldsymbol{BA}=\boldsymbol{E}$ 中的一个式子成立即可，这比直接用定义去判断要节省一半的工作量.

例 5 设 $\boldsymbol{A}=\begin{pmatrix} 1 & 2 \\ 3 & 5 \end{pmatrix}$，问 $\boldsymbol{A}$ 是否可逆？若可逆，求 $\boldsymbol{A}^{-1}$.

解 因为 $|\boldsymbol{A}|=\begin{vmatrix} 1 & 2 \\ 3 & 5 \end{vmatrix}=-1\neq 0$，所以 $\boldsymbol{A}$ 可逆. 又

$$A_{11}=(-1)^{1+1}|5|=5,\qquad A_{12}=(-1)^{1+2}|3|=-3,$$
$$A_{21}=(-1)^{2+1}|2|=-2,\quad A_{22}=(-1)^{2+2}|1|=1,$$

所以 $$A^{-1}=\frac{1}{|A|}A^*=\frac{1}{5-6}\begin{pmatrix}5&-2\\-3&1\end{pmatrix}=-\begin{pmatrix}5&-2\\-3&1\end{pmatrix}=\begin{pmatrix}-5&2\\3&-1\end{pmatrix}.$$ ■

例 6　求例 4 中矩阵 A 的逆矩阵 A^{-1}.

解　因

$$|A|=\begin{vmatrix}1&0&1\\2&1&0\\-3&2&-5\end{vmatrix}=2\neq 0,$$

故矩阵 A 可逆，由例 4 的结果，已知 $A^*=\begin{pmatrix}-5&2&-1\\10&-2&2\\7&-2&1\end{pmatrix}$. 于是

$$A^{-1}=\frac{1}{|A|}A^*=\frac{1}{2}\begin{pmatrix}-5&2&-1\\10&-2&2\\7&-2&1\end{pmatrix}=\begin{pmatrix}-5/2&1&-1/2\\5&-1&1\\7/2&-1&1/2\end{pmatrix}.$$ ■

***数学实验**

实验 10.4　试用伴随矩阵法，求下列矩阵的逆矩阵.

(1) $\begin{pmatrix}4&7&1&2&1&1&2&7\\6&7&6&3&0&1&3&1\\1&1&3&2&1&3&1&2\\6&8&7&1&4&3&2&1\\2&7&2&2&2&1&2&3\\1&2&0&1&1&2&1&1\\1&4&4&2&7&1&1&2\\2&1&6&0&0&2&2&2\end{pmatrix}$;　(2) $\begin{pmatrix}8&8&2&2&4&1&2&1\\9&2&8&4&3&5&8&9\\4&8&4&1&0&2&1&0\\1&2&4&1&2&6&8&8\\1&1&8&4&1&6&4&8\\2&2&2&8&8&7&9&8\\8&5&8&8&2&3&1&1\\2&3&8&1&4&1&3&2\end{pmatrix}$.

计算实验

微信扫描右侧的二维码即可进行计算实验（详见教材配套的网络学习空间）.

三、矩阵方程

有了逆矩阵的概念，我们就可以讨论矩阵方程

$$AX=B$$

的求解问题了，事实上，如果 A 可逆，则 A^{-1} 存在，用 A^{-1} 左乘上式两端，得

$$X=A^{-1}B.$$

同理，对矩阵方程

$$XA=B\ (A\text{ 可逆}),\quad AXB=C\ (A, B\text{ 均可逆}),$$

利用矩阵乘法的运算规律和逆矩阵的运算性质，通过在方程两边左乘或右乘相应矩阵的逆矩阵，可求出其解分别为

$$X=BA^{-1},\ \ X=A^{-1}CB^{-1}.$$

例 7 求解矩阵方程 $X\begin{pmatrix}1&3\\5&2\end{pmatrix}=\begin{pmatrix}0&1\\1&0\end{pmatrix}$.

解 记 $A=\begin{pmatrix}1&3\\5&2\end{pmatrix}$, $B=\begin{pmatrix}0&1\\1&0\end{pmatrix}$, 则题设方程可改写为

$$XA=B.$$

若 A 可逆，用 A^{-1} 右乘上式，得

$$X=BA^{-1}.$$

易算出 $|A|=\begin{vmatrix}1&3\\5&2\end{vmatrix}=-13$, $A^*=\begin{pmatrix}2&-3\\-5&1\end{pmatrix}$, 故

$$A^{-1}=\frac{1}{|A|}A^*=-\frac{1}{13}\begin{pmatrix}2&-3\\-5&1\end{pmatrix},$$

于是

$$X=BA^{-1}=-\frac{1}{13}\begin{pmatrix}0&1\\1&0\end{pmatrix}\begin{pmatrix}2&-3\\-5&1\end{pmatrix}=\begin{pmatrix}5/13&-1/13\\-2/13&3/13\end{pmatrix}.$$ ■

例 8 求解线性方程组 $\begin{cases}x_1-\ x_2-\ x_3=2\\2x_1-\ x_2-3x_3=1\\3x_1+2x_2-5x_3=0\end{cases}$.

解 记

$$A=\begin{pmatrix}1&-1&-1\\2&-1&-3\\3&2&-5\end{pmatrix},\ X=\begin{pmatrix}x_1\\x_2\\x_3\end{pmatrix},\ B=\begin{pmatrix}2\\1\\0\end{pmatrix},$$

则题设线性方程组可写为

$$AX=B.$$

若 A 可逆，则

$$X=A^{-1}B.$$

易算出

$$|A|=\begin{vmatrix}1&-1&-1\\2&-1&-3\\3&2&-5\end{vmatrix}=3,\ A^*=\begin{pmatrix}11&-7&2\\1&-2&1\\7&-5&1\end{pmatrix},$$

故

$$A^{-1}=\frac{1}{|A|}A^*=\begin{pmatrix}11/3&-7/3&2/3\\1/3&-2/3&1/3\\7/3&-5/3&1/3\end{pmatrix},$$

于是

$$X=A^{-1}B=\begin{pmatrix}11/3&-7/3&2/3\\1/3&-2/3&1/3\\7/3&-5/3&1/3\end{pmatrix}\begin{pmatrix}2\\1\\0\end{pmatrix}=\begin{pmatrix}5\\0\\3\end{pmatrix},$$

即所求线性方程组的解为

$$x_1=5,\ x_2=0,\ x_3=3.$$ ■

例 9 一个城市有三个重要的企业：一个煤矿，一个发电厂和一条地方铁路. 开采一元钱的煤，煤矿必须支付 0.25 元运输费. 而生产一元钱的电力，发电厂需支付煤矿 0.65 元燃料费，自己亦需支付 0.05 元电费来驱动辅助设备及支付 0.05 元运输费. 而提供一元钱的运输费铁路需支付煤矿 0.55 元燃料费，0.10 元电费驱动它的辅助设备. 某个星期内，煤矿从外面接到 50 000 元煤的定货，发电厂从外面接到 25 000 元电力的定货，外界对地方铁路没有要求. 问这三个企业在该星期的生产总值各为多少时才能精确地满足它们本身的要求和外界的要求？

解 各企业产出一元钱的产品所需费用如表10-3-1所示：

表 10-3-1

企业 / 产品费用	煤矿	发电厂	铁路
燃料费(元)	0	0.65	0.55
电 费(元)	0	0.05	0.10
运输费(元)	0.25	0.05	0

对于一个星期的周期，设 x_1 表示煤矿的总产值，x_2 表示发电厂的总产值，x_3 表示铁路的总产值，煤矿中的总消耗为 $0x_1+0.65x_2+0.55x_3$，则

$$x_1-(0x_1+0.65x_2+0.55x_3)=50\,000.$$

同理可得发电厂和铁路的两个等式分别为

$$x_2-(0x_1+0.05x_2+0.10x_3)=25\,000,$$

$$x_3-(0.25x_1+0.05x_2+0x_3)=0.$$

联立三个方程得方程组：

$$\begin{cases} x_1-\quad(0x_1+0.65x_2+0.55x_3)=50\,000 \\ x_2-\quad(0x_1+0.05x_2+0.10x_3)=25\,000, \\ x_3-(0.25x_1+0.05x_2+\quad 0x_3)=\quad 0 \end{cases}$$

化简后写成矩阵形式为

$$\begin{pmatrix} 1 & -0.65 & -0.55 \\ 0 & 0.95 & -0.10 \\ -0.25 & -0.05 & 1 \end{pmatrix}\begin{pmatrix} x_1 \\ x_2 \\ x_3 \end{pmatrix}=\begin{pmatrix} 50\,000 \\ 25\,000 \\ 0 \end{pmatrix},$$

逆矩阵运算

记 $\boldsymbol{A}=\begin{pmatrix} 1 & -0.65 & -0.55 \\ 0 & 0.95 & -0.10 \\ -0.25 & -0.05 & 1 \end{pmatrix}$，$\boldsymbol{X}=\begin{pmatrix} x_1 \\ x_2 \\ x_3 \end{pmatrix}$，$\boldsymbol{b}=\begin{pmatrix} 50\,000 \\ 25\,000 \\ 0 \end{pmatrix}$，则上式可写为 $\boldsymbol{AX}=\boldsymbol{b}$.

因为系数行列式 $|\boldsymbol{A}|=0.798\,125\neq 0$，根据克莱姆法则，此方程有唯一解，其解为 $\boldsymbol{X}=\boldsymbol{A}^{-1}\boldsymbol{b}$，即

$$X=\begin{pmatrix}x_1\\x_2\\x_3\end{pmatrix}=\begin{pmatrix}1.184\,03 & 0.848\,865 & 0.736\,1\\0.031\,323\,4 & 1.080\,66 & 0.125\,294\\0.297\,572 & 0.266\,249 & 1.190\,29\end{pmatrix}\begin{pmatrix}50\,000\\25\,000\\0\end{pmatrix}=\begin{pmatrix}80\,423.1\\28\,582.7\\21\,534.8\end{pmatrix}.$$

所以煤矿总产值为 80 423.1 元，发电厂总产值为 28 582.7 元，铁路总产值为 21 534.8元. ■

习题 10-3

1. 求下列矩阵的逆矩阵：

(1) $\begin{pmatrix}1 & 2\\2 & 5\end{pmatrix}$；　(2) $\begin{pmatrix}1 & 2 & -1\\3 & 4 & -2\\5 & -4 & 1\end{pmatrix}$；　(3) $\begin{pmatrix}1 & 2 & 3 & 4\\0 & 1 & 2 & 3\\0 & 0 & 1 & 2\\0 & 0 & 0 & 1\end{pmatrix}$.

2. 用逆矩阵解下列矩阵方程：

(1) $\begin{pmatrix}2 & 5\\1 & 3\end{pmatrix}X=\begin{pmatrix}4 & -6\\2 & 1\end{pmatrix}$；　(2) $\begin{pmatrix}1 & 4\\-1 & 2\end{pmatrix}X\begin{pmatrix}2 & 0\\-1 & 1\end{pmatrix}=\begin{pmatrix}3 & 1\\0 & -1\end{pmatrix}$；

(3) $\begin{pmatrix}0 & 1 & 0\\1 & 0 & 0\\0 & 0 & 1\end{pmatrix}X\begin{pmatrix}1 & 0 & 0\\0 & 0 & 1\\0 & 1 & 0\end{pmatrix}=\begin{pmatrix}1 & -4 & 3\\2 & 0 & -1\\1 & -2 & 0\end{pmatrix}$.

3. 利用逆矩阵解下列线性方程组：

(1) $\begin{cases}x_1+2x_2+3x_3=1\\2x_1+2x_2+5x_3=2;\\3x_1+5x_2+x_3=3\end{cases}$　(2) $\begin{cases}x_1-x_2-x_3=2\\2x_1-x_2-3x_3=1.\\3x_1+2x_2-5x_3=0\end{cases}$

4. 设方阵 A 满足 $A^2-A-2E=O$，证明 A 及 $A+2E$ 都可逆.

5. 设 n 阶矩阵 A 的伴随矩阵为 A^*，证明：

(1) 若 $|A|=0$，则 $|A^*|=0$；

(2) $|A^*|=|A|^{n-1}$.

§10.4 分 块 矩 阵

一、分块矩阵的概念

对于行数和列数较高的矩阵，为了简化运算，经常采用分块法，使大矩阵的运算化成若干小矩阵间的运算，同时也使原矩阵的结构显得简单而清晰．具体做法是：将大矩阵 A 用若干条纵线和横线分成多个小矩阵．每个小矩阵称为 A 的**子块**，以子块为元素的形式上的矩阵称为**分块矩阵**.

矩阵的分块有多种方式，可根据具体需要而定．例如，矩阵

$$A=\begin{pmatrix}1&0&0&3\\0&1&0&-1\\0&0&1&0\\0&0&0&1\end{pmatrix}.$$

可分成

$$A=\left(\begin{array}{ccc|c}1&0&0&3\\0&1&0&-1\\0&0&1&0\\\hline 0&0&0&1\end{array}\right)=\begin{pmatrix}E_3&B\\O&E_1\end{pmatrix},\text{其中 } B=\begin{pmatrix}3\\-1\\0\end{pmatrix};$$

也可分成

$$A=\left(\begin{array}{cc|cc}1&0&0&3\\0&1&0&-1\\\hline 0&0&1&0\\0&0&0&1\end{array}\right)=\begin{pmatrix}E_2&C\\O&E_2\end{pmatrix},\text{其中 } C=\begin{pmatrix}0&3\\0&-1\end{pmatrix}.$$

此外，A 还可按如下方式分块：

$$A=\left(\begin{array}{c|c|c|c}1&0&0&3\\0&1&0&-1\\0&0&1&0\\0&0&0&1\end{array}\right),\quad A=\left(\begin{array}{cccc}1&0&0&3\\\hline 0&1&0&-1\\\hline 0&0&1&0\\\hline 0&0&0&1\end{array}\right),\text{等等}.$$

注：一个矩阵也可看作以 $m\times n$ 个元素为 1 阶子块的分块矩阵.

二、分块矩阵的运算

分块矩阵的运算与普通矩阵的运算规则相似．分块时要注意，运算的两矩阵按块能运算，并且参与运算的子块也能运算，即内外都能运算．

(1) 加法运算：设矩阵 A 与 B 的行数相同、列数相同，并采用相同的分块法，则 $A+B$ 的每个分块是 A 与 B 中对应分块之和.

(2) 数乘运算：设 A 是一个分块矩阵，k 为一实数，则 kA 的每个子块是 k 与 A 中相应子块的数乘.

例 1 设矩阵 $A=\begin{pmatrix}1&0&1&3\\0&1&2&4\\0&0&-1&0\\0&0&0&-1\end{pmatrix}$，$B=\begin{pmatrix}1&2&0&0\\2&0&0&0\\6&3&1&0\\0&-2&0&1\end{pmatrix}$，用分块矩阵计算 kA，$A+B$.

解 将矩阵 A，B 分块如下：

$$A=\left(\begin{array}{cc|cc}1&0&1&3\\0&1&2&4\\\hline 0&0&-1&0\\0&0&0&-1\end{array}\right)=\begin{pmatrix}E&C\\O&-E\end{pmatrix},\quad B=\left(\begin{array}{cc|cc}1&2&0&0\\2&0&0&0\\\hline 6&3&1&0\\0&-2&0&1\end{array}\right)=\begin{pmatrix}D&O\\F&E\end{pmatrix},$$

则 $$kA=k\begin{pmatrix}E & C\\ O & -E\end{pmatrix}=\begin{pmatrix}kE & kC\\ O & -kE\end{pmatrix}=\begin{pmatrix}k & 0 & k & 3k\\ 0 & k & 2k & 4k\\ 0 & 0 & -k & 0\\ 0 & 0 & 0 & -k\end{pmatrix},$$

$$A+B=\begin{pmatrix}E & C\\ O & -E\end{pmatrix}+\begin{pmatrix}D & O\\ F & E\end{pmatrix}=\begin{pmatrix}E+D & C\\ F & O\end{pmatrix}=\begin{pmatrix}2 & 2 & 1 & 3\\ 2 & 1 & 2 & 4\\ 6 & 3 & 0 & 0\\ 0 & -2 & 0 & 0\end{pmatrix}.$$ ■

(3) 乘法运算：两分块矩阵 A 与 B 的乘积依然按照普通矩阵的乘积进行运算，即把矩阵 A 与 B 中的子块当作数量来对待，但对于乘积 AB，A 的列的划分必须与 B 的行的划分一致.

例 2 设 $A=\begin{pmatrix}1 & 0 & 0 & 0\\ 0 & 1 & 0 & 0\\ -1 & 2 & 1 & 0\\ 1 & 1 & 0 & 1\end{pmatrix}$，$B=\begin{pmatrix}1 & 0 & 1 & 0\\ -1 & 2 & 0 & 1\\ 1 & 0 & 4 & 1\\ -1 & -1 & 2 & 0\end{pmatrix}$，用分块矩阵计算 AB.

解 把 A, B 分块成

$$A=\left(\begin{array}{cc:cc}1 & 0 & 0 & 0\\ 0 & 1 & 0 & 0\\ \hdashline -1 & 2 & 1 & 0\\ 1 & 1 & 0 & 1\end{array}\right)=\begin{pmatrix}E & O\\ A_1 & E\end{pmatrix},\quad B=\left(\begin{array}{cc:cc}1 & 0 & 1 & 0\\ -1 & 2 & 0 & 1\\ \hdashline 1 & 0 & 4 & 1\\ -1 & -1 & 2 & 0\end{array}\right)=\begin{pmatrix}B_{11} & E\\ B_{21} & B_{22}\end{pmatrix},$$

则

$$AB=\begin{pmatrix}E & O\\ A_1 & E\end{pmatrix}\begin{pmatrix}B_{11} & E\\ B_{21} & B_{22}\end{pmatrix}=\begin{pmatrix}B_{11} & E\\ A_1B_{11}+B_{21} & A_1+B_{22}\end{pmatrix},$$

而 $$A_1B_{11}+B_{21}=\begin{pmatrix}-1 & 2\\ 1 & 1\end{pmatrix}\begin{pmatrix}1 & 0\\ -1 & 2\end{pmatrix}+\begin{pmatrix}1 & 0\\ -1 & -1\end{pmatrix}$$

$$=\begin{pmatrix}-3 & 4\\ 0 & 2\end{pmatrix}+\begin{pmatrix}1 & 0\\ -1 & -1\end{pmatrix}=\begin{pmatrix}-2 & 4\\ -1 & 1\end{pmatrix},$$

$$A_1+B_{22}=\begin{pmatrix}-1 & 2\\ 1 & 1\end{pmatrix}+\begin{pmatrix}4 & 1\\ 2 & 0\end{pmatrix}=\begin{pmatrix}3 & 3\\ 3 & 1\end{pmatrix},$$

于是 $$AB=\begin{pmatrix}1 & 0 & 1 & 0\\ -1 & 2 & 0 & 1\\ -2 & 4 & 3 & 3\\ -1 & 1 & 3 & 1\end{pmatrix}.$$ ■

例 3 设 $A=\begin{pmatrix}3 & 0 & 2\\ -2 & -1 & -1\\ -1 & -3 & 5\end{pmatrix}$，$B=\begin{pmatrix}1 & -1 & 4\\ 2 & 3 & 0\\ 5 & 0 & 2\end{pmatrix}$，求 AB.

解 将 A, B 分块成

$$A=\left(\begin{array}{c|c|c}3 & 0 & 2\\ -2 & -1 & -1\\ -1 & -3 & 5\end{array}\right)=(A_1\quad A_2\quad A_3),\quad B=\left(\begin{array}{ccc}1 & -1 & 4\\ \hline 2 & 3 & 0\\ \hline 5 & 0 & 2\end{array}\right)=\begin{pmatrix}B_1\\ B_2\\ B_3\end{pmatrix},$$

则 $$AB=(A_1\quad A_2\quad A_3)\begin{pmatrix}B_1\\ B_2\\ B_3\end{pmatrix}=(A_1B_1+A_2B_2+A_3B_3)$$

$$=\begin{pmatrix}3\\ -2\\ -1\end{pmatrix}(1\ \ -1\ \ 4)+\begin{pmatrix}0\\ -1\\ -3\end{pmatrix}(2\ \ 3\ \ 0)+\begin{pmatrix}2\\ -1\\ 5\end{pmatrix}(5\ \ 0\ \ 2)$$

$$=\begin{pmatrix}3 & -3 & 12\\ -2 & 2 & -8\\ -1 & 1 & -4\end{pmatrix}+\begin{pmatrix}0 & 0 & 0\\ -2 & -3 & 0\\ -6 & -9 & 0\end{pmatrix}+\begin{pmatrix}10 & 0 & 4\\ -5 & 0 & -2\\ 25 & 0 & 10\end{pmatrix}=\begin{pmatrix}13 & -3 & 16\\ -9 & -1 & -10\\ 18 & -8 & 6\end{pmatrix}.\ \blacksquare$$

(4) 设 A 为 n 阶矩阵，若 A 的分块矩阵只在对角线上有非零子块，其余子块都为零矩阵，且在对角线上的子块都是方阵，即

$$A=\begin{pmatrix}A_1 & & & O\\ & A_2 & & \\ & & \ddots & \\ O & & & A_s\end{pmatrix},$$

其中 $A_i\,(i=1,2,\cdots,s)$ 都是方阵，则称 A 为**分块对角矩阵**.

分块对角矩阵具有以下性质：

(i) 若 $|A_i|\neq 0\ (i=1,2,\cdots,s)$，则 $|A|\neq 0$，且 $|A|=|A_1||A_2|\cdots|A_s|$；

(ii) $$A^{-1}=\begin{pmatrix}A_1^{-1} & & & O\\ & A_2^{-1} & & \\ & & \ddots & \\ O & & & A_s^{-1}\end{pmatrix};$$

(iii) 同结构的分块对角矩阵的和、差、积、数乘及逆仍是分块对角矩阵，且运算表现为对应子块的运算.

例 4 设 $A=\begin{pmatrix}5 & 0 & 0\\ 0 & 3 & 1\\ 0 & 2 & 1\end{pmatrix}$，求 A^{-1}.

解 $$A=\left(\begin{array}{c|cc}5 & 0 & 0\\ \hline 0 & 3 & 1\\ 0 & 2 & 1\end{array}\right)=\begin{pmatrix}A_1 & O\\ O & A_2\end{pmatrix},$$

$$A_1=(5),\quad A_1^{-1}=\left(\frac{1}{5}\right),\quad A_2=\begin{pmatrix}3 & 1\\ 2 & 1\end{pmatrix},\quad A_2^{-1}=\frac{A_2^*}{|A_2|}=\begin{pmatrix}1 & -1\\ -2 & 3\end{pmatrix},$$

所以

$$A^{-1}=\begin{pmatrix} A_1^{-1} & O \\ O & A_2^{-1} \end{pmatrix}=\begin{pmatrix} 1/5 & 0 & 0 \\ 0 & 1 & -1 \\ 0 & -2 & 3 \end{pmatrix}.$$ ■

习题 10-4

1. 按指定的分块方法，用分块矩阵乘法求下列矩阵的乘积：

(1) $\left(\begin{array}{ccc} 2 & 1 & -1 \\ \hdashline 3 & 0 & -2 \\ \hdashline 1 & -1 & 1 \end{array}\right)\left(\begin{array}{c:c:c} 1 & 1 & 0 \\ 0 & 0 & -1 \\ -1 & 2 & 1 \end{array}\right)$；　　(2) $\left(\begin{array}{cc:cc} a & 0 & 0 & 0 \\ 0 & a & 0 & 0 \\ \hdashline 1 & 0 & b & 0 \\ 0 & 1 & 0 & b \end{array}\right)\left(\begin{array}{cc:cc} 1 & 0 & c & 0 \\ 0 & 1 & 0 & c \\ \hdashline 0 & 0 & d & 0 \\ 0 & 0 & 0 & d \end{array}\right)$.

2. 计算 $\begin{pmatrix} 1 & 2 & 1 & 0 \\ 0 & 1 & 0 & 1 \\ 0 & 0 & 2 & 1 \\ 0 & 0 & 0 & 3 \end{pmatrix}\begin{pmatrix} 1 & 0 & 3 & 0 \\ 0 & 1 & 2 & -1 \\ 0 & 0 & -2 & 3 \\ 0 & 0 & 0 & -3 \end{pmatrix}$.

3. 用矩阵的分块求下列矩阵的逆矩阵：

(1) $\begin{pmatrix} 0 & 0 & 2 \\ 1 & 2 & 0 \\ 3 & 4 & 0 \end{pmatrix}$；　(2) $\begin{pmatrix} 5 & 2 & 0 & 0 \\ 2 & 1 & 0 & 0 \\ 0 & 0 & 8 & 3 \\ 0 & 0 & 5 & 2 \end{pmatrix}$；　(3) $\begin{pmatrix} 0 & a_1 & 0 & \cdots & 0 \\ 0 & 0 & a_2 & \cdots & 0 \\ \vdots & \vdots & \vdots & & \vdots \\ 0 & 0 & 0 & \cdots & a_{n-1} \\ a_n & 0 & 0 & \cdots & 0 \end{pmatrix}$ $(a_1a_2\cdots a_n\neq 0)$.

4. 设 $A=\begin{pmatrix} 3 & 4 & & \\ 4 & -3 & \multicolumn{2}{c}{O} \\ & & 2 & 0 \\ \multicolumn{2}{c}{O} & 2 & 2 \end{pmatrix}$，求 $|A^8|$ 及 A^4.

5. 设 A 为 3×3 矩阵，$|A|=-2$，把 A 按列分块为 $A=(A_1, A_2, A_3)$，其中 $A_j\ (j=1,2,3)$ 为 A 的第 j 列. 求：

(1) $|(A_1, 2A_2, A_3)|$；　　(2) $|(A_3-2A_1, 3A_2, A_1)|$.

§10.5 矩阵的初等变换

一、矩阵的初等变换

在计算行列式时，利用行列式的性质可以将给定的行列式化为上(下)三角形行列式，从而简化行列式的计算，把行列式的某些性质应用到矩阵上，会给我们研究矩阵带来很大的方便，这些性质反映到矩阵上就是矩阵的初等变换.

定义 1　矩阵的下列三种变换称为矩阵的**初等行变换**：

(1) 交换矩阵的两行(交换 i, j 两行，记作 $r_i\leftrightarrow r_j$)；

(2) 以一个非零的数 k 乘矩阵的某一行(第 i 行乘数 k,记作 kr_i 或 $r_i\times k$);

(3) 把矩阵的某一行的 k 倍加到另一行(第 j 行乘数 k 加到第 i 行, 记为 r_i+kr_j).

把定义中的“行”换成“列”, 即得矩阵的**初等列变换**的定义(相应记号中把 r 换成 c). 初等行变换与初等列变换统称为**初等变换**.

注:初等变换的逆变换仍是初等变换,且变换类型相同.

例如, 变换 $r_i\leftrightarrow r_j$ 的逆变换即为其本身; 变换 $r_i\times k$ 的逆变换为 $r_i\times\dfrac{1}{k}$; 变换 r_i+kr_j 的逆变换为 $r_i+(-k)r_j$ 或 r_i-kr_j.

定义2 若矩阵 $\boldsymbol{A}$ 经过有限次初等变换变成矩阵 $\boldsymbol{B}$, 则称矩阵 $\boldsymbol{A}$ 与 $\boldsymbol{B}$ **等价**, 记为 $\boldsymbol{A}\to\boldsymbol{B}$ 或 $\boldsymbol{A}\sim\boldsymbol{B}$.

矩阵之间的等价关系具有下列**基本性质**:

(1) 自反性 $\boldsymbol{A}\sim\boldsymbol{A}$;

(2) 对称性 若 $\boldsymbol{A}\sim\boldsymbol{B}$, 则 $\boldsymbol{B}\sim\boldsymbol{A}$;

(3) 传递性 若 $\boldsymbol{A}\sim\boldsymbol{B}$, $\boldsymbol{B}\sim\boldsymbol{C}$, 则 $\boldsymbol{A}\sim\boldsymbol{C}$.

例1 已知矩阵 $\boldsymbol{A}=\begin{pmatrix}3&2&9&6\\-1&-3&4&-17\\1&4&-7&3\\-1&-4&7&-3\end{pmatrix}$, 对其作如下初等行变换:

$$\boldsymbol{A}=\begin{pmatrix}3&2&9&6\\-1&-3&4&-17\\1&4&-7&3\\-1&-4&7&-3\end{pmatrix}\xrightarrow{r_1\leftrightarrow r_3}\begin{pmatrix}1&4&-7&3\\-1&-3&4&-17\\3&2&9&6\\-1&-4&7&-3\end{pmatrix}$$

$$\xrightarrow[\substack{r_3-3r_1\\ r_4+r_1}]{r_2+r_1}\begin{pmatrix}1&4&-7&3\\0&1&-3&-14\\0&-10&30&-3\\0&0&0&0\end{pmatrix}\xrightarrow{r_3+10r_2}\begin{pmatrix}1&4&-7&3\\0&1&-3&-14\\0&0&0&-143\\0&0&0&0\end{pmatrix}=\boldsymbol{B}.\quad\blacksquare$$

例1中的矩阵 $\boldsymbol{B}$ 依其形状的特征称为行阶梯形矩阵.

一般地, 称满足下列条件的矩阵为**行阶梯形矩阵**:

(1) 零行(元素全为零的行)位于矩阵的下方;

(2) 各非零行的首非零元(从左至右的第一个不为零的元素)的列标随着行标的增大而严格增大(或说其列标一定不小于行标).

***数学实验**

实验10.5 试利用初等行变换将下列矩阵化为右侧的行阶梯形矩阵.

$$(1)\begin{pmatrix}2&1&2&3&4&5\\4&2&4&6&8&10\\10&5&10&15&20&25\\6&3&6&9&12&15\\12&6&12&18&24&30\end{pmatrix}\to\begin{pmatrix}2&1&2&3&4&5\\0&0&0&0&0&0\\0&0&0&0&0&0\\0&0&0&0&0&0\\0&0&0&0&0&0\end{pmatrix};$$

$$(2)\begin{pmatrix}10&24&-26&-24&34&48\\18&45&-45&-45&63&90\\14&35&-35&-35&49&70\\12&31&-29&-31&43&62\\8&20&-20&-20&28&40\end{pmatrix}\to\begin{pmatrix}1&2&-3&-2&3&4\\0&1&1&-1&1&2\\0&0&0&0&0&0\\0&0&0&0&0&0\\0&0&0&0&0&0\end{pmatrix};$$

$$(3)\begin{pmatrix}5&18&9&16&35&110\\9&36&12&31&67&211\\11&44&15&38&82&259\\6&26&6&22&47&149\\4&16&6&14&30&96\end{pmatrix}\to\begin{pmatrix}1&2&3&2&5&14\\0&2&-3&1&2&5\\0&0&3&1&1&10\\0&0&0&0&0&0\\0&0&0&0&0&0\end{pmatrix};$$

$$(4)\begin{pmatrix}10&24&24&31&74&20\\14&34&33&44&103&35\\22&55&49&71&157&83\\12&31&25&39&85&59\\8&20&18&26&58&30\end{pmatrix}\to\begin{pmatrix}2&4&6&5&16&-10\\0&2&-3&3&-3&35\\0&0&1&1&5&-1\\0&0&0&1&-2&4\\0&0&0&0&0&0\end{pmatrix};$$

$$(5)\begin{pmatrix}5&18&9&16&25&43\\13&52&18&100&71&149\\11&44&15&88&60&129\\16&62&24&100&85&169\\4&16&6&32&22&47\end{pmatrix}\to\begin{pmatrix}1&2&3&-16&3&-4\\0&2&-3&20&2&12\\0&0&3&4&1&4\\0&0&0&4&0&3\\0&0&0&0&0&1\end{pmatrix};$$

$$(6)\begin{pmatrix}10&28&-12&60&10&72\\26&78&-21&208&10&214\\22&66&-18&180&10&183\\32&94&-30&236&20&253\\8&24&-6&64&5&67\end{pmatrix}\to\begin{pmatrix}2&4&-6&-4&5&5\\0&2&3&20&-10&8\\0&0&3&-4&10&5\\0&0&0&4&0&2\\0&0&0&0&5&1\end{pmatrix}.$$

计算实验

微信扫描右侧的二维码即可进行计算实验(详见教材配套的网络学习空间).

对例 1 中的矩阵 $\boldsymbol{B}=\begin{pmatrix}1&4&-7&3\\0&1&-3&-14\\0&0&0&-143\\0&0&0&0\end{pmatrix}$ 再作初等行变换:

$$\boldsymbol{B}\xrightarrow{r_3\times\left(-\frac{1}{143}\right)}\begin{pmatrix}1&4&-7&3\\0&1&-3&-14\\0&0&0&1\\0&0&0&0\end{pmatrix}\xrightarrow[r_1-3r_3]{r_2+14r_3}\begin{pmatrix}1&4&-7&0\\0&1&-3&0\\0&0&0&1\\0&0&0&0\end{pmatrix}\xrightarrow{r_1-4r_2}\begin{pmatrix}1&0&5&0\\0&1&-3&0\\0&0&0&1\\0&0&0&0\end{pmatrix}=\boldsymbol{C},$$

称这种特殊形状的阶梯形矩阵 C 为行最简形矩阵.

一般地，称满足下列条件的阶梯形矩阵为**行最简形矩阵**:

(1) 各非零行的首非零元都是1;

(2) 每个首非零元所在列的其余元素都是零.

如果对上述矩阵 $C=\begin{pmatrix}1&0&5&0\\0&1&-3&0\\0&0&0&1\\0&0&0&0\end{pmatrix}$ 再作初等列变换，可得:

$$C\xrightarrow[c_3+3c_2]{c_3-5c_1}\begin{pmatrix}1&0&0&0\\0&1&0&0\\0&0&0&1\\0&0&0&0\end{pmatrix}\xrightarrow{c_3\leftrightarrow c_4}\begin{pmatrix}1&0&0&0\\0&1&0&0\\0&0&1&0\\0&0&0&0\end{pmatrix}=D.$$

这里的矩阵 D 称为原矩阵 A 的**标准形**. 一般地，矩阵 A 的标准形 D 具有如下特点: D 的左上角是一个单位矩阵，其余元素全为0. 可以证明:

定理1 任意一个矩阵 $A=(a_{ij})_{m\times n}$ 经过有限次初等变换，可以化为下列标准形矩阵

$$D=\begin{pmatrix}1&&&&&\\&\ddots&&&&\\&&1&&&\\&&&0&&\\&&&&\ddots&\\&&&&&0\end{pmatrix}\begin{matrix}\\ r\text{行}\\ \\ \\ \\ \end{matrix}=\begin{pmatrix}E_r&O_{r\times(n-r)}\\O_{(m-r)\times r}&O_{(m-r)\times(n-r)}\end{pmatrix}.$$

r列

注: 定理1实质上给出了结论“任一矩阵 A 总可以经过有限次初等行变换化为行阶梯形矩阵, 并进而化为行最简形矩阵”.

根据定理1的结论及初等变换的可逆性，有如下推论1.

推论1 如果 A 为 n 阶可逆矩阵，则矩阵 A 经过有限次初等行变换可化为单位矩阵 E，即 $A\to E$.

例2 将矩阵 $A=\begin{pmatrix}2&1&2&3\\4&1&3&5\\2&0&1&2\end{pmatrix}$ 化为标准形.

解
$$A=\begin{pmatrix}2&1&2&3\\4&1&3&5\\2&0&1&2\end{pmatrix}\to\begin{pmatrix}2&1&2&3\\0&-1&-1&-1\\0&-1&-1&-1\end{pmatrix}\to\begin{pmatrix}2&0&0&0\\0&-1&-1&-1\\0&-1&-1&-1\end{pmatrix}$$
$$\to\begin{pmatrix}1&0&0&0\\0&-1&-1&-1\\0&0&0&0\end{pmatrix}\to\begin{pmatrix}1&0&0&0\\0&-1&0&0\\0&0&0&0\end{pmatrix}\to\begin{pmatrix}1&0&0&0\\0&1&0&0\\0&0&0&0\end{pmatrix}.\ \blacksquare$$

*数学实验

实验10.6 试利用初等行变换将下列矩阵化为右侧的标准形矩阵.

$$(1)\ \begin{pmatrix} 10 & 24 & 24 & 31 & 74 & 20 \\ 14 & 34 & 33 & 44 & 103 & 35 \\ 22 & 55 & 49 & 71 & 157 & 83 \\ 12 & 31 & 25 & 39 & 85 & 59 \\ 8 & 20 & 18 & 26 & 58 & 30 \end{pmatrix} \to \begin{pmatrix} 1 & 0 & 0 & 0 & 0 & 0 \\ 0 & 1 & 0 & 0 & 0 & 0 \\ 0 & 0 & 1 & 0 & 0 & 0 \\ 0 & 0 & 0 & 1 & 0 & 0 \\ 0 & 0 & 0 & 0 & 0 & 0 \end{pmatrix};$$

$$(2)\ \begin{pmatrix} 5 & 18 & 9 & 16 & 25 & 43 \\ 13 & 52 & 18 & 100 & 71 & 149 \\ 11 & 44 & 15 & 88 & 60 & 129 \\ 16 & 62 & 24 & 100 & 85 & 169 \\ 4 & 16 & 6 & 32 & 22 & 47 \end{pmatrix} \to \begin{pmatrix} 1 & 0 & 0 & 0 & 0 & 0 \\ 0 & 1 & 0 & 0 & 0 & 0 \\ 0 & 0 & 1 & 0 & 0 & 0 \\ 0 & 0 & 0 & 1 & 0 & 0 \\ 0 & 0 & 0 & 0 & 1 & 0 \end{pmatrix};$$

$$(3)\ \begin{pmatrix} 10 & 28 & -12 & 60 & 10 & 72 \\ 26 & 78 & -21 & 208 & 10 & 214 \\ 22 & 66 & -18 & 180 & 10 & 183 \\ 32 & 94 & -30 & 236 & 20 & 253 \\ 8 & 24 & -6 & 64 & 5 & 67 \end{pmatrix} \to \begin{pmatrix} 1 & 0 & 0 & 0 & 0 & 0 \\ 0 & 1 & 0 & 0 & 0 & 0 \\ 0 & 0 & 1 & 0 & 0 & 0 \\ 0 & 0 & 0 & 1 & 0 & 0 \\ 0 & 0 & 0 & 0 & 1 & 0 \end{pmatrix};$$

$$(4)\ \begin{pmatrix} 3 & 14 & -11 & -9 & 20 & -18 \\ 2 & 10 & -8 & -6 & 14 & -12 \\ -2 & -8 & 7 & 6 & -13 & 12 \\ -3 & -12 & 9 & 10 & -18 & 18 \\ 4 & 17 & -13 & -12 & 26 & -24 \\ -5 & -20 & 15 & 15 & -30 & 31 \end{pmatrix} \to \begin{pmatrix} 1 & 0 & 0 & 0 & 0 & 0 \\ 0 & 1 & 0 & 0 & 0 & 0 \\ 0 & 0 & 1 & 0 & 0 & 0 \\ 0 & 0 & 0 & 1 & 0 & 0 \\ 0 & 0 & 0 & 0 & 1 & 0 \\ 0 & 0 & 0 & 0 & 0 & 1 \end{pmatrix}.$$

计算实验

其中，题(1)、(2)、(3)可借助第347页实验10.5(4)、(5)、(6)右侧的行阶梯形矩阵进一步作初等列变换而得到．微信扫描右侧的二维码即可进行计算实验(详见教材配套的网络学习空间)．

二、初等矩阵

定义3　对单位矩阵 $\boldsymbol{E}$ 施以一次初等变换得到的矩阵称为**初等矩阵**．三种初等变换分别对应着三种初等矩阵．

(1) $\boldsymbol{E}$ 的第 i, j 行(列)互换得到的矩阵

$$\boldsymbol{E}(i,j)=\begin{pmatrix} 1 & & & & & & & & \\ & \ddots & & & & & & & \\ & & 1 & & & & & & \\ & & & 0 & \cdots & & 1 & & \\ & & & & 1 & & & & \\ & & & \vdots & & \ddots & \vdots & & \\ & & & & & 1 & & & \\ & & & 1 & \cdots & & 0 & & \\ & & & & & & & 1 & \\ & & & & & & & & \ddots & \\ & & & & & & & & & 1 \end{pmatrix}\begin{matrix} \\ \\ \\ i\text{行} \\ \\ \\ \\ j\text{行} \\ \\ \\ \\ \end{matrix};$$

$$\qquad\qquad\qquad i\text{列}\qquad\qquad j\text{列}$$

(2) $\boldsymbol{E}$ 的第 i 行(列)乘以非零数 k 得到的矩阵

$$E(i(k))=\begin{pmatrix}1&&&&\\&\ddots&&&\\&&k&&\\&&&\ddots&\\&&&&1\end{pmatrix}\begin{matrix}\\ \\ i\text{行};\\ \\ \\ \end{matrix}$$

$$\qquad\qquad i\text{列}$$

(3) E 的第 j 行乘以数 k 加到第 i 行上，或 E 的第 i 列乘以数 k 加到第 j 列上得到的矩阵

$$E(ij(k))=\begin{pmatrix}1&&&&&&\\&\ddots&&&&&\\&&1&\cdots&k&&\\&&&\ddots&\vdots&&\\&&&&1&&\\&&&&&\ddots&\\&&&&&&1\end{pmatrix}\begin{matrix}\\ \\ i\text{行}\\ \\ j\text{行}\\ \\ \\ \end{matrix}.$$

$$\qquad i\text{列}\quad j\text{列}$$

例如，对 4 阶单位矩阵 E，有

$$E(1,3)=\begin{pmatrix}0&0&1&0\\0&1&0&0\\1&0&0&0\\0&0&0&1\end{pmatrix},\quad E(3(0.8))=\begin{pmatrix}1&0&0&0\\0&1&0&0\\0&0&0.8&0\\0&0&0&1\end{pmatrix},$$

$$E_{列}(2\ 3(-0.81))=\begin{pmatrix}1&0&0&0\\0&1&-0.81&0\\0&0&1&0\\0&0&0&1\end{pmatrix}.$$

关于初等矩阵，可以证明：

定理 2 设 A 是一个 $m\times n$ 矩阵，对 A 施行一次某种初等行(列)变换相当于用同种的 $m(n)$ 阶初等矩阵左(右)乘 A.

例 3 设有矩阵 $A=\begin{pmatrix}3&0&1\\1&-1&2\\0&1&1\end{pmatrix}$，而

$$E_3(1,2)=\begin{pmatrix}0&1&0\\1&0&0\\0&0&1\end{pmatrix},\quad E_3(3\,1(2))=\begin{pmatrix}1&0&0\\0&1&0\\2&0&1\end{pmatrix},$$

则

$$E_3(1,2)A=\begin{pmatrix}0&1&0\\1&0&0\\0&0&1\end{pmatrix}\begin{pmatrix}3&0&1\\1&-1&2\\0&1&1\end{pmatrix}=\begin{pmatrix}1&-1&2\\3&0&1\\0&1&1\end{pmatrix},$$

即用 $E_3(1,2)$ 左乘 A 相当于交换矩阵 A 的第 1 行与第 2 行，又

$$AE_3(3\ 1(2))=\begin{pmatrix}3&0&1\\1&-1&2\\0&1&1\end{pmatrix}\begin{pmatrix}1&0&0\\0&1&0\\2&0&1\end{pmatrix}=\begin{pmatrix}5&0&1\\5&-1&2\\2&1&1\end{pmatrix},$$

即用 $E_3(3\ 1(2))$ 右乘 A 相当于将矩阵 A 的第 3 列乘 2 加到第 1 列. ■

*数学实验

实验10.7 试利用计算软件验证(详见教材配套的网络学习空间).

(1) 对矩阵 A 分别施行如下初等行变换与列变换后化为对角矩阵 A_1,

$$A=\begin{pmatrix}1&0&0&0&0\\2&1&0&2&0\\0&0&2&0&0\\0&3&0&2&4\\0&0&0&0&1\end{pmatrix}\xrightarrow[r_4-3r_2]{r_2-2r_1}\begin{pmatrix}1&0&0&0&0\\0&1&0&2&0\\0&0&2&0&0\\0&0&0&-4&4\\0&0&0&0&1\end{pmatrix}\xrightarrow[c_5+c_4]{c_4-2c_2}\begin{pmatrix}1&0&0&0&0\\0&1&0&0&0\\0&0&2&0&0\\0&0&0&-4&0\\0&0&0&0&1\end{pmatrix}=A_1,$$

计算实验

将与两次初等行变换和列变换对应的初等矩阵标记如下:

$$P_1=E_{行}(2\ 1(-2))=\begin{pmatrix}1&0&0&0&0\\-2&1&0&0&0\\0&0&1&0&0\\0&0&0&1&0\\0&0&0&0&1\end{pmatrix},\quad P_2=E_{行}(4\ 2(-3))=\begin{pmatrix}1&0&0&0&0\\0&1&0&0&0\\0&0&1&0&0\\0&-3&0&1&0\\0&0&0&0&1\end{pmatrix},$$

$$Q_1=E_{列}(2\ 4(-2))=\begin{pmatrix}1&0&0&0&0\\0&1&0&-2&0\\0&0&1&0&0\\0&0&0&1&0\\0&0&0&0&1\end{pmatrix},\quad Q_2=E_{列}(4\ 5(1))=\begin{pmatrix}1&0&0&0&0\\0&1&0&0&0\\0&0&1&0&0\\0&0&0&1&1\\0&0&0&0&1\end{pmatrix}.$$

试验证 $P_2P_1AQ_1Q_2=A_1$.

(2) 对矩阵 B 分别施行如下初等行变换与列变换后化为对角矩阵 B_1,

$$B=\begin{pmatrix}1&0&0&0&6\\0&2&0&2&0\\0&0&1&0&0\\0&6&0&2&0\\4&0&0&0&1\end{pmatrix}\xrightarrow[c_4-c_2]{c_5-6c_1}\begin{pmatrix}1&0&0&0&0\\0&2&0&0&0\\0&0&1&0&0\\0&6&0&-4&0\\4&0&0&0&-23\end{pmatrix}\xrightarrow[r_4-3r_2]{r_5-4r_1}\begin{pmatrix}1&0&0&0&0\\0&2&0&0&0\\0&0&1&0&0\\0&0&0&-4&0\\0&0&0&0&-23\end{pmatrix}=B_1,$$

计算实验

将与两次初等行变换和列变换对应的初等矩阵标记如下:

$$Q_3=E_{列}(1\ 5(-6))=\begin{pmatrix}1&0&0&0&-6\\0&1&0&0&0\\0&0&1&0&0\\0&0&0&1&0\\0&0&0&0&1\end{pmatrix},\quad Q_4=E_{列}(2\ 4(-1))=\begin{pmatrix}1&0&0&0&0\\0&1&0&-1&0\\0&0&1&0&0\\0&0&0&1&0\\0&0&0&0&1\end{pmatrix},$$

$$P_3=E_{行}(5\ 1(-4))=\begin{pmatrix}1&0&0&0&0\\0&1&0&0&0\\0&0&1&0&0\\0&0&0&1&0\\-4&0&0&0&1\end{pmatrix},\quad P_4=E_{行}(4\ 2(-3))=\begin{pmatrix}1&0&0&0&0\\0&1&0&0&0\\0&0&1&0&0\\0&-3&0&1&0\\0&0&0&0&1\end{pmatrix}.$$

试验证 $P_4P_3BQ_3Q_4=B_1$.

三、求逆矩阵的初等变换法

在§10.3 的定理1中, 给出矩阵$\boldsymbol{A}$可逆的充分必要条件的同时, 也给出了利用伴随矩阵求逆矩阵$\boldsymbol{A}^{-1}$的一种方法 —— 伴随矩阵法, 即

$$\boldsymbol{A}^{-1}=\frac{1}{|\boldsymbol{A}|}\boldsymbol{A}^{*}.$$

对于较高阶的矩阵, 用伴随矩阵法求逆矩阵计算量太大, 下面介绍一种较为简便的方法 —— 初等变换法.

根据定理 1 的推论, 如果矩阵$\boldsymbol{A}$可逆, 则$\boldsymbol{A}$可以经过有限次初等行变换化为单位矩阵$\boldsymbol{E}$, 即存在初等矩阵$\boldsymbol{P}_1, \boldsymbol{P}_2, \cdots, \boldsymbol{P}_s$, 使得

$$\boldsymbol{P}_s\cdots\boldsymbol{P}_2\boldsymbol{P}_1\boldsymbol{A}=\boldsymbol{E}, \tag{5.1}$$

在上式两边右乘矩阵$\boldsymbol{A}^{-1}$, 得

$$\boldsymbol{P}_s\cdots\boldsymbol{P}_2\boldsymbol{P}_1\boldsymbol{A}\boldsymbol{A}^{-1}=\boldsymbol{E}\boldsymbol{A}^{-1}=\boldsymbol{A}^{-1},$$

即

$$\boldsymbol{A}^{-1}=\boldsymbol{P}_1\boldsymbol{P}_2\cdots\boldsymbol{P}_s\boldsymbol{E}. \tag{5.2}$$

式(5.1)表示对$\boldsymbol{A}$施以若干次初等行变换可化为$\boldsymbol{E}$; 式(5.2) 表示对$\boldsymbol{E}$施以相同的若干次初等行变换可化为$\boldsymbol{A}^{-1}$.

类似地, 也可以构造$2n\times n$矩阵$\begin{pmatrix}\boldsymbol{A}\\ \boldsymbol{E}\end{pmatrix}$, 然后对其施以初等列变换将矩阵$\boldsymbol{A}$化为单位矩阵$\boldsymbol{E}$, 则上述初等列变换同时也将其中的单位矩阵$\boldsymbol{E}$化为$\boldsymbol{A}^{-1}$, 即

$$\begin{pmatrix}\boldsymbol{A}\\ \boldsymbol{E}\end{pmatrix}\xrightarrow{\text{初等列变换}}\begin{pmatrix}\boldsymbol{E}\\ \boldsymbol{A}^{-1}\end{pmatrix},$$

这就是求逆矩阵的**初等变换法**.

例 4 设$\boldsymbol{A}=\begin{pmatrix}1&2&3\\2&2&1\\3&4&3\end{pmatrix}$, 求$\boldsymbol{A}^{-1}$.

解

$$(\boldsymbol{A}\ \ \boldsymbol{E})=\begin{pmatrix}1&2&3&1&0&0\\2&2&1&0&1&0\\3&4&3&0&0&1\end{pmatrix}\xrightarrow[r_3-3r_1]{r_2-2r_1}\begin{pmatrix}1&2&3&1&0&0\\0&-2&-5&-2&1&0\\0&-2&-6&-3&0&1\end{pmatrix}$$

$$\xrightarrow[r_3-r_2]{r_1+r_2}\begin{pmatrix}1&0&-2&-1&1&0\\0&-2&-5&-2&1&0\\0&0&-1&-1&-1&1\end{pmatrix}\xrightarrow[r_2-5r_3]{r_1-2r_3}\begin{pmatrix}1&0&0&1&3&-2\\0&-2&0&3&6&-5\\0&0&-1&-1&-1&1\end{pmatrix}$$

$$\xrightarrow[r_3\div(-1)]{r_2\div(-2)}\begin{pmatrix}1&0&0&1&3&-2\\0&1&0&-3/2&-3&5/2\\0&0&1&1&1&-1\end{pmatrix},$$

所以

$$A^{-1}=\begin{pmatrix}1 & 3 & -2\\ -3/2 & -3 & 5/2\\ 1 & 1 & -1\end{pmatrix}.$$ ■

例 5 已知矩阵 $A=\begin{pmatrix}1 & 0 & 1\\ 2 & 1 & 0\\ -3 & 2 & -5\end{pmatrix}$，求 $(E-A)^{-1}$.

解 $$E-A=\begin{pmatrix}0 & 0 & -1\\ -2 & 0 & 0\\ 3 & -2 & 6\end{pmatrix}.$$

$$(E-A\ \ E)=\begin{pmatrix}0 & 0 & -1 & 1 & 0 & 0\\ -2 & 0 & 0 & 0 & 1 & 0\\ 3 & -2 & 6 & 0 & 0 & 1\end{pmatrix}\xrightarrow{r_1\leftrightarrow r_2}\begin{pmatrix}-2 & 0 & 0 & 0 & 1 & 0\\ 0 & 0 & -1 & 1 & 0 & 0\\ 3 & -2 & 6 & 0 & 0 & 1\end{pmatrix}$$

$$\xrightarrow[r_2\leftrightarrow r_3]{r_1\div(-2)}\begin{pmatrix}1 & 0 & 0 & 0 & -1/2 & 0\\ 3 & -2 & 6 & 0 & 0 & 1\\ 0 & 0 & -1 & 1 & 0 & 0\end{pmatrix}\xrightarrow{r_2-3r_1}\begin{pmatrix}1 & 0 & 0 & 0 & -1/2 & 0\\ 0 & -2 & 6 & 0 & 3/2 & 1\\ 0 & 0 & -1 & 1 & 0 & 0\end{pmatrix}$$

$$\xrightarrow[r_3\div(-1)]{r_2\div(-2)}\begin{pmatrix}1 & 0 & 0 & 0 & -1/2 & 0\\ 0 & 1 & -3 & 0 & -3/4 & -1/2\\ 0 & 0 & 1 & -1 & 0 & 0\end{pmatrix}\xrightarrow{r_2+3r_3}\begin{pmatrix}1 & 0 & 0 & 0 & -1/2 & 0\\ 0 & 1 & 0 & -3 & -3/4 & -1/2\\ 0 & 0 & 1 & -1 & 0 & 0\end{pmatrix},$$

所以 $$(E-A)^{-1}=\begin{pmatrix}0 & -1/2 & 0\\ -3 & -3/4 & -1/2\\ -1 & 0 & 0\end{pmatrix}.$$ ■

*数学实验

实验10.8 对于下列矩阵，试用计算软件比较直接求矩阵的逆、伴随矩阵法求逆和初等变换法求逆，看看结果是否相同(详见教材配套的网络学习空间).

(1) $\begin{pmatrix}1 & 2 & 3 & 4 & 5 & 6\\ 3 & 2 & 9 & 18 & 17 & 17\\ 2 & -2 & 4 & 8 & 6 & 4\\ 3 & -4 & 8 & 28 & 23 & 16\\ 4 & 2 & 11 & 20 & 19 & 19\\ 4 & 0 & 12 & 30 & 26 & 25\end{pmatrix}$； (2) $\begin{pmatrix}2 & -2 & 6 & 2 & -5 & 3\\ 2 & 2 & 4 & 3 & -4 & 1\\ 2 & 1 & 4 & 2 & -3 & 1\\ 2 & 2 & 8 & 10 & -17 & 6\\ 4 & 0 & 6 & -1 & 1 & -1\\ 4 & -2 & 16 & 11 & -20 & 10.5\end{pmatrix}$.

计算实验

四、逆矩阵的应用举例(信息编码)

一个通用的传递信息的方法是，将一个字母与一个整数相对应，然后传输一串整数．例如，信息“How are you”可以编码为

$$7,\ 10,\ 6,\ 18,\ 5,\ 21,\ 8,\ 10,\ 9,$$

其中H表示为7, E表示为21, 等等．但是这种编码很容易被破译．在一段较长的信

息中，我们可以根据数字出现的相对频率猜测每个数字表示的字母. 例如，若21为编码信息中最常出现的数字，则它最有可能表示字母E，因为E在英文中是最常出现的字母.

但我们可以用矩阵乘法对信息进行进一步的伪装. 设 $\boldsymbol{A}$ 是所有元素均为整数的矩阵，且 $|\boldsymbol{A}|=\pm 1$，此时 $\boldsymbol{A}^{-1}$ 的元素也是整数. 我们可以用这个矩阵对信息进行变换. 变换后的信息将很难被破译. 为演示这个技术，令

$$\boldsymbol{A}=\begin{pmatrix}1&2&1\\1&3&1\\2&5&3\end{pmatrix},\quad \boldsymbol{A}^{-1}=\begin{pmatrix}4&-1&-1\\-1&1&0\\-1&-1&1\end{pmatrix},$$

现将需要编码的信息放置在三阶矩阵 $\boldsymbol{B}$ 的各个列上，即

$$\boldsymbol{B}=\begin{pmatrix}7&18&8\\10&5&10\\6&21&9\end{pmatrix},$$

通过乘积可以得到伪码，即

$$\boldsymbol{AB}=\begin{pmatrix}1&2&1\\1&3&1\\2&5&3\end{pmatrix}\begin{pmatrix}7&18&8\\10&5&10\\6&21&9\end{pmatrix}=\begin{pmatrix}33&49&37\\43&54&47\\82&124&93\end{pmatrix}.$$

这样，传输的编码信息就变为

$$33,43,82,49,54,124,37,47,93.$$

接收到信息的人可通过乘以 $\boldsymbol{A}^{-1}$ 进行译码，即

$$\begin{pmatrix}1&2&1\\1&3&1\\2&5&3\end{pmatrix}^{-1}\begin{pmatrix}33&49&37\\43&54&47\\82&124&93\end{pmatrix}=\begin{pmatrix}7&18&8\\10&5&10\\6&21&9\end{pmatrix}.$$

为构造编码矩阵 $\boldsymbol{A}$，我们可以从单位矩阵 $\boldsymbol{I}$ 开始，利用初等行变换或初等列变换，就得到矩阵 $\boldsymbol{A}$ 将仅有整数元，且由于 $\det(\boldsymbol{A})=\pm\det(\boldsymbol{I})=\pm 1$，因此 $\boldsymbol{A}^{-1}$ 也将有整数元.

五、用初等变换法求解矩阵方程 $AX=B$

设矩阵 $\boldsymbol{A}$ 可逆，则求解矩阵方程 $\boldsymbol{AX}=\boldsymbol{B}$ 等价于求矩阵 $\boldsymbol{X}=\boldsymbol{A}^{-1}\boldsymbol{B}$，为此，可采用类似于初等行变换求矩阵逆的方法，构造矩阵 $(\boldsymbol{A}\ \boldsymbol{B})$，对其施以初等行变换将矩阵 $\boldsymbol{A}$ 化为单位矩阵 $\boldsymbol{E}$，则上述初等行变换同时也将其中的矩阵 $\boldsymbol{B}$ 化为 $\boldsymbol{A}^{-1}\boldsymbol{B}$，即

$$(\boldsymbol{A}\ \ \boldsymbol{B})\xrightarrow{\text{初等行变换}}(\boldsymbol{E}\ \ \boldsymbol{A}^{-1}\boldsymbol{B}).$$

这样就给出了用初等行变换求解矩阵方程 $\boldsymbol{AX}=\boldsymbol{B}$ 的方法.

例6 求矩阵 $\boldsymbol{X}$，使 $\boldsymbol{AX}=\boldsymbol{B}$，其中 $\boldsymbol{A}=\begin{pmatrix}1&2&3\\2&2&1\\3&4&3\end{pmatrix}$，$\boldsymbol{B}=\begin{pmatrix}2&5\\3&1\\4&3\end{pmatrix}$.

解 若 $\boldsymbol{A}$ 可逆，则 $\boldsymbol{X}=\boldsymbol{A}^{-1}\boldsymbol{B}$.

$$(\boldsymbol{A}\ \boldsymbol{B})=\begin{pmatrix}1&2&3&2&5\\2&2&1&3&1\\3&4&3&4&3\end{pmatrix}\xrightarrow[r_3-3r_1]{r_2-2r_1}\begin{pmatrix}1&2&3&2&5\\0&-2&-5&-1&-9\\0&-2&-6&-2&-12\end{pmatrix}$$

$$\xrightarrow[r_3-r_2]{r_1+r_2}\begin{pmatrix}1&0&-2&1&-4\\0&-2&-5&-1&-9\\0&0&-1&-1&-3\end{pmatrix}\xrightarrow[r_2-5r_3]{r_1-2r_3}\begin{pmatrix}1&0&0&3&2\\0&-2&0&4&6\\0&0&-1&-1&-3\end{pmatrix}$$

$$\xrightarrow[r_3\div(-1)]{r_2\div(-2)}\begin{pmatrix}1&0&0&3&2\\0&1&0&-2&-3\\0&0&1&1&3\end{pmatrix},\quad \text{即得 } \boldsymbol{X}=\begin{pmatrix}3&2\\-2&-3\\1&3\end{pmatrix}.$$ ■

例 7 求解矩阵方程 $\boldsymbol{AX}=\boldsymbol{A}+\boldsymbol{X}$，其中 $\boldsymbol{A}=\begin{pmatrix}2&2&0\\2&1&3\\0&1&0\end{pmatrix}$.

解 把所给方程变形为 $(\boldsymbol{A}-\boldsymbol{E})\boldsymbol{X}=\boldsymbol{A}$，则 $\boldsymbol{X}=(\boldsymbol{A}-\boldsymbol{E})^{-1}\boldsymbol{A}$.

$$(\boldsymbol{A}-\boldsymbol{E}\quad \boldsymbol{A})=\begin{pmatrix}1&2&0&2&2&0\\2&0&3&2&1&3\\0&1&-1&0&1&0\end{pmatrix}\xrightarrow[r_2\leftrightarrow r_3]{r_2-2r_1}\begin{pmatrix}1&2&0&2&2&0\\0&1&-1&0&1&0\\0&-4&3&-2&-3&3\end{pmatrix}$$

$$\xrightarrow[r_3\div(-1)]{r_3+4r_2}\begin{pmatrix}1&2&0&2&2&0\\0&1&-1&0&1&0\\0&0&1&2&-1&-3\end{pmatrix}\xrightarrow{r_2+r_3}\begin{pmatrix}1&2&0&2&2&0\\0&1&0&2&0&-3\\0&0&1&2&-1&-3\end{pmatrix}$$

$$\xrightarrow{r_1-2r_2}\begin{pmatrix}1&0&0&-2&2&6\\0&1&0&2&0&-3\\0&0&1&2&-1&-3\end{pmatrix}，\text{即得 } \boldsymbol{X}=\begin{pmatrix}-2&2&6\\2&0&-3\\2&-1&-3\end{pmatrix}.$$ ■

*数学实验

实验 10.9 试用计算软件求解下列矩阵方程.

$$\boldsymbol{A}=\begin{pmatrix}1&2&3&4&5&6&3\\0&2&1&2&2&4&0\\1&2&4&6&5&6&3\\1&2&3&6&5&6&3\\0&2&1&2&3&4&0\\0&6&6&6&6&8&1\\0&4&5&4&3&2&1\end{pmatrix},\boldsymbol{B}=\begin{pmatrix}-1&1&-3&2&-5&3&-3\\0&1&-1&1&-2&2&0\\-1&1&-4&3&-5&3&-3\\-1&1&-3&3&-5&3&-3\\0&1&-1&1&-3&2&0\\0&3&-6&3&-6&4&-1\\0&2&-5&2&-3&1&-1\end{pmatrix},\boldsymbol{C}=\begin{pmatrix}8&4&8&0&6&8&8\\8&9&1&8&1&6&8\\1&9&3&8&7&2&1\\8&1&8&6&0&9&3\\5&9&8&8&2&0&3\\1&9&9&7&0&3&5\\2&3&6&2&1&2&7\end{pmatrix}.$$

(1) $\boldsymbol{AXB}=\boldsymbol{C}$;

(2) $\boldsymbol{AX}=\boldsymbol{C}+\boldsymbol{BX}$.

微信扫描右侧的二维码即可进行计算实验(详见教材配套的网络学习空间).

计算实验

习题 10-5

1. 把下列矩阵化为标准形矩阵 $D=\begin{pmatrix} E_r & O \\ O & O \end{pmatrix}$.

(1) $\begin{pmatrix} 1 & -1 & 2 \\ 3 & 2 & 1 \\ 1 & -2 & 0 \end{pmatrix}$； (2) $\begin{pmatrix} 1 & -1 & 2 \\ 3 & -3 & 1 \\ -2 & 2 & -4 \end{pmatrix}$； (3) $\begin{pmatrix} 1 & 0 & 2 & -1 \\ 2 & 0 & 3 & 1 \\ 3 & 0 & 4 & -3 \end{pmatrix}$.

2. 用初等变换法判定下列矩阵是否可逆，如果可逆，求其逆矩阵.

(1) $\begin{pmatrix} 1 & 0 & 0 \\ 1 & 2 & 0 \\ 1 & 2 & 3 \end{pmatrix}$； (2) $\begin{pmatrix} 2 & 2 & -1 \\ 1 & -2 & 4 \\ 5 & 8 & 2 \end{pmatrix}$；

(3) $\begin{pmatrix} 3 & 2 & 1 \\ 3 & 1 & 5 \\ 3 & 2 & 3 \end{pmatrix}$； (4) $\begin{pmatrix} 3 & -2 & 0 & -1 \\ 0 & 2 & 2 & 1 \\ 1 & -2 & -3 & -2 \\ 0 & 1 & 2 & 1 \end{pmatrix}$.

3. 解下列矩阵方程：

(1) 设 $A=\begin{pmatrix} 4 & 1 & -2 \\ 2 & 2 & 1 \\ 3 & 1 & -1 \end{pmatrix}$, $B=\begin{pmatrix} 1 & -3 \\ 2 & 2 \\ 3 & -1 \end{pmatrix}$, 求 X 使 $AX=B$.

(2) 设 $A=\begin{pmatrix} 1 & -1 & 0 \\ 0 & 1 & -1 \\ -1 & 0 & 1 \end{pmatrix}$, $AX=2X+A$, 求 X.

4. 设矩阵 $A=\begin{pmatrix} 1 & 0 & 1 \\ 0 & 2 & 6 \\ 1 & 6 & 1 \end{pmatrix}$ 满足 $AX+E=A^2+X$, 求矩阵 X.

§10.6 矩 阵 的 秩

一、矩阵的秩

矩阵的秩的概念是讨论矩阵的奇异性、线性方程组解的存在性等问题的重要工具. 从上节已看到，矩阵可经初等行变换化为行阶梯形矩阵，且行阶梯形矩阵所含非零行的行数是唯一确定的，这个数实质上就是矩阵的“秩”. 鉴于这个数的唯一性尚未证明，在本节中，我们首先利用行列式来定义矩阵的秩，然后给出利用初等变换求矩阵的秩的方法.

定义1 在 $m\times n$ 矩阵 A 中，任取 k 行 k 列 $(1\le k\le m, 1\le k\le n)$, 对于位于这些行列交叉处的 k^2 个元素，不改变它们在 A 中所处的位置次序而得到的 k 阶行列式，称为矩阵 A 的 **k 阶子式**.

例如，设矩阵 $A=\begin{pmatrix}1&3&4&5\\-1&0&2&3\\0&1&-1&0\end{pmatrix}$，则由1、3两行与2、4两列交叉处的元素构成的二阶子式为 $\begin{vmatrix}3&5\\1&0\end{vmatrix}$.

设 A 为 $m\times n$ 矩阵，当 $A=O$ 时，它的任何子式都为零．当 $A\neq O$ 时，它至少有一个元素不为零，即它至少有一个一阶子式不为零．再考察二阶子式，若 A 中有一个二阶子式不为零，则往下考察三阶子式，如此进行下去，最后必达到 A 中有 r 阶子式不为零，而再没有比 r 更高阶的不为零的子式．这个不为零的子式的最高阶数 r 反映了矩阵 A 内在的重要特征，在矩阵的理论与应用中都有重要意义．

定义2 设 A 为 $m\times n$ 矩阵，如果存在 A 的 r 阶子式不为零，而任何 $r+1$ 阶子式（如果存在的话）皆为零，则称数 r 为矩阵 A 的**秩**，记为 $\mathrm{r}(A)$（或 $\mathrm{R}(A)$），并规定零矩阵的秩等于零．

例1 求矩阵 $A=\begin{pmatrix}1&2&3\\2&3&-5\\4&7&1\end{pmatrix}$ 的秩．

解 在 A 中，$\begin{vmatrix}1&3\\2&-5\end{vmatrix}\neq 0$．又 A 的三阶子式只有一个 $|A|$，且

$$|A|=\begin{vmatrix}1&2&3\\2&3&-5\\4&7&1\end{vmatrix}=\begin{vmatrix}1&2&3\\0&-1&-11\\0&-1&-11\end{vmatrix}=0,$$

故 $\mathrm{r}(A)=2$． ■

例2 求矩阵 $B=\begin{pmatrix}2&-1&0&3&-2\\0&3&1&-2&5\\0&0&0&4&-3\\0&0&0&0&0\end{pmatrix}$ 的秩．

解 因 B 是一个行阶梯形矩阵，其非零行只有3行，故知 B 的所有4阶子式全为零．此外，又存在 B 的一个三阶子式

$$\begin{vmatrix}2&-1&3\\0&3&-2\\0&0&4\end{vmatrix}=24\neq 0,$$

所以 $\mathrm{r}(B)=3$． ■

注：下列矩阵分别是第347页实验10.5 (1)～(6)右侧的行阶梯形矩阵：

$$(1)\ A=\begin{pmatrix}2&1&2&3&4&5\\0&0&0&0&0&0\\0&0&0&0&0&0\\0&0&0&0&0&0\\0&0&0&0&0&0\end{pmatrix};\qquad (2)\ A=\begin{pmatrix}1&2&-3&-2&3&4\\0&1&1&-1&1&2\\0&0&0&0&0&0\\0&0&0&0&0&0\\0&0&0&0&0&0\end{pmatrix};$$

$$(3)\ \boldsymbol{A}=\begin{pmatrix}1&2&3&2&5&14\\0&2&-3&1&2&5\\0&0&3&1&1&10\\0&0&0&0&0&0\\0&0&0&0&0&0\end{pmatrix};\quad (4)\ \boldsymbol{A}=\begin{pmatrix}2&4&6&5&16&-10\\0&2&-3&3&-3&35\\0&0&1&1&5&-1\\0&0&0&1&-2&4\\0&0&0&0&0&0\end{pmatrix};$$

$$(5)\ \boldsymbol{A}=\begin{pmatrix}1&2&3&-16&3&-4\\0&2&-3&20&2&12\\0&0&3&4&1&4\\0&0&0&4&0&3\\0&0&0&0&0&1\end{pmatrix};\quad (6)\ \boldsymbol{A}=\begin{pmatrix}2&4&-6&-4&5&5\\0&2&3&20&-10&8\\0&0&3&-4&10&5\\0&0&0&4&0&2\\0&0&0&0&5&1\end{pmatrix}.$$

这里，我们可以根据矩阵秩的定义直接给出上述矩阵的秩.

(1) 根据矩阵秩的定义知，$r(\boldsymbol{A})=1$，因为存在一阶子式 $|2|=2\neq 0$，而矩阵 $\boldsymbol{A}$ 中任何二阶以上的子式均为0.

(2) $r(\boldsymbol{A})=2$，因为存在二阶子式 $\begin{vmatrix}1&2\\0&1\end{vmatrix}=1\neq 0$，而矩阵 $\boldsymbol{A}$ 中任何三阶以上的子式均为 0.

用(1)、(2) 的方法可以得出：

(3) $r(\boldsymbol{A})=3$.

(4) $r(\boldsymbol{A})=4$.

(5) 显然存在五阶子式 $\begin{vmatrix}1&2&3&-16&-4\\0&2&-3&20&12\\0&0&3&4&4\\0&0&0&4&3\\0&0&0&0&1\end{vmatrix}=24\neq 0$，且本矩阵的最大行数为 5，故必有 $r(\boldsymbol{A})=5$.

运用同样的思路可以得到：

(6) $r(\boldsymbol{A})=5$.

显然，矩阵的秩具有下列性质：

(1) 若矩阵 $\boldsymbol{A}$ 中有某个 s 阶子式不为 0，则 $r(\boldsymbol{A})\geq s$；

(2) 若 $\boldsymbol{A}$ 中所有 t 阶子式全为 0，则 $r(\boldsymbol{A})<t$；

(3) 若 $\boldsymbol{A}$ 为 $m\times n$ 矩阵，则 $0\leq r(\boldsymbol{A})\leq \min\{m,n\}$；

(4) $r(\boldsymbol{A})=r(\boldsymbol{A}^{\mathrm{T}})$.

当 $r(\boldsymbol{A})=\min\{m,n\}$时，称矩阵 $\boldsymbol{A}$ 为**满秩矩阵**，否则称为**降秩矩阵**.

例如，对矩阵 $\boldsymbol{A}=\begin{pmatrix}1&3&4&5\\0&1&0&3\\0&0&1&0\end{pmatrix}$，$0\leq r(\boldsymbol{A})\leq 3$，又存在三阶子式 $\begin{vmatrix}1&3&4\\0&1&0\\0&0&1\end{vmatrix}=$

$1\neq 0$, 所以 $\mathrm{r}(\boldsymbol{A})\geq 3$, 从而 $\mathrm{r}(\boldsymbol{A})=3$, 故 $\boldsymbol{A}$ 为满秩矩阵.

由上面的例子可知，利用定义计算矩阵的秩，需要由高阶到低阶考虑矩阵的子式. 当矩阵的行数与列数较高时，按定义求秩是非常麻烦的.

由于行阶梯形矩阵的秩很容易判断，而任意矩阵都可以经过有限次初等行变换化为阶梯形矩阵，因而可考虑借助初等变换法来求矩阵的秩.

二、矩阵的秩的求法

定理 1 若 $\boldsymbol{A}\to\boldsymbol{B}$, 则 $\mathrm{r}(\boldsymbol{A})=\mathrm{r}(\boldsymbol{B})$.

证明 略. ■

根据这个定理，我们得到利用初等变换求矩阵的秩的方法：用初等行变换把矩阵变成行阶梯形矩阵，行阶梯形矩阵中非零行的行数就是该矩阵的秩.

例 3 求矩阵 $\boldsymbol{A}=\begin{pmatrix}1&0&0&1\\1&2&0&-1\\3&-1&0&4\\1&4&5&1\end{pmatrix}$ 的秩.

解 $$\boldsymbol{A}\xrightarrow[r_4-r_1]{\substack{r_2-r_1\\r_3-3r_1}}\begin{pmatrix}1&0&0&1\\0&2&0&-2\\0&-1&0&1\\0&4&5&0\end{pmatrix}\xrightarrow[r_3\leftrightarrow r_4]{r_2\div 2}\begin{pmatrix}1&0&0&1\\0&1&0&-1\\0&4&5&0\\0&-1&0&1\end{pmatrix}\xrightarrow[r_3-4r_2]{r_4+r_2}\begin{pmatrix}1&0&0&1\\0&1&0&-1\\0&0&5&4\\0&0&0&0\end{pmatrix}.$$

所以 $\mathrm{r}(\boldsymbol{A})=3$. ■

例 4 设 $\boldsymbol{A}=\begin{pmatrix}3&2&0&5&0\\3&-2&3&6&-1\\2&0&1&5&-3\\1&6&-4&-1&4\end{pmatrix}$, 求矩阵 $\boldsymbol{A}$ 的秩.

解 对 $\boldsymbol{A}$ 作初等变换，变成行阶梯形矩阵.

$$\boldsymbol{A}\xrightarrow{r_1\leftrightarrow r_4}\begin{pmatrix}1&6&-4&-1&4\\3&-2&3&6&-1\\2&0&1&5&-3\\3&2&0&5&0\end{pmatrix}\xrightarrow{r_2-r_4}\begin{pmatrix}1&6&-4&-1&4\\0&-4&3&1&-1\\2&0&1&5&-3\\3&2&0&5&0\end{pmatrix}$$

$$\xrightarrow[r_4-3r_1]{r_3-2r_1}\begin{pmatrix}1&6&-4&-1&4\\0&-4&3&1&-1\\0&-12&9&7&-11\\0&-16&12&8&-12\end{pmatrix}\xrightarrow[r_4-4r_2]{r_3-3r_2}\begin{pmatrix}1&6&-4&-1&4\\0&-4&3&1&-1\\0&0&0&4&-8\\0&0&0&4&-8\end{pmatrix}$$

$$\xrightarrow{r_4-r_3}\begin{pmatrix}1&6&-4&-1&4\\0&-4&3&1&-1\\0&0&0&4&-8\\0&0&0&0&0\end{pmatrix}.$$

由行阶梯形矩阵有三个非零行知 $\mathrm{r}(\boldsymbol{A})=3$. ■

例 5　设 $\boldsymbol{A}=\begin{pmatrix}1 & -1 & 1 & 2\\ 3 & \lambda & -1 & 2\\ 5 & 3 & \mu & 6\end{pmatrix}$，已知 $\mathrm{r}(\boldsymbol{A})=2$，求 λ 与 μ 的值.

解　$\boldsymbol{A}\xrightarrow[r_3-5r_1]{r_2-3r_1}\begin{pmatrix}1 & -1 & 1 & 2\\ 0 & \lambda+3 & -4 & -4\\ 0 & 8 & \mu-5 & -4\end{pmatrix}\xrightarrow{r_3-r_2}\begin{pmatrix}1 & -1 & 1 & 2\\ 0 & \lambda+3 & -4 & -4\\ 0 & 5-\lambda & \mu-1 & 0\end{pmatrix}$，

因 $\mathrm{r}(\boldsymbol{A})=2$，故 $5-\lambda=0$，$\mu-1=0$，即 $\lambda=5$，$\mu=1$. ■

注：在实验 10.5 中，我们已经利用计算软件，将下列各题左侧矩阵利用初等变换化为右侧相应矩阵：

(1) $\begin{pmatrix}2 & 1 & 2 & 3 & 4 & 5\\ 4 & 2 & 4 & 6 & 8 & 10\\ 10 & 5 & 10 & 15 & 20 & 25\\ 6 & 3 & 6 & 9 & 12 & 15\\ 12 & 6 & 12 & 18 & 24 & 30\end{pmatrix}\to\begin{pmatrix}2 & 1 & 2 & 3 & 4 & 5\\ 0 & 0 & 0 & 0 & 0 & 0\\ 0 & 0 & 0 & 0 & 0 & 0\\ 0 & 0 & 0 & 0 & 0 & 0\\ 0 & 0 & 0 & 0 & 0 & 0\end{pmatrix}$；

(2) $\begin{pmatrix}10 & 24 & -26 & -24 & 34 & 48\\ 18 & 45 & -45 & -45 & 63 & 90\\ 14 & 35 & -35 & -35 & 49 & 70\\ 12 & 31 & -29 & -31 & 43 & 62\\ 8 & 20 & -20 & -20 & 28 & 40\end{pmatrix}\to\begin{pmatrix}1 & 2 & -3 & -2 & 3 & 4\\ 0 & 1 & 1 & -1 & 1 & 2\\ 0 & 0 & 0 & 0 & 0 & 0\\ 0 & 0 & 0 & 0 & 0 & 0\\ 0 & 0 & 0 & 0 & 0 & 0\end{pmatrix}$；

(3) $\begin{pmatrix}5 & 18 & 9 & 16 & 35 & 110\\ 9 & 36 & 12 & 31 & 67 & 211\\ 11 & 44 & 15 & 38 & 82 & 259\\ 6 & 26 & 6 & 22 & 47 & 149\\ 4 & 16 & 6 & 14 & 30 & 96\end{pmatrix}\to\begin{pmatrix}1 & 2 & 3 & 2 & 5 & 14\\ 0 & 2 & -3 & 1 & 2 & 5\\ 0 & 0 & 3 & 1 & 1 & 10\\ 0 & 0 & 0 & 0 & 0 & 0\\ 0 & 0 & 0 & 0 & 0 & 0\end{pmatrix}$；

(4) $\begin{pmatrix}10 & 24 & 24 & 31 & 74 & 20\\ 14 & 34 & 33 & 44 & 103 & 35\\ 22 & 55 & 49 & 71 & 157 & 83\\ 12 & 31 & 25 & 39 & 85 & 59\\ 8 & 20 & 18 & 26 & 58 & 30\end{pmatrix}\to\begin{pmatrix}2 & 4 & 6 & 5 & 16 & -10\\ 0 & 2 & -3 & 3 & -3 & 35\\ 0 & 0 & 1 & 1 & 5 & -1\\ 0 & 0 & 0 & 1 & -2 & 4\\ 0 & 0 & 0 & 0 & 0 & 0\end{pmatrix}$；

(5) $\begin{pmatrix}5 & 18 & 9 & 16 & 25 & 43\\ 13 & 52 & 18 & 100 & 71 & 149\\ 11 & 44 & 15 & 88 & 60 & 129\\ 16 & 62 & 24 & 100 & 85 & 169\\ 4 & 16 & 6 & 32 & 22 & 47\end{pmatrix}\to\begin{pmatrix}1 & 2 & 3 & -16 & 3 & -4\\ 0 & 2 & -3 & 20 & 2 & 12\\ 0 & 0 & 3 & 4 & 1 & 4\\ 0 & 0 & 0 & 4 & 0 & 3\\ 0 & 0 & 0 & 0 & 0 & 1\end{pmatrix}$；

$$(6)\begin{pmatrix}10 & 28 & -12 & 60 & 10 & 72\\ 26 & 78 & -21 & 208 & 10 & 214\\ 22 & 66 & -18 & 180 & 10 & 183\\ 32 & 94 & -30 & 236 & 20 & 253\\ 8 & 24 & -6 & 64 & 5 & 67\end{pmatrix}\to\begin{pmatrix}2 & 4 & -6 & -4 & 5 & 5\\ 0 & 2 & 3 & 20 & -10 & 8\\ 0 & 0 & 3 & -4 & 10 & 5\\ 0 & 0 & 0 & 4 & 0 & 2\\ 0 & 0 & 0 & 0 & 5 & 1\end{pmatrix}.$$

而在第358页的注中，我们已经知道 (1)、(2)、(3)、(4)、(5)、(6) 题右侧行阶梯形矩阵的秩分别为1、2、3、4、5、5，故根据本节定理1的结论，(1)、(2)、(3)、(4)、(5)、(6) 题左侧矩阵的秩也分别为1、2、3、4、5、5．

习题 10-6

1. 设矩阵 $A=\begin{pmatrix}1 & -5 & 6 & -2\\ 2 & -1 & 3 & -2\\ -1 & -4 & 3 & 0\end{pmatrix}$，试计算 A 的全部三阶子式，并求 $r(A)$.

2. 在秩是 r 的矩阵中，有没有等于 0 的 $r-1$阶子式？有没有等于 0 的 r 阶子式？

3. 求下列矩阵的秩：

(1) $\begin{pmatrix}3 & 1 & 0 & 2\\ 1 & -1 & 2 & -1\\ 1 & 3 & -4 & -4\end{pmatrix}$；　(2) $\begin{pmatrix}3 & 2 & -1 & -3 & -2\\ 2 & -1 & 3 & 1 & -3\\ 7 & 0 & 5 & -1 & -8\end{pmatrix}$；　(3) $\begin{pmatrix}1 & -1 & 2 & 1 & 0\\ 2 & -2 & 4 & 2 & 0\\ 3 & 0 & 6 & -1 & 1\\ 0 & 3 & 0 & 0 & 1\end{pmatrix}$.

4. 设矩阵 $A=\begin{pmatrix}1 & \lambda & -1 & 2\\ 2 & -1 & \lambda & 5\\ 1 & 10 & -6 & 1\end{pmatrix}$，其中 λ 为参数，求矩阵 A 的秩．

第11章 线性方程组

20 世纪 40 年代末，美国哈佛大学的列昂惕夫 (W. Leontief) 教授领导的项目组在对美国国民经济系统的投入与产出进行分析时，汇总了美国劳工统计局历时两年紧张工作所得的250 000 多个数据．列昂惕夫教授把美国的经济系统分成了500 个部门，如汽车工业、石油工业、通信业、农业等，针对每个部门列出了一个线性方程，以描述该部门如何向其他部门分配产出．这样就形成了含有 500 个未知量、500 个线性方程的方程组．由于当时该校最好的计算机Mark II 还不足以处理如此庞大的线性方程组，所以，列昂惕夫教授最终把这个问题提炼成一个只含42 个未知量、42 个方程的线性方程组，最后，经过计算机连续 56 个小时的持续运算求出了该方程组的解．我们将在 §11.6 中更深入地讨论列昂惕夫的投入产出模型．

列昂惕夫

列昂惕夫开启了一扇通往经济学数学模型新时代的大门，并于 1973 年荣获诺贝尔经济学奖．列昂惕夫教授的上述工作是早期利用计算机分析大型数学模型的重大应用之一．从那时起，其他科学领域的研究者也开始利用计算机来分析数学模型．

线性代数在应用上的重要性与计算机的计算性能呈正比例，而这一性能伴随着计算机软硬件的创新在不断提升．最终，计算机并行处理和大规模计算的迅猛发展将会把计算机科学与线性代数紧密地联系在一起，并广泛应用于解决飞机制造、桥梁设计、交通规划、石油勘探、经济管理等领域的科学问题．

科学家和工程师如今处理的问题远比几十年前想象的要复杂得多. 今天，对于理工类和经济管理类专业的大学生来说，线性代数比其他大学数学课程具有更大的潜在的应用价值．

线性方程组是线性代数的核心，本章将借助线性方程组简单而具体地介绍线性代数的核心概念，深入理解它们将有助于我们感受线性代数的力与美．

§11.1 消 元 法

引例 用消元法求解线性方程组：

$$\begin{cases}2x_1+2x_2-x_3=6\\ x_1-2x_2+4x_3=3\\ 5x_1+7x_2+x_3=28\end{cases}.$$

解 为观察消元过程，我们将消元过程中每个步骤的方程组及与其对应的矩阵一并列出：

$$\begin{cases}2x_1+2x_2-x_3=6\\ x_1-2x_2+4x_3=3\\ 5x_1+7x_2+x_3=28\end{cases} \text{①} \overset{\text{对应}}{\longleftrightarrow} \begin{pmatrix}2&2&-1&6\\1&-2&4&3\\5&7&1&28\end{pmatrix} \text{①}$$

$$\rightarrow\begin{cases}2x_1+2x_2-x_3=6\\ -3x_2+\dfrac{9}{2}x_3=0\\ 2x_2+\dfrac{7}{2}x_3=13\end{cases} \text{②} \longleftrightarrow \begin{pmatrix}2&2&-1&6\\0&-3&\dfrac{9}{2}&0\\0&2&\dfrac{7}{2}&13\end{pmatrix} \text{②}$$

$$\rightarrow\begin{cases}2x_1+2x_2-x_3=6\\ -3x_2+\dfrac{9}{2}x_3=0\\ \dfrac{13}{2}x_3=13\end{cases} \text{③} \longleftrightarrow \begin{pmatrix}2&2&-1&6\\0&-3&\dfrac{9}{2}&0\\0&0&\dfrac{13}{2}&13\end{pmatrix} \text{③}$$

$$\rightarrow\begin{cases}2x_1+2x_2-x_3=6\\ -3x_2+\dfrac{9}{2}x_3=0\\ x_3=2\end{cases} \text{④} \longleftrightarrow \begin{pmatrix}2&2&-1&6\\0&-3&\dfrac{9}{2}&0\\0&0&1&2\end{pmatrix} \text{④}$$

从最后一个方程得到 $x_3=2$，将其代入第二个方程可得到 $x_2=3$，再将 $x_3=2$ 与 $x_2=3$ 一起代入第一个方程得到 $x_1=1$，因此，所求方程组的解为

$$x_1=1, x_2=3, x_3=2.$$

■

通常把过程 ① 至 ④ 称为**消元过程**，矩阵 ④ 是行阶梯形矩阵，与之对应的方程组 ④ 则称为**行阶梯形方程组**.

从上述解题过程可以看出，用消元法求解线性方程组的具体做法就是对方程组反复实施以下三种变换：

(1) 交换某两个方程的位置；

(2) 用一个非零数乘某一个方程的两边；

(3) 将一个方程的倍数加到另一个方程.

以上这三种变换称为**线性方程组的初等变换**．而消元法的目的就是利用方程组的初等变换将原方程组化为阶梯形方程组，显然这个阶梯形方程组与原线性方程组同解，解这个阶梯形方程组就能得原方程组的解. 如果用矩阵表示其系数及常数项，则将原方程组化为行阶梯形方程组的过程就是将对应矩阵化为行阶梯形矩阵的过程.

将一个方程组化为行阶梯形方程组的步骤并不是唯一的，所以，同一个方程组

的行阶梯形方程组也不是唯一的. 特别地, 我们还可以将一个一般的行阶梯形方程组化为行最简形方程组, 从而使我们能直接"读"出该线性方程组的解.

对本例, 我们还可以利用线性方程组的初等行变换继续化简线性方程组 ④:

$$\to\begin{cases}2x_1+2x_2 \quad\quad = 8\\ \quad\quad -3x_2 \quad\quad =-9\\ \quad\quad\quad\quad x_3 = 2\end{cases} ⑤ \longleftrightarrow \begin{pmatrix}2&2&0&8\\0&-3&0&-9\\0&0&1&2\end{pmatrix} ⑤$$

$$\to\begin{cases}2x_1+2x_2 \quad\quad =8\\ \quad\quad x_2 \quad\quad =3\\ \quad\quad\quad\quad x_3=2\end{cases} ⑥ \longleftrightarrow \begin{pmatrix}2&2&0&8\\0&1&0&3\\0&0&1&2\end{pmatrix} ⑥$$

$$\to\begin{cases}2x_1 \quad\quad\quad\quad =2\\ \quad\quad x_2 \quad\quad =3\\ \quad\quad\quad\quad x_3=2\end{cases} ⑦ \longleftrightarrow \begin{pmatrix}2&0&0&2\\0&1&0&3\\0&0&1&2\end{pmatrix} ⑦$$

$$\to\begin{cases}x_1 \quad\quad\quad\quad =1\\ \quad\quad x_2 \quad\quad =3\\ \quad\quad\quad\quad x_3=2\end{cases} ⑧ \longleftrightarrow \begin{pmatrix}1&0&0&1\\0&1&0&3\\0&0&1&2\end{pmatrix} ⑧$$

从方程组 ⑧, 我们可以一目了然地看出 $x_1=1,\ x_2=3,\ x_3=2$.

通常把过程 ⑤ 至 ⑧ 称为**回代过程**.

从引例我们可得到如下启示: 用消元法解三元线性方程组的过程相当于对该方程组的系数与右端常数项按对应位置构成的矩阵作初等行变换. 对一般线性方程组是否有同样的结论? 答案是肯定的. 以下就一般线性方程组求解的问题进行讨论.

设有线性方程组

$$\begin{cases}a_{11}x_1+a_{12}x_2+\cdots+a_{1n}x_n=b_1\\ a_{21}x_1+a_{22}x_2+\cdots+a_{2n}x_n=b_2\\ \cdots\cdots\\ a_{m1}x_1+a_{m2}x_2+\cdots+a_{mn}x_n=b_m\end{cases}, \tag{1.1}$$

其矩阵形式为

$$\boldsymbol{Ax}=\boldsymbol{b}, \tag{1.2}$$

其中

$$\boldsymbol{A}=\begin{pmatrix}a_{11}&a_{12}&\cdots&a_{1n}\\a_{21}&a_{22}&\cdots&a_{2n}\\ \vdots&\vdots&&\vdots\\a_{m1}&a_{m2}&\cdots&a_{mn}\end{pmatrix},\quad \boldsymbol{x}=\begin{pmatrix}x_1\\x_2\\ \vdots\\x_n\end{pmatrix},\quad \boldsymbol{b}=\begin{pmatrix}b_1\\b_2\\ \vdots\\b_m\end{pmatrix}.$$

称矩阵 $(\boldsymbol{A}\ \ \boldsymbol{b})$ (有时记为 $\widetilde{\boldsymbol{A}}$) 为线性方程组 (1.1) 的**增广矩阵**.

当 $b_i=0\,(i=1,2,\cdots,m)$ 时, 线性方程组 (1.1) 称为齐次的; 否则称为非齐次的. 显然, 齐次线性方程组的矩阵形式为

$$\boldsymbol{Ax}=\boldsymbol{0}. \tag{1.3}$$

定理 1　设 $\boldsymbol{A}=(a_{ij})_{m\times n}$, n 元齐次线性方程组 $\boldsymbol{Ax}=\boldsymbol{0}$ 有非零解的充要条件是系数矩阵 $\boldsymbol{A}$ 的秩 $\mathrm{r}(\boldsymbol{A})<n$.

证明 必要性．设方程组 $\boldsymbol{Ax}=\boldsymbol{0}$ 有非零解．

设 $\mathrm{r}(\boldsymbol{A})=n$，则在 $\boldsymbol{A}$ 中应有一个 n 阶非零子式 D_n．根据克莱姆法则，D_n 所对应的 n 个方程只有零解，与假设矛盾，故 $\mathrm{r}(\boldsymbol{A})<n$．

充分性．设 $\mathrm{r}(\boldsymbol{A})=s<n$，则 $\boldsymbol{A}$ 的行阶梯形矩阵只含有 s 个非零行，从而知其有 $n-s$ 个**自由未知量**(即可取任意实数的未知量)．任取一个自由未知量为1，其余自由未知量为0，即可得到方程组的一个非零解． ■

定理 2 设 $\boldsymbol{A}=(a_{ij})_{m\times n}$，$n$ 元非齐次线性方程组 $\boldsymbol{Ax}=\boldsymbol{b}$ 有解的充要条件是系数矩阵 $\boldsymbol{A}$ 的秩等于增广矩阵 $\widetilde{\boldsymbol{A}}=(\boldsymbol{A}\ \ \boldsymbol{b})$ 的秩，即 $\mathrm{r}(\boldsymbol{A})=\mathrm{r}(\widetilde{\boldsymbol{A}})$．

证明 必要性．设方程组 $\boldsymbol{Ax}=\boldsymbol{b}$ 有解，但 $\mathrm{r}(\boldsymbol{A})<\mathrm{r}(\widetilde{\boldsymbol{A}})$，则 $\widetilde{\boldsymbol{A}}$ 的行阶梯形矩阵中最后一个非零行是矛盾方程，这与方程组有解矛盾，因此 $\mathrm{r}(\boldsymbol{A})=\mathrm{r}(\widetilde{\boldsymbol{A}})$．

充分性．设 $\mathrm{r}(\boldsymbol{A})=\mathrm{r}(\widetilde{\boldsymbol{A}})=s\ (s\leq n)$，则 $\widetilde{\boldsymbol{A}}$ 的行阶梯形矩阵中含有 s 个非零行，把这 s 行的第一个非零元所对应的未知量作为非自由量，其余 $n-s$ 个作为自由未知量，并令这 $n-s$ 个自由未知量全为零，即可得到方程组的一个解． ■

注：定理 2 的证明实际上给出了求解线性方程组(1.1)的方法．此外，若记 $\widetilde{\boldsymbol{A}}=(\boldsymbol{A}\ \ \boldsymbol{b})$，则上述定理的结果可简要总结如下：

(1) $\mathrm{r}(\boldsymbol{A})=\mathrm{r}(\widetilde{\boldsymbol{A}})=n$，当且仅当 $\boldsymbol{Ax}=\boldsymbol{b}$ 有唯一解；

(2) $\mathrm{r}(\boldsymbol{A})=\mathrm{r}(\widetilde{\boldsymbol{A}})<n$，当且仅当 $\boldsymbol{Ax}=\boldsymbol{b}$ 有无穷多解；

(3) $\mathrm{r}(\boldsymbol{A})\neq\mathrm{r}(\widetilde{\boldsymbol{A}})$，当且仅当 $\boldsymbol{Ax}=\boldsymbol{b}$ 无解；

(4) $\mathrm{r}(\boldsymbol{A})=n$，当且仅当 $\boldsymbol{Ax}=\boldsymbol{0}$ 只有零解；

(5) $r(\boldsymbol{A})<n$，当且仅当 $\boldsymbol{Ax}=\boldsymbol{0}$ 有非零解．

对于非齐次线性方程组，将增广矩阵 $\widetilde{\boldsymbol{A}}$ 化为行阶梯形矩阵，便可直接判断其是否有解，若有解，化为行最简形矩阵，便可直接写出其**全部解**．注意，当 $\mathrm{r}(\boldsymbol{A})=\mathrm{r}(\widetilde{\boldsymbol{A}})=s<n$ 时，$\widetilde{\boldsymbol{A}}$ 的行阶梯形矩阵中含有 s 个非零行，把这 s 行的第一个非零元所对应的未知量作为非自由量，其余 $n-s$ 个作为自由未知量．

对于齐次线性方程组，将其系数矩阵化为行最简形矩阵，便可直接写出其全部解．

例 1 求解齐次线性方程组

$$\begin{cases} x_1+2x_2+2x_3+\ \ x_4=0 \\ 2x_1+\ \ x_2-2x_3-2x_4=0 \\ x_1-\ \ x_2-4x_3-3x_4=0 \end{cases}.$$

解 对系数矩阵 $\boldsymbol{A}$ 施行初等行变换．

$$\boldsymbol{A}=\begin{pmatrix} 1 & 2 & 2 & 1 \\ 2 & 1 & -2 & -2 \\ 1 & -1 & -4 & -3 \end{pmatrix} \xrightarrow[r_3-r_1]{r_2-2r_1} \begin{pmatrix} 1 & 2 & 2 & 1 \\ 0 & -3 & -6 & -4 \\ 0 & -3 & -6 & -4 \end{pmatrix}$$

$$\xrightarrow[r_2\div(-3)]{r_3-r_2}\begin{pmatrix}1&2&2&1\\0&1&2&4/3\\0&0&0&0\end{pmatrix}\xrightarrow{r_1-2r_2}\begin{pmatrix}1&0&-2&-5/3\\0&1&2&4/3\\0&0&0&0\end{pmatrix}.$$

即得与原方程组同解的方程组

$$\begin{cases}x_1-2x_3-(5/3)x_4=0\\x_2+2x_3+(4/3)x_4=0\end{cases},\quad 即\ \begin{cases}x_1=\ \ 2x_3+(5/3)x_4\\x_2=-2x_3-(4/3)x_4\end{cases}\quad (x_3,\ x_4\ 可取任意值).$$

令 $x_3=c_1,\ x_4=c_2$，将其写成向量形式为

$$\begin{pmatrix}x_1\\x_2\\x_3\\x_4\end{pmatrix}=c_1\begin{pmatrix}2\\-2\\1\\0\end{pmatrix}+c_2\begin{pmatrix}5/3\\-4/3\\0\\1\end{pmatrix}\quad (c_1,\ c_2\ 为任意实数).$$

它表达了方程组的全部解. ■

例 2　解线性方程组 $\begin{cases}x_1+5x_2-\ \ x_3-\ \ x_4=-1\\x_1-2x_2+\ \ x_3+3x_4=3\\3x_1+8x_2-\ \ x_3+\ \ x_4=1\\x_1-9x_2+3x_3+7x_4=7\end{cases}.$

解　对增广矩阵 $(\boldsymbol{A}\ \ \boldsymbol{b})$ 施行初等行变换.

$$(\boldsymbol{A}\ \ \boldsymbol{b})=\begin{pmatrix}1&5&-1&-1&-1\\1&-2&1&3&3\\3&8&-1&1&1\\1&-9&3&7&7\end{pmatrix}\to\begin{pmatrix}1&5&-1&-1&-1\\0&-7&2&4&4\\0&-7&2&4&4\\0&-14&4&8&8\end{pmatrix}$$

$$\to\begin{pmatrix}1&5&-1&-1&-1\\0&-7&2&4&4\\0&0&0&0&0\\0&0&0&0&0\end{pmatrix}\to\begin{pmatrix}1&5&-1&-1&-1\\0&1&-2/7&-4/7&-4/7\\0&0&0&0&0\\0&0&0&0&0\end{pmatrix}.$$

因为 $\mathrm{r}(\boldsymbol{A}\ \ \boldsymbol{b})=\mathrm{r}(\boldsymbol{A})=2<4$，故方程组有无穷多解．利用上面最后一个矩阵进行回代得到

$$(\boldsymbol{A}\ \ \boldsymbol{b})\to\begin{pmatrix}1&0&3/7&13/7&13/7\\0&1&-2/7&-4/7&-4/7\\0&0&0&0&0\\0&0&0&0&0\end{pmatrix}.$$

该矩阵对应的方程组为

$$\begin{cases}x_1=\ \ \dfrac{13}{7}-\dfrac{3}{7}x_3-\dfrac{13}{7}x_4\\x_2=-\dfrac{4}{7}+\dfrac{2}{7}x_3+\dfrac{4}{7}x_4\end{cases}.$$

取 $x_3=c_1$，$x_4=c_2$ (其中 c_1, c_2 为任意常数)，则方程组的全部解为

$$\begin{cases} x_1=\dfrac{13}{7}-\dfrac{3}{7}c_1-\dfrac{13}{7}c_2 \\ x_2=-\dfrac{4}{7}+\dfrac{2}{7}c_1+\dfrac{4}{7}c_2 \\ x_3=c_1 \\ x_4=c_2 \end{cases}.$$

■

例3 讨论线性方程组

$$\begin{cases} x_1+x_2+2x_3+3x_4=1 \\ x_1+3x_2+6x_3+x_4=3 \\ 3x_1-x_2-px_3+15x_4=3 \\ x_1-5x_2-10x_3+12x_4=t \end{cases},$$

当 p, t 取何值时，方程组无解？有唯一解？有无穷多解？在方程组有无穷多解的情况下，求出全部解.

解 $$\widetilde{A}=\begin{pmatrix} 1 & 1 & 2 & 3 & 1 \\ 1 & 3 & 6 & 1 & 3 \\ 3 & -1 & -p & 15 & 3 \\ 1 & -5 & -10 & 12 & t \end{pmatrix} \to \begin{pmatrix} 1 & 1 & 2 & 3 & 1 \\ 0 & 2 & 4 & -2 & 2 \\ 0 & -4 & -p-6 & 6 & 0 \\ 0 & -6 & -12 & 9 & t-1 \end{pmatrix}$$

$$\to \begin{pmatrix} 1 & 1 & 2 & 3 & 1 \\ 0 & 1 & 2 & -1 & 1 \\ 0 & 0 & -p+2 & 2 & 4 \\ 0 & 0 & 0 & 3 & t+5 \end{pmatrix}.$$

(1) 当 $p\neq 2$ 时，$\mathrm{r}(\boldsymbol{A})=\mathrm{r}(\widetilde{\boldsymbol{A}})=4$，方程组有唯一解.

(2) 当 $p=2$ 时，有

$$\widetilde{A}\to\begin{pmatrix} 1 & 1 & 2 & 3 & 1 \\ 0 & 1 & 2 & -1 & 1 \\ 0 & 0 & 0 & 2 & 4 \\ 0 & 0 & 0 & 3 & t+5 \end{pmatrix}\to\begin{pmatrix} 1 & 1 & 2 & 3 & 1 \\ 0 & 1 & 2 & -1 & 1 \\ 0 & 0 & 0 & 1 & 2 \\ 0 & 0 & 0 & 0 & t-1 \end{pmatrix}.$$

当 $t\neq 1$ 时，$\mathrm{r}(\boldsymbol{A})=3<\mathrm{r}(\widetilde{\boldsymbol{A}})=4$，方程组无解；

当 $t=1$ 时，$\mathrm{r}(\boldsymbol{A})=\mathrm{r}(\widetilde{\boldsymbol{A}})=3$，方程组有无穷多解.

$$\widetilde{A}\to\begin{pmatrix} 1 & 1 & 2 & 3 & 1 \\ 0 & 1 & 2 & -1 & 1 \\ 0 & 0 & 0 & 1 & 2 \\ 0 & 0 & 0 & 0 & t-1 \end{pmatrix}\to\begin{pmatrix} 1 & 1 & 2 & 3 & 1 \\ 0 & 1 & 2 & -1 & 1 \\ 0 & 0 & 0 & 1 & 2 \\ 0 & 0 & 0 & 0 & 0 \end{pmatrix}\to\begin{pmatrix} 1 & 0 & 0 & 0 & -8 \\ 0 & 1 & 2 & 0 & 3 \\ 0 & 0 & 0 & 1 & 2 \\ 0 & 0 & 0 & 0 & 0 \end{pmatrix},$$

从而有 $\begin{cases} x_1 = -8 \\ x_2 + 2x_3 = 3, \\ x_4 = 2 \end{cases}$ 令 $x_3 = c$，则原方程组的全部解为

$$\begin{pmatrix} x_1 \\ x_2 \\ x_3 \\ x_4 \end{pmatrix} = c\begin{pmatrix} 0 \\ -2 \\ 1 \\ 0 \end{pmatrix} + \begin{pmatrix} -8 \\ 3 \\ 0 \\ 2 \end{pmatrix} \quad (c\text{为任意实数}).$$

■

例4　假使你是一个建筑师，某小区要建设一栋公寓，现在有一个模块构造方案需要你来设计，根据基本建筑面积每个楼层可以有三种户型设置方案，如右表所示. 如果要设计出含有136套一居室、74套两居室、66套三居室的公寓，是否可行？设计方案是否唯一呢？

方案	一居室(套)	两居室(套)	三居室(套)
A	8	7	3
B	8	4	4
C	9	3	5

解　设公寓的每层采用同一种方案，有 x_1 层采用方案 A，x_2 层采用方案 B，x_3 层采用方案 C，根据条件可得：

$$\begin{cases} 8x_1 + 8x_2 + 9x_3 = 136 \\ 7x_1 + 4x_2 + 3x_3 = 74 \\ 3x_1 + 4x_2 + 5x_3 = 66 \end{cases},$$

$$\widetilde{\boldsymbol{A}} = (\boldsymbol{A}\ \ \boldsymbol{b}) = \begin{pmatrix} 8 & 8 & 9 & 136 \\ 7 & 4 & 3 & 74 \\ 3 & 4 & 5 & 66 \end{pmatrix} \to \begin{pmatrix} 8 & 8 & 9 & 136 \\ 4 & 0 & -2 & 8 \\ 3 & 4 & 5 & 66 \end{pmatrix} \to \begin{pmatrix} 0 & 8 & 13 & 120 \\ 2 & 0 & -1 & 4 \\ 3 & 4 & 5 & 66 \end{pmatrix}$$

$$\to \begin{pmatrix} 2 & 0 & -1 & 4 \\ 0 & 4 & \frac{13}{2} & 60 \\ 0 & 0 & 0 & 0 \end{pmatrix}.$$

因为 $\mathrm{r}(\boldsymbol{A}) = \mathrm{r}(\widetilde{\boldsymbol{A}}) = 2 < 3$，故方程组有无穷多解.

利用上面最后一个矩阵进行回代得到

$$(\boldsymbol{A}\ \ \boldsymbol{b}) \to \begin{pmatrix} 2 & 0 & -1 & 4 \\ 0 & 4 & \frac{13}{2} & 60 \\ 0 & 0 & 0 & 0 \end{pmatrix}.$$

该矩阵对应的方程组为

$$\begin{cases} x_1 = 2 + \dfrac{1}{2}x_3 \\ x_2 = 15 - \dfrac{13}{8}x_3 \end{cases},$$

取 $x_3=c$ (其中 c 为正整数)，则方程组的全部解为

$$\begin{cases} x_1=2+\dfrac{1}{2}c \\ x_2=15-\dfrac{13}{8}c \\ x_3=c \end{cases}.$$

又由题意可知 x_1,x_2,x_3 都为正整数，则方程组有唯一解 $x_3=8,\ x_2=2,\ x_1=6$.

所以设计方案可行且唯一，设计方案为: 6 层采用方案 A, 2 层采用方案 B, 8 层采用方案 C . ■

*数学实验

实验11.1 试用计算软件判断下列方程组是否有解，若有解，试求其全部解.

(1) $\begin{cases} x_1+2x_2+2x_3+x_5+4x_6=0 \\ 2x_1+5x_2+4x_3+4x_4+2x_5+9x_6=0 \\ -3x_1-6x_2-2x_3+8x_4+x_5+4x_6=0 \\ x_1+2x_2+3x_3+3x_4+3x_5+6x_6=0 \\ x_1+x_2+2x_3-4x_4+x_5+3x_6=0 \\ 2x_1+3x_2+5x_3-x_4+4x_5+9x_6=0 \end{cases}$;

(2) $\begin{cases} x_1+2x_2+5x_3-7x_4+3x_5+3x_6=8 \\ -2x_1-2x_2-6x_3+3x_4+3x_5+3x_6=9 \\ 6x_1-2x_2-3x_3+39x_4-47x_5-47x_6=-125 \\ 8x_1+34x_2+66x_3-140x_4+98x_5+98x_6=280 \\ 5x_1+32x_2+54x_3-151x_4+112x_5+112x_6=336 \\ 3x_1-2x_2+4x_3+9x_4-7x_5-7x_6=-32 \end{cases}$;

(3) $\begin{cases} 3x_1+6x_2+15x_3-21x_4+9x_5+135x_6=429 \\ -3x_1-4x_2-11x_3+10x_4-96x_6=-287 \\ 5x_1-4x_2-8x_3+46x_4-50x_5-81x_6=-376 \\ 7x_1+32x_2+61x_3-133x_4+95x_5+585x_6=2\,027 \\ x_1+24x_2+34x_3-123x_4+100x_5+388x_6=1\,468 \\ 3x_1-2x_2+4x_3+9x_4-7x_5+7x_6=-11 \end{cases}$;

(4) $\begin{cases} 10x_1+6x_2+17x_3+11x_4-35x_5+28x_6=-128 \\ -2x_1-2x_2-6x_3+3x_4+3x_5+4x_6=12 \\ 5x_1-4x_2-8x_3+46x_4-50x_5+88x_6=-183 \\ 9x_1+36x_2+71x_3-147x_4+101x_5-258x_6=389 \\ 21x_1+82x_2+160x_3-347x_4+234x_5-612x_6=914 \\ 3x_1-2x_2+4x_3+9x_4-7x_5+16x_6=-38 \end{cases}$.

计算实验

详情参见教材配套的网络学习空间.

习题　11-1

1. 用消元法解下列齐次线性方程组:

(1) $\begin{cases} x_1+2x_2-x_3=0 \\ 2x_1+4x_2+7x_3=0 \end{cases}$;　　(2) $\begin{cases} x_1+2x_2-3x_3=0 \\ 2x_1+5x_2+2x_3=0 \\ 3x_1-x_2-4x_3=0 \end{cases}$;

(3) $\begin{cases} x_1+x_2+2x_3-x_4=0 \\ 2x_1+x_2+x_3-x_4=0 \\ 2x_1+2x_2+x_3+2x_4=0 \end{cases}$;　　(4) $\begin{cases} x_1+2x_2+x_3-x_4=0 \\ 3x_1+6x_2-x_3-3x_4=0 \\ 5x_1+10x_2+x_3-5x_4=0 \end{cases}$.

2. 用消元法解下列非齐次线性方程组:

(1) $\begin{cases} 4x_1+2x_2-x_3=2 \\ 3x_1-x_2+2x_3=10 \\ 11x_1+3x_2=8 \end{cases}$;　　(2) $\begin{cases} 2x+y-z+w=1 \\ 3x-2y+z-3w=4 \\ x+4y-3z+5w=-2 \end{cases}$.

3. λ 取何值时, 下列非齐次线性方程组有唯一解、无解或有无穷多解?并在有无穷多解时求出其解.

(1) $\begin{cases} \lambda x_1+x_2+x_3=1 \\ x_1+\lambda x_2+x_3=\lambda \\ x_1+x_2+\lambda x_3=\lambda^2 \end{cases}$;　　(2) $\begin{cases} -2x_1+x_2+x_3=-2 \\ x_1-2x_2+x_3=\lambda \\ x_1+x_2-2x_3=\lambda^2 \end{cases}$.

§11.2　向量组的线性组合

一、n 维向量及其线性运算

定义1　n 个有次序的数 $a_1, a_2, \cdots, a_n$ 所组成的数组称为 **n 维向量**, 这 n 个数称为该向量的 n 个**分量**, 第 i 个数 a_i 称为**第 i 个分量**.

例如, $(1,2,4,8,9)$ 是5维向量, 其第3个分量为4.

分量全为0的向量称为**零向量**, 记作 $\mathbf{0}$, 即 $\mathbf{0}=(0,0,\cdots,0)$;

向量 $(-a_1,-a_2,\cdots,-a_n)$ 称为向量 $\boldsymbol{a}=(a_1, a_2,\cdots, a_n)$ 的**负向量**, 记作 $-\boldsymbol{a}$;

若 $\boldsymbol{a}=(a_1, a_2,\cdots, a_n)$ 和 $\boldsymbol{b}=(b_1, b_2,\cdots, b_n)$ 的每个分量对应相等, 即

$$a_i=b_i\,(i=1,2,\cdots,n),$$

则称向量 $\boldsymbol{a}$ 与 $\boldsymbol{b}$ **相等**, 记作 $\boldsymbol{a}=\boldsymbol{b}$.

分量全为实数的向量称为**实向量**, 分量为复数的向量称为**复向量**. 除非特别声明, 本书一般只讨论实向量.

n 维向量可写成一行, 也可写成一列. 按第10章的规定, 分别称为**行向量**和**列向量**, 也就是行矩阵和列矩阵, 并规定行向量和列向量都按矩阵的运算法则进行运算.

因此，n 维列向量 $\boldsymbol{\alpha}=\begin{pmatrix}a_1\\a_2\\\vdots\\a_n\end{pmatrix}$ 与 n 维行向量 $\boldsymbol{\alpha}^{\mathrm{T}}=(a_1, a_2, \cdots, a_n)$ 总被视为两个不同的向量(按定义1, $\boldsymbol{\alpha}$ 与 $\boldsymbol{\alpha}^{\mathrm{T}}$ 应是同一个向量).

本书中，常用黑体小写字母 $\boldsymbol{\alpha}$, $\boldsymbol{\beta}$, $\boldsymbol{a}$, $\boldsymbol{b}$ 等表示列向量，用 $\boldsymbol{\alpha}^{\mathrm{T}}$, $\boldsymbol{\beta}^{\mathrm{T}}$, $\boldsymbol{a}^{\mathrm{T}}$, $\boldsymbol{b}^{\mathrm{T}}$ 等表示行向量，所讨论的向量在没有特别指明的情况下都被视为列向量.

注：在解析几何中，我们把“既有大小又有方向的量”称为向量，并把可随意平行移动的有向线段作为向量的几何形象．引入坐标系后，又定义了向量的坐标表示式(三个有序实数)，此即上面定义的三维向量．因此，当 $n\leq 3$ 时，n 维向量可以把有向线段作为其几何形象．当 $n>3$ 时，n 维向量没有直观的几何形象.

在空间解析几何中，“空间”通常作为点的集合，称为**点空间**. 因为空间中的点 $P(x,y,z)$ 与三维向量 $\boldsymbol{r}=(x,y,z)^{\mathrm{T}}$ 之间有一一对应的关系，故又把三维向量的全体组成的集合

$$\boldsymbol{R}^3=\{\boldsymbol{r}=(x,y,z)^{\mathrm{T}}\mid x,y,z\in\mathbf{R}\}$$

称为**三维向量空间**．类似地，n 维向量的全体组成的集合

$$\boldsymbol{R}^n=\{\boldsymbol{x}=(x_1,x_2,\cdots,x_n)^{\mathrm{T}}\mid x_1,x_2,\cdots,x_n\in\mathbf{R}\}$$

称为 **n 维向量空间**.

若干个同维数的列向量(或行向量)所组成的集合称为**向量组**.

例如，由一个 $m\times n$ 矩阵 $\boldsymbol{A}=\begin{pmatrix}a_{11}&a_{12}&\cdots&a_{1n}\\a_{21}&a_{22}&\cdots&a_{2n}\\\vdots&\vdots&&\vdots\\a_{m1}&a_{m2}&\cdots&a_{mn}\end{pmatrix}$ 的每一列

$$\boldsymbol{\alpha}_j=\begin{pmatrix}a_{1j}\\a_{2j}\\\vdots\\a_{mj}\end{pmatrix}\quad(j=1,2,\cdots,n)$$

组成的向量组 $\boldsymbol{\alpha}_1,\boldsymbol{\alpha}_2,\cdots,\boldsymbol{\alpha}_n$ 称为矩阵 $\boldsymbol{A}$ 的**列向量组**，而由矩阵 $\boldsymbol{A}$ 的每一行

$$\boldsymbol{\beta}_i=(a_{i1},a_{i2},\cdots,a_{in})\quad(i=1,2,\cdots,m)$$

组成的向量组 $\boldsymbol{\beta}_1,\boldsymbol{\beta}_2,\cdots,\boldsymbol{\beta}_m$ 称为矩阵 $\boldsymbol{A}$ 的**行向量组**.

根据上述讨论，矩阵 $\boldsymbol{A}$ 可记为

$$\boldsymbol{A}=(\boldsymbol{\alpha}_1,\boldsymbol{\alpha}_2,\cdots,\boldsymbol{\alpha}_n)\quad\text{或}\quad\boldsymbol{A}=\begin{pmatrix}\boldsymbol{\beta}_1\\\boldsymbol{\beta}_2\\\vdots\\\boldsymbol{\beta}_m\end{pmatrix}.$$

这样，矩阵 $\boldsymbol{A}$ 就与其列向量组或行向量组之间建立了一一对应关系．

矩阵的列向量组和行向量组都是只含有限个向量的向量组．而线性方程组

$$\boldsymbol{Ax}=\boldsymbol{0}$$

的全部解当 $\mathrm{r}(\boldsymbol{A})<n$ 时是一个含有无限多个 n 维列向量的向量组．

定义 2　两个 n 维向量 $\boldsymbol{\alpha}=(a_1,a_2,\cdots,a_n)^{\mathrm{T}}$ 与 $\boldsymbol{\beta}=(b_1,b_2,\cdots,b_n)^{\mathrm{T}}$ 的各对应分量之和组成的向量，称为**向量 $\boldsymbol{\alpha}$ 与 $\boldsymbol{\beta}$ 的和**，记为 $\boldsymbol{\alpha}+\boldsymbol{\beta}$，即

$$\boldsymbol{\alpha}+\boldsymbol{\beta}=(a_1+b_1,\ a_2+b_2,\ \cdots,\ a_n+b_n)^{\mathrm{T}}.$$

由加法和负向量的定义，可定义**向量的减法**：

$$\boldsymbol{\alpha}-\boldsymbol{\beta}=\boldsymbol{\alpha}+(-\boldsymbol{\beta})=(a_1-b_1,\ a_2-b_2,\ \cdots,\ a_n-b_n)^{\mathrm{T}}.$$

定义 3　n 维向量 $\boldsymbol{\alpha}=(a_1,\ a_2,\ \cdots,\ a_n)^{\mathrm{T}}$ 的各个分量都乘以实数 k 所组成的向量，称为**数 k 与向量 $\boldsymbol{\alpha}$ 的乘积**（又简称为**数乘**），记为 $k\boldsymbol{\alpha}$，即

$$k\boldsymbol{\alpha}=(ka_1,\ ka_2,\ \cdots,\ ka_n)^{\mathrm{T}}.$$

向量的加法和数乘运算统称为向量的**线性运算**．

注：向量的线性运算与行（列）矩阵的运算规律相同，从而也满足下列运算规律（其中 $\boldsymbol{\alpha},\boldsymbol{\beta},\boldsymbol{\gamma}\in\boldsymbol{R}^n$，$k,l\in\mathbf{R}$）：

① $\boldsymbol{\alpha}+\boldsymbol{\beta}=\boldsymbol{\beta}+\boldsymbol{\alpha}$；

② $(\boldsymbol{\alpha}+\boldsymbol{\beta})+\boldsymbol{\gamma}=\boldsymbol{\alpha}+(\boldsymbol{\beta}+\boldsymbol{\gamma})$；

③ $\boldsymbol{\alpha}+\boldsymbol{0}=\boldsymbol{\alpha}$；

④ $\boldsymbol{\alpha}+(-\boldsymbol{\alpha})=\boldsymbol{0}$；

⑤ $1\boldsymbol{\alpha}=\boldsymbol{\alpha}$；

⑥ $k(l\boldsymbol{\alpha})=(kl)\boldsymbol{\alpha}$；

⑦ $k(\boldsymbol{\alpha}+\boldsymbol{\beta})=k\boldsymbol{\alpha}+k\boldsymbol{\beta}$；

⑧ $(k+l)\boldsymbol{\alpha}=k\boldsymbol{\alpha}+l\boldsymbol{\alpha}$.

例 1　设 $\boldsymbol{\alpha}=(2,0,-1,3)^{\mathrm{T}}$，$\boldsymbol{\beta}=(1,7,4,-2)^{\mathrm{T}}$，$\boldsymbol{\gamma}=(0,1,0,1)^{\mathrm{T}}$.

(1) 求 $2\boldsymbol{\alpha}+\boldsymbol{\beta}-3\boldsymbol{\gamma}$；

(2) 若有 $\boldsymbol{x}$，满足 $3\boldsymbol{\alpha}-\boldsymbol{\beta}+5\boldsymbol{\gamma}+2\boldsymbol{x}=\boldsymbol{0}$，求 $\boldsymbol{x}$.

解　(1) $2\boldsymbol{\alpha}+\boldsymbol{\beta}-3\boldsymbol{\gamma}=2(2,0,-1,3)^{\mathrm{T}}+(1,7,4,-2)^{\mathrm{T}}-3(0,1,0,1)^{\mathrm{T}}=(5,4,2,1)^{\mathrm{T}}$.

(2) 由 $3\boldsymbol{\alpha}-\boldsymbol{\beta}+5\boldsymbol{\gamma}+2\boldsymbol{x}=\boldsymbol{0}$，得

$$\begin{aligned}\boldsymbol{x}&=\frac{1}{2}(-3\boldsymbol{\alpha}+\boldsymbol{\beta}-5\boldsymbol{\gamma})\\&=\frac{1}{2}[-3(2,0,-1,3)^{\mathrm{T}}+(1,7,4,-2)^{\mathrm{T}}-5(0,1,0,1)^{\mathrm{T}}]\\&=\left(-\frac{5}{2},1,\ \frac{7}{2},-8\right)^{\mathrm{T}}.\end{aligned}$$

■

二、向量组的线性组合

考察线性方程组

$$\begin{cases}a_{11}x_1+a_{12}x_2+\cdots+a_{1n}x_n=b_1\\a_{21}x_1+a_{22}x_2+\cdots+a_{2n}x_n=b_2\\\cdots\cdots\\a_{m1}x_1+a_{m2}x_2+\cdots+a_{mn}x_n=b_m\end{cases}.\qquad(2.1)$$

令 $$\boldsymbol{\alpha}_j=\begin{pmatrix}a_{1j}\\a_{2j}\\\vdots\\a_{mj}\end{pmatrix}\quad(j=1,2,\cdots,n),\quad\boldsymbol{\beta}=\begin{pmatrix}b_1\\b_2\\\vdots\\b_m\end{pmatrix},\tag{2.2}$$

则线性方程组 (2.1) 可表示为如下向量形式：

$$\boldsymbol{\alpha}_1x_1+\boldsymbol{\alpha}_2x_2+\cdots+\boldsymbol{\alpha}_nx_n=\boldsymbol{\beta}.\tag{2.3}$$

于是，线性方程组 (2.1) 是否有解，就相当于是否存在一组数 $k_1,k_2,\cdots,k_n$ 使得下列线性关系式成立：

$$\boldsymbol{\beta}=k_1\boldsymbol{\alpha}_1+k_2\boldsymbol{\alpha}_2+\cdots+k_n\boldsymbol{\alpha}_n.$$

例如，线性方程组

$$\begin{cases}x_1+2x_2+x_3=-0.5\\ \qquad x_2-x_3=-1.5\\ x_1+2x_2\qquad=-1\end{cases}$$

的向量形式为

$$\boldsymbol{\alpha}_1x_1+\boldsymbol{\alpha}_2x_2+\boldsymbol{\alpha}_3x_3=\boldsymbol{\beta},$$

其中 $$\boldsymbol{\alpha}_1=\begin{pmatrix}1\\0\\1\end{pmatrix},\ \boldsymbol{\alpha}_2=\begin{pmatrix}2\\1\\2\end{pmatrix},\ \boldsymbol{\alpha}_1=\begin{pmatrix}1\\-1\\0\end{pmatrix},\ \boldsymbol{\beta}=\begin{pmatrix}-0.5\\-1.5\\-1\end{pmatrix}.$$

另外，易求出该方程组的解为 $(1,-1,0.5)$，故有

$$1\cdot\boldsymbol{\alpha}_1+(-1)\cdot\boldsymbol{\alpha}_2+0.5\cdot\boldsymbol{\alpha}_3=\boldsymbol{\beta}.$$

在探讨这一问题之前，我们先介绍几个有关向量组的概念.

定义 4 给定向量组 $A:\boldsymbol{\alpha}_1,\boldsymbol{\alpha}_2,\cdots,\boldsymbol{\alpha}_s$，对于任何一组实数 $k_1,k_2,\cdots,k_s$，表达式 $k_1\boldsymbol{\alpha}_1+k_2\boldsymbol{\alpha}_2+\cdots+k_s\boldsymbol{\alpha}_s$ 称为向量组 A 的一个**线性组合**，$k_1,k_2,\cdots,k_s$ 称为这个线性组合的**系数**，也称为该线性组合的**权重**.

定义 5 给定向量组 $A:\boldsymbol{\alpha}_1,\boldsymbol{\alpha}_2,\cdots,\boldsymbol{\alpha}_s$ 和向量 $\boldsymbol{\beta}$，若存在一组数 $k_1,k_2,\cdots,k_s$，使

$$\boldsymbol{\beta}=k_1\boldsymbol{\alpha}_1+k_2\boldsymbol{\alpha}_2+\cdots+k_s\boldsymbol{\alpha}_s,$$

则称向量 $\boldsymbol{\beta}$ 是向量组 A 的**线性组合**，又称向量 $\boldsymbol{\beta}$ 能由向量组 A **线性表示**（或**线性表出**）.

从线性方程组 (2.1) 的向量形式 (2.3) 可见，向量 $\boldsymbol{\beta}$ 是否能由向量组 $\boldsymbol{\alpha}_1,\boldsymbol{\alpha}_2,\cdots,\boldsymbol{\alpha}_s$ 线性表示的问题等价于线性方程组 $\boldsymbol{\alpha}_1x_1+\boldsymbol{\alpha}_2x_2+\cdots+\boldsymbol{\alpha}_sx_s=\boldsymbol{\beta}$ 是否有解的问题. 于是，根据 §11.1 的定理 2，可得：

定理 1 设向量 $\boldsymbol{\beta},\boldsymbol{\alpha}_j\ (j=1,2,\cdots,s)$ 由式 (2.2) 给出，则向量 $\boldsymbol{\beta}$ 能由向量组 $\boldsymbol{\alpha}_1,\boldsymbol{\alpha}_2,\cdots,\boldsymbol{\alpha}_s$ 线性表示的充分必要条件是矩阵

$$A=(\boldsymbol{\alpha}_1,\boldsymbol{\alpha}_2,\cdots,\boldsymbol{\alpha}_s)\text{ 与 }\widetilde{A}=(\boldsymbol{\alpha}_1,\boldsymbol{\alpha}_2,\cdots,\boldsymbol{\alpha}_s,\boldsymbol{\beta})$$

的秩相等.

例如，设有列向量组

$$\boldsymbol{\alpha}_1=\begin{pmatrix}10\\26\\22\\32\\8\end{pmatrix},\ \boldsymbol{\alpha}_2=\begin{pmatrix}28\\78\\66\\94\\24\end{pmatrix},\ \boldsymbol{\alpha}_3=\begin{pmatrix}-12\\-21\\-18\\-30\\-6\end{pmatrix},\ \boldsymbol{\alpha}_4=\begin{pmatrix}60\\208\\180\\236\\64\end{pmatrix},\ \boldsymbol{\alpha}_5=\begin{pmatrix}10\\10\\10\\20\\5\end{pmatrix},\ \boldsymbol{\beta}=\begin{pmatrix}72\\214\\183\\253\\67\end{pmatrix}.$$

根据第349页实验10.6(3)的结果，由该列向量组构成矩阵

$$\begin{pmatrix}10&28&-12&60&10&72\\26&78&-21&208&10&214\\22&66&-18&180&10&183\\32&94&-30&236&20&253\\8&24&-6&64&5&67\end{pmatrix}\to\begin{pmatrix}1&0&0&0&0&13\\0&2&0&0&0&-5\\0&0&3&0&0&5\\0&0&0&4&0&2\\0&0&0&0&5&1\end{pmatrix}.$$

两矩阵秩相等，所以，向量 $\boldsymbol{\beta}$ 可由 $\boldsymbol{\alpha}_1,\boldsymbol{\alpha}_2,\cdots,\boldsymbol{\alpha}_5$ 线性表示，且由上面右侧的矩阵，可得线性表示式为

$$\boldsymbol{\beta}=13\boldsymbol{\alpha}_1-\frac{5}{2}\boldsymbol{\alpha}_2+\frac{5}{3}\boldsymbol{\alpha}_3+\frac{1}{2}\boldsymbol{\alpha}_4+\frac{1}{5}\boldsymbol{\alpha}_5.$$

例2 任何一个 n 维向量 $\boldsymbol{\alpha}=(a_1,a_2,\cdots,a_n)^{\mathrm{T}}$ 都是 n 维单位向量组 $\boldsymbol{\varepsilon}_1=(1,0,\cdots,0)^{\mathrm{T}}$, $\boldsymbol{\varepsilon}_2=(0,1,0,\cdots,0)^{\mathrm{T}}$, $\cdots$, $\boldsymbol{\varepsilon}_n=(0,\cdots,0,1)^{\mathrm{T}}$ 的线性组合.

因为 $$\boldsymbol{\alpha}=a_1\boldsymbol{\varepsilon}_1+a_2\boldsymbol{\varepsilon}_2+\cdots+a_n\boldsymbol{\varepsilon}_n.$$ ■

例3 零向量是任何一组向量的线性组合.

因为 $$\mathbf{0}=0\cdot\boldsymbol{\alpha}_1+0\cdot\boldsymbol{\alpha}_2+\cdots+0\cdot\boldsymbol{\alpha}_s.$$ ■

例4 向量组 $\boldsymbol{\alpha}_1,\boldsymbol{\alpha}_2,\cdots,\boldsymbol{\alpha}_s$ 中任一向量 $\boldsymbol{\alpha}_j\ (1\le j\le s)$ 都是此向量组的线性组合.

因为 $$\boldsymbol{\alpha}_j=0\cdot\boldsymbol{\alpha}_1+\cdots+1\cdot\boldsymbol{\alpha}_j+\cdots+0\cdot\boldsymbol{\alpha}_s.$$ ■

例5 判断向量 $\boldsymbol{\beta}=(4,3,-1,11)^{\mathrm{T}}$ 是否为向量组 $\boldsymbol{\alpha}_1=(1,2,-1,5)^{\mathrm{T}}$, $\boldsymbol{\alpha}_2=(2,-1,1,1)^{\mathrm{T}}$ 的线性组合. 若是，写出表示式.

解 设 $k_1\boldsymbol{\alpha}_1+k_2\boldsymbol{\alpha}_2=\boldsymbol{\beta}$, 对矩阵 $(\boldsymbol{\alpha}_1\ \ \boldsymbol{\alpha}_2\ \ \boldsymbol{\beta})$ 施以初等行变换：

$$\begin{pmatrix}1&2&4\\2&-1&3\\-1&1&-1\\5&1&11\end{pmatrix}\to\begin{pmatrix}1&2&4\\0&-5&-5\\0&3&3\\0&-9&-9\end{pmatrix}\to\begin{pmatrix}1&2&4\\0&1&1\\0&0&0\\0&0&0\end{pmatrix}\to\begin{pmatrix}1&0&2\\0&1&1\\0&0&0\\0&0&0\end{pmatrix}.$$

易见， $$\mathrm{r}(\boldsymbol{\alpha}_1\ \ \boldsymbol{\alpha}_2\ \ \boldsymbol{\beta})=\mathrm{r}(\boldsymbol{\alpha}_1\ \ \boldsymbol{\alpha}_2)=2.$$

故 $\boldsymbol{\beta}$ 可由 $\boldsymbol{\alpha}_1,\boldsymbol{\alpha}_2$ 线性表示，且由上面最后一个矩阵知，取 $k_1=2$, $k_2=1$ 可使

$$\boldsymbol{\beta}=2\boldsymbol{\alpha}_1+\boldsymbol{\alpha}_2.$$ ■

三、向量组间的线性表示

定义 6　设有两个向量组

$$A: \boldsymbol{\alpha}_1, \boldsymbol{\alpha}_2, \cdots, \boldsymbol{\alpha}_s;\quad B: \boldsymbol{\beta}_1, \boldsymbol{\beta}_2, \cdots, \boldsymbol{\beta}_t,$$

若向量组 $\boldsymbol{B}$ 中的每一个向量都能由向量组 $\boldsymbol{A}$ 线性表示，则称向量组 $\boldsymbol{B}$ 能由向量组 $\boldsymbol{A}$ **线性表示**. 若向量组 $\boldsymbol{A}$ 与向量组 $\boldsymbol{B}$ 能相互线性表示，则称这两个**向量组等价**. 按定义，若向量组 $\boldsymbol{B}$ 能由向量组 $\boldsymbol{A}$ 线性表示，则存在 $k_{1j}, k_{2j}, \cdots, k_{sj}\ (j=1,2,\cdots,t)$，使

$$\boldsymbol{\beta}_j = k_{1j}\boldsymbol{\alpha}_1 + k_{2j}\boldsymbol{\alpha}_2 + \cdots + k_{sj}\boldsymbol{\alpha}_s = (\boldsymbol{\alpha}_1, \boldsymbol{\alpha}_2, \cdots, \boldsymbol{\alpha}_s)\begin{pmatrix} k_{1j} \\ k_{2j} \\ \vdots \\ k_{sj} \end{pmatrix},$$

即

$$(\boldsymbol{\beta}_1, \boldsymbol{\beta}_2, \cdots, \boldsymbol{\beta}_t) = (\boldsymbol{\alpha}_1, \boldsymbol{\alpha}_2, \cdots, \boldsymbol{\alpha}_s)\begin{pmatrix} k_{11} & k_{12} & \cdots & k_{1t} \\ k_{21} & k_{22} & \cdots & k_{2t} \\ \vdots & \vdots & & \vdots \\ k_{s1} & k_{s2} & \cdots & k_{st} \end{pmatrix},$$

其中矩阵 $\boldsymbol{K}_{s\times t} = (k_{ij})_{s\times t}$ 称为这一线性表示的**系数矩阵**.

例如，设有两向量组

$$A:\ \boldsymbol{\alpha}_1 = \begin{pmatrix} -1 \\ 1 \\ 1 \\ -1 \end{pmatrix},\ \boldsymbol{\alpha}_2 = \begin{pmatrix} 4 \\ -8 \\ 2 \\ 1 \end{pmatrix},\ \boldsymbol{\alpha}_3 = \begin{pmatrix} 1 \\ -4 \\ 4 \\ -1 \end{pmatrix},\ \boldsymbol{\alpha}_4 = \begin{pmatrix} -2 \\ 1 \\ 4 \\ -3 \end{pmatrix};$$

$$B:\ \boldsymbol{\beta}_1 = \begin{pmatrix} 2 \\ -10 \\ 11 \\ -4 \end{pmatrix},\ \boldsymbol{\beta}_2 = \begin{pmatrix} 4 \\ -12 \\ 9 \\ -2 \end{pmatrix},\ \boldsymbol{\beta}_3 = \begin{pmatrix} -2 \\ 4 \\ -1 \\ 0 \end{pmatrix},\ \boldsymbol{\beta}_4 = \begin{pmatrix} -3 \\ 8 \\ -5 \\ 1 \end{pmatrix},\ \boldsymbol{\beta}_5 = \begin{pmatrix} 8 \\ -14 \\ 1 \\ 4 \end{pmatrix}.$$

易验证向量组 $\boldsymbol{B}$: $\boldsymbol{\beta}_1, \boldsymbol{\beta}_2, \boldsymbol{\beta}_3, \boldsymbol{\beta}_4, \boldsymbol{\beta}_5$ 能由向量组 $\boldsymbol{A}$: $\boldsymbol{\alpha}_1, \boldsymbol{\alpha}_2, \boldsymbol{\alpha}_3, \boldsymbol{\alpha}_4$ 线性表示，且

$$\boldsymbol{\beta}_1 = \boldsymbol{\alpha}_1 + \boldsymbol{\alpha}_2 + \boldsymbol{\alpha}_3 + \boldsymbol{\alpha}_4,\quad \boldsymbol{\beta}_2 = -\boldsymbol{\alpha}_1 + \boldsymbol{\alpha}_2 + \boldsymbol{\alpha}_3 + \boldsymbol{\alpha}_4,$$
$$\boldsymbol{\beta}_3 = \boldsymbol{\alpha}_1 - \boldsymbol{\alpha}_2 + \boldsymbol{\alpha}_3 - \boldsymbol{\alpha}_4,\quad \boldsymbol{\beta}_4 = \boldsymbol{\alpha}_1 - \boldsymbol{\alpha}_2 - \boldsymbol{\alpha}_4,$$
$$\boldsymbol{\beta}_5 = -\boldsymbol{\alpha}_1 + \boldsymbol{\alpha}_2 + \boldsymbol{\alpha}_3 - \boldsymbol{\alpha}_4,$$

于是

$$(\boldsymbol{\beta}_1, \boldsymbol{\beta}_2, \boldsymbol{\beta}_3, \boldsymbol{\beta}_4, \boldsymbol{\beta}_5) = (\boldsymbol{\alpha}_1, \boldsymbol{\alpha}_2, \boldsymbol{\alpha}_3, \boldsymbol{\alpha}_4)\begin{pmatrix} 1 & -1 & 1 & 1 & -1 \\ 1 & 1 & -1 & -1 & 1 \\ 1 & 1 & 1 & 0 & 1 \\ 1 & 1 & -1 & -1 & -1 \end{pmatrix},$$

上述线性表示的系数矩阵即为

$$\begin{pmatrix} 1 & -1 & 1 & 1 & -1 \\ 1 & 1 & -1 & -1 & 1 \\ 1 & 1 & 1 & 0 & 1 \\ 1 & 1 & -1 & -1 & -1 \end{pmatrix}.$$

根据上述概念，若 $\boldsymbol{C}_{s\times n}=\boldsymbol{A}_{s\times t}\boldsymbol{B}_{t\times n}$，则矩阵 $\boldsymbol{C}$ 的列向量组能由矩阵 $\boldsymbol{A}$ 的列向量组线性表示，$\boldsymbol{B}$ 为这一表示的系数矩阵．而矩阵 $\boldsymbol{C}$ 的行向量组能由 $\boldsymbol{B}$ 的行向量组线性表示，$\boldsymbol{A}$ 为这一表示的系数矩阵．

定理 2　若向量组 $\boldsymbol{A}$ 可由向量组 $\boldsymbol{B}$ 线性表示，向量组 $\boldsymbol{B}$ 可由向量组 $\boldsymbol{C}$ 线性表示，则向量组 $\boldsymbol{A}$ 可由向量组 $\boldsymbol{C}$ 线性表示．

证明　由定理的条件，存在系数矩阵 $\boldsymbol{M}, \boldsymbol{N}$ 使得 $\boldsymbol{A}=\boldsymbol{BM}$，$\boldsymbol{B}=\boldsymbol{CN}$，由此得

$$\boldsymbol{A}=\boldsymbol{CNM}=\boldsymbol{CK},\ \text{其中}\ \boldsymbol{K}=\boldsymbol{NM},$$

即向量组 $\boldsymbol{A}$ 可由向量组 $\boldsymbol{C}$ 线性表示．■

例 6　已知向量组 $\boldsymbol{B}:\boldsymbol{\beta}_1,\boldsymbol{\beta}_2$ 由向量组 $\boldsymbol{A}:\boldsymbol{\alpha}_1,\boldsymbol{\alpha}_2$ 线性表示为 $\boldsymbol{\beta}_1=\boldsymbol{\alpha}_1-\boldsymbol{\alpha}_2$，$\boldsymbol{\beta}_2=\boldsymbol{\alpha}_1+\boldsymbol{\alpha}_2$，试将向量组 $\boldsymbol{A}$ 的向量用向量组 $\boldsymbol{B}$ 的向量线性表示．

解　由

$$\boldsymbol{\beta}_1=\boldsymbol{\alpha}_1-\boldsymbol{\alpha}_2,\ \boldsymbol{\beta}_2=\boldsymbol{\alpha}_1+\boldsymbol{\alpha}_2.$$

将两式相加得

$$\boldsymbol{\beta}_1+\boldsymbol{\beta}_2=2\boldsymbol{\alpha}_1,$$

将两式相减得

$$\boldsymbol{\beta}_1-\boldsymbol{\beta}_2=-2\boldsymbol{\alpha}_2,$$

所以有

$$\boldsymbol{\alpha}_1=(\boldsymbol{\beta}_1+\boldsymbol{\beta}_2)/2;\ \ \boldsymbol{\alpha}_2=(\boldsymbol{\beta}_2-\boldsymbol{\beta}_1)/2.$$ ■

习题 11-2

1. 设 $\boldsymbol{v}_1=(1,1,0)^{\mathrm{T}}$，$\boldsymbol{v}_2=(0,1,1)^{\mathrm{T}}$，$\boldsymbol{v}_3=(3,4,0)^{\mathrm{T}}$，求 $\boldsymbol{v}_1-\boldsymbol{v}_2$ 及 $3\boldsymbol{v}_1+2\boldsymbol{v}_2-\boldsymbol{v}_3$．

2. 将下列向量中的 $\boldsymbol{\beta}$ 表示为其余向量的线性组合：

$$\boldsymbol{\beta}=(3,5,-6),\ \boldsymbol{\alpha}_1=(1,0,1),\ \boldsymbol{\alpha}_2=(1,1,1),\ \boldsymbol{\alpha}_3=(0,-1,-1).$$

3. 已知向量组 $\boldsymbol{B}:\boldsymbol{\beta}_1,\boldsymbol{\beta}_2,\boldsymbol{\beta}_3$ 由向量组 $\boldsymbol{A}:\boldsymbol{\alpha}_1,\boldsymbol{\alpha}_2,\boldsymbol{\alpha}_3$ 线性表示的表示式为

$$\boldsymbol{\beta}_1=\boldsymbol{\alpha}_1-\boldsymbol{\alpha}_2+\boldsymbol{\alpha}_3,\quad \boldsymbol{\beta}_2=\boldsymbol{\alpha}_1+\boldsymbol{\alpha}_2-\boldsymbol{\alpha}_3,\quad \boldsymbol{\beta}_3=-\boldsymbol{\alpha}_1+\boldsymbol{\alpha}_2+\boldsymbol{\alpha}_3,$$

试将向量组 $\boldsymbol{A}$ 的向量用向量组 $\boldsymbol{B}$ 的向量线性表示．

4. 设有向量

$$\boldsymbol{\alpha}_1=\begin{pmatrix}1\\4\\0\\2\end{pmatrix},\ \boldsymbol{\alpha}_2=\begin{pmatrix}2\\7\\1\\3\end{pmatrix},\ \boldsymbol{\alpha}_3=\begin{pmatrix}0\\1\\-1\\a\end{pmatrix},\ \boldsymbol{\beta}=\begin{pmatrix}3\\10\\b\\4\end{pmatrix}.$$

试问当 a, b 为何值时，

(1) $\boldsymbol{\beta}$ 不能由 $\boldsymbol{\alpha}_1, \boldsymbol{\alpha}_2, \boldsymbol{\alpha}_3$ 线性表示？

(2) $\boldsymbol{\beta}$ 可由 $\boldsymbol{\alpha}_1, \boldsymbol{\alpha}_2, \boldsymbol{\alpha}_3$ 线性表示？并写出该表达式.

§11.3 向量组的线性相关性

一、线性相关性的概念

定义 1 给定向量组 $A: \boldsymbol{\alpha}_1, \boldsymbol{\alpha}_2, \cdots, \boldsymbol{\alpha}_s$，如果存在不全为零的数 $k_1, k_2, \cdots, k_s$，使

$$k_1\boldsymbol{\alpha}_1 + k_2\boldsymbol{\alpha}_2 + \cdots + k_s\boldsymbol{\alpha}_s = \mathbf{0}, \tag{3.1}$$

则称向量组 A **线性相关**，否则称为**线性无关**.

从上述定义可见：

(1) 向量组只含有一个向量 $\boldsymbol{\alpha}$ 时，$\boldsymbol{\alpha}$ 线性无关的充分必要条件是 $\boldsymbol{\alpha} \neq \mathbf{0}$. 因此，单个零向量 $\mathbf{0}$ 是线性相关的. 进一步还可推出，包含零向量的任何向量组都是线性相关的. 事实上，对向量组 $\boldsymbol{\alpha}_1, \boldsymbol{\alpha}_2, \cdots, \mathbf{0}, \cdots, \boldsymbol{\alpha}_s$ 恒有

$$0\boldsymbol{\alpha}_1 + 0\boldsymbol{\alpha}_2 + \cdots + k\mathbf{0} + \cdots + 0\boldsymbol{\alpha}_s = \mathbf{0},$$

其中 k 可以是任意不为零的数，故该向量组线性相关.

(2) 仅含两个向量的向量组线性相关的充分必要条件是这两个向量的对应分量成比例. 两向量线性相关的几何意义是这两个向量共线 (见图 11－3－1).

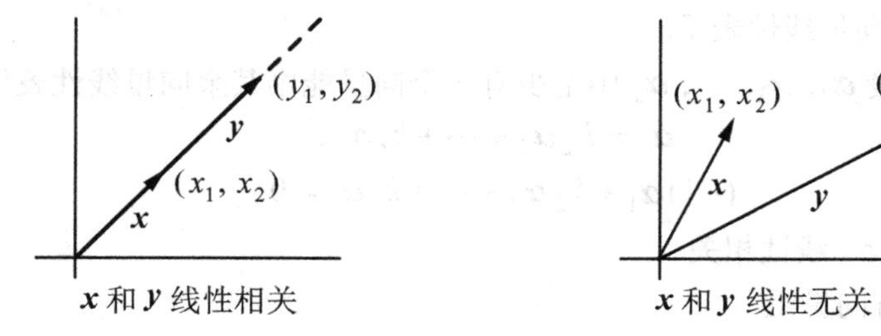

图 11－3－1

(3) 三个向量线性相关的几何意义是这三个向量共面 (见图 11－3－2).

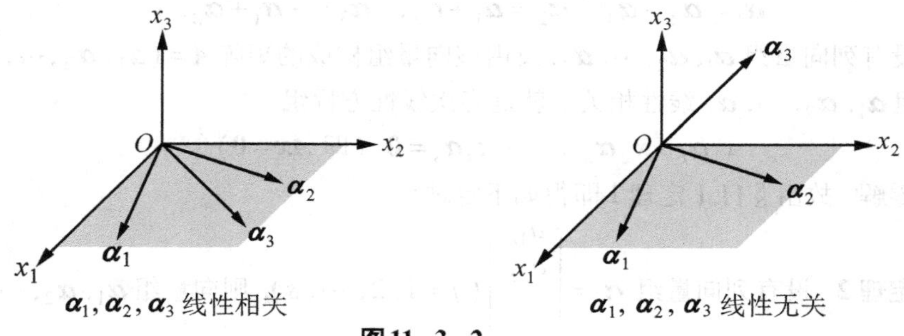

图 11－3－2

最后我们指出，如果当且仅当 $k_1=k_2=\cdots=k_s=0$ 时式 (3.1) 才成立，则向量组 $\boldsymbol{\alpha}_1,\boldsymbol{\alpha}_2,\cdots,\boldsymbol{\alpha}_s$ 是线性无关的，这也是论证一向量组线性无关的基本方法.

例如，向量组 $\begin{pmatrix}1\\0\\1\end{pmatrix},\begin{pmatrix}0\\1\\1\end{pmatrix},\begin{pmatrix}1\\1\\0\end{pmatrix}$ 线性无关，因为若

$$c_1\begin{pmatrix}1\\0\\1\end{pmatrix}+c_2\begin{pmatrix}0\\1\\1\end{pmatrix}+c_3\begin{pmatrix}1\\1\\0\end{pmatrix}=\begin{pmatrix}0\\0\\0\end{pmatrix},$$

即 $\begin{cases}c_1 \quad\quad +c_3=0\\ \quad\quad c_2+c_3=0\\ c_1+c_2 \quad\quad =0\end{cases}$，该方程组只有零解，所以 $c_1=0,c_2=0,c_3=0$，从而上述向量组是线性无关的.

二、线性相关性的判定

定理 1 向量组 $\boldsymbol{\alpha}_1,\boldsymbol{\alpha}_2,\cdots,\boldsymbol{\alpha}_s\ (s\geq 2)$ 线性相关的充要条件是向量组中至少有一个向量可由其余 $s-1$ 个向量线性表示.

证明 必要性. 设 $\boldsymbol{\alpha}_1,\boldsymbol{\alpha}_2,\cdots,\boldsymbol{\alpha}_s$ 线性相关，则存在 s 个不全为零的数 $k_1,k_2,\cdots,k_s$，使得 $k_1\boldsymbol{\alpha}_1+k_2\boldsymbol{\alpha}_2+\cdots+k_s\boldsymbol{\alpha}_s=\mathbf{0}$ 成立. 不妨设 $k_1\neq 0$，于是

$$\boldsymbol{\alpha}_1=\left(-\frac{k_2}{k_1}\right)\boldsymbol{\alpha}_2+\cdots+\left(-\frac{k_s}{k_1}\right)\boldsymbol{\alpha}_s,$$

即 $\boldsymbol{\alpha}_1$ 可由其余向量线性表示.

充分性. 设 $\boldsymbol{\alpha}_1,\boldsymbol{\alpha}_2,\cdots,\boldsymbol{\alpha}_s$ 中至少有一个向量能由其余向量线性表示，不妨设

$$\boldsymbol{\alpha}_1=k_2\boldsymbol{\alpha}_2+\cdots+k_s\boldsymbol{\alpha}_s,$$

即

$$(-1)\boldsymbol{\alpha}_1+k_2\boldsymbol{\alpha}_2+\cdots+k_s\boldsymbol{\alpha}_s=\mathbf{0},$$

故 $\boldsymbol{\alpha}_1,\boldsymbol{\alpha}_2,\cdots,\boldsymbol{\alpha}_s$ 线性相关. ■

例如，设有向量组

$$\boldsymbol{\alpha}_1=(1,-1,1,0)^{\mathrm{T}},\ \boldsymbol{\alpha}_2=(1,0,1,0)^{\mathrm{T}},\ \boldsymbol{\alpha}_3=(0,1,0,0)^{\mathrm{T}},$$

因为 $\boldsymbol{\alpha}_1-\boldsymbol{\alpha}_2+\boldsymbol{\alpha}_3=\mathbf{0}$，故 $\boldsymbol{\alpha}_1,\boldsymbol{\alpha}_2,\boldsymbol{\alpha}_3$ 线性相关. 由 $\boldsymbol{\alpha}_1-\boldsymbol{\alpha}_2+\boldsymbol{\alpha}_3=\mathbf{0}$，易见有

$$\boldsymbol{\alpha}_1=\boldsymbol{\alpha}_2-\boldsymbol{\alpha}_3,\quad \boldsymbol{\alpha}_2=\boldsymbol{\alpha}_1+\boldsymbol{\alpha}_3,\quad \boldsymbol{\alpha}_3=-\boldsymbol{\alpha}_1+\boldsymbol{\alpha}_2.$$

设有列向量组 $\boldsymbol{\alpha}_1,\boldsymbol{\alpha}_2,\cdots,\boldsymbol{\alpha}_s$，及由该向量组构成的矩阵 $\boldsymbol{A}=(\boldsymbol{\alpha}_1,\boldsymbol{\alpha}_2,\cdots,\boldsymbol{\alpha}_s)$，则向量组 $\boldsymbol{\alpha}_1,\boldsymbol{\alpha}_2,\cdots,\boldsymbol{\alpha}_s$ 线性相关，就是齐次线性方程组

$$x_1\boldsymbol{\alpha}_1+x_2\boldsymbol{\alpha}_2+\cdots+x_s\boldsymbol{\alpha}_s=\mathbf{0}\ \ (\text{即 } \boldsymbol{A}\boldsymbol{x}=\mathbf{0})$$

有非零解. 故由 §11.1 定理 1 即得如下定理:

定理 2 设有列向量组 $\boldsymbol{\alpha}_j=\begin{pmatrix}a_{1j}\\a_{2j}\\ \vdots\\a_{nj}\end{pmatrix}\ (j=1,2,\cdots,s)$，则向量组 $\boldsymbol{\alpha}_1,\boldsymbol{\alpha}_2,\cdots,\boldsymbol{\alpha}_s$ 线

性相关的充要条件是：矩阵 $\boldsymbol{A}=(\boldsymbol{\alpha}_1,\boldsymbol{\alpha}_2,\cdots,\boldsymbol{\alpha}_s)$ 的秩小于向量的个数 s.

推论1 s 个 n 维列向量 $\boldsymbol{\alpha}_1,\boldsymbol{\alpha}_2,\cdots,\boldsymbol{\alpha}_s$ 线性无关（线性相关）的充要条件是：矩阵 $\boldsymbol{A}=(\boldsymbol{\alpha}_1,\boldsymbol{\alpha}_2,\cdots,\boldsymbol{\alpha}_s)$ 的秩等于（小于）向量的个数 s.

推论2 n 个 n 维列向量组 $\boldsymbol{\alpha}_1,\boldsymbol{\alpha}_2,\cdots,\boldsymbol{\alpha}_n$ 线性无关（线性相关）的充要条件是：矩阵 $\boldsymbol{A}=(\boldsymbol{\alpha}_1,\boldsymbol{\alpha}_2,\cdots,\boldsymbol{\alpha}_n)$ 的行列式不等于（等于）零.

注：上述结论对于矩阵的行向量组也同样成立.

推论3 当向量组中所含向量的个数大于向量的维数时，此向量组必线性相关.

定理2及其推论告诉我们，向量组线性相关性的判定实际上可以转化为对该向量组所构成的矩阵的秩的判定.

例如，取第347页实验10.5(3)与(6)题矩阵的前5列构成矩阵 $\boldsymbol{A}$ 与 $\boldsymbol{B}$，则有

$$\boldsymbol{A}=(\boldsymbol{\alpha}_1,\boldsymbol{\alpha}_2,\boldsymbol{\alpha}_3,\boldsymbol{\alpha}_4,\boldsymbol{\alpha}_5)=\begin{pmatrix}5&18&9&16&35\\9&36&12&31&67\\11&44&15&38&82\\6&26&6&22&47\\4&16&6&14&30\end{pmatrix}\to\begin{pmatrix}1&2&3&2&5\\0&2&-3&1&2\\0&0&3&1&1\\0&0&0&0&0\\0&0&0&0&0\end{pmatrix},$$

$$\boldsymbol{B}=(\boldsymbol{\beta}_1,\boldsymbol{\beta}_2,\boldsymbol{\beta}_3,\boldsymbol{\beta}_4,\boldsymbol{\beta}_5)=\begin{pmatrix}10&28&-12&60&10\\26&78&-21&208&10\\22&66&-18&180&10\\32&94&-30&236&20\\8&24&-6&64&5\end{pmatrix}\to\begin{pmatrix}2&4&-6&-4&5\\0&2&3&20&-10\\0&0&3&-4&10\\0&0&0&4&0\\0&0&0&0&5\end{pmatrix},$$

易见矩阵 $\boldsymbol{A}$ 的秩 $\mathrm{r}(\boldsymbol{A})<5$，故其列向量组 $\boldsymbol{\alpha}_1,\boldsymbol{\alpha}_2,\boldsymbol{\alpha}_3,\boldsymbol{\alpha}_4,\boldsymbol{\alpha}_5$ 线性相关；而矩阵 $\boldsymbol{B}$ 的秩 $\mathrm{r}(\boldsymbol{B})=5$，故其列向量组 $\boldsymbol{\beta}_1,\boldsymbol{\beta}_2,\boldsymbol{\beta}_3,\boldsymbol{\beta}_4,\boldsymbol{\beta}_5$ 线性无关.

例1 n 维向量组

$$\boldsymbol{\varepsilon}_1=(1,0,\cdots,0)^{\mathrm{T}},\ \boldsymbol{\varepsilon}_2=(0,1,\cdots,0)^{\mathrm{T}},\ \cdots,\ \boldsymbol{\varepsilon}_n=(0,0,\cdots,1)^{\mathrm{T}}$$

称为 n 维单位坐标向量组，讨论其线性相关性.

解 n 维单位坐标向量组构成的矩阵

$$\boldsymbol{E}=(\boldsymbol{\varepsilon}_1,\boldsymbol{\varepsilon}_2,\cdots,\boldsymbol{\varepsilon}_n)=\begin{pmatrix}1&0&\cdots&0\\0&1&\cdots&0\\\vdots&\vdots&&\vdots\\0&0&\cdots&1\end{pmatrix}$$

是 n 阶单位矩阵.

由 $|\boldsymbol{E}|=1\neq 0$，知 $\mathrm{r}(\boldsymbol{E})=n$，即 $\mathrm{r}(\boldsymbol{E})$ 等于向量组中向量的个数，故由推论1知，此向量组是线性无关的. ■

例2 已知

$$\boldsymbol{\alpha}_1=\begin{pmatrix}1\\1\\1\end{pmatrix},\quad\boldsymbol{\alpha}_2=\begin{pmatrix}0\\2\\5\end{pmatrix},\quad\boldsymbol{\alpha}_3=\begin{pmatrix}2\\4\\7\end{pmatrix},$$

试讨论向量组 $\boldsymbol{\alpha}_1, \boldsymbol{\alpha}_2, \boldsymbol{\alpha}_3$ 及向量组 $\boldsymbol{\alpha}_1, \boldsymbol{\alpha}_2$ 的线性相关性.

解　对矩阵 $\boldsymbol{A}=(\boldsymbol{\alpha}_1, \boldsymbol{\alpha}_2, \boldsymbol{\alpha}_3)$ 施行初等行变换，将其化为行阶梯形矩阵，即可同时看出矩阵 $\boldsymbol{A}$ 及 $\boldsymbol{B}=(\boldsymbol{\alpha}_1, \boldsymbol{\alpha}_2)$ 的秩，利用定理 2 即可得出结论.

$$(\boldsymbol{\alpha}_1, \boldsymbol{\alpha}_2, \boldsymbol{\alpha}_3)=\begin{pmatrix}1 & 0 & 2\\ 1 & 2 & 4\\ 1 & 5 & 7\end{pmatrix}\xrightarrow[r_3-r_1]{r_2-r_1}\begin{pmatrix}1 & 0 & 2\\ 0 & 2 & 2\\ 0 & 5 & 5\end{pmatrix}\xrightarrow{r_3-\frac{5}{2}r_2}\begin{pmatrix}1 & 0 & 2\\ 0 & 2 & 2\\ 0 & 0 & 0\end{pmatrix},$$

可见 $\mathrm{r}(\boldsymbol{A})=2, \mathrm{r}(\boldsymbol{B})=2$，故向量组 $\boldsymbol{\alpha}_1, \boldsymbol{\alpha}_2, \boldsymbol{\alpha}_3$ 线性相关；向量组 $\boldsymbol{\alpha}_1, \boldsymbol{\alpha}_2$ 线性无关. ■

定理 3　若向量组中有一部分向量(**部分组**)线性相关，则整个向量组线性相关.

证明　设向量组 $\boldsymbol{\alpha}_1, \boldsymbol{\alpha}_2, \cdots, \boldsymbol{\alpha}_s$ 中有 r 个 $(r \le s)$ 向量的部分组线性相关，不妨设 $\boldsymbol{\alpha}_1, \boldsymbol{\alpha}_2, \cdots, \boldsymbol{\alpha}_r$ 线性相关，则存在不全为零的数 $k_1, k_2, \cdots, k_r$ 使

$$k_1\boldsymbol{\alpha}_1+k_2\boldsymbol{\alpha}_2+\cdots+k_r\boldsymbol{\alpha}_r=\mathbf{0}$$

成立. 因而存在一组不全为零的数 $k_1, k_2, \cdots, k_r, 0, \cdots, 0$ 使

$$k_1\boldsymbol{\alpha}_1+k_2\boldsymbol{\alpha}_2+\cdots+k_r\boldsymbol{\alpha}_r+0\cdot\boldsymbol{\alpha}_{r+1}+\cdots+0\cdot\boldsymbol{\alpha}_s=\mathbf{0}$$

成立，即 $\boldsymbol{\alpha}_1, \boldsymbol{\alpha}_2, \cdots, \boldsymbol{\alpha}_s$ 线性相关. ■

推论 4　线性无关的向量组中的任一部分组皆线性无关.

定理 4　若向量组 $\boldsymbol{\alpha}_1, \cdots, \boldsymbol{\alpha}_s, \boldsymbol{\beta}$ 线性相关，而向量组 $\boldsymbol{\alpha}_1, \boldsymbol{\alpha}_2, \cdots, \boldsymbol{\alpha}_s$ 线性无关，则向量 $\boldsymbol{\beta}$ 可由 $\boldsymbol{\alpha}_1, \boldsymbol{\alpha}_2, \cdots, \boldsymbol{\alpha}_s$ 线性表示，且表示法唯一.

证明　先证 $\boldsymbol{\beta}$ 可由 $\boldsymbol{\alpha}_1, \boldsymbol{\alpha}_2, \cdots, \boldsymbol{\alpha}_s$ 线性表示.

因为 $\boldsymbol{\alpha}_1, \cdots, \boldsymbol{\alpha}_s, \boldsymbol{\beta}$ 线性相关，故存在一组不全为零的数 $k_1, \cdots, k_s, k$，使得

$$k_1\boldsymbol{\alpha}_1+\cdots+k_s\boldsymbol{\alpha}_s+k\boldsymbol{\beta}=\mathbf{0}$$

成立. 注意到 $\boldsymbol{\alpha}_1, \cdots, \boldsymbol{\alpha}_s$ 线性无关，易知 $k\neq 0$，所以

$$\boldsymbol{\beta}=\left(-\frac{k_1}{k}\right)\boldsymbol{\alpha}_1+\left(-\frac{k_2}{k}\right)\boldsymbol{\alpha}_2+\cdots+\left(-\frac{k_s}{k}\right)\boldsymbol{\alpha}_s.$$

再证表示法的唯一性. 若

$$\boldsymbol{\beta}=h_1\boldsymbol{\alpha}_1+\cdots+h_s\boldsymbol{\alpha}_s,\ \boldsymbol{\beta}=l_1\boldsymbol{\alpha}_1+\cdots+l_s\boldsymbol{\alpha}_s,$$

整理得

$$(h_1-l_1)\boldsymbol{\alpha}_1+\cdots+(h_s-l_s)\boldsymbol{\alpha}_s=\mathbf{0}.$$

由 $\boldsymbol{\alpha}_1, \boldsymbol{\alpha}_2, \cdots, \boldsymbol{\alpha}_s$ 线性无关，易知 $h_1=l_1, \cdots, h_s=l_s$，故表示法是唯一的. ■

例如，任意一向量 $\boldsymbol{\alpha}=(a_1, a_2, \cdots, a_n)^{\mathrm{T}}$ 可由单位向量 $\boldsymbol{\varepsilon}_1, \boldsymbol{\varepsilon}_2, \cdots, \boldsymbol{\varepsilon}_n$ 唯一地线性表示，即

$$\boldsymbol{\alpha}=a_1\boldsymbol{\varepsilon}_1+a_2\boldsymbol{\varepsilon}_2+\cdots+a_n\boldsymbol{\varepsilon}_n.$$

定理 5　设有两向量组

$$\boldsymbol{A}: \boldsymbol{\alpha}_1, \boldsymbol{\alpha}_2, \cdots, \boldsymbol{\alpha}_s;\quad \boldsymbol{B}: \boldsymbol{\beta}_1, \boldsymbol{\beta}_2, \cdots, \boldsymbol{\beta}_t,$$

向量组 $\boldsymbol{B}$ 能由向量组 $\boldsymbol{A}$ 线性表示，若 $s<t$，则向量组 $\boldsymbol{B}$ 线性相关.

证明 设

$$(\boldsymbol{\beta}_1,\boldsymbol{\beta}_2,\cdots,\boldsymbol{\beta}_t)=(\boldsymbol{\alpha}_1,\boldsymbol{\alpha}_2,\cdots,\boldsymbol{\alpha}_s)\begin{pmatrix}k_{11}&k_{12}&\cdots&k_{1t}\\k_{21}&k_{22}&\cdots&k_{2t}\\\vdots&\vdots&&\vdots\\k_{s1}&k_{s2}&\cdots&k_{st}\end{pmatrix},\tag{3.2}$$

欲证存在不全为零的数 $x_1, x_2, \cdots, x_t$ 使

$$x_1\boldsymbol{\beta}_1+x_2\boldsymbol{\beta}_2+\cdots+x_t\boldsymbol{\beta}_t=(\boldsymbol{\beta}_1,\boldsymbol{\beta}_2,\cdots,\boldsymbol{\beta}_t)\begin{pmatrix}x_1\\x_2\\\vdots\\x_t\end{pmatrix}=\mathbf{0},\tag{3.3}$$

将式(3.2)代入式(3.3)，并注意到 $s<t$，则知齐次线性方程组

$$\begin{pmatrix}k_{11}&k_{12}&\cdots&k_{1t}\\k_{21}&k_{22}&\cdots&k_{2t}\\\vdots&\vdots&&\vdots\\k_{s1}&k_{s2}&\cdots&k_{st}\end{pmatrix}\begin{pmatrix}x_1\\x_2\\\vdots\\x_t\end{pmatrix}=\mathbf{0}$$

有非零解，从而向量组 $\boldsymbol{B}$ 线性相关. ■

例如，从第 375 页定义 6 后的例中，我们有

$$(\boldsymbol{\beta}_1,\boldsymbol{\beta}_2,\boldsymbol{\beta}_3,\boldsymbol{\beta}_4,\boldsymbol{\beta}_5)=(\boldsymbol{\alpha}_1,\boldsymbol{\alpha}_2,\boldsymbol{\alpha}_3,\boldsymbol{\alpha}_4)\begin{pmatrix}1&-1&1&1&-1\\1&1&-1&-1&1\\1&1&1&0&1\\1&1&-1&-1&-1\end{pmatrix},$$

这里，向量组 $\boldsymbol{\alpha}_1,\boldsymbol{\alpha}_2,\boldsymbol{\alpha}_3,\boldsymbol{\alpha}_4$ 的个数4 小于向量组 $\boldsymbol{\beta}_1,\boldsymbol{\beta}_2,\boldsymbol{\beta}_3,\boldsymbol{\beta}_4,\boldsymbol{\beta}_5$ 的个数5，从而可根据定理 5 的结论，判定向量组 $\boldsymbol{\beta}_1,\boldsymbol{\beta}_2,\boldsymbol{\beta}_3,\boldsymbol{\beta}_4,\boldsymbol{\beta}_5$ 线性相关.

易得定理 5 的等价命题：

推论 5 设向量组 $\boldsymbol{B}$ 能由向量组 $\boldsymbol{A}$ 线性表示，若向量组 $\boldsymbol{B}$ 线性无关，则 $s\geq t$.

推论 6 设向量组 $\boldsymbol{A}$ 与 $\boldsymbol{B}$ 可以相互线性表示，若 $\boldsymbol{A}$ 与 $\boldsymbol{B}$ 都是线性无关的，则 $s=t$.

证明 向量组 $\boldsymbol{A}$ 线性无关且可由 $\boldsymbol{B}$ 线性表示，则 $s\leq t$；向量组 $\boldsymbol{B}$ 线性无关且可由 $\boldsymbol{A}$ 线性表示，则 $s\geq t$. 故有 $s=t$. ■

例 3 设向量组 $\boldsymbol{\alpha}_1, \boldsymbol{\alpha}_2, \boldsymbol{\alpha}_3$ 线性相关，向量组 $\boldsymbol{\alpha}_2, \boldsymbol{\alpha}_3, \boldsymbol{\alpha}_4$ 线性无关，证明：

(1) $\boldsymbol{\alpha}_1$ 能由 $\boldsymbol{\alpha}_2, \boldsymbol{\alpha}_3$ 线性表示；

(2) $\boldsymbol{\alpha}_4$ 不能由 $\boldsymbol{\alpha}_1, \boldsymbol{\alpha}_2, \boldsymbol{\alpha}_3$ 线性表示.

证明 (1) 因 $\boldsymbol{\alpha}_2, \boldsymbol{\alpha}_3, \boldsymbol{\alpha}_4$ 线性无关，由推论 4 知 $\boldsymbol{\alpha}_2, \boldsymbol{\alpha}_3$ 线性无关，而 $\boldsymbol{\alpha}_1, \boldsymbol{\alpha}_2, \boldsymbol{\alpha}_3$ 线性相关，由定理 4 知 $\boldsymbol{\alpha}_1$ 能由 $\boldsymbol{\alpha}_2, \boldsymbol{\alpha}_3$ 线性表示.

(2) 用反证法. 假设 $\boldsymbol{\alpha}_4$ 能由 $\boldsymbol{\alpha}_1, \boldsymbol{\alpha}_2, \boldsymbol{\alpha}_3$ 表示，而由 (1) 知 $\boldsymbol{\alpha}_1$ 能由 $\boldsymbol{\alpha}_2, \boldsymbol{\alpha}_3$ 表示，

因此 $\boldsymbol{\alpha}_4$ 能由 $\boldsymbol{\alpha}_2, \boldsymbol{\alpha}_3$ 线性表示，这与 $\boldsymbol{\alpha}_2, \boldsymbol{\alpha}_3, \boldsymbol{\alpha}_4$ 线性无关矛盾. ■

习题　11-3

1. 判定下列向量组是线性相关还是线性无关:

(1) $\boldsymbol{\alpha}_1=(1,0,-1)^{\mathrm{T}}$,　$\boldsymbol{\alpha}_2=(-2,2,0)^{\mathrm{T}}$,　$\boldsymbol{\alpha}_3=(3,-5,2)^{\mathrm{T}}$;

(2) $\boldsymbol{\alpha}_1=(1,1,3,1)^{\mathrm{T}}$,　$\boldsymbol{\alpha}_2=(3,-1,2,4)^{\mathrm{T}}$,　$\boldsymbol{\alpha}_3=(2,2,7,-1)^{\mathrm{T}}$;

(3) $\boldsymbol{\alpha}_1=(1,0,0,2,5)^{\mathrm{T}}$,　$\boldsymbol{\alpha}_2=(0,1,0,3,4)^{\mathrm{T}}$,　$\boldsymbol{\alpha}_3=(0,0,1,4,7)^{\mathrm{T}}$,　$\boldsymbol{\alpha}_4=(2,-3,4,11,12)^{\mathrm{T}}$.

2. 求 a 取什么值时，下列向量组线性相关？

$$\boldsymbol{\alpha}_1=\begin{pmatrix}a\\1\\1\end{pmatrix},\ \boldsymbol{\alpha}_2=\begin{pmatrix}1\\a\\-1\end{pmatrix},\ \boldsymbol{\alpha}_3=\begin{pmatrix}1\\-1\\a\end{pmatrix}.$$

3. 设 $\boldsymbol{\alpha}_1, \boldsymbol{\alpha}_2$ 线性无关，$\boldsymbol{\alpha}_1+\boldsymbol{\beta}, \boldsymbol{\alpha}_2+\boldsymbol{\beta}$ 线性相关，求向量 $\boldsymbol{\beta}$ 由 $\boldsymbol{\alpha}_1, \boldsymbol{\alpha}_2$ 线性表示的表示式.

4. 已知向量组

$$\boldsymbol{\alpha}_1=(1,1,2,1)^{\mathrm{T}},\ \boldsymbol{\alpha}_2=(1,0,0,2)^{\mathrm{T}},\ \boldsymbol{\alpha}_3=(-1,-4,-8,k)^{\mathrm{T}}$$

线性相关，求 k.

5. 设向量组 $\boldsymbol{A}$: $\boldsymbol{\alpha}_1=(1,2,1,3)^{\mathrm{T}}$, $\boldsymbol{\alpha}_2=(4,-1,-5,-6)^{\mathrm{T}}$; 向量组 $\boldsymbol{B}$: $\boldsymbol{\beta}_1=(-1,3,4,7)^{\mathrm{T}}$, $\boldsymbol{\beta}_2=(2,-1,-3,-4)^{\mathrm{T}}$, 试证明: 向量组 $\boldsymbol{A}$ 与向量组 $\boldsymbol{B}$ 等价.

§11.4　向量组的秩

本节我们考察一向量组中拥有最大个数的线性无关向量的部分组——极大线性无关向量组，并由此引入向量组的秩的定义. 在此基础上，进一步讨论矩阵与其行向量组和列向量组间秩的相等关系，这个关系是我们处理线性方程组相关信息的一个强有力的工具.

一、极大线性无关向量组

定义1　设有向量组 $\boldsymbol{A}$: $\boldsymbol{\alpha}_1, \boldsymbol{\alpha}_2, \cdots, \boldsymbol{\alpha}_s$, 若在向量组 $\boldsymbol{A}$ 中能选出 r 个向量 $\boldsymbol{\alpha}_{j_1}$, $\boldsymbol{\alpha}_{j_2}, \cdots, \boldsymbol{\alpha}_{j_r}$, 满足

(1) 向量组 $\boldsymbol{A}_0$: $\boldsymbol{\alpha}_{j_1}, \boldsymbol{\alpha}_{j_2}, \cdots, \boldsymbol{\alpha}_{j_r}$ 线性无关,

(2) 向量组 $\boldsymbol{A}$ 中任意 $r+1$ 个向量(若存在的话)都线性相关,

则称向量组 $\boldsymbol{A}_0$ 是向量组 $\boldsymbol{A}$ 的一个**极大线性无关向量组**(简称为**极大无关组**).

注: 向量组的极大无关组可能不止一个，但由 §11.3 推论 6 知，其向量的个数是相等的.

例如，二维向量组 $\boldsymbol{\alpha}_1=(0,1)^{\mathrm{T}}$, $\boldsymbol{\alpha}_2=(1,0)^{\mathrm{T}}$, $\boldsymbol{\alpha}_3=(1,1)^{\mathrm{T}}$, $\boldsymbol{\alpha}_4=(0,2)^{\mathrm{T}}$，因为任何三个二维向量的向量组必定线性相关，又 $\boldsymbol{\alpha}_1,\boldsymbol{\alpha}_2$ 线性无关，故 $\boldsymbol{\alpha}_1,\boldsymbol{\alpha}_2$ 是该向量组的一个极大线性无关组．易知 $\boldsymbol{\alpha}_2,\boldsymbol{\alpha}_3$ 也是该向量组的极大线性无关组．

定理 1 如果 $\boldsymbol{\alpha}_{j_1},\boldsymbol{\alpha}_{j_2},\cdots,\boldsymbol{\alpha}_{j_r}$ 是 $\boldsymbol{\alpha}_1,\boldsymbol{\alpha}_2,\cdots,\boldsymbol{\alpha}_s$ 的线性无关部分组，它是极大无关组的充分必要条件是 $\boldsymbol{\alpha}_1,\boldsymbol{\alpha}_2,\cdots,\boldsymbol{\alpha}_s$ 中的每一个向量都可由 $\boldsymbol{\alpha}_{j_1},\boldsymbol{\alpha}_{j_2},\cdots,\boldsymbol{\alpha}_{j_r}$ 线性表示．

证明 必要性．若 $\boldsymbol{\alpha}_{j_1},\boldsymbol{\alpha}_{j_2},\cdots,\boldsymbol{\alpha}_{j_r}$ 是 $\boldsymbol{\alpha}_1,\boldsymbol{\alpha}_2,\cdots,\boldsymbol{\alpha}_s$ 的一个极大无关组，则当 j 是 $j_1,j_2,\cdots,j_r$ 中的数时，显然 $\boldsymbol{\alpha}_j$ 可由 $\boldsymbol{\alpha}_{j_1},\boldsymbol{\alpha}_{j_2},\cdots,\boldsymbol{\alpha}_{j_r}$ 线性表示；而当 j 不是 $j_1,j_2,\cdots,j_r$ 中的数时，$\boldsymbol{\alpha}_j,\boldsymbol{\alpha}_{j_1},\boldsymbol{\alpha}_{j_2},\cdots,\boldsymbol{\alpha}_{j_r}$ 线性相关，又 $\boldsymbol{\alpha}_{j_1},\boldsymbol{\alpha}_{j_2},\cdots,\boldsymbol{\alpha}_{j_r}$ 线性无关，由 §11.3 定理 4 知，$\boldsymbol{\alpha}_j$ 可由 $\boldsymbol{\alpha}_{j_1},\boldsymbol{\alpha}_{j_2},\cdots,\boldsymbol{\alpha}_{j_r}$ 线性表示．

充分性．如果 $\boldsymbol{\alpha}_1,\boldsymbol{\alpha}_2,\cdots,\boldsymbol{\alpha}_s$ 可由 $\boldsymbol{\alpha}_{j_1},\boldsymbol{\alpha}_{j_2},\cdots,\boldsymbol{\alpha}_{j_r}$ 线性表示，则 $\boldsymbol{\alpha}_1,\boldsymbol{\alpha}_2,\cdots,\boldsymbol{\alpha}_s$ 中任何包含 $r+1\,(s>r)$ 个向量的部分组都线性相关，于是，$\boldsymbol{\alpha}_{j_1},\boldsymbol{\alpha}_{j_2},\cdots,\boldsymbol{\alpha}_{j_r}$ 是极大无关组．■

注：由定理 1 知，向量组与其极大线性无关组可相互线性表示，即向量组与其极大线性无关组等价．

*数学实验

实验 11.2 试用计算软件，求下列矩阵的列（或行）向量组的一个极大无关组．

$$
(1)\begin{pmatrix} 1 & 1 & -1 & 2 & 1 & 2 \\ 2 & 4 & 0 & 7 & 1 & 8 \\ 3 & 4 & -2 & 8 & 4 & 5 \\ 4 & 4 & -4 & 9 & 6 & 16 \\ 2 & 1 & -3 & 2 & 1 & 6 \\ 2 & 2 & -2 & 3 & 0 & -4 \end{pmatrix};\qquad
(2)\begin{pmatrix} 6 & 4 & 4 & -2 & -2 & 5 \\ -1 & 2 & -6 & 2 & 3 & 1 \\ 7 & 6 & 2 & -2 & -1 & 7 \\ 4 & 4 & 0 & 1 & 0 & 4 \\ 2 & 3 & -2 & 0 & 1 & 3 \\ -5 & -4 & -2 & 1 & 1 & -5 \end{pmatrix}.
$$

计算实验

微信扫描右侧的二维码即可进行矩阵变换实验（详见教材配套的网络学习空间）．

二、向量组的秩

定义 2 向量组 $\boldsymbol{\alpha}_1,\boldsymbol{\alpha}_2,\cdots,\boldsymbol{\alpha}_s$ 的极大无关组所含向量的个数称为该向量组的**秩**，记为 $\mathrm{r}(\boldsymbol{\alpha}_1,\boldsymbol{\alpha}_2,\cdots,\boldsymbol{\alpha}_s)$．

规定：由零向量组成的向量组的秩为 0．

例如，前面已经讨论过，二维向量组

$$\boldsymbol{\alpha}_1=(0,1)^{\mathrm{T}},\quad \boldsymbol{\alpha}_2=(1,0)^{\mathrm{T}},\quad \boldsymbol{\alpha}_3=(1,1)^{\mathrm{T}},\quad \boldsymbol{\alpha}_4=(0,2)^{\mathrm{T}}$$

的极大无关组的向量的个数为 2，故 $\mathrm{r}(\boldsymbol{\alpha}_1,\boldsymbol{\alpha}_2,\boldsymbol{\alpha}_3,\boldsymbol{\alpha}_4)=2$．

三、矩阵与向量组秩的关系

定理 2 设 $\boldsymbol{A}$ 为 $m\times n$ 矩阵，则矩阵 $\boldsymbol{A}$ 的秩等于它的列向量组的秩，也等于它的行向量组的秩．

证明 设$\boldsymbol{A}=(\boldsymbol{\alpha}_1, \boldsymbol{\alpha}_2, \cdots, \boldsymbol{\alpha}_n)$, $\mathrm{r}(\boldsymbol{A})=s$, 则由矩阵的秩的定义知，存在$\boldsymbol{A}$的$s$阶子式$D_s \neq 0$. 从而$D_s$所在的$s$个列向量线性无关；又$\boldsymbol{A}$中所有$s+1$阶子式$D_{s+1}=0$, 故$\boldsymbol{A}$中的任意$s+1$个列向量都线性相关. 因此，$D_s$所在的$s$列是$\boldsymbol{A}$的列向量组的一个极大无关组，所以列向量组的秩等于$s$.

同理可证，矩阵$\boldsymbol{A}$的行向量组的秩也等于s. ■

推论1 矩阵$\boldsymbol{A}$的行向量组的秩与列向量组的秩相等.

由定理2的证明知，若D_s是矩阵$\boldsymbol{A}$的一个最高阶非零子式，则D_s所在的s列就是$\boldsymbol{A}$的列向量组的一个极大无关组；D_s所在的s行即为$\boldsymbol{A}$的行向量组的一个极大无关组.

注：可以证明：若对矩阵$\boldsymbol{A}$仅施以初等行变换得矩阵$\boldsymbol{B}$，则$\boldsymbol{B}$的列向量组与$\boldsymbol{A}$的列向量组间有相同的线性关系，即行的初等变换保持了列向量间的线性无关性和线性相关性. 它提供了**求极大无关组的方法**：

以向量组中各向量为列向量组成矩阵后，只作初等行变换将该矩阵化为行阶梯形矩阵，则可直接写出所求向量组的极大无关组.

同理，也可以向量组中各向量为行向量组成矩阵，通过作初等列变换来求向量组的极大无关组.

例1 全体n维向量构成的向量组记作$\boldsymbol{R}^n$，求$\boldsymbol{R}^n$的一个极大无关组及$\boldsymbol{R}^n$的秩.

解 因为n维单位坐标向量构成的向量组$\boldsymbol{E}$: $\boldsymbol{\varepsilon}_1, \boldsymbol{\varepsilon}_2, \cdots, \boldsymbol{\varepsilon}_n$是线性无关的，又知$\boldsymbol{R}^n$中的任意$n+1$个向量都线性相关，因此，向量组$\boldsymbol{E}$是$\boldsymbol{R}^n$的一个极大无关组，且$\boldsymbol{R}^n$的秩等于$n$. ■

例2 设矩阵$\boldsymbol{A}=\begin{pmatrix} 2 & -1 & -1 & 1 & 2 \\ 1 & 1 & -2 & 1 & 4 \\ 4 & -6 & 2 & -2 & 4 \\ 3 & 6 & -9 & 7 & 9 \end{pmatrix}$，求矩阵$\boldsymbol{A}$的列向量组的一个极大无关组，并把不属于极大无关组的列向量用极大无关组线性表示.

解 对$\boldsymbol{A}$施行初等行变换化为行阶梯形矩阵：

$$\boldsymbol{A} \to \begin{pmatrix} 1 & 1 & -2 & 1 & 4 \\ 0 & 1 & -1 & 1 & 0 \\ 0 & 0 & 0 & 1 & -3 \\ 0 & 0 & 0 & 0 & 0 \end{pmatrix} \to \begin{pmatrix} 1 & 0 & -1 & 0 & 4 \\ 0 & 1 & -1 & 0 & 3 \\ 0 & 0 & 0 & 1 & -3 \\ 0 & 0 & 0 & 0 & 0 \end{pmatrix}.$$

知$\mathrm{r}(\boldsymbol{A})=3$，故列向量组的极大无关组含3个向量. 而三个非零行的非零首元在第1, 2, 4列，故$\boldsymbol{\alpha}_1, \boldsymbol{\alpha}_2, \boldsymbol{\alpha}_4$为列向量组的一个极大无关组.

从而$\mathrm{r}(\boldsymbol{\alpha}_1, \boldsymbol{\alpha}_2, \boldsymbol{\alpha}_4)=3$，故$\boldsymbol{\alpha}_1, \boldsymbol{\alpha}_2, \boldsymbol{\alpha}_4$线性无关. 由$\boldsymbol{A}$的行最简形矩阵，有

$$\boldsymbol{\alpha}_3 = -\boldsymbol{\alpha}_1 - \boldsymbol{\alpha}_2,$$
$$\boldsymbol{\alpha}_5 = 4\boldsymbol{\alpha}_1 + 3\boldsymbol{\alpha}_2 - 3\boldsymbol{\alpha}_4.$$ ■

例3 求向量组

$$\boldsymbol{\alpha}_1=(1,2,-1,1)^{\mathrm{T}},\quad \boldsymbol{\alpha}_2=(2,0,t,0)^{\mathrm{T}},$$
$$\boldsymbol{\alpha}_3=(0,-4,5,-2)^{\mathrm{T}},\quad \boldsymbol{\alpha}_4=(3,-2,t+4,-1)^{\mathrm{T}}$$

的秩和一个极大无关组.

解　向量的分量中含参数 t，向量组的秩和极大无关组与 t 的取值有关. 对下列矩阵作初等行变换：

$$(\boldsymbol{\alpha}_1\ \boldsymbol{\alpha}_2\ \boldsymbol{\alpha}_3\ \boldsymbol{\alpha}_4)=\begin{pmatrix}1&2&0&3\\2&0&-4&-2\\-1&t&5&t+4\\1&0&-2&-1\end{pmatrix}$$
$$\to\begin{pmatrix}1&2&0&3\\0&-4&-4&-8\\0&t+2&5&t+7\\0&-2&-2&-4\end{pmatrix}\to\begin{pmatrix}1&2&0&3\\0&1&1&2\\0&0&3-t&3-t\\0&0&0&0\end{pmatrix}.$$

显然，$\boldsymbol{\alpha}_1,\boldsymbol{\alpha}_2$ 线性无关，且

(1) $t=3$ 时，$\mathrm{r}(\boldsymbol{\alpha}_1,\boldsymbol{\alpha}_2,\boldsymbol{\alpha}_3,\boldsymbol{\alpha}_4)=2$，$\boldsymbol{\alpha}_1,\boldsymbol{\alpha}_2$ 是极大无关组；

(2) $t\neq 3$ 时，$\mathrm{r}(\boldsymbol{\alpha}_1,\boldsymbol{\alpha}_2,\boldsymbol{\alpha}_3,\boldsymbol{\alpha}_4)=3$，$\boldsymbol{\alpha}_1,\boldsymbol{\alpha}_2,\boldsymbol{\alpha}_3$ 是极大无关组. ■

定理 3　若向量组 $\boldsymbol{B}$ 能由向量组 $\boldsymbol{A}$ 线性表示，则 $\mathrm{r}(\boldsymbol{B})\leq \mathrm{r}(\boldsymbol{A})$.

证明　略. ■

由向量组等价的定义及定理 3 立即可得到：

推论 2　等价的向量组的秩相等.

推论 3　设向量组 $\boldsymbol{B}$ 是向量组 $\boldsymbol{A}$ 的部分组，若向量组 $\boldsymbol{B}$ 线性无关，且向量组 $\boldsymbol{A}$ 能由向量组 $\boldsymbol{B}$ 线性表示，则向量组 $\boldsymbol{B}$ 是向量组 $\boldsymbol{A}$ 的一个极大无关组.

证明　设向量组 $\boldsymbol{B}$ 含有 s 个向量，则它的秩为 s，因向量组 $\boldsymbol{A}$ 能由向量组 $\boldsymbol{B}$ 线性表示，故 $\mathrm{r}(\boldsymbol{A})\leq s$，从而向量组 $\boldsymbol{A}$ 中任意 $s+1$ 个向量线性相关，所以向量组 $\boldsymbol{B}$ 是向量组 $\boldsymbol{A}$ 的一个极大无关组. ■

习题　11-4

1. 求下列向量组的秩，并求一个极大无关组.

(1) $\boldsymbol{\alpha}_1=\begin{pmatrix}1\\2\\-1\\4\end{pmatrix}$，$\boldsymbol{\alpha}_2=\begin{pmatrix}9\\100\\10\\4\end{pmatrix}$，$\boldsymbol{\alpha}_3=\begin{pmatrix}-2\\-4\\2\\-8\end{pmatrix}$；

(2) $\boldsymbol{\alpha}_1^{\mathrm{T}}=(1,2,1,3)$，$\boldsymbol{\alpha}_2^{\mathrm{T}}=(4,-1,-5,-6)$，$\boldsymbol{\alpha}_3^{\mathrm{T}}=(1,-3,-4,-7)$.

2. 求下列向量组的一个极大无关组，并将其余向量用此极大无关组线性表示.

(1) $\boldsymbol{\alpha}_1=(1,1,1)^{\mathrm{T}}$, $\boldsymbol{\alpha}_2=(1,1,0)^{\mathrm{T}}$, $\boldsymbol{\alpha}_3=(1,0,0)^{\mathrm{T}}$, $\boldsymbol{\alpha}_4=(1,2,-3)^{\mathrm{T}}$;

(2) $\boldsymbol{\alpha}_1=(2,1,1,1)^{\mathrm{T}}$, $\boldsymbol{\alpha}_2=(-1,1,7,10)^{\mathrm{T}}$, $\boldsymbol{\alpha}_3=(3,1,-1,-2)^{\mathrm{T}}$, $\boldsymbol{\alpha}_4=(8,5,9,11)^{\mathrm{T}}$.

3. 求下列矩阵的列向量组的一个极大无关组.

(1) $\begin{pmatrix}1&1&0\\2&0&4\\2&3&-2\end{pmatrix}$; (2) $\begin{pmatrix}25&31&17&43\\75&94&53&132\\75&94&54&134\\25&32&20&48\end{pmatrix}$; (3) $\begin{pmatrix}1&1&2&2&1\\0&2&1&5&-1\\2&0&3&-1&3\\1&1&0&4&-1\end{pmatrix}$.

4. 设向量组

$$\boldsymbol{\alpha}_1=\begin{pmatrix}a\\3\\1\end{pmatrix},\ \boldsymbol{\alpha}_2=\begin{pmatrix}2\\b\\3\end{pmatrix},\ \boldsymbol{\alpha}_3=\begin{pmatrix}1\\2\\1\end{pmatrix},\ \boldsymbol{\alpha}_4=\begin{pmatrix}2\\3\\1\end{pmatrix}$$

的秩为2，求a, b.

5. 已知向量组

$$\boldsymbol{A}:\boldsymbol{\alpha}_1=\begin{pmatrix}0\\1\\1\end{pmatrix},\boldsymbol{\alpha}_2=\begin{pmatrix}1\\1\\0\end{pmatrix};\quad \boldsymbol{B}:\boldsymbol{\beta}_1=\begin{pmatrix}-1\\0\\1\end{pmatrix},\boldsymbol{\beta}_2=\begin{pmatrix}1\\2\\1\end{pmatrix},\ \boldsymbol{\beta}_3=\begin{pmatrix}3\\2\\-1\end{pmatrix},$$

证明向量组$\boldsymbol{A}$与向量组$\boldsymbol{B}$等价.

6. 设$\boldsymbol{\alpha}_1,\boldsymbol{\alpha}_2,\cdots,\boldsymbol{\alpha}_n$是一组$n$维向量，已知$n$维单位向量组$\boldsymbol{\varepsilon}_1,\boldsymbol{\varepsilon}_2,\cdots,\boldsymbol{\varepsilon}_n$能由它们线性表示，证明$\boldsymbol{\alpha}_1,\boldsymbol{\alpha}_2,\cdots,\boldsymbol{\alpha}_n$线性无关.

§11.5 线性方程组解的结构

一、齐次线性方程组解的结构

设有齐次线性方程组

$$\begin{cases}a_{11}x_1+a_{12}x_2+\cdots+a_{1n}x_n=0\\a_{21}x_1+a_{22}x_2+\cdots+a_{2n}x_n=0\\\cdots\cdots\\a_{m1}x_1+a_{m2}x_2+\cdots+a_{mn}x_n=0\end{cases},\tag{5.1}$$

若记

$$\boldsymbol{A}=\begin{pmatrix}a_{11}&a_{12}&\cdots&a_{1n}\\a_{21}&a_{22}&\cdots&a_{2n}\\\vdots&\vdots&&\vdots\\a_{m1}&a_{m2}&\cdots&a_{mn}\end{pmatrix},\quad \boldsymbol{x}=\begin{pmatrix}x_1\\x_2\\\vdots\\x_n\end{pmatrix},$$

则方程组(5.1)可改写为向量方程

$$\boldsymbol{Ax}=\boldsymbol{0},\tag{5.2}$$

称矩阵方程(5.2)的解$\boldsymbol{x}=\begin{pmatrix}x_1\\x_2\\\vdots\\x_n\end{pmatrix}$为方程组(5.1)的**解向量**.

齐次线性方程组的解具有如下性质:

性质 1　若 $\boldsymbol{\xi}_1, \boldsymbol{\xi}_2$ 为矩阵方程 (5.2) 的解，则 $\boldsymbol{\xi}_1+\boldsymbol{\xi}_2$ 也是该方程的解.

证明　因为 $\boldsymbol{\xi}_1, \boldsymbol{\xi}_2$ 是矩阵方程 (5.2) 的解，所以 $\boldsymbol{A\xi}_1=\mathbf{0}, \boldsymbol{A\xi}_2=\mathbf{0}$. 两式相加得

$$\boldsymbol{A}(\boldsymbol{\xi}_1+\boldsymbol{\xi}_2)=\mathbf{0},$$

即 $\boldsymbol{\xi}_1+\boldsymbol{\xi}_2$ 是矩阵方程 (5.2) 的解. ■

性质 2　若 $\boldsymbol{\xi}_1$ 为矩阵方程(5.2) 的解, k 为实数, 则 $k\boldsymbol{\xi}_1$ 也是矩阵方程(5.2) 的解.

证明　$\boldsymbol{\xi}_1$ 是矩阵方程 (5.2) 的解，所以

$$\boldsymbol{A\xi}_1=\mathbf{0},\ \boldsymbol{A}(k\boldsymbol{\xi}_1)=k\boldsymbol{A\xi}_1=k\cdot\mathbf{0}=\mathbf{0},$$

即 $k\boldsymbol{\xi}_1$ 是矩阵方程 (5.2) 的解. ■

根据上述性质, 容易推出: 若 $\boldsymbol{\xi}_1, \boldsymbol{\xi}_2, \cdots, \boldsymbol{\xi}_s$ 是矩阵方程(5.2) 的解, $k_1, k_2, \cdots, k_s$ 为任意实数，则线性组合 $k_1\boldsymbol{\xi}_1+k_2\boldsymbol{\xi}_2+\cdots+k_s\boldsymbol{\xi}_s$ 也是矩阵方程(5.2) 的解.

注: *若齐次线性方程组有非零解，则它有无穷多解.*

定义 1　若齐次线性方程组 $\boldsymbol{Ax}=\mathbf{0}$ 的有限个解 $\boldsymbol{\eta}_1, \boldsymbol{\eta}_2, \cdots, \boldsymbol{\eta}_t$ 满足:

(1) $\boldsymbol{\eta}_1, \boldsymbol{\eta}_2, \cdots, \boldsymbol{\eta}_t$ 线性无关,

(2) $\boldsymbol{Ax}=\mathbf{0}$ 的任意一个解均可由 $\boldsymbol{\eta}_1, \boldsymbol{\eta}_2, \cdots, \boldsymbol{\eta}_t$ 线性表示,

则称 $\boldsymbol{\eta}_1, \boldsymbol{\eta}_2, \cdots, \boldsymbol{\eta}_t$ 是齐次线性方程组 $\boldsymbol{Ax}=\mathbf{0}$ 的一个**基础解系**.

当一个齐次线性方程组只有零解时，该方程组没有基础解系；而当一个齐次线性方程组有非零解时，是否一定有基础解系呢？这个答案是肯定的，事实上，我们可以证明下列定理:

定理 1　对于齐次线性方程组 $\boldsymbol{Ax}=\mathbf{0}$，若 $\mathrm{r}(\boldsymbol{A})=r<n$, 则该方程组的基础解系一定存在, 且每个基础解系中所含解向量的个数均等于 $n-r$，其中 n 是方程组所含未知量的个数.

由 §11.4 的定义 1 知, 当 $\mathrm{r}(\boldsymbol{A})=r<n$ 时，方程组 $\boldsymbol{Ax}=\mathbf{0}$ 的基础解系 $\boldsymbol{\eta}_1, \boldsymbol{\eta}_2, \cdots, \boldsymbol{\eta}_{n-r}$ 就是其全部解向量的一个极大无关组，故方程组的任一解 $\boldsymbol{x}$ 均可表示为

$$\boldsymbol{x}=c_1\boldsymbol{\eta}_1+c_2\boldsymbol{\eta}_2+\cdots+c_{n-r}\boldsymbol{\eta}_{n-r}, \tag{5.3}$$

其中 $c_1, c_2, \cdots, c_{n-r}$ 为任意实数. 而表达式 (5.3) 称为线性方程组 $\boldsymbol{Ax}=\mathbf{0}$ 的**通解**.

综上所述，求一方程组的通解的关键在于求得该方程组的一个基础解系，下面给出求齐次线性方程组 $\boldsymbol{Ax}=\mathbf{0}$ 的基础解系的方法.

设 $\mathrm{r}(\boldsymbol{A})=r<n$，对矩阵 $\boldsymbol{A}$ 施以初等行变换，化为如下形式:

$$\boldsymbol{B}=\begin{pmatrix} 1 & 0 & \cdots & 0 & b_{11} & b_{12} & \cdots & b_{1,n-r} \\ 0 & 1 & \cdots & 0 & b_{21} & b_{22} & \cdots & b_{2,n-r} \\ \vdots & \vdots & & \vdots & \vdots & \vdots & & \vdots \\ 0 & 0 & \cdots & 1 & b_{r1} & b_{r2} & \cdots & b_{r,n-r} \\ 0 & 0 & \cdots & 0 & 0 & 0 & \cdots & 0 \\ \vdots & \vdots & & \vdots & \vdots & \vdots & & \vdots \\ 0 & 0 & \cdots & 0 & 0 & 0 & \cdots & 0 \end{pmatrix},$$

写出齐次线性方程组 $\boldsymbol{Ax}=\boldsymbol{0}$ 的同解方程组:

$$\begin{cases} x_1=-b_{11}x_{r+1}-b_{12}x_{r+2}-\cdots-b_{1,n-r}x_n \\ x_2=-b_{21}x_{r+1}-b_{22}x_{r+2}-\cdots-b_{2,n-r}x_n \\ \cdots\cdots \\ x_r=-b_{r1}x_{r+1}-b_{r2}x_{r+2}-\cdots-b_{r,n-r}x_n \end{cases}, \tag{5.4}$$

其中 $x_{r+1}, x_{r+2}, \cdots, x_n$ 是自由未知量. 分别取

$$\begin{pmatrix} x_{r+1} \\ x_{r+2} \\ \vdots \\ x_n \end{pmatrix}=\begin{pmatrix} 1 \\ 0 \\ \vdots \\ 0 \end{pmatrix}, \begin{pmatrix} 0 \\ 1 \\ \vdots \\ 0 \end{pmatrix}, \cdots, \begin{pmatrix} 0 \\ 0 \\ \vdots \\ 1 \end{pmatrix}$$

代入式 (5.4), 即可得到方程组 $\boldsymbol{Ax}=\boldsymbol{0}$ 的一个基础解系 $\boldsymbol{\eta}_1, \boldsymbol{\eta}_2, \cdots, \boldsymbol{\eta}_{n-r}$.

例 1 求齐次线性方程组

$$\begin{cases} x_1+x_2-x_3-x_4=0 \\ 2x_1-5x_2+3x_3+2x_4=0 \\ 7x_1-7x_2+3x_3+x_4=0 \end{cases}$$

的基础解系与通解.

解 对系数矩阵 $\boldsymbol{A}$ 作初等行变换, 化为行最简形矩阵, 有

$$\boldsymbol{A}=\begin{pmatrix} 1 & 1 & -1 & -1 \\ 2 & -5 & 3 & 2 \\ 7 & -7 & 3 & 1 \end{pmatrix} \xrightarrow[r_3-7r_1]{r_2-2r_1} \begin{pmatrix} 1 & 1 & -1 & -1 \\ 0 & -7 & 5 & 4 \\ 0 & -14 & 10 & 8 \end{pmatrix} \xrightarrow{r_3-2r_2} \begin{pmatrix} 1 & 1 & -1 & -1 \\ 0 & -7 & 5 & 4 \\ 0 & 0 & 0 & 0 \end{pmatrix}$$

$$\xrightarrow{r_2\div(-7)} \begin{pmatrix} 1 & 1 & -1 & -1 \\ 0 & 1 & -5/7 & -4/7 \\ 0 & 0 & 0 & 0 \end{pmatrix} \xrightarrow{r_1-r_2} \begin{pmatrix} 1 & 0 & -2/7 & -3/7 \\ 0 & 1 & -5/7 & -4/7 \\ 0 & 0 & 0 & 0 \end{pmatrix},$$

可得题设方程组的通解方程组

$$\begin{cases} x_1=\dfrac{2}{7}x_3+\dfrac{3}{7}x_4 \\ x_2=\dfrac{5}{7}x_3+\dfrac{4}{7}x_4 \end{cases}. \tag{*}$$

令 $\begin{pmatrix} x_3 \\ x_4 \end{pmatrix}=\begin{pmatrix} 1 \\ 0 \end{pmatrix}$ 及 $\begin{pmatrix} 0 \\ 1 \end{pmatrix}$, 则对应有 $\begin{pmatrix} x_1 \\ x_2 \end{pmatrix}=\begin{pmatrix} 2/7 \\ 5/7 \end{pmatrix}$ 及 $\begin{pmatrix} 3/7 \\ 4/7 \end{pmatrix}$, 即得所求基础解系

$$\boldsymbol{\eta}_1=\begin{pmatrix} 2/7 \\ 5/7 \\ 1 \\ 0 \end{pmatrix}, \quad \boldsymbol{\eta}_2=\begin{pmatrix} 3/7 \\ 4/7 \\ 0 \\ 1 \end{pmatrix},$$

由此可写出所求通解

$$\begin{pmatrix} x_1 \\ x_2 \\ x_3 \\ x_4 \end{pmatrix} = c_1 \begin{pmatrix} 2/7 \\ 5/7 \\ 1 \\ 0 \end{pmatrix} + c_2 \begin{pmatrix} 3/7 \\ 4/7 \\ 0 \\ 1 \end{pmatrix} \quad (c_1, c_2 \in \mathbf{R}).$$ ■

注：在§11.1中，线性方程组的解法是从式(*)直接写出方程组的全部解(通解). 实际上可从式(*)先取基础解系，再写出通解，两种解法没有多少区别.

例 2 用基础解系表示如下线性方程组的通解.

$$\begin{cases} x_1 + x_2 + x_3 + 4x_4 - 3x_5 = 0 \\ x_1 - x_2 + 3x_3 - 2x_4 - x_5 = 0 \\ 2x_1 + x_2 + 3x_3 + 5x_4 - 5x_5 = 0 \\ 3x_1 + x_2 + 5x_3 + 6x_4 - 7x_5 = 0 \end{cases}.$$

解 $m=4, n=5, m<n$, 因此，所给方程组有无穷多解.

$$\boldsymbol{A} = \begin{pmatrix} 1 & 1 & 1 & 4 & -3 \\ 1 & -1 & 3 & -2 & -1 \\ 2 & 1 & 3 & 5 & -5 \\ 3 & 1 & 5 & 6 & -7 \end{pmatrix} \to \begin{pmatrix} 1 & 1 & 1 & 4 & -3 \\ 0 & -2 & 2 & -6 & 2 \\ 0 & -1 & 1 & -3 & 1 \\ 0 & -2 & 2 & -6 & 2 \end{pmatrix} \to \begin{pmatrix} 1 & 0 & 2 & 1 & -2 \\ 0 & 1 & -1 & 3 & -1 \\ 0 & 0 & 0 & 0 & 0 \\ 0 & 0 & 0 & 0 & 0 \end{pmatrix},$$

即原方程组与下面的方程组同解:

$$\begin{cases} x_1 = -2x_3 - x_4 + 2x_5 \\ x_2 = x_3 - 3x_4 + x_5 \end{cases}，$$ 其中 x_3, x_4, x_5 为自由未知量.

令自由未知量 $\begin{pmatrix} x_3 \\ x_4 \\ x_5 \end{pmatrix}$ 取值 $\begin{pmatrix} 1 \\ 0 \\ 0 \end{pmatrix}, \begin{pmatrix} 0 \\ 1 \\ 0 \end{pmatrix}, \begin{pmatrix} 0 \\ 0 \\ 1 \end{pmatrix}$，分别得方程组的解为

$$\boldsymbol{\eta}_1 = (-2, 1, 1, 0, 0)^{\mathrm{T}}, \ \boldsymbol{\eta}_2 = (-1, -3, 0, 1, 0)^{\mathrm{T}}, \ \boldsymbol{\eta}_3 = (2, 1, 0, 0, 1)^{\mathrm{T}},$$

$\boldsymbol{\eta}_1, \boldsymbol{\eta}_2, \boldsymbol{\eta}_3$ 就是所给方程组的一个基础解系. 因此，方程组的通解为

$$\boldsymbol{\eta} = c_1\boldsymbol{\eta}_1 + c_2\boldsymbol{\eta}_2 + c_3\boldsymbol{\eta}_3 \ (c_1, c_2, c_3 \text{ 为任意常数}).$$ ■

*数学实验

实验 11.3 求下列齐次线性方程组的通解(详见教材配套的网络学习空间):

$$(1) \begin{cases} 2x_1 + 6x_2 + 16x_3 + 16x_4 + 64x_5 + 4x_6 = 0 \\ 2x_1 + 4x_2 + 8x_3 + 17x_4 + 41x_5 + 12x_6 = 0 \\ 6x_1 + 4x_2 - 13x_3 + 44x_4 - 5x_5 + 71x_6 = 0 \\ 8x_1 + 42x_2 + 126x_3 + 40x_4 + 398x_5 - 36x_6 = 0 \\ 5x_1 + 37x_2 + 113x_3 - 11x_4 + 298x_5 - 83x_6 = 0 \\ -5x_1 - 41x_2 - 129x_3 - 11x_4 - 368x_5 + 51x_6 = 0 \end{cases};$$

计算实验

$$(2)\begin{cases} 2x_1+6x_2+12x_3+14x_4+38x_5+170x_6=0 \\ -3x_1-9x_2-14x_3-13x_4-45x_5-188x_6=0 \\ 5x_1+15x_2-3x_3-31x_4-4x_5-112x_6=0 \\ 7x_1+21x_2+68x_3+101x_4+211x_5+1\,047x_6=0 \\ x_1+3x_2+35x_3+65x_4+106x_5+631x_6=0 \\ 3x_1+9x_2+7x_3-x_4+24x_5+50x_6=0 \end{cases};$$

$$(3)\begin{cases} 10x_1+6x_2+37x_3+11x_4-35x_5+28x_6=0 \\ -2x_1-2x_2-10x_3+3x_4+3x_5+4x_6=0 \\ 5x_1-4x_2+2x_3+46x_4-50x_5+88x_6=0 \\ 9x_1+36x_2+89x_3-147x_4+101x_5-258x_6=0 \\ 21x_1+82x_2+202x_3-347x_4+234x_5-612x_6=0 \end{cases}.$$

计算实验

二、非齐次线性方程组解的结构

设有非齐次线性方程组

$$\begin{cases} a_{11}x_1+a_{12}x_2+\cdots+a_{1n}x_n=b_1 \\ a_{21}x_1+a_{22}x_2+\cdots+a_{2n}x_n=b_2 \\ \cdots\cdots \\ a_{m1}x_1+a_{m2}x_2+\cdots+a_{mn}x_n=b_m \end{cases}, \tag{5.5}$$

它也可写作向量方程

$$\boldsymbol{Ax}=\boldsymbol{b}, \tag{5.6}$$

称 $\boldsymbol{Ax}=\boldsymbol{0}$ 为 $\boldsymbol{Ax}=\boldsymbol{b}$ **对应的齐次线性方程组**(也称为**导出组**).

性质3 设 $\boldsymbol{\eta}_1,\boldsymbol{\eta}_2$ 是非齐次线性方程组 $\boldsymbol{Ax}=\boldsymbol{b}$ 的解，则 $\boldsymbol{\eta}_1-\boldsymbol{\eta}_2$ 是对应的齐次线性方程组 $\boldsymbol{Ax}=\boldsymbol{0}$ 的解.

证明 $$\boldsymbol{A}(\boldsymbol{\eta}_1-\boldsymbol{\eta}_2)=\boldsymbol{A\eta}_1-\boldsymbol{A\eta}_2=\boldsymbol{b}-\boldsymbol{b}=\boldsymbol{0},$$

即 $\boldsymbol{\eta}_1-\boldsymbol{\eta}_2$ 为对应的齐次线性方程组 $\boldsymbol{Ax}=\boldsymbol{0}$ 的解. ■

性质4 设 $\boldsymbol{\eta}$ 是非齐次线性方程组 $\boldsymbol{Ax}=\boldsymbol{b}$ 的解，$\boldsymbol{\xi}$ 为对应的齐次线性方程组 $\boldsymbol{Ax}=\boldsymbol{0}$ 的解，则 $\boldsymbol{\xi}+\boldsymbol{\eta}$ 为非齐次线性方程组 $\boldsymbol{Ax}=\boldsymbol{b}$ 的解.

证明 $$\boldsymbol{A}(\boldsymbol{\xi}+\boldsymbol{\eta})=\boldsymbol{A\xi}+\boldsymbol{A\eta}=\boldsymbol{0}+\boldsymbol{b}=\boldsymbol{b},$$

即 $\boldsymbol{\xi}+\boldsymbol{\eta}$ 是非齐次线性方程组 $\boldsymbol{Ax}=\boldsymbol{b}$ 的解. ■

定理2 设 $\boldsymbol{\eta}^*$ 是非齐次线性方程组 $\boldsymbol{Ax}=\boldsymbol{b}$ 的一个解，$\boldsymbol{\xi}$ 是对应的齐次线性方程组 $\boldsymbol{Ax}=\boldsymbol{0}$ 的通解，则 $\boldsymbol{x}=\boldsymbol{\xi}+\boldsymbol{\eta}^*$ 是非齐次线性方程组 $\boldsymbol{Ax}=\boldsymbol{b}$ 的通解.

证明 根据非齐次线性方程组解的性质，只需证明非齐次线性方程组的任一解 $\boldsymbol{\eta}$ 一定能表示为 $\boldsymbol{\eta}^*$ 与 $\boldsymbol{Ax}=\boldsymbol{0}$ 的某一解 $\boldsymbol{\xi}_1$ 的和. 为此取 $\boldsymbol{\xi}_1=\boldsymbol{\eta}-\boldsymbol{\eta}^*$. 由性质3知，$\boldsymbol{\xi}_1$ 是 $\boldsymbol{Ax}=\boldsymbol{0}$ 的一个解，故

$$\boldsymbol{\eta}=\boldsymbol{\xi}_1+\boldsymbol{\eta}^*,$$

即非齐次线性方程组的任一解都能表示为该方程组的一个解 $\boldsymbol{\eta}^*$ 与其对应的齐次线性方程组某一个解的和. ■

注: 设 $\boldsymbol{\xi}_1, \cdots, \boldsymbol{\xi}_{n-r}$ 是 $\boldsymbol{Ax}=\boldsymbol{0}$ 的基础解系, $\boldsymbol{\eta}^*$ 是 $\boldsymbol{Ax}=\boldsymbol{b}$ 的一个解, 则非齐次线性方程组 $\boldsymbol{Ax}=\boldsymbol{b}$ 的通解可表示为

$$\boldsymbol{x}=c_1\boldsymbol{\xi}_1+c_2\boldsymbol{\xi}_2+\cdots+c_{n-r}\boldsymbol{\xi}_{n-r}+\boldsymbol{\eta}^*,$$

其中 $c_1, c_2, \cdots, c_{n-r}\in\mathbf{R}$.

综合前述讨论, 设有非齐次线性方程组 $\boldsymbol{Ax}=\boldsymbol{b}$, 而 $\boldsymbol{\alpha}_1, \boldsymbol{\alpha}_2, \cdots, \boldsymbol{\alpha}_n$ 是系数矩阵 $\boldsymbol{A}$ 的列向量组, 则下列四个命题等价:

① 非齐次线性方程组 $\boldsymbol{Ax}=\boldsymbol{b}$ 有解;

② 向量 $\boldsymbol{b}$ 能由向量组 $\boldsymbol{\alpha}_1, \boldsymbol{\alpha}_2, \cdots, \boldsymbol{\alpha}_n$ 线性表示;

③ 向量组 $\boldsymbol{\alpha}_1, \boldsymbol{\alpha}_2, \cdots, \boldsymbol{\alpha}_n$ 与向量组 $\boldsymbol{\alpha}_1, \boldsymbol{\alpha}_2, \cdots, \boldsymbol{\alpha}_n, \boldsymbol{b}$ 等价;

④ $\mathrm{r}(\boldsymbol{A})=\mathrm{r}(\boldsymbol{A}\ \ \boldsymbol{b})$.

例 3 求下列方程组的通解:

$$\begin{cases} x_1+x_2+x_3+x_4+x_5=7 \\ 3x_1+x_2+2x_3+x_4-3x_5=-2 \\ 2x_2+x_3+2x_4+6x_5=23 \end{cases}.$$

解 $$\widetilde{\boldsymbol{A}}=\begin{pmatrix} 1 & 1 & 1 & 1 & 1 & 7 \\ 3 & 1 & 2 & 1 & -3 & -2 \\ 0 & 2 & 1 & 2 & 6 & 23 \end{pmatrix}\to\begin{pmatrix} 1 & 0 & 1/2 & 0 & -2 & -9/2 \\ 0 & 1 & 1/2 & 1 & 3 & 23/2 \\ 0 & 0 & 0 & 0 & 0 & 0 \end{pmatrix}.$$

由 $\mathrm{r}(\boldsymbol{A})=\mathrm{r}(\widetilde{\boldsymbol{A}})=2<5$, 知方程组有无穷多解, 且原方程组等价于方程组

$$\begin{cases} x_1=-\dfrac{1}{2}x_3+2x_5-\dfrac{9}{2} \\ x_2=-\dfrac{1}{2}x_3-x_4-3x_5+\dfrac{23}{2} \end{cases}. \tag{5.7}$$

令

$$\begin{pmatrix} x_3 \\ x_4 \\ x_5 \end{pmatrix}=\begin{pmatrix} 1 \\ 0 \\ 0 \end{pmatrix}, \begin{pmatrix} 0 \\ 1 \\ 0 \end{pmatrix}, \begin{pmatrix} 0 \\ 0 \\ 1 \end{pmatrix},$$

将它们分别代入方程组 (5.7) 的导出组中, 可求得基础解系

$$\boldsymbol{\xi}_1=\begin{pmatrix} -1/2 \\ -1/2 \\ 1 \\ 0 \\ 0 \end{pmatrix}, \quad \boldsymbol{\xi}_2=\begin{pmatrix} 0 \\ -1 \\ 0 \\ 1 \\ 0 \end{pmatrix}, \quad \boldsymbol{\xi}_3=\begin{pmatrix} 2 \\ -3 \\ 0 \\ 0 \\ 1 \end{pmatrix}.$$

求特解: 令 $x_3=x_4=x_5=0$, 得 $x_1=-9/2$, $x_2=23/2$. 故所求通解为

$$x=c_1\begin{pmatrix}-1/2\\-1/2\\1\\0\\0\end{pmatrix}+c_2\begin{pmatrix}0\\-1\\0\\1\\0\end{pmatrix}+c_3\begin{pmatrix}2\\-3\\0\\0\\1\end{pmatrix}+\begin{pmatrix}-9/2\\23/2\\0\\0\\0\end{pmatrix},$$

其中 c_1, c_2, c_3 为任意常数. ■

例 4　设四元非齐次线性方程组 $\boldsymbol{Ax}=\boldsymbol{b}$ 的系数矩阵 $\boldsymbol{A}$ 的秩为 3，已知它的三个解向量为 $\boldsymbol{\eta}_1, \boldsymbol{\eta}_2, \boldsymbol{\eta}_3$，其中

$$\boldsymbol{\eta}_1=\begin{pmatrix}3\\-4\\1\\2\end{pmatrix},\quad \boldsymbol{\eta}_2+\boldsymbol{\eta}_3=\begin{pmatrix}4\\6\\8\\0\end{pmatrix},$$

求该方程组的通解.

解　根据题意，方程组 $\boldsymbol{Ax}=\boldsymbol{b}$ 的导出组的基础解系含 $4-3=1$ 个向量，于是，导出组的任何一个非零解都可作为其基础解系. 显然

$$\boldsymbol{\eta}_1-\frac{1}{2}(\boldsymbol{\eta}_2+\boldsymbol{\eta}_3)=\begin{pmatrix}1\\-7\\-3\\2\end{pmatrix}\neq\mathbf{0}$$

是导出组的非零解，可作为其基础解系. 故方程组 $\boldsymbol{Ax}=\boldsymbol{b}$ 的通解为

$$\boldsymbol{x}=\boldsymbol{\eta}_1+c\left[\boldsymbol{\eta}_1-\frac{1}{2}(\boldsymbol{\eta}_2+\boldsymbol{\eta}_3)\right]=\begin{pmatrix}3\\-4\\1\\2\end{pmatrix}+c\begin{pmatrix}1\\-7\\-3\\2\end{pmatrix}\ (c\text{为任意常数}).$$ ■

*数学实验

实验 11.4　求下列非齐次线性方程组的通解（详见教材配套的网络学习空间）：

$$(1)\begin{cases}2x_1+6x_2+16x_3+16x_4+64x_5+4x_6=86\\2x_1+4x_2+8x_3+17x_4+41x_5+12x_6=5\\6x_1+4x_2-13x_3+44x_4-5x_5+71x_6=-305\\8x_1+42x_2+126x_3+40x_4+398x_5-36x_6=1\,018\\5x_1+37x_2+113x_3-11x_4+298x_5-83x_6=1\,181\\-5x_1-41x_2-129x_3-11x_4-368x_5+51x_6=-1\,127\end{cases};$$

$$(2)\begin{cases}2x_1+6x_2+12x_3+14x_4+38x_5+170x_6=-148\\-3x_1-9x_2-14x_3-13x_4-45x_5-188x_6=159\\5x_1+15x_2-3x_3-31x_4-4x_5-112x_6=197\\7x_1+21x_2+68x_3+101x_4+211x_5+1\,047x_6=-878\\x_1+3x_2+35x_3+65x_4+106x_5+631x_6=-350\\3x_1+9x_2+7x_3-x_4+24x_5+50x_6=-111\end{cases};$$

计算实验

$$(3)\begin{cases}10x_1+6x_2+37x_3+11x_4-35x_5+28x_6=-168\\-2x_1-2x_2-10x_3+3x_4+3x_5+4x_6=20\\5x_1-4x_2+2x_3+46x_4-50x_5+88x_6=-203\\9x_1+36x_2+89x_3-147x_4+101x_5-258x_6=353\\21x_1+82x_2+202x_3-347x_4+234x_5-612x_6=830\\3x_1-2x_2+10x_3+9x_4-7x_5+17x_6=-49\end{cases}.$$

计算实验

习题 11-5

1. 求下列齐次线性方程组的基础解系：

(1) $\begin{cases}x_1-8x_2+10x_3+2x_4=0\\2x_1+4x_2+5x_3-x_4=0\\3x_1+8x_2+6x_3-2x_4=0\end{cases}$；　(2) $\begin{cases}2x_1-3x_2-2x_3+x_4=0\\3x_1+5x_2+4x_3-2x_4=0\\8x_1+7x_2+6x_3-3x_4=0\end{cases}$；

(3) $nx_1+(n-1)x_2+\cdots+2x_{n-1}+x_n=0$.

2. 设 $\boldsymbol{\alpha}_1,\boldsymbol{\alpha}_2$ 是某个齐次线性方程组的基础解系，证明：$\boldsymbol{\alpha}_1+\boldsymbol{\alpha}_2$, $2\boldsymbol{\alpha}_1-\boldsymbol{\alpha}_2$ 是该线性方程组的基础解系.

3. 求下列非齐次线性方程组的一个解及对应的齐次线性方程组的基础解系：

(1) $\begin{cases}x_1+x_2=5\\2x_1+x_2+x_3+2x_4=1\\5x_1+3x_2+2x_3+2x_4=3\end{cases}$；　(2) $\begin{cases}x_1-5x_2+2x_3-3x_4=11\\5x_1+3x_2+6x_3-x_4=-1\\2x_1+4x_2+2x_3+x_4=-6\end{cases}$.

4. 设四元非齐次线性方程组 $\boldsymbol{Ax}=\boldsymbol{b}$ 的系数矩阵 $\boldsymbol{A}$ 的秩为 2，已知它的三个解向量为 $\boldsymbol{\eta}_1$, $\boldsymbol{\eta}_2,\boldsymbol{\eta}_3$，其中 $\boldsymbol{\eta}_1=\begin{pmatrix}4\\3\\2\\1\end{pmatrix}$, $\boldsymbol{\eta}_2=\begin{pmatrix}1\\3\\5\\1\end{pmatrix}$, $\boldsymbol{\eta}_3=\begin{pmatrix}-2\\6\\3\\2\end{pmatrix}$，求该方程组的通解.

5. 设 $\boldsymbol{A}=\begin{pmatrix}1&2&1\\2&3&a+2\\1&a&-2\end{pmatrix}$, $\boldsymbol{b}=\begin{pmatrix}1\\3\\0\end{pmatrix}$, $\boldsymbol{x}=\begin{pmatrix}x_1\\x_2\\x_3\end{pmatrix}$,

(1) 齐次线性方程组 $\boldsymbol{Ax}=\boldsymbol{0}$ 只有零解，则 $a=$ ________；

(2) 线性方程组 $\boldsymbol{Ax}=\boldsymbol{b}$ 无解，则 $a=$ ________.

6. 设矩阵 $\boldsymbol{A}=\begin{pmatrix}1&2&1&2\\0&1&t&t\\1&t&0&1\end{pmatrix}$，齐次线性方程组 $\boldsymbol{Ax}=\boldsymbol{0}$ 的基础解系含有 2 个线性无关的解向量，试求方程组 $\boldsymbol{Ax}=\boldsymbol{0}$ 的全部解.

7. 设 $\boldsymbol{\eta}_1,\cdots,\boldsymbol{\eta}_s$ 是非齐次线性方程组 $\boldsymbol{Ax}=\boldsymbol{b}$ 的 s 个解，$k_1,\cdots,k_s$ 为实数，满足

$$k_1+k_2+\cdots+k_s=1,$$

证明 $\boldsymbol{x}=k_1\boldsymbol{\eta}_1+k_2\boldsymbol{\eta}_2+\cdots+k_s\boldsymbol{\eta}_s$ 也是它的解.

§11.6 线性方程组的应用

本节中的数学模型都是线性的，即每个模型都用线性方程组来表示，通常写成向量或矩阵的形式．由于自然现象通常都是线性的，或者当变量取值在合理范围内时近似于线性，因此线性模型的研究非常重要．此外，线性模型比复杂的非线性模型更易于用计算机进行计算．

一、网络流模型

网络流模型广泛应用于交通、运输、通信、电力分配、城市规划、任务分派以及计算机辅助设计等众多领域．当科学家、工程师和经济学家研究某种网络中的流量问题时，线性方程组就自然而然地产生了．例如，城市规划设计人员和交通工程师监控城市道路网络内的交通流量，电气工程师计算电路中流经的电流，经济学家分析产品通过批发商和零售商网络从生产者到消费者的分配等．大多数网络流模型中的方程组都包含了数百甚至上千个未知量和线性方程．

一个**网络**由一个点集以及连接部分或全部点的直线或弧线构成．网络中的点称作**联结点**(或**节点**)，网络中的连接线称作**分支**．每一分支中的流量方向已经指定，并且流量(或流速)已知或者已标为变量．

网络流的基本假设是网络中流入与流出的总量相等，并且每个联结点流入和流出的总量也相等．例如，图 11-6-1 分别说明了流量从一个或两个分支流入联结点，x_1，x_2 和 x_3 分别表示从其他分支流出的流量，x_4 和 x_5 分别表示从其他分支流入的流量．因为流量在每个联结点守恒，所以有 $x_1+x_2=60$ 和 $x_4+x_5=x_3+80$．在类似的网络模式中，每个联结点的流量都可以用一个线性方程来表示．网络分析要解决的问题就是：在部分信息(如网络的输入量)已知的情况下，确定每一分支中的流量．

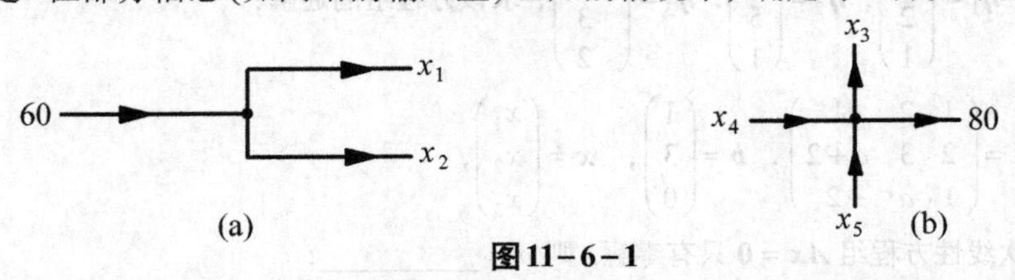

图 11-6-1

例 1 图11-6-2 中的网络给出了在下午两点钟，某市区部分单行道的交通流量(以每小时通过的汽车数量来度量)．试确定网络的流量模式．

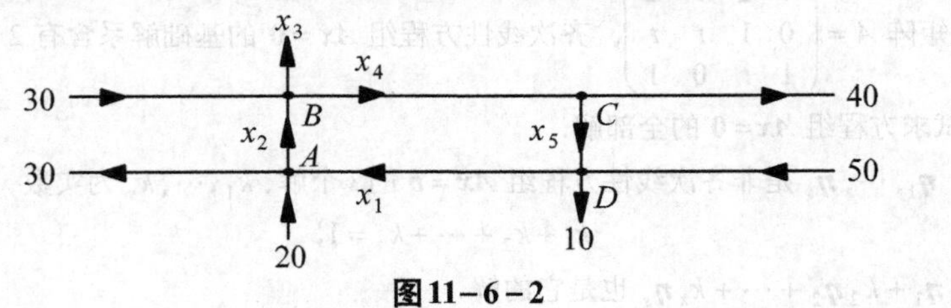

图 11-6-2

解 根据网络流模型的基本假设，在节点(交叉口) A,B,C,D 处，我们可以分别得到下列方程：

$$A: x_1+20=30+x_2 \qquad B: x_2+30=x_3+x_4$$
$$C: \quad x_4=40+x_5 \qquad D: x_5+50=10+x_1$$

此外，该网络的总流入 $(20+30+50)$ 等于网络的总流出 $(30+x_3+40+10)$，化简得 $x_3=20$. 联立这个方程与整理后的前四个方程，得如下方程组：

$$\begin{cases} x_1-x_2=10 \\ x_2-x_3-x_4=-30 \\ x_4-x_5=40 \\ x_1-x_5=40 \\ x_3=20 \end{cases},$$

取 $x_5=c$ (c 为任意常数)，则网络的流量模式表示为

$$x_1=40+c,\ x_2=30+c,\ x_3=20,\ x_4=40+c,\ x_5=c. \qquad ■$$

网络分支中的负流量表示与模型中指定的方向相反. 由于街道是单行道，因此变量不能取负值. 这导致变量在取正值时也有一定的局限.

***数学实验**

实验11.5 假设某城市部分单行街道的交通流量(每小时通过的车辆数)如下图所示.

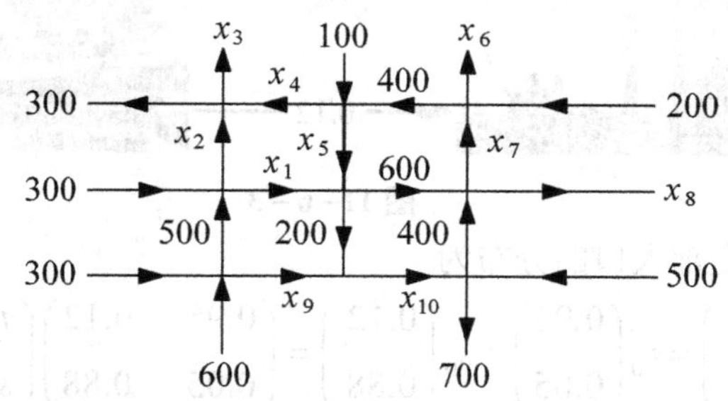

试建立数学模型确定该交通网络未知部分的具体流量(详见教材配套的网络学习空间).

二、人口迁移模型

在生态学、经济学和工程学等许多领域中经常需要对随时间变化的动态系统进行数学建模，此类系统中的某些量常按离散时间间隔来测量，这样就产生了与时间间隔相应的向量序列 $\boldsymbol{x}_0, \boldsymbol{x}_1, \boldsymbol{x}_2, \cdots$，其中 $\boldsymbol{x}_n$ 表示第 n 次测量时系统状态的有关信息，而 $\boldsymbol{x}_0$ 常被称为**初始向量**.

如果存在矩阵 $\boldsymbol{A}$，并给定初始向量 $\boldsymbol{x}_0$，使得 $\boldsymbol{x}_1=\boldsymbol{A}\boldsymbol{x}_0, \boldsymbol{x}_2=\boldsymbol{A}\boldsymbol{x}_1, \cdots$，即

$$\boldsymbol{x}_{n+1}=\boldsymbol{A}\boldsymbol{x}_n \ (n=0,1,2,\cdots), \tag{6.1}$$

则称方程(6.1)为一个**线性差分方程**或者**递归方程**.

人口迁移模型考虑的问题是人口的迁移或人群的流动. 但是这个模型还可以广

泛应用于生态学、经济学和工程学等许多领域．这里我们考察一个简单的模型，即某城市及其周边农村在若干年内的人口变化情况．该模型显然可用于研究我国当前农村的城镇化与城市化过程中农村人口与城市人口的变迁问题．

设定一个初始年份，比如说 2008 年，用 r_0, s_0 分别表示这一年城市和农村的人口. 设 x_0 为初始人口向量，即 $\boldsymbol{x}_0=\begin{pmatrix} r_0 \\ s_0 \end{pmatrix}$，对 2009 年以及后面的年份，我们用向量

$$\boldsymbol{x}_1=\begin{pmatrix} r_1 \\ s_1 \end{pmatrix},\ \boldsymbol{x}_2=\begin{pmatrix} r_2 \\ s_2 \end{pmatrix},\ \boldsymbol{x}_3=\begin{pmatrix} r_3 \\ s_3 \end{pmatrix},\ \cdots$$

表示每一年城市和农村的人口．我们的目标是用数学公式表示出这些向量之间的关系．

假设每年大约有 5% 的城市人口迁移到农村(95% 仍然留在城市)，有 12% 的农村人口迁移到城市 (88% 仍然留在农村)，如图11-6-3所示，忽略其他因素对人口规模的影响，则一年之后，城市与农村人口的分布分别为

$$r_0\begin{pmatrix} 0.95 \\ 0.05 \end{pmatrix}\begin{matrix}\text{留在城市} \\ \text{移居农村}\end{matrix},\ s_0\begin{pmatrix} 0.12 \\ 0.88 \end{pmatrix}\begin{matrix}\text{移居城市} \\ \text{留在农村}\end{matrix}.$$

图 11-6-3

因此，2009 年全部人口的分布为

$$\begin{pmatrix} r_1 \\ s_1 \end{pmatrix}=r_0\begin{pmatrix} 0.95 \\ 0.05 \end{pmatrix}+s_0\begin{pmatrix} 0.12 \\ 0.88 \end{pmatrix}=\begin{pmatrix} 0.95 & 0.12 \\ 0.05 & 0.88 \end{pmatrix}\begin{pmatrix} r_0 \\ s_0 \end{pmatrix}$$

即

$$\boldsymbol{x}_1=\boldsymbol{M}\boldsymbol{x}_0, \tag{6.2}$$

其中 $\boldsymbol{M}=\begin{pmatrix} 0.95 & 0.12 \\ 0.05 & 0.88 \end{pmatrix}$ 称为**迁移矩阵**.

如果人口迁移的百分比保持不变，则可以继续得到 2010 年, 2011 年, ⋯ 的人口分布公式：

$$\boldsymbol{x}_2=\boldsymbol{M}\boldsymbol{x}_1,\ \boldsymbol{x}_3=\boldsymbol{M}\boldsymbol{x}_2,\ \cdots,$$

一般地，有

$$\boldsymbol{x}_{n+1}=\boldsymbol{M}\boldsymbol{x}_n\ (n=0,1,2,\cdots). \tag{6.3}$$

这里，向量序列 $\{\boldsymbol{x}_0, \boldsymbol{x}_1, \boldsymbol{x}_2, \cdots\}$ 描述了城市与农村人口在若干年内的分布变化．

例 2　已知某地区 2008 年的城市人口为 5 000 000，农村人口为 7 800 000. 计算 2010 年的人口分布.

解　因 2008 年的初始人口为 $\boldsymbol{x}_0=\begin{pmatrix}5\ 000\ 000\\7\ 800\ 000\end{pmatrix}$，故对 2009 年，有

$$\boldsymbol{x}_1=\begin{pmatrix}0.95 & 0.12\\0.05 & 0.88\end{pmatrix}\begin{pmatrix}5\ 000\ 000\\7\ 800\ 000\end{pmatrix}=\begin{pmatrix}5\ 686\ 000\\7\ 114\ 000\end{pmatrix},$$

对 2010 年，有

$$\boldsymbol{x}_2=\begin{pmatrix}0.95 & 0.12\\0.05 & 0.88\end{pmatrix}\begin{pmatrix}5\ 686\ 000\\7\ 114\ 000\end{pmatrix}=\begin{pmatrix}6\ 255\ 380\\6\ 544\ 620\end{pmatrix}.$$

即 2010 年人口分布情况是：城市人口为 6 255 380，农村人口为 6 544 620.　■

注：如果一个人口迁移模型经验证基本符合实际情况，我们就可以利用它进一步预测未来一段时间内人口分布的变化情况，从而为政府决策提供有力的依据.

三、投入产出模型

投入产出分析是美国经济学家列昂惕夫于 20 世纪 30 年代首先提出的，他利用线性代数的理论和方法，研究一个经济系统(企业、地区、国家等)的各部门之间错综复杂的联系，建立起相应的数学模型(投入产出模型)，用于经济分析和预测. 这种分析方法已在世界各地广泛应用. 列昂惕夫也因提出“投入—产出”分析方法获得 1973 年诺贝尔经济学奖.

1. 投入产出平衡表

考察一个具有 n 个部门的经济系统，各部门分别用 $1, 2, \cdots, n$ 表示，并作如下基本假设：

(1) 每个部门的总投入=总产出；

(2) 部门 i 仅生产一种产品(称为部门 i 的产出)，不同部门的产品不能相互替代；

(3) 部门 i 在生产过程中至少需要消耗另一部门 j 的产品(称为部门 j 对部门 i 的投入)，并且消耗的各部门产品的投入量与该部门的总产出量呈正比.

根据上述假设，一方面，每一生产部门将自己的产品分配给各部门作为生产资料或满足社会的非生产性消费需要，并提供积累；另一方面，每一生产部门在其生产过程中也要消耗各部门的产品，所以该经济系统内各部门之间就形成了一个错综复杂的关系，这一关系可用投入产出(平衡)表来表示. 利用某一年的实际统计数据，可先编制出投入产出表，并进一步建立相应的投入产出(数学)模型.

投入产出模型按计量单位的不同，可分为价值型和实物型两种. 在价值型模型中，各部门的投入、产出均以货币单位表示；在实物型模型中，则以各产品的实物单位(如米、公斤、吨等)表示. 本书只讨论价值型的投入产出模型. 因此，后面提到的诸如“产出”“总产出”“中间产出”“最终产出”等，分别指“产出的价值”“总

产出的价值”“中间产出的价值”“最终产出的价值”等.

首先，我们可利用某年的经济统计数据来编制投入产出表(见表11–6–1). 为方便说明，表中采用了下列记号：

表 11–6–1　　　　价值型投入产出表

部门间流量（产出 / 投入）		中间产出							最终产出				总产出
		部门 1	部门 2	…	部门 j	…	部门 n	合计Σ	积累	消费	…	合计 Σ	
物质消耗	部门1	x_{11}	x_{12}	…	x_{1j}	…	x_{1n}	$\sum_j x_{1j}$				y_1	x_1
	部门2	x_{21}	x_{22}	…	x_{2j}	…	x_{2n}	$\sum_j x_{2j}$				y_2	x_2
	⋮	…	…	…	…	…	…	⋮				⋮	⋮
	部门 n	x_{n1}	x_{n2}	…	x_{nj}	…	x_{nn}	$\sum_j x_{nj}$				y_n	x_n
合计Σ		$\sum_i x_{i1}$	$\sum_i x_{i2}$	…	$\sum_i x_{ij}$	…	$\sum_i x_{in}$	$\sum_i \sum_j x_{ij}$				$\sum_i y_i$	$\sum_i x_i$
新创造的价值	劳动报酬	v_1	v_2	…	v_j	…	v_n	$\sum_j v_j$					
	纯收入	m_1	m_2	…	m_j	…	m_n	$\sum_j m_j$					
	合计Σ	z_1	z_2	…	z_j	…	z_n	$\sum_j z_j$					
总投入		x_1	x_2	…	x_j	…	x_n	$\sum_j x_j$					

$x_i\ (i=1, 2, \cdots, n)$ 表示部门 i 的总产出；

$y_i\ (i=1, 2, \cdots, n)$ 表示部门 i 的最终产出；

$x_{ij}\ (i, j=1, 2, \cdots, n)$ 表示部门 i 分配给部门 j 的产出量，或称为部门 j 在生产过程中需消耗部门 i 的产出量；

$v_j\ (j=1, 2, \cdots, n)$ 表示部门 j 的劳动报酬；

$m_j\ (j=1, 2, \cdots, n)$ 表示部门 j 的纯收入；

$z_j\ (j=1, 2, \cdots, n)$ 表示部门 j 新创造的价值，它是部门 j 的劳动报酬 v_j (工资、奖金及其他劳动收入)与纯收入 m_j (税金、利润等)的总和.

用双线把投入产出表分割成四个部分：左上、右上、左下、右下，分别称为第Ⅰ、第Ⅱ、第Ⅲ、第 Ⅳ 象限.

在第Ⅰ象限中，每一个部门都以生产者和消费者的双重身份出现. 从每一行来看，该部门作为生产部门把自己的产品分配给各部门；从每一列来看，该部门又作为消耗部门，在生产过程中消耗各部门的产出. 行与列的交叉点是部门之间的流量，这个量也是以双重身份出现，它是行部门分配给列部门的产出量，也是列部门消耗行部门的产出量.

第Ⅱ象限反映了各部门用作最终产出的部分. 从每一行来看，数据反映了该部门最终产品的分配情况；从每一列来看，数据反映了用于消费、积累等方面的最终产出分别由各部门提供的数量情况.

第Ⅲ象限反映了总产出中新创造的价值情况. 从每一行来看，数据反映了各部门新创造的价值的构成情况；从每一列来看，数据反映了该部门新创造的价值情况.

第Ⅳ象限反映总收入的再分配，由于该部分的经济内容比较复杂，人们对其的研究和利用还很少，因此，在投入产出表中一般不编制这部分内容.

2. 平衡方程

从表 11－6－1 的第Ⅰ、第Ⅱ象限来看，每一行都存在一个等式，即每一个部门作为生产部门分配给各部门用于生产消耗的产出，加上它本部门的最终产出，应等于它的总产出，即

$$x_i = \sum_{j=1}^{n} x_{ij} + y_i \quad (i=1, 2, \cdots, n). \tag{6.4}$$

这个方程组称为**产出平衡方程组**.

从表 11－6－1 的第Ⅰ、第Ⅲ象限来看，每一列也存在一个等式，即每一个部门作为消耗部门，各部门为它的生产消耗转移的产出价值，加上它本部门新创造的价值，应等于它的总产值，即

$$x_j = \sum_{i=1}^{n} x_{ij} + z_j \quad (j=1, 2, \cdots, n). \tag{6.5}$$

这个方程组称为**产值构成平衡方程组**.

根据前述基本假设 (3)，记

$$a_{ij} = \frac{x_{ij}}{x_j} \quad (i, j=1, 2, \cdots, n), \tag{6.6}$$

易见 a_{ij} 表示生产单位产品 j 所需直接消耗产品 i 的数量，一般称其为**直接消耗系数**.

注：物质生产部门之间的直接消耗系数基本上是技术性的，因而是相对稳定的，故直接消耗系数通常也称为**技术系数**.

各部门间的直接消耗系数构成一个 n 阶矩阵

$$\boldsymbol{A} = \begin{pmatrix} a_{11} & a_{12} & \cdots & a_{1n} \\ a_{21} & a_{22} & \cdots & a_{2n} \\ \vdots & \vdots & & \vdots \\ a_{n1} & a_{n2} & \cdots & a_{nn} \end{pmatrix},$$

称为**直接消耗系数矩阵**.

直接消耗系数 $a_{ij}\ (i, j=1, 2, \cdots, n)$ 具有下列性质：

(1) $0 \le a_{ij} < 1\ (i, j=1, 2, \cdots, n)$.

事实上，由 $x_{ij} \ge 0$，$x_j \ge 0$，且 $x_{ij} < x_j$，以及 $a_{ij} = x_{ij} / x_j\ (i, j=1, 2, \cdots, n)$，即可推得上述结论.

(2) $\sum_{i=1}^{n} a_{ij} < 1 \ (j=1, 2, \cdots, n)$.

事实上，由 $x_{ij}=a_{ij}x_j$，产值构成平衡方程组(6.5)可化为

$$x_j = \sum_{i=1}^{n} a_{ij}x_j + z_j \qquad (j=1, 2, \cdots, n).$$

整理得

$$\left(1-\sum_{i=1}^{n} a_{ij}\right)x_j = z_j \qquad (j=1, 2, \cdots, n).$$

又 $x_j>0, z_j>0 \ (j=1, 2, \cdots, n)$，所以

$$1-\sum_{i=1}^{n} a_{ij} > 0 \qquad (j=1, 2, \cdots, n).$$

从上式即推得所证结论.

利用直接消耗系数矩阵，可分别将产出平衡方程组(6.4)和产值构成平衡方程组(6.5)表示成矩阵形式.

将 $x_{ij}=a_{ij}x_j$ 代入产出平衡方程组(6.4)，得

$$x_i = \sum_{j=1}^{n} a_{ij}x_j + y_i \qquad (i=1, 2, \cdots, n), \tag{6.7}$$

即

$$\begin{cases} x_1 = a_{11}x_1 + a_{12}x_2 + \cdots + a_{1n}x_n + y_1 \\ x_2 = a_{21}x_1 + a_{22}x_2 + \cdots + a_{2n}x_n + y_2 \\ \cdots\cdots \\ x_n = a_{n1}x_1 + a_{n2}x_2 + \cdots + a_{nn}x_n + y_n \end{cases} \tag{6.8}$$

若记 $\boldsymbol{x}=(x_1, x_2, \cdots, x_n)^{\mathrm{T}}$，$\boldsymbol{y}=(y_1, y_2, \cdots, y_n)^{\mathrm{T}}$，则产出平衡方程组(6.4)可表示为

$$\boldsymbol{x}=\boldsymbol{A}\boldsymbol{x}+\boldsymbol{y} \quad 或 \quad (\boldsymbol{E}-\boldsymbol{A})\boldsymbol{x}=\boldsymbol{y}. \tag{6.9}$$

将 $x_{ij}=a_{ij}x_j$ 代入产值构成平衡方程组(6.5)，得

$$x_j = \sum_{i=1}^{n} a_{ij}x_j + z_j \qquad (j=1, 2, \cdots, n), \tag{6.10}$$

即

$$\begin{cases} x_1 = a_{11}x_1 + a_{21}x_1 + \cdots + a_{n1}x_1 + z_1 \\ x_2 = a_{12}x_2 + a_{22}x_2 + \cdots + a_{n2}x_2 + z_2 \\ \cdots\cdots \\ x_n = a_{1n}x_n + a_{2n}x_n + \cdots + a_{nn}x_n + z_n \end{cases}. \tag{6.11}$$

若记 $\boldsymbol{z}=(z_1, z_2, \cdots, z_n)^{\mathrm{T}}$，及

$$\boldsymbol{D}=\begin{pmatrix} \sum_{i=1}^{n} a_{i1} & & & \\ & \sum_{i=1}^{n} a_{i2} & & \\ & & \ddots & \\ & & & \sum_{i=1}^{n} a_{in} \end{pmatrix},$$

则产值构成平衡方程组(6.5)可表示为

$$x = Dx + z \text{ 或 } (E - D)x = z. \tag{6.12}$$

3. 平衡方程组的解

根据直接消耗系数矩阵 A 的性质，知矩阵 $E - A$ 可逆，且

$$(E - A)^{-1} = E + A + A^2 + A^3 + \cdots + A^k + \cdots.$$

由于A的所有元素非负，由上式可知$(E-A)^{-1}$(称为**列昂惕夫逆矩阵**)的所有元素也非负. 因此，对产出平衡方程组$(E-A)x=y$，若已知最终需求向量$y=(y_1,y_2,\cdots,y_n)^{\mathrm{T}}\geq 0$，则可求得总产出向量

$$x = (E - A)^{-1}y, \tag{6.13}$$

即 $x = (x_1, x_2, \cdots, x_n)^{\mathrm{T}}$ 的各分量 $x_i \geq 0$ $(i=1, 2, \cdots, n)$，这样的解在经济预测和分析中才具有实际意义.

而对产值构成平衡方程组(6.12)，因对角矩阵 $E - D$ 的主对角线元素均为正数，所以 $E - D$ 可逆，且 $(E-D)^{-1} \geq 0$. 于是，如果已知总产品向量 x，就可得到新创造的价值向量 $z=(E-D)x$. 反之，如果已知新创造的价值向量 $z \geq 0$，则可求出对应的总产出向量

$$x = (E - D)^{-1}z. \tag{6.14}$$

例 3 假设某地区经济系统只分为3个部门：农业、工业和服务业，这3个部门间的生产分配关系可列成下表(见表11-6-2)：

表 11-6-2 **投入产出表** (单位：万元)

部门间流量（投入＼产出）	中间产出			合计	最终产出 y	总产出 x
	农业	工业	服务业			
农业	27	44	2	73	120	193
工业	58	11 010	182	11 250	13 716	24 966
服务业	23	284	153	460	960	1420
合计	108	11 338	337			
新创造的价值z	85	13 628	1 083			
总投入	193	24 966	1 420			

根据表11-6-2和直接消耗系数的定义，可求出直接消耗系数 a_{ij} $(i, j=1, 2, 3)$，从而求得直接消耗系数矩阵 A 和 $E - A$：

$$A = \begin{pmatrix} 0.1399 & 0.0018 & 0.0014 \\ 0.3005 & 0.4410 & 0.1282 \\ 0.1192 & 0.0114 & 0.1077 \end{pmatrix}, \quad E - A = \begin{pmatrix} 0.8601 & -0.0018 & -0.0014 \\ -0.3005 & 0.5590 & -0.1282 \\ -0.1192 & -0.0114 & 0.8923 \end{pmatrix}.$$

可以算出

$$(E - A)^{-1} = \begin{pmatrix} 1.1643 & 0.0038 & 0.0024 \\ 0.6635 & 1.7963 & 0.2591 \\ 0.1640 & 0.0235 & 1.1243 \end{pmatrix}.$$

如果给定下一年计划的最终产出向量

$$y=(135,\ 13\,820,\ 1\,023)^{\mathrm{T}},$$

则由模型(6.13), 有 $x=(E-A)^{-1}y\approx\begin{pmatrix}212\\25\,179\\1\,497\end{pmatrix}$.

从而可预测下一年各部门的总产出为

$$x_1=212,\quad x_2=25\,179,\quad x_3=1\,497.$$ ■

利用这一结果, 可以进一步得到 $x_{ij}=a_{ij}x_j\ (i,j=1,2,3)$ 和 $z_j\ (j=1,2,3)$. 即可预测下一年各部门间的流量和各部门新创造的价值(见表11–6–3), 从而为决策提供依据.

表 11–6–3　　新创造的价值表

部门间流量 投入＼产出	中间产出 农业	中间产出 工业	中间产出 服务业	最终产出 y	总产出 x
农业	29.7	45.3	2.1	134.9	212
工业	63.7	11 103.9	191.9	13 819.7	25 179
服务业	25.3	287.0	161.2	1 023.5	1 497
新创造的价值 z	93.3	13 742.8	1 141.8		
总投入	212	25 179	1 497		

注: 表中各数据均为近似值.

4. 完全消耗系数

直接消耗系数 $a_{ij}\ (i,j=1,2,\cdots,n)$ 表示部门 j 在生产单位产出 j 时, 所需直接消耗产出 i 的数量. 然而, 在生产过程中, 除了部门间的这种直接联系外, 各部门间还具有间接联系. 例如, 汽车制造部门除需直接消耗电力外, 还要消耗钢材、橡胶等产品. 而生产钢材、橡胶等产品的部门也需要消耗电力. 对汽车制造部门来说, 这类消耗是对电力的一次间接消耗. 而生产钢材、橡胶等产品的部门也通过其他部门间接消耗电力. 对于汽车制造部门而言, 这类间接消耗是对电力的更高一级的间接消耗. 依此类推, 汽车制造部门对电力的消耗应包括直接消耗和多次间接消耗.

一般地, 部门 j 除直接消耗部门 i 的产出外, 还要通过一系列中间环节形成对部门 i 产出的间接消耗. 直接消耗与间接消耗的和, 称为**完全消耗**. 部门 j 生产一个单位的最终产出对部门 i 的完全消耗量称为**完全消耗系数**, 记为 $b_{ij}\ (i,j=1,2,\cdots,n)$, 由完全消耗系数构成的矩阵 $B=\begin{pmatrix}b_{11}&b_{12}&\cdots&b_{1n}\\b_{21}&b_{22}&\cdots&b_{2n}\\\vdots&\vdots&&\vdots\\b_{n1}&b_{n2}&\cdots&b_{nn}\end{pmatrix}$ 称为**完全消耗系数矩阵**.

根据完全消耗的意义, 有

$$b_{ij}=a_{ij}+\sum_{k=1}^{n} b_{ik}a_{kj} \quad (i,j=1,2,\cdots,n). \tag{6.15}$$

将其写成矩阵形式，即为

$$\boldsymbol{B}=\boldsymbol{A}+\boldsymbol{B}\boldsymbol{A} \text{ 或 } \boldsymbol{B}(\boldsymbol{E}-\boldsymbol{A})=\boldsymbol{A}.$$

两边右乘 $(\boldsymbol{E}-\boldsymbol{A})^{-1}$，得到

$$\boldsymbol{B}=\boldsymbol{A}(\boldsymbol{E}-\boldsymbol{A})^{-1}. \tag{6.16}$$

由 $(\boldsymbol{E}-\boldsymbol{A})^{-1}=\sum\limits_{k=0}^{\infty}\boldsymbol{A}^k$，可进一步得到

$$\boldsymbol{B}=\boldsymbol{A}+\boldsymbol{A}^2+\boldsymbol{A}^3+\cdots+\boldsymbol{A}^k+\cdots=(\boldsymbol{E}-\boldsymbol{A})^{-1}-\boldsymbol{E}. \tag{6.17}$$

上式右端的第一项 $\boldsymbol{A}$ 是直接消耗系数矩阵，其后的各项可以解释为各次间接消耗的和.

利用矩阵等式 (6.17)，可将产出平衡方程组的解 $\boldsymbol{x}=(\boldsymbol{E}-\boldsymbol{A})^{-1}\boldsymbol{y}$ 表示为

$$\boldsymbol{x}=(\boldsymbol{B}+\boldsymbol{E})\boldsymbol{y}. \tag{6.18}$$

上式表明：如果已知完全消耗系数矩阵 $\boldsymbol{B}$ 和最终产品向量 $\boldsymbol{y}$，就可以直接计算出总产出向量 $\boldsymbol{x}$.

5. 最终产品变动的影响分析

如果最终产出由 $\boldsymbol{y}$ 变到 $\boldsymbol{y}+\Delta\boldsymbol{y}$，则产量由 $\boldsymbol{x}$ 变到 $\boldsymbol{x}+\Delta\boldsymbol{x}$，代入式 (6.9)，得

$$(\boldsymbol{E}-\boldsymbol{A})(\boldsymbol{x}+\Delta\boldsymbol{x})=\boldsymbol{y}+\Delta\boldsymbol{y}. \tag{6.19}$$

式 (6.19) 减去式 (6.9)，得

$$(\boldsymbol{E}-\boldsymbol{A})\Delta\boldsymbol{x}=\Delta\boldsymbol{y} \text{ 或 } \Delta\boldsymbol{x}=(\boldsymbol{E}-\boldsymbol{A})^{-1}\Delta\boldsymbol{y}, \tag{6.20}$$

利用 $(\boldsymbol{E}-\boldsymbol{A})^{-1}$ 的幂级数展开式，则有

$$\begin{aligned}\Delta\boldsymbol{x}&=(\boldsymbol{E}+\boldsymbol{A}+\boldsymbol{A}^2+\cdots+\boldsymbol{A}^k+\cdots)\Delta\boldsymbol{y}=\Delta\boldsymbol{y}+\boldsymbol{A}\Delta\boldsymbol{y}+\boldsymbol{A}^2\Delta\boldsymbol{y}+\cdots+\boldsymbol{A}^k\Delta\boldsymbol{y}+\cdots\\&=\Delta\boldsymbol{y}+\Delta\boldsymbol{x}^{(0)}+\Delta\boldsymbol{x}^{(1)}+\cdots+\Delta\boldsymbol{x}^{(k-1)}+\cdots,\end{aligned} \tag{6.21}$$

其中，

$$\Delta\boldsymbol{x}^{(0)}=\boldsymbol{A}\Delta\boldsymbol{y},\ \Delta\boldsymbol{x}^{(k)}=\boldsymbol{A}^{k+1}\Delta\boldsymbol{y}=\boldsymbol{A}\Delta\boldsymbol{x}^{(k-1)} \quad (k=1,2,\cdots).$$

式 (6.21) 右端的第一项 $\Delta\boldsymbol{y}$ 表示最终产出的变动，而后面各项之和表示各部门生产 $\Delta\boldsymbol{y}$ 的完全消耗，其中 $\Delta\boldsymbol{x}^{(0)}$ 表示各部门生产 $\Delta\boldsymbol{y}$ 的直接消耗，$\Delta\boldsymbol{x}^{(k)}\,(k=1,2,\cdots)$ 分别表示各部门生产 $\Delta\boldsymbol{y}$ 的第 k 轮间接消耗.

投入产出模型是利用数学方法和计算机研究经济活动中投入与产出之间的数量关系，特别是研究、分析国民经济各个部门生产与消耗间数量依存关系的一种经济数学模型.

习题 11-6

1. 给出如题1图所示的流量模式. 假设所有的流量都非负，x_3 的最大可能值是多少？

2. 某地的道路交叉口处通常建成单行的小环岛，如题2图所示. 假设交通行进方向必须如图示那样，请求出该网络流的通解并找出 x_6 的最小可能值.

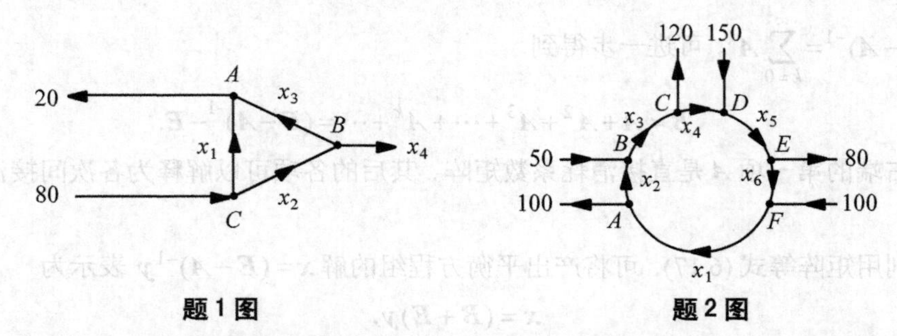

题1图　　题2图

3. 在某个地区，每年约有 5% 的城市人口移居到周围的农村，约有 4% 的农村人口移居到城市. 2008 年，城市中有 400 000 名居民，农村有 600 000 名居民. 建立一个差分方程来描述这种情况，用 x_0 表示 2008 年的初始人口. 然后估计两年之后，即 2010 年城市和农村的人口数量(忽略其他因素对人口规模的影响).

4. 某公司有一个车队，大约有 450 辆车，分布在三个地点. 一个地点租出去的车可以归还到三个地点中的任意一个，但租出的车必须当天归还. 下面的矩阵给出了汽车归还到每个地点的不同比例. 假设星期一在机场有 304 辆车 (或从机场租出)，东部办公区有 48 辆车，西部办公区有 98 辆车，那么在星期三时，车辆的大致分布是怎样的？

车辆出租地

机场　东部　西部　归还到

$$\begin{pmatrix} 0.97 & 0.05 & 0.1 \\ 0 & 0.9 & 0.05 \\ 0.03 & 0.05 & 0.85 \end{pmatrix} \begin{matrix} \text{机场} \\ \text{东部} \\ \text{西部} \end{matrix}$$

5. 设有一个经济系统包括 3 个部门，在某一个生产周期内各部门间的消耗系数及最终产出如下表所示.

消耗部门 / 消耗系数 / 生产部门	1	2	3	最终产出
1	0.25	0.1	0.1	245
2	0.2	0.2	0.1	90
3	0.1	0.1	0.2	175

求各部门的总产出及部门间的流量.

6. 已知一个经济系统包括三个部门，在报告期内的直接消耗系数矩阵为

$$A=\begin{pmatrix}0.6 & 0.1 & 0.1\\ 0.1 & 0.6 & 0.1\\ 0.1 & 0.1 & 0.6\end{pmatrix},$$

若各部门在计划期内的最终产出为 $y_1=30$，$y_2=40$，$y_3=30$，预测各部门在计划期内的总产出 x_1, x_2, x_3.

*第 12 章　相似矩阵与二次型

本章我们所讨论的矩阵均为方阵. 对于方阵 $\boldsymbol{A}$, 尽管线性变换 $\boldsymbol{x}\to\boldsymbol{A}\boldsymbol{x}$ 可能会把向量 $\boldsymbol{x}$ 往各种方向上移动, 但存在一些特殊的向量, $\boldsymbol{A}$ 在其上的作用十分简单.

例如, 设 $\boldsymbol{A}=\begin{pmatrix}3 & -2\\ 1 & 0\end{pmatrix}$, $\boldsymbol{x}=\begin{pmatrix}2\\ 1\end{pmatrix}$, 则 $\boldsymbol{A}\boldsymbol{x}=2\boldsymbol{x}$, 即 $\boldsymbol{A}$ 在 $\boldsymbol{x}$ 上的作用相当于将向量 $\boldsymbol{x}$ 拉伸为原来的两倍 (见右图).

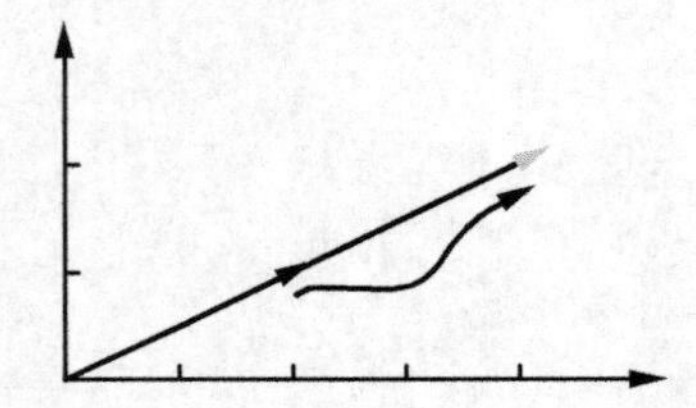

在本章中, 我们要研究形如 $\boldsymbol{A}\boldsymbol{x}=\lambda\boldsymbol{x}$ (λ 为一数量) 的方程, 并且求那些被 $\boldsymbol{A}$ 作用相当于被数乘作用的向量, 此即为方阵的特征值与特征向量问题, 它们不仅在纯数学和应用数学中有广泛的应用, 而且在工程设计、生态系统分析等许多学科领域中也具有广泛的应用背景.

§12.1　向量的内积

在第 11 章中, 我们研究了向量的线性运算, 并利用它讨论了向量之间的线性关系, 但尚未涉及向量的度量性质.

在空间解析几何中, 向量 $\boldsymbol{x}=(x_1, x_2, x_3)$ 和 $\boldsymbol{y}=(y_1, y_2, y_3)$ 的长度与夹角等度量性质可以通过两个向量的数量积

$$\boldsymbol{x}\cdot\boldsymbol{y}=|\boldsymbol{x}||\boldsymbol{y}|\cos\theta\ \ (\theta\text{ 为向量 }\boldsymbol{x}\text{ 与 }\boldsymbol{y}\text{ 的夹角})$$

来表示, 且在直角坐标系中, 有

$$\boldsymbol{x}\cdot\boldsymbol{y}=x_1y_1+x_2y_2+x_3y_3,\ |\boldsymbol{x}|=\sqrt{x_1^2+x_2^2+x_3^2}\,.$$

本节中, 我们要将数量积的概念推广到 n 维向量空间中, 引入内积的概念, 并由此进一步定义 n 维向量空间中的长度、距离和垂直等概念.

一、内积及其性质

定义 1　设有 n 维向量

$$\boldsymbol{x}=\begin{pmatrix}x_1\\ x_2\\ \vdots\\ x_n\end{pmatrix},\qquad \boldsymbol{y}=\begin{pmatrix}y_1\\ y_2\\ \vdots\\ y_n\end{pmatrix},$$

令 $[\boldsymbol{x}, \boldsymbol{y}]=x_1y_1+x_2y_2+\cdots+x_ny_n$, 称 $[\boldsymbol{x}, \boldsymbol{y}]$ 为向量 $\boldsymbol{x}$ 与 $\boldsymbol{y}$ 的**内积**.

注:内积 $[\boldsymbol{x}, \boldsymbol{y}]$ 有时也记作 $<\boldsymbol{x}, \boldsymbol{y}>$.

内积是两个向量之间的一种运算, 其结果是一个实数, 按矩阵的记法可表示为

$$[\boldsymbol{x}, \boldsymbol{y}]=\boldsymbol{x}^{\mathrm{T}}\boldsymbol{y}=(x_1, x_2, \cdots, x_n)\begin{pmatrix} y_1 \\ y_2 \\ \vdots \\ y_n \end{pmatrix}.$$

内积的运算性质 (其中 $\boldsymbol{x}, \boldsymbol{y}, \boldsymbol{z}$ 为 n 维向量, $\lambda \in \mathbf{R}$):

(1) $[\boldsymbol{x}, \boldsymbol{y}]=[\boldsymbol{y}, \boldsymbol{x}]$;

(2) $[\lambda\boldsymbol{x}, \boldsymbol{y}]=\lambda[\boldsymbol{x}, \boldsymbol{y}]$;

(3) $[\boldsymbol{x}+\boldsymbol{y}, \boldsymbol{z}]=[\boldsymbol{x}, \boldsymbol{z}]+[\boldsymbol{y}, \boldsymbol{z}]$;

(4) $[\boldsymbol{x}, \boldsymbol{x}]\geq 0$, 当且仅当 $\boldsymbol{x}=\boldsymbol{0}$ 时, $[\boldsymbol{x}, \boldsymbol{x}]=0$.

二、向量的长度与性质

定义 2 令

$$\|\boldsymbol{x}\|=\sqrt{[\boldsymbol{x}, \boldsymbol{x}]}=\sqrt{x_1^2+x_2^2+\cdots+x_n^2},$$

称 $\|\boldsymbol{x}\|$ 为 n 维向量 $\boldsymbol{x}$ 的**长度**(或**范数**).

向量的长度具有下述性质:

(1) 非负性 $\|\boldsymbol{x}\|\geq 0$, 当且仅当 $\boldsymbol{x}=\boldsymbol{0}$ 时, $\|\boldsymbol{x}\|=0$;

(2) 齐次性 $\|\lambda\boldsymbol{x}\|=|\lambda|\|\boldsymbol{x}\|$;

(3) 三角不等式 $\|\boldsymbol{x}+\boldsymbol{y}\|\leq\|\boldsymbol{x}\|+\|\boldsymbol{y}\|$;

(4) 对任意 n 维向量 $\boldsymbol{x}, \boldsymbol{y}$, 有 $[\boldsymbol{x}, \boldsymbol{y}]\leq\|\boldsymbol{x}\|\cdot\|\boldsymbol{y}\|$.

当 $\|\boldsymbol{x}\|=1$ 时, 称 $\boldsymbol{x}$ 为**单位向量**.

对 $\boldsymbol{R}^n$ 中的任一非零向量 $\boldsymbol{\alpha}$, 向量 $\dfrac{\boldsymbol{\alpha}}{\|\boldsymbol{\alpha}\|}$ 是一个单位向量, 因为

$$\left\|\frac{\boldsymbol{\alpha}}{\|\boldsymbol{\alpha}\|}\right\|=\frac{1}{\|\boldsymbol{\alpha}\|}\|\boldsymbol{\alpha}\|=1.$$

注: 用非零向量 $\boldsymbol{\alpha}$ 的长度去除向量 $\boldsymbol{\alpha}$, 得到一个单位向量, 这一过程通常称为把向量 $\boldsymbol{\alpha}$ **单位化**.

当 $\|\boldsymbol{\alpha}\|\neq 0$, $\|\boldsymbol{\beta}\|\neq 0$ 时, 定义

$$\theta=\arccos\frac{[\boldsymbol{\alpha}, \boldsymbol{\beta}]}{\|\boldsymbol{\alpha}\|\cdot\|\boldsymbol{\beta}\|}\ (0\leq\theta\leq\pi),$$

称 θ 为 **n 维向量 $\boldsymbol{\alpha}$ 与 $\boldsymbol{\beta}$ 的夹角**.

例如, 求向量 $\boldsymbol{\alpha}=(1,2,2,3)^{\mathrm{T}}$, $\boldsymbol{\beta}=(3,1,5,1)^{\mathrm{T}}$ 的夹角.

由 $\|\boldsymbol{\alpha}\|=3\sqrt{2}$, $\|\boldsymbol{\beta}\|=6$, $[\boldsymbol{\alpha}, \boldsymbol{\beta}]=18$, 得

$$\cos\theta=\frac{[\boldsymbol{\alpha},\boldsymbol{\beta}]}{\|\boldsymbol{\alpha}\|\|\boldsymbol{\beta}\|}=\frac{\sqrt{2}}{2},\quad \text{即}\ \theta=\frac{\pi}{4}.$$

三、正交向量组

定义3 若两向量 $\boldsymbol{\alpha}$ 与 $\boldsymbol{\beta}$ 的内积等于零，即

$$[\boldsymbol{\alpha},\boldsymbol{\beta}]=0,$$

则称**向量 $\boldsymbol{\alpha}$ 与 $\boldsymbol{\beta}$ 相互正交**. 记作 $\boldsymbol{\alpha}\perp\boldsymbol{\beta}$.

注: 显然，若 $\boldsymbol{\alpha}=\boldsymbol{0}$, 则 $\boldsymbol{\alpha}$ 与任何向量都正交.

图12－1－1给出了关于正交向量的一些重要事实.

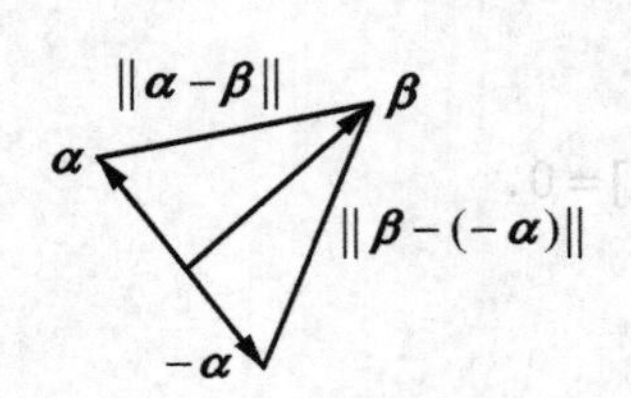

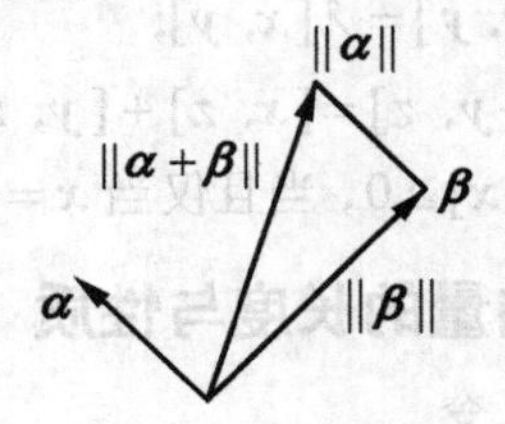

$\boldsymbol{\alpha}$ 与 $\boldsymbol{\beta}$ 相互垂直当且仅当 $\|\boldsymbol{\alpha}-\boldsymbol{\beta}\|=\|\boldsymbol{\beta}-(-\boldsymbol{\alpha})\|$

勾股定理: $\boldsymbol{\alpha}$ 与 $\boldsymbol{\beta}$ 相互垂直当且仅当 $\|\boldsymbol{\alpha}+\boldsymbol{\beta}\|^2=\|\boldsymbol{\alpha}\|^2+\|\boldsymbol{\beta}\|^2$

图 12－1－1

定义4 若 n 维向量 $\boldsymbol{\alpha}_1,\boldsymbol{\alpha}_2,\cdots,\boldsymbol{\alpha}_r$ 是一个非零向量组，且 $\boldsymbol{\alpha}_1,\boldsymbol{\alpha}_2,\cdots,\boldsymbol{\alpha}_r$ 中的向量两两正交，则称该向量组为**正交向量组**.

定理1 若 n 维向量 $\boldsymbol{\alpha}_1,\boldsymbol{\alpha}_2,\cdots,\boldsymbol{\alpha}_r$ 是一正交向量组，则 $\boldsymbol{\alpha}_1,\boldsymbol{\alpha}_2,\cdots,\boldsymbol{\alpha}_r$ 线性无关.

证明 设有 $k_1,k_2,\cdots,k_r$ 使

$$k_1\boldsymbol{\alpha}_1+k_2\boldsymbol{\alpha}_2+\cdots+k_r\boldsymbol{\alpha}_r=\boldsymbol{0},$$

以 $\boldsymbol{\alpha}_i^{\mathrm{T}}$ 左乘上式两端，得

$$k_i\boldsymbol{\alpha}_i^{\mathrm{T}}\boldsymbol{\alpha}_i=0\quad(i=1,2,\cdots,r).$$

因 $\boldsymbol{\alpha}_i\neq\boldsymbol{0}$, 故 $\boldsymbol{\alpha}_i^{\mathrm{T}}\boldsymbol{\alpha}_i=\|\boldsymbol{\alpha}_i\|^2\neq 0$, 从而必有

$$k_i=0\quad(i=1,2,\cdots,r),$$

所以向量组 $\boldsymbol{\alpha}_1,\boldsymbol{\alpha}_2,\cdots,\boldsymbol{\alpha}_r$ 线性无关. ■

注: $\boldsymbol{R}^n$ 中任一正交向量组的向量个数不会超过 n.

四、规范正交向量组及其求法

定义5 若向量组 $\boldsymbol{\alpha}_1,\boldsymbol{\alpha}_2,\cdots,\boldsymbol{\alpha}_r$ 两两正交，且其中每个向量都是单位向量，则称该向量组为**规范正交向量组**.

例如，对于 n 维单位向量组

$$\boldsymbol{\varepsilon}_1=\begin{pmatrix}1\\0\\\vdots\\0\end{pmatrix},\ \boldsymbol{\varepsilon}_2=\begin{pmatrix}0\\1\\\vdots\\0\end{pmatrix},\ \cdots,\ \boldsymbol{\varepsilon}_n=\begin{pmatrix}0\\0\\\vdots\\1\end{pmatrix},$$

有

$$[\boldsymbol{\varepsilon}_i,\boldsymbol{\varepsilon}_j]=\begin{cases}0, & i\neq j\\ 1, & i=j\end{cases}\quad (i,j=1,2,\cdots,n),$$

因此，$\boldsymbol{\varepsilon}_1$，$\boldsymbol{\varepsilon}_2$，$\cdots$，$\boldsymbol{\varepsilon}_n$ 是 $\boldsymbol{R}^n$ 的一个规范正交向量组.

又如，容易验证

$$\boldsymbol{e}_1=\begin{pmatrix}\frac{1}{\sqrt{2}}\\\frac{1}{\sqrt{2}}\\0\\0\end{pmatrix},\quad \boldsymbol{e}_2=\begin{pmatrix}\frac{1}{\sqrt{2}}\\-\frac{1}{\sqrt{2}}\\0\\0\end{pmatrix},\quad \boldsymbol{e}_3=\begin{pmatrix}0\\0\\\frac{1}{\sqrt{2}}\\\frac{1}{\sqrt{2}}\end{pmatrix},\quad \boldsymbol{e}_4=\begin{pmatrix}0\\0\\\frac{1}{\sqrt{2}}\\-\frac{1}{\sqrt{2}}\end{pmatrix}$$

是向量空间 $\boldsymbol{R}^4$ 的一个规范正交向量组.

线性无关组的正交规范化：

设 $\boldsymbol{\alpha}_1$，$\boldsymbol{\alpha}_2$，$\cdots$，$\boldsymbol{\alpha}_r$ 是一线性无关向量组，要寻求一组两两正交的单位向量 $\boldsymbol{e}_1$，$\boldsymbol{e}_2,\cdots,\boldsymbol{e}_r$，使 $\boldsymbol{e}_1$，$\boldsymbol{e}_2$，$\cdots$，$\boldsymbol{e}_r$ 与 $\boldsymbol{\alpha}_1$，$\boldsymbol{\alpha}_2$，$\cdots$，$\boldsymbol{\alpha}_r$ 等价，这一过程称为把线性无关组 $\boldsymbol{\alpha}_1,\boldsymbol{\alpha}_2,\cdots,\boldsymbol{\alpha}_r$ **正交规范化**，可按如下两个步骤进行：

(1) 正交化：

令

$$\boldsymbol{\beta}_1=\boldsymbol{\alpha}_1,$$

$$\boldsymbol{\beta}_2=\boldsymbol{\alpha}_2-\frac{[\boldsymbol{\beta}_1,\boldsymbol{\alpha}_2]}{[\boldsymbol{\beta}_1,\boldsymbol{\beta}_1]}\boldsymbol{\beta}_1,$$

$$\cdots\cdots$$

$$\boldsymbol{\beta}_r=\boldsymbol{\alpha}_r-\frac{[\boldsymbol{\beta}_1,\boldsymbol{\alpha}_r]}{[\boldsymbol{\beta}_1,\boldsymbol{\beta}_1]}\boldsymbol{\beta}_1-\frac{[\boldsymbol{\beta}_2,\boldsymbol{\alpha}_r]}{[\boldsymbol{\beta}_2,\boldsymbol{\beta}_2]}\boldsymbol{\beta}_2-\cdots-\frac{[\boldsymbol{\beta}_{r-1},\boldsymbol{\alpha}_r]}{[\boldsymbol{\beta}_{r-1},\boldsymbol{\beta}_{r-1}]}\boldsymbol{\beta}_{r-1},$$

则易验证 $\boldsymbol{\beta}_1$，$\boldsymbol{\beta}_2,\cdots,\boldsymbol{\beta}_r$ 两两正交，且 $\boldsymbol{\beta}_1$，$\boldsymbol{\beta}_2,\cdots,\boldsymbol{\beta}_r$ 与 $\boldsymbol{\alpha}_1$，$\boldsymbol{\alpha}_2,\cdots,\boldsymbol{\alpha}_r$ 等价.

注：上述过程称为**施密特正交化**过程. 它满足：对于任何 $k(1\le k\le r)$，向量组 $\boldsymbol{\beta}_1,\cdots,\boldsymbol{\beta}_k$ 与 $\boldsymbol{\alpha}_1,\cdots,\boldsymbol{\alpha}_k$ 等价.

(2) 单位化：令

$$\boldsymbol{e}_1=\frac{\boldsymbol{\beta}_1}{\|\boldsymbol{\beta}_1\|},\ \boldsymbol{e}_2=\frac{\boldsymbol{\beta}_2}{\|\boldsymbol{\beta}_2\|},\ \cdots,\ \boldsymbol{e}_r=\frac{\boldsymbol{\beta}_r}{\|\boldsymbol{\beta}_r\|},$$

则 $\boldsymbol{e}_1, \boldsymbol{e}_2, \cdots, \boldsymbol{e}_r$ 是与线性无关组 $\boldsymbol{\alpha}_1, \boldsymbol{\alpha}_2, \cdots, \boldsymbol{\alpha}_r$ 等价的一个规范正交向量组.

例 1　设 $\boldsymbol{\alpha}_1=\begin{pmatrix}1\\2\\-1\end{pmatrix}, \boldsymbol{\alpha}_2=\begin{pmatrix}-1\\3\\1\end{pmatrix}, \boldsymbol{\alpha}_3=\begin{pmatrix}4\\-1\\0\end{pmatrix}$, 用施密特正交化方法, 将向量组正交规范化.

解　不难证明 $\boldsymbol{\alpha}_1, \boldsymbol{\alpha}_2, \boldsymbol{\alpha}_3$ 是线性无关的. 取

$$\boldsymbol{\beta}_1=\boldsymbol{\alpha}_1;$$

$$\boldsymbol{\beta}_2=\boldsymbol{\alpha}_2-\frac{[\boldsymbol{\alpha}_2, \boldsymbol{\beta}_1]}{\|\boldsymbol{\beta}_1\|^2}\boldsymbol{\beta}_1=\begin{pmatrix}-1\\3\\1\end{pmatrix}-\frac{2}{3}\begin{pmatrix}1\\2\\-1\end{pmatrix}=\frac{5}{3}\begin{pmatrix}-1\\1\\1\end{pmatrix};$$

$$\boldsymbol{\beta}_3=\boldsymbol{\alpha}_3-\frac{[\boldsymbol{\alpha}_3, \boldsymbol{\beta}_1]}{\|\boldsymbol{\beta}_1\|^2}\boldsymbol{\beta}_1-\frac{[\boldsymbol{\alpha}_3, \boldsymbol{\beta}_2]}{\|\boldsymbol{\beta}_2\|^2}\boldsymbol{\beta}_2$$

$$=\begin{pmatrix}4\\-1\\0\end{pmatrix}-\frac{1}{3}\begin{pmatrix}1\\2\\-1\end{pmatrix}+\frac{5}{3}\begin{pmatrix}-1\\1\\1\end{pmatrix}=2\begin{pmatrix}1\\0\\1\end{pmatrix}.$$

向量组的正交规范化

再把它们单位化, 取

$$\boldsymbol{e}_1=\frac{\boldsymbol{\beta}_1}{\|\boldsymbol{\beta}_1\|}=\frac{1}{\sqrt{6}}\begin{pmatrix}1\\2\\-1\end{pmatrix}, \quad \boldsymbol{e}_2=\frac{\boldsymbol{\beta}_2}{\|\boldsymbol{\beta}_2\|}=\frac{1}{\sqrt{3}}\begin{pmatrix}-1\\1\\1\end{pmatrix}, \quad \boldsymbol{e}_3=\frac{\boldsymbol{\beta}_3}{\|\boldsymbol{\beta}_3\|}=\frac{1}{\sqrt{2}}\begin{pmatrix}1\\0\\1\end{pmatrix},$$

$\boldsymbol{e}_1, \boldsymbol{e}_2, \boldsymbol{e}_3$ 即为所求. ■

注: 本例有明确的几何意义(详见教材配套的网络学习空间).

例 2　已知三维向量组中两个向量 $\boldsymbol{\alpha}_1=\begin{pmatrix}1\\1\\1\end{pmatrix}, \boldsymbol{\alpha}_2=\begin{pmatrix}1\\-2\\1\end{pmatrix}$ 正交, 试求 $\boldsymbol{\alpha}_3$, 使 $\boldsymbol{\alpha}_1, \boldsymbol{\alpha}_2, \boldsymbol{\alpha}_3$ 构成一个正交向量组.

解　设 $\boldsymbol{\alpha}_3=(x_1, x_2, x_3)^{\mathrm{T}}\neq\boldsymbol{0}$, 且分别与 $\boldsymbol{\alpha}_1, \boldsymbol{\alpha}_2$ 正交, 则

$$[\boldsymbol{\alpha}_1, \boldsymbol{\alpha}_3]=[\boldsymbol{\alpha}_2, \boldsymbol{\alpha}_3]=0,$$

即

$$\begin{cases}[\boldsymbol{\alpha}_1, \boldsymbol{\alpha}_3]=x_1+x_2+x_3=0\\ [\boldsymbol{\alpha}_2, \boldsymbol{\alpha}_3]=x_1-2x_2+x_3=0\end{cases}.$$

解之得 $x_1=-x_3, x_2=0$. 令 $x_3=1$, 得到

$$\boldsymbol{\alpha}_3=\begin{pmatrix}x_1\\x_2\\x_3\end{pmatrix}=\begin{pmatrix}-1\\0\\1\end{pmatrix}.$$

由上可知 $\boldsymbol{\alpha}_1, \boldsymbol{\alpha}_2, \boldsymbol{\alpha}_3$ 构成三维空间的一个正交向量组. ■

五、正交矩阵与正交变换

定义6 若n阶方阵$\boldsymbol{A}$满足$\boldsymbol{A}^{\mathrm{T}}\boldsymbol{A}=\boldsymbol{E}$，则称$\boldsymbol{A}$为**正交矩阵**，简称**正交阵**.

正交矩阵有以下几个重要性质:

(1) $\boldsymbol{A}^{\mathrm{T}}=\boldsymbol{A}^{-1}$，即$\boldsymbol{A}\boldsymbol{A}^{\mathrm{T}}=\boldsymbol{A}^{\mathrm{T}}\boldsymbol{A}=\boldsymbol{E}$；

(2) 若$\boldsymbol{A}$是正交矩阵，则$\boldsymbol{A}^{\mathrm{T}}$(或$\boldsymbol{A}^{-1}$)也是正交矩阵；

(3) 两个正交矩阵之积仍是正交矩阵；

(4) 正交矩阵的行列式等于1或-1.

进一步，可以证明:

定理2 $\boldsymbol{A}$为正交矩阵的充分必要条件是$\boldsymbol{A}$的列向量组是单位正交向量组.

注: 由$\boldsymbol{A}^{\mathrm{T}}\boldsymbol{A}=\boldsymbol{E}$与$\boldsymbol{A}\boldsymbol{A}^{\mathrm{T}}=\boldsymbol{E}$等价可知，定理2的结论对行向量也成立，即$\boldsymbol{A}$为正交矩阵的充分必要条件是$\boldsymbol{A}$的行向量组是单位正交向量组.

定义7 若$\boldsymbol{P}$为正交矩阵，则线性变换$\boldsymbol{y}=\boldsymbol{P}\boldsymbol{x}$称为**正交变换**.

正交变换的一个重要性质是: 正交变换保持向量的内积及长度不变.

事实上，设$\boldsymbol{y}=\boldsymbol{P}\boldsymbol{x}$为正交变换，且$\boldsymbol{\beta}_1=\boldsymbol{P}\boldsymbol{\alpha}_1$，$\boldsymbol{\beta}_2=\boldsymbol{P}\boldsymbol{\alpha}_2$，则

$$[\boldsymbol{\beta}_1,\boldsymbol{\beta}_2]=\boldsymbol{\beta}_1^{\mathrm{T}}\boldsymbol{\beta}_2=\boldsymbol{\alpha}_1^{\mathrm{T}}\boldsymbol{P}^{\mathrm{T}}\boldsymbol{P}\boldsymbol{\alpha}_2=\boldsymbol{\alpha}_1^{\mathrm{T}}\boldsymbol{E}\boldsymbol{\alpha}_2=\boldsymbol{\alpha}_1^{\mathrm{T}}\boldsymbol{\alpha}_2=[\boldsymbol{\alpha}_1,\boldsymbol{\alpha}_2],$$

$$\|\boldsymbol{\beta}_1\|=\sqrt{\boldsymbol{\beta}_1^{\mathrm{T}}\boldsymbol{\beta}_1}=\sqrt{\boldsymbol{\alpha}_1^{\mathrm{T}}\boldsymbol{P}^{\mathrm{T}}\boldsymbol{P}\boldsymbol{\alpha}_1}=\sqrt{\boldsymbol{\alpha}_1^{\mathrm{T}}\boldsymbol{\alpha}_1}=\|\boldsymbol{\alpha}_1\|.$$

例3 判别下列矩阵是否为正交矩阵.

(1) $\begin{pmatrix}1 & -1/2 & 1/3\\ -1/2 & 1 & 1/2\\ 1/3 & 1/2 & -1\end{pmatrix}$；　　(2) $\begin{pmatrix}1/9 & -8/9 & -4/9\\ -8/9 & 1/9 & -4/9\\ -4/9 & -4/9 & 7/9\end{pmatrix}$.

解 (1) 考察矩阵的第1行和第2列，因

$$1\times\left(-\frac{1}{2}\right)+\left(-\frac{1}{2}\right)\times 1+\frac{1}{3}\times\frac{1}{2}\neq 0,$$

所以它不是正交矩阵；

(2) 由正交矩阵的定义，因

$$\begin{pmatrix}1/9 & -8/9 & -4/9\\ -8/9 & 1/9 & -4/9\\ -4/9 & -4/9 & 7/9\end{pmatrix}\begin{pmatrix}1/9 & -8/9 & -4/9\\ -8/9 & 1/9 & -4/9\\ -4/9 & -4/9 & 7/9\end{pmatrix}^{\mathrm{T}}=\begin{pmatrix}1 & 0 & 0\\ 0 & 1 & 0\\ 0 & 0 & 1\end{pmatrix},$$

所以它是正交矩阵. ■

习题 12-1

1. 设$\boldsymbol{\alpha}_1,\boldsymbol{\alpha}_2,\boldsymbol{\alpha}_3$是一个规范正交组，求$\|4\boldsymbol{\alpha}_1-7\boldsymbol{\alpha}_2+4\boldsymbol{\alpha}_3\|$.

2. 已知 $\boldsymbol{\alpha}_1=\begin{pmatrix}1\\1\\1\end{pmatrix}$，求一组非零向量 $\boldsymbol{\alpha}_2, \boldsymbol{\alpha}_3$，使 $\boldsymbol{\alpha}_1, \boldsymbol{\alpha}_2, \boldsymbol{\alpha}_3$ 两两正交.

3. 将下列各组向量正交规范化：

(1) $\boldsymbol{\alpha}_1=\begin{pmatrix}1\\1\\1\end{pmatrix}, \boldsymbol{\alpha}_2=\begin{pmatrix}0\\1\\1\end{pmatrix}, \boldsymbol{\alpha}_3=\begin{pmatrix}0\\0\\1\end{pmatrix}$； (2) $\boldsymbol{\alpha}_1=\begin{pmatrix}1\\1\\0\\0\end{pmatrix}, \boldsymbol{\alpha}_2=\begin{pmatrix}0\\1\\1\\0\end{pmatrix}, \boldsymbol{\alpha}_3=\begin{pmatrix}1\\0\\1\\1\end{pmatrix}$.

4. 判断下列矩阵是否为正交矩阵：

(1) $\begin{pmatrix}3&-3&1\\-3&1&3\\1&3&-3\end{pmatrix}$； (2) $\begin{pmatrix}2/3&2/3&1/3\\2/3&-1/3&-2/3\\1/3&-2/3&2/3\end{pmatrix}$.

5. 设 $\boldsymbol{A}$ 与 $\boldsymbol{B}$ 都是 n 阶正交矩阵，证明 $\boldsymbol{AB}$ 也是正交矩阵.

§12.2 矩阵的特征值与特征向量

定义 1 设 $\boldsymbol{A}$ 是 n 阶方阵，如果数 λ 和 n 维非零向量 $\boldsymbol{x}$ 使 $\boldsymbol{Ax}=\lambda\boldsymbol{x}$ 成立，则数 λ 称为方阵 $\boldsymbol{A}$ 的**特征值**，非零向量 $\boldsymbol{x}$ 称为 $\boldsymbol{A}$ 的对应于特征值 λ 的**特征向量**（或称为 $\boldsymbol{A}$ 的属于特征值 λ 的特征向量）.

注：n 阶方阵 $\boldsymbol{A}$ 的特征值 λ，就是使齐次线性方程组

$$(\lambda\boldsymbol{E}-\boldsymbol{A})\boldsymbol{x}=\boldsymbol{0}$$

有非零解的值，即满足方程 $|\lambda\boldsymbol{E}-\boldsymbol{A}|=0$ 的 λ 都是矩阵 $\boldsymbol{A}$ 的特征值.

称关于 λ 的一元 n 次方程 $|\lambda\boldsymbol{E}-\boldsymbol{A}|=0$ 为矩阵 $\boldsymbol{A}$ 的**特征方程**，称 λ 的一元 n 次多项式 $f(\lambda)=|\lambda\boldsymbol{E}-\boldsymbol{A}|$ 为矩阵 $\boldsymbol{A}$ 的**特征多项式**.

根据上述定义，即可给出特征向量的求法：

设 $\lambda=\lambda_i$ 为方阵 $\boldsymbol{A}$ 的一个特征值，则由齐次线性方程组

$$(\lambda_i\boldsymbol{E}-\boldsymbol{A})\boldsymbol{x}=\boldsymbol{0} \tag{2.1}$$

可求得非零解 $\boldsymbol{p}_i$，那么 $\boldsymbol{p}_i$ 就是 $\boldsymbol{A}$ 的对应于特征值 λ_i 的特征向量，且 $\boldsymbol{A}$ 的对应于特征值 λ_i 的特征向量的全体是方程组 (2.1) 的全体非零解. 即设 $\boldsymbol{p}_1, \boldsymbol{p}_2, \cdots, \boldsymbol{p}_s$ 为 (2.1) 的基础解系，则 $\boldsymbol{A}$ 的对应于特征值 λ_i 的全部特征向量为

$$k_1\boldsymbol{p}_1+k_2\boldsymbol{p}_2+\cdots+k_s\boldsymbol{p}_s\ (k_1, \cdots, k_s \text{ 不同时为 } 0).$$

例 1 求矩阵 $\boldsymbol{A}=\begin{pmatrix}3&1\\5&-1\end{pmatrix}$ 的特征值和特征向量.

解 $\boldsymbol{A}$ 的特征方程为

$$|\lambda\boldsymbol{E}-\boldsymbol{A}|=\begin{vmatrix}\lambda-3&-1\\-5&\lambda+1\end{vmatrix}=(\lambda-4)(2+\lambda)=0,$$

所以 $\boldsymbol{A}$ 的特征值为 $\lambda_1=4$，$\lambda_2=-2$.

当 $\lambda_1=4$ 时，对应的特征向量应满足

$$\begin{cases} x_1-\ x_2=0 \\ -5x_1+5x_2=0 \end{cases},$$

解得 $x_1=x_2$，所以对应的特征向量可取为 $\boldsymbol{p}_1=\begin{pmatrix}1\\1\end{pmatrix}$. 而 $k_1\boldsymbol{p}_1(k_1\neq 0)$ 就是矩阵$\boldsymbol{A}$ 对应于 $\lambda_1=4$ 的全部特征向量.

当 $\lambda_2=-2$ 时，对应的特征向量应满足

$$\begin{cases} -5x_1-x_2=0 \\ -5x_1-x_2=0 \end{cases},$$

解得 $x_2=-5x_1$，所以对应的特征向量可取为

$$\boldsymbol{p}_2=\begin{pmatrix}1\\-5\end{pmatrix}.$$

而 $k_2\boldsymbol{p}_2(k_2\neq 0)$ 就是矩阵$\boldsymbol{A}$ 对应于 $\lambda_2=-2$ 的全部特征向量(见图 12-2-1). ■

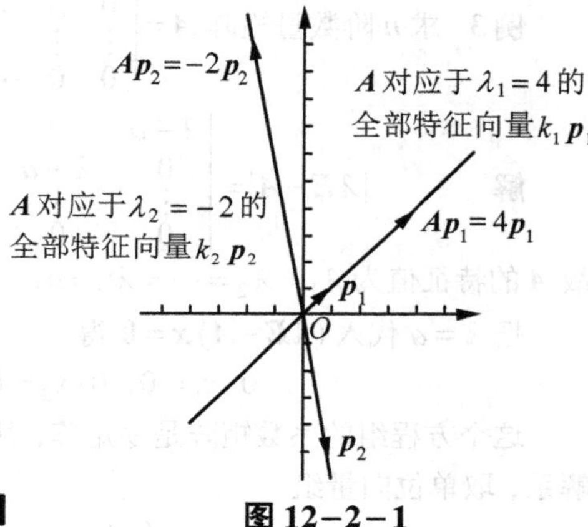

图 12-2-1

例 2 设 $\boldsymbol{A}=\begin{pmatrix}-2&1&1\\0&2&0\\-4&1&3\end{pmatrix}$，求 $\boldsymbol{A}$ 的特征值与特征向量.

解 $\boldsymbol{A}$ 的特征方程为

$$|\lambda\boldsymbol{E}-\boldsymbol{A}|=\begin{vmatrix}\lambda+2&-1&-1\\0&\lambda-2&0\\4&-1&\lambda-3\end{vmatrix}=(\lambda+1)(\lambda-2)^2=0,$$

故得 $\boldsymbol{A}$ 的特征值为 $\lambda_1=-1$，$\lambda_2=\lambda_3=2$.

当 $\lambda_1=-1$ 时，解方程 $(-\boldsymbol{E}-\boldsymbol{A})\boldsymbol{x}=\boldsymbol{0}$.

由 $-\boldsymbol{E}-\boldsymbol{A}=\begin{pmatrix}1&-1&-1\\0&-3&0\\4&-1&-4\end{pmatrix}\to\begin{pmatrix}1&0&-1\\0&1&0\\0&0&0\end{pmatrix}$，得基础解系

$$\boldsymbol{p}_1=\begin{pmatrix}1\\0\\1\end{pmatrix},$$

故对应于 $\lambda_1=-1$ 的全体特征向量为 $k_1\boldsymbol{p}_1\ (k_1\neq 0)$.

当 $\lambda_2=\lambda_3=2$ 时，解方程 $(2\boldsymbol{E}-\boldsymbol{A})\boldsymbol{x}=\boldsymbol{0}$.

由 $2\boldsymbol{E}-\boldsymbol{A}=\begin{pmatrix}4&-1&-1\\0&0&0\\4&-1&-1\end{pmatrix}\to\begin{pmatrix}4&-1&-1\\0&0&0\\0&0&0\end{pmatrix}\to\begin{pmatrix}1&-1/4&-1/4\\0&0&0\\0&0&0\end{pmatrix}$，得基础解系

$$p_2=\begin{pmatrix}1\\4\\0\end{pmatrix},\ p_3=\begin{pmatrix}1\\0\\4\end{pmatrix},$$

故对应于 $\lambda_2=\lambda_3=2$ 的全部特征向量为

$$k_2 p_2+k_3 p_3\ (k_2, k_3\text{不同时为}0).$$ ■

例 3　求 n 阶数量矩阵 $A=\begin{pmatrix}a&0&\cdots&0\\0&a&\cdots&0\\\vdots&\vdots&&\vdots\\0&0&\cdots&a\end{pmatrix}$ 的特征值与特征向量.

解　$$|\lambda E-A|=\begin{vmatrix}\lambda-a&0&\cdots&0\\0&\lambda-a&\cdots&0\\\vdots&\vdots&&\vdots\\0&0&\cdots&\lambda-a\end{vmatrix}=(\lambda-a)^n=0,$$

故 A 的特征值为 $\lambda_1=\lambda_2=\cdots=\lambda_n=a$.

把 $\lambda=a$ 代入 $(\lambda E-A)x=0$ 得

$$0\cdot x_1=0,\ 0\cdot x_2=0,\ \cdots,\ 0\cdot x_n=0.$$

这个方程组的系数矩阵是零矩阵，所以任意 n 个线性无关的向量都是它的基础解系，取单位向量组

$$\varepsilon_1=\begin{pmatrix}1\\0\\\vdots\\0\end{pmatrix},\ \varepsilon_2=\begin{pmatrix}0\\1\\\vdots\\0\end{pmatrix},\ \cdots,\ \varepsilon_n=\begin{pmatrix}0\\0\\\vdots\\1\end{pmatrix}$$

作为基础解系，于是，A 的全部特征向量为

$$k_1\varepsilon_1+k_2\varepsilon_2+\cdots+k_n\varepsilon_n\ \ (k_1, k_2, \cdots, k_n\text{不全为}0).$$ ■

注：特征方程 $|\lambda E-A|=0$ 与特征方程 $|A-\lambda E|=0$ 有相同的特征根；A 的对应于特征值 λ 的特征向量是齐次线性方程组

$$(\lambda E-A)x=0$$

的非零解，也是方程组 $(A-\lambda E)x=0$ 的非零解. 因此，在实际计算特征值和特征向量时，以上两种形式均可采用.

设 $A=(a_{ij})$ 是 n 阶矩阵，则

$$f(\lambda)=|\lambda E-A|=\begin{vmatrix}\lambda-a_{11}&-a_{12}&\cdots&-a_{1n}\\-a_{21}&\lambda-a_{22}&\cdots&-a_{2n}\\\vdots&\vdots&&\vdots\\-a_{n1}&-a_{n2}&\cdots&\lambda-a_{nn}\end{vmatrix}$$

$$=\lambda^n-\left(\sum_{i=1}^{n}a_{ii}\right)\lambda^{n-1}+\cdots+(-1)^k S_k\lambda^{n-k}+\cdots+(-1)^n|A|,$$

其中 S_k 是 A 的全体 **k 阶主子式**（见 §12.4 的定义3）的和. 设 $\lambda_1, \lambda_2, \cdots, \lambda_n$ 是 A 的 n 个特征值，则由 n 次代数方程的根与系数的关系知：

(i) $\lambda_1+\lambda_2+\cdots+\lambda_n=a_{11}+a_{22}+\cdots+a_{nn}$； (ii) $\lambda_1\lambda_2\cdots\lambda_n=|A|$.

其中 A 的全体特征值的和 $a_{11}+a_{22}+\cdots+a_{nn}$ 称为矩阵 A 的**迹**，记为 $\mathrm{tr}(A)$.

例 4 试证：n 阶矩阵 A 是奇异矩阵的充分必要条件是 A 有一个特征值为零.

证明 必要性. 若 A 是奇异矩阵，则 $|A|=0$. 于是

$$|0E-A|=|-A|=(-1)^n|A|=0,$$

即 0 是 A 的一个特征值.

充分性. 设 A 有一个特征值为 0，对应的特征向量为 p. 由特征值的定义，有

$$Ap=0p=\mathbf{0}\quad(p\neq\mathbf{0}),$$

所以齐次线性方程组 $Ax=\mathbf{0}$ 有非零解 p. 由此可知 $|A|=0$，即 A 为奇异矩阵. ■

注：此例也可以叙述为："n 阶矩阵 A 可逆，当且仅当它的任一特征值不为零".

关于矩阵的特征值和特征向量之间的关系，可以证明如下重要结论：

定理 1 n 阶矩阵 A 的互不相等的特征值 $\lambda_1,\cdots,\lambda_m$ 对应的特征向量 $p_1,p_2,\cdots,p_m$ 线性无关.

矩阵的特征向量总是相对于矩阵的特征值而言的，一个特征值具有的特征向量并不是唯一的，但一个特征向量不能属于不同的特征值. 事实上，若反设 p 是 A 的相对于两个不同的特征值 λ_1，λ_2 的特征向量，即

$$Ap=\lambda_1 p,\ Ap=\lambda_2 p,\ \text{且 } p\neq\mathbf{0},$$

则有 $(\lambda_1-\lambda_2)p=\mathbf{0}$，由 $\lambda_1-\lambda_2\neq0$，得 $p=\mathbf{0}$，与定义矛盾，故结论成立.

例 5 证明：正交矩阵的实特征值的绝对值为1.

证明 A 为正交矩阵，p 是方阵 A 对应于特征值 λ 的特征向量，设 $Ap=\lambda p$，因

$$(Ap)^{\mathrm T}Ap=p^{\mathrm T}A^{\mathrm T}Ap=p^{\mathrm T}p=\|p\|^2, \tag{2.2}$$

$$(Ap)^{\mathrm T}Ap=(\lambda p)^{\mathrm T}(\lambda p)=\lambda^2p^{\mathrm T}p=\lambda^2\|p\|^2, \tag{2.3}$$

又 $p\neq\mathbf{0}$，所以 $\|p\|>0$，于是，式(2.2) − 式(2.3) 得 $\lambda^2=1$，即 $|\lambda|=1$. ■

习题 12-2

1. 设 $A=\begin{pmatrix}3&2\\0&-1\end{pmatrix}$，$\boldsymbol\alpha=\begin{pmatrix}-1\\2\end{pmatrix}$，$\boldsymbol\beta=\begin{pmatrix}1\\1\end{pmatrix}$. 判断 $\boldsymbol\alpha$ 和 $\boldsymbol\beta$ 是否为 A 的特征向量.

2. 证明：5 不是 $A=\begin{pmatrix}6&-3&1\\3&0&5\\2&2&6\end{pmatrix}$ 的特征值.

3. 证明：三角形矩阵的特征值为其主对角线上的元素.

4. 求下列矩阵的特征值及特征向量:

(1) $\begin{pmatrix} 3 & -1 \\ -1 & 3 \end{pmatrix}$; (2) $\begin{pmatrix} 1 & 2 & 3 \\ 2 & 1 & 3 \\ 3 & 3 & 6 \end{pmatrix}$; (3) $\begin{pmatrix} 1 & 1 & 1 & 1 \\ 1 & 1 & -1 & -1 \\ 1 & -1 & 1 & -1 \\ 1 & -1 & -1 & 1 \end{pmatrix}$.

5. 已知三阶矩阵A的特征值为$1, -2, 3$, 求:

(1) $2A$ 的特征值; (2) A^{-1} 的特征值.

6. 设$A^2-3A+2E=0$, 证明 A 的特征值只能取1或2.

7. 设$\boldsymbol{\alpha}$是A的对应于特征值λ_0的特征向量, 证明: $\boldsymbol{\alpha}$是A^m的对应于特征值λ_0^m的特征向量.

8. 已知0是矩阵$A=\begin{pmatrix} 1 & 0 & 1 \\ 0 & 2 & 0 \\ 1 & 0 & a \end{pmatrix}$的特征值, 求$A$的特征值和特征向量.

9. 已知$A=\begin{pmatrix} 0 & 0 & 1 \\ x & 1 & 0 \\ 1 & 0 & 0 \end{pmatrix}$有三个线性无关的特征向量, 求$x$.

§12.3 相似矩阵

一、相似矩阵的概念

定义1 设A, B都是n阶矩阵, 若存在可逆矩阵P, 使

$$P^{-1}AP=B,$$

则称B是A的**相似矩阵**, 并称**矩阵A与B相似**.

对A进行$P^{-1}AP$运算称为**对A进行相似变换**, 称可逆矩阵P为**相似变换矩阵**.

矩阵的相似关系是一种等价关系, 满足:

(1) 自反性: 对任意n阶矩阵A, 有A与A相似;

(2) 对称性: 若A与B相似, 则B与A相似;

(3) 传递性: 若A与B相似, B与C相似, 则A与C相似.

证明 (1)、(2) 显然成立, 现证(3).

因为若A与B相似, B与C相似, 则分别有可逆矩阵P与Q使得

$$P^{-1}AP=B, \quad Q^{-1}BQ=C,$$

从而有 $$C=Q^{-1}(P^{-1}AP)Q=(Q^{-1}P^{-1})A(PQ)=(PQ)^{-1}A(PQ).$$

由定义1即知A与C相似. ■

注: 两个常用运算表达式为:

① $P^{-1}ABP=(P^{-1}AP)(P^{-1}BP)$;

② $P^{-1}(kA+lB)P=kP^{-1}AP+lP^{-1}BP$, 其中$k, l$为任意实数.

例 1 设有矩阵 $\boldsymbol{A}=\begin{pmatrix}3 & 1\\ 5 & -1\end{pmatrix}$, $\boldsymbol{B}=\begin{pmatrix}4 & 0\\ 0 & -2\end{pmatrix}$, 试验证存在可逆矩阵 $\boldsymbol{P}=\begin{pmatrix}1 & 1\\ 1 & -5\end{pmatrix}$, 使得 $\boldsymbol{A}$ 与 $\boldsymbol{B}$ 相似.

证明 易见 $\boldsymbol{P}$ 可逆，且 $\boldsymbol{P}^{-1}=\begin{pmatrix}5/6 & 1/6\\ 1/6 & -1/6\end{pmatrix}$, 由

$$\boldsymbol{P}^{-1}\boldsymbol{A}\boldsymbol{P}=\begin{pmatrix}5/6 & 1/6\\ 1/6 & -1/6\end{pmatrix}\begin{pmatrix}3 & 1\\ 5 & -1\end{pmatrix}\begin{pmatrix}1 & 1\\ 1 & -5\end{pmatrix}=\begin{pmatrix}4 & 0\\ 0 & -2\end{pmatrix}=\boldsymbol{B},$$

故 $\boldsymbol{A}$ 与 $\boldsymbol{B}$ 相似. ■

矩阵间的相似关系实质上考虑的是矩阵的一种分解，特别地，若矩阵 $\boldsymbol{A}$ 与一个对角矩阵$\boldsymbol{\Lambda}$相似，则有 $\boldsymbol{A}=\boldsymbol{P}^{-1}\boldsymbol{\Lambda}\boldsymbol{P}$, 这种分解使得对于较大的 k 值, 我们能够快速地计算 $\boldsymbol{A}^k$, 这也是线性代数很多应用中的一个基本思想.

例如, 若 $\boldsymbol{\Lambda}=\begin{pmatrix}3 & 0\\ 0 & 5\end{pmatrix}$, 则

$$\boldsymbol{\Lambda}^2=\begin{pmatrix}3 & 0\\ 0 & 5\end{pmatrix}\begin{pmatrix}3 & 0\\ 0 & 5\end{pmatrix}=\begin{pmatrix}3^2 & 0\\ 0 & 5^2\end{pmatrix},$$

且

$$\boldsymbol{\Lambda}^3=\begin{pmatrix}3 & 0\\ 0 & 5\end{pmatrix}\begin{pmatrix}3^2 & 0\\ 0 & 5^2\end{pmatrix}=\begin{pmatrix}3^3 & 0\\ 0 & 5^3\end{pmatrix},$$

一般地,

$$\boldsymbol{\Lambda}^n=\begin{pmatrix}3^n & 0\\ 0 & 5^n\end{pmatrix}, n\geq 1.$$

二、相似矩阵的性质

定理 1 若 n 阶矩阵 $\boldsymbol{A}$ 与 $\boldsymbol{B}$ 相似, 则 $\boldsymbol{A}$ 与 $\boldsymbol{B}$ 的特征多项式相同, 从而 $\boldsymbol{A}$ 与 $\boldsymbol{B}$ 的特征值亦相同.

证明 因为 $\boldsymbol{A}$ 与 $\boldsymbol{B}$ 相似，故存在可逆矩阵 $\boldsymbol{P}$ 使得 $\boldsymbol{P}^{-1}\boldsymbol{A}\boldsymbol{P}=\boldsymbol{B}$, 则

$$\begin{aligned}|\boldsymbol{B}-\lambda\boldsymbol{E}|&=|\boldsymbol{P}^{-1}\boldsymbol{A}\boldsymbol{P}-\boldsymbol{P}^{-1}(\lambda\boldsymbol{E})\boldsymbol{P}|=|\boldsymbol{P}^{-1}(\boldsymbol{A}-\lambda\boldsymbol{E})\boldsymbol{P}|\\&=|\boldsymbol{P}^{-1}||\boldsymbol{A}-\lambda\boldsymbol{E}||\boldsymbol{P}|=|\boldsymbol{A}-\lambda\boldsymbol{E}|,\end{aligned}$$

即 $\boldsymbol{A}$ 与 $\boldsymbol{B}$ 有相同的特征多项式，从而有相同的特征值. ■

如对例 1 中的矩阵，由

$$|\boldsymbol{A}-\lambda\boldsymbol{E}|=\begin{vmatrix}3-\lambda & 1\\ 5 & -1-\lambda\end{vmatrix}=(\lambda-4)(\lambda+2),$$

$$|\boldsymbol{B}-\lambda\boldsymbol{E}|=\begin{vmatrix}4-\lambda & 0\\ 0 & -2-\lambda\end{vmatrix}=(\lambda-4)(\lambda+2),$$

易见它们有相同的特征值

$$\lambda_1=4,\ \lambda_2=-2.$$

相似矩阵的其他性质:

(1) 相似矩阵的秩相等.

提示:相似矩阵一定等价,而等价的矩阵具有相同的秩.

(2) 相似矩阵的行列式相等.

提示:由 $\boldsymbol{A}$ 与 $\boldsymbol{B}$ 相似,可推出 $\boldsymbol{P}^{-1}\boldsymbol{A}\boldsymbol{P}=\boldsymbol{B}$, 两边取行列式即得.

(3) 相似矩阵具有相同的可逆性,当它们可逆时,它们的逆矩阵也相似.

证明 设 n 阶矩阵 $\boldsymbol{A}$ 与 $\boldsymbol{B}$ 相似,则 $|\boldsymbol{A}|=|\boldsymbol{B}|$, 故 $\boldsymbol{A}$ 与 $\boldsymbol{B}$ 具有相同的可逆性.

若 $\boldsymbol{A}$ 与 $\boldsymbol{B}$ 相似且都可逆,则存在非奇异矩阵 $\boldsymbol{P}$, 使

$$\boldsymbol{P}^{-1}\boldsymbol{A}\boldsymbol{P}=\boldsymbol{B},$$

于是

$$\boldsymbol{B}^{-1}=(\boldsymbol{P}^{-1}\boldsymbol{A}\boldsymbol{P})^{-1}=\boldsymbol{P}^{-1}\boldsymbol{A}^{-1}(\boldsymbol{P}^{-1})^{-1}=\boldsymbol{P}^{-1}\boldsymbol{A}^{-1}\boldsymbol{P},$$

即 $\boldsymbol{A}^{-1}$ 与 $\boldsymbol{B}^{-1}$ 相似. ■

三、矩阵与对角矩阵相似的条件

定理 2 n 阶矩阵 $\boldsymbol{A}$ 与对角矩阵 $\boldsymbol{\Lambda}=\begin{pmatrix}\lambda_1 & & & \\ & \lambda_2 & & \\ & & \ddots & \\ & & & \lambda_n\end{pmatrix}$ 相似的充分必要条件为矩阵 $\boldsymbol{A}$ 有 n 个线性无关的特征向量.

证明 必要性. 若 $\boldsymbol{A}$ 与 $\boldsymbol{\Lambda}$ 相似,则存在可逆矩阵 $\boldsymbol{P}$ 使得

$$\boldsymbol{P}^{-1}\boldsymbol{A}\boldsymbol{P}=\boldsymbol{\Lambda},$$

设 $\boldsymbol{P}=(\boldsymbol{p}_1, \boldsymbol{p}_2, \cdots, \boldsymbol{p}_n)$, 则由 $\boldsymbol{A}\boldsymbol{P}=\boldsymbol{P}\boldsymbol{\Lambda}$ 得

$$\boldsymbol{A}(\boldsymbol{p}_1, \boldsymbol{p}_2, \cdots, \boldsymbol{p}_n)=(\boldsymbol{p}_1, \boldsymbol{p}_2, \cdots, \boldsymbol{p}_n)\begin{pmatrix}\lambda_1 & & & \\ & \lambda_2 & & \\ & & \ddots & \\ & & & \lambda_n\end{pmatrix},$$

即

$$\boldsymbol{A}\boldsymbol{p}_i=\lambda_i\boldsymbol{p}_i\ \ (i=1, 2, \cdots, n),$$

因 $\boldsymbol{P}$ 可逆,则 $|\boldsymbol{P}|\neq 0$, 得 $\boldsymbol{p}_i(i=1, 2, \cdots, n)$ 都是非零向量,故 $\boldsymbol{p}_1, \boldsymbol{p}_2, \cdots, \boldsymbol{p}_n$ 都是 $\boldsymbol{A}$ 的特征向量,且它们线性无关.

充分性. 设 $\boldsymbol{p}_1, \boldsymbol{p}_2, \cdots, \boldsymbol{p}_n$ 为 $\boldsymbol{A}$ 的 n 个线性无关的特征向量,它们所对应的特征值分别为 $\lambda_1, \lambda_2, \cdots, \lambda_n$, 则有

$$\boldsymbol{A}\boldsymbol{p}_i=\lambda_i\boldsymbol{p}_i\ \ (i=1, 2, \cdots, n).$$

令 $\boldsymbol{P}=(\boldsymbol{p}_1, \boldsymbol{p}_2, \cdots, \boldsymbol{p}_n)$, 易知 $\boldsymbol{P}$ 可逆,且

$$\begin{aligned}\boldsymbol{A}\boldsymbol{P}&=\boldsymbol{A}(\boldsymbol{p}_1, \boldsymbol{p}_2, \cdots, \boldsymbol{p}_n)=(\boldsymbol{A}\boldsymbol{p}_1, \boldsymbol{A}\boldsymbol{p}_2, \cdots, \boldsymbol{A}\boldsymbol{p}_n)\\ &=(\lambda_1\boldsymbol{p}_1, \lambda_2\boldsymbol{p}_2, \cdots, \lambda_n\boldsymbol{p}_n)=(\boldsymbol{p}_1, \boldsymbol{p}_2, \cdots, \boldsymbol{p}_n)\begin{pmatrix}\lambda_1 & & & \\ & \lambda_2 & & \\ & & \ddots & \\ & & & \lambda_n\end{pmatrix}=\boldsymbol{P}\boldsymbol{\Lambda},\end{aligned}$$

用 $\boldsymbol{P}^{-1}$ 左乘上式两端得 $\boldsymbol{P}^{-1}\boldsymbol{A}\boldsymbol{P}=\boldsymbol{\Lambda}$，即 $\boldsymbol{A}$ 与 $\boldsymbol{\Lambda}$ 相似．证毕． ■

注：定理 2 的证明过程实际上已经给出了把方阵对角化的方法．

例 2 试用矩阵 $\boldsymbol{A}=\begin{pmatrix}3 & 1\\ 5 & -1\end{pmatrix}$ 验证前述定理 2 的结论．

解 从 § 12.2 例 1 知，题设矩阵 $\boldsymbol{A}$ 有两个互不相等的特征值 $\lambda_1=4$, $\lambda_2=-2$, 其对应的特征向量分别为

$$\boldsymbol{p}_1=\begin{pmatrix}1\\ 1\end{pmatrix},\quad \boldsymbol{p}_2=\begin{pmatrix}1\\ -5\end{pmatrix}.$$

如果取 $\boldsymbol{\Lambda}_1=\begin{pmatrix}4 & 0\\ 0 & -2\end{pmatrix}$, $\boldsymbol{P}=(\boldsymbol{p}_1,\ \boldsymbol{p}_2)=\begin{pmatrix}1 & 1\\ 1 & -5\end{pmatrix}$，则有 $\boldsymbol{P}^{-1}\boldsymbol{A}\boldsymbol{P}=\boldsymbol{\Lambda}_1$，即 $\boldsymbol{A}$ 与 $\boldsymbol{\Lambda}_1$ 相似．

如果取 $\boldsymbol{\Lambda}_2=\begin{pmatrix}-2 & 0\\ 0 & 4\end{pmatrix}$, $\boldsymbol{P}=(\boldsymbol{p}_2,\boldsymbol{p}_1)=\begin{pmatrix}1 & 1\\ -5 & 1\end{pmatrix}$，则亦有 $\boldsymbol{P}^{-1}\boldsymbol{A}\boldsymbol{P}=\boldsymbol{\Lambda}_2$，即 $\boldsymbol{A}$ 与 $\boldsymbol{\Lambda}_2$ 相似． ■

显然，由§ 12.2 定理 1 及本节定理 2 可得：

推论 1 若 n 阶矩阵 $\boldsymbol{A}$ 有 n 个互异的特征值 $\lambda_1,\lambda_2,\cdots,\lambda_n$，则 $\boldsymbol{A}$ 与对角矩阵

$$\boldsymbol{\Lambda}=\begin{pmatrix}\lambda_1 & & & \\ & \lambda_2 & & \\ & & \ddots & \\ & & & \lambda_n\end{pmatrix}$$

相似．

对于 n 阶方阵 $\boldsymbol{A}$，若存在可逆矩阵 $\boldsymbol{P}$，使 $\boldsymbol{P}^{-1}\boldsymbol{A}\boldsymbol{P}=\boldsymbol{\Lambda}$ 为对角矩阵，则称**方阵 $\boldsymbol{A}$ 可对角化**．

*数学实验

实验 12.1 试用计算软件判断下列矩阵能否对角化，若能，请求出相应的对角矩阵：

(1) $$\begin{pmatrix}-31/3 & 22/3 & -10/3 & 7/3 & 38/3 & 4/3 & 56/3 & -71/3\\ -26/3 & 20/3 & -8/3 & 5/3 & -28/3 & 5/3 & 43/3 & -55/3\\ -6 & 4 & -1 & 1 & 6 & 2 & 10 & -13\\ -21/5 & 3 & -9/5 & 13/5 & 13/5 & 11/5 & 6 & -41/5\\ 2/5 & 0 & -2/5 & -1/5 & -11/5 & 18/5 & 0 & -3/5\\ 8/5 & -1 & 2/5 & -9/5 & -14/5 & 22/5 & -1 & 3/5\\ 68/15 & -7/3 & 2/15 & -14/15 & -124/15 & 67/15 & -26/3 & -148/15\\ 103/15 & -11/3 & 7/15 & -19/15 & -179/15 & 77/15 & -40/3 & 233/15\end{pmatrix};$$

(2) $$\begin{pmatrix}2k & 2k-1 & 2k-1 & 1-2k & 2-3k & 1-3k\\ 2k-1 & 2k & 2k-1 & 1-2k & 2-3k & 1-3k\\ 2k-1 & 2k-1 & 2k & 1-2k & 2-3k & 1-3k\\ 2k-1 & 2k-1 & 2k-1 & 2-2k & 2-3k & 1-3k\\ k & k & k & -k & 1-k & -2k\\ k-1 & k-1 & k-1 & 1-k & 2-2k & 2-k\end{pmatrix}.$$

计算实验

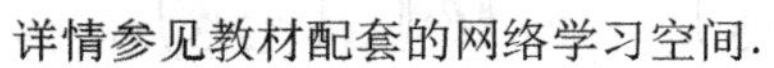
详情参见教材配套的网络学习空间．

一个 n 阶矩阵 $\boldsymbol{A}$ 具备什么条件才能对角化？这是一个比较复杂的问题. 这里我们仅对 $\boldsymbol{A}$ 为实对称矩阵的情况进行讨论. 实对称矩阵具有许多一般矩阵所没有的特殊性质，可以证明:

(1) 实对称矩阵的特征值都为实数.

注: 对实对称矩阵 $\boldsymbol{A}$，因其特征值 λ_i 为实数，故方程组

$$(\boldsymbol{A}-\lambda_i \boldsymbol{E})\boldsymbol{x}=\boldsymbol{0}$$

是实系数方程组，由 $|\boldsymbol{A}-\lambda_i \boldsymbol{E}|=0$ 知它必有实基础解系，所以 $\boldsymbol{A}$ 的特征向量可以取实向量.

(2) 属于实对称矩阵不同特征值的特征向量一定是正交的.

(3) n 阶实对称矩阵 $\boldsymbol{A}$ 一定可对角化，并且一定存在正交矩阵 $\boldsymbol{P}$，使

$$\boldsymbol{P}^{-1}\boldsymbol{A}\boldsymbol{P}=\boldsymbol{\Lambda},$$

其中 $\boldsymbol{\Lambda}$ 是以 $\boldsymbol{A}$ 的 n 个特征值为对角元素的对角矩阵.

根据上述结论，求正交变换矩阵 $\boldsymbol{P}$ 将实对称矩阵 $\boldsymbol{A}$ 对角化的具体步骤为:

(1) 求出 $\boldsymbol{A}$ 的全部特征值 $\lambda_1, \lambda_2, \cdots, \lambda_s$；

(2) 对每一个特征值 λ_i，由 $(\lambda_i \boldsymbol{E}-\boldsymbol{A})\boldsymbol{x}=\boldsymbol{0}$ 求出基础解系 (特征向量)；

(3) 将基础解系 (特征向量) 正交化，再单位化；

(4) 以这些单位向量作为列向量构成一个正交矩阵 $\boldsymbol{P}$，使 $\boldsymbol{P}^{-1}\boldsymbol{A}\boldsymbol{P}=\boldsymbol{\Lambda}$.

注: $\boldsymbol{P}$ 中列向量的次序与矩阵 $\boldsymbol{\Lambda}$ 对角线上的特征值的次序相对应.

例3 设实对称矩阵 $\boldsymbol{A}=\begin{pmatrix} 1 & -2 & 0 \\ -2 & 2 & -2 \\ 0 & -2 & 3 \end{pmatrix}$，求正交矩阵 $\boldsymbol{P}$，使 $\boldsymbol{P}^{-1}\boldsymbol{A}\boldsymbol{P}$ 为对角矩阵.

解 矩阵 $\boldsymbol{A}$ 的特征方程为

$$|\lambda \boldsymbol{E}-\boldsymbol{A}|=\begin{vmatrix} \lambda-1 & 2 & 0 \\ 2 & \lambda-2 & 2 \\ 0 & 2 & \lambda-3 \end{vmatrix}=(\lambda+1)(\lambda-2)(\lambda-5)=0.$$

解得 $\lambda_1=-1,\ \lambda_2=2,\ \lambda_3=5$.

当 $\lambda_1=-1$ 时，由 $(-\boldsymbol{E}-\boldsymbol{A})\boldsymbol{x}=\boldsymbol{0}$，得基础解系 $\boldsymbol{p}_1=(2, 2, 1)^{\mathrm{T}}$.

当 $\lambda_2=2$ 时，由 $(2\boldsymbol{E}-\boldsymbol{A})\boldsymbol{x}=\boldsymbol{0}$，得基础解系 $\boldsymbol{p}_2=(2, -1, -2)^{\mathrm{T}}$.

当 $\lambda_3=5$ 时，由 $(5\boldsymbol{E}-\boldsymbol{A})\boldsymbol{x}=\boldsymbol{0}$，得基础解系 $\boldsymbol{p}_3=(1, -2, 2)^{\mathrm{T}}$.

不难验证 $\boldsymbol{p}_1, \boldsymbol{p}_2, \boldsymbol{p}_3$ 是正交向量组. 把 $\boldsymbol{p}_1, \boldsymbol{p}_2, \boldsymbol{p}_3$ 单位化，得

$$\boldsymbol{\eta}_1=\frac{\boldsymbol{p}_1}{\|\boldsymbol{p}_1\|}=\begin{pmatrix} 2/3 \\ 2/3 \\ 1/3 \end{pmatrix},\ \boldsymbol{\eta}_2=\frac{\boldsymbol{p}_2}{\|\boldsymbol{p}_2\|}=\begin{pmatrix} 2/3 \\ -1/3 \\ -2/3 \end{pmatrix},\quad \boldsymbol{\eta}_3=\frac{\boldsymbol{p}_3}{\|\boldsymbol{p}_3\|}=\begin{pmatrix} 1/3 \\ -2/3 \\ 2/3 \end{pmatrix}.$$

令 $$P=(\boldsymbol{\eta}_1,\boldsymbol{\eta}_2,\boldsymbol{\eta}_3)=\begin{pmatrix}\frac{2}{3} & \frac{2}{3} & \frac{1}{3}\\ \frac{2}{3} & -\frac{1}{3} & -\frac{2}{3}\\ \frac{1}{3} & -\frac{2}{3} & \frac{2}{3}\end{pmatrix},$$

则 $$P^{-1}AP=P^{\mathrm{T}}AP=\begin{pmatrix}-1 & 0 & 0\\ 0 & 2 & 0\\ 0 & 0 & 5\end{pmatrix}.$$ ■

例 4 设对称矩阵 $A=\begin{pmatrix}4 & 0 & 0\\ 0 & 3 & 1\\ 0 & 1 & 3\end{pmatrix}$，试求出正交矩阵 P，使 $P^{-1}AP$ 为对角矩阵.

解 $$|\lambda E-A|=\begin{vmatrix}\lambda-4 & 0 & 0\\ 0 & \lambda-3 & -1\\ 0 & -1 & \lambda-3\end{vmatrix}=(\lambda-2)(4-\lambda)^2=0,$$

解得 $\lambda_1=2,\ \lambda_2=\lambda_3=4$.

对于 $\lambda_1=2$，由 $(2E-A)x=\mathbf{0}$，解得基础解系 $p_1=\begin{pmatrix}0\\ 1\\ -1\end{pmatrix}$；

对于 $\lambda_2=\lambda_3=4$，由 $(4E-A)x=\mathbf{0}$，解得基础解系 $p_2=\begin{pmatrix}1\\ 0\\ 0\end{pmatrix}$，$p_3=\begin{pmatrix}0\\ 1\\ 1\end{pmatrix}$.

p_2 与 p_3 恰好正交，所以 p_1，p_2，p_3 两两正交.

再将 p_1，p_2，p_3 单位化，令 $\boldsymbol{\eta}_i=p_i/\|p_i\|\ (i=1,2,3)$，得

$$\boldsymbol{\eta}_1=\begin{pmatrix}0\\ 1/\sqrt{2}\\ -1/\sqrt{2}\end{pmatrix},\quad \boldsymbol{\eta}_2=\begin{pmatrix}1\\ 0\\ 0\end{pmatrix},\quad \boldsymbol{\eta}_3=\begin{pmatrix}0\\ 1/\sqrt{2}\\ 1/\sqrt{2}\end{pmatrix}.$$

故所求的正交矩阵为

$$P=(\boldsymbol{\eta}_1,\boldsymbol{\eta}_2,\boldsymbol{\eta}_3)=\begin{pmatrix}0 & 1 & 0\\ 1/\sqrt{2} & 0 & 1/\sqrt{2}\\ -1/\sqrt{2} & 0 & 1/\sqrt{2}\end{pmatrix}\text{且 }P^{-1}AP=\begin{pmatrix}2 & 0 & 0\\ 0 & 4 & 0\\ 0 & 0 & 4\end{pmatrix}.$$ ■

*数学实验

实验 12.2 设有实对称矩阵

$$A=\begin{pmatrix}-5 & -5 & -4 & -3 & -2 & -1 & 0\\ -5 & -3 & -3 & -2 & -1 & 0 & 1\\ -4 & -3 & -1 & -1 & 0 & 1 & 2\\ -3 & -2 & -1 & 1 & 1 & 2 & 3\\ -2 & -1 & 0 & 1 & 3 & 3 & 4\\ -1 & 0 & 1 & 2 & 3 & 5 & 5\\ 0 & 1 & 2 & 3 & 4 & 5 & 7\end{pmatrix},$$

计算实验

试用计算软件求正交矩阵 $\boldsymbol{P}$，使 $\boldsymbol{P}^{-1}\boldsymbol{AP}$ 为对角矩阵，并计算 $\boldsymbol{A}^n$（详见教材配套的网络学习空间）.

习题 12-3

1. 设 $\boldsymbol{A},\boldsymbol{B}$ 都是 n 阶方阵，且 $|\boldsymbol{A}|\neq 0$，证明 $\boldsymbol{AB}$ 与 $\boldsymbol{BA}$ 相似.

2. 设矩阵 $\boldsymbol{A}=\begin{pmatrix}2&0&1\\3&1&x\\4&0&5\end{pmatrix}$ 可相似对角化，求 x.

3. 设 $\boldsymbol{A}$ 为三阶实对称矩阵，$\boldsymbol{A}$ 的特征值为1, 2, 3. 若 $\boldsymbol{A}$ 属于1, 2的特征向量分别为 $\boldsymbol{\alpha}_1=(-1,-1,1)^{\mathrm{T}}$，$\boldsymbol{\alpha}_2=(1,-2,-1)^{\mathrm{T}}$，则 $\boldsymbol{A}$ 属于特征值3的特征向量为 ________.

4. 设三阶矩阵 $\boldsymbol{A}$ 的特征值为 $\lambda_1=2$，$\lambda_2=-2$，$\lambda_3=1$，对应的特征向量依次为

$$\boldsymbol{p}_1=\begin{pmatrix}0\\1\\1\end{pmatrix},\ \boldsymbol{p}_2=\begin{pmatrix}1\\1\\1\end{pmatrix},\ \boldsymbol{p}_3=\begin{pmatrix}1\\1\\0\end{pmatrix},$$

求 $\boldsymbol{A}$.

5. 设方阵 $\boldsymbol{A}=\begin{pmatrix}1&-2&-4\\-2&x&-2\\-4&-2&1\end{pmatrix}$ 与 $\boldsymbol{\Lambda}=\begin{pmatrix}5&0&0\\0&y&0\\0&0&-4\end{pmatrix}$ 相似，求 x, y.

6. 试求一个正交的相似变换矩阵，将下列对称矩阵化为对角矩阵：

(1) $\begin{pmatrix}2&-2&0\\-2&1&-2\\0&-2&0\end{pmatrix}$；　　(2) $\begin{pmatrix}2&2&-2\\2&5&-4\\-2&-4&5\end{pmatrix}$.

§12.4 二 次 型

在解析几何中，为了便于研究二次曲线

$$ax^2+bxy+cy^2=1$$

的几何性质，可以选择适当的坐标旋转变换

$$\begin{cases}x=x'\cos\theta-y'\sin\theta\\ y=x'\sin\theta+y'\cos\theta\end{cases}$$

把方程化为标准形式

$$mx'^2+cy'^2=1.$$

这类问题具有普遍性，在许多理论问题和实际问题中常会遇到，本章将把这类问题一般化，讨论 n 个变量的二次多项式的化简问题.

一、二次型及其矩阵

定义1 含有 n 个变量 $x_1, x_2, \cdots, x_n$ 的二次齐次函数

$$f(x_1,x_2,\cdots,x_n)=a_{11}x_1^2+a_{22}x_2^2+\cdots+a_{nn}x_n^2$$
$$+2a_{12}x_1x_2+2a_{13}x_1x_3+\cdots+2a_{n-1,n}x_{n-1}x_n \qquad (4.1)$$

称为**二次型**.

例如

$$f(x_1,x_2,x_3)=2x_1^2+4x_2^2+5x_3^2-4x_1x_3,$$
$$f(x_1,x_2,x_3)=x_1x_2+x_1x_3+x_2x_3$$

都是二次型.

在式(4.1)中, 取 $a_{ji}=a_{ij}$, 则 $2a_{ij}x_ix_j=a_{ij}x_ix_j+a_{ji}x_jx_i$, 于是式(4.1)可改写为

$$f(x_1,x_2,\cdots,x_n)=(x_1,x_2,\cdots,x_n)\begin{pmatrix} a_{11} & a_{12} & \cdots & a_{1n} \\ a_{21} & a_{22} & \cdots & a_{2n} \\ \vdots & \vdots & & \vdots \\ a_{n1} & a_{n2} & \cdots & a_{nn} \end{pmatrix}\begin{pmatrix} x_1 \\ x_2 \\ \vdots \\ x_n \end{pmatrix}=\boldsymbol{x}^{\mathrm{T}}\boldsymbol{A}\boldsymbol{x}.$$

称 $f(x)=\boldsymbol{x}^{\mathrm{T}}\boldsymbol{A}\boldsymbol{x}$ 为二次型的**矩阵形式**. 其中实对称矩阵 $\boldsymbol{A}$ 称为该二次型的**矩阵**. 二次型 f 称为实对称矩阵 $\boldsymbol{A}$ 的**二次型**. 实对称矩阵 $\boldsymbol{A}$ 的秩称为二次型的**秩**. 于是, 二次型 f 与实对称矩阵 $\boldsymbol{A}$ 之间有一一对应关系.

例 1 二次型 $x_1x_2+x_1x_3+2x_2^2-3x_2x_3$ 的矩阵是

$$\boldsymbol{A}=\begin{pmatrix} 0 & 1/2 & 1/2 \\ 1/2 & 2 & -3/2 \\ 1/2 & -3/2 & 0 \end{pmatrix};$$

反之, 上述对称矩阵 $\boldsymbol{A}$ 所对应的二次型是

$$\boldsymbol{x}^{\mathrm{T}}\boldsymbol{A}\boldsymbol{x}=(x_1,x_2,x_3)\begin{pmatrix} 0 & 1/2 & 1/2 \\ 1/2 & 2 & -3/2 \\ 1/2 & -3/2 & 0 \end{pmatrix}\begin{pmatrix} x_1 \\ x_2 \\ x_3 \end{pmatrix}=x_1x_2+x_1x_3+2x_2^2-3x_2x_3. \blacksquare$$

二、化二次型为标准形

根据标准形就可方便地对曲线的形状进行判断. 对二次型我们也进行类似的讨论.

关系式 $\begin{cases} x_1=c_{11}y_1+c_{12}y+\cdots+c_{1n}y_n \\ x_2=c_{21}y_1+c_{22}y+\cdots+c_{2n}y_n \\ \cdots\cdots \\ x_n=c_{n1}y_1+c_{n2}y+\cdots+c_{nn}y_n \end{cases}$ 称为由变量 $x_1,x_2,\cdots,x_n$ 到 $y_1,y_2,\cdots,y_n$ 的**线性变换**. 矩阵

$$\boldsymbol{C}=\begin{pmatrix} c_{11} & c_{12} & \cdots & c_{1n} \\ c_{21} & c_{22} & \cdots & c_{2n} \\ \vdots & \vdots & & \vdots \\ c_{n1} & c_{n2} & \cdots & c_{nn} \end{pmatrix}$$

称为**线性变换矩阵**. 当 $\boldsymbol{C}$ 可逆时, 称该线性变换为**可逆线性变换**.

对于一般二次型 $f=\boldsymbol{x}^{\mathrm{T}}\boldsymbol{A}\boldsymbol{x}$，经可逆线性变换 $\boldsymbol{x}=\boldsymbol{C}\boldsymbol{y}$，可将其化为

$$f=\boldsymbol{x}^{\mathrm{T}}\boldsymbol{A}\boldsymbol{x}=(\boldsymbol{C}\boldsymbol{y})^{\mathrm{T}}\boldsymbol{A}(\boldsymbol{C}\boldsymbol{y})=\boldsymbol{y}^{\mathrm{T}}(\boldsymbol{C}^{\mathrm{T}}\boldsymbol{A}\boldsymbol{C})\boldsymbol{y},$$

其中，$\boldsymbol{y}^{\mathrm{T}}(\boldsymbol{C}^{\mathrm{T}}\boldsymbol{A}\boldsymbol{C})\boldsymbol{y}$ 为关于 $y_1,y_2,\cdots,y_n$ 的二次型.

若二次型 $f(x_1,x_2,\cdots,x_n)$ 经可逆线性变换 $\boldsymbol{x}=\boldsymbol{C}\boldsymbol{y}$ 可化为只含平方项的形式:

$$b_1y_1^2+b_2y_2^2+\cdots+b_ny_n^2, \tag{4.2}$$

则称式(4.2)为二次型 $f(x_1,x_2,\cdots,x_n)$ 的**标准形**.

由§12.3 实对称矩阵的对角化方法知，可取 $\boldsymbol{C}$ 为正交变换矩阵，则二次型

$$f(x_1,x_2,\cdots,x_n)=\boldsymbol{x}^{\mathrm{T}}\boldsymbol{A}\boldsymbol{x}$$

在线性变换 $\boldsymbol{x}=\boldsymbol{C}\boldsymbol{y}$ 下，可化为 $\boldsymbol{y}^{\mathrm{T}}(\boldsymbol{C}^{\mathrm{T}}\boldsymbol{A}\boldsymbol{C})\boldsymbol{y}$ 如果 $\boldsymbol{C}^{\mathrm{T}}\boldsymbol{A}\boldsymbol{C}$ 为对角矩阵

$$\boldsymbol{B}=\begin{pmatrix} b_1 & & & \\ & b_2 & & \\ & & \ddots & \\ & & & b_n \end{pmatrix},$$

则 $f(x_1,x_2,\cdots,x_n)$ 就可化为标准形(4.2)，其标准形中的系数恰好为对角矩阵 $\boldsymbol{B}$ 的对角线上的元素.

1. 用配方法化二次型为标准形

定理 1　任意二次型都可以通过可逆线性变换化为标准形，即对任一实对称矩阵 $\boldsymbol{A}$，存在可逆矩阵 $\boldsymbol{C}$，使 $\boldsymbol{B}=\boldsymbol{C}^{\mathrm{T}}\boldsymbol{A}\boldsymbol{C}$ 为对角矩阵.

例 2　将 $x_1^2+2x_1x_2+2x_1x_3+2x_2^2+4x_2x_3+x_3^2$ 化为标准形.

解　因标准形是平方项的代数和，可利用配方法解之.

$$\begin{aligned} & x_1^2+2x_1x_2+2x_1x_3+2x_2^2+4x_2x_3+x_3^2 \\ &\quad =x_1^2+2x_1(x_2+x_3)+(x_2+x_3)^2-(x_2+x_3)^2+2x_2^2+4x_2x_3+x_3^2 \\ &\quad =(x_1+x_2+x_3)^2+x_2^2+2x_2x_3=(x_1+x_2+x_3)^2+(x_2+x_3)^2-x_3^2. \end{aligned} \tag{4.3}$$

$$\text{令}\begin{cases} y_1=x_1+x_2+x_3 \\ y_2=x_2+x_3 \\ y_3=x_3 \end{cases}，\quad \text{即}\begin{cases} x_1=y_1-y_2 \\ x_2=y_2-y_3 \\ x_3=y_3 \end{cases}. \tag{4.4}$$

其线性变换矩阵的行列式

$$|\boldsymbol{C}|=\begin{vmatrix} 1 & -1 & 0 \\ 0 & 1 & -1 \\ 0 & 0 & 1 \end{vmatrix}=1\neq 0,$$

将式(4.4)代入式(4.3)得所求二次型的标准形

$$y_1^2+y_2^2-y_3^2,$$

它的矩阵为 $\boldsymbol{B}=\begin{pmatrix} 1 & 0 & 0 \\ 0 & 1 & 0 \\ 0 & 0 & -1 \end{pmatrix}$，而原二次型的矩阵为 $\boldsymbol{A}=\begin{pmatrix} 1 & 1 & 1 \\ 1 & 2 & 2 \\ 1 & 2 & 1 \end{pmatrix}$，线性变换矩阵

为 $C=\begin{pmatrix}1 & -1 & 0\\ 0 & 1 & -1\\ 0 & 0 & 1\end{pmatrix}$，易验证

$$C^{\mathrm{T}}AC=B=\begin{pmatrix}1 & 0 & 0\\ 0 & 1 & 0\\ 0 & 0 & -1\end{pmatrix}，且\ y^{\mathrm{T}}By=y_1^2+y_2^2-y_3^2.$$

■

可见，要把二次型化为标准形，关键在于求出一个可逆矩阵 C，使得 $C^{\mathrm{T}}AC$ 是对角矩阵.

例 3 化二次型 $f=2x_1x_2+2x_1x_3-6x_2x_3$ 为标准形，并求所用的变换矩阵.

解 f 中不含平方项．由于含有 x_1x_2 乘积项，故令

$$\begin{cases}x_1=y_1+y_2\\ x_2=y_1-y_2,\\ x_3=y_3\end{cases}\quad 即\quad \begin{pmatrix}x_1\\ x_2\\ x_3\end{pmatrix}=\begin{pmatrix}1 & 1 & 0\\ 1 & -1 & 0\\ 0 & 0 & 1\end{pmatrix}\begin{pmatrix}y_1\\ y_2\\ y_3\end{pmatrix},$$

代入可得

$$f=2y_1^2-2y_2^2-4y_1y_3+8y_2y_3,$$

再配方，得

$$f=2(y_1-y_3)^2-2(y_2-2y_3)^2+6y_3^2.$$

令

$$\begin{cases}z_1=y_1-y_3\\ z_2=y_2-2y_3,\\ z_3=y_3\end{cases}\quad 即\quad \begin{cases}y_1=z_1+z_3\\ y_2=z_2+2z_3,\\ y_3=z_3\end{cases}$$

亦即

$$\begin{pmatrix}y_1\\ y_2\\ y_3\end{pmatrix}=\begin{pmatrix}1 & 0 & 1\\ 0 & 1 & 2\\ 0 & 0 & 1\end{pmatrix}\begin{pmatrix}z_1\\ z_2\\ z_3\end{pmatrix},$$

就把 f 化为标准形 $f=2z_1^2-2z_2^2+6z_3^2$，所用变换矩阵为

$$C=\begin{pmatrix}1 & 1 & 0\\ 1 & -1 & 0\\ 0 & 0 & 1\end{pmatrix}\begin{pmatrix}1 & 0 & 1\\ 0 & 1 & 2\\ 0 & 0 & 1\end{pmatrix}=\begin{pmatrix}1 & 1 & 3\\ 1 & -1 & -1\\ 0 & 0 & 1\end{pmatrix}\quad (|C|=-2\neq 0),$$

所用线性变换为 $x=Cz$． ■

一般地，对于任何二次型都可用上面两例的方法找到可逆线性变换，把二次型化成标准形.

2. 用正交变换化二次型为标准形

定理 2 任给二次型

$$f=\sum_{i,j=1}^{n}a_{ij}x_ix_j\quad (a_{ji}=a_{ij}),$$

总有正交变换 $\boldsymbol{x}=\boldsymbol{P}\boldsymbol{y}$，使 f 化为标准形

$$f=\lambda_1 y_1^2+\lambda_2 y_2^2+\cdots+\lambda_n y_n^2,$$

其中 $\lambda_1,\lambda_2,\cdots,\lambda_n$ 是 f 的矩阵 $\boldsymbol{A}=(a_{ij})$ 的特征值.

用正交变换化二次型为标准形的基本步骤：

(1) 将二次型表示成矩阵形式 $f=\boldsymbol{x}^{\mathrm{T}}\boldsymbol{A}\boldsymbol{x}$，求出 $\boldsymbol{A}$；

(2) 求出 $\boldsymbol{A}$ 的所有特征值 $\lambda_1,\lambda_2,\cdots,\lambda_n$；

(3) 求出对应于各特征值的线性无关的特征向量 $\boldsymbol{\xi}_1,\boldsymbol{\xi}_2,\cdots,\boldsymbol{\xi}_n$；

(4) 将特征向量 $\boldsymbol{\xi}_1,\boldsymbol{\xi}_2,\cdots,\boldsymbol{\xi}_n$ 正交化、单位化，得 $\boldsymbol{\eta}_1,\boldsymbol{\eta}_2,\cdots,\boldsymbol{\eta}_n$，记

$$\boldsymbol{C}=(\boldsymbol{\eta}_1,\boldsymbol{\eta}_2,\cdots,\boldsymbol{\eta}_n);$$

(5) 作正交变换 $\boldsymbol{x}=\boldsymbol{C}\boldsymbol{y}$，则得 f 的标准形

$$f=\lambda_1 y_1^2+\lambda_2 y_2^2+\cdots+\lambda_n y_n^2.$$

例 4 将二次型 $f=17x_1^2+14x_2^2+14x_3^2-4x_1x_2-4x_1x_3-8x_2x_3$ 通过正交变换 $\boldsymbol{x}=\boldsymbol{C}\boldsymbol{y}$ 化为标准形.

解 (1) 写出二次型矩阵 $\boldsymbol{A}=\begin{pmatrix}17&-2&-2\\-2&14&-4\\-2&-4&14\end{pmatrix}$.

(2) 求其特征值：由

$$|\lambda\boldsymbol{E}-\boldsymbol{A}|=\begin{vmatrix}\lambda-17&2&2\\2&\lambda-14&4\\2&4&\lambda-14\end{vmatrix}=(\lambda-18)^2(\lambda-9)=0,$$

得 $\lambda_1=9,\lambda_2=\lambda_3=18$.

(3) 求特征向量：

将 $\lambda_1=9$ 代入 $(\lambda\boldsymbol{E}-\boldsymbol{A})\boldsymbol{x}=\boldsymbol{0}$，得基础解系 $\boldsymbol{\xi}_1=(1/2,1,1)^{\mathrm{T}}$.

将 $\lambda_2=\lambda_3=18$ 代入 $(\lambda\boldsymbol{E}-\boldsymbol{A})\boldsymbol{x}=\boldsymbol{0}$，得基础解系 $\boldsymbol{\xi}_2=(-2,1,0)^{\mathrm{T}},\boldsymbol{\xi}_3=(-2,0,1)^{\mathrm{T}}$.

(4) 将特征向量正交化：

取 $\boldsymbol{\alpha}_1=\boldsymbol{\xi}_1$，$\boldsymbol{\alpha}_2=\boldsymbol{\xi}_2$，$\boldsymbol{\alpha}_3=\boldsymbol{\xi}_3-\dfrac{[\boldsymbol{\alpha}_2,\boldsymbol{\xi}_3]}{[\boldsymbol{\alpha}_2,\boldsymbol{\alpha}_2]}\boldsymbol{\alpha}_2$，得正交向量组：

$$\boldsymbol{\alpha}_1=(1/2,1,1)^{\mathrm{T}},\ \boldsymbol{\alpha}_2=(-2,1,0)^{\mathrm{T}},\ \boldsymbol{\alpha}_3=(-2/5,-4/5,1)^{\mathrm{T}}.$$

将其单位化得：

$$\boldsymbol{\eta}_1=\begin{pmatrix}1/3\\2/3\\2/3\end{pmatrix},\ \boldsymbol{\eta}_2=\begin{pmatrix}-2/\sqrt{5}\\1/\sqrt{5}\\0\end{pmatrix},\ \boldsymbol{\eta}_3=\begin{pmatrix}-2/\sqrt{45}\\-4/\sqrt{45}\\5/\sqrt{45}\end{pmatrix}.$$

则正交矩阵为 $$\boldsymbol{P}=\begin{pmatrix}1/3&-2/\sqrt{5}&-2/\sqrt{45}\\2/3&1/\sqrt{5}&-4/\sqrt{45}\\2/3&0&5/\sqrt{45}\end{pmatrix}.$$

(5) 故所求的正交变换为

$$\begin{pmatrix} x_1 \\ x_2 \\ x_3 \end{pmatrix} = \begin{pmatrix} 1/3 & -2/\sqrt{5} & -2/\sqrt{45} \\ 2/3 & 1/\sqrt{5} & -4/\sqrt{45} \\ 2/3 & 0 & 5/\sqrt{45} \end{pmatrix} \begin{pmatrix} y_1 \\ y_2 \\ y_3 \end{pmatrix},$$

在此变换下原二次型化为标准形

$$f = 9y_1^2 + 18y_2^2 + 18y_3^2 .$$

■

***数学实验**

实验 12.3 试用计算软件将下列二次型化为标准形:

(1) $f(x_1,x_2,x_3,x_4,x_5,x_6,x_7) = 310x_1^2 - 216x_1x_2 - 122x_1x_3 + 92x_1x_4 - 274x_1x_5 + 100x_1x_6 - 14x_1x_7 + 42x_2^2 + 48x_2x_3 - 40x_2x_4 + 110x_2x_5 - 52x_2x_6 + 14x_2x_7 + 21x_3^2 - 36x_3x_4 + 74x_3x_5 - 40x_3x_6 + 14x_3x_7 + 22x_4^2 - 74x_4x_5 + 40x_4x_6 - 14x_4x_7 + 87x_5^2 - 92x_5x_6 + 28x_5x_7 + 34x_6^2 - 28x_6x_7 + 7x_7^2$;

(2) $f(x_1,x_2,x_3,x_4,x_5,x_6,x_7) = 427x_1^2 - 312x_1x_2 - 480x_1x_3 + 360x_1x_4 + 20x_1x_5 - 136x_1x_6 + 60x_1x_7 + 91x_2^2 + 120x_2x_3 - 140x_2x_4 + 18x_2x_5 + 44x_2x_6 - 24x_2x_7 + 169x_3^2 - 104x_3x_4 - 40x_3x_5 + 92x_3x_6 - 36x_3x_7 + 83x_4^2 + 4x_4x_5 - 64x_4x_6 + 30x_4x_7 + 9x_5^2 - 8x_5x_6 + 14x_6^2 - 12x_6x_7 + 3x_7^2$.

计算实验

详情参见教材配套的网络学习空间.

3. 二次型与对称矩阵的规范形

将二次型化为平方项的代数和的形式后, 如有必要可重新安排变量的次序(相当于作一次可逆线性变换), 使这个标准形为

$$d_1x_1^2 + \cdots + d_p x_p^2 - d_{p+1}x_{p+1}^2 - \cdots - d_r x_r^2, \tag{4.5}$$

其中 $d_i > 0\ (i=1,2,\cdots,r)$.

我们常对标准形各项的符号感兴趣. 通过如下可逆线性变换

$$\begin{cases} x_i = y_i/\sqrt{d_i} & (i=1,2,\cdots,r) \\ x_j = y_j & (j=r+1,r+2,\cdots,n) \end{cases},$$

可将二次型 (4.5) 化为

$$y_1^2 + \cdots + y_p^2 - y_{p+1}^2 - \cdots - y_r^2 .$$

这种形式的二次型称为二次型的**规范形**, 因此有下面的定理:

定理 3 任何二次型都可通过可逆线性变换化为规范形, 且规范形是由二次型本身决定的唯一形式, 与所作的可逆线性变换无关.

常把规范形中的正项个数 p 称为二次型的**正惯性指数**，负项个数 $r-p$ 称为二次型的**负惯性指数**，r 是二次型的秩.

例 5　化二次型 $f=2x_1x_2+2x_1x_3-6x_2x_3$ 为规范形，并求其正惯性指数.

解　由例 3 知，f 经线性变换

$$\begin{cases} x_1=z_1+z_2+3z_3 \\ x_2=z_1-z_2-z_3 \\ x_3=z_3 \end{cases}$$

化为标准形 $f=2z_1^2-2z_2^2+6z_3^2$. 令

$$\begin{cases} w_1=\sqrt{2}z_1 \\ w_3=\sqrt{2}z_2\,, \\ w_2=\sqrt{6}z_3 \end{cases} \quad \text{即} \begin{cases} z_1=w_1/\sqrt{2} \\ z_2=w_3/\sqrt{2}\,, \\ z_3=w_2/\sqrt{6} \end{cases}$$

就把 f 化成规范形 $f=w_1^2+w_2^2-w_3^2$, 且 f 的正惯性指数为 2. ■

三、正定二次型

定义 2　具有对称矩阵 $\boldsymbol{A}$ 的二次型 $f=\boldsymbol{x}^{\mathrm{T}}\boldsymbol{A}\boldsymbol{x}$，如果对任何非零向量 $\boldsymbol{x}$，都有

$$\boldsymbol{x}^{\mathrm{T}}\boldsymbol{A}\boldsymbol{x}>0$$

成立，则称 $f=\boldsymbol{x}^{\mathrm{T}}\boldsymbol{A}\boldsymbol{x}$ 为**正定二次型**，矩阵 $\boldsymbol{A}$ 称为**正定矩阵**.

注：二次型的正定性与其矩阵的正定性之间具有一一对应关系. 因此，二次型的正定性判别也可转化为对称矩阵的**正定性判别**.

例 6　判断二次型 $f(x_1,x_2)=x_1^2+2x_2^2+2x_1x_2$ 的正定性.

解　因为

$$f(x_1,x_2)=x_1^2+2x_2^2+2x_1x_2=(x_1+x_2)^2+x_2^2,$$

对任意不全为零的实数 x_1,x_2，均有 $f(x_1,x_2)>0$，所以 $f(x_1,x_2)$ 是正定二次型. ■

定理 4　二次型 $f=\boldsymbol{x}^{\mathrm{T}}\boldsymbol{D}\boldsymbol{x}=d_1x_1^2+d_2x_2^2+\cdots+d_nx_n^2$ 是正定的充分必要条件是

$$d_i>0\ (i=1,2,\cdots,n).$$

证明　必要性. 对任一非零向量 $\boldsymbol{x}$，有

$$\boldsymbol{x}^{\mathrm{T}}\boldsymbol{D}\boldsymbol{x}=d_1x_1^2+d_2x_2^2+\cdots+d_nx_n^2>0,$$

取 $\boldsymbol{x}=\boldsymbol{\varepsilon}_i\ (i=1,2,\cdots,n)$，则

$$\boldsymbol{\varepsilon}_i^{\mathrm{T}}\boldsymbol{D}\boldsymbol{\varepsilon}_i=d_1\cdot 0^2+d_2\cdot 0^2+\cdots+d_i\cdot 1^2+\cdots+d_n\cdot 0^2=d_i>0.$$

充分性. 对任一给定的非零向量 $\boldsymbol{x}$，至少有 $\boldsymbol{x}$ 的某个分量 $x_k\neq 0$，因 $d_k>0$，$x_k\neq 0$，故 $d_kx_k^2>0$，而当 $i\neq k$ 时，$d_ix_i^2\geq 0$，所以

$$\boldsymbol{x}^{\mathrm{T}}\boldsymbol{D}\boldsymbol{x}=d_1x_1^2+d_2x_2^2+\cdots+d_nx_n^2>0,$$

即 $f=\boldsymbol{x}^{\mathrm{T}}\boldsymbol{D}\boldsymbol{x}$ 为正定二次型. ■

根据上述定理的结果，易推出：

定理 5 对角矩阵为正定矩阵的充分必要条件是其对角线上的元素均大于零.

定理 6 对称矩阵 $\boldsymbol{A}$ 正定的充分必要条件是它的特征值全大于零.

定理 7 二次型 $\boldsymbol{x}^{\mathrm{T}}\boldsymbol{A}\boldsymbol{x}$ 为正定的充分必要条件是其正惯性指数 $p=n$.

由定理 7 可立即得到定理 8 及推论 1.

定理 8 矩阵 $\boldsymbol{A}$ 为正定矩阵的充分必要条件是: 存在可逆矩阵 $\boldsymbol{C}$, 使

$$\boldsymbol{A}=\boldsymbol{C}^{\mathrm{T}}\boldsymbol{C}.$$

推论 1 若 $\boldsymbol{A}$ 为正定矩阵, 则 $|\boldsymbol{A}|>0$.

最后, 我们再给出判断正定矩阵的另一种方法.

定义 3 n 阶矩阵 $\boldsymbol{A}=(a_{ij})$ 的 k 个行标和列标相同的子式

$$\begin{vmatrix} a_{i_1 i_1} & a_{i_1 i_2} & \cdots & a_{i_1 i_k} \\ a_{i_2 i_1} & a_{i_2 i_2} & \cdots & a_{i_2 i_k} \\ \vdots & \vdots & & \vdots \\ a_{i_k i_1} & a_{i_k i_2} & \cdots & a_{i_k i_k} \end{vmatrix} \quad (1 \le i_1 < i_2 < \cdots < i_k \le n)$$

称为 $\boldsymbol{A}$ 的一个 **k 阶主子式**. 而子式

$$|\boldsymbol{A}_k|=\begin{vmatrix} a_{11} & a_{12} & \cdots & a_{1k} \\ a_{21} & a_{22} & \cdots & a_{2k} \\ \vdots & \vdots & & \vdots \\ a_{k1} & a_{k2} & \cdots & a_{kk} \end{vmatrix} \quad (k=1,2,\cdots,n)$$

称为 $\boldsymbol{A}$ 的 **k 阶顺序主子式**.

定理 9 n 阶矩阵 $\boldsymbol{A}=(a_{ij})$ 为正定矩阵的充分必要条件是 $\boldsymbol{A}$ 的所有顺序主子式

$$|\boldsymbol{A}_k|>0 \ (k=1,2,\cdots,n).$$

例 7 当 λ 取何值时, 下面的二次型 $f(x_1, x_2, x_3)$ 是正定的?

$$f(x_1,x_2,x_3)=x_1^2+2x_1x_2+4x_1x_3+2x_2^2+6x_2x_3+\lambda x_3^2.$$

解 题设二次型的矩阵 $\boldsymbol{A}=\begin{pmatrix} 1 & 1 & 2 \\ 1 & 2 & 3 \\ 2 & 3 & \lambda \end{pmatrix}$, 根据定理 9, 因

$$|\boldsymbol{A}_1|=1>0,\ |\boldsymbol{A}_2|=\begin{vmatrix} 1 & 1 \\ 1 & 2 \end{vmatrix}=1>0,\ |\boldsymbol{A}_3|=|\boldsymbol{A}|=\lambda-5>0,$$

故当 $\lambda>5$ 时, $f(x_1,x_2,x_3)$ 是正定的. ■

例 8 证明: 如果 $\boldsymbol{A}$ 为正定矩阵, 则 $\boldsymbol{A}^{-1}$ 也是正定矩阵.

证明 $\boldsymbol{A}$ 正定, 则存在可逆矩阵 $\boldsymbol{C}$, 使 $\boldsymbol{C}^{\mathrm{T}}\boldsymbol{A}\boldsymbol{C}=\boldsymbol{E}$, 两边取逆得:

$$\boldsymbol{C}^{-1}\boldsymbol{A}^{-1}(\boldsymbol{C}^{\mathrm{T}})^{-1}=\boldsymbol{E},$$

又因为 $\quad (\boldsymbol{C}^{\mathrm{T}})^{-1}=(\boldsymbol{C}^{-1})^{\mathrm{T}},\ ((\boldsymbol{C}^{-1})^{\mathrm{T}})^{\mathrm{T}}=\boldsymbol{C}^{-1},$

因此 $\quad ((\boldsymbol{C}^{-1})^{\mathrm{T}})^{\mathrm{T}}\boldsymbol{A}^{-1}(\boldsymbol{C}^{-1})^{\mathrm{T}}=\boldsymbol{E},$

又因 $\quad |(\boldsymbol{C}^{-1})^{\mathrm{T}}|=|\boldsymbol{C}|^{-1}\neq 0,$

故 $\boldsymbol{A}^{-1}$ 为正定矩阵. ■

与正定二次型类似，还可进一步讨论下列概念．

定义4　有对称矩阵$\boldsymbol{A}$的二次型$f=\boldsymbol{x}^{\mathrm{T}}\boldsymbol{A}\boldsymbol{x}$，如果对任何非零向量$\boldsymbol{x}$，恒有

$$\boldsymbol{x}^{\mathrm{T}}\boldsymbol{A}\boldsymbol{x}<0,$$

则称$f=\boldsymbol{x}^{\mathrm{T}}\boldsymbol{A}\boldsymbol{x}$为**负定二次型**，称$\boldsymbol{A}$为**负定矩阵**；如果对任何非零向量$\boldsymbol{x}$，恒有

$$\boldsymbol{x}^{\mathrm{T}}\boldsymbol{A}\boldsymbol{x}\geq 0\ (\boldsymbol{x}^{\mathrm{T}}\boldsymbol{A}\boldsymbol{x}\leq 0),$$

且有非零向量$\boldsymbol{x}_0$，使$\boldsymbol{x}_0^{\mathrm{T}}\boldsymbol{A}\boldsymbol{x}_0=0$，则称$f=\boldsymbol{x}^{\mathrm{T}}\boldsymbol{A}\boldsymbol{x}$为**半正定(半负定)二次型**，称$\boldsymbol{A}$为**半正定矩阵(半负定矩阵)**．

习题　12-4

1. 用矩阵记号表示下列二次型：

(1) $f=x^2+4xy+4y^2+2xz+z^2+4yz$；

(2) $f=x^2+y^2-7z^2-2xy-4xz-4yz$；

(3) $f=x_1^2+x_2^2+x_3^2+x_4^2-2x_1x_2+4x_1x_3-2x_1x_4+6x_2x_3-4x_2x_4$.

2. 写出二次型 $f(x)=\boldsymbol{x}^{\mathrm{T}}\begin{pmatrix}1&2&3\\4&5&6\\7&8&9\end{pmatrix}\boldsymbol{x}$ 的对称矩阵.

3. 设二次型$f=2x_1^2+x_2^2-4x_1x_2-4x_2x_3$，作可逆矩阵变换$\boldsymbol{x}=\begin{pmatrix}1&1&-2\\0&1&-2\\0&0&1\end{pmatrix}\boldsymbol{y}$，试求出变换后的二次型.

4. 用配方法化下列二次型为标准形，并写出所用变换的矩阵.

(1) $f(x_1,x_2,x_3)=x_1^2+2x_3^2+2x_1x_3-2x_2x_3$；

(2) $f(x_1,x_2,x_3)=-4x_1x_2+2x_1x_3+2x_2x_3$.

5. 求一个正交变换，将下列二次型化成标准形：

(1) $f=2x_1^2+3x_2^2+3x_3^2+4x_2x_3$；

(2) $f=x_1^2+x_2^2+x_3^2+x_4^2+2x_1x_2-2x_1x_4-2x_2x_3+2x_3x_4$.

6. 将下列二次型化为规范形，并指出其正惯性指数及秩.

(1) $x_1^2+2x_2^2+2x_1x_2-2x_1x_3$；

(2) $2x_1x_2+2x_2x_3+2x_3x_4+2x_1x_4$；

(3) $x_1^2+x_2^2-x_4^2-2x_1x_4$.

7. 判别下列二次型的正定性：

(1) $f=-2x_1^2-6x_2^2-4x_3^2+2x_1x_2+2x_1x_3$；

(2) $f=x_1^2+3x_2^2+9x_3^2+19x_4^2-2x_1x_2+4x_1x_3+2x_1x_4-6x_2x_4-12x_3x_4$.

8. 求a的值，使二次型$x_1^2+x_2^2+5x_3^2+2ax_1x_2-2x_1x_3+4x_2x_3$为正定的.

9. 已知 $\begin{pmatrix} 2-a & 1 & 0 \\ 1 & 1 & 0 \\ 0 & 0 & a+3 \end{pmatrix}$ 是正定矩阵，求 a 的值.

10. 设对称矩阵 $\boldsymbol{A}$ 为正定矩阵，证明：存在可逆矩阵 $\boldsymbol{C}$，使 $\boldsymbol{A}=\boldsymbol{C}^{\mathrm{T}}\boldsymbol{C}$.

附　录

附录 I　预备知识

一、常用初等代数公式

1. 一元二次方程 $ax^2+bx+c=0\ (a\neq 0)$

根的判别式 $\Delta=b^2-4ac$.

当 $\Delta>0$ 时，方程有两个相异实根；

当 $\Delta=0$ 时，方程有两个相等实根；

当 $\Delta<0$ 时，方程有共轭复根.

求根公式为 $x_{1,2}=\dfrac{-b\pm\sqrt{b^2-4ac}}{2a}$.

2. 指数的运算性质

(1) $a^m\cdot a^n=a^{m+n}$；　(2) $\dfrac{a^m}{a^n}=a^{m-n}$；　(3) $(a^m)^n=a^{m\cdot n}$；

(4) $(a\cdot b)^m=a^m\cdot b^m$；　(5) $\left(\dfrac{a}{b}\right)^m=\dfrac{a^m}{b^m}$.

3. 对数的运算性质

(1) 若 $a^y=x$，则 $y=\log_a x$；　(2) $\log_a a=1$，$\log_a 1=0$，$\ln e=1$，$\ln 1=0$；

(3) $\log_a(x\cdot y)=\log_a x+\log_a y$；　(4) $\log_a\dfrac{x}{y}=\log_a x-\log_a y$；

(5) $\log_a x^b=b\cdot\log_a x$；　(6) $a^{\log_a x}=x$，$e^{\ln x}=x$.

(7) $\log_a b=\dfrac{\log_c b}{\log_c a}$, $\log_a b=\dfrac{1}{\log_b a}$；　(8) $\log_{a^n} b^m=\dfrac{m}{n}\log_a b$.

4. 排列组合公式

(1) $n!=n(n-1)\cdots 2\cdot 1$, $0!=1$;

(2) 排列数 $\mathrm{P}_n^m=n(n-1)(n-2)\cdots(n-m+1)$, $\mathrm{P}_n^0=1$, $\mathrm{P}_n^n=n!$;

(3) 组合数 $\mathrm{C}_n^m=\dfrac{n(n-1)(n-2)\cdots(n-m+1)}{m!}=\dfrac{n!}{m!(n-m)!}$, $\mathrm{C}_n^0=1$, $\mathrm{C}_n^n=1$.

5. 常用二项展开及分解公式

(1) $(a+b)^2=a^2+2ab+b^2$；　(2) $(a-b)^2=a^2-2ab+b^2$；

(3) $(a+b)^3=a^3+3a^2b+3ab^2+b^3$；　(4) $(a-b)^3=a^3-3a^2b+3ab^2-b^3$；

(5) $a^2-b^2=(a+b)(a-b)$；　(6) $a^3-b^3=(a-b)(a^2+ab+b^2)$；

(7) $a^3+b^3=(a+b)(a^2-ab+b^2)$；

(8) $a^n-b^n=(a-b)(a^{n-1}+a^{n-2}b+a^{n-3}b^2+\cdots+b^{n-1})$;

(9) $(a+b)^n = C_n^0 a^n + C_n^1 a^{n-1} b + C_n^2 a^{n-2} b^2 + \cdots + C_n^k a^{n-k} b^k + \cdots + C_n^n b^n$.

6. 常用不等式及其运算性质

如果 $a>b$, 则有

(1) $a \pm c > b \pm c$;

(2) $ac > bc\ (c>0)$, $ac < bc\ \ (c<0)$;

(3) $\frac{a}{c} > \frac{b}{c}\ (c>0)$, $\frac{a}{c} < \frac{b}{c}\ \ (c<0)$;

(4) $a^n > b^n\ \ (n>0, a>0, b>0)$, $a^n < b^n\ (n<0, a>0, b>0)$;

(5) $\sqrt[n]{a} > \sqrt[n]{b}$ (n为正整数, $a>0, b>0$);

对于任意实数 a, b, 均有

(6) $||a|-|b|| \le |a+b| \le |a|+|b|$;

(7) $a^2 + b^2 \ge 2ab$.

7. 常用数列公式

(1) 等差数列: $a_1, a_1+d, a_1+2d, \cdots, a_1+(n-1)d$, 其公差为 d, 前 n 项的和为

$$s_n = a_1 + (a_1+d) + (a_1+2d) + \cdots + [a_1+(n-1)d] = \frac{a_1 + [a_1+(n-1)d]}{2} \cdot n.$$

(2) 等比数列 $a_1, a_1 q, a_1 q^2, \cdots, a_1 q^{n-1}$, 公比为 q, 前 n 项的和为

$$s_n = a_1 + a_1 q + a_1 q^2 + \cdots + a_1 q^{n-1} = \frac{a_1(1-q^n)}{1-q}.$$

(3) 一些常见数列的前 n 项和

$1+2+3+\cdots+n = \frac{1}{2}n(n+1)$;　　$2+4+6+\cdots+2n = n(n+1)$;

$1+3+5+\cdots+(2n-1) = n^2$;　　$1^2+2^2+3^2+\cdots+n^2 = \frac{1}{6}n(n+1)(2n+1)$;

$1^2+3^2+5^2+\cdots+(2n-1)^2 = \frac{1}{3}n(4n^2-1)$;　　$1\cdot 2+2\cdot 3+3\cdot 4+\cdots+n(n+1) = \frac{1}{3}n(n+1)(n+2)$;

$\frac{1}{1\cdot 2} + \frac{1}{2\cdot 3} + \frac{1}{3\cdot 4} + \cdots + \frac{1}{n(n+1)} = 1 - \frac{1}{n+1}$;

$1^3+2^3+\cdots+n^3 = (1+2+\cdots+n)^2$, 即 $\sum_{i=1}^{n} i^3 = \left(\sum_{i=1}^{n} i\right)^2 = \left[\frac{n(n+1)}{2}\right]^2$.

二、常用基本三角公式

1. 基本公式

$\sin^2 x + \cos^2 x = 1$;　$1+\tan^2 x = \sec^2 x$;　$1+\cot^2 x = \csc^2 x$.

2. 倍角公式

$\sin 2x = 2\sin x\cos x$; $\cos 2x = \cos^2 x - \sin^2 x = 1-2\sin^2 x = 2\cos^2 x - 1$; $\tan 2x = \frac{2\tan x}{1-\tan^2 x}$;

$\sin 3x = 3\sin x - 4\sin^3 x$;　$\cos 3x = 4\cos^3 x - 3\cos x$;　$\tan 3x = \frac{3\tan x - \tan^3 x}{1-3\tan^2 x}$.

3. 半角公式

$\sin^2 \frac{x}{2} = \frac{1-\cos x}{2}$;　$\cos^2 \frac{x}{2} = \frac{1+\cos x}{2}$;　$\tan \frac{x}{2} = \frac{1-\cos x}{\sin x}$.

4. 加法公式

$\sin(x \pm y) = \sin x \cos y \pm \cos x \sin y$;

$\cos(x \pm y) = \cos x \cos y \mp \sin x \sin y$;

$\tan(x \pm y) = \dfrac{\tan x \pm \tan y}{1 \mp \tan x \tan y}$.

5. 和差化积公式

$\sin x + \sin y = 2\sin\dfrac{x+y}{2}\cos\dfrac{x-y}{2}$;　　$\sin x - \sin y = 2\cos\dfrac{x+y}{2}\sin\dfrac{x-y}{2}$;

$\cos x + \cos y = 2\cos\dfrac{x+y}{2}\cos\dfrac{x-y}{2}$;　　$\cos x - \cos y = -2\sin\dfrac{x+y}{2}\sin\dfrac{x-y}{2}$.

6. 积化和差公式

$\sin x \cos y = \dfrac{1}{2}[\sin(x+y) + \sin(x-y)]$;　　$\cos x \sin y = \dfrac{1}{2}[\sin(x+y) - \sin(x-y)]$;

$\cos x \cos y = \dfrac{1}{2}[\cos(x+y) + \cos(x-y)]$;　　$\sin x \sin y = -\dfrac{1}{2}[\cos(x+y) - \cos(x-y)]$.

7. 万能公式

$\sin x = \dfrac{2\tan\dfrac{x}{2}}{1+\tan^2\dfrac{x}{2}}$;　$\cos x = \dfrac{1-\tan^2\dfrac{x}{2}}{1+\tan^2\dfrac{x}{2}}$;　$\tan x = \dfrac{2\tan\dfrac{x}{2}}{1-\tan^2\dfrac{x}{2}}$.

8. 正弦定理

$\dfrac{a}{\sin A} = \dfrac{b}{\sin B} = \dfrac{c}{\sin C} = 2R$, a, b, c 为角 A, B, C 的对边，R 为三角形 ABC 外接圆的半径.

9. 余弦定理

$a^2 = b^2 + c^2 - 2bc \cdot \cos A$;

$b^2 = c^2 + a^2 - 2ca \cdot \cos B$;　　a, b, c 为角 A, B, C 的对边.

$c^2 = a^2 + b^2 - 2ab \cdot \cos C$.

三、常用求面积和体积的公式

1. 圆：

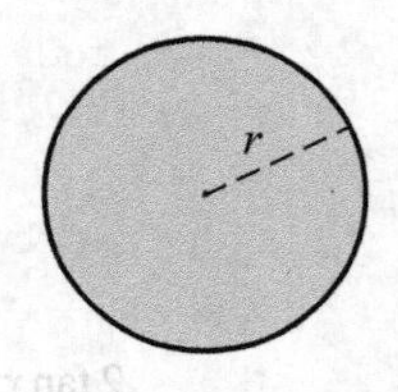

周长 $= 2\pi r$

面积 $= \pi r^2$

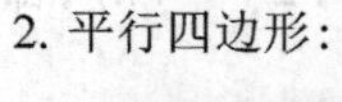

2. 平行四边形：

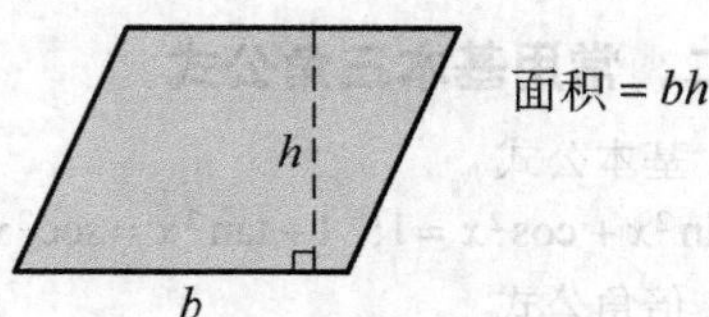

面积 $= bh$

3. 三角形：

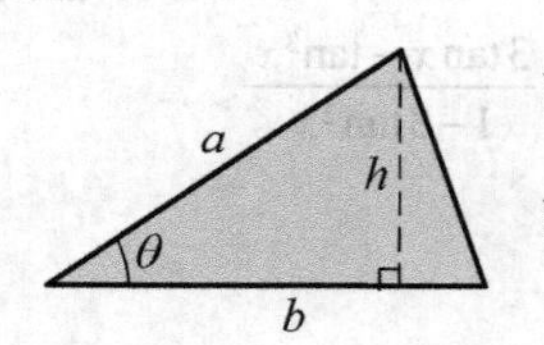

面积 $= \dfrac{1}{2}bh$

面积 $= \dfrac{1}{2}ab\sin\theta$

4. 梯形：

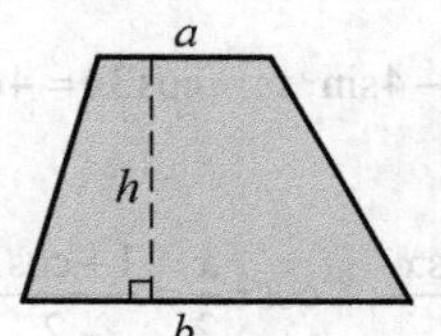

面积 $= \dfrac{a+b}{2}h$

5. 圆扇形:

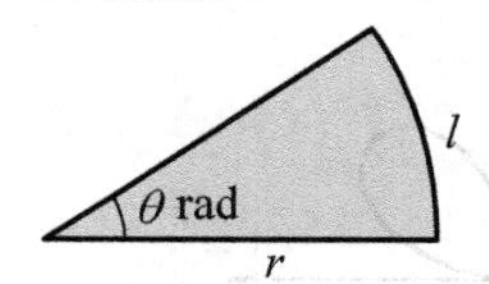

面积 $=\frac{1}{2}r^2\theta$

弧长 $l=r\theta$

6. 扇环:

面积 $=\pi(r_1+r_2)l$

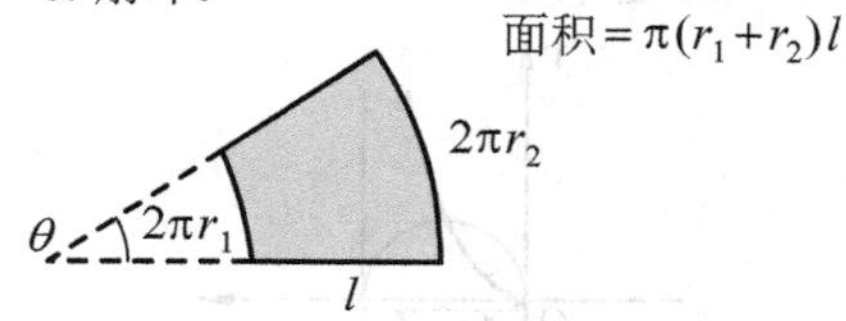

7. 正圆柱体:

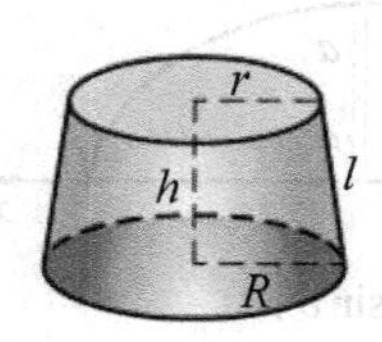

体积 $=\pi r^2 h$

侧面积 $=2\pi rh$

表面积 $=2\pi r(r+h)$

8. 圆锥体:

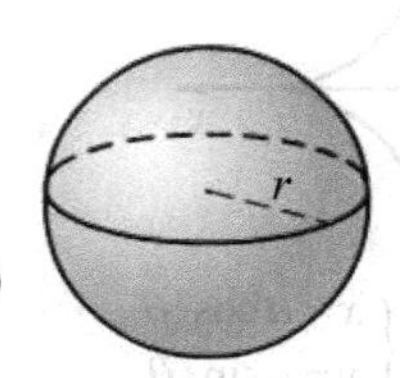

体积 $=\frac{1}{3}\pi r^2 h$

侧面积 $=\pi rl$

表面积 $=\pi r(r+l)$

9. 圆台:

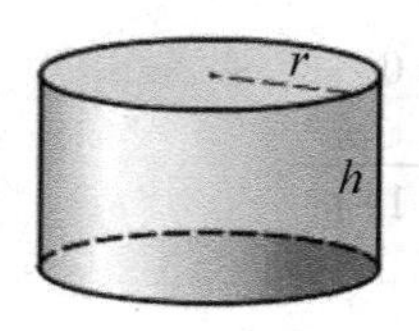

体积 $=\frac{1}{3}\pi(r^2+rR+R^2)h$

侧面积 $=\pi(r+R)l$

表面积 $=\pi(r+R)l+\pi(r^2+R^2)$

10. 球体:

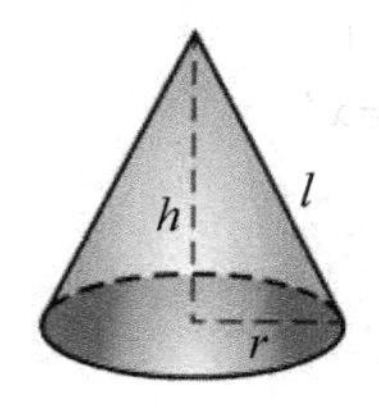

体积 $=\frac{4}{3}\pi r^3$

表面积 $=4\pi r^2$

附录II 常用曲线

(1) 三次抛物线

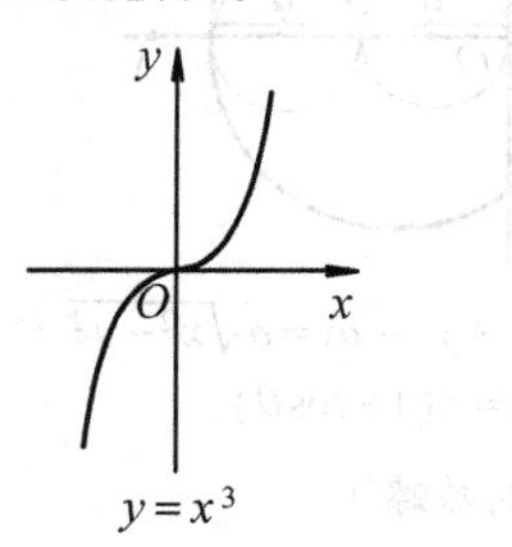

$y=x^3$

(2) 半立方抛物线

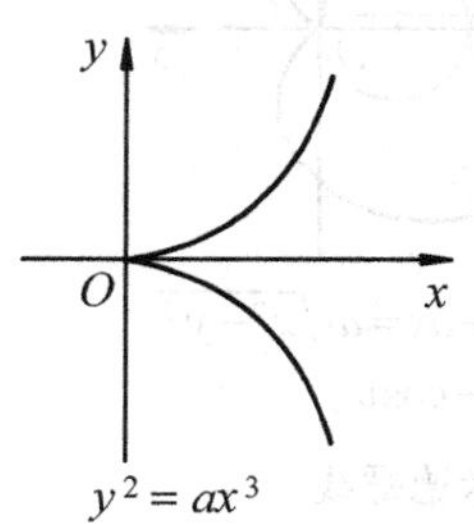

$y^2=ax^3$

(3) 概率曲线

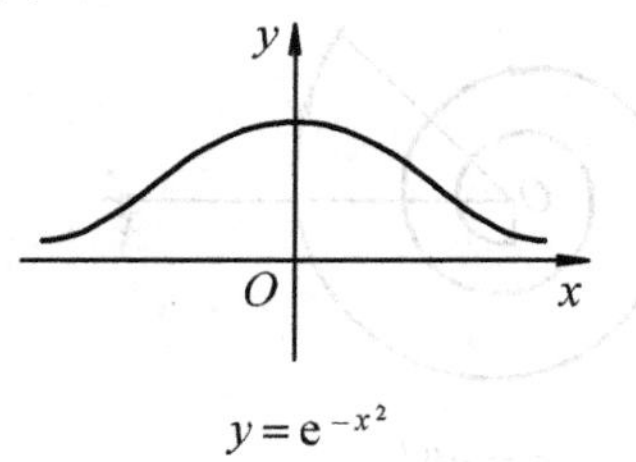

$y=\mathrm{e}^{-x^2}$

(4) 箕舌线

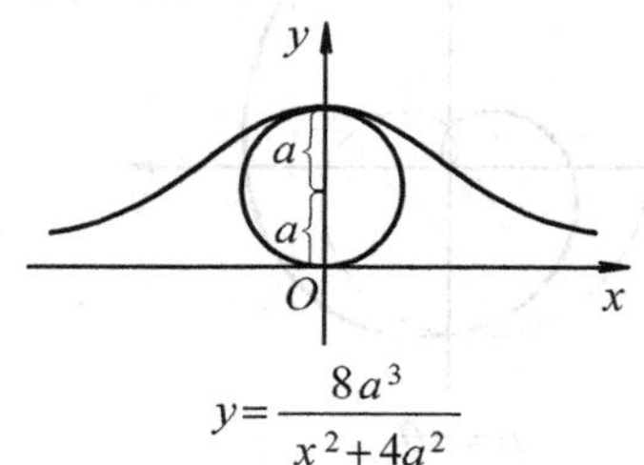

$y=\frac{8a^3}{x^2+4a^2}$

(5) 蔓叶线

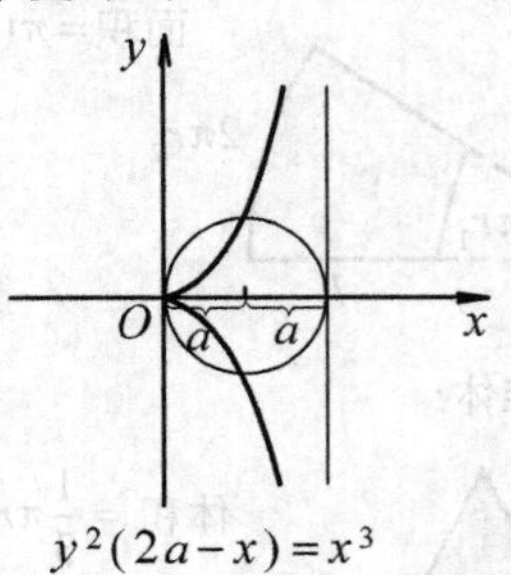

$y^2(2a-x)=x^3$

(6) 笛卡儿叶形线

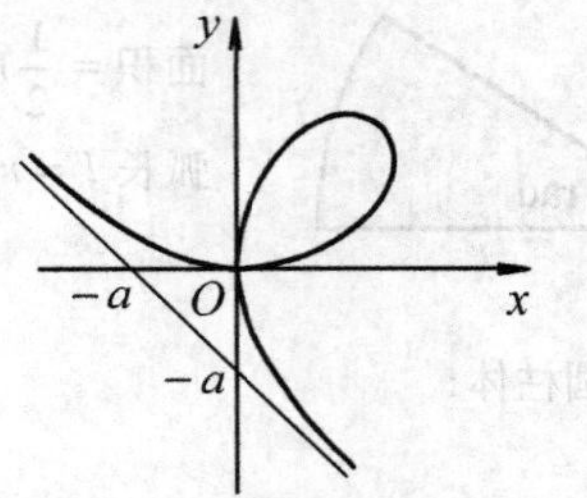

$x^3+y^3-3axy=0$

$x=\dfrac{3at}{1+t^3},\ y=\dfrac{3at^2}{1+t^3}$

(7) 星形线

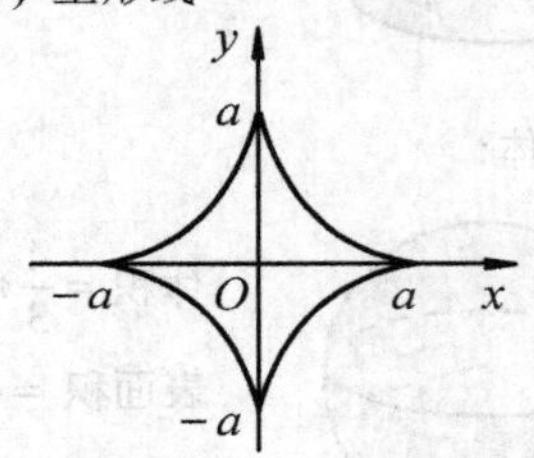

$x^{\frac{2}{3}}+y^{\frac{2}{3}}=a^{\frac{2}{3}},\ \begin{cases}x=a\cos^3\theta\\ y=a\sin^3\theta\end{cases}$

(8) 摆线

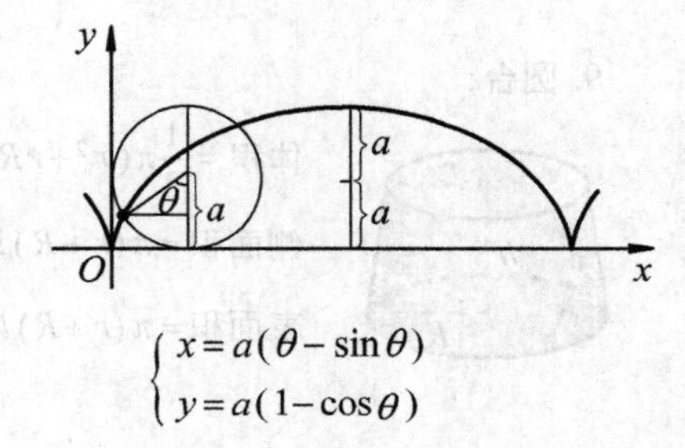

$\begin{cases}x=a(\theta-\sin\theta)\\ y=a(1-\cos\theta)\end{cases}$

(9) 心形线

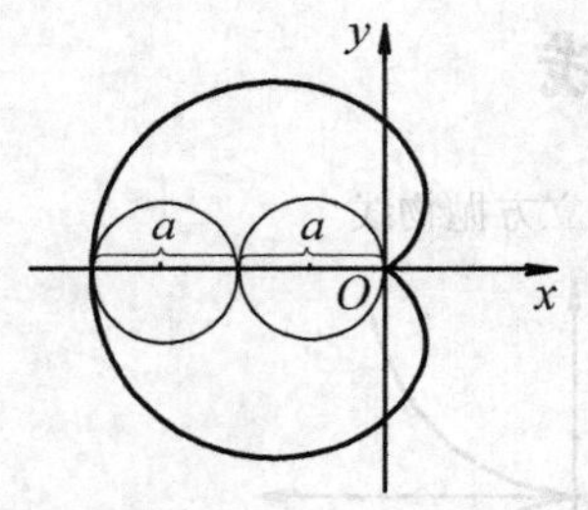

$x^2+y^2+ax=a\sqrt{x^2-y^2}$

$\rho=a(1-\cos\theta)$

(10) 心形线

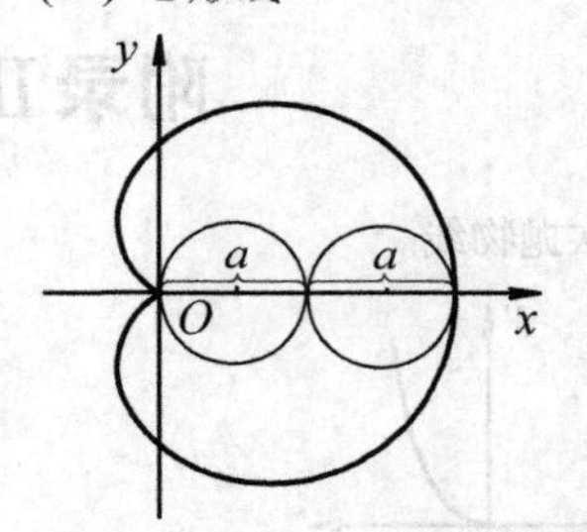

$x^2+y^2-ax=a\sqrt{x^2-y^2}$

$\rho=a(1+\cos\theta)$

(11) 阿基米德螺线

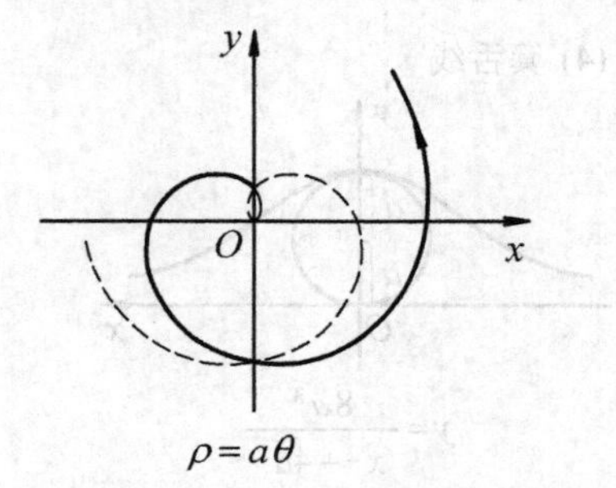

$\rho=a\theta$

(12) 对数螺线

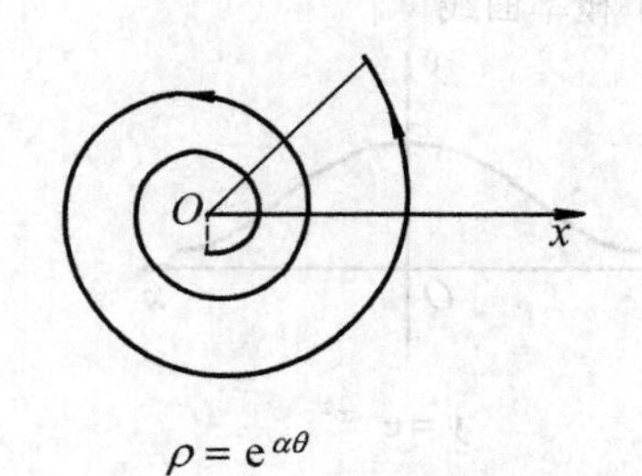

$\rho=\mathrm{e}^{a\theta}$

(13) 双曲螺线

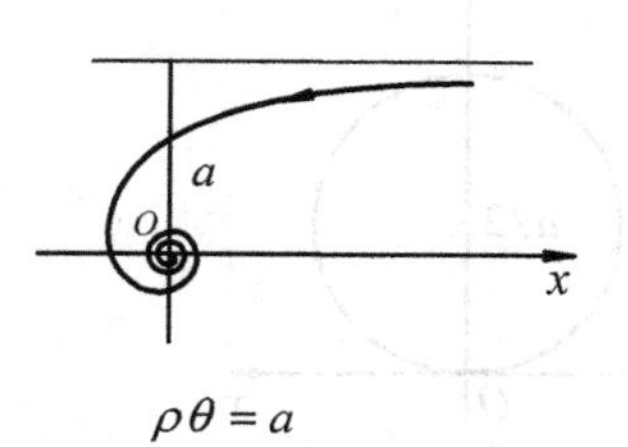

$\rho\theta = a$

(14) 悬链线

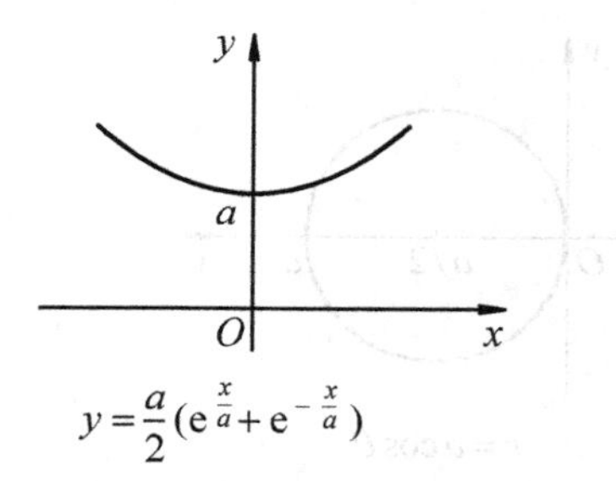

$y=\frac{a}{2}(e^{\frac{x}{a}}+e^{-\frac{x}{a}})$

(15) 伯努利双纽线

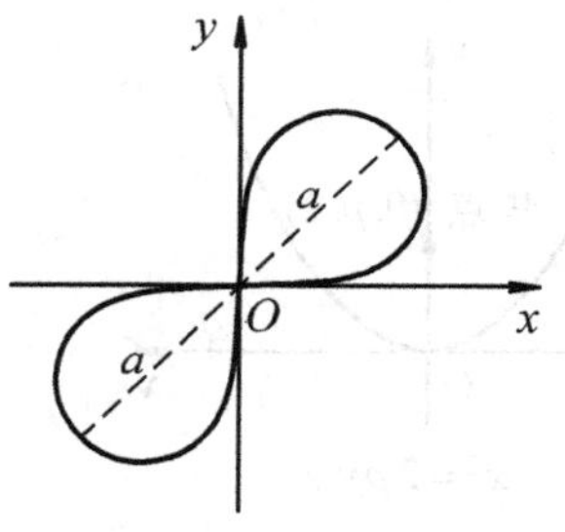

$(x^2+y^2)^2=2a^2xy$

$r^2=a^2\sin 2\theta$

(16) 伯努利双纽线

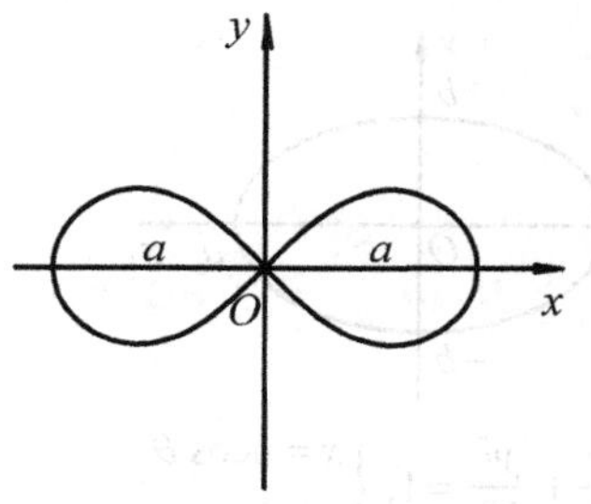

$(x^2+y^2)^2=a^2(x^2-y^2)$

$r^2=a^2\cos 2\theta$

(17) 三叶玫瑰线

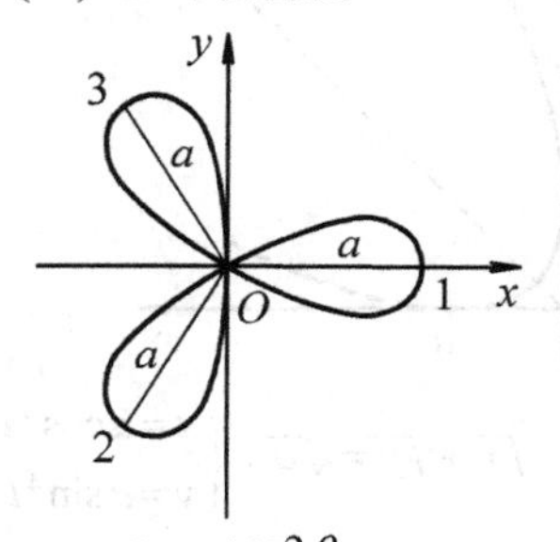

$r=a\cos 3\theta$

(18) 三叶玫瑰线

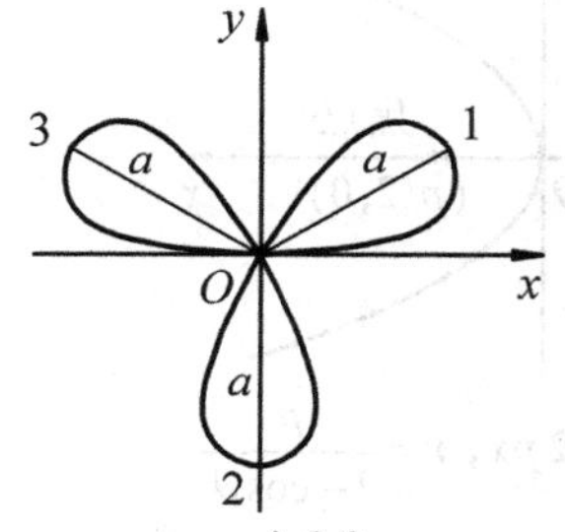

$r=a\sin 3\theta$

(19) 四叶玫瑰线

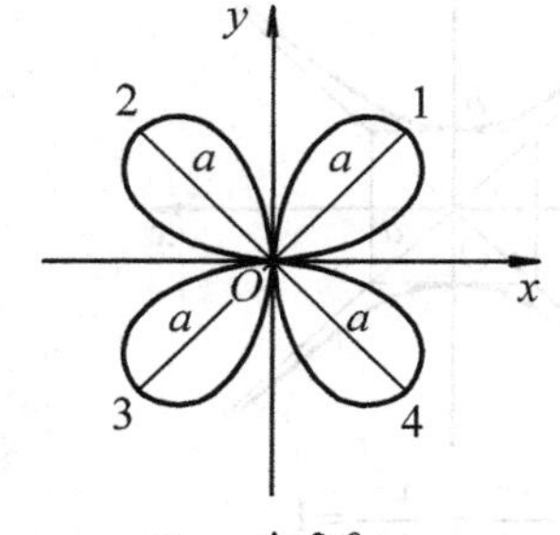

$r=a\sin 2\theta$

(20) 四叶玫瑰线

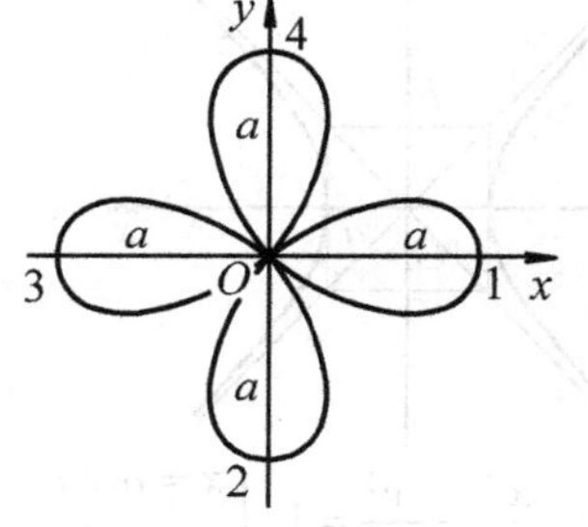

$r=a\cos 2\theta$

(21) 圆

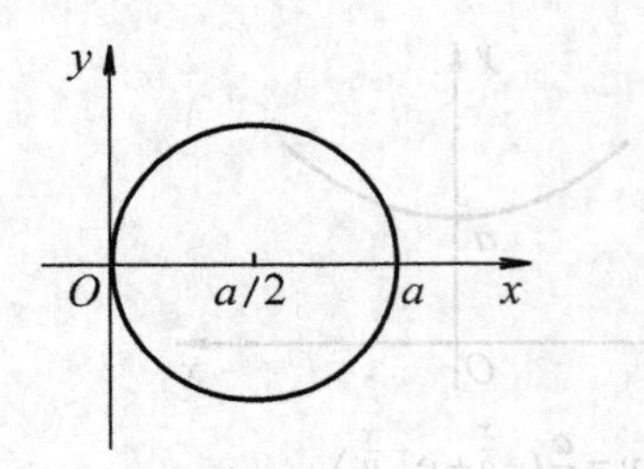

$r = a\cos\theta$

(22) 圆

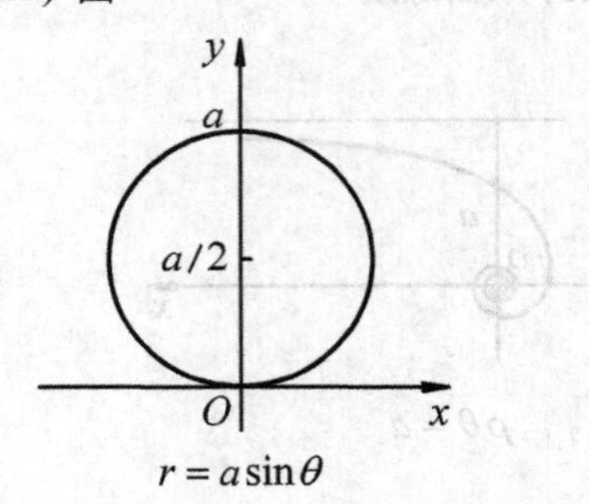

$r = a\sin\theta$

(23) 椭圆

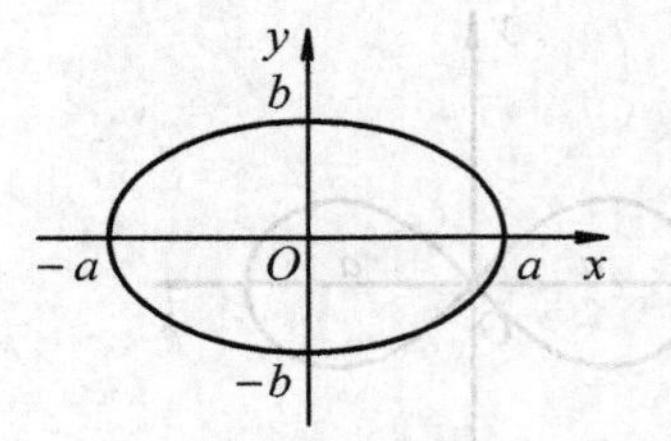

$\frac{x^2}{a^2} + \frac{y^2}{b^2} = 1, \begin{cases} x = a\cos\theta \\ y = b\sin\theta \end{cases}$

(24) 抛物线

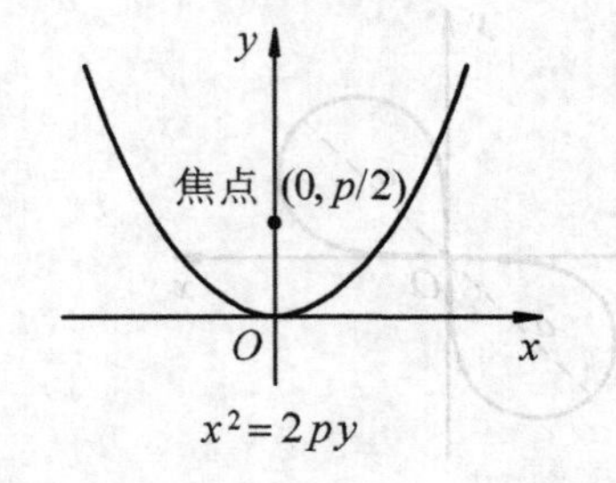

$x^2 = 2py$

(25) 抛物线

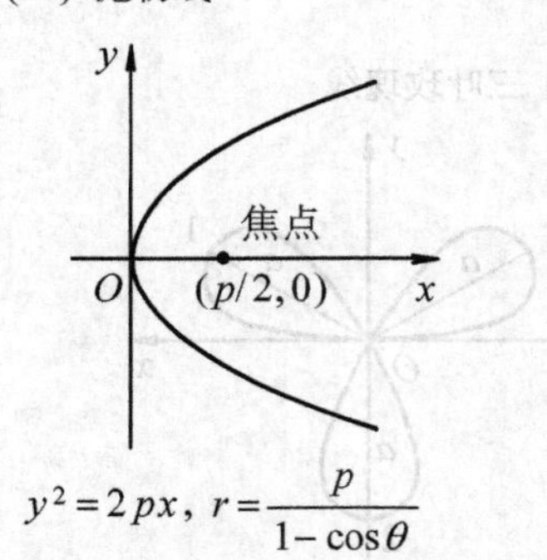

$y^2 = 2px, \ r = \frac{p}{1-\cos\theta}$

(26) 抛物线

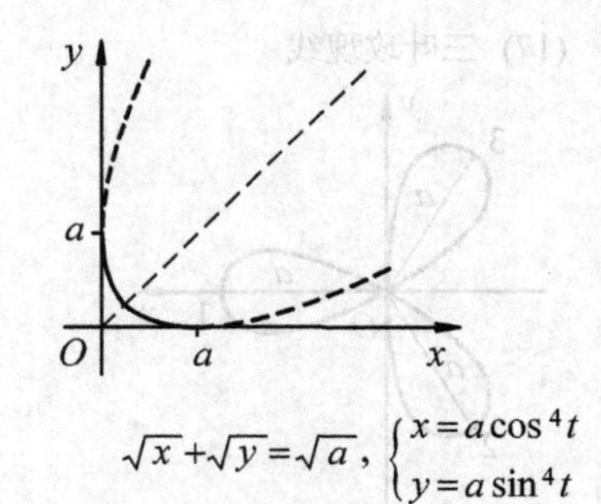

$\sqrt{x} + \sqrt{y} = \sqrt{a}, \begin{cases} x = a\cos^4 t \\ y = a\sin^4 t \end{cases}$

(27) 双曲线

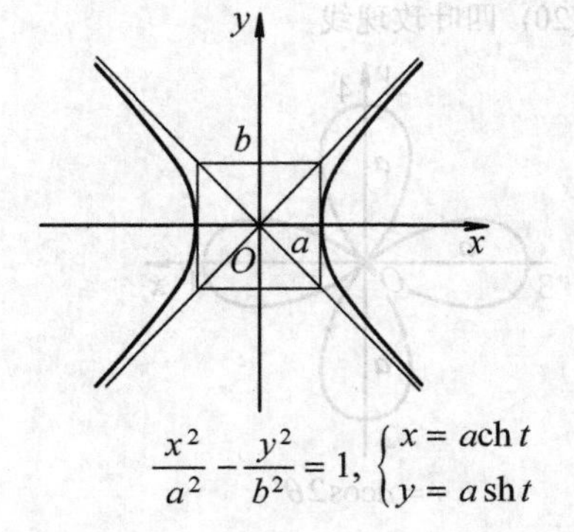

$\frac{x^2}{a^2} - \frac{y^2}{b^2} = 1, \begin{cases} x = a\,\mathrm{ch}\,t \\ y = a\,\mathrm{sh}\,t \end{cases}$

(28) 双曲线

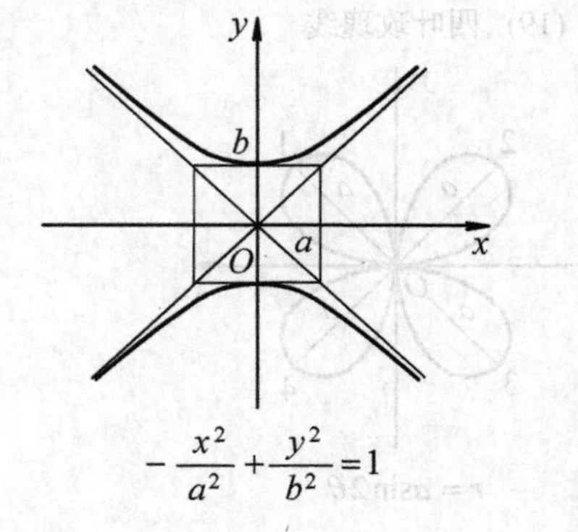

$-\frac{x^2}{a^2} + \frac{y^2}{b^2} = 1$

附录III　常用曲面

(1) 柱面

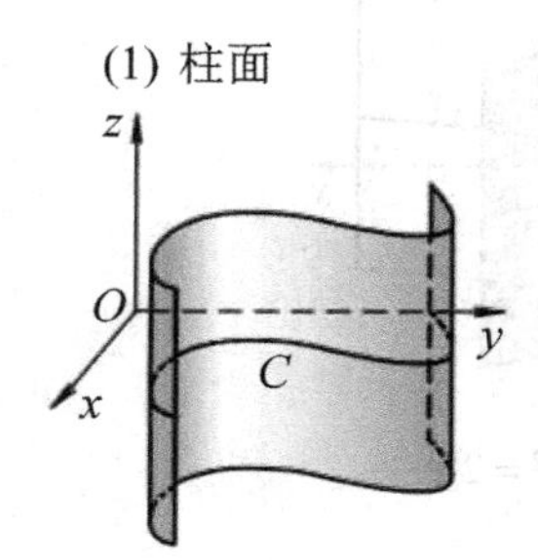

$F(x,y)=0$

(2) 圆柱面

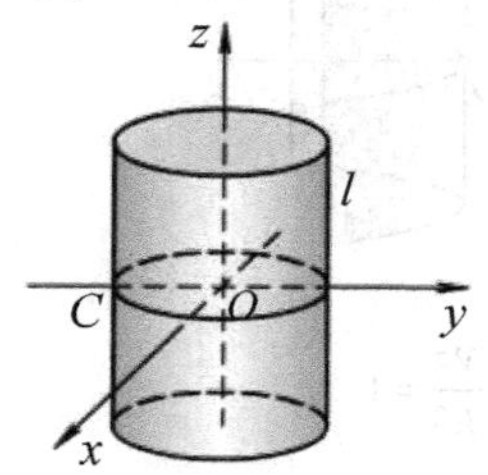

$x^2+y^2=R^2$

(3) 圆柱面

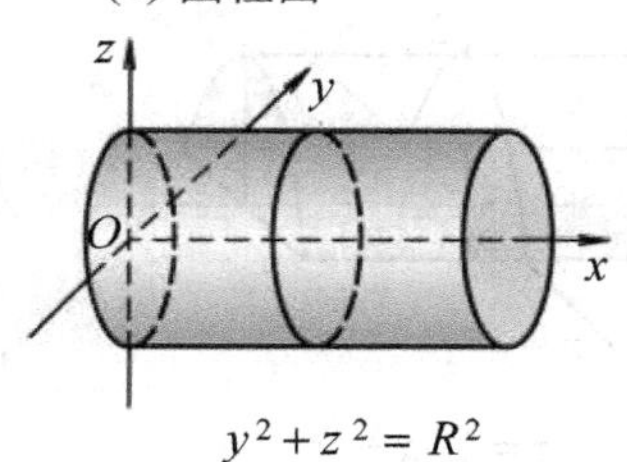

$y^2+z^2=R^2$

(4) 圆柱面

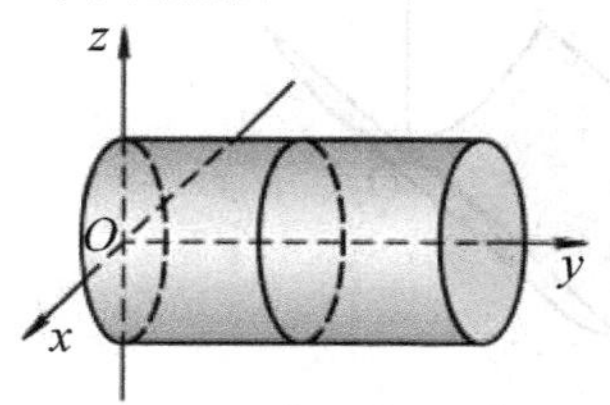

$x^2+z^2=R^2$

(5) 圆柱面

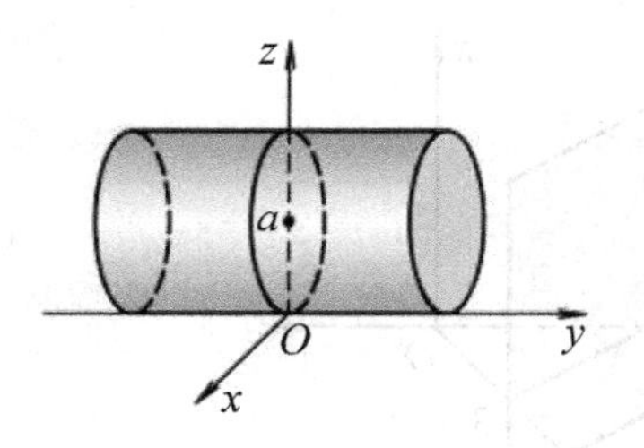

$x^2+z^2=2az$

(6) 圆柱面

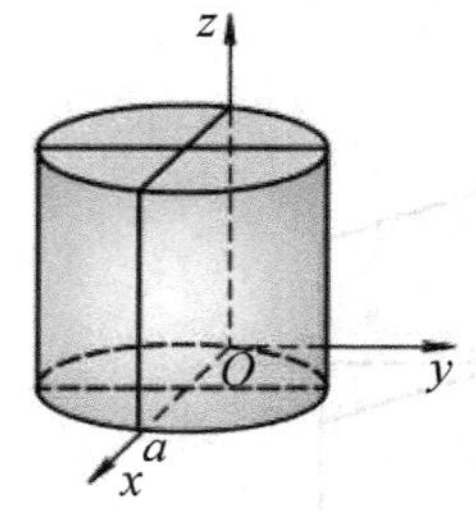

$\left(x-\frac{a}{2}\right)^2+y^2=\left(\frac{a}{2}\right)^2$

(7) 椭圆柱面

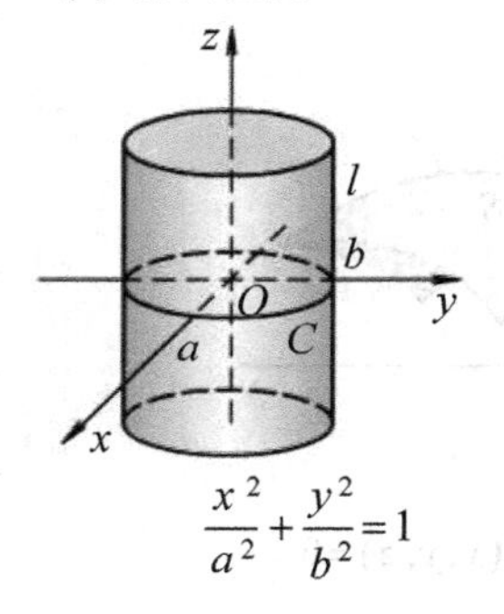

$\frac{x^2}{a^2}+\frac{y^2}{b^2}=1$

(8) 椭圆柱面

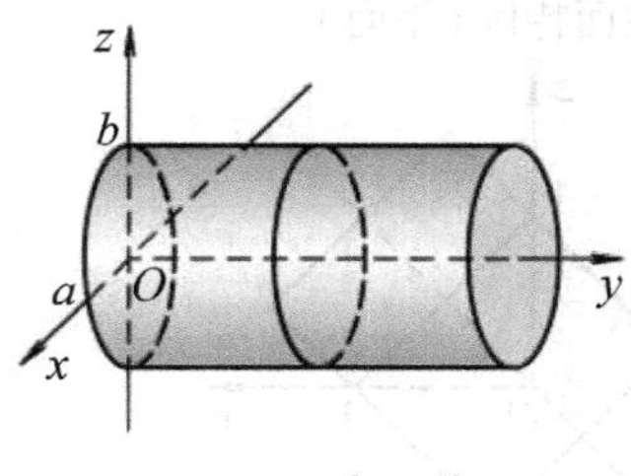

$\frac{x^2}{a^2}+\frac{z^2}{b^2}=1$

(9) 双曲柱面

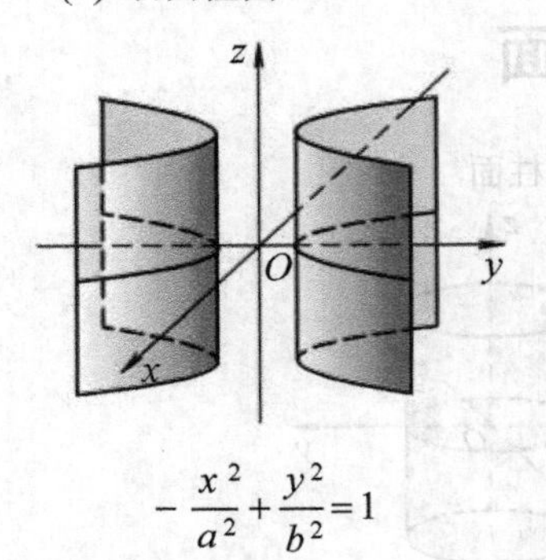

$$-\frac{x^2}{a^2}+\frac{y^2}{b^2}=1$$

(10) 抛物柱面

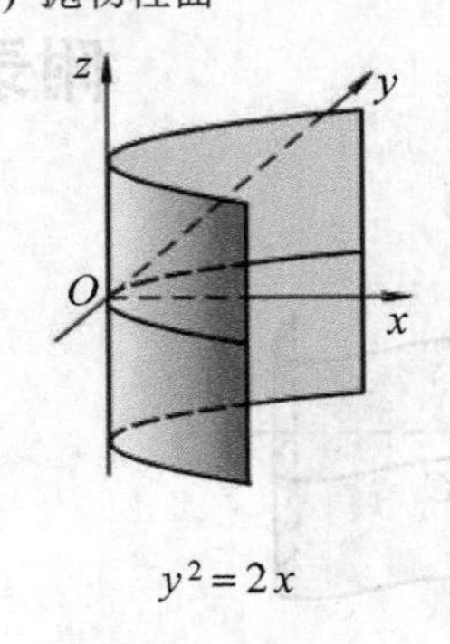

$y^2=2x$

(11) 抛物柱面

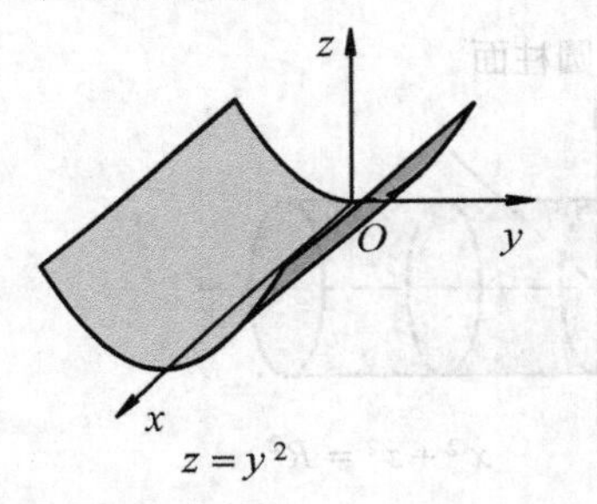

$z=y^2$

(12) 抛物柱面

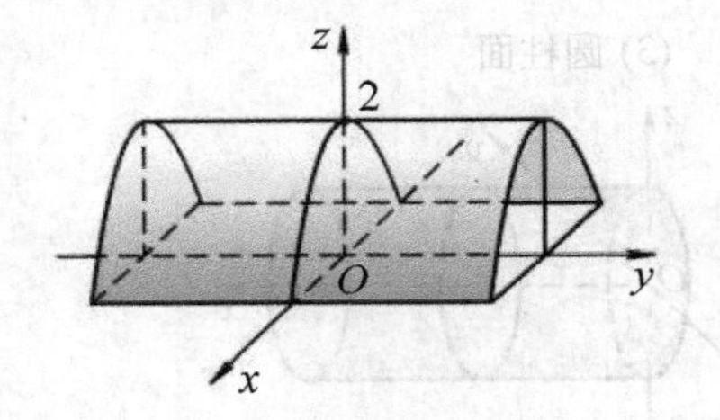

$z=2-x^2$

(13) 柱面特例 (平面)

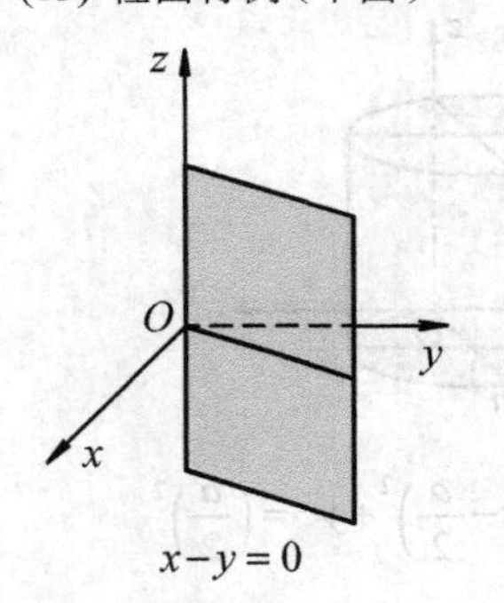

$x-y=0$

(14) 柱面特例 (平面)

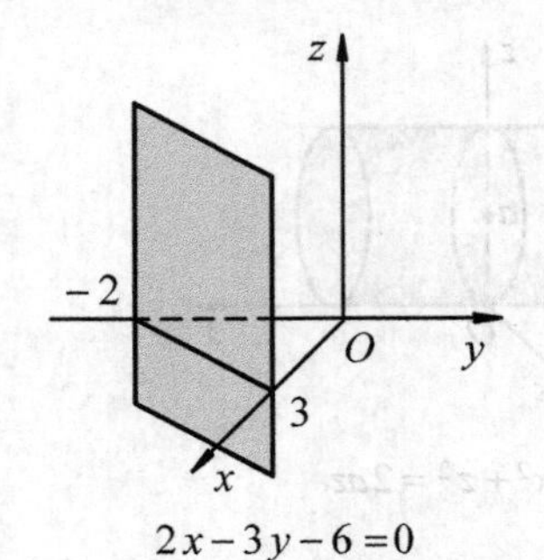

$2x-3y-6=0$

(15) 柱面特例 (平面)

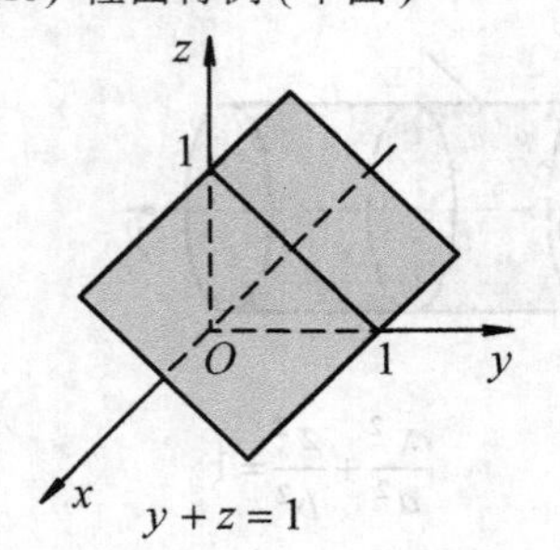

$y+z=1$

(16) 曲面

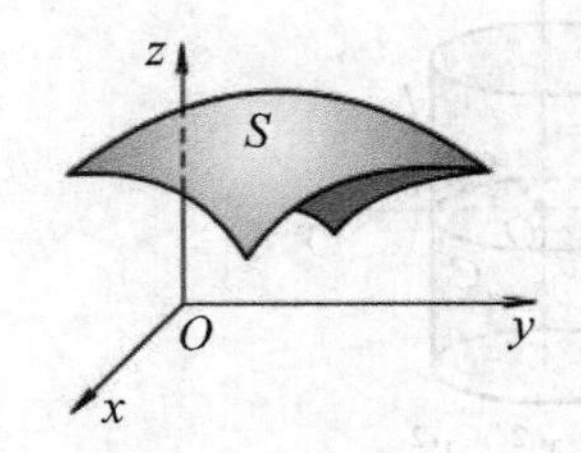

$F(x,y,z)=0$

(17) 两柱面相交例

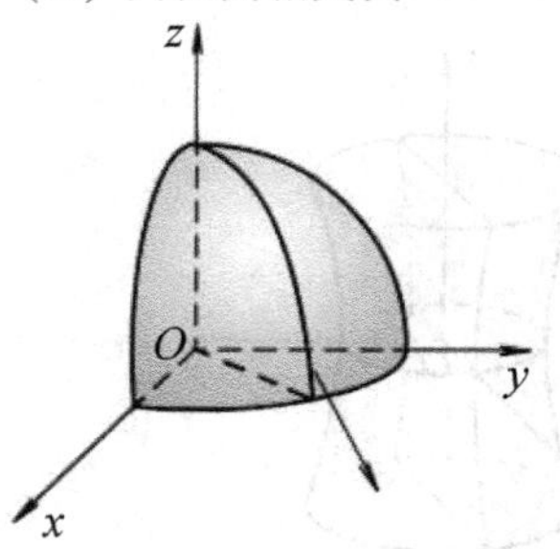

$$\begin{cases} z=\sqrt{4-x^2-y^2} \\ x-y=0 \end{cases}$$

(18) 两柱面相交例

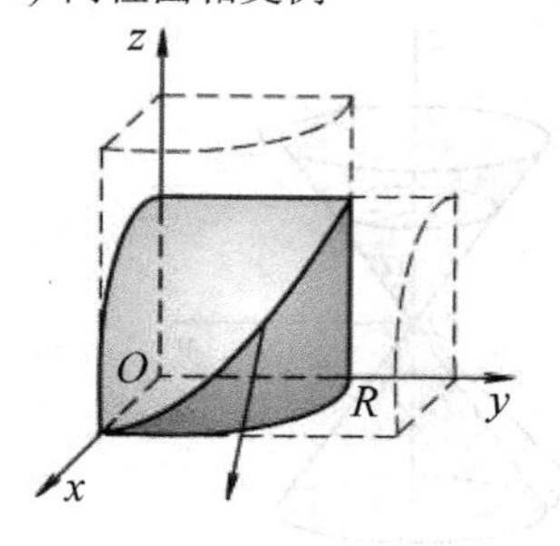

$$\begin{cases} x^2+y^2=a^2 \\ x^2+z^2=a^2 \end{cases}$$

(19) 椭球面

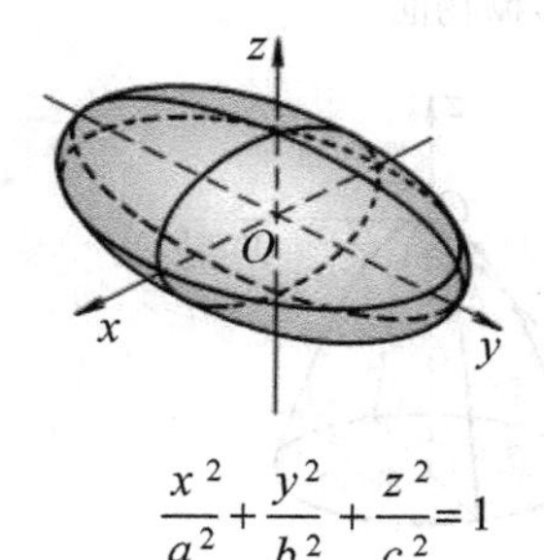

$$\frac{x^2}{a^2}+\frac{y^2}{b^2}+\frac{z^2}{c^2}=1$$

(20) 椭圆抛物面

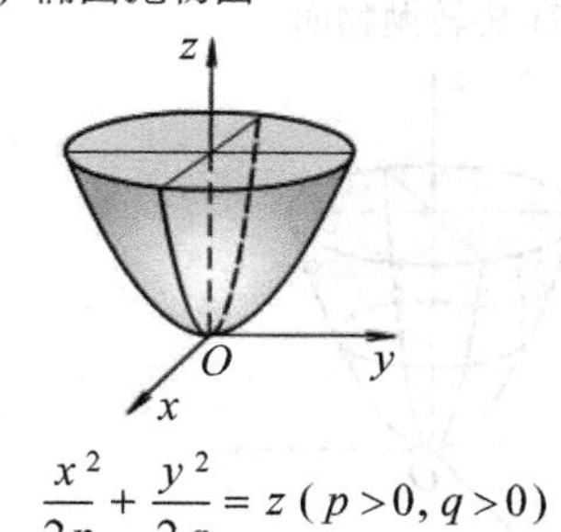

$$\frac{x^2}{2p}+\frac{y^2}{2q}=z\ (p>0, q>0)$$

(21) 球面方程

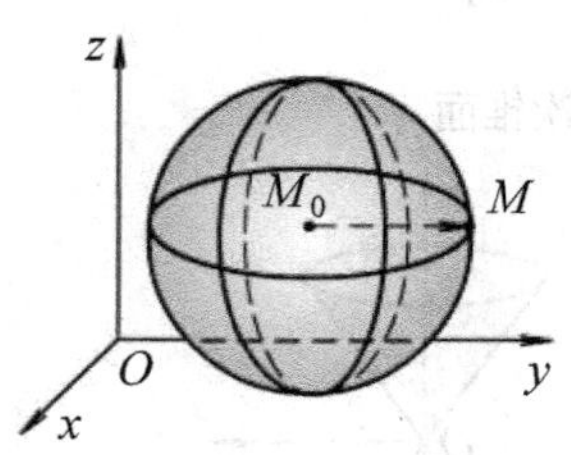

$$(x-x_0)^2+(y-y_0)^2+(z-z_0)^2=R^2$$

(22) 球面方程

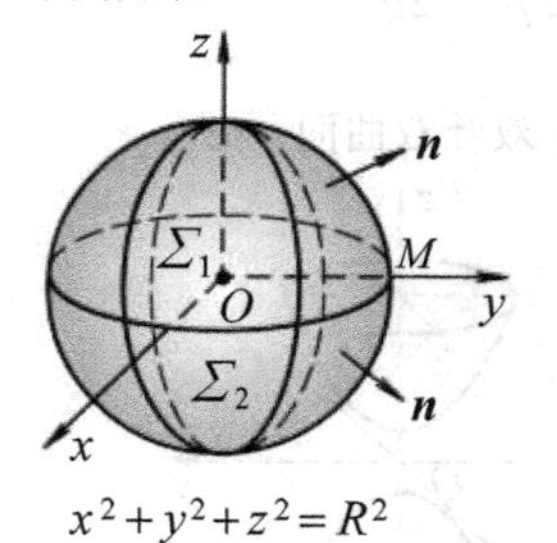

$$x^2+y^2+z^2=R^2$$

(23) 旋转曲面

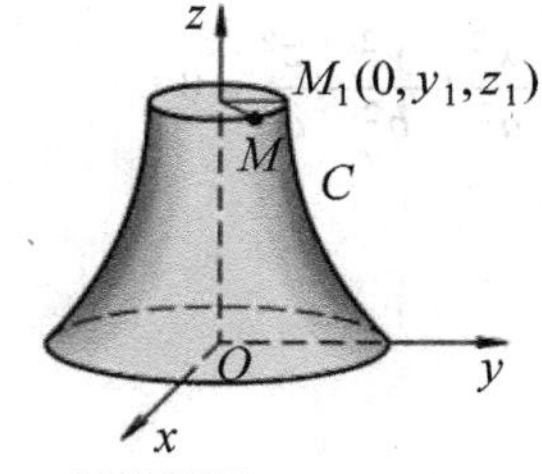

$$f(\pm\sqrt{x^2+y^2},\ z)=0$$

(24) 双曲抛物面(马鞍面)

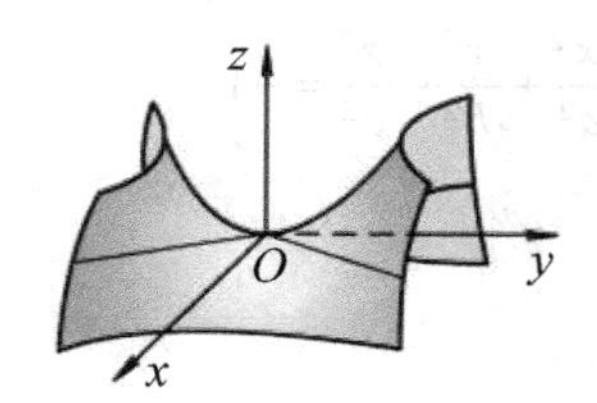

$$-\frac{x^2}{2p}+\frac{y^2}{2q}=z\quad(p\cdot q>0)$$

(25) 圆锥面

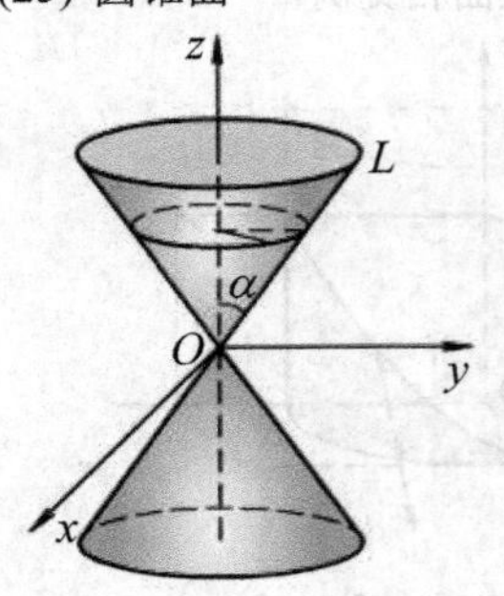

$z=\pm a\sqrt{x^2+y^2}$,

或　$z^2=a^2(x^2+y^2)$，其中$a=\cot\alpha$

(26) 单叶双曲面

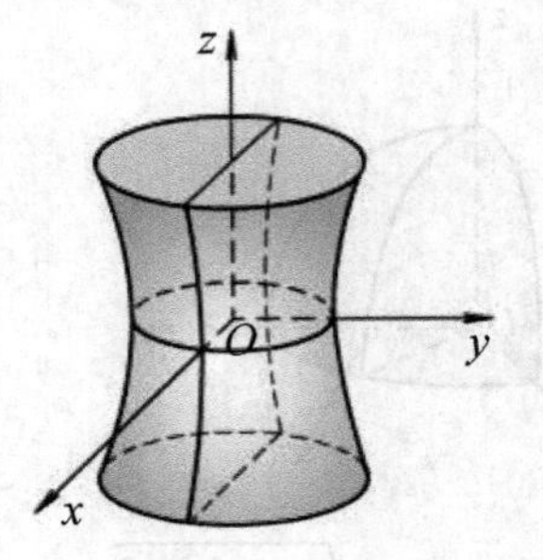

$$\frac{x^2}{a^2}+\frac{y^2}{b^2}-\frac{z^2}{c^2}=1$$

(27) 旋转抛物面

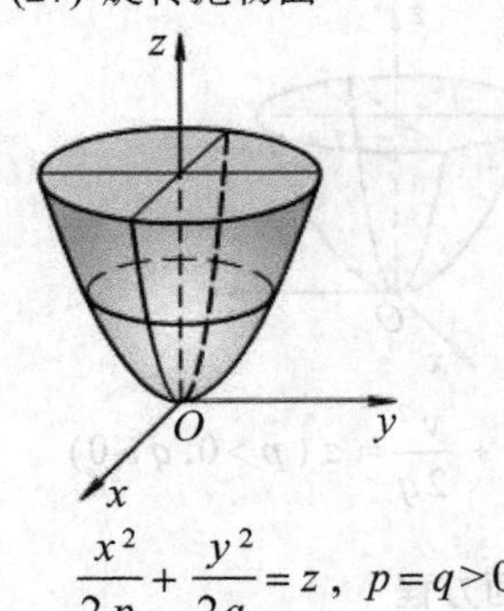

$\frac{x^2}{2p}+\frac{y^2}{2q}=z$，$p=q>0$

(28) 旋转抛物面

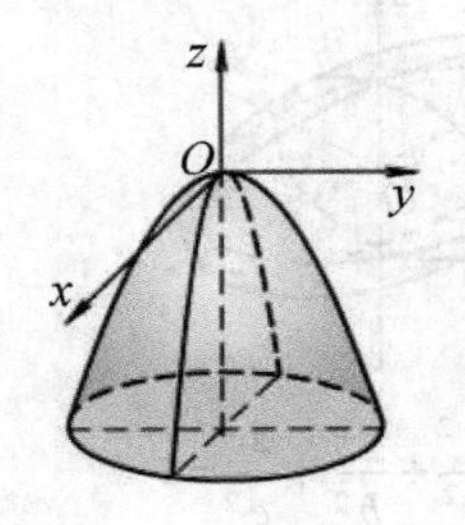

$\frac{x^2}{2p}+\frac{y^2}{2q}=z$，$p=q<0$

(29) 双叶双曲面

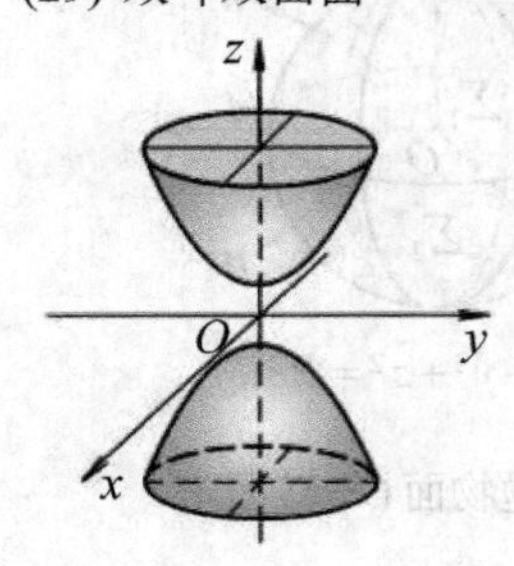

$$\frac{x^2}{a^2}+\frac{y^2}{b^2}-\frac{z^2}{c^2}=-1$$

(30) 二次锥面

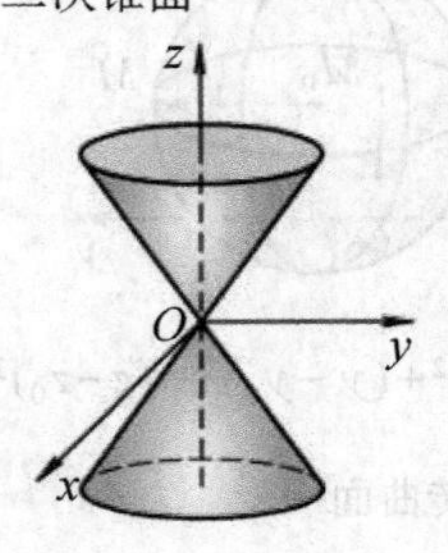

$$\frac{x^2}{a^2}+\frac{y^2}{b^2}-\frac{z^2}{c^2}=0$$

习题答案

第1章 答案

习题 1-1

1. (1) $[-1,0)\cup(0,1]$; (2) $[-1,3]$; (3) $(-\infty,0)\cup(0,3]$.
2. (1) 不相同; (2) 相同. 4. 单调增加.
5. (1) 既非奇函数又非偶函数; (2) 偶函数; (3) 偶函数; (4) 奇函数.
6. (1) 是周期函数，周期 $l=2\pi$; (2) 不是周期函数; (3) 是周期函数，周期 $l=\pi$.
7. $f(x)=\begin{cases}0.15x, & 0<x\leq 50\\ 7.5+0.25(x-50), & x>50\end{cases}$.
8. (1) $p=\begin{cases}90, & 0\leq x\leq 100\\ 90-0.01(x-100), & 100<x\leq 1\,600;\\ 75, & x>1\,600\end{cases}$

(2) $L=\begin{cases}30x, & 0\leq x\leq 100\\ 31x-0.01x^2, & 100<x\leq 1\,600;\\ 15x, & x>1\,600\end{cases}$ (3) $L=21\,000$ (元).

*9. (1) $e=(4\times 10^8)S-2.5\times 10^6$; (2) 7.75×10^7 (in./in.).
*10. (1) $y=1.813x+2.356$; (2) 52.214.

习题 1-2

1. $y=\dfrac{1-x}{1+x}$. 2. $-3/8$, 0. 3. $f[f(x)]=\dfrac{x}{1-2x}$, $f\{f[f(x)]\}=\dfrac{x}{1-3x}$.
4. $f(x)=2(1-x^2)$. 5. $\varphi(x)=\arcsin(1-x^2)$, $[-\sqrt{2},\sqrt{2}]$.
6. (1) 100; (2) 6 394; (3) 1 小时后. 7. (1) $y=6.6\left(\dfrac{1}{2}\right)^{\frac{x}{14}}$; (2) 大约 38 天后.

习题 1-3

1. 779.46 元.
2. (1) $C(q)=100+3q$, $C(0)=100$; (2) $C(200)=700$ (元), $\overline{C}(200)=3.5$ (元).
3. $R(q)=\dfrac{(1\,000-q)q}{5}$, 32 000.
4. $R(x)=\begin{cases}1\,200x, & 0\leq x\leq 1\,000\\ 1\,200x-2\,500, & 1\,000<x\leq 1\,520\end{cases}$.
5. $Q=40\,000-1\,000P$, $R(Q)=40Q-\dfrac{Q^2}{1\,000}$.
6. (1) $p=\begin{cases}90, & 0\leq x\leq 100\\ 90-(x-100)\cdot 0.01, & 100<x<1\,600;\\ 75, & x\geq 1\,600\end{cases}$

(2) $L=\begin{cases}30x, & 0\le x\le 100\\ 31x-0.01x^2, & 100<x<1\,600;\\ 15x\ , & x\ge 1\,600\end{cases}$　　(3) $L=21\,000$(元).

7. (1) $L(q)=8q-7-q^2$;　(2) $L(4)=9$, $\overline{L}(4)=9/4$;　(3) 亏损.

习题 1-4

1. (1) 0;　(2) 2;　(3) 3;　(4) 2.

2. (1) 0;　(2) 0;　(3) 2;　(4) 1;　(5) 没有极限.

3. (1) 12;　(2) 1;　(3) 2/3.

4. $\lim\limits_{x\to 0^-}f(x)=-1$, $\lim\limits_{x\to 0^+}f(x)=1$, $\lim\limits_{x\to 0}f(x)$ 不存在.

习题 1-5

1. (1) 0;　(2) 2;　(3) 2/3;　(4) 1/2;　(5) $2x$;　(6) 2;　(7) 0;　(8) 0.

2. (1) 5;　(2) 1;　(3) 0;　(4) 2;　(5) 1;　(6) 0.

3. (1) $1/\mathrm{e}$;　(2) e^2;　(3) e^3;　(4) e^{-5};　(5) e^{-1};　(6) e^{2a}.　4. 15 059.71元.

习题 1-6

1. (1) ×;　(2)√;　(3) √;　(4) ×;　(5) ×.

2. (1) 无穷小;　(2) 无穷小;　(3) 无穷大.

3. (1) 1;　(2) $(3/2)^{20}$;　(3) 1/2;　(4) 1/5.

4. $x\to 0$ 时, x^2-x^3 是比 $x-x^2$ 高阶的无穷小.

5. (1) 3/5;　(2) 1/2;　(3) 5;　(4) $a^2/2$;　(5) −1.

6. 极限 $\lim\limits_{x\to\infty}\mathrm{e}^{1/x}$ 存在; 极限 $\lim\limits_{x\to 0}\mathrm{e}^{1/x}$ 不存在.

习题 1-7

1. $f(x)$ 在 $[0,2]$ 上连续.　2. 连续.

3. (1) $x=-2$ 为第二类间断点;　(2) $x=1$ 为第一类间断点;

   (3) $x=0$ 为第二类间断点.

4. $a=1$.　5. (1) $\sqrt{5}$;　(2) 0;　(3) 1/2;　(4) 0;　(5) 0.

第2章　答案

习题 2-1

1. −20.　2. (1) $-f'(x_0)$;　(2) $2f'(x_0)$.　3. 2.

4. 切线方程为 $y=x+1$, 法线方程为 $y=-x+3$.

5. 切线方程为 $x-y+1=0$, 法线方程为 $x+y-1=0$.

6. 在 $x=0$ 处连续且可导.　7. $2a\varphi(a)$.　8. $\dfrac{\mathrm{d}T}{\mathrm{d}t}=T'(t)$.

习题 2-2

1. (1) $3+\frac{5}{2\sqrt{x}}$; (2) $15x^2-2^x\ln2+3e^x$; (3) $\sec x(2\sec x+\tan x)$;

(4) $\cos2x$; (5) $x^2(3\ln x+1)$; (6) $e^x(\cos x-\sin x)$;

(7) $\frac{1-\ln x}{x^2}$; (8) $\frac{1+\sin t+\cos t}{(1+\cos t)^2}$.

2. (1) $3\sin(4-3x)$; (2) $-6xe^{-3x^2}$; (3) $-\frac{x}{\sqrt{a^2-x^2}}$; (4) $2x\sec^2(x^2)$;

(5) $\frac{e^x}{1+e^{2x}}$; (6) $-\frac{1}{\sqrt{x-x^2}}$; (7) $\frac{|x|}{x^2\sqrt{x^2-1}}$; (8) $\frac{1}{x\ln x}$.

3. 25 秒; $\frac{6\,250}{9}$ 米.

4. (1) $5\sqrt{2}$; (2) 10; (3) $v=0,\ a=-10$; (4) 1/4 个周期, $v=-10,\ a=0$.

5. $\frac{2an^2}{V^3}-\frac{nRT}{(V-nb)^2}$.

6. (1) $\frac{e^{x+y}-y}{x-e^{x+y}}$; (2) $\frac{y}{2\pi y\cos(\pi y^2)-x}$; (3) $\frac{5-ye^{xy}}{xe^{xy}+3y^2}$; (4) $\frac{e^y}{1-xe^y}$; (5) $\frac{x+y}{x-y}$.

7. (1) $(1+x^2)^{\tan x}\left[\sec^2x\ln(1+x^2)+\frac{2x\tan x}{1+x^2}\right]$;

(2) $\frac{\sqrt[5]{x-3}\sqrt[3]{3x-2}}{\sqrt{x+2}}\left[\frac{1}{5(x-3)}+\frac{1}{3x-2}-\frac{1}{2(x+2)}\right]$;

(3) $\frac{\sqrt{x+2}(3-x)^4}{(x+1)^5}\left[\frac{1}{2(x+2)}-\frac{4}{3-x}-\frac{5}{x+1}\right]$.

8. (1) $\frac{3b}{2a}t$; (2) $\frac{\cos t-\sin t}{\sin t+\cos t}$; (3) -1.

9. (1) $20x^3+24x$; (2) $9e^{3x-2}$; (3) $2\cos x-x\sin x$;

(4) $2\sec^2x\tan x$; (5) $-\frac{1}{\sqrt{(1-x^2)^3}}$; (6) $2xe^{x^2}(3+2x^2)$.

10. 19 440.

11. (1) $t=2-\frac{\sqrt{15}}{3}$ s 或 $2+\frac{\sqrt{15}}{3}$ s. (2) $t=2-\frac{\sqrt{15}}{3}$ s 或 $2+\frac{\sqrt{15}}{3}$ s.

(3) 当 $a>0$ 时, $t\in[2,4]$, 运动速度加快, 当 $a<0$ 时, $t\in[0,2]$, 运动速度变慢.

(4) 当 $t=2$ s 时, 速度 v 值最小, 当 $t=0$s 或 4 s 时, 速度 v 值最大.

(5) 当 $t=2-\frac{\sqrt{15}}{3}$ s 时取得最大位移, 当 $t=2+\frac{\sqrt{15}}{3}$ s 时取得最小位移.

习题 2-3

1. (1) $4\pi r^2$; (2) $400\pi(\text{cm}^3)$.

2. 对于 s_1, (1) 1.25 m/s; (2) $v(0)=-3$ m/s, $v(2)=1$ m/s; (3) $t=\dfrac{3}{2}$ s 的时刻方向发生改变.

对于 s_2, (1) 3 m/s; (2) $v(0)=-3$ m/s, $v(3)=-12$ m/s; (3) 物体的运动方向未发生改变.

3. (1) $\dfrac{t}{10}-1\ (0\le t\le 10)$;

(2) 水刚放尽那一刻水位下降最慢，此时的水深下降率为0；水阀刚打开那一刻时水位下降最快，此时的水深下降率为1.

4. (1) 平均成本为880元；　(2) 当第100台生产出来时的边际成本为740元.

5. (1) 销售出第100台电视机时的边际收入为 5元；　(2) 略.

6. (1) $C'(x)=450+0.04x$;

(2) $L(x)=40x-0.02x^2-2\,000$, $L'(x)=40-0.04x$;

(3) 边际利润为0时的产量为1 000 吨.

7. $C'(x)=3+x$, $R'(x)=50/\sqrt{x}$, $L'(x)=50/\sqrt{x}-3-x$.

8. 当 $P=1$ 时的需求弹性为 $-\dfrac{1}{3}$；当 $P=2$ 时的需求弹性为 -1；当 $P=3$ 时的需求弹性为 -3.

9. 需求量对价格的弹性为 -0.66.　10. 销售量可望增加15%~20%.

习题 2-4

1. $\Delta x=1$ 时, $\Delta y=19$, $dy=12$；$\Delta x=0.1$ 时, $\Delta y=1.261$, $dy=1.2$；

$\Delta x=0.01$ 时, $\Delta y=0.120\,601$, $dy=0.12$.

2. (1) $\dfrac{5}{2}x^2+C$;　(2) $-\dfrac{1}{\omega}\cos\omega x+C$;　(3) $\ln(2+x)+C$;

(4) $-\dfrac{1}{2}e^{-2x}+C$;　(5) $2\sqrt{x}+C$;　(6) $\dfrac{1}{2}\tan 2x+C$.

3. (1) $\left(\dfrac{1}{x}+\dfrac{1}{\sqrt{x}}\right)dx$;　(2) $(\sin 2x+2x\cos 2x)\,dx$;　(3) $2x(1+x)e^{2x}dx$;

(4) $-\dfrac{3x^2}{2(1-x^3)}dx$;　(5) $2(e^{2x}-e^{-2x})\,dx$.

5. (1) 47/24;　(2) 21/40.　6. (1) 1.000 02;　(2) 0.874 75.

第3章　答案

习题 3-1

1. 满足, $\xi=2$.　3. $\xi=\sqrt[3]{\dfrac{15}{4}}\in(1,2)$.

习题 3-2

1. (1) 2;　(2) $\cos a$;　(3) 2;　(4) 4/e;　(5) 1/2;　(6) $+\infty$;

(7) 1;　(8) 1/2;　(9) 1/2;　(10) 1;　(11) 1;　(12) e.

习题 3-3

2. 单调增加.

3. (1) 在 $(-\infty,-1]$, $[3,+\infty)$ 内单调增加，在 $[-1,3]$ 内单调减少；

(2) 在 $(0,2]$ 内单调减少，在 $[2,+\infty)$ 内单调增加；

(3) 在 $(-\infty,0]$, $[1,+\infty)$ 内单调增加，在 $[0,1]$ 内单调减少；

(4) 在 $(-\infty,+\infty)$ 内单调增加；

(5) 在 $[0,+\infty)$ 内单调增加；

(6) 在 $(0,1/2]$ 内单调减少，在 $[1/2,+\infty)$ 内单调增加.

5. (1) 没有拐点，在正半轴上是凹的；

(2) 拐点为 $(0,0)$, 在 $(-\infty,-1)\cup[0,1)$ 上是凸的, 在 $(-1,0]\cup(1,+\infty)$ 上是凹的;

(3) 没有拐点，在 **R** 上是凹的;

(4) 拐点为 $(-1,\ln 2)$, $(1,\ln 2)$, 在 $(-\infty,-1]$, $[1,+\infty)$ 内是凸的, 在 $[-1,1]$ 上是凹的;

(5) 拐点为 $(1/2, e^{\arctan(1/2)})$, 在 $(-\infty,1/2]$ 内是凹的, 在 $[1/2,+\infty)$ 内是凸的.

6. $a=-3/2$, $b=9/2$.

7. $a=1$, $b=-3$, $c=-24$, $d=16$.

8. (1) 极大值 $f(-1)=5/3$, 极小值 $f(3)=-9$；　(2) 极小值 $y(0)=0$；

(3) 极小值 $y(1)=0$, 极大值 $y(e^2)=4/e^2$；　(4) 极大值 $y(3/4)=5/4$；

(5) 极大值 $y(\pi/4+2k\pi)=\dfrac{\sqrt{2}}{2}e^{\frac{\pi}{4}+2k\pi}$,

极小值 $y(\pi/4+(2k+1)\pi)=-\dfrac{\sqrt{2}}{2}e^{\frac{\pi}{4}+(2k+1)\pi}$ $(k=0,\pm1,\pm2,\cdots)$;

(6) 极小值 $f(0)=0$.

9. $a=2$, $f(\pi/3)=\sqrt{3}$ 为极大值.

习题 3-4

1. (1) 最小值 $y|_{x=2}=-14$, 最大值 $y|_{x=3}=11$;

(2) 最小值 $y|_{x=\frac{5\pi}{4}}=-\sqrt{2}$, 最大值 $y|_{x=\frac{\pi}{4}}=\sqrt{2}$;

(3) 最小值 $y|_{x=-5}=-5+\sqrt{6}$, 最大值 $y|_{x=3/4}=5/4$;

(4) 最小值 $y|_{x=0}=0$, 最大值 $y|_{x=2}=\ln 5$.

2. 正方形的四个角各截去边长为 $\dfrac{a}{6}$ 的小正方形时，能做成容积最大的盒子.

3. 有盖圆柱形容器的高与底圆直径相等时用料最省.

4. 2 小时.　5. 50 秒.　6. 15.5 千米/秒.

7. (1) $t=1.5$ 秒, $y_{\max}=11.75$ 米;　(2) $t=3$ 秒, $x_{\max}=45\sqrt{3}$ 米.

8. (1) $\dfrac{\sqrt{2}}{2}$ 秒, 4.5 米;　(2) 约 1.66 秒, 约 11.71 米.

9. 当 $t=1.682\text{min}$ 时，小鼠血液中磺胺药物的浓度达到最大值 1.118 g/100L.

10. 当异物的半径为 $\dfrac{40}{3}$ 毫米时，需用最大速度方可排出异物.

11. 6.74 (千米).　　12. 6 (千米 / 小时).　　13. 56 250 千克.

14. 把水下输油管建到离炼油厂 11 千米的地方.　　15. $\frac{100+C}{2}$ (元).

16. 当日产量是 50 吨时可使平均成本最低, 最低平均成本 300 (元 / 吨).

习题 3-5

1. (1) $y=1,\ x=0$;　　(2) $y=0,\ x=-1$.

第 4 章　答案

习题 4-1

1. (1) 错误; (2) 正确.

2. (1) $-\frac{2}{3}x^{-3/2}+C$;　　(2) $\frac{3}{4}x^{4/3}-2x^{1/2}+C$;　　(3) $\frac{2^x}{\ln 2}+\frac{1}{3}x^3+C$;

(4) $\frac{2}{5}x^{5/2}-2x^{3/2}+C$;　　(5) $3\arctan x-2\arcsin x+C$;　　(6) $x-\arctan x+C$;

(7) $-\frac{1}{x}-\arctan x+C$;　　(8) e^t+t+C;　　(9) $\frac{3^x e^x}{\ln 3+1}+C$;

(10) $\frac{x+\sin x}{2}+C$;　　(11) $\frac{1}{2}\tan x+C$;　　(12) $-(\cot x+\tan x)+C$.

3. $\frac{-1}{x\sqrt{1-x^2}}$.　　4. $C_1x-\sin x+C_2$.　　5. $y=\ln|x|+1$.

习题 4-2

1. (1) 1/7;　　(2) −1/2;　　(3) 1/12;　　(4) 1/2;　　(5) 1/5;　　(6) 2.

2. (1) $(1/3)e^{3t}+C$;　　(2) $-(1/20)(3-5x)^4+C$;　　(3) $-(1/2)\ln|3-2x|+C$;

(4) $-(1/2)(5-3x)^{2/3}+C$;　　(5) $-(1/a)\cos ax-be^{x/b}+C$;　　(6) $2\sin\sqrt{t}+C$;

(7) $\arctan e^x+C$;　　(8) $\ln|\ln\ln x|+C$;　　(9) $-\frac{3}{4}\ln|1-x^4|+C$;

(10) $\frac{1}{2}\sin(x^2)+C$;　　(11) $\sin x-\frac{\sin^3 x}{3}+C$;　　(12) $\frac{1}{2}\sec^2 x+C$.

3. (1) $2\sqrt{x}-4\sqrt[4]{x}+4\ln(\sqrt[4]{x}+1)+C$;

(2) $\frac{3}{2}\sqrt[3]{(1+x)^2}-3\sqrt[3]{x+1}+3\ln|1+\sqrt[3]{1+x}|+C$;

(3) $a\cdot\arcsin\frac{x}{a}-\sqrt{a^2-x^2}+C$;　　(4) $\arcsin x-\frac{1-\sqrt{1-x^2}}{x}+C$;

(5) $\frac{1}{a^2}\frac{x}{\sqrt{x^2+a^2}}+C$;　　(6) $\frac{x}{\sqrt{1+x^2}}+C$.

4. $f(x)=2\sqrt{x+1}-1$.

5. (1) $I(t)=32.3100t-32.3100$;　　(2) 近似为 840 人;

(3) 近似为 1 066 人;　　(4) 近似为 226 人.

习题 4-3

1. (1) $x\arcsin x+\sqrt{1-x^2}+C$;　(2) $x\ln(x^2+1)-2x+2\arctan x+C$;

(3) $x\arctan x-\frac{1}{2}\ln(1+x^2)+C$;　(4) $-\frac{1}{2}x^2+x\tan x+\ln|\cos x|+C$;

(5) $x\ln^2 x-2x\ln x+2x+C$;　(6) $2x\sin\frac{x}{2}+4\cos\frac{x}{2}+C$;

(7) $\frac{1}{2}(x^2-1)\ln(x-1)-\frac{1}{4}x^2-\frac{1}{2}x+C$;　(8) $\frac{1}{8}x^4\left(2\ln^2 x-\ln x+\frac{1}{4}\right)+C$;

(9) $-\frac{1}{x}(\ln x+1)+C$;　(10) $-(x^2+2x+2)e^{-x}+C$;

(11) $3e^{\sqrt[3]{x}}(\sqrt[3]{x^2}-2\sqrt[3]{x}+2)+C$;　(12) $-\frac{2}{17}e^{-2x}\left(\cos\frac{x}{2}+4\sin\frac{x}{2}\right)+C$.

2. $\cos x-\frac{2\sin x}{x}+C$.

第5章　答案

习题 5-1

1. (1) $\int_{-7}^{5}(x^2-3x)\mathrm{d}x$;　(2) $\int_0^1\sqrt{4-x^2}\,\mathrm{d}x$.　3. $\frac{\pi(b-a)^2}{8}$.

4. 15个月后，这个诊所将要接待247名左右病人.

5. (1) $6\le\int_1^4(x^2+1)\mathrm{d}x\le 51$;　(2) $1\le\int_0^1 e^{x^2}\mathrm{d}x\le e$;　(3) $\frac{2}{5}\le\int_1^2\frac{x}{1+x^2}\mathrm{d}x\le\frac{1}{2}$.

6. (1) $\int_0^1 x^2\mathrm{d}x>\int_0^1 x^3\mathrm{d}x$;　(2) $\int_0^1 e^x\mathrm{d}x>\int_0^1 e^{x^2}\mathrm{d}x$;

(3) $\int_0^1 e^x\mathrm{d}x>\int_0^1(x+1)\mathrm{d}x$;　(4) $\int_0^{\pi/2}x\mathrm{d}x>\int_0^{\pi/2}\sin x\mathrm{d}x$.

7. (1) 4;　(2) -4.

习题 5-2

1. $y'(0)=0$, $y'\left(\frac{\pi}{4}\right)=\frac{\sqrt{2}}{2}$.

2. (1) $\sin e^x$;　(2) $\frac{3x^2}{\sqrt{1+x^{12}}}-\frac{2x}{\sqrt{1+x^8}}$;　(3) $\cos(\pi\sin^2 x)(\sin x-\cos x)$.

3. (1) 1;　(2) 1/2.　4. $x=0$时，函数$I(x)$取得极小值.

5. (1) $2\frac{5}{8}$;　(2) 1;　(3) $\frac{\pi}{3a}$;　(4) $\frac{\pi}{3}$;　(5) $1-\frac{\pi}{4}$;　(6) $2\sqrt{2}-1$.

6. π.　7. (1) 2;　(2) 负;　(3) $\frac{9}{2}$;　(4) $t=6$;　(5) $x=4$ 和 $x=7$;

(6) 在$x=0$和$x=6$之间质点离开原点，在$x=6$和$x=9$之间质点向着原点;

(7) 质点在原点的右边或正方向.

8. (1) $L(x)=f(1)+f'(1)(x-1)=2-3(x-1)=-3x+5$;

(2) $L(x)=f(-1)+f'(-1)(x+1)=3-2(x+1)=-2x+1$.

9. (1) 2 948.26 元； (2) 2 913.90 元 .

10. (1) $2\,000T^2-250\,000\mathrm{e}^{-0.1T}$ ； (2) $L(10)=108\,030$.

习题 5-3

1. (1) 0； (2) $\frac{51}{512}$； (3) $\frac{1}{4}$； (4) $\frac{\pi}{6}-\frac{\sqrt{3}}{8}$； (5) $\frac{1}{2}(25-\ln 26)$；
   (6) $1-\mathrm{e}^{-1/2}$； (7) $(\sqrt{3}-1)a$； (8) $2(\sqrt{3}-1)$； (9) $1-2\ln 2$；
   (10) $1\frac{1}{3}$； (11) $\sqrt{2}-\frac{2\sqrt{3}}{3}$； (12) $\frac{\sqrt{2}}{2}$.

2. (1) $1-\frac{2}{\mathrm{e}}$； (2) $\frac{1}{4}(\mathrm{e}^2+1)$； (3) $\frac{\pi}{4}-\frac{1}{2}$； (4) $4(2\ln 2-1)$； (5) $\frac{\pi}{4}$；
   (6) π^2； (7) $\frac{1}{5}(\mathrm{e}^{\pi}-2)$； (8) $2\ln(2+\sqrt{5})-\sqrt{5}+1$.

3. (1) 0； (2) $\frac{2\sqrt{3}}{3}\pi-2\ln 2$； (3) $\ln 3$.

习题 5-4

1. (1) $\frac{1}{2}$； (2) 发散； (3) $\frac{1}{a}$； (4) π； (5) 发散； (6) $\frac{1}{2}\ln 2$.

2. 不正确 .

习题 5-5

1. $\frac{1}{6}$. 2. $\frac{\pi}{2}-1$. 3. $\frac{16}{3}\sqrt{2}$. 4. $\frac{3}{2}-\ln 2$. 5. $\mathrm{e}+\frac{1}{\mathrm{e}}-2$.

6. $b-a$. 7. πa^2. 8. $\frac{\pi}{4}a^2$. 9. $\frac{a^2}{4}(\mathrm{e}^{2\pi}-\mathrm{e}^{-2\pi})$. 10. $3\pi a^2$.

11. (1) $V_x=7\frac{1}{2}\pi$, $V_y=28\frac{2}{3}\pi$； (2) $V_x=\frac{\pi^2}{4}$, $V_y=2\pi$； (3) $V_x=18\frac{2}{7}\pi$, $V_y=12\frac{4}{5}\pi$.

12. $\frac{3}{10}\pi$. 13. $2\pi^2$. 14. $\int_1^2\frac{\sqrt{x^4+1}}{x^2}\,\mathrm{d}x$. 15. $1+\frac{1}{2}\ln\frac{3}{2}$.

16. $\frac{y}{2p}\sqrt{p^2+y^2}+\frac{p}{2}\ln\frac{y+\sqrt{p^2+y^2}}{p}$. 17. $\frac{\sqrt{1+a^2}}{a}(\mathrm{e}^{a\varphi}-1)$. 18. $\ln(1+\sqrt{2})$.

19. $16\frac{2}{3}$ (J). 20. $0.18k$ (J). 21. $\frac{2}{3}(11^{3/2}-1)$ (m), $\frac{1}{15}(11^{3/2}-1)$ (m/s).

22. $\frac{4}{3}\pi\rho gR^4$ (J). 23. 205.8 (kN). 24. $F_x=0$, $F_y=\frac{GmM}{h\sqrt{h^2+l^2}}$.

25. $C(q)=25q+15q^2-3q^3+55$, $\overline{C}(q)=25+15q-3q^2+\frac{55}{q}$, 变动成本为 $25q+15q^2-3q^3$.

26. (1) 9 987.5； (2) 19 850. 27. $F(t)=\frac{1}{3}at^3+\frac{1}{2}bt^2+ct$. 28. $310+90\mathrm{e}^{-4}$.

第6章 答案

习题 6-1

1. (1) 一阶； (2) 二阶； (3) 三阶； (4) 一阶.

2. (1) 是； (2) 是； (3) 是. 3. $y=(4+2x)e^{-x}$.

习题 6-2

1. (1) $y=e^{Cx}$； (2) $(y^2-1)(x^2-1)=C$； (3) $y=Ce^{\sqrt{1-x^2}}$；

(4) $e^{-y}=1-Cx$； (5) $y=C\sin x-1$； (6) $y^2-1=C(x-1)^2$.

2. (1) $\frac{4}{x^2}$； (2) $\frac{y^2}{2}+\frac{y^3}{3}=\frac{x^2}{2}+\frac{x^3}{3}$.

3. (1) $y=2+Ce^{-x^2}$； (2) $y=x^3+Cx$； (3) $y=(x-2)^3+C(x-2)$；

(4) $\frac{1}{x^2+1}\left(\frac{4}{3}x^3+C\right)$； (5) $x=Cy^3+y^2/2$； (6) $x=\frac{Ce^{-y}}{y}+\frac{e^y}{2y}$.

4. (1) $y=\frac{2}{3}(4-e^{-3x})$； (2) $y=\frac{x}{\cos x}$. 5. $y=2(e^x-x-1)$.

6. $p=10\times 2^{t/10}$(万米^3). 7. $y(t)=\frac{1\,000\times 3^{t/3}}{9+3^{t/3}}$. 8. 8 分钟. 9. 1.5 g/L.

习题 6-3

1. (1) $y=\frac{1}{9}e^{3x}-\sin x+C_1x+C_2$； (2) $y=-\ln|\cos(x+C_1)|+C_2$；

(3) $y=C_1e^x-x^2/2-x+C_2$；

(4) $y=x^2\arctan(C_1x)-\frac{x}{C_1}+\frac{1}{C_1^2}\arctan(C_1x)+C_2\ (C_1\neq 0)$, $y=C_2\ (C_1=0)$；

(5) $y=\arcsin(C_2e^x)+C_1$.

2. $y=\frac{4}{(x-2)^2}$. 3. $y=\frac{x^3}{6}+\frac{x}{2}+1$.

习题 6-4

1. $y=C_1\cos\omega x+C_2\sin\omega x$. 2. $y=(C_1+C_2x)e^{x^2}$.

3. (1) $y=C_1e^{-2x}+C_2e^{-3x}$； (2) $y=(C_1+C_2x)e^{3x/4}$；

(3) $y=C_1\cos x+C_2\sin x$； (4) $y=e^{-4x}(C_1\cos 3x+C_2\sin 3x)$；

(5) $x=(C_1+C_2t)e^{2.5t}$； (6) $y=e^{2x}(C_1\cos x+C_2\sin x)$.

4. (1) $y=(2+x)e^{-x/2}$； (2) $y=3e^{-2x}\sin 5x$.

5. (1) $y^*=b_0x+b_1$； (2) $y^*=b_0x^2+b_1x$； (3) $y^*=b_0e^x$.

6. (1) $y=e^{-\frac{x}{2}}\left(C_1\cos\frac{\sqrt{7}}{2}x+C_2\sin\frac{\sqrt{7}}{2}x\right)+\frac{1}{2}x^2-\frac{1}{2}x-\frac{7}{4}$；

(2) $y=C_1\cos ax+C_2\sin ax+\frac{e^x}{1+a^2}$； (3) $y=C_1+C_2e^{-x}+e^x(x^2-3x+7/2)$.

第7章 答案

习题 7-1

1. A，B，C，D 依次在第Ⅳ, Ⅴ, Ⅷ, Ⅲ 卦限.

2. A，B，C，D 依次在 xOy 面, yOz 面, x 轴, y 轴.

3. 垂直于 xOy 面, yOz 面, zOx 面的垂线的垂足依次为 $(x_0,y_0,0)$, $(0,y_0,z_0)$, $(x_0,0,z_0)$;
垂直于 x 轴、y 轴、z 轴的垂线的垂足依次为 $(x_0,0,0)$, $(0,y_0,0)$, $(0,0,z_0)$.

4. x 轴：5；　y 轴：$\sqrt{41}$；　z 轴：$\sqrt{34}$.　　5. $4x+4y+10z-63=0$.

6. $x^2+y^2+z^2-2x-6y+4z=0$.

7.

方程	平面解析几何中	空间解析几何中
$x=2$	平行于 y 轴的直线	平行于 yOz 面的平面
$y=x+1$	斜率为1的直线	平行于 z 轴的平面
$x^2+y^2=4$	圆心在原点、半径为2的圆	以 z 轴为中心轴、半径为2的圆柱面
$x^2-y^2=1$	两半轴均为1的双曲线	母线平行于 z 轴的双曲柱面

8. (1) 旋转抛物面；　(2) 两相交平面；　(3) z 轴；　(4) 过 x 轴的平面；
(5) 两平行平面；　(6) 椭圆柱面；　(7) 双曲柱面；　(8) 抛物柱面；
(9) 圆锥面.

9. $\begin{cases} y^2=10z/9 \\ x=0 \end{cases}$.

10. (1) yOz 平面.　　(2) 平行于 xOz 面的平面.
(3) 在 xOy 平面上, 它是直线；在空间中, 它是过该直线且平行于 z 轴的平面.
(4) 在 xOy 平面上, 它是过原点的直线；在空间中, 它是过 z 轴的平面.
(5) 在 yOz 平面上, 它是直线; 在空间中, 它是平行于 x 轴的平面.
(6) 在 xOz 平面上, 它是过原点的直线；在空间中, 它是过 y 轴的平面.
(7) 过原点的平面.

11. (1) $k=2$；　(2) $k=-3$.

习题 7-2

1. $t^2f(x,y)$.　　2. $\dfrac{2xy}{x^2+y^2}$.　　3. x^2-x.

4. (1) $\{(x,y)\mid y^2-2x+1>0\}$；　(2) $\{(x,y)\mid x\geq 0,\ x^2\geq y\geq 0\}$；
(3) $\{(x,y)\mid y>x\geq 0,\ x^2+y^2<1\}$.

5. (1) 1；　(2) 2；　(3) $-1/4$.

习题 7-3

1. (1) $\dfrac{\partial z}{\partial x}=2x-2y$, $\dfrac{\partial z}{\partial y}=-2x+3y^2$；　(2) $\dfrac{\partial z}{\partial x}=-\dfrac{y}{x^2+y^2}$, $\dfrac{\partial z}{\partial y}=\dfrac{x}{x^2+y^2}$；

(3) $\dfrac{\partial z}{\partial x}=\sin y\cdot x^{\sin y-1}$, $\dfrac{\partial z}{\partial y}=x^{\sin y}\cdot\ln x\cdot\cos y$；

(4) $\dfrac{\partial z}{\partial x}=3x^2y+6xy^2-y^3$, $\dfrac{\partial z}{\partial y}=x^3+6x^2y-3xy^2$;

(5) $\dfrac{\partial z}{\partial x}=\dfrac{1}{y}-\dfrac{y}{x^2}$, $\dfrac{\partial z}{\partial y}=\dfrac{1}{x}-\dfrac{x}{y^2}$;

(6) $\dfrac{\partial z}{\partial x}=\dfrac{1}{2x\sqrt{\ln(xy)}}$, $\dfrac{\partial z}{\partial y}=\dfrac{1}{2y\sqrt{\ln(xy)}}$;

(7) $\dfrac{\partial z}{\partial x}=\dfrac{2}{y}\csc\dfrac{2x}{y}$, $\dfrac{\partial z}{\partial y}=-\dfrac{2x}{y^2}\csc\dfrac{2x}{y}$;

(8) $\dfrac{\partial z}{\partial x}=y[\cos(xy)-\sin(2xy)]$, $\dfrac{\partial z}{\partial y}=x[\cos(xy)-\sin(2xy)]$;

(9) $\dfrac{\partial z}{\partial x}=y^2(1+xy)^{y-1}$, $\dfrac{\partial z}{\partial y}=(1+xy)^y\left[\ln(1+xy)+\dfrac{xy}{1+xy}\right]$.

2. $f_x(x,1)=1$. 3. $\pi/4$.

4. (1) $\dfrac{\partial^2 z}{\partial x^2}=2ye^y$, $\dfrac{\partial^2 z}{\partial y^2}=x^2(2+y)e^y$, $\dfrac{\partial^2 z}{\partial x\partial y}=2x(1+y)e^y$;

(2) $\dfrac{\partial^2 z}{\partial x^2}=\dfrac{2xy}{(x^2+y^2)^2}$, $\dfrac{\partial^2 z}{\partial y^2}=-\dfrac{2xy}{(x^2+y^2)^2}$, $\dfrac{\partial^2 z}{\partial x\partial y}=\dfrac{y^2-x^2}{(x^2+y^2)^2}$;

(3) $\dfrac{\partial^2 z}{\partial x^2}=y^x\cdot\ln^2 y$, $\dfrac{\partial^2 z}{\partial y^2}=x(x-1)y^{x-2}$, $\dfrac{\partial^2 z}{\partial x\partial y}=y^{x-1}(1+x\ln y)$.

5. $f_{xx}(0,0,1)=2$, $f_{xz}(1,0,2)=2$, $f_{yz}(0,-1,0)=0$.

习题 7-4

1. (1) $\left(6xy+\dfrac{1}{y}\right)dx+\left(3x^2-\dfrac{x}{y^2}\right)dy$; (2) $\cos(x\cos y)\cos y\,dx-x\sin y\cos(x\cos y)\,dy$;

(3) $yzx^{yz-1}dx+zx^{yz}\cdot\ln x\,dy+yx^{yz}\cdot\ln x\,dz$.

2. $\dfrac{4}{7}dx+\dfrac{2}{7}dy$. 3. $dx-dy$. 4. $\Delta z=-0.119$, $dz=-0.125$.

5. (1) $L(x,y)=2x+2y-1$. (2) $L(x,y)=-y+\pi/2$.

6. 2.95. 7. 1.021. 8. 约减少 2.8 cm.

习题 7-5

1. $\dfrac{dz}{dt}=-(e^t+e^{-t})$. 2. $\dfrac{dz}{dx}=\dfrac{e^x(1+x)}{1+x^2e^{2x}}$. 3. $\dfrac{\partial z}{\partial x}=4x$, $\dfrac{\partial z}{\partial y}=4y$.

4. $\dfrac{\partial z}{\partial x}=(x^2+y^2)^{xy-1}y[2x^2+(x^2+y^2)\ln(x^2+y^2)]$,

$\dfrac{\partial z}{\partial y}=x(x^2+y^2)^{xy-1}[2y^2+(x^2+y^2)\ln(x^2+y^2)]$.

6. $\dfrac{dy}{dx}=-\dfrac{e^x-y^2}{\cos y-2xy}$. 7. $\dfrac{\partial z}{\partial x}=\dfrac{yz-\sqrt{xyz}}{\sqrt{xyz}-xy}$, $\dfrac{\partial z}{\partial y}=\dfrac{xz-2\sqrt{xyz}}{\sqrt{xyz}-xy}$.

9. $\dfrac{\partial^2 z}{\partial x^2}=\dfrac{2y^2ze^z-2xy^3z-y^2z^2e^z}{(e^z-xy)^3}$.

10. 切线方程为 $\dfrac{x-2/3}{1/9}=\dfrac{y-3/2}{-1/4}=\dfrac{z-4}{4}$,

法平面方程为 $\dfrac{1}{9}\left(x-\dfrac{2}{3}\right)-\dfrac{1}{4}\left(y-\dfrac{3}{2}\right)+4(z-4)=0$.

11. $M_1(-1,1,-1)$ 及 $M_2\left(-\dfrac{1}{3},\dfrac{1}{9},-\dfrac{1}{27}\right)$.

12. $x-y+2z=\pm 3\sqrt{\dfrac{2}{3}}$.

13. 切平面方程为 $z=2x+2y-2$, 法线方程为 $\dfrac{x-1}{2}=\dfrac{y-1}{2}=\dfrac{z-2}{-1}$.

习题 7-6

1. 极小值: $f(1,1)=-1$.

2. 极小值: $f(\pm1,0)=-1$.

3. 极小值: $f\left(\dfrac{1}{2},-1\right)=-\dfrac{e}{2}$.

4. 极大值: $z\left(\dfrac{1}{2},\dfrac{1}{2}\right)=\dfrac{1}{4}$.

5. 长为 $2\sqrt{10}$ 米、宽为 $3\sqrt{10}$ 米时, 所用材料费最省.

6. 当矩形的边长为 $2p/3$ 及 $p/3$ 时, 绕短边旋转所得圆柱体的体积最大.

7. 生产 120 件产品 A、80 件产品 B 时所得利润最大.

习题 7-7

1. 题设积分小于 0.

2. C.

3. (1) $0\le\iint\limits_D xy(x+y)\,d\sigma\le 2$; (2) $0\le\iint\limits_D \sin^2x\sin^2y\,d\sigma\le\pi^2$.

习题 7-8

1. (1) $\pi^2/4$; (2) $20/3$; (3) $\pi^2-40/9$; (4) $e-e^{-1}$; (5) $9/4$.

2. $4/3$.

3. (1) $\int_0^{2\pi}d\theta\int_0^3 f(r\cos\theta,\ r\sin\theta)r\,dr$; (2) $\int_0^{2\pi}d\theta\int_1^2 f(r\cos\theta,\ r\sin\theta)r\,dr$;

(3) $\int_{-\frac{\pi}{2}}^{\frac{\pi}{2}}d\theta\int_0^{2\cos\theta} f(r\cos\theta,\ r\sin\theta)r\,dr$.

4. (1) $\pi(e^9-1)$; (2) $\dfrac{3}{4}\pi a^4$; (3) $\dfrac{2}{3}\pi(b^3-a^3)$;

(4) $\dfrac{\pi}{4}(5\ln5-4)$; (5) $-3\pi\left(\arctan2-\dfrac{\pi}{4}\right)$.

第 8 章　答案

习题 8-1

1. (1) $\dfrac{1+1}{1+1^2}+\dfrac{1+2}{1+2^2}+\dfrac{1+3}{1+3^2}+\dfrac{1+4}{1+4^2}+\dfrac{1+5}{1+5^2}+\cdots$;

(2) $\dfrac{1}{2}+\dfrac{1\cdot3}{2\cdot4}+\dfrac{1\cdot3\cdot5}{2\cdot4\cdot6}+\dfrac{1\cdot3\cdot5\cdot7}{2\cdot4\cdot6\cdot8}+\dfrac{1\cdot3\cdot5\cdot7\cdot9}{2\cdot4\cdot6\cdot8\cdot10}+\cdots$;

(3) $\frac{1}{3}-\frac{1}{3^2}+\frac{1}{3^3}-\frac{1}{3^4}+\frac{1}{3^5}-\cdots$;

(4) $\frac{1!}{1^1}+\frac{2!}{2^2}+\frac{3!}{3^3}+\frac{4!}{4^4}+\frac{5!}{5^5}+\cdots$.

2. (1) $(-1)^{n-1}\frac{n+1}{n}$; (2) $(-1)^n\frac{n+2}{n^2}$; (3) $\frac{x^{n/2}}{2\cdot 4\cdot 6\cdot\cdots\cdot(2n)}$; (4) $\frac{(2x)^n}{n^2+1}$.

3. (1) 发散； (2) 发散. 4. (1) 收敛； (2) 发散； (3) 发散. 5. $\frac{aq^n}{1-q}$.

习题 8-2

1. (1) 发散； (2) 收敛； (3) 收敛； (4) $a>1$时收敛，$a\le 1$时发散.
2. (1) 发散； (2) 收敛； (3) 收敛； (4) 收敛； (5) 发散； (6) 收敛.
3. (1) 条件收敛； (2) 绝对收敛； (3) 绝对收敛；
   (4) $a>1$时绝对收敛，$0<a<1$时发散，$a=1$时条件收敛； (5) 绝对收敛.

习题 8-3

1. (1) $(-1, 1)$; (2) $(-3, 3)$; (3) $(-\infty, +\infty)$; (4) $\left(-\frac{1}{2}, \frac{1}{2}\right)$; (5) $(-1, 1]$; (6) $(1, 3)$.

2. (1) $\frac{1}{(1-x)^2}$ $(-1<x<1)$; (2) xe^{x^2}; (3) $\frac{1}{2}\ln\frac{1+x}{1-x}$ $(-1<x<1)$.

3. (1) $\ln a+\sum_{n=0}^{\infty}(-1)^n\frac{1}{n+1}\left(\frac{x}{a}\right)^{n+1}$, $(-a, a]$; (2) $\sum_{n=0}^{\infty}\frac{(x\ln a)^n}{n!}$, $(-\infty, +\infty)$;

   (3) $\sum_{n=0}^{\infty}\frac{(-1)^n}{n!}x^{2n}$, $-\infty<x<+\infty$; (4) $\frac{1}{2}+\sum_{n=0}^{\infty}(-1)^n\frac{(2x)^{2n}}{2(2n)!}$, $(-\infty, +\infty)$;

   (5) $-\frac{1}{4}\sum_{n=0}^{\infty}\left[\frac{1}{3^n}+(-1)^{n-1}\right]x^n$, $-1<x<1$.

4. $\sum_{n=0}^{\infty}\frac{(-1)^n}{4^{n+1}}(x-3)^n$, $-1<x<7$.

5. (1) $1+x+\frac{x^2}{2!}+\frac{x^3}{3!}+\frac{x^4}{4!}+\cdots$; (2) $1+x+\frac{x^2}{2!}+\frac{x^3}{3!}+\frac{x^4}{4!}+\cdots$.

第9章 答案

习题 9-1

1. (1) 1; (2) 5; (3) $ab(b-a)$. 2. (1) -48; (2) 9; (3) -5. 3. 0, 29.

4. $A_{23}=-\begin{vmatrix}5 & -3 & 1\\ 1 & 0 & 7\\ 0 & 3 & 2\end{vmatrix}$, $A_{33}=\begin{vmatrix}5 & -3 & 1\\ 0 & -2 & 0\\ 0 & 3 & 2\end{vmatrix}$. 5. -15. 7. (1) $a+b+d$; (2) 0.

习题 9-2

1. (1) 6 123 000; (2) 2 000; (3) $4abcdef$; (4) $abcd+ab+cd+ad+1$;
   (5) 0; (6) 8.

4. (1) -270;　　(2) 160;　　(3) 6.

5. (1) x^2y^2;　　(2) $b^2(b^2-4a^2)$;　　(3) $x^n+(-1)^{n+1}y^n$;　　(4) $(-1)^n(n+1)a_1a_2\cdots a_n$.

习题 9-3

1. (1) $x=1,\ y=2,\ z=3$;　　(2) $x=-a,\ y=b,\ z=c$.

2. (1) $x_1=1,\ x_2=2,\ x_3=3,\ x_4=-1$;　　(2) $x_1=0,\ x_2=2,\ x_3=0,\ x_4=0$.

3. 每份菜肴中应有蔬菜152g、鱼 239g 和肉松 65g.

4. 方程组仅有零解.

5. 当 $\mu=0$ 或 $\lambda=1$ 时，齐次线性方程组有非零解.

第10章　答案

习题 10-1

$$\begin{array}{c} \\ \\ A\text{策略}\downarrow \end{array}\begin{array}{c} \\ \\ \text{石头} \\ \text{剪子} \\ \text{布} \end{array}\begin{array}{c} B\text{策略}\rightarrow \\ \begin{array}{ccc}\text{石头} & \text{剪子} & \text{布}\end{array} \\ \begin{pmatrix} 0 & 1 & -1 \\ -1 & 0 & 1 \\ 1 & -1 & 0 \end{pmatrix}. \end{array}$$

习题 10-2

1. (1) $\begin{pmatrix} -1 & 6 & 5 \\ -2 & -1 & 12 \end{pmatrix}$;　　(2) $\begin{pmatrix} -1 & 4 \\ 0 & -2 \end{pmatrix}$.

2. (1) $\begin{pmatrix} -1 & 3 & 1 & 5 \\ 8 & 2 & 8 & 2 \\ 3 & 7 & 9 & 13 \end{pmatrix}$;　　(2) $\begin{pmatrix} 14 & 13 & 8 & 7 \\ -2 & 5 & -2 & 5 \\ 2 & 1 & 6 & 5 \end{pmatrix}$;　　(3) $\begin{pmatrix} 3 & 1 & 1 & -1 \\ -4 & 0 & -4 & 0 \\ -1 & -3 & -3 & -5 \end{pmatrix}$.

3. (1) $\begin{pmatrix} 35 \\ 6 \\ 49 \end{pmatrix}$;　　(2) $\begin{pmatrix} 0 & 0 & 0 \\ 0 & 0 & 0 \\ 0 & 0 & 0 \end{pmatrix}$;　　(3) (10);　　(4) $\begin{pmatrix} 3 & 6 & 9 \\ 2 & 4 & 6 \\ 1 & 2 & 3 \end{pmatrix}$;　　(5) $\begin{pmatrix} 10 & 4 & -1 \\ 4 & -3 & -1 \end{pmatrix}$;

　(6) $a_{11}x_1^2+a_{22}x_2^2+a_{33}x_3^2+2a_{12}x_1x_2+2a_{13}x_1x_3+2a_{23}x_2x_3$.

4. $3\boldsymbol{AB}-2\boldsymbol{A}=\begin{pmatrix} -2 & 13 & 22 \\ -2 & -17 & 20 \\ 4 & 29 & -2 \end{pmatrix}$;　$\boldsymbol{A}^{\mathrm{T}}\boldsymbol{B}=\begin{pmatrix} 0 & 5 & 8 \\ 0 & -5 & 6 \\ 2 & 9 & 0 \end{pmatrix}$.

5. 总价值：4 650万元；　总重量：470 吨；　总体积：2 700 立方米.

6. $\begin{pmatrix} a & b \\ 0 & a \end{pmatrix}$, $a,\ b\in\mathbf{R}$.

7. (1) $\begin{pmatrix} 1 & 1 \\ 0 & 0 \end{pmatrix}$;　　(2) $\begin{pmatrix} 1 & 0 \\ 5\lambda & 1 \end{pmatrix}$;　　(3) $\begin{pmatrix} a^3 & 0 & 0 \\ 0 & b^3 & 0 \\ 0 & 0 & c^3 \end{pmatrix}$.

11. $-m^4$.

习题 10-3

1. (1) $\begin{pmatrix} 5 & -2 \\ -2 & 1 \end{pmatrix}$;　　(2) $\begin{pmatrix} -2 & 1 & 0 \\ -13/2 & 3 & -1/2 \\ -16 & 7 & -1 \end{pmatrix}$;　　(3) $\begin{pmatrix} 1 & -2 & 1 & 0 \\ 0 & 1 & -2 & 1 \\ 0 & 0 & 1 & -2 \\ 0 & 0 & 0 & 1 \end{pmatrix}$.

2. (1) $X=\begin{pmatrix}2 & -23\\ 0 & 8\end{pmatrix}$；　(2) $X=\begin{pmatrix}1 & 1\\ 1/4 & 0\end{pmatrix}$；　(3) $X=\begin{pmatrix}2 & -1 & 0\\ 1 & 3 & -4\\ 1 & 0 & -2\end{pmatrix}$.

3. (1) $\begin{cases}x_1=1\\ x_2=0\\ x_3=0\end{cases}$；　(2) $\begin{cases}x_1=5\\ x_2=0\\ x_3=3\end{cases}$.

习题 10-4

1. (1) $\begin{pmatrix}3 & 0 & -2\\ 5 & -1 & -2\\ 0 & 3 & 2\end{pmatrix}$；　(2) $\begin{pmatrix}a & 0 & ac & 0\\ 0 & a & 0 & ac\\ 1 & 0 & c+bd & 0\\ 0 & 1 & 0 & c+bd\end{pmatrix}$.

2. $\begin{pmatrix}1 & 2 & 5 & 1\\ 0 & 1 & 2 & -4\\ 0 & 0 & -4 & 3\\ 0 & 0 & 0 & -9\end{pmatrix}$.

3. (1) $\begin{pmatrix}0 & -2 & 1\\ 0 & 3/2 & -1/2\\ 1/2 & 0 & 0\end{pmatrix}$；　(2) $\begin{pmatrix}1 & -2 & 0 & 0\\ -2 & 5 & 0 & 0\\ 0 & 0 & 2 & -3\\ 0 & 0 & -5 & 8\end{pmatrix}$；　(3) $\begin{pmatrix}0 & 0 & \cdots & 0 & a_n^{-1}\\ a_1^{-1} & 0 & \cdots & 0 & 0\\ 0 & a_2^{-1} & \cdots & 0 & 0\\ \vdots & \vdots & & \vdots & \vdots\\ 0 & 0 & \cdots & a_{n-1}^{-1} & 0\end{pmatrix}$.

4. $|A^8|=10^{16}$，$A^4=\begin{pmatrix}5^4 & 0 & & \\ 0 & 5^4 & & \boldsymbol{O}\\ & & 2^4 & 0\\ \boldsymbol{O} & & 2^6 & 2^4\end{pmatrix}$.

5. (1) -4；　(2) 6.

习题 10-5

1. (1) $\begin{pmatrix}1 & 0 & 0\\ 0 & 1 & 0\\ 0 & 0 & 1\end{pmatrix}$；　(2) $\begin{pmatrix}1 & 0 & 0\\ 0 & 1 & 0\\ 0 & 0 & 0\end{pmatrix}$；　(3) $\begin{pmatrix}1 & 0 & 0 & 0\\ 0 & 1 & 0 & 0\\ 0 & 0 & 1 & 0\end{pmatrix}$.

2. (1) $\begin{pmatrix}1 & 0 & 0\\ -1/2 & 1/2 & 0\\ 0 & -1/3 & 1/3\end{pmatrix}$；　(2) $\begin{pmatrix}2/3 & 2/9 & -1/9\\ -1/3 & -1/6 & 1/6\\ -1/3 & 1/9 & 1/9\end{pmatrix}$；

(3) $\begin{pmatrix}7/6 & 2/3 & -3/2\\ -1 & -1 & 2\\ -1/2 & 0 & 1/2\end{pmatrix}$；　(4) $\begin{pmatrix}1 & 1 & -2 & -4\\ 0 & 1 & 0 & -1\\ -1 & -1 & 3 & 6\\ 2 & 1 & -6 & -10\end{pmatrix}$.

3. (1) $\begin{pmatrix}10 & 2\\ -15 & -3\\ 12 & 4\end{pmatrix}$；　(2) $\begin{pmatrix}0 & 1 & -1\\ -1 & 0 & 1\\ 1 & -1 & 0\end{pmatrix}$.

4. $\begin{pmatrix}2 & 0 & 1\\ 0 & 3 & 6\\ 1 & 6 & 2\end{pmatrix}$.

习题 10-6

1. $\mathrm{r}(A)=2$.

2. 可能有，可能有.

3. (1) 秩为2，一个最高阶非零子式为二阶子式：$\begin{vmatrix}3 & 1\\ 1 & -1\end{vmatrix}=-4$；

(2) 秩为2，一个最高阶非零子式为二阶子式：$\begin{vmatrix} 3 & 2 \\ 2 & -1 \end{vmatrix} = -7$；

(3) 秩为3，一个最高阶非零子式为三阶子式：$\begin{vmatrix} 1 & 1 & 0 \\ 3 & -1 & 1 \\ 0 & 0 & 1 \end{vmatrix} = -4$.

4. 当 $\lambda=3$ 时，$\mathrm{r}(\boldsymbol{A})=2$；当 $\lambda\neq 3$ 时，$\mathrm{r}(\boldsymbol{A})=3$.

第11章　答案

习题 11-1

1. (1) $\begin{cases} x_1=-2c \\ x_2=c \\ x_3=0 \end{cases}$，其中 c 为任意实数；　(2) 只有零解；　(3) $k\begin{pmatrix} 4/3 \\ -3 \\ 4/3 \\ 1 \end{pmatrix}$，$k\in\mathbf{R}$；

(4) $k_1\begin{pmatrix} -2 \\ 1 \\ 0 \\ 0 \end{pmatrix}+k_2\begin{pmatrix} 1 \\ 0 \\ 0 \\ 1 \end{pmatrix}$，$k_1, k_2\in\mathbf{R}$.

2. (1) 无解；　(2) $\begin{pmatrix} x \\ y \\ z \\ w \end{pmatrix}=k_1\begin{pmatrix} 1/7 \\ 5/7 \\ 1 \\ 0 \end{pmatrix}+k_2\begin{pmatrix} 1/7 \\ -9/7 \\ 0 \\ 1 \end{pmatrix}+\begin{pmatrix} 6/7 \\ -5/7 \\ 0 \\ 0 \end{pmatrix}$，$k_1, k_2\in\mathbf{R}$.

3. (1) 当 $\lambda\neq 1,-2$ 时，有唯一解；当 $\lambda=-2$ 时，无解；

当 $\lambda=1$ 时，有无穷多解，解为 $k_1\begin{pmatrix} -1 \\ 1 \\ 0 \end{pmatrix}+k_2\begin{pmatrix} -1 \\ 0 \\ 1 \end{pmatrix}+\begin{pmatrix} 1 \\ 0 \\ 0 \end{pmatrix}$ $(k_1, k_2\in\mathbf{R})$.

(2) 当 $\lambda=1$ 时，解为 $k\begin{pmatrix} 1 \\ 1 \\ 1 \end{pmatrix}+\begin{pmatrix} 1 \\ 0 \\ 0 \end{pmatrix}$ $(k\in\mathbf{R})$；　当 $\lambda=-2$ 时，解为 $k\begin{pmatrix} 1 \\ 1 \\ 1 \end{pmatrix}+\begin{pmatrix} 2 \\ 2 \\ 0 \end{pmatrix}$ $(k\in\mathbf{R})$；

当 $\lambda\neq 1$ 且 $\lambda\neq -2$ 时，方程组无解；方程组不存在有唯一解的情况.

习题 11-2

1. $\boldsymbol{v}_1-\boldsymbol{v}_2=(1, 0, -1)^{\mathrm{T}}$，　$3\boldsymbol{v}_1+2\boldsymbol{v}_2-\boldsymbol{v}_3=(0, 1, 2)^{\mathrm{T}}$.

2. $\boldsymbol{\beta}=-11\boldsymbol{\alpha}_1+14\boldsymbol{\alpha}_2+9\boldsymbol{\alpha}_3$.

3. $\boldsymbol{\alpha}_1=\frac{1}{2}(\boldsymbol{\beta}_1+\boldsymbol{\beta}_2)$, $\boldsymbol{\alpha}_2=\frac{1}{2}(\boldsymbol{\beta}_2+\boldsymbol{\beta}_3)$, $\boldsymbol{\alpha}_3=\frac{1}{2}(\boldsymbol{\beta}_1+\boldsymbol{\beta}_3)$.

4. (1) 当 $b\neq 2$ 时，$\boldsymbol{\beta}$ 不能由 $\boldsymbol{\alpha}_1, \boldsymbol{\alpha}_2, \boldsymbol{\alpha}_3$ 线性表示.

(2) 当 $b=2$, $a\neq 1$ 时，$\boldsymbol{\beta}$ 可由 $\boldsymbol{\alpha}_1, \boldsymbol{\alpha}_2, \boldsymbol{\alpha}_3$ 唯一地线性表示，表达式为 $\boldsymbol{\beta}=-\boldsymbol{\alpha}_1+2\boldsymbol{\alpha}_2$；

当 $b=2$, $a=1$ 时，$\boldsymbol{\beta}$ 可由 $\boldsymbol{\alpha}_1, \boldsymbol{\alpha}_2, \boldsymbol{\alpha}_3$ 线性表示，但表达式不唯一，表达式为

$\boldsymbol{\beta}=-(2k+1)\boldsymbol{\alpha}_1+(k+2)\boldsymbol{\alpha}_2+k\boldsymbol{\alpha}_3$，其中 k 为任意常数.

习题 11-3

1. (1) $\boldsymbol{\alpha}_1,\boldsymbol{\alpha}_2,\boldsymbol{\alpha}_3$ 线性相关；　(2) $\boldsymbol{\alpha}_1,\boldsymbol{\alpha}_2,\boldsymbol{\alpha}_3$ 线性无关；　(3) $\boldsymbol{\alpha}_1,\boldsymbol{\alpha}_2,\boldsymbol{\alpha}_3,\boldsymbol{\alpha}_4$ 线性无关.

2. 当 $a=2$ 或 $a=-1$ 时，$\boldsymbol{\alpha}_1,\boldsymbol{\alpha}_2,\boldsymbol{\alpha}_3$ 线性相关.

3. $\boldsymbol{\beta}=-\dfrac{k_1}{k_1+k_2}\boldsymbol{\alpha}_1-\dfrac{k_2}{k_1+k_2}\boldsymbol{\alpha}_2,\ k_1,k_2\in\mathbf{R},\ k_1+k_2\neq 0.$　　4. $k=2$.

习题 11-4

1. (1) 秩为 2，一个极大无关组为 $\boldsymbol{\alpha}_1,\boldsymbol{\alpha}_2$；　(2) 秩为 2，一个极大无关组为 $\boldsymbol{\alpha}_1^{\mathrm{T}},\boldsymbol{\alpha}_2^{\mathrm{T}}$.

2. (1) $\boldsymbol{\alpha}_1,\boldsymbol{\alpha}_2,\boldsymbol{\alpha}_3$ 是向量组的一个极大无关组，且 $\boldsymbol{\alpha}_4=-3\boldsymbol{\alpha}_1+5\boldsymbol{\alpha}_2-\boldsymbol{\alpha}_3$；

   (2) $\boldsymbol{\alpha}_1,\boldsymbol{\alpha}_2$ 是向量组的一个极大无关组，且 $\boldsymbol{\alpha}_3=\dfrac{4}{3}\boldsymbol{\alpha}_1-\dfrac{1}{3}\boldsymbol{\alpha}_2,\ \boldsymbol{\alpha}_4=\dfrac{13}{3}\boldsymbol{\alpha}_1+\dfrac{2}{3}\boldsymbol{\alpha}_2$.

3. (1) 第 1 列和第 3 列向量是矩阵的列向量组的一个极大无关组；

   (2) 第 1、2、3 列构成一个极大无关组；　(3) 第 1、2、3 列构成一个极大无关组.

4. $a=2,\ b=5$.

习题 11-5

1. (1) $\boldsymbol{\xi}_1=\begin{pmatrix}-4\\0\\1\\-3\end{pmatrix},\ \boldsymbol{\xi}_2=\begin{pmatrix}0\\1\\0\\4\end{pmatrix}$；　(2) $\boldsymbol{\xi}_1=\begin{pmatrix}0\\0\\1\\2\end{pmatrix},\ \boldsymbol{\xi}_2=\begin{pmatrix}1\\7\\0\\19\end{pmatrix}$；

   (3) $(\boldsymbol{\xi}_1,\boldsymbol{\xi}_2,\cdots,\boldsymbol{\xi}_{n-1})=\begin{pmatrix}1&0&\cdots&0\\0&1&\cdots&0\\\vdots&\vdots&&\vdots\\0&0&\cdots&1\\-n&-n+1&\cdots&-2\end{pmatrix}$.

3. (1) $\boldsymbol{\eta}=\begin{pmatrix}-8\\13\\0\\2\end{pmatrix},\ \boldsymbol{\xi}=\begin{pmatrix}-1\\1\\1\\0\end{pmatrix}$；　(2) $\boldsymbol{\eta}=\begin{pmatrix}1\\-2\\0\\0\end{pmatrix},\ \boldsymbol{\xi}_1=\begin{pmatrix}-9\\1\\7\\0\end{pmatrix},\ \boldsymbol{\xi}_2=\begin{pmatrix}1\\-1\\0\\2\end{pmatrix}$.

4. $\boldsymbol{x}=\boldsymbol{\eta}_1+c_1(\boldsymbol{\eta}_3-\boldsymbol{\eta}_1)+c_2(\boldsymbol{\eta}_2-\boldsymbol{\eta}_1),\ c_1,c_2\in\mathbf{R}$.

5. (1) $a\neq -1$ 或 3；　(2) $a=-1$.

6. $c_1\begin{pmatrix}1\\-1\\1\\0\end{pmatrix}+c_2\begin{pmatrix}0\\-1\\0\\1\end{pmatrix},\ c_1,c_2\in\mathbf{R}$.

习题 11-6

1. 20.　　2. 70.

3. 城市人口为 407 640，农村人口为 592 360.

4. 星期三的机场约有 310 辆车，东部办公区约有 48 辆车，西部办公区约有 92 辆车.

5.

消耗部门 消耗量 生产部门	1	2	3	y	x
1	100	25	30	245	400
2	80	50	30	90	250
3	40	25	60	175	300

6. $x_1=160$, $x_2=180$, $x_3=160$.

第12章　答案

习题 12-1

1. $\|4\boldsymbol{\alpha}_1-7\boldsymbol{\alpha}_2+4\boldsymbol{\alpha}_3\|=9$.　　2. $\boldsymbol{a}_2=\begin{pmatrix}1\\0\\-1\end{pmatrix}$, $\boldsymbol{a}_3=\dfrac{1}{2}\begin{pmatrix}-1\\2\\-1\end{pmatrix}$.

3. (1) $\boldsymbol{e}_1=\dfrac{1}{\sqrt{3}}\begin{pmatrix}1\\1\\1\end{pmatrix}$, $\boldsymbol{e}_2=\dfrac{1}{\sqrt{6}}\begin{pmatrix}-2\\1\\1\end{pmatrix}$, $\boldsymbol{e}_3=\dfrac{1}{\sqrt{2}}\begin{pmatrix}0\\-1\\1\end{pmatrix}$;

(2) $\boldsymbol{e}_1=\dfrac{1}{\sqrt{2}}\begin{pmatrix}1\\1\\0\\0\end{pmatrix}$, $\boldsymbol{e}_2=\dfrac{1}{\sqrt{6}}\begin{pmatrix}-1\\1\\2\\0\end{pmatrix}$, $\boldsymbol{e}_3=\dfrac{1}{\sqrt{21}}\begin{pmatrix}2\\-2\\2\\3\end{pmatrix}$.

4. (1) 不是正交矩阵；(2) 是正交矩阵.

习题 12-2

1. $\boldsymbol{\alpha}$ 是矩阵 $\boldsymbol{A}$ 对应于特征值 λ 的特征向量，但 $\boldsymbol{\beta}$ 不是矩阵 $\boldsymbol{A}$ 对应于特征值 λ 的特征向量.

4. (1) $\boldsymbol{A}$ 的特征值为 $\lambda_1=2$, $\lambda_2=4$. 当 $\lambda_1=2$ 时，特征向量为 $k_1\boldsymbol{p}_1=k_1\begin{pmatrix}1\\1\end{pmatrix}$ $(k_1\neq 0)$; 当 $\lambda_2=4$ 时，特征向量为 $k_2\boldsymbol{p}_2=k_1\begin{pmatrix}-1\\1\end{pmatrix}$ $(k_2\neq 0)$.

(2) 特征值为 $\lambda_1=0$, $\lambda_2=-1$, $\lambda_3=9$. 当 $\lambda_1=0$ 时，特征向量为 $k_1\boldsymbol{p}_1=k_1\begin{pmatrix}-1\\-1\\1\end{pmatrix}$ $(k_1\neq 0)$; 当 $\lambda_2=-1$ 时，特征向量为 $k_2\boldsymbol{p}_2=k_2\begin{pmatrix}-1\\1\\0\end{pmatrix}$ $(k_2\neq 0)$; 当 $\lambda_3=9$ 时，特征向量为 $k_3\boldsymbol{p}_3=k_3\begin{pmatrix}1/2\\1/2\\1\end{pmatrix}$ $(k_3\neq 0)$.

(3) 特征值为 $\lambda_1=\lambda_2=\lambda_3=2$, $\lambda_4=-2$. 当 $\lambda_1=\lambda_2=\lambda_3=2$ 时，全部特征向量为

$$c_1\begin{pmatrix}1\\1\\0\\0\end{pmatrix}+c_2\begin{pmatrix}1\\0\\1\\0\end{pmatrix}+c_3\begin{pmatrix}1\\0\\0\\1\end{pmatrix}\ (c_1, c_2, c_3\text{ 不全为零});$$

当 $\lambda_4=-2$ 时，全部特征向量为 $c\begin{pmatrix}-1\\1\\1\\1\end{pmatrix}$ $(c\neq 0)$.

5. (1) $2,-4,6$；　(2) $1,-\frac{1}{2},\frac{1}{3}$.

8. $\boldsymbol{A}$ 的特征值为 $\lambda_1=\lambda_2=2,\lambda_3=0$. $\lambda_{1,2}=2$ 对应的特征向量为 $k_1\begin{pmatrix}0\\1\\0\end{pmatrix}+k_2\begin{pmatrix}1\\0\\1\end{pmatrix}$ $(k_1,k_2$ 不全为0)，$\lambda_3=0$ 对应的特征向量为 $k_3\begin{pmatrix}1\\0\\-1\end{pmatrix}(k_3\in\mathbf{R},\ k_3\neq 0)$.

9. $x=0$.

习题 12-3

2. 3.　3. $k(1,0,1)^{\mathrm{T}}(k\neq 0)$.　4. $\begin{pmatrix}-2&3&-3\\-4&5&-3\\-4&4&-2\end{pmatrix}$.

5. $x=4,\ y=5$.

6. (1) $\frac{1}{3}\begin{pmatrix}1&2&2\\2&1&-2\\2&-2&1\end{pmatrix}$；　(2) $\begin{pmatrix}-2/\sqrt{5}&2\sqrt{5}/15&-1/3\\1/\sqrt{5}&4\sqrt{5}/15&-2/3\\0&\sqrt{5}/3&2/3\end{pmatrix}$.

习题 12-4

1. (1) $f=(x,y,z)\begin{pmatrix}1&2&1\\2&4&2\\1&2&1\end{pmatrix}\begin{pmatrix}x\\y\\z\end{pmatrix}$；　(2) $f=(x,y,z)\begin{pmatrix}1&-1&-2\\-1&1&-2\\-2&-2&-7\end{pmatrix}\begin{pmatrix}x\\y\\z\end{pmatrix}$；

(3) $f=(x_1,x_2,x_3,x_4)\begin{pmatrix}1&-1&2&-1\\-1&1&3&-2\\2&3&1&0\\-1&-2&0&1\end{pmatrix}\begin{pmatrix}x_1\\x_2\\x_3\\x_4\end{pmatrix}$.

2. $\begin{pmatrix}1&3&5\\3&5&7\\5&7&9\end{pmatrix}$.

3. $f=2y_1^2-y_2^2+4y_3^2$.

4. (1) $f=y_1^2+y_2^2-y_3^2$，$\boldsymbol{x}=\boldsymbol{C}\boldsymbol{y}$，其中 $\boldsymbol{C}=\begin{pmatrix}1&1&-1\\0&0&1\\0&-1&1\end{pmatrix}$；

(2) $f=-4y_1^2+4y_2^2+y_3^2$，$\boldsymbol{x}=\boldsymbol{C}\boldsymbol{y}$，其中 $\boldsymbol{C}=\begin{pmatrix}1&1&-1/2\\1&-1&-1/2\\0&0&1\end{pmatrix}$.

5. (1) $\begin{pmatrix}x_1\\x_2\\x_3\end{pmatrix}=\begin{pmatrix}1&0&0\\0&1/\sqrt{2}&-1/\sqrt{2}\\0&1/\sqrt{2}&1/\sqrt{2}\end{pmatrix}\begin{pmatrix}y_1\\y_2\\y_3\end{pmatrix}$，$f=2y_1^2+5y_2^2+y_3^2$；

(2) $\begin{pmatrix} x_1 \\ x_2 \\ x_3 \\ x_4 \end{pmatrix} = \begin{pmatrix} 1/2 & 1/2 & 1/\sqrt{2} & 0 \\ -1/2 & 1/2 & 0 & 1/\sqrt{2} \\ -1/2 & -1/2 & 1/\sqrt{2} & 0 \\ 1/2 & -1/2 & 0 & 1/\sqrt{2} \end{pmatrix} \begin{pmatrix} y_1 \\ y_2 \\ y_3 \\ y_4 \end{pmatrix}$, $f = -y_1^2 + 3y_2^2 + y_3^2 + y_4^2$.

6. (1) 二次型的规范形为 $y_1^2 + y_2^2 - y_3^2$. 于是正惯性指数为2，秩为3.

(2) 二次型的规范形为 $y_1^2 - y_2^2$. 于是正惯性指数为1，秩为2.

(3) 二次型的规范形为 $y_1^2 + y_2^2 - y_3^2$. 于是正惯性指数为2，秩为3.

7. (1) 负定；(2) 正定.　　8. $-0.8 < a < 0$.　　9. $-3 < a < 1$.

图书在版编目（CIP）数据

实用高等数学：微积分与线性代数：综合类：应用型本科版/吴赣昌主编．—北京：中国人民大学出版社，2018．3
21世纪数学教育信息化精品教材　大学数学立体化教材
ISBN 978-7-300-25097-7

Ⅰ．①实…　Ⅱ．①吴…　Ⅲ．①微积分-高等学校-教材②线性代数-高等学校-教材　Ⅳ．①O172 ②O151．2

中国版本图书馆CIP数据核字（2017）第259085号

21世纪数学教育信息化精品教材
大学数学立体化教材
实用高等数学——微积分与线性代数
（综合类·应用型本科版）
吴赣昌　主编
Shiyong Gaodeng Shuxue

出版发行	中国人民大学出版社		
社　　址	北京中关村大街31号	**邮政编码**	100080
电　　话	010－62511242（总编室）		010－62511770（质管部）
	010－82501766（邮购部）		010－62514148（门市部）
	010－62515195（发行公司）		010－62515275（盗版举报）
网　　址	http://www.crup.com.cn		
经　　销	新华书店		
印　　刷	固安县铭成印刷有限公司		
规　　格	170 mm×228 mm　16开本	**版　　次**	2018年3月第1版
印　　张	29.75	**印　　次**	2024年1月第3次印刷
字　　数	607 000	**定　　价**	56.00元

图书在版编目（CIP）数据

实用高等数学：微积分与线性代数：综合类：应用型本科版/吴赣昌主编.—北京：中国人民大学出版社，2018.3

21世纪数学教育信息化精品教材 大学数学立体化教材

ISBN 978-7-300-25097-7

Ⅰ.①实… Ⅱ.①吴… Ⅲ.①微积分-高等学校-教材②线性代数-高等学校-教材 Ⅳ.①O172②O151.2

中国版本图书馆CIP数据核字（2017）第259085号

21世纪数学教育信息化精品教材
大学数学立体化教材
实用高等数学——微积分与线性代数
（综合类·应用型本科版）
吴赣昌 主编
Shiyong Gaodeng Shuxue

出版发行 中国人民大学出版社
社　　址 北京中关村大街31号　　邮政编码 100080
电　　话 010-62511242（总编室）　010-62511770（质管部）
　　　　 010-82501766（邮购部）　010-62514148（门市部）
　　　　 010-62515195（发行公司）　010-62515275（盗版举报）
网　　址 http://www.crup.com.cn
经　　销 新华书店
印　　刷 固安县铭成印刷有限公司
规　　格 170 mm×228 mm 16开本　　版　　次 2018年3月第1版
印　　张 29.75　　印　　次 2024年1月第3次印刷
字　　数 597 000　　定　　价 59.00元